U0189740

国家科学技术学术著作出版基金项目

羊肉加工品质学

张德权 李 铮 李 欣 侯成立 著

中国轻工业出版社

图书在版编目（CIP）数据

羊肉加工品质学 / 张德权等著.—北京：中国轻工业出版社，2018.12
国家科学技术学术著作出版基金项目
ISBN 978-7-5184-2161-9

Ⅰ.①羊…　Ⅱ.①张…　Ⅲ.①羊肉—食品加工 ②羊肉制品—质量控制　Ⅳ.① TS251.5

中国版本图书馆CIP数据核字（2018）第240670号

责任编辑：贾　磊　　责任终审：劳国强　　整体设计：锋尚设计
责任校对：吴大鹏　　责任监印：张　可

出版发行：中国轻工业出版社（北京东长安街6号，邮编：100740）
印　　刷：三河市万龙印装有限公司
经　　销：各地新华书店
版　　次：2018年12月第1版第1次印刷
开　　本：787×1092　1/16　印张：33.75
字　　数：760千字
书　　号：ISBN 978-7-5184-2161-9　定价：240.00元
邮购电话：010-65241695
发行电话：010-85119835　传真：85113293
网　　址：http://www.chlip.com.cn
Email：club@chlip.com.cn
如发现图书残缺请与我社邮购联系调换
161105K1X101ZBW

作者简介

张德权　博士，研究员，博士生导师，国家"万人计划"科技创新领军人才、全国农业科研杰出人才、科技部中青年科技创新领军人才、中国农业科学院领军人才，现任中国农业科学院农产品加工研究所副所长、中国农业科学院科技创新工程肉品加工与营养创新团队首席科学家、中国畜产品加工研究会副会长、全国畜禽屠宰加工标委会副秘书长、中国冷链物流联盟副理事长。长期从事肉品科学与加工技术研究，在蛋白质磷酸化调控肉品质、羊肉精深加工和传统熏烧烤肉制品工业化领域取得了重大进展。主持国家重点研发计划、国家自然科学基金、国际科技合作专项等国家级和省部级项目 30 余项，发表学术论文 120 余篇，获得授权专利 45 项，软件著作权 6 项，制定农业行业标准 10 项。以第一完成人获国家科技进步二等奖、中华农业科技奖一等奖、北京市科学技术奖二等奖、全国商业联合会科技进步奖特等奖等国家级和省部级奖励 12 项，主编著作 5 部，参与起草《全国食品工业"十二五"/"十三五"发展纲要》《"十一五"/"十二五"农产品加工业发展规划》等规划 8 项，培养博士后、博硕士研究生及留学生 67 人。

李铮　博士，助理研究员，主要从事肉品品质形成机理与调控技术工作，重点开展蛋白质磷酸化调控宰后肉品质形成机理研究。主持国家自然科学基金青年基金项目、中国博士后科学基金特别资助项目、中国博士后科学基金面上项目 3 项，获国家科学技术进步奖二等奖 1 项（第 8 完成人），以第一作者发表论文 15 篇（其中 SCI 收录论文 10 篇），获国家授权专利 6 项。

李欣　博士，副研究员，2013 年毕业于瑞典农业科学大学，主要从事肉品质形成机理与调控技术工作，重点开展基于蛋白质磷酸化和蛋白质组学的肉品质形成机理研究。主持国家自然科学基金项目 2 项、国家重点研发计划项目子课题 1 项、其他省部级项目 2 项，获国家科学技术进步奖二等奖 1 项（第 6 完成人）、省部级奖 3 项，发表学术论文 51 篇（其中 SCI 收录论文 30 篇），授权专利 20 项，副主编、参编著作各 1 部。

侯成立　博士，助理研究员，中国农业科学院农产品加工研究所肉品加工与营养创新团队科研骨干，从事肉品品质评价与表征、畜禽血液综合利用研究。主持科研项目 3 项，获国家授权专利 6 项，参与制定农业行业标准 2 项，以第一作者发表论文 12 篇（其中 SCI 收录论文 7 篇）。

前 言

我国是羊肉生产大国，羊肉产量已连续 30 年居世界首位，2017 年达 468 万吨，占全球羊肉产量的 1/3。羊肉是我国居民肉食品消费的重要组成部分，是内蒙古、宁夏、新疆、青海、西藏、甘肃等省区的回族、维吾尔族、藏族、蒙古族、哈萨克族等人民饮食的重要组成部分。羊肉加工业的发展极大地推动了饲草资源的有效利用，对提高农牧民收入、促进边疆地区社会经济发展具有极其重要的意义。但是我国羊肉加工模式粗放，90% 以上的企业都是中小型企业，且 90% 以上的产品都是生鲜羊肉，在肉羊宰前管理、分级分割、肉及肉制品标准化加工、冷藏保鲜等方面落后于发达国家。

近年来，由本人带领的科研团队在国家农业科技创新工程、国家现代肉羊产业技术体系、国家科技攻关计划、公益性行业（农业）科研专项、"948"计划、国家科技支撑计划等项目的支持下，致力于羊肉加工品质学的研究，攻克了一批羊肉加工品质控制关键技术，研制了一批重要装备，研发了一批新产品，取得了一系列重大科技成果，获得了中华农业科技奖一等奖、中国商业联合会科技进步奖特等奖、中国专利优秀奖、中国畜产品加工研究会科技进步奖一等奖、中国农业科学院科学技术成果二等奖各 1 项。研究制定了《冷却肉加工技术规范》《羊肉分割技术规范》《调理肉制品加工技术规范》《生鲜畜禽肉冷链物流技术规范》《羊胴体等级规格评定规范》《畜禽屠宰术语》《冷冻肉解冻技术规范》等 9 项农业行业标准。在 Food Chemistry（《食品化学》）、Meat Science（《肉类科学》）、Food Engineering Reviews（《食品工程综述》）、Process Biochemistry（《生物化学进展》）、Journal of the Science of Food and Agriculture（《食品与农业科学杂志》）、《农业工程学报》《中国农业科学》等杂志发表学术论文 100 多篇，授权相关国家发明专利 13 项，出版了《冷却羊肉加工技术》《羊肉加工与质量控制》著作 2 部。

在认真梳理近 20 年研究工作的基础上，我们撰写了《羊肉加工品质学》专著。本书内容包括 5 章：第一章羊肉品质概述，简要论述了羊肉品质的概念、分类、检测与评价新技术及贮藏保鲜机理与技术；第二章羊肉品质调控机理，详细论述了宰前管理对宰后羊肉品质的影响、宰后成熟过程对羊肉品质的调控及贮藏过程对羊肉品质的调控机理；第三章近红外光谱检测与评价羊肉品质，详细论述了羊肉食用品质和理化品质近红外光谱检测技术、羊胴体分级模型与近红外光谱评定技术、不同品种羊肉近红外光谱鉴别技术及羊肉产地近红外光谱溯源技术；第四章羊肉加工特性与加工适宜性评价，详细论述了羊肉涮制、烤制、煮制、熏制、中式香肠加工、乳化香肠加工特性与加工适宜性评价；第五章羊肉及其制品非热杀菌技术与应用，详细论述了羊肉初始菌相构成及其在贮藏中的变化、羊肉及其制品非热杀菌技术、高密度二氧化碳（DPCD）抑菌的机理。

　　本书凝聚了由本人带领的研究团队近二十年的科研积累，是研究团队创新性及前沿性的研究成果，旨在为羊肉加工研发与应用提供参考和指导，为我国羊肉加工产业的健康快速发展提供技术支持。

　　参与本书整理和书中所涉实验研究过程的成员有王振宇、陈丽、饶伟丽、杜曼婷、王颖、高玲玲、李蒙、吴立国、夏安琪、何凡、刘越、李培迪、张艳、陈霄娜、杨远剑、王培培、张宁、宋洁、薛丹丹、柴佳丽、方梦琳、王琳琛、王宁、刘思杨、王莹莹、杨扬、孙源源、曲亚琳等，他（她）们为本书书稿的面世作出了重要贡献，在此一并表示衷心的感谢。

　　鉴于作者水平有限，以及羊肉加工品质领域的研究成果日新月异，书中难免有不当或错漏之处，恳请各位读者批评指正。

张德权

2018 年 10 月

目 录

第四章
羊肉加工特性与加工适宜性评价
——

第五章
羊肉及其制品非热杀菌技术与应用
——

► 第一章

羊肉品质概述

我国是羊肉生产大国，羊肉产量已连续 30 年居世界首位，2017 年达 468 万吨，占世界羊肉产量的 1/3。羊肉是我国居民肉食品消费的重要组成部分。近年来，我国羊肉产业取得了长足发展，生产能力稳步提升，市场供给能力不断提高，居民消费量和消费额持续增加。2017 年中央一号文件提出"加快品种改良，大力发展牛羊等草食畜牧业"，2017 年农业部 1 号文件《关于推进农业供给侧结构性改革的实施意见》中提到"大力发展草食畜牧业，深入实施南方草地畜牧业推进行动，扩大优质肉牛肉羊生产"，要求产业发展中不仅要注重数量增长，同时要更加注重产品品质提升，不断满足人民群众日益增长的高品质消费需求。羊肉加工业的发展对推动饲草资源的有效利用、农牧民增收、边疆经济发展具有极其重要的意义。但是我国羊肉加工模式相对粗放，90% 以上的企业都是中小型企业，且 90% 以上的产品都是生鲜羊肉，在动物宰前管理、贮藏保鲜、分级分割、肉及制品加工等方面落后于发达国家。

第一节
羊肉品质的概念与分类

一般来讲，肉品品质包括四个方面：食用品质、营养品质、加工品质和安全品质。这些品质决定着人们对于肉品外观、优劣、营养价值等多方面的综合判断。

一、食用品质

肉的食用品质主要包括肉的色泽、风味、嫩度、保水性等多个品质指标。

（一）色泽

色泽是影响肉食用品质的一个重要因素，它是消费者是否购买产品的直观判断依据。肉的颜色主要由血红素（heme）决定，肌红蛋白（Mb）是肌肉最主要的呈色物质，其次为血红蛋白（Hb）。动物屠宰放血后，肌肉中大部分血红蛋白随血液流出，在放血适当的肌肉组织中，肌红蛋白占肌肉色素总量的 90% 以上。因此，肌肉中肌红蛋白的含量和存在状态决定了肉的色泽。

肌红蛋白的含量与动物的品种、年龄、性别、部位、运动有关。例如，羔羊肉为玫瑰色，成年羊肉为鲜红色或砖红色，老龄羊肉为暗红色。肌红蛋白的化学状态，即氧化状态、所结合的配体类型、珠蛋白状态决定肉的色泽。肌红蛋白呈紫红色；肌红蛋白与氧分子结合形成氧合肌红蛋白（MbO_2），呈鲜红色，是新鲜羊肉的色泽；若宰后肉放置时间过长或在含少量氧条件下，肌红蛋白被氧化，铁由二价氧化为三价，则形成高铁肌红蛋白（MMb），为褐色，使得肉色变暗。Mb 和 MbO_2 都可被氧化形成高铁肌红蛋白。此外，宰前状态、屠宰技术和贮藏运输方式通过影响肌红蛋白的状态影响肉的色泽。

（二）风味

肉的风味包括生鲜肉的气味和加热后熟肉制品的香味和滋味。羊肉的风味与脂类物质密不可分，已有研究表明，羊肉特有的风味与某些挥发性物质、含甲基的中链脂肪酸高度相关，羊肉中最重要的支链脂肪酸为 4- 甲基辛酸。羊肉中的挥发性物质主要由美拉德反应、脂肪氧化作用及维生素的热降解产生。滋味的呈味物质是非挥发性的，通过人的舌面味蕾经神经传导到大脑反映出味感，游离氨基酸、核苷酸是主要的滋味呈味物质。香味主要是由挥发性小分子有机物组成，生羊肉通过烹调加热后被赋予芳香性。宰后羊肉中的一些固有成分在经过一系列的生物化学变化后会产生多种微量、复杂、不稳定、低（无）营养价值的有机化合物。膻味是羊肉所独有的品质评定指标，主要是由于羊肉中存在的特殊挥发性脂肪酸。膻味大小与羊的性别、年龄、品种及饲养条件与环境等因素有关。

从羊被屠宰到分级分割再到深加工的过程中，影响风味形成的因素很多，有些会给人带来愉快感而有些会产生异味，所以使羊肉保持良好的风味是极为重要的。

（三）嫩度

肉的嫩度是人在咀嚼肉时感受到的老或嫩的程度，是评价肉食用品质的重要指标之一，反映了肉的质地，主要由肌原纤维的结构和状态（收缩或舒张）、肌内结缔组织含量和性质（成熟交联）决定，是对肌肉中各种蛋白质结构特性和肌内脂肪含量的总体概括。羊的品种、性别、年龄、营养状态、部位、宰后因素等也会对嫩度产生影响，一般羔羊肉中肌纤维较细，水分含量高，嫩度比成年羊好。

肉的硬度、弹性、黏聚性、多汁性、咀嚼性等重要的力学特征在很大程度上反映了肉的口感和总体接受性。一般来说，柔软性、易碎性和可咽性是肉嫩度的主观评定指标，而剪切力、穿透力、咬断力、剁碎力、压缩力、弹力和拉力等是客观指标，其中测定剪切力是判断嫩度大小的常用方法。这些指标的高低决定了羊肉的食用品质，也决定了消费者的接受程度。

（四）保水性

肉的保水性是指肌肉或肉品在特定条件下保持原有水分或添加水分的能力，包括以下三个方面的内涵：①系水潜能，表示肌肉携带水分的最大容量；②可榨出水，表示在外力条件下肌肉汁液的流失量；③滴水损失，表示无外力条件下肌肉汁液的流失量。肉中水分含量为 50%~75%，因羊的年龄或肥瘦程度不同，水分含量也有一定差别。羊肉中水分含量的变化是影响羊肉贮藏过程中品质劣变程度的重要因素之一。按照水的存在状态可分为结合水、不易流动水和自由水。其中不易流动水占 80%，存在于细胞内部，是决定肌肉保水性的关键因素；结合水存在于细胞内部，与蛋白质密切结合，基本不会失去，对肌肉保水性没有影响；自由水主要存在于肌细胞间，在外力作用下很容易失去。

失水率、滴水损失率、贮藏损失率、蒸煮损失率是衡量肉保水性的主要指标，其中滴水损失最常用。羊宰前应激反应、胴体存放环境、贮藏时间、加工生产工艺等都影响保水性。

羊肉的保水性不仅直接影响肉的滋味、香气、多汁性、营养成分、嫩度、色泽等食用品质，而且影响羊肉的加工特性，具有重要的经济意义。如果肌肉保水性差，则从屠宰到熟制前的过程中，肉会因失水而造成巨大经济损失。保水性的高低主要取决于肌原纤维蛋白的网络结构及肉中蛋白质所带净电荷的多少。当肉中蛋白处于膨胀胶体状态时，其网络空间大，保水性高；当处于紧缩状态时，网络空间变小，保水性下降。影响保水性的宰后因素主要有屠宰工艺、胴体贮存、僵直开始时间、熟化程度、肉的解剖学部位、脂肪厚度、pH 变化、蛋白质水解酶活力和细胞结构，以及加工条件如切碎、盐渍、加热、冷冻、解冻、干燥、包装等。

二、营养品质

肉的营养品质涉及肉的蛋白质含量、脂肪含量、矿物质含量、碳水化合物含量、维生素含量、水分含量等。

（一）蛋白质含量

羊肉中蛋白质的含量为 12.8%~18.6%，羊肉所含氨基酸的种类和数量较为全面和丰富，符合人体营养需要，是一种营养含量丰富的肉品。氨基酸与肉品质的关系主要在于所含人体必需氨基酸和总氨基酸的水平及鲜味氨基酸的水平。当食物中缺少必需氨基酸时，人体正常生长发育就会受到抑制。羊肉中的赖氨酸、精氨酸、组氨酸和苏氨酸的含量较其他肉类高，但含硫氨基酸含量偏低。

（二）脂肪含量

瘦肉中适量的脂肪含量可以提高肉品的嫩度，改善羊肉的保水能力，从而明显改善羊肉的品质。在感官品质评定中，富含适量肌间脂肪对肉的口感、多汁性、嫩度和滋味等都有正面作用。一般情况下，羔羊肉中的脂肪含量低，前后腿肉脂肪含量和产热量较其他部位低，羊肉的脂肪含量和能量水平高于牛肉、低于猪肉。

脂肪酸的组成不仅与肉的风味密切相关，也是评定肉营养价值高低的重要指标。羊肉脂肪中的软脂肪和油酸含量低，硬脂酸含量高，不饱和脂肪酸高于牛肉，熔点较低，具有较高的营养价值，易于消化吸收。油酸是羊肉脂肪中最重要的单不饱和脂肪酸，能降低血液中的总胆固醇和低密度脂蛋白含量，同时它也是羊肉的特殊风味指标。硬脂酸是羊肉脂肪酸中一个特殊的饱和脂肪酸，虽然饱和脂肪酸可提高体内胆固醇含量，但是硬脂酸却没有此作用。与其他肉类相比，羊肉胆固醇含量低于猪肉和牛肉，对于防止动脉硬化和其他心血管疾病的发生有积极作用。

（三）矿物质含量

肌肉中的矿物质含量在一定程度上体现了羊肉品质及营养价值，羊肉含0.8%~0.9%的矿物质。羊肉中的矿物质含量与牛肉和猪肉相当，同时羊肉中铜、铁、锌、钙、磷的含量高于其他肉类。虽然羊肉中所含矿物成分少，但却十分重要。如锌与抗癌、抗衰老、抗毒性、提高食欲、增强创伤性组织的再生能力等有关；铁是血红蛋白和肌红蛋白的必要组成成分，对保持肉色具有十分重要的作用，而且与过氧化酶活力有关；锰元素能有效降低肉羊腹脂沉积，保持良好的肉品质。不同年龄和不同部位的羊肉中矿物质的含量也不同，如18月龄的羊肉中各矿物质含量均高于12月龄的羊肉中矿物质含量，肱二头肌中各矿物质含量均高于背最长肌矿物质含量。

（四）碳水化合物

羊肉中的碳水化合物含量较低，包括糖原、葡萄糖、麦芽糖、核糖、乳酸等，其含量与羊机体状态密切相关。碳水化合物主要以糖原形式存在于动物的肝脏和肌肉中，肝脏中糖原的含量为2%~8%，肌肉中含量为0.3%~0.8%。羊宰后肌肉中的糖原初始水平与宰前状态有关，随着宰后时间的延长，体内存留的糖原会被进一步利用和消耗。

（五）维生素含量

羊肉中维生素的含量相对较低，但是作用却不可忽略。如维生素E是天然的抗氧化剂，可以减少脂类氧化速度并维持宰后细胞膜的完整性，对引起羊肉产生苍白、柔软、渗出性变化的磷脂酶有抑制作用，使羊肉能长久地保持新鲜外观和颜色，降低滴水损失，提高羊肉及其加工产品在贮存过程中的氧化稳定性。藏羊肉中富含维生素，增强了藏羊肉的适口性和营养价值。

（六）水分含量

羊肉中的水分约占可食用部分总重量的 73.4%，水分大部分位于肌细胞内或肌细胞间隙，另有很少一部分水与蛋白质分子结合。羊肉中水分含量及其持水性直接关系到羊肉及其制品的组织状态、品质、风味及多汁性。总的来说，羊肉中水分的差异主要与脂肪含量的不同有关。羔羊肉中的水分含量较成年羊肉高，且前腿肉和后腿肉的水分含量较其他部位高，尾脂部位含水量较低。

三、加工品质

羊肉加工品质包括宰后肉的状态、蛋白质变性程度、结缔组织含量、凝胶性、抗氧化能力和 pH 等。

（一）宰后肉的状态

肉羊屠宰后发生冷收缩、僵直、成熟等状态变化，这些变化均对羊肉的加工品质造成不同程度的影响。羊胴体在宰后一段时间内，由于三磷酸腺苷（ATP）含量减少、pH 下降，肌质网功能失常，钙泵作用消失，促使肌球蛋白和肌动蛋白结合形成肌动球蛋白引起肌肉收缩，肉的弹性和延展性减小，造成宰后僵直的现象。僵直过程包括迟滞期、急速期和僵直后期。僵直过程结束，羊肉内环境 pH 降低，保水能力降低，机械强度增大，汁液流失增加，并且会放出热量，这些现象会对羊肉的加工品质造成负面影响。僵直后一段时间，羊肉会发生解僵，肉的硬度减小，持水力和风味都得到极大改善，此过程称为成熟。成熟后的羊肉富有弹性，蛋白质分解成更小的物质使亲水性提高，风味变好。随着羊肉宰后的一系列复杂的生理生化变化，羊肉的食用品质和加工品质也发生着变化。

为了延长肉的保存期，经常需将胴体降温冷冻，此过程中极易发生冷收缩现象。冷收缩指的是在肌肉 pH 降到 6.2 以前或温度降到 12℃ 以下时冷冻，引起肌肉发生显著收缩的现象。冷收缩会导致肉过度收缩和硬化，且在肉成熟后依然坚韧。所以商业上经常运用快速冷却和电刺激等技术来降低冷收缩的发生。

（二）蛋白质变性程度

羊肉中除水分外，主要成分是蛋白质，占肉总重的 18%~20%，占肉中固形物的 80%。肌肉蛋白可分为肌原纤维蛋白质、肌浆蛋白质和基质蛋白质。肌原纤维中的蛋白质与羊肉的品质特征，如嫩度、保水性密切相关。肌原纤维主要由肌原纤维蛋白质构成，其含量随肌肉活动量的增加而增加。肌球蛋白是构成肌原纤维蛋白的主要蛋白质之一，对热很不稳定，高温易发生变性凝固，溶解性降低，形成黏性凝胶。此外，肌浆和基质中的蛋白质、酶等在羊宰后的贮存、加工、运输过程中，由于自体发生生化变化，所处环境等情况也会发生不同程度的变性降解，影响羊肉嫩度、保水性、风味等，从而对羊肉的加工品质产生正面或负面的影响。

（三）结缔组织含量

羊肉中除了肌肉组织外，结缔组织是第二重要的成分。它是构成肌腱、筋膜、韧带及肌肉内外膜、血管和淋巴结的主要成分，在羊体内起支持和连接作用，使肌肉保持一定的硬度和弹性。胶原蛋白是结缔组织中的主要成分，含有大量的甘氨酸、脯氨酸和羟脯氨酸，后两种氨基酸为胶原蛋白所特有，一般蛋白质大多不含或含量甚微。因此，通常用羟脯胺酸含量的多少来确定肌肉结缔组织的含量，并作为衡量肌肉质量的一个指标。

（四）凝胶性

羊肉在加热时会引发一系列物理、化学变化，如质构变化、风味形成等。除此之外，加热还能使肌肉在合适条件下形成凝胶。肌肉的凝胶性与加工品质有很大联系，它影响羊肉的弹性、保水性、乳化性等重要性质。凝胶的形成和性质主要取决于蛋白质分子疏水相互作用、静电力等分子相互作用。肉制品中主要起凝胶作用的蛋白质是肌原纤维蛋白，其含量在 0.5% 时即能形成凝胶。影响肌原纤维蛋白凝胶特性的因素分为内在和外在因素。内在因素包括蛋白质浓度、成分、变性程度和聚集速度。蛋白质浓度越高，凝胶强度越大；蛋白质聚集速度小，蛋白质分子充分伸展，形成有序、透明的凝胶。外在因素包括温度、pH、离子强度和外源添加物质。温度适当升高则热诱导凝胶的质构特性整体呈上升趋势；环境 pH 在蛋白质等电点附近或太高对凝胶形成不利；低离子强度溶液形成的凝胶硬度小，凝胶的硬度随离子强度的增大而逐渐变大；另外，将淀粉、卡拉胶等亲水胶体加入肌原纤维蛋白中能显著提高凝胶的保水性和凝胶强度。

（五）抗氧化能力

羊肉品质不仅受饲养管理、加工方式等外界因素影响，也与自身因素有关，其抗氧化能力就是其中之一。肌肉的氧化稳定性与肉的风味、色泽和嫩度等特征密切相关。肉羊宰后氧化变质是生产加工中需要特别关注的问题。羊肉制品出现难闻气味、肉色劣变之后，随之而来的是油脂氧化，最终导致肉品劣变。羊肉的氧化稳定性受多方面影响，其中最重要的是酶抗氧化系统和非酶抗氧化系统之间的互补和依赖关系，它们共同构成机体完整的抗氧化防御体系，协同保护机体免受活性氧自由基损伤。通过向饲料中添加外源性抗氧化分子和内源性抗氧化防御，可以抵御氧化反应而提高脂质氧化稳定性，延长羊肉保质期。除了舍饲，放牧也是目前羊的主要饲养方式之一。以放牧方式饲养的羊，采食活动比舍饲羊群丰富而复杂，可摄入维生素 E、类胡萝卜素等高水平抗氧化物。对于放牧羊群来说，其对体内氧自由基的清除效果优于舍饲，因此其产品具有更好的抗氧化性。由此可见，测定羊肉中主要抗氧化酶活力，能够反映某一阶段羊肉抗氧化能力的大小，为生产实践中生产方式的选择、饲养管理的改进以及羊肉品质的改善提供科学依据。在羊肉加工方面，抗氧化能力也受多方面因素影响。将 2% 的大蒜提取物应用于冷却肉中，可以起到明显的抑菌效果和抗氧化能力，并对冷却肉的色泽影响不大（陈洪生等，2008）。在每 100mL 菜籽油中加入 40μL 肉桂油炸制肉脯，可明显抑制微生物的生长，抗氧化作用明显（梅林琳，2008）。

（六）pH

羊宰后最明显的一个生化变化是 pH 下降。从肌肉到可食用肉的转变过程，pH 在所有化学变化和物理变化中都起到关键作用。糖酵解反应产生乳酸、磷酸肌酸分解产生磷酸，使得肌肉 pH 下降，直到糖酵解酶活力钝化，糖酵解反应不再继续，pH 不再降低，此时 pH 为极限 pH，记为 pH_u。pH_u 与羊宰前肌肉中糖原含量有关，一定范围内糖原浓度越高，pH_u 越低。而引起肌糖原消耗的因素有很多，如羊宰前禁食时间、待宰时间、运输时间、混群状态等，这些因素可引起宰前应激反应。应激反应大则肌肉中糖原含量少。

pH_u 对羊肉保水性、肉色和嫩度等都有影响。羊宰后 pH_u 降到 5.3~5.7 时，肉色正常；而宰前应激强烈的羊，肉的 pH_u 偏高，此时肉的颜色较正常肉色暗。在自然条件下，肌肉的 pH_u 越低，越接近肌肉蛋白质的等电点，此时肌肉组织结构发生不可逆收缩，导致肉的嫩度变差；随着肌肉 pH_u 的上升，肌肉的嫩度会有所改善，因为肌肉组织中糖原含量有限，宰后僵直形成早，ATP 耗尽，不易发生僵直收缩引起的硬化；但 pH_u 过高会导致黑干肉（DFD 肉）的形成，使得货架期缩短。

四、安全品质

羊肉安全品质包括肉的新鲜度、致病微生物及毒素含量、药物残留、重金属残留等。

（一）新鲜度

肉的腐败是从蛋白质开始的，蛋白质对微生物细胞是非通过性的，所以高分子的胶体蛋白质不能直接被微生物利用，但是随着肉的成熟和自溶的发生，产生大量的分解产物，为腐败微生物的生长繁殖提供了良好的营养物质。在微生物分泌的蛋白酶的协同作用下，蛋白质分解为肽、胨和氨基酸，进一步分解合成具有恶臭的中间产物和最终产物，如梭酸、挥发性油脂、酮酸、组氨、尸胺、腐胺、吲哚、酚、甲酚、硫酸等。

新鲜羊肉的肉色鲜红而且均匀，有光泽，肉质细而紧密，有弹性，外表略干，不粘手，具有羊肉的膻味，味道正常无异味。不新鲜羊肉的肉色深暗，外表粘手，肉质松弛无弹性，略有氨味或酸味。变质羊肉的肉色暗，外表无光泽且粘手，有黏液，脂肪呈黄绿色，有异味，甚至有臭味。

（二）致病微生物及毒素含量

致病微生物污染是指由致病微生物及其毒素造成的污染，包括细菌性污染、病毒性污染和真菌及其毒素的污染。羊肉在加工、运输、贮藏、销售等过程中极易受到致病微生物污染。污染羊肉产品的微生物来源包括土壤、空气、水、羊体、屠宰加工器械及设备、包装材料、操作人员等。

屠宰后的肉经过一系列的生化变化和肉自溶组织酶的作用，逐步经过僵直、解僵过渡到成熟，这时最适宜食用或加工贮藏，但是如果不采取任何措施，则会造成羊肉滋生有害菌，引起腐败。近年来由致病微生物污染引起人食源性疾病的报道越来越多，让消费者缺乏安全感，如何减少和控制羊肉产品中致病微生物的含量是一个急需解决的问题。

（三）药物残留

随着人们对肉品需求的增长，商业上对养殖过程的疫病控制越来越重视，但是也因此出现滥用抗生素、疫苗、瘦肉精等现象。2015年农业部对全国36个省（自治区、直辖市）和计划单列市的畜禽产品进行了例行监测。全年按季度共开展监测14400批次，检出66个不合格样品，其中有59个禽蛋样品检出恩诺沙星、环丙沙星、沙拉沙星等药物残留，占不合格样品的89.4%。据2016年农业部第4季度的例行监测结果显示，在8个不合格样品中（有标称产地），有7个为禽蛋样品，占不合格样品的87.5%，其中有5个样品检出恩诺沙星或环丙沙星、2个样品同时检出恩诺沙星和环丙沙星。激素残留对人体的危害主要是引起生长发育和代谢的紊乱，尤其对儿童和青少年作用更为明显。若长期食用兽药残留超标的食品，当体内蓄积的药物浓度达到一定量时，会对人体产生多种急慢性中毒。特别是婴幼儿药物代谢功能尚不完善，食用含有药物残留的食物对生长发育影响较强烈，如氯霉素，可引起致命的"灰婴综合征"反应，甚至造成再生障碍性贫血；四环素类药物能够与骨骼中的钙结合，抑制骨骼和牙齿的发育等。动物机体长期反复接触某种抗菌药物后，其体内敏感菌株受到选择性的抑制，从而使耐药菌株大量繁殖，会使得一些常用药物的疗效下降甚至失去疗效。人体长时间受到抗生素残留肉刺激，会使一些非致病菌被抑制或死亡，造成人体内菌群的平衡失调，从而导致长期的腹泻或引起维生素的缺乏等反应。肉羊养殖、屠宰、加工企业应严格执行食品卫生标准，科学合理地使用兽药，控制药物残留，确定休药期。

（四）重金属残留

重金属是一类具有潜在危害的化学污染物，是一种典型的积累性污染物，它不被土壤微生物所分解，可通过食物链在肉羊体内富集，随着重金属在食物链中逐渐累积，最终进入人体，会对人的机体产生慢性损伤。如儿童血铅的升高与食品中铅的摄入量呈正相关，儿童对铅较成人更为敏感，过量摄入影响其生长发育，导致智力低下；长期摄入镉会造成慢性中毒，出现胸闷、无力、肾损伤等症状；重金属与血液中的血卟啉结合，损伤肝脏，导致肝硬化、肝癌。大气污染、水污染和土壤污染等环境污染导致肉羊的饲料、饮水中重金属超标，在羊肉加工过程中的加工用水、加工材料、包装材料、其接触的机械、管道、容器以及因工艺需要加入的添加剂中含有重金属元素，将会引起二次污染，成为羊肉质量安全的又一隐患。

饲料中重金属残留是动物源性食品中重金属的主要来源，饲料在生产过程中以及生产饲料的原料中都存在一定的污染风险。这些饲料被投喂进入畜禽机体后无法被代谢排出体外，在体内蓄积，最终被人食用，进入人体。环境污染和人为添加也是重金属残留的主要来源。国家食品卫生标准对肉类制品中一些重金属作出了限量规定，当前世界各国对食品安全的要求越来越高，检测项目、指标及标准也越来越高，所以强化食品安全监督管理，具有非常重要的意义。要减少动物源性食品中重金属残留，首先要减少重金属的排放，加强环境监管。从畜禽角度，要监控养殖环境，择优选址，把好饲料关，控制饲料中重金属含量，同时加大重金属监测力度，开发简单高效的检测方法。

第二节
羊肉品质检测与评价的新技术

肉品质的常用检测指标有剪切力、pH、蒸煮损失、滴水损失、肉色（$L^*a^*b^*$）等，这些检测指标结合感官评价常被用于评价肉制品的食用和加工品质。而水分、蛋白质、脂肪含量和其组成是评价营养品质的常规检测指标。近年来兴起一些羊肉品质评价的新技术，如近红外光谱可以从整体上评价样品的组成特征；电子鼻、电子舌可以通过仪器客观地评价羊肉的风味，并分析引起差异的化学物质。本节重点介绍这些新技术。

一、近红外光谱

近红外光谱区是指波长范围在 780~2526nm 的电磁辐射区域，位于可见光谱区和中红外光谱区之间，分为短波近红外区与长波近红外区两个区域，波长范围分别是 780~1100nm 和 1100~2526nm。近红外光谱能量较高，可以激发泛音和谐波震动。检测光谱特征会随着样品组成的变化而变化，从而为近红外光谱定量分析样品的物理性质（如颜色和硬度等）和化学成分（如水分、脂肪、蛋白质等）提供了基础。

近红外光谱分析技术不需对样品进行复杂的前处理即可提取物质的特征信息，因此可用于一些快速鉴别手段。对于肉品化学组成的研究来说，利用近红外光谱分析的技术较为成熟，因为近红外光谱反映的是含氢基团的信息，而肉中主要组成物质水、蛋白质、脂肪都含有氢基团。这些信息可用于反映羊肉理化性质。此外，近红外光谱技术也可应用到羊肉成分是否掺假、羊品种鉴别及追溯、羊肉中农药残留检测、羊肉分级等方面。

二、电子鼻

电子鼻是模拟哺乳动物鼻子的嗅觉功能而建立的人工嗅觉仪器，由气敏传感器阵列、信号处理系统和模式识别系统三大部分组成。在工作时，气味分子被气敏传感器吸附产生信号，生成的信号被传送到信号处理系统进行处理和加工，最终由模式识别系统对信号处理的结果做出综合判断。

在肉品行业中，电子鼻可作为一种有效的检测工具加以应用。通过电子鼻系统分析羊肉中的挥发性物质，可以用于羊肉的新鲜度检测。羊肉在贮存的过程中，由于微生物和酶的作用，其中的蛋白质、脂肪和碳水化合物等发生分解而腐败变质，随着贮藏时间的延长，肉的新鲜度逐渐下降，其挥发性成分发生明显变化，气味也有显著区别。相比传统检测采用挥发性盐基氮或感官检测等方法，电子鼻检测肉的新鲜度更为快速、方便和准确。

三、电子舌

电子舌是基于生物味觉模式建立起来的基于化学传感器和模式识别的液体分析仪器。在电子舌体系中，味觉物质的信号由传感器获得，并经数据分析处理获得最终结果。对羊肉与羊肉制品，电子舌传感器获取其味觉物质的信号，会将信号传至电脑由模式识别软件分析并对不同样品进行区别辨识，获得不同的味觉信息。

羊肉在贮存的过程中，新鲜度逐渐下降，其内部组成成分也会发生明显变化。传统检测大多是以蛋白质分解的最终产物为基础，进行定性和定量分析，但是此类方法均存在耗时费力的缺点。电子舌系统可通过检测样品或样品溶液中的味觉物质变化情况实现羊肉新鲜度的快速评定。电子舌不仅可以有效区分不同品种和不同部位的羊肉，还能将室温和冷藏两种不同条件下不同贮藏时间的羊肉品质特性有效识别。

电子舌还可以用于添加物质的检测。羊肉制品在加工过程中，为达到防腐、护色、改善肉质等效果，往往会添加一些盐类。但是添加量若过多，则会对肉的品质产生影响，如使肉的持水能力下降、汁液渗出、蛋白质沉淀等，同时还会影响消费者的身体健康，利用电子舌可以快速检测羊肉及其制品中盐类含量。

四、低场核磁

样品中的氢质子存在于水和有机物中，电荷绕氢质子核旋转的同时氢质子核又不停地自转，因此氢质子核周围就会产生磁场。若把每个氢质子核看作一个小磁铁，就可以将样品看成是由无数微小的磁铁构成的。低场核磁共振的原理是对样品施加射频脉冲，氢质子发生共振效应，从而使氢质子从低能态跃迁到高能态，停止射频脉冲后氢质子以非辐射的方式回到基态并重新达到弛豫时间 T，分析纵向弛豫时间 T_1 及横向弛豫时间 T_2 可以得到样品内部信息。

低场核磁共振技术在羊肉中的应用主要以水分分布来反应肉品质或新鲜度，在检测肉制品掺假情况中应用较少。羊肉制品的保鲜期、加工特性与肉中的水分含量及水分分布之间有密切联系，因此核磁共振技术可以很好地应用于羊肉制品体系中水分的测定。水分横向弛豫时间 T_2 衰减程度的不同可用来解释羊肉制品中不同状态水的含量。

五、高光谱技术

高光谱成像技术是一个新兴的平台技术，具有超强图谱分辨能力，可同时得到样本的空间和光谱信息，并对待测物进行定性和定量分析，是多信息融合检测产品的首选技术。高光谱成像技术不仅能很好地描述研究对象的外部特征，获取部分表征外部品质的有效信息，还能检测产品的内部特征，获取部分表征内部品质的有效信息。

羊肉腐败时 pH 会发生变化，羊肉色泽、嫩度等品质指标也会出现变化，可应用高光谱成像技术，结合冷鲜羊肉的色泽、嫩度、pH、挥发性盐基氮（TVB-N）等多个理化指标开展无损检测，为实现羊肉品质的无损检测提供理论依据和技术支持。

六、超声波

超声波检测是利用肉品在超声波作用下的反射、散射、透射、吸收特性和衰减系数、传播速度以及其本身的声阻抗和固有频率，根据一些主要参数的变化测定肉品的组成成分、肌肉厚度、脂肪厚度等，以实现快速无损在线检测与分级的方法。超声波的主要参数如衰减系数、传播速度常被用来测定肉品的理化特性。利用超声波衰减系数和传播速度的变化可以测定羊的背膘厚以及脂肪含量。用超声波在线检测羊胴体时，超声波传感器将超声波反射、散射的信号收集后进行分析，确定膘厚、脂肪及产肉率、主要切割点等情况，在线检测速度快并且能达到较满意的准确率。超声波检测技术可以用于人工检测，但更多地应用于在线自动快速无损检测，具有适应性强、对人体无害、检测灵敏、使用灵活等特点。

七、介电特性

羊肉的介电特性主要是指羊肉组织分子中的束缚电荷对外加电场的响应特性。导电能力可以用来反映羊肉的新鲜程度。保存时间越长，羊肉的分解产物越多，导电能力越强，羊肉的新鲜程度越差。在交变电场中，羊肉组织电解质可看作是由原生质和各种细胞液的宏观有效电阻和细胞膜的宏观有效电容组成的等效电路，随着羊肉新鲜度的降低，肌肉组织发生一系列生理变化，如蛋白自溶、离子溶出、水分迁移等，肉品质的变化会影响介电参数的变化，而这些变化可通过电感 / 电容 / 电阻（LCR）测试仪对宏观电特性参数进行检测。主要由计算机、LCR 测量仪、屏蔽箱、电极板、数据采集处理软件等组成。随着冷藏时间的延长，羊肉电导值表现为不断升高的趋势。因为冷藏时间越长，在自身蛋白分解酶和细菌的作用下，羊肉中的蛋白质、脂肪等分解成大量代谢小分子物质，产生大量离子，羊肉开始产生一些具有导电能力的浸出液，同时细胞不断死亡，细胞膜破裂，溶液中的离子可以自由通过细胞膜而不停留在膜表面，因而导电能力增强，电导值不断升高，此时羊肉感官表现为粘手并伴有黏液。

第三节

羊肉及其制品的贮藏保鲜

———

常见的肉品保鲜技术有低温保鲜、低水分活度保鲜、高压保鲜、辐射保鲜、防腐剂保鲜、涂膜保鲜等，未经包装的羊肉暴露在空气中，极易受到污染而发生腐败变质，因此采用适合的包装技术不仅能有效地抑制羊肉在贮藏运输过程中受到污染，更可以保持羊肉的品质，从而延长羊肉的货架期。本节就上述保鲜技术进行具体介绍。

一、肉品腐败变质的机理及影响因素

随着人们生活水平的提升，羊肉的消费量不断增长。新鲜羊肉中水分活度高，且含有丰富的营养物质，如脂肪、蛋白质等，因此羊肉在宰后的贮藏运输过程中容易受到温度变化、微生物污染的影响，进而导致羊肉腐败变质。健康羊的肌肉和血液是无菌的，羊肉的腐败是由于外界感染的微生物在肉表面的繁衍造成的。微生物不能直接利用大分子蛋白质，但是可以利用肉中游离的氨基酸和低肽进行繁殖。在肉成熟的过程中，蛋白质发生自溶生成小分子的氨基酸，为微生物的生长繁殖提供了必需的营养物质；微生物繁殖后分泌产生蛋白酶，肉中的蛋白质在蛋白酶的作用下会分解产生小分子氨基酸和肽，又进一步促进了微生物的繁殖，进而加速了肉的腐败。在肉的腐败过程中，除了蛋白质分解和脂肪氧化外，也伴随着肉表面色泽的变化。随着肌红蛋白的氧化，肉中高铁肌红蛋白含量不断积累，肉表面由鲜红色变为暗褐色甚至绿色。腐败变质的肉失去了加工和食用的价值，因此在羊肉贮藏过程中减少肉的腐败变质至关重要。

二、羊肉及其制品的保鲜技术

目前市场上销售的羊肉主要有热鲜肉、冷却肉和冷冻肉三种。冷却肉是指严格执行检验检疫制度进行屠宰的畜禽胴体迅速进行冷却处理，使胴体的温度在宰后24h内降低至0~4℃，并在后续的加工、流通和销售过程中一直处于0~4℃环境。冷却肉在欧美发达国家所占比例在80%以上（白建，2006）。冷却肉安全、卫生、营养价值高、肉柔软多汁、色泽鲜红且保质期长，具有广阔的市场前景，深受消费者喜爱（李雪梅等，2005）。

（一）低温保鲜技术

1. 冷藏保鲜

羊肉贮藏保鲜的时间长短取决于原料肉的卫生状况和保鲜处理的方法条件。贮藏温度升高会导致贮藏期缩短，保持适当温度是延长羊肉保质期的关键。降低温度可以降低酶活力，抑制微生物生长繁殖。大多数致病菌的最低繁殖温度在3~5℃，因此当贮藏温度低于5℃时，可有效防止致病菌的生长繁殖，同时也可防止腐败性微生物的生长繁殖（何健等，2008）。但是该贮藏条件不能完全抑制微生物的生长繁殖、蛋白质氧化和脂肪酸败等变化，因此由该种方法贮藏的羊肉保质期较短。

2. 冷冻保鲜

羊肉的冷冻温度一般在 −20~ −18℃，在此温度下，羊肉中的水分呈冰晶状态，可有效地降低酶活力，抑制微生物生长繁殖，延长羊肉贮藏期，冷冻肉的贮藏期是冷却肉的5~50倍。冷冻的速度影响原料肉品质，冷冻速度缓慢时形成的冰晶少且体积大，解冻后不利于恢复鲜肉原有的品质，肉的色泽、保水性和风味等均受到影响。冷冻速度越快，形成的冰晶体积越小且数量多，同时结合缓慢解冻，羊肉具有较大的可逆性，可较好地保持羊肉品质（张慧等，2012）。

3. 冰温保鲜

冰温贮藏是继冷藏和冷冻保鲜之后食品贮藏保鲜的又一技术性革命，与冷冻保鲜和冷藏保鲜相比，具有明显的优势。羊肉冰温保鲜是指将羊肉在0℃到其冰点的温度范围（"冰温带"）进行贮藏，在该温度范围内肉不会发生冻结，汁液不会形成冰晶。将羊肉的贮藏温度严格控制在"冰温带"以内，可以保持羊肉组织细胞的完整性并使细胞保持活体状态。此外，该温度范围不利于微生物的生长繁殖，有利于稳定肉色，延长羊肉贮藏期（张海峰等，2008；王守经等，2016）。

（二）低水分活度保鲜

羊肉中微生物的种类和繁殖速度取决于水分活度，当水分活度降至0.7左右时，绝大部分微生物都被抑制。常见的低水分活度保鲜方法有添加食盐或糖进行腌制以及进行风干（何健等，2008）。

（三）辐射保鲜

放射线的能量以电磁波的形式透过物体，物体中的分子吸收辐射能后被激活成离子或自由基，化学键破裂，物质内部结构改变。此外，辐照能损伤细菌细胞内的遗传物质，影响微生物的正常代谢和生长发育，进而杀死肉中的微生物（何健等，2008；马俪珍等，2008）。辐照杀菌不需要打开包装即可进行，辐照产物的形成是将食品中的成分简单地分解，如将蛋白质分解为氨基酸，脂肪氧化分解为甘油和脂肪酸，不会引起毒理学危害，因此认为经辐照处理的食品是安全的（王金枝等，2004）。但辐照处理会加速羊肉中的脂肪氧化，且辐射剂量越高，脂肪氧化速率越大。此外，随着贮藏时间的延长，辐照羊肉中的脂肪氧化速率明显加快。在辐照处理前添加适量的抗氧化剂可以有效地抑制羊肉中脂肪的氧化（何健等，2008）。

（四）高压保鲜

将高压技术应用于肉品的保鲜中，可以延长肉品保质期。非加热的高压处理通过以下几个方面改善肉品质及延长保质期：①使肌球蛋白结构松弛，降低肉的剪切力，加速肉的成熟和嫩化；②提升脂肪的熔点，减少脂肪氧化（李雪梅等，2005）；③钝化酶的活力，使微生物失活；④基本不会破坏肉的营养价值、风味、鲜度和色泽等品质（姚笛等，2007）。研究表明，经 100~600MPa 高压处理 5~10min，可以减少细菌、酵母和霉菌的数量；经 600MPa 高压处理 15min 时，食品中大部分微生物被杀死（罗欣等，2000）。

（五）防腐剂保鲜

在羊肉中添加保鲜剂可抑制微生物生长繁殖，抑制蛋白质氧化和脂肪酸败，从而延长羊肉及其制品保质期，在羊肉的生产、流通、贮藏和销售环节，保鲜剂已得到广泛应用。常用的保鲜剂可分为化学防腐保鲜剂和天然防腐保鲜剂两种。

1. 化学防腐保鲜剂

常用的化学防腐保鲜剂主要包括有机酸及其盐类、臭氧和二氧化氯等。其中有机酸能够透过细胞膜进入细胞内部，有机酸解离后改变细胞内的电荷分布，造成细胞代谢紊乱甚至死亡。在 6℃ 以下，低分子有机酸对革兰阳性菌和阴性菌均有抑制作用（罗欣等，2000）。目前常用于肉类保鲜的有乙酸、山梨酸及其钾盐、乳酸及其钠盐、磷酸盐、抗坏血酸、甲酸和柠檬酸等。将这些盐类单独使用或者结合使用均可延长肉品保质期，且这些盐类在人体内可参与正常代谢，对人体无害（罗欣等，2000）。乳酸根离子具有抑菌功能团，同时乳酸钠可降低肉中的水分活度，向肉中添加乳酸盐也可抑制微生物生长，且抑菌作用随着乳酸钠质量分数的增大而增强（罗红霞等，2001）。此外，乳酸钠还可抑制不良风味的产生和酸败的发生。山梨酸钾可与微生物酶系统中的巯基结合，从而抑制微生物的增值，减少肉的腐败。山梨酸钾可单独使用，也可与磷酸盐、乙酸结合使用（何健等，2008）。壳聚糖被用作肉品保鲜剂时，浓度越高效果越好。臭氧可杀灭空气中 85% 以上的自然菌，且对细菌、霉菌和病毒等都有很强的抑制作用（罗欣等，2000）。

2. 天然防腐保鲜剂

在食品中运用天然防腐剂进行保鲜，安全卫生且符合消费者的需求。应用于肉中的天然防腐剂根据其来源分为植物源、动物源和微生物源三种。

植物源保鲜剂主要是香辛料提取物，许多香辛料（生姜、大蒜、肉桂等）中含有杀菌抑菌成分，提取后可以作为安全有效的食品防腐剂使用，来源丰富且价格低廉。例如，大蒜中的蒜辣素和蒜氨酸，肉豆蔻中的肉豆蔻挥发油，肉桂中的挥发油和丁香中的丁香油等，均具有良好的杀菌抗菌作用（顾仁勇等，2006）。用南瓜浸提液处理羊肉后，羊肉的保质期延长4~5d（池泽玲，2008）。茶多酚具有抗脂肪氧化、抗菌、清除臭味物质等的作用（莎莉娜等，2008；孔令明等，2009）。

动物源保鲜剂主要有壳聚糖、溶菌酶和蜂胶等。壳聚糖具有很好的成膜性，其性能稳定、无毒，不仅能抑制植物镰刀病孢子的发芽和生长，对金黄色葡萄球菌、大肠杆菌、酵母菌和霉菌等也有很强的抑制作用（汤凤霞等，1999）。一般将壳聚糖和其他保鲜剂复合使用对羊肉进行保鲜。溶菌酶可以溶解细菌的细胞膜，使细胞膜上的糖蛋白类多糖发生分解，进而杀死细菌（罗欣等，2000）。蜂胶可抑制并杀死细菌、病毒，延缓肉的腐败变质（张德权等，2006）。

微生物源保鲜剂是指由微生物代谢产生的抗菌物质，主要包括有机酸、多肽和前体肽等。可在微生物细胞膜上形成微孔，导致细胞膜通透性的改变和能量代谢系统的破坏，进而抑制微生物的生长（张海峰等，2008）。在肉品保鲜中常用的有乳酸链球菌素（Nisin）和乳酸菌发酵液。其中Nisin是乳制品中所含的天然产物，是由某些乳酸链球菌合成的一种多肽抗菌素，可以杀死革兰阳性菌，但不能杀死酵母、霉菌和革兰阴性菌等，Nisin的抑菌效果优于溶菌酶和乳酸钠（段静芸等，2002）。

（六）涂膜保鲜

涂膜保鲜是将肉浸泡在涂膜液中，或者在肉表面涂抹涂膜液，使肉表面形成一层膜，改变肉表面的气体环境，从而抑制微生物的生长，延长肉的保藏期。其中可食性膜可减少肉的汁液流失，在肉中应用较多的可食性膜有酪蛋白、大豆蛋白、海藻酸盐、羧甲基纤维素、壳聚糖、淀粉和蜂胶等。海藻酸钠是一种天然多糖，可以清除体内的有毒物质且具有抗肿瘤的作用。

（七）包装技术

冷却肉暴露在空气中，容易受到微生物和其他物质的污染而变质，因此采用适当的包装方式，可以起到较好的护色及抑制微生物生长的作用，延长肉品保质期。

1. 真空包装

真空包装技术已广泛应用在食品包装中，其中在肉品保鲜中主要用于大块肉的贮藏，但不能用于大块胴体和带骨产品的包装。真空包装内无气体，肉几乎接触不到氧气，可以减少高铁肌红蛋白的产生，采用不透气性膜对肉进行真空包装可以起到很好的护色作用。此外，真空包装可以保持肉的整洁，延缓脂肪氧化并抑制微生物生长，防止二次污染。但是由于缺氧易造成肉表面呈现深紫色。此外，肌肉组织会有一定的渗出物，渗出物会在肉表面沉积，容易引起微生物的滋生（李雪梅等，2005）。

2. 气调包装

将食品装在密封性好的材料中，使用保护气体置换包装内的气体，可以抑制酶促反应以及微生物生长，气调包装常用的气体有 CO_2、O_2 和 N_2（翁航萍等，2008）。由于 N_2 性质稳定且价格便宜，可以用其排除氧气，制造缺氧环境，减缓肉的氧化和细胞的呼吸作用，抑制微生物的生长繁殖，但不会对肉色造成影响。CO_2 是气调包装中关键的一种气体，可抑制好氧菌和霉菌的生长，尤其是在细菌繁殖的早期，但是对厌氧菌不起作用。高浓度 CO_2 可改变细菌细胞壁的渗透性，改变其 pH 并抑制酶的活力（罗欣等，2000）。O_2 可以抑制厌氧微生物的生长繁殖，并可以与脱氧肌红蛋白结合生成氧合肌红蛋白，维持肉品鲜艳的红色（何健等，2008）。此外，可向气调包装中加入 CO，与肌红蛋白结合形成 CO 肌红蛋白，使肉维持鲜红色，且 CO 肌红蛋白的稳定性高于氧合肌红蛋白（罗欣等，2000）。采用合适比例的气体进行气调包装，既可维持肉的鲜红色，又可抑制微生物生长，保证肉的卫生品质及良好的感官品质，延长货架期。目前认为较为适宜的气体配比有 50% O_2 + 25% CO_2 + 25% N_2（马坚毅，2007）。

3. 托盘包装

托盘包装是超市中常用的销售方式之一，一般冷却肉在工厂进行真空包装，到达销售场地后打开真空包装袋，将肉进行分割后放入泡沫聚苯乙烯托盘，上面用聚氯乙烯（PVC）或者聚乙烯进行包装，肉处在有氧环境中呈现氧合肌红蛋白的鲜红色。在国外常采用子母袋进行包装，在零售前将肉切成肉块，先用透氧性强的膜进行包装，然后把小包装中的肉块放入阻隔性非常强的多层复合膜（母袋）中，将母袋中的空气抽出，真空包装或充入理想的气体（一般为 100% CO_2 气体），在零售前打开母袋，使氧气透过子袋，肉在 30min 内即可恢复氧合肌红蛋白的鲜红色（李毕忠，2002）。子母袋包装的优点在于肉到达销售地点后不需要再进行切分和包装，可以避免二次污染。

4. 活性包装

活性包装技术是食品包装发展的方向之一，在我国肉制品中应用活性包装的还很少。活性包装可通过对包装环境的改变延长货架期，能在保持食品品质的同时提高安全性和感官品质，不仅是对食品进行包装，还可对食品品质起到有益的作用。国际上在肉制品中应用的活性包装技术有封入脱氧剂进行包装、封入二氧化碳生成剂包装、封入抗氧剂进行包装和喷涂抗氧性可食用膜等（孙丽娜等，2011）。

5. 抗菌包装

抗菌包装是指将抗菌剂混入包装材料中，使包装材料具有一定的抗菌性。且抗菌剂材料可以从包装材料中释放到食品的表面，与细菌接触时，可以渗透细菌的细胞壁并破坏其功能，因此抗菌包装可以杀死食品表面的微生物（孔令明等，2008）。

（八）栅栏技术

栅栏技术是利用调节食品中的各种有效因子，以及各因子的交互作用来控制腐败菌生长繁殖，提高食品的品质、安全和贮藏性。通常把这些起控制作用的因子称为栅栏因子，又名保藏方法。到目前为止，食品保藏中已经得到应用和有潜在应用价值的栅栏因子数量已经超过 100 个，其中约 50 个已用于食品保藏。肉类保藏是一项庞大的系统工程，涉及的栅栏因子众多，主要可分为物理性栅栏、化学性栅栏、微生物栅栏和其他栅栏。目前国内外研究应用较多的栅栏因子主要有以下几种：初始菌量、温度、pH、水分活度、氧化还原值（Eh 值）、添加防腐剂、包装、辐照技术、高压处理、竞争性菌群。对于不同的食品，不同的栅栏因子性质和强度也不同。

1. 栅栏技术在冷却肉保藏中的应用

冷却肉的消费市场份额大，但由于其营养丰富，水分活度大，极易被微生物污染导致腐败变质，冷却肉在加工、运输、销售过程中的保藏显得尤为重要。其中主要可调控的栅栏因子有保鲜剂、包装，利用栅栏因子之间的交互作用和协同效应产生栅栏效应，从而全面抑制腐败微生物的生长，延长保质期。将羊肉在植物乳杆菌上清液、Nisin、红曲色素和壳聚糖按不同比例制成的天然防腐剂里浸泡后真空包装，于0~4℃贮藏，在不同程度上提高了羊肉的保质期（武运等，2001）。

2. 栅栏技术在传统肉制品保藏中的应用

我国的肉制品加工经过漫长的发展历程，形成了种类丰富的产品。其中最能代表我国传统特性的是酱卤肉、腌腊肉、肉干和香肠。传统肉制品防腐的主要栅栏因子是水分活度，主要是通过脱水、添加食盐等添加剂实现保质期的延长。在肉中按一定比例添加食盐和白糖，60℃烘烤 28h 后，4℃条件下货架期达 5 个月，25℃条件下货架期达 3 个月（冯彩平等，2004）。

3. 栅栏技术在调理羊肉制品保藏中的应用

调理羊肉制品是以羊肉为原料，添加适量的调味料和配料，经简单加工制成可直接食用或经简单加工即可食用的肉制品。调理肉制品因其方便性、营养性和安全性深受消费者青睐，货架期短是制约调理肉制品发展的瓶颈。选择合理的栅栏因子即可有效抑制腐败，延长货架期。采用脱水、杀菌、高温处理和低温贮藏为栅栏因子应用于调理羊肉制品的生产中，不仅不会改变肉的品质，还能明显延长货架期（赵志峰等，2004）。

三、小结

单一的保藏技术均因其自身的局限性而不能完全抑制微生物的生长繁殖，无法使羊肉获得理想的货架期。因此，单项技术配合使用的保鲜效果更好，是满足现代化加工和消费的重要措施。此外，高阻隔包装、活性包装等一些新型包装技术也逐步被开发出来，尽管技术尚未达到产业化程度，但随着研究的深入，这些技术终会应用于实际生产中，在延长羊肉货架期的同时最大限度地保持羊肉品质不受影响。

参考文献

［1］陈洪生，孔保华，刁静静，等．大蒜提取物对冷却肉保鲜及抗氧化性的研究［J］．食品工业科技，2008，29（8）：117-120.

［2］梅林琳．肉桂油在肉脯加工中的抑菌与抗氧化作用研究［D］．重庆：西南大学，2008.

［3］白建．冷却肉保鲜技术的新研究［J］．肉类研究，2006（7）：43-45.

［4］李雪梅，陈辉，李书国．冷却猪肉生产中保鲜技术的研究［J］．食品研究与开发，2005，26（4）：150-153.

［5］何健，代小容．羊肉保鲜技术的研究进展［J］．肉类研究，2008（12）：72-74.

［6］张慧，王东，陈翠玲，等．冷却肉保鲜技术的研究进展［J］．畜产品加工，2012（11）：50-52.

［7］张海峰，金文刚，白杰．冷却肉保鲜方法及其机理的研究进展［J］．肉类研究，2008（8）：74-78.

［8］王守经，王维婷，胡鹏，等．羊肉冰温贮藏技术研究进展及发展趋势［J］．农产品加工，2016（10）：63-66.

[9] 马俪珍，卢智，朱俊玲 . 调味液处理后的真空包装冷却羊肉低剂量辐射后的微生物变化 [J] . 食品与生物技术学报，2008，27（1）：32-37.

[10] 王金枝，孔保华，刁新平 . 冷却肉保鲜的研究进展 [J] . 黑龙江畜牧兽医，2004（5）：66-67.

[11] 姚笛，于长青 . 冷却肉保鲜方法的研究进展 [J] . 农产品加工，2007（6）：9-12.

[12] 罗欣，朱燕 . 乳酸钠在牛肉冷却肉保鲜中的应用研究 [J] . 食品与发酵工业，2000，26（3）：1-5.

[13] 罗红霞，胡铁军 . 植物提取物对牛羊肉的保鲜效果 [J] . 肉类研究，2001（4）：38-40.

[14] 顾仁勇，唐碧华 . 南瓜浸提液对冷却羊肉的保鲜效果 [J] . 食品科学，2006，27（3）：228-231.

[15] 池泽玲 . 冷却肉保鲜技术的研究进展 [J] . 肉类研究，2008（7）：17-19.

[16] 莎莉娜，李晓波，李秀丽 . 三种天然抗氧化剂对冷却羊肉抗氧化效果的比较试验 [J] . 肉类工业，2008（1）：31-33.

[17] 孔令明，侯伟伟，焦彦桃 . 茶多酚等生物保鲜剂结合气调包装对冷却羊肉保鲜效果的研究 [J] . 农产品加工，2009（9）：71-73.

[18] 汤凤霞，高飞云，乔长晟 . 蜂胶对猪肉保鲜效果的初步研究 [J] . 宁夏农学院学报，1999，20（2）：38-41.

[19] 张德权，王宁，王清章，等 . Nisin、溶菌酶和乳酸钠复合保鲜冷却羊肉的配比优化研究 [J] . 农业工程学报，2006，22（8）：184-186.

[20] 段静芸，徐幸莲，周光宏 . 壳聚糖和气调包装在冷却肉保鲜中的应用食品科学 [J] . 肉类工业，2002（2）：138-142.

[21] 翁航萍，宋翠英，王盼盼，冷却肉保鲜技术及其研究进展 [J] . 肉类工业，2008（2）：46-48.

[22] 马坚毅，冷却分割羊肉保鲜技术研究 [D] . 长沙：湖南农业大学，2007.

[23] 李毕忠 . 国内外抗菌材料及其应用技术的产业发展现状和面临的挑战 [J] . 中国建材科技，2002（5）：6-8.

[24] 孙丽娜，靳烨 . 竹叶抗氧化物在冷却羊肉中的保鲜效果 [J] . 肉类研究，2011（2）：21-24.

[25] 孔令明，李芳，朱正兰，等 . 生物保鲜剂对羊肉保鲜效果的研究 [J] .

食品工业科技，2008，29（7）：213-215.

[26]武运，马长伟，罗红霞，等.天然防腐剂对真空包装鲜羊肉冷藏条件下保鲜作用的研究［J］.食品与发酵工业，2001，27（5）：1-3.

[27]冯彩平，任发政，高平.低盐腊肉的研制及其贮藏性能的研究［J］.食品与发酵工业，2004，30（5）：131-133.

[28]赵志峰，雷鸣，卢晓黎.栅栏技术在调理食品中的应用研究[J].食品科学，2004，25（6）：107-110.

第二章

羊肉品质调控机理

　　肉的品质是肉品消费性能和潜在价值的体现，品质优异的肉产品更容易被消费者接受和喜爱。丹麦学者 Anderson（2000）将肉的品质分为食用品质、加工品质、卫生品质等五个方面：①食用品质：包括嫩度、肉色、风味、多汁性；②加工品质：包括 pH、系水力、结缔组织含量等；③卫生品质：包括新鲜度、致病微生物及其毒素含量、药物残留等；④营养品质：即六大营养素的含量和存在形式；⑤人文品质：即动物的饲养方式、环境、动物福利等。肉的品质与其内在的特性密切相关，主要反映在质构、肉色和风味等方面。人们常用肉的嫩度、色泽、风味、保水性、多汁性及 pH 等品质指标来评价肉的品质。

　　动物被屠宰后，生命活动随之停止，由于机体内还存在着各种酶，许多生物化学反应并没有完全停止，严格来讲，胴体还未转化成可食用的肉，经过宰后复杂的生物化学变化，才能真正完成从肌肉到可食用肉的转变。动物死亡后，肉的伸展性降低至消失，胴体进入僵直状态，此现象即为死后僵直，僵直的肉加热食用很硬，保水性差，蒸煮损失大，不适合用于加工。随着贮藏时间的延长，胴体在自身解僵的作用下，其僵硬程度会得到缓解，肉的硬度降低，柔软性、保水性和风味都会有所提高，这一过程即为肉的成熟。在之后的贮藏过程中，组织酶和微生物作用于成熟肉，使其最终失去食用价值，这一过程即为肉的腐败变质。动物屠宰后经历的僵直、成熟过程推动肉品食用品质的形成，完成肌肉向肉的转变。

　　因此，肉品质的影响因素主要受宰后成熟进程和贮藏加工过程的调控。而影响动物宰后成熟进程的因素很多，主要分为内因和外因两大类。内因有动物的品种、肌肉类型、糖酵解潜力、内源酶活力等，外因包括环境温度、宰前应激等，以上所有因素共同决定动物宰后肌肉的成熟进程。

　　畜禽宰前管理包括屠宰前装卸、运输、休息、禁食及致晕等，在此过程中，动物会面临如惊吓、拥挤、混群、饥饿、脱水等应激源的刺激，产生心理及新陈代谢的应激变化（尹靖东，2011）。几十年来，相关学者在宰前管理方面进行了大量研究，证明不当的宰前管理会导致畜禽死亡率升高、畜体损伤和肉质下降，而适宜的宰前管理则能够降低劣质肉的发生率。

　　肌肉的成熟嫩化过程离不开内源酶，大量的研究结果显示，参与宰后蛋白质降解和肌肉嫩化的内源酶系统主要包括钙蛋白酶系统、组织蛋白酶类、细胞凋亡酶类和蛋白酶体。钙蛋白酶是目前公认的在宰后嫩化过程中发挥主要作用的酶类，通过降解肌原纤维蛋白等细胞骨架蛋白发挥嫩化作用。然而，钙蛋白酶理论并不能完全解释目前研究中发现的宰后嫩化现象，一些其他的内源酶被视作与钙蛋白酶系统具有协同作用，决定了肉的最终嫩度。

　　除影响成熟进程的内因和外因外，贮藏方式也是影响肉的品质的关键因素。我国目前鲜肉消费量占肉类总产量的 70%~80%，国内肉品的销售方式主要以无包装销售和速冻包装销售为主，在欧美一些发达国家普遍采用保鲜包装并在低温冷藏链下销售，常用的一些包装方法有托盘包装、真空包装及气调包装。随着人们生活水平的提高，消费者越来越青睐新鲜可口、具有天然风味的肉品。然而应用结果表明：冷藏时（通常为 0~4℃）肉品后熟及腐败速度快，不能实现长期的贮存；冷冻（通常为 -18℃ 以下）虽然能长期贮存肉品，但解冻过程肉品汁液流失，不能够较好地保持食品原有风味。因此，消费需求在很大程度上推进了科学工作者对肉品贮藏方法的不懈研究。20 世纪 70 年代，日本的山根昭美博士首创了能够长期保存食品新鲜度、风味和口感的冰温技术（Controlled Freezing Point）。冰温贮藏（Controlled Freezing-point Storage）是指将鱼类、肉类等生鲜食品或加工食品在其冰温带内进行贮藏，被称为继冷藏和气调贮藏之后的第三代保鲜技术。在冰温状态下，宰后肌肉组织的各种生理生化变化处于最低状态，可以保持食品的原有品质，而且可以避免冷冻食品在解冻时汁液流失和组织冻伤等问题。

羊肉食用品质的形成是一个复杂的过程，其调控机制复杂，本章通过对宰前及宰后羊肉品质形成机制的研究，进行深入的分析阐述。

第一节
宰前管理对宰后羊肉品质的影响
——

国外关于畜禽宰前管理的报道较多，涵盖了猪（Blackshaw 等，1997）、牛羊（Kadim 等，2009）、鸡鸭（Voslářová 等，2007；Zhang 等，2009）等主要畜禽，发达国家和地区已经制定出相关的标准和规范，如《农场动物福利一般原则》（联合国粮农组织，FAO）《动物运输福利》（欧盟动物卫生和动物福利委员会）等（李卫华，2009）。

生产者已经意识到应激对畜禽肉质的损害及其带来的经济损失，但由于畜种、性别、年龄及宰前管理环节和体内糖原水平等诸多因素的差异，对最佳宰前管理条件尚未达成广泛共识。我国对于宰前管理方式的相关研究较少，尤其对宰前管理环节缺乏统一操作规范，企业大多根据自身经验进行生产。我国国家标准委 2009 年 2 月 1 日实施了 GB/T 22569—2008《生猪人道屠宰技术规范》，旨在减少或降低造成生猪压力、恐惧和痛苦的宰前处置和屠宰方式。即将实施的农业行业标准《生猪宰前管理规范》对生猪屠宰前管理的术语和定义、场地要求、入场、待宰、送宰、无害化处理、人员、可追溯性和记录等要求做出了明确规定。但目前我国颁布的关于动物的人道屠宰法规仅限于猪，对于牛、羊等其他动物尚未有相关法律法规出台。因此制定出一套适合我国生产实际及不同畜种的宰前管理操作规范应该引起关注，避免宰前管理对肉质造成的消极影响，为我国优质肉的生产提供保障。

在此背景下，作者研究团队根据我国肉羊屠宰现状，从宰前禁食、运输、运输后休息和电击晕环节入手，研究不同宰前管理方式对宰后羊肉品质的影响。夏安琪、张德权（2014）从糖酵解和蛋白质磷酸化两方面研究了宰前管理造成宰后肉质变化的原因，并提出提高羊肉品质的宰前管理建议。

一、宰前禁食时间对羊肉品质的影响

动物在装卸和运输过程中的断料断水以及宰前休息期人为控制的禁食禁水行为称为宰前禁食（尹靖东，2011）。不当的宰前禁食管理可能降低畜禽胴体出品率，对肉的食用品质和加工性能产生不良影响（Ferguson 等，2008；Terlouw 等，2008）。研究发现，不同畜种适宜的宰前禁食时间不同（Panella-Riera 等，2012；Jones 等，1988；Greenwood 等，2010）。因此，研究不同宰前禁食时间对羊肉品质的影响，确定适宜于肉羊的宰前禁食时间，对生产优质羊肉具有重要意义。

Pointon 等（2012）认为，反刍动物装运前进行充分禁食（小于 24h）可减少粪便对胴体的污染，但禁食时间过长会增加瘤胃中有害微生物的含量，加大瘤胃内容物对胴体污染的风险。Zimerman 等（2011）对羊宰前禁食 24h 发现，禁食会使血液中部分应激指标发生变化，如皮质醇和尿素含量上升，但禁食对 pH、肉色和持水力等肉质指标无显著影响。Daly 等（2006）和 Tarrant（1989）等研究发现，禁食不会显著改变肉质。然而，Greenwood 等（2008）研究发现，宰前禁食会使山羊羔肉色加深。禁食及禁食过程中造成的应激反应会使羊肉极限 pH 升高，对肉色有影响（Apple 等，1993）。宰前禁食可以在一定程度上恢复由于装卸和运输等应激造成的糖原消耗、脱水及胴体损失。长时间禁食（如 48h）会对活体重、胴体重及肌肉糖原含量造成消极影响（Warriss 等，1987；Contreras-Castillo 等，2007）。总之，关于宰前禁食管理的研究尚未达成一致结论，且不同宰前管理方式及不同禁食时间对羊肉品质的影响不同。

目前，中国已颁布的羊屠宰标准与规程较少，仅有部分国家标准提及羊的宰前禁食时间，但研究报道很少。虽然国外学者针对羊宰前禁食开展了相关研究，但国内外在羊的品种、宰前物流链、屠宰场实际操作规程、待宰环境存在差异，因此对中国肉羊宰前禁食时间进行研究十分必要。针对此问题，夏安琪、张德权（2014）以本土品种敖汉细毛羊为对象，研究宰前禁食时间对羊肉品质、糖原含量、超微结构及肌原纤维蛋白降解的差异，确定宰前禁食时间对羊肉品质的影响，旨在为我国肉羊宰前管理提供依据，提高羊肉品质。

本研究团队选取了30只6月龄敖汉细毛羊公羊进行集中规模饲养，统一管理，同群且补饲条件相同。使用农用运输车将实验羊经3h运输至屠宰场，运输密度为0.24m²/只，运输路途平坦。到达屠宰场后，供食、供水静养3d以缓解装卸和运输环节造成的应激反应。静养结束后将实验羊分成3组，每组10只，分别禁食0h（对照）、12h和24h，宰前3h停止供水。静养和禁食管理均在室外待宰圈中完成，实验期间最高气温27℃，最低气温11℃，无极端恶劣天气。按照三管齐断放血方式屠宰，宰后平均胴体重为（15.42±2.47）kg。胴体修整后（放血后15min）立即取下两侧背最长肌置于4℃环境中贮藏。对宰后不同时间点的pH、糖原含量、宰后24h的滴水损失、蒸煮损失、肉色及微生物含量、剪切力和感官评价指标进行了分析测定，研究不同禁食时间对羊肉品质的影响。

（一）禁食时间对羊肉pH、食用品质的影响

1.pH的变化

宰前不同禁食时间下肉羊宰后0h、45min、4h和12h的pH差异显著（图2-1，$P < 0.05$）。宰前禁食24h处理组肉羊在宰后0h、45min、4h的pH显著高于禁食12h组和对照组（$P < 0.05$）。说明宰前禁食24h处理组肉羊宰后早期pH较高；随着成熟时间延长，pH差异逐渐消失，3个处理组之间肉羊宰后24h和48h pH差异不显著（$P > 0.05$）。

图2-1　不同宰 ▶
前禁食时间的羊
肉pH变化

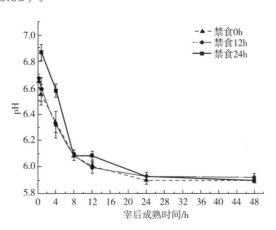

数据表示为平均值 ± 标准差（$n=10$）；同一宰后成熟时间但不同处理间字母不同表示差异显著（$P < 0.05$）。

pH 作为判定肉质优劣的重要指标，影响肉的食用品质、加工品质及卫生品质，是宰前与宰后处理、糖原贮存与肌肉生理变化等多因素作用的综合反映（Webb 等，2005；Van 等，2010）。宰前禁食 24h 组肉羊宰后 0h、45min、4h 的 pH 显著高于禁食 12h 组和对照组，但随成熟时间延长至 24h，不同宰前禁食时间处理组之间极限 pH 差异显著性消失，宰前禁食 24h 不会使极限 pH 发生改变（Zimerman 等，2011；Liste 等，2009）。禁食 24h 处理组肉羊宰后 0h 的 pH 较高的原因可能是由于糖原含量低于其他两组（Lawrie 等，2009）。

2. 时间对羊肉食用品质的影响

宰前禁食 24h 组羊肉蒸煮损失显著低于禁食 12h 组和对照组（表2-1，$P < 0.05$）。3 个处理之间羊肉 L^*、a^*、b^*、ΔE、滴水损失、剪切力值差异不显著（$P > 0.05$）。感官评价结果显示，宰前禁食 12h 和 24h 处理对羊肉膻味、嫩度、多汁性及总体可接受性无显著影响（表2-2，$P > 0.05$）。

表2-1　　　　　　　　　　　不同禁食时间的羊肉食用品质比较

品质指标	宰前禁食时间 /h			P 值
	对照（0）	12	24	
L^*	41.80±1.30	42.26±0.69	42.54±0.72	0.454
a^*	16.90±1.12	19.09±3.67	16.50±1.29	0.196
b^*	10.67±0.88	11.67±1.23	11.24±1.30	0.453
ΔE	59.20±0.80	59.17±1.17	58.26±0.68	0.192
滴水损失 /%	1.65±0.46	1.16±0.30	1.38±0.45	0.155
蒸煮损失 /%	33.43±1.21[a]	34.0±1.09[a]	30.93±2.29[b]	0.011
剪切力 /kg	7.26±0.97	7.38±0.20	6.86±0.38	0.388

注：数据表示为平均值 ± 标准差（$n=10$）；同行数据上标字母不同表示差异显著（$P < 0.05$）。

表2-2　　　　　　　　　　　不同宰前禁食时间下羊肉感官评价的比较

感官评定	宰前禁食时间 /h			P 值
	对照（0）	12	24	
膻味	3.50±0.53	3.35±0.47	3.50±0.53	0.752
嫩度	4.10±0.39	4.15±0.34	4.50±0.85	0.255
多汁性	4.05±0.64	4.45±0.50	4.00±0.71	0.226
总体可接受性	5.00±0.47	5.15±0.67	4.60±0.66	0.130

注：数据表示为平均值 ± 标准差（$n=10$）。

不同禁食时间管理组之间羊肉极限 pH、肉色、滴水损失、嫩度及感官评价结果差异均不显著。有研究得出，山羊宰前经过 24h 禁食，激烈运动或狗吠的惊吓后，肉质与无应激源处理的对照组差异不显著（Zimerman 等，2011）。禁食期间观察羊饮水情况，发现羊在待宰圈中饮水较少，表明羊在陌生环境中会主动减少饮水行为（Ferguson 等，2008）。而长时间缺水则会致使动物体内含水量降低，研究表明，脱水会降低蒸煮损失（Jacob 等，2006）。这可能是造成禁食 24h 组羊肉蒸煮损失减少的原因。本研究中宰前禁食 12h 与 24h 处理对大部分羊肉肉质指标影响不显著。

（二）禁食时间对羊肉卫生品质的影响

宰后成熟 24h 后，不同宰前禁食时间组羊肉的菌落总数及大肠菌群总数均在 GB/T 9961—2008《鲜、冻胴体羊肉》规定的菌落总数（CFU/g）$\leqslant 10^5$、大肠菌群（MPN/100g）$\leqslant 10^3$ 范围内（表 2-3）。不同处理组之间羊肉菌落总数差异不显著（$P > 0.05$）。随禁食时间的延长，大肠菌群总数呈下降趋势，宰前禁食 12h 和 24h 处理组羊肉大肠菌群总数低于对照组，说明禁食可以使肉羊宰后大肠菌群数减少，对其卫生品质有益。

表2-3 不同宰前禁食时间下羊肉微生物含量对比

微生物含量	宰前禁食时间 /h			P 值
	对照（0）	12	24	
菌落总数 /（1g CFU/g）	4.88±0.27	5.32±0.14	4.82±0.50	0.219
大肠菌群总数 /（MPN/100g）	920	＜ 300	＜ 300	—

注：数据表示为平均值 ± 标准差（n=10）。

宰前禁食可以有效减少羊肉大肠菌群总数，羊在装载前进行充分禁食（如≤ 24h）可使粪便排空，活体动物在运输后保持清洁，有害食源性微生物污染也可以通过宰前不超过 48h 的禁食达到最小化（Pointon 等，2012）。但禁食 24h 比禁食 12h 瘤胃中大肠菌群总数高，表明禁食可以减少粪便和皮毛对胴体的污染，但可能会增加瘤胃内容物污染的概率（Gutta 等，2009）。因此，在进行宰前禁食的同时应规范胴体修整操作环节，避免划破胃肠使胃容物流出。

（三）禁食时间对羊肉糖原含量的影响

如图 2-2 所示，3 个宰前禁食管理组肉羊宰后 0h、45min、4h、8h、12h、24h、48h 羊肉的糖原含量差异不显著（$P > 0.05$）。随宰后成熟时间的延长，糖酵解程度加大，糖原含量呈下降趋势。除宰后 4h 外，羊肉成熟 48h 内 7 个时间点测定的糖原含量，对照组均高于禁食 12h 和 24h 组，这说明禁食管理可能会造成糖原含量下降，但本研究中不同处理组之间羊肉糖原含量下降程度差异不显著。

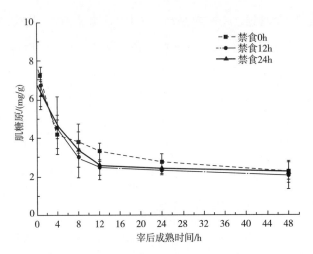

宰后肌肉中氧气供应中断，细胞以糖酵解的方式供能，糖酵解产生的乳酸以及ATP降解产生的无机磷酸的积累，使宰后肌肉pH下降。糖原作为糖酵解底物，其含量的变化取决于动物品种、肌纤维类型与动物营养状况，同时也受宰前不同程度应激的影响。长时间禁食会导致糖原含量下降（Zhen等，2013），影响宰后肌肉成熟过程乳酸的形成，出现高极限pH。哺乳动物肌肉中糖原不低于6mg/g才能达到正常的极限pH。本研究中，不同处理组宰后0h羊肉的糖原含量分别为：对照组7.71mg/g，禁食12h处理组7.06mg/g，禁食24h处理组6.67mg/g，均高于6mg/g，且3个处理组之间差异不显著，表明宰前禁食12h和24h不会过多消耗羊体内的糖原，不足以产生成熟过程中由糖原酵解带来的极限pH变化。

（四）禁食时间对羊肉肌节长度和蛋白降解程度的影响

随宰前禁食时间的延长，肌节长度增加。宰前禁食24h处理组肌节长度大于禁食12h处理组，禁食12h处理组肌节长度大于对照组（表2-4，$P < 0.05$）。不同宰前禁食时间处理组羊肉肌原纤维均发生一定程度降解（图2-3）。不同宰前禁食时间处理组肉羊宰后0h羊肉肌原纤维蛋白降解程度一致，没有显著条带出现或缺失［图2-4（1）］。宰后成熟24h时，3个处理组在27kD出现条带，且宰前禁食12h和24h处理组的27kD条带颜色深于对照组。分析其条带光密度值，结果表明禁食12h和24h处理组羊肉蛋白降解程度高于对照组［图2-4（2），表2-5］。

表2-4　　　　　　　　　不同宰前禁食时间下肉羊宰后24h肌节长度

处理	宰前禁食时间 /h			P 值
	对照（0）	12	24	
肌节长度 / μm	1.35 ± 0.02^{c}	1.41 ± 0.03^{b}	1.45 ± 0.04^{a}	0.001

注：数据表示为平均值 ± 标准差；同行数据上标字母不同表示差异显著（$P < 0.05$）。

图2-3　不同宰前▶
禁食时间下宰后
24h羊肉透射电镜
图

禁食0h　　　　　　禁食12h　　　　　　禁食24h

图2-4　不同宰▶
前禁食时间下肉
羊宰后0h与24h
肌原纤维蛋白
SDS-PAGE电
泳结果

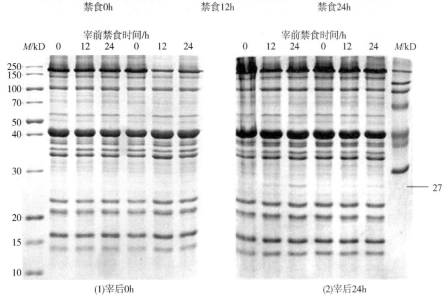

(1)宰后0h　　　　　　　　　　　(2)宰后24h

表2-5　　　　　　不同宰前禁食时间下羊肉肌原纤维蛋白27kD条带灰度值比较

处理	宰前禁食时间 /h			P 值
	对照（0）	12	24	
灰度值	4.31 ± 2.20^{c}	1636.10 ± 156.98^{b}	3376.49 ± 1063.58^{a}	＜ 0.001

注：数据表示为平均值 ± 标准差；同行数据上标字母不同表示差异显著（$P < 0.05$）。

　　宰前管理会改变动物僵直、解僵及宰后成熟速率，影响肌肉收缩和宰后蛋白质降解程度，进而改变肉质（尹靖东，2011）。鸡禁食管理导致的糖原消耗使胴体僵直及解僵提前，肌肉收缩程度减小（贾小翠，2011）。但由于物种不同，关于羊禁食管理后肌节长度变化的原因及规律仍待研究。肌肉超微结构及肌原纤维凝胶电泳结果表明，禁食12h、24h组宰后24h羊肉肌原纤维降解程度高于对照组，尤其27kD条带降解程度略高。有研究表明，肌钙蛋白T的降解产物相对分子质量在28~30，因此推测此条带为肌钙蛋白T的降解产物（黄峰，2009）。钙蛋白酶被证实是宰后降解蛋白质的关键内源蛋白酶，能够降解肌钙蛋白、Z线、肌联蛋白、M线蛋白及原肌球蛋白。钙蛋白酶为中性蛋白，其最适 pH 为 7.5，在 5℃、pH5.5 和pH5.8 的条件下，钙激活酶的活力分别是 25℃、pH7.5 时活力的 24% 和 28%（黄明，

1999）。禁食24h处理组肉羊宰后0h、45min、4h的pH显著高于12h组和对照组。高pH时钙蛋白酶活力高，降解蛋白质的能力强，这可能是禁食12h、24h组羊肉肌原纤维蛋白降解程度较高的原因。然而，肌节长度与蛋白降解程度的差异未在肉质方面反映出来。本研究中，不同禁食时间下羊肉剪切力值无显著变化。肉的嫩度与肌节长度的收缩百分比（对比动物死亡时的肌节长度）有关，当肌肉收缩程度低于20%时，不会引起肉的显著硬化（Davey等，1967）。本研究表明，一定程度的禁食管理可能会促进宰后蛋白质的降解，但其程度未能使肉质发生变化。

宰前禁食管理12h和24h不会造成糖原含量及极限pH的显著变化，大部分羊肉品质指标差异不显著。宰前禁食能够降低羊肉大肠菌群总数，有益于羊肉卫生品质。宰前禁食12h和24h能够促进宰后蛋白质的降解。与对照组相比，宰前禁食12h和24h有益于羊肉卫生品质，对食用品质无影响。

二、宰前运输时间对羊肉品质的影响

畜禽宰前运输应激是指运输途中由于禁食、环境变化（混群、密度、温度和湿度等）、颠簸、心理压力等应激原的综合作用，使动物机体产生本能的适应性和防御性反应，是影响畜禽肉品质的重要宰前因素之一。在发展中国家，主要通过步行、公路和铁路来运输羊。运输是造成屠宰过程中羊遭受应激和损伤可能性最大的阶段，不当的运输条件导致羊产生应激反应（张德权，2014）。

研究表明，由运输等宰前管理造成的应激反应会引起下丘脑神经和激素变化，应激后下丘脑释放促肾上腺皮质激素释放因子，刺激前垂体产生促肾上腺皮质激素，进而刺激肾上腺皮质释放糖皮质激素。羊、猪等哺乳动物生成的糖皮质激素主要为皮质醇。由于促肾上腺皮质激素可以增强肝（肌）糖原的分解，加速糖酵解，故应激反应产生的激素可在一定程度上影响肉的品质（尹靖东，2011）。Broom等（1996）研究羊在15h运输过程中血液中皮质醇浓度的变化，发现运输过程中应激激素的释放主要发生在前3h，当运输持续至12h时，应激反应仍旧存在但是很小。Ekiz等（2012）比较了羊未经运输与宰前运输75min处理后肉品质的差异，发现运输75min使羊肉极限pH升高，剪切力上升，蒸煮损失降低，肉色加深。Zhong等（2011）研究显示，8h运输会使羊肉肉色加深，降低剪切力并产生应激激素，且不同年龄的羊表现出的反应不同。长时间运输刺激使动物感到疲惫不堪，而短时间运输使动物在短期内遭受装载、卸载、陌生环境等多种应激（Cockram，2007）。综上所述，不同宰前运输时间对羊肉品质的影响不同。本研究团队选取三种运输时间（1h、3h、6h），研究宰前运输时间对羊肉食用品质的影响，旨在确定羊宰前管理过程中适当的运输时间，减小宰前管理对羊肉品质的消极影响。

本研究团队选取了 40 只 6 月龄乌珠穆沁羊与小尾寒羊杂交羊，经集中规模饲养，统一管理，同群且补饲条件相同。使用农用运输车将实验羊运送至屠宰场，供食、供水静养 3~5d，消除装卸和运输等带来的应激反应。静养结束后禁食 24h，禁食后将羊分为 4 组，每组 10 只，分别运输 0h（对照）、1h、3h、6h，运输完成立即屠宰。静养和禁食管理在室外待宰圈中完成，无极端恶劣天气。运输处理在同一条平坦公路完成，平均运输速度 60km/h，运输密度 0.25m²/ 只。实验羊宰后平均胴体重为（15.42±2.47）kg。胴体修整后（放血后 15min）立即取下两侧背最长肌置于 4℃环境中。对左侧背最长肌宰后不同时间点的 pH 进行测定，对宰后 24h 的滴水损失、蒸煮损失、肉色及蛋白质相关指标进行测定。对 4℃成熟 24h 后速冻（-30℃）的右侧背最长肌进行剪切力和感官评价指标的测定。

（一）宰前运输时间对羊肉 pH、食用品质的影响

1.pH

不同宰前运输时间处理组肉羊宰后 0h、45min、4h、12h 和 24h 的 pH 差异显著（图 2-5，$P < 0.05$）。宰前运输 1h、3h 和 6h 组肉羊宰后 0h、45min 的 pH 显著低于对照组（$P < 0.05$）。宰后 24h 时，运输 1h、3h 和 6h 组羊肉 pH 显著高于对照组（$P < 0.05$）。

图2-5　不同宰前 ▶
运输时间下羊肉
pH的变化

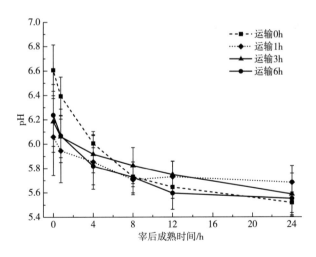

数据表示为平均值 ± 标准差（n=10）。

pH 是肉品质重要指标之一。pH 的高低，不仅反映了动物体内肌肉糖原酵解的速度和程度，还与肉品质相关的其他指标有密切关系。动物屠宰时肌肉糖原含量及宰后糖原酵解速度显著影响乳酸生成量，进而影响肌肉 pH 变化速度和最终 pH。本研究中，运输组肉羊宰后 24h pH 显著高于对照组，表明运输应激状态下，动物

机体能量代谢增强，并通过糖酵解作用补充能量（Zhong 等，2011；Kadim 等，2009），使得宰后肌肉中糖原含量下降，乳酸生成量减少，极限 pH 较高。同时，运输使羊肉血红素含量上升（Kadim 等，2009），导致肉色加深，这可能是本研究中运输 3h 和 6h 组羊肉肉色较暗的原因。pH 高于肌肉蛋白质等电点时，持水能力较高。已有研究结果显示，极限 pH 高时蒸煮损失相对较少。这解释了本研究中随着运输时间延长，蒸煮损失显著下降的现象（Lawrie 等，2009）。

2. 食用品质

宰前运输 3h、6h 组羊肉 L^* 值显著低于运输 1h 组和对照组，b^* 值显著低于运输 1h 组（表 2-6，$P < 0.05$）。运输 3h 和 6h 组羊肉 ΔE 值显著升高（$P < 0.05$），说明运输 3h 和 6h 使羊肉肉色加深。随着运输时间的延长，蒸煮损失显著降低，运输 3h 组蒸煮损失显著低于运输 1h 组（$P < 0.05$），运输 6h 组蒸煮损失显著低于运输 1h 组和对照组（$P < 0.05$）。运输 1h、3h 和 6h 组羊肉剪切力值显著高于对照组（$P < 0.05$）。

表2-6　　　　　　　　　　不同宰前运输时间的羊肉食用品质比较

品质指标	宰前运输时间 /h				P 值
	对照（0）	1	3	6	
L^*	42.51 ± 2.06^a	41.92 ± 1.40^a	38.00 ± 2.31^b	37.64 ± 2.49^b	< 0.001
a^*	17.01 ± 2.61	15.71 ± 1.25	15.31 ± 1.33	15.09 ± 1.40	0.088
b^*	8.52 ± 3.67^{ab}	9.92 ± 0.70^a	7.03 ± 1.83^b	6.79 ± 1.10^b	0.007
ΔE	58.30 ± 1.16^b	59.51 ± 1.53^b	61.87 ± 1.95^a	62.09 ± 2.31^a	< 0.001
滴水损失 /%	0.75 ± 0.22	0.78 ± 0.18	0.56 ± 0.12	0.54 ± 0.21	0.065
蒸煮损失 /%	38.53 ± 1.27^{ab}	39.03 ± 4.48^a	35.94 ± 3.11^{bc}	35.69 ± 1.50^c	0.024
剪切力 /kg	4.55 ± 0.29^b	5.67 ± 0.63^a	5.51 ± 0.91^a	5.26 ± 0.45^a	0.002

注：数据表示为平均值 ± 标准差（$n=10$）；同行数据上标字母不同表示差异显著（$P < 0.05$）。

感官评价结果显示，运输 3h 组羊肉嫩度评分显著低于运输 1h 和对照组（表 2-7，$P < 0.05$），但与运输 6h 组差异不显著（$P > 0.05$）。随着运输时间延长，不同处理组羊肉总体可接受性评分显著下降，运输 3h 组羊肉总体可接受性显著低于对照组（$P < 0.05$），运输 6h 组羊肉总体可接受性显著低于运输 1h 组和对照组。

宰前运输会导致羊肉剪切力上升，嫩度下降（Kadim 等，2009；2006）。而宰前 3h 运输组牛肉嫩度优于 30min 和 6h 运输组（Villarroel 等，2003）。造成上述结果的原因可能是应激程度不同导致，轻度应激会促进糖原代谢，有利于肉的宰后成熟。本研究中，宰前运输 1h、3h 和 6h 组羊肉剪切力高于对照组，说明运输

1h、3h 和 6h 会使羊产生较大的应激反应，导致剪切力上升，肉质较硬。羊肉感官评价结果与食用品质分析结果一致，运输组嫩度评分均低于对照组，总体可接受性随着运输时间的延长而显著降低，表明运输处理对羊肉的食用品质产生消极影响。

表2-7 不同宰前运输时间下羊肉感官品质特性评价

感官评定	宰前运输时间 /h				P 值
	对照（0）	1	3	6	
膻味	3.34 ± 0.67	3.22 ± 0.36	3.30 ± 0.52	3.11 ± 0.78	0.855
嫩度	4.78 ± 0.36[a]	4.64 ± 0.58[a]	4.06 ± 0.53[b]	4.33 ± 0.50[ab]	0.020
多汁性	3.20 ± 0.52	3.24 ± 0.77	2.74 ± 0.59	2.79 ± 0.61	0.204
总体可接受性	5.33 ± 0.42[a]	5.11 ± 0.60[ab]	4.61 ± 0.60[bc]	4.22 ± 0.62[c]	0.001

注：数据表示为平均值 ± 标准差（$n=10$）；同行数据上标字母不同表示差异显著（$P < 0.05$）。

（二）宰前运输时间对羊肉蛋白质特性的影响

肉羊宰后 24h 的蛋白质溶解度结果显示，运输 1h、3h 和 6h 组羊肉肌浆蛋白溶解度显著高于对照组（图2-6，$P < 0.05$）。不同处理组羊肉肌原纤维蛋白和总蛋白溶解度差异不显著（$P > 0.05$）。蛋白氧化程度结果显示，不同运输时间处理组羊肉蛋白质氧化程度差异不显著（图2-7，$P > 0.05$）。

图2-6 不同宰▶
前运输时间下羊
肉蛋白质溶解度
比较

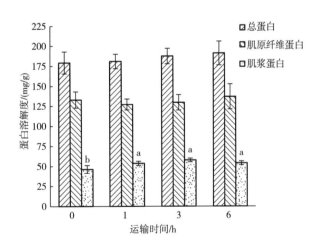

不同宰前运输时间下肉羊宰后 24h 羊肉肌原纤维蛋白降解程度见图 2-8。条带灰度值分析结果显示，不同运输时间组中 2、3、4、7、8、12、13 及 14 号条带差异显著（表2-8，$P < 0.05$）。根据已有研究结果，差异显著条带分别为 C 蛋白、α-辅肌动蛋白、结蛋白、原肌球蛋白亚基 α 和 β、肌钙蛋白 T、肌钙蛋白 I、肌钙蛋白 C 及调节蛋白（尹靖东，2011）。宰前运输 1h 组宰后 24h 羊肉 α-辅肌动蛋白、

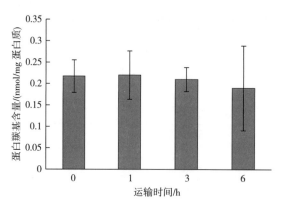

◀ 图2-7 不同宰前
运输时间下羊肉
蛋白质氧化程度
比较

结蛋白、原肌球蛋白亚基和 TnI 等显著高于其他组（$P < 0.05$）。这说明宰前运输
1h 组羊宰后蛋白降解程度低于其他组。

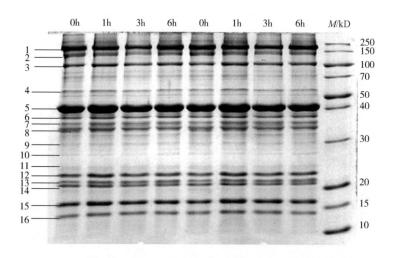

◀ 图2-8 不同宰
前运输时间下肉
羊宰后24h肌原
纤维蛋白SDS-
PAGE电泳

表2-8　　　　不同宰前运输时间下肉羊宰后24h肌原纤维蛋白条带灰度值比较

条带编号	宰前运输时间 /h				P 值
	对照（0）	1	3	6	
1	507.72 ± 12.73	436.59 ± 87.09	408.61 ± 4.07	495.84 ± 43.67	0.278
2	199.05 ± 19.19^a	158.11 ± 4.22^b	110.34 ± 3.70^c	114.36 ± 3.90^c	0.003
3	246.17 ± 34.74^b	351.95 ± 6.25^a	218.74 ± 7.08^b	260.72 ± 25.24^b	0.014
4	78.89 ± 8.64^b	104.96 ± 4.19^a	64.85 ± 0.84^b	75.95 ± 8.39^b	0.014
5	799.10 ± 284.22	659.35 ± 11.40	926.82 ± 49.19	961.27 ± 66.78	0.301
6	122.75 ± 17.40	124.89 ± 6.26	132.04 ± 16.11	135.62 ± 9.70	0.751
7	61.93 ± 8.25^b	123.03 ± 2.62^a	82.20 ± 6.98^b	81.57 ± 10.73^b	0.006
8	236.56 ± 28.22^a	206.58 ± 4.92^a	130.25 ± 2.32^b	153.03 ± 12.86^b	0.008
9	27.77 ± 0.54	38.56 ± 2.59	30.39 ± 1.14	29.11 ± 1.73	0.010
10	13.27 ± 1.36	13.25 ± 1.21	6.89 ± 2.66	18.71 ± 1.73	0.014
11	28.73 ± 12.87	21.41 ± 9.12	26.66 ± 4.51	24.44 ± 3.04	0.836

续表

条带编号	宰前运输时间 /h				P 值
	对照（0）	1	3	6	
12	262.50 ± 35.62^{b}	370.06 ± 28.81^{a}	255.47 ± 5.74^{b}	273.91 ± 17.03^{b}	0.027
13	64.15 ± 5.84^{bc}	92.71 ± 9.15^{a}	60.14 ± 3.37^{c}	81.74 ± 9.41^{ab}	0.033
14	144.51 ± 17.64^{a}	148.60 ± 6.09^{a}	78.10 ± 1.62^{b}	78.51 ± 17.12^{b}	0.008
15	435.97 ± 62.98	595.82 ± 7.99	439.62 ± 17.42	449.66 ± 56.39	0.053
16	219.13 ± 29.28	264.54 ± 21.72	207.20 ± 16.42	199.52 ± 40.76	0.246

注：同行数据上标字母不同表示差异显著（$P < 0.05$）。

肌肉蛋白质溶解度反映了蛋白质的变性程度，对肌肉的加工特性有重要影响。肌肉蛋白 pH 在高于肌肉蛋白质等电点（pH5.5）时，肌肉蛋白质分子带有较多的电荷数，与水分子相互作用，溶解度增大。肌肉蛋白质 pH 越接近等电点，其溶解度越低（潘晓建等，2008）。本研究中宰前运输 0h、1h、3h 和 6h 组羊肉极限 pH 分别为 5.52、5.68、5.59 和 5.55，运输组均高于对照组，这可能是运输组羊肉肌浆蛋白溶解度较高的原因。

宰后成熟过程中肉品质形成主要受肌原纤维蛋白降解的影响，如肌中线蛋白、肌联蛋白、结蛋白、TnI 和 TnC 等可维持肌原纤维蛋白结构完整性的蛋白质。成熟过程中这些蛋白质的降解会改变肌细胞内的有序结构，破坏肌原纤维的完整性，提高肉的品质（陈茜茜等，2013）。本研究中，宰前运输 1h 组羊肉的一些肌原纤维蛋白条带灰度值显著高于其他组，这说明运输 1h 组羊肉肌原纤维蛋白降解较低，这可能导致运输 1h 组羊肉剪切力较高。但宰前运输 3h 与 6h 组宰后 24h 蛋白质降解程度与对照组差异不显著，剪切力值却显著高于对照组这一现象仍待研究。

宰前运输组肉羊宰后 24h pH、肉色、剪切力升高，蒸煮损失下降，肌浆蛋白溶解度升高。宰前运输 1h 组肉羊宰后 24h 肌原纤维蛋白降解程度较低。宰前运输 1h、3h、6h 会对羊肉品质造成不同程度的消极影响。宰前应尽量避免运输或运输后采用其他宰前操作使肉羊从运输应激中恢复。

三、运输后禁食或饲喂处理对羊肉品质的影响

畜禽在适当的环境进行充分休息，可恢复宰前管理带来的疲劳和紧张感，有利于畜禽宰后肉品质形成。大多数屠宰厂在运输后对畜禽进行禁食管理，使其得到一定程度的休息。当畜禽不能及时屠宰时，为了防止畜禽饥饿过度而造成体重大幅减少，屠宰厂也会在运输后进行饲喂处理。研究证明，运输后禁食能够降低畜禽血液中

衡量应激程度的指标值，如皮质醇、血糖及乳酸浓度（Liste 等，2011；Zhen 等，2013）。肉羊经 75min 运输后，休息 30min 与休息 18h 的肉质差异显著，与休息 30min 的肉羊相比，休息 18h 肉羊的肌肉 pH 和剪切力值下降，持水力和蒸煮损失上升，肉质相对较好（Ekiz 等，2012）。在宰前休息期间，畜禽虽处于从应激中恢复的阶段，但若长时间没有能量供应，则会消耗其体内能量储备，如肝糖原和肌糖原，对宰后肌肉品质造成消极影响。

本研究团队以上述研究结果为基础，以运输 3h 作为宰前应激处理，分别研究运输后禁食或饲喂处理对羊肉品质的影响，旨在探寻缓解宰前应激的方法，提高羊肉品质。

运输后禁食实验选取 6 月龄东北细毛羊与小尾寒羊杂交羊 40 只，运输后饲喂实验选取 6 月龄乌珠穆沁羊与小尾寒羊杂交公羊 40 只，实验羊集中规模饲养，统一管理，同群且补饲条件相同。

● 运输后禁食 于实验开始 3d 前随机挑选 10 只羊，使用农用运输车运输至屠宰厂（运输时间小于 1h），供食供水静养以消除应激反应，0h 运输 +0h 禁食组作为对照组。实验开始时将其余 30 只实验羊随机分成三组分别进行如下处理：

A. 3h 运输 +0h 禁食组：运输 3h、禁食 0h 后屠宰；

B. 3h 运输 +12h 禁食组：运输 3h、禁食 12h 后屠宰；

C. 3h 运输 +24h 禁食组：运输 3h、禁食 24h 后屠宰。

● 运输后饲喂 实验开始时将 40 只实验羊随机分成四组分别进行如下处理：

A. 对照组：运输 0h、饲喂 0h、禁食 0h 后屠宰；

B. 3h 运输 +0h 饲喂组：运输 3h、禁食 24h 后屠宰；

C. 3h 运输 +36h 饲喂组：运输 3h、饲喂 36h、禁食 24h 后屠宰；

D. 3h 运输 +72h 饲喂组：运输 3h、饲喂 72h、禁食 24h 后屠宰。

实验中的运输操作在平坦公路上完成。羊经运输后入栏，提供充足的食物和水（混合草料，清水）。运输组实验羊饲喂结束后禁食 24h，宰前 3h 禁水。禁食和饲喂处理在室外待宰圈中完成，无极端恶劣天气。按照三管齐断放血方式屠宰，宰后平均胴体重为（23.59±3.67）kg。胴体修整后（放血后 15min）立即取下两侧背最长肌置于 4℃ 环境中。对宰后 0h、45min、4h、12h、24h 和 48h 左侧背最长肌的 pH 进行测定，并测定宰后 24h 的滴水损失、蒸煮损失和肉色。右侧背最长肌于 4℃ 成熟 24h 后速冻（-30℃），对剪切力和感官评价指标进行测定。

（一）运输后不同禁食时间对羊肉品质的影响

1. 运输后不同禁食时间下羊肉 pH 的变化

运输后不同禁食时间处理组肉羊宰后 12h 和 48h pH 差异显著（表 2-9，

（$P < 0.05$）。运输后禁食 0h 组肉羊宰后 12h pH 显著高于禁食 12h 组和对照组，宰后 48h pH 显著高于禁食 12h、24h 和对照组（$P < 0.05$）。运输后不同禁食时间处理组肉羊宰后 0h、45min、4h 和 24h pH 差异不显著（$P > 0.05$）。

表2-9　　　　　　　　　　　运输后不同禁食时间下羊肉pH的比较

宰后时间	对照组	运输后禁食时间 /h			P 值
		0	12	24	
0h	6.69 ± 0.27	6.68 ± 0.20	6.58 ± 0.21	6.57 ± 0.18	0.449
45min	6.69 ± 0.31	6.57 ± 0.21	6.45 ± 0.22	6.55 ± 0.23	0.202
4h	6.43 ± 0.31	6.36 ± 0.21	6.27 ± 0.20	6.42 ± 0.21	0.453
12h	5.95 ± 0.17^{bc}	6.12 ± 0.19^{a}	5.85 ± 0.13^{c}	6.05 ± 0.15^{ab}	0.004
24h	5.77 ± 0.10	5.84 ± 0.07	5.82 ± 0.04	5.84 ± 0.04	0.149
48h	5.76 ± 0.06^{b}	5.90 ± 0.05^{a}	5.79 ± 0.06^{b}	5.70 ± 0.09^{c}	< 0.001

注：数据表示为平均值 ± 标准差（$n=10$）；同行数据上标字母不同表示差异显著（$P < 0.05$）。

2. 运输后不同禁食时间下羊肉食用品质的变化

运输后不同禁食时间处理组肉羊宰后 24h 肉色结果显示，运输后禁食 0h 组羊肉 L^* 值和 b^* 值显著低于 12h、24h 和对照组（表 2-10，$P < 0.05$）。运输后禁食 0h 和 12h 组羊肉 ΔE 值显著高于 24h 组（$P < 0.05$）。说明运输后禁食 0h 和 12h 组羊肉总色差较高。运输后禁食 24h 组羊肉滴水损失显著低于对照组（$P < 0.05$）。运输后禁食 0h 组羊肉剪切力值显著高于 12h、24h 和对照组，对照组剪切力显著高于 12h 组且与 24h 组无显著差异（$P < 0.05$）。说明运输后禁食 0h 组羊肉嫩度显著下降，随着禁食时间的延长，羊肉嫩度值呈上升趋势，运输后禁食 12h 组羊肉嫩度最高。

表2-10　　　　　　　　　　运输后不同禁食时间下羊肉食用品质的比较

品质指标	对照组	运输后禁食时间 /h			P 值
		0	12	24	
L^*	40.31 ± 1.70^{a}	37.38 ± 3.24^{b}	40.31 ± 1.32^{a}	39.88 ± 2.52^{a}	0.021
a^*	16.93 ± 2.22	15.37 ± 1.27	16.99 ± 1.18	16.34 ± 16.41	0.066
b^*	8.07 ± 1.17^{a}	5.85 ± 0.93^{c}	8.16 ± 0.59^{a}	6.89 ± 1.11^{b}	< 0.001
ΔE	58.20 ± 2.14^{ab}	59.56 ± 2.66^{a}	59.97 ± 1.44^{a}	56.84 ± 2.37^{b}	0.012
滴水损失	0.92 ± 0.20^{a}	0.84 ± 0.18^{ab}	0.83 ± 0.31^{ab}	0.63 ± 0.30^{b}	0.008
蒸煮损失	30.12 ± 3.70	27.79 ± 2.01	29.18 ± 2.17	30.50 ± 3.13	0.162
剪切力	6.75 ± 2.40^{b}	8.40 ± 2.52^{a}	4.88 ± 0.69^{c}	6.04 ± 0.78^{bc}	0.001

注：数据表示为平均值 ± 标准差（$n=10$）；同行数据上标字母不同表示差异显著（$P < 0.05$）。

感官评分结果显示，运输后禁食 0h 组羊肉嫩度评分显著低于 12h 和 24h 组（表2-11，$P < 0.05$）。与剪切力值结果一致，运输后未禁食管理组嫩度较差。不同处理组羊肉膻味、多汁性和总体可接受性差异不显著（$P > 0.05$）。

表2-11　　　　　　　　　运输后不同禁食时间下羊肉感官评价的比较

感官评定	对照组	运输后不同禁食时间 /h			P 值
		0	12	24	
膻味	3.25 ± 1.00	3.34 ± 1.38	3.44 ± 1.35	3.38 ± 1.44	0.982
嫩度	4.69 ± 1.35 [ab]	3.84 ± 1.43 [b]	4.94 ± 1.30 [a]	5.00 ± 1.55 [a]	0.049
多汁性	3.97 ± 1.13	3.63 ± 0.97	3.72 ± 1.34	3.91 ± 1.04	0.810
总体可接受性	5.25 ± 1.81	4.84 ± 1.23	5.28 ± 1.13	5.56 ± 1.49	0.570

注：数据表示为平均值 ± 标准差（n=10）；同行数据上标字母不同表示差异显著（$P < 0.05$）。

宰前管理中运输、装卸等过程会造成畜禽体力消耗并产生应激激素，消耗其体内大量糖原，当糖原水平下降超过一定限值时，宰后糖酵解作用产生的乳酸量不足以使胴体最终 pH 降到正常水平，导致黑干肉（DFD，即 ark、irm、ry）的发生（Ferguson 等，2001），肉色加深，肉质变硬，肉表面干燥，适口性降低。前人研究表明，运输后禁食管理可以在一定程度上帮助家畜恢复体内肌糖原储备，避免宰后最终 pH 高于正常水平，降低黑干肉的发生率（Mounier 等，2006）。本研究中，运输后禁食 0h 组虽没有产生肉眼可识别的黑干肉，但其宰后 48h pH 较高，肉色较深，剪切力较高且感官评价嫩度值较低，说明经 3h 运输后羊被直接屠宰对肉质造成消极影响。运输后禁食 12h 和 24h 处理组羊肉 pH、嫩度和感官评价等品质指标优于 0h 禁食组，说明运输后禁食能够使动物缓解疲劳和应激，改善肉质。羊经运输后，休息 30min 和休息 18h 的肉质差异显著（Ekiz 等，2012），与短暂休息的羊相比，休息 18h 的羊的肌肉 pH 和剪切力值下降，持水力上升，肉质相对较好。

（二）运输后不同饲喂时间对羊肉品质的影响

1. 运输后不同饲喂时间下羊肉 pH 的变化

运输后不同饲喂时间处理下肉羊宰后 45min、12h 和 24h pH 差异显著（表2-12，$P < 0.05$）。饲喂 0h 组肉羊宰后 45min pH 显著低于 72h 组和对照组，宰后 12h pH 显著高于 36h 和 72h 组，宰后 24h pH 显著高于 72h 组和对照组（$P < 0.05$）。这说明运输后 0h 饲喂组羊宰后 24h pH 较高。

表2-12　　　　　　　　　　　　运输后不同饲喂时间下羊肉pH的比较

宰后时间	对照组	运输后饲喂时间 /h			P 值
		0（禁食24h）	36	72	
0h	6.61±0.21	6.31±0.39	6.38±0.27	6.48±0.30	0.146
45min	6.40±0.16 [a]	6.10±0.29 [b]	6.23±0.24 [ab]	6.42±0.26 [a]	0.016
4h	6.01±0.10	5.94±0.22	5.91±0.15	6.00±0.19	0.532
12h	5.65±0.09 [ab]	5.74±0.14 [a]	5.59±0.12 [b]	5.58±0.11 [b]	0.015
24h	5.52±0.08 [b]	5.63±0.14 [a]	5.54±0.09 [ab]	5.42±0.10 [c]	0.001

注：数据表示为平均值 ± 标准差（$n=10$），同一宰后成熟时间，不同处理间数据上标字母不同表示差异显著（$P < 0.05$）。

2. 运输后不同饲喂时间下羊肉食用品质的变化

运输后不同饲喂处理组肉羊宰后24h L^* 和 ΔE 值差异显著（表2-13，$P < 0.05$）。运输后饲喂0h和36h组羊肉 L^* 值显著低于对照组（$P < 0.05$）。运输后饲喂0h、36h 和 72h组羊肉 ΔE 值差均显著高于对照组（$P < 0.05$）。这说明运输后饲喂0h、36h 和 72h组肉羊宰后 24h 肉色较深。汁液损失方面，运输后饲喂0h、36h 及 72h组羊肉蒸煮损失显著低于对照组（$P < 0.05$）。随着运输后饲喂时间的延长，剪切力呈下降趋势，但不同处理组间差异不显著（$P > 0.05$）。

表2-13　　　　　　　　　　　　运输后不同饲喂时间下羊肉食用品质的比较

品质指标	对照组	运输后饲喂时间 /h			P 值
		0（禁食24h）	36	72	
L^*	42.51±2.06 [a]	38.62±1.79 [b]	39.70±1.28 [b]	40.54±2.09 [ab]	0.004
a^*	17.01±2.61	15.89±0.76	14.61±1.28	16.57±2.29	0.167
b^*	8.52±0.37	7.09±1.04	7.11±1.42	10.24±1.64	0.109
ΔE	58.30±1.16 [b]	61.40±1.79 [a]	60.03±0.90 [a]	60.18±1.77 [a]	0.003
滴水损失	0.75±0.22	0.86±0.28	0.83±0.18	0.95±0.18	0.482
蒸煮损失	38.53±1.27 [a]	36.37±2.15 [b]	35.43±1.74 [b]	35.40±2.02 [b]	0.001
剪切力	4.27±0.06	4.34±0.21	4.10±0.23	4.08±0.28	0.127

注：数据表示为平均值 ± 标准差（$n=10$）；同行数据上标字母不同表示差异显著（$P < 0.05$）。

感官评价结果显示，运输后饲喂0h、36h 和 72h 处理组羊肉膻味、嫩度、多汁性和总体可接受性评分差异均不显著（表2-14，$P < 0.05$）。

表2-14　　　　　　　　　　　运输后不同饲喂时间下羊肉感官评价的比较

感官评定	对照组	运输后饲喂时间 /h			P 值
		0（禁食 24h）	36	72	
膻味	3.34 ± 0.67	3.50 ± 0.75	3.06 ± 0.58	3.33 ± 0.43	0.502
嫩度	4.78 ± 0.36	4.42 ± 0.68	4.61 ± 0.55	4.56 ± 0.71	0.612
多汁性	3.20 ± 0.52	3.20 ± 0.56	3.58 ± 0.68	3.07 ± 0.61	0.224
总体可接受性	5.33 ± 0.42	5.39 ± 0.42	5.44 ± 0.39	5.28 ± 0.36	0.830

注：数据表示为平均值 ± 标准差（n=10）；同行数据上标字母不同表示差异显著（$P < 0.05$）。

运输后禁食虽可让动物得到休息，但也具有一定缺点。禁食会造成胴体产量下降，导致经济损失，长时间禁食可能会造成肝和肌肉中糖原过度消耗，产生黑干肉（王继鹏等，2007）。运输后饲喂是动物运输至屠宰厂不能及时屠宰时采取的操作。本研究中，运输后饲喂处理组肉羊宰后 pH 和蒸煮损失较低，肉色较深，感官评价得分与对照组差异不显著。相较于对照组，运输后饲喂处理能够影响羊肉部分肉质指标，但未改变其感官品质。运输后饲喂 36h、72h 与饲喂 0h（运输后禁食 24h）处理组肉羊宰后肉品质无显著差异。"（一）运输后不同禁食时间对羊肉品质的影响"中研究结果显示，羊运输后禁食 24h 可使肉质得到一定改善，这说明运输后饲喂处理同样能够保证羊肉品质。但由于饲喂需要屠宰厂提供饲料和待宰圈，加大了宰前操作成本且不利于屠宰场卫生管理，故学者研究较少。有学者从宰前供水环节入手研究宰前静养营养补充剂，这与运输后饲喂处理目的相同，旨在在宰前给予畜禽足够的能量供应，以减少其应激反应。王继鹏等对猪宰前静养营养补充剂进行研究，结果表明营养补充剂能够减少动物宰前应激反应，有效地减少胴体损失，且对肉品质无任何不利影响（王继鹏等，2007）。

运输后禁食 12h 和 24h 组肉羊宰后 pH 和剪切力显著下降，感官评价得分升高。运输后饲喂处理组羊肉部分品质指标与对照组差异显著，但运输后饲喂 36h、72h 与饲喂 0h（运输后禁食 24h）羊肉品质差异不显著。综上所述，羊运输后禁食 12h 和 24h、饲喂 36h 和 72h 处理均有利于羊肉品质。

四、宰前电击晕对羊肉品质的影响

为了减轻动物屠宰时的痛苦，提高动物福利，许多国家提倡宰前致晕（李卫华等，2009; Leach 等，1980）。电击晕是牛、羊、猪和家禽宰前常用的致晕方式（Gregory等，2008）。电击晕的电压、电流强度和持续时间等对致晕效果有重要作用，并且可能影响畜禽宰后肉的品质，如肉色、嫩度、系水力等（胥蕾，2011）。目前，国内外学者针对猪和家禽电击晕参数及其对肉质的影响研究较多（Channon等，2000；Maldonado等，2007）。但大部分研究结果认为，电击晕对于猪、家禽和羊肉品质影响多集中于淤血点、骨折及放血率等胴体层面上，对于肉的食用品质影响的结论尚未一致（尹靖东等，2011）。不同参数的电击晕方法对畜禽肉质的影响不同。Vergara等（2000）研究认为，宰前电击晕（125V，10s）对肉羊宰后24h肉质影响不显著，对宰后成熟5~7d的肉质影响显著。Velarde等（2003）认为电击晕（250V，3s）对羊肉品质影响不显著。Bianchi等（2011）对比羊宰前电击晕（400V，1A，7s）与未击晕处理后羊肉的感官品质，认为宰前电击晕组羊肉嫩度、风味和可接受性均显著高于未击晕组。

我国羊屠宰方式大多采用三管齐断放血方式，宰杀动物时直接割断喉咙和主要血管，使羊突然大量失血失去知觉而死。许多学者认为，这种方法屠宰的羊不会立刻失去知觉并且屠宰过程中会承受痛苦和不适，不利于人道屠宰及动物福利（李卫华等，2009）。本研究团队通过对电击晕与三管齐断放血后羊肉品质差异的研究，旨在为我国肉羊宰前击晕操作的推广提供技术支撑。

本研究团队选取6月龄杜泊羊与小尾寒羊杂交羊20只，实验羊集中规模饲养，统一管理，同群且补饲条件相同。实验羊经5min左右赶运至屠宰厂，过夜禁食（约12h）。实验开始时将实验羊随机分为两组，分别进行如下处理：

● 对照组：三管齐断放血。

● 电击晕组：击晕后三管齐断放血。

采用电动羊用击晕枪（600V，0.5s后120V，2.5s）对羊进行电击晕。电击位置为头两侧耳后，电击晕后立刻屠宰。宰后平均胴体重为（20.35±3.27）kg。胴体修整后（放血后15min）立即取下两侧背最长肌置于4℃环境中。对宰后0h、45min、4h、12h和24h左侧背最长肌的pH进行测定，同时对宰后24h的滴水损失、蒸煮损失、肉色指标进行测定。右侧背最长肌于4℃成熟24h后速冻（-30℃），对剪切力和感官评价进行测定。

（一）电击晕对羊肉pH的影响

电击晕组与对照组肉羊宰后0h、2h和4h的pH差异显著（表2-15，$P < 0.05$），电击晕后羊肉pH升高（$P < 0.05$），但随宰后成熟时间的延长，电击晕处理组与对照组pH差异逐渐消失，宰后8h和24h pH差异不显著（$P > 0.05$）。

畜禽宰前体内能量储备以及宰后消耗速度和程度决定了宰后肌肉中乳酸生成量、pH及蛋白降解程度，最终对肉品质造成影响。电击晕虽能减轻羊屠宰时的痛苦，但

表2-15 电击晕处理对羊肉pH的影响

宰后时间	对照组	电击晕	P 值
0h	6.31 ± 0.18	6.51 ± 0.13	0.011
45min	6.14 ± 0.23	6.28 ± 0.13	0.106
2h	5.95 ± 0.23	6.16 ± 0.13	0.019
4h	5.83 ± 0.24	6.04 ± 0.11	0.021
8h	5.73 ± 0.18	5.86 ± 0.14	0.080
24h	5.41 ± 0.11	5.41 ± 0.08	0.950

注：数据表示为平均值±标准差（n=10）；同一宰后成熟时间，不同处理间数据上标字母不同表示差异显著（$P<0.05$）。

同时也会诱发其产生癫痫反应，发生抽搐、蹬腿的现象，消耗其宰前体内的糖原含量。本研究中，电击晕组宰后初期 pH 显著高于对照组，这可能是高压电击晕造成羊宰前激烈抽搐使其体内糖原过度消耗所致。使用 600V 电击晕时，羊抽搐时间显著长于 300V 击晕（Lambooy 等，1982）。电击晕头部处理组羊宰后初始 pH 下降程度显著低于电击晕头部－背部组与未击晕组（Devine 等，1984），宰前电击晕不能作为电刺激处理来加速宰后糖酵解或延迟肌肉冷收缩，电击晕与未击晕组肉羊宰后 24h pH 差异不显著。

（二）电击晕对羊肉食用品质的影响

宰前电击晕处理羊宰后 24h 肉色结果显示，电击晕组羊肉 a^* 值和 b^* 值显著低于对照组（表 2-16，$P < 0.05$），L^* 值和 ΔE 值与对照组差异不显著（$P > 0.05$）。这说明，电击晕组羊肉红度值和黄度值较低，但未反映到总体色差上。电击晕组羊肉滴水损失显著高于对照组（$P < 0.05$），两处理间蒸煮损失差异不显著（$P > 0.05$）。电击晕组羊宰后 24h 剪切力显著高于对照组（$P < 0.05$）。

表2-16 电击晕处理对羊肉食用品质的影响

品质指标	对照组	电击晕	P 值
L^*	40.39 ± 1.89	39.87 ± 1.68	0.522
a^*	16.38 ± 1.37	13.18 ± 1.48	< 0.001
b^*	9.20 ± 1.68	6.27 ± 1.19	< 0.001
ΔE	60.02 ± 1.27	59.42 ± 1.54	0.350
滴水损失	0.66 ± 0.22	1.05 ± 0.34	0.007
蒸煮损失	30.04 ± 0.93	31.19 ± 2.02	0.117
剪切力	8.69 ± 1.44	10.4 ± 1.41	0.036

注：数据表示为平均值 ± 标准差（n=10）；同行数据上标字母不同表示差异显著（$P<0.05$）。

本研究中电击晕组与对照组宰后 24h 羊肉 ΔE 值差异不显著，表明宰前电击晕不会影响宰后肉色（Vergara 等，2000；Velarde，2003）。然而，家禽宰前电击晕处理后 a^* 值较高（Fleming 等，1991；Raj，1990），这说明电击晕对不同畜种肉质的影响不同。

感官评分结果显示，电击晕组羊肉嫩度和总体可接受性打分显著低于对照组（表 2-17，$P < 0.05$），这与剪切力结果一致，说明本研究中宰前电击晕处理不利于羊肉嫩度和总体肉质评分。电击晕组与对照组羊肉膻味和多汁性差异不显著（$P > 0.05$）。

表2-17 电击晕处理对羊肉感官评价的影响

感官评定	对照组	电击晕	P 值
膻味	3.57 ± 0.40	3.90 ± 0.22	0.277
嫩度	4.43 ± 0.32	3.80 ± 0.20	0.044
多汁性	4.52 ± 0.50	4.00 ± 0.00	0.146
总体可接受性	5.46 ± 0.25	4.98 ± 0.10	0.037

注：数据表示为平均值 ± 标准差（n=10）；同行数据上标字母不同表示差异显著（$P < 0.05$）。

研究表明，宰前电击晕（110V，5s）组羊肉滴水损失显著高于未击晕组（Linares 等，2007），但电击晕处理组羊肉剪切力与对照组差异不显著。本研究中电击晕组羊肉剪切力显著上升，这可能与电击晕组羊宰后初期较高的 pH 有关。高压电击晕能够导致羊宰后剧烈抽搐，使宰前肌糖原含量过低，宰后乳酸产生量不足，导致宰后 pH 较高，从而使肉成熟过程中所需的酶类活力不足，降低宰后蛋白质降解程度，导致宰后肉剪切力上升，肉质较硬。感官评价中电击晕组嫩度和总体可接受性得分显著低于对照组，这与剪切力结果一致，说明电击晕处理使羊肉嫩度下降，感官总体可接受性降低。

电击晕组羊宰后初期 pH 较高，宰后 24h 羊肉剪切力较高，感官评价嫩度和总体可接受性评分较低。因此，600V 瞬时高压电击晕对羊肉品质的形成有消极影响。如何有效地对羊进行宰前致晕并对羊肉品质无负面影响，仍需进一步研究。

五、宰前管理对羊肉糖酵解和蛋白质磷酸化的影响

已有研究认为，动物宰前肌糖原含量以及宰后的糖酵解速度和程度决定了肌肉的乳酸含量和极限 pH，最终对肉品嫩度、色泽、滴水损失、多汁性等造成影响

（Rosenvold 等，2001；Bee 等，2006；Hamilton 等，2003）。蛋白质磷酸化是指蛋白激酶催化 ATP 或 GTP 上 γ 位的磷酸基转移到被激活蛋白质氨基酸残基上的过程（图 2-9），是糖酵解反应中的重要环节。Huang 等（2012，2011）研究认为蛋白质磷酸化反应可通过对糖酵解酶活力的调控进而影响肉的品质。目前，关于宰前管理对畜禽宰后肌肉蛋白质磷酸化水平影响的研究甚少，王思丹等（2013）研究鸡宰前不同禁食时间下蛋白质磷酸化变化，得出禁食可以提高宰后肌浆蛋白和肌原纤维蛋白磷酸化水平的结论，并推测宰前禁食可能通过提高肌肉中糖酵解相关酶的磷酸化水平而调控肌肉的宰后僵直进程，进而影响肉质。依据本节前述研究结果可知，肉羊经 3h 运输后肉质发生显著改变，宰后 pH、剪切力和肉色显著上升，而运输 3h 后禁食 12h 能够使其肉质得到一定改善。本研究团队以肉羊进行 3h 运输处理作为高应激组，运输 3h 后禁食 12h 处理作为低应激组，研究肉羊在不同宰前管理下宰后 24h 内糖酵解程度及蛋白质整体磷酸化水平，旨在探讨宰前管理是否能够通过影响肉羊宰后糖酵解和蛋白质磷酸化而影响肉品质。

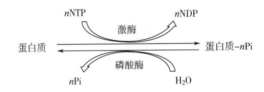

◀ 图 2-9 蛋白质磷酸化反应示意图

本研究团队选取了 6 月龄大尾寒羊与小尾寒羊杂交公羊 30 只，实验羊集中规模饲养，统一管理，同群且补饲条件相同。

实验开始时将 30 只实验羊随机分成三组分别进行如下处理：

● 对照组：运输 0h、禁食 0h 后屠宰。

● 高应激组：运输 3h、禁食 0h 后屠宰。

● 低应激组：运输 3h、禁食 12h 后屠宰。

运输处理在平坦公路上完成。禁食管理在室外待宰圈中完成，无极端恶劣天气。实验羊按照三管齐断放血方式屠宰，宰后平均胴体重为（20.08±1.71）kg。胴体修整后（放血后 15min）立即取下两侧背最长肌置于 4℃ 环境中。测定左侧背最长肌宰后 0h、24h 和 48h 的 pH，对宰后 0h、2h、4h 和 24h 样品的糖酵解和蛋白质磷酸化水平指标进行测定。对宰后 24h 的滴水损失、蒸煮损失、肉色指标进行测定。右侧背最长肌于 4℃ 成熟 24h 后速冻（-30℃），用于剪切力和感官评价指标的测定分析。

（一）宰前管理对羊肉品质的影响

不同宰前管理下肉羊宰后 24h 和 48h pH、宰后 24h b^* 值、滴水损失和剪切力差异显著（表 2-18，$P < 0.05$）。高应激组宰后 24h、48h pH 显著高于低应激

组和对照组；宰后 24h b^* 值显著低于低应激组；滴水损失显著低于低应激组和对照组；剪切力显著高于低应激组（$P < 0.05$）。不同宰前管理下肉羊宰后 0h pH，宰后 24h L^*、a^*、ΔE、蒸煮损失、膻味、嫩度、多汁性和总体可接受性得分差异不显著（$P > 0.05$）。上述结果表明，高应激组羊肉部分品质指标与低应激组和对照组有显著差异，可以作为糖酵解和蛋白质磷酸化差异样品进行后续研究。

表2-18　　　　　　　　　　　　不同宰前管理下羊肉品质比较

品质指标	宰前管理			P 值
	对照（0h）	高应激组	低应激组	
pH（0h）	6.69 ± 0.14	6.74 ± 0.12	6.72 ± 0.15	0.649
pH（24h）	5.72 ± 0.07^b	5.88 ± 0.18^a	5.75 ± 0.11^b	0.026
pH（48h）	5.50 ± 0.03^b	5.65 ± 0.20^a	5.49 ± 0.03^b	0.021
L^*	35.27 ± 2.31	35.59 ± 3.07	37.06 ± 3.46	0.375
a^*	14.92 ± 1.25	14.33 ± 1.35	14.72 ± 1.87	0.673
b^*	4.58 ± 0.87^b	4.27 ± 1.25^b	6.18 ± 1.62^a	0.005
ΔE	64.17 ± 2.23	63.72 ± 3.67	62.51 ± 3.27	0.380
滴水损失 /%	1.18 ± 0.30^b	0.81 ± 0.25^c	1.79 ± 0.51^a	< 0.001
蒸煮损失 /%	29.40 ± 2.64	31.90 ± 2.39	29.72 ± 2.78	0.084
剪切力 /kg	10.09 ± 1.24^{ab}	10.35 ± 1.30^a	8.69 ± 1.68^b	0.046
膻味	4.50 ± 0.58	4.75 ± 0.38	4.00 ± 0.87	0.406
嫩度	4.67 ± 0.44	4.75 ± 0.23	4.59 ± 0.40	0.866
多汁性	4.50 ± 0.25	4.25 ± 0.21	0.96 ± 4.52	0.582
总体可接受性	4.58 ± 0.22	4.61 ± 0.22	4.90 ± 0.42	0.406

注：数据表示为平均值 ± 标准差（$n=10$）；同行数据上标字母不同表示差异显著（$P < 0.05$）。

（二）宰前管理对肉羊宰后糖酵解性能的影响

不同宰前管理下肉羊宰后 0h、2h 和 4h 糖原含量差异显著（图2-10，$P < 0.05$）。高应激组羊宰后 0h、2h 和 4h 糖原含量显著低于对照组，不同处理组宰后 24h 糖原含量差异不显著（$P < 0.05$）。不同宰前管理下肉羊宰后乳酸生成量随宰后时间的延长而上升，且低应激组和对照组乳酸生成量始终高于高应激组，但无显著差异（图2-11，$P > 0.05$）。不同处理组肉羊宰后 0h 和 24h 糖酵解潜力差异显著（图2-12，$P < 0.05$）。高应激组羊宰后 0h 糖酵解潜力显著低于低应激组和对照组，宰后 24h 显著低于低应激组（$P < 0.05$）。这说明宰前高应激管理能够消耗羊宰前体内糖原含量，降低其宰后糖酵解潜力。

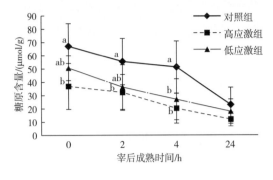

◄ 图2-10 不同宰前管理下肉羊宰后糖原含量的变化

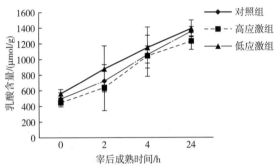

◄ 图2-11 不同宰前管理下肉羊宰后乳酸含量的变化

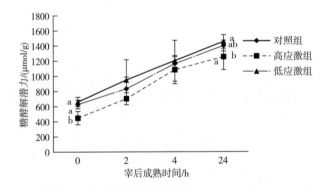

◄ 图2-12 不同宰前管理下肉羊宰后糖酵解潜力的变化

（三）宰前管理对肉羊宰后蛋白质整体磷酸化水平的影响

肉羊宰后 0h、4h 和 24h 肌浆蛋白和肌原纤维蛋白的 SDS-PAGE 电泳见图 2-13、图 2-14。图 2-13 所示为 Pro-Q Diamond 染色的磷酸化蛋白，图 2-14 是 SYPRO Ruby 染色的全蛋白。分别选取肌浆蛋白和肌原纤维蛋白泳道中 24 条条带进行光密度分析。结果显示，不同宰前管理下肉羊宰后 0h、4h 和 24h 的肌浆蛋白和肌原纤维蛋白各条带蛋白质磷酸化水平差异不显著（$P > 0.05$）。

比较不同宰前管理下肉羊宰后 0h、4h 和 24h 肌浆蛋白和肌原纤维蛋白质整体磷酸化水平。结果显示，高应激组、低应激组和对照组间差异不显著（图 2-15，图 2-16，$P > 0.05$）。

图2-13 不同宰前管理下肉羊宰后磷酸化肌浆、肌原纤维蛋白质SDS-PAGE电泳图

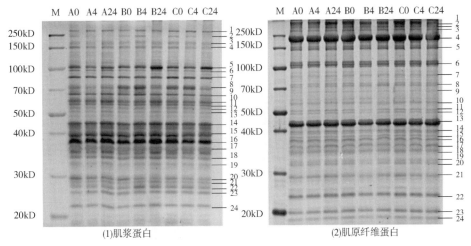

(1)肌浆蛋白 (2)肌原纤维蛋白

A 为对照组、B 为高应激组、C 为低应激组；0、4 和 24 分别为宰后成熟 0h、4h、24h。

图2-14 不同宰前管理下肉羊宰后肌浆、肌原纤维全蛋白SDS-PAGE电泳图

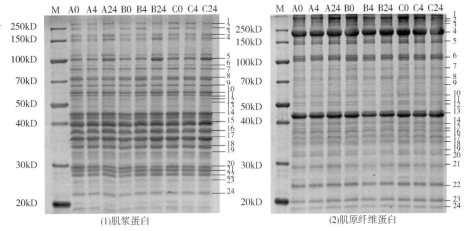

(1)肌浆蛋白 (2)肌原纤维蛋白

A 为对照组、B 为高应激组、C 为低应激组；0、4 和 24 分别为宰后成熟 0h、4h、24h。

图2-15 不同宰前管理下肉羊宰后肌浆蛋白质整体磷酸化水平比较

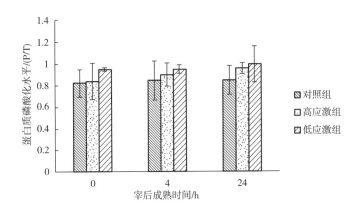

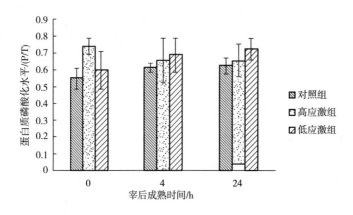

◄ 图2-16 不同宰前管理下肉羊宰后肌原纤维蛋白质整体磷酸化水平变化

本研究结果与前期研究结果一致，宰前高应激组（宰前运输3h）对羊肉品质产生消极影响，使其24h pH、剪切力显著升高。宰前低应激组（宰前运输3h后禁食12h）能够缓解运输给羊造成的应激反应，其宰后大部分肉质指标与对照组无显著差异。肉羊遭受高应激管理时有产生黑干肉的倾向，但并未发现可观察到的黑干肉。动物宰前肌肉所含能量以及宰后的能量消耗速度和程度决定了肌肉的乳酸含量和极限pH，最终对肉品质如嫩度、肉色、滴水损失、多汁性等造成影响（Rosenvold等，2001；Bee等，2006；Hamilton等，2003）。宰前管理带来的应激反应会导致畜禽体内糖原含量下降，下降超过一定限值时，宰后糖酵解作用产生的乳酸量不足以使胴体极限pH降到正常水平，造成宰后肉质改变，严重时产生黑干肉（Lawrie等，2009；Ferguson等，2001）。表明宰前高应激管理能够消耗羊宰前体内糖原含量，降低其宰后糖酵解潜力，进而影响羊肉品质。

本研究中，不同宰前管理组肉羊宰后0h、4h和24h各条带蛋白质磷酸化水平和总体磷酸化水平均无显著差异。而畜种不同、宰前管理和样品分组方式不同对宰后肌浆蛋白和肌原纤维蛋白磷酸化水平的影响不同（王思丹等，2013）。宰后不同pH下降速率的猪背最长肌中，肌原纤维蛋白质磷酸化的变化不同，蛋白质磷酸化反应可通过对糖酵解酶活力的调控进而影响肉的品质（Huang等，2012）。磷酸化水平可能影响肉中糖酵解酶如丙酮酸激酶、磷酸果糖激酶活力，磷酸化后其酶活力增加，提高肌肉糖酵解反应（Doumit等，2000；Reiss等，1986；Sale等，1987）。

高应激管理能够消耗羊宰前体内糖原含量，降低其宰后糖酵解潜力，使羊肉24h pH和剪切力显著升高，对羊宰后肉品质产生消极影响。低应激管理大部分肉质指标与对照组差异不显著。不同宰前管理组肉羊宰后0h、4h和24h肌浆蛋白和肌原纤维蛋白各条带蛋白质磷酸化水平和总体磷酸化水平无显著差异。宰前管理主要通过影响肉羊体内糖原含量和宰后糖酵解潜力进而改变宰后羊肉品质，本研究中尚未观察到宰前管理与宰后蛋白质磷酸化间的联系。宰前禁食12h和24h能够提高羊肉卫生品质。肉羊运输后禁食 12h 和 24h、饲喂 36h 和 72h 有利于羊肉品质。宰前运输 1h、3h 和 6h 会对羊肉品质造成不同程度的消极影响。600 V 高压电击晕对羊肉品质造成消极影响。宰前管理主要通过影响肉羊体内糖原含量和宰后糖酵解潜力进而改变宰后羊肉品质，本研究中尚未观察到宰前管理与宰后蛋白质磷酸化间的联系。

为此，提高羊肉品质的宰前管理建议如下：

● 宰前无需运输情况下：宰前禁食 12~24h。

● 宰前需运输情况下：运输小于 6h 时，运输后禁食休息 12~24h。

● 肉羊在屠宰场 24h 内无法屠宰情况下：供食供水，宰前禁食 12~24h。

第二节
宰后成熟过程中羊肉食用品质的形成机制

动物经屠宰后，血液循环和呼吸终止，导致细胞内氧气不足，很快进入无氧状态，造成细胞内的糖代谢由有氧分解转变为无氧分解，即糖酵解后进入乳酸途径。1 分子葡萄糖分解为 2 分子的乳酸，仅能够产生 2 分子的 ATP，细胞内 ATP 水平不断下降（黄明等，2011）。负责肌肉收缩的肌球蛋白 ATP 位点结合不到 ATP，与肌动蛋白形成永久性强结合的横桥，肌肉收缩无法解除，表现出肌肉僵硬，即僵直阶段（尹靖东，2011）。僵直阶段的肉嫩度和风味较差，不适合食用。肌肉在宰后僵直达到最大程度并维持一段时间后，肌肉的张力开始下降，肉的质地逐渐变软，称为解僵。解僵是成熟过程的一部分。成熟是指尸僵完全的肉在冰点以上的温度下放置一段时间，僵直解除、变软、持水力和风味得到改善的过程，是肌肉向可食用肉转变的过程。

宰后成熟和肉品质的关系是肉类科学的重点，宰后最初发生的生化反应会极大地影响肉品质。这种变化与理化因素、组织化学性质、温度、基因型和其他一些因素有关，它们共同影响宰后肌肉的新陈代谢。肌肉主要是由大量的水和蛋白质组成，肉品科学与功能蛋白质的结构解析密不可分（Morzel 等，2004）。肉及肉制品中的蛋白质复杂且多变，其大量生物化学反应成为研究的难题。由于蛋白质组学可通过一次实验分离和鉴定百种蛋白质，并对每种蛋白质的特性进行详细分析，直接、有效地反映蛋白质的相互作用，因此蛋白质组学已经成为分析肉及肉制品中蛋白质的重要方法（Han 等，2008）。随着蛋白质组学作为生命科学的前沿技术逐渐在生命科学各领域有了应用，也为肉品科学利用蛋白质组学技术寻找、筛选并鉴定与品质相关的标记蛋白，全面深入研究其形成规律，探究影响品质特性的机制开辟了一条新途径。

宰后成熟过程是一个复杂的过程，其直接原因是肌肉微观结构和超微结构的改变，而引起这些变化的主要作用者是内源酶系统，目前公认的经典理论是钙蛋白酶嫩化理论，但是该理论无法完整地诠释宰后嫩度的形成，一些学者认为宰后嫩化是钙蛋白酶与其他酶系统共同作用的结果（金海丽，2002）。研究发现，蛋白酶体与钙蛋白酶系统具有协同作用，决定了肉的最终嫩度。蛋白酶体广泛存在于各类动物体内，具有降解蛋白的能力。蛋白酶体通常与泛素化修饰共同作用，形成泛素 - 蛋白酶体系统，是体内降解卷曲折叠错误、表达错误或无用蛋白质，实现氨基酸循环的重要通路，研究蛋白酶体在肉品成熟过程中的作用对阐明宰后成熟嫩化机制具有重要意义。

一、基于蛋白质组学的羊肉滴水损失形成机制

肌肉中水分含量大约是 75%，它们主要存在于肌肉组织和肌细胞中，即肌原纤维中、肌原纤维间、肌原纤维与细胞膜之间、细胞间和肌束之间的空隙中（Offer 等，1992）。水分的存在对肌肉有着重要的意义，但在屠宰、贮藏、加工过程中，肌肉的水分很容易流失，造成可溶性蛋白质的损失和可溶性风味物质的流失（Lawrie，1998）。Savage 等（1990）报道每毫升流失的汁液中约含有 112mg 的蛋白质，Luciano 等（2009）指出肌肉中的血红素含量随水分流失而降低，对肉色造成影响。因此，水分的存在对肌肉的物理形态、风味、肉色等都具有重要的意义。

肌肉可通过自身的物理形态和化学构成对水分有一定的束缚能力，称作持水性，其大小常用滴水损失来描述。滴水损失是衡量肉类持水性的关键指标，是指在不施加任何外力只受重力作用的条件下，肌肉蛋白系统的液体损失量（夏双梅等，2007）。为此，阐明造成宰后滴水损失的成因，进而有效控制宰后滴水损失，意义重大。

肌肉中 85% 的水是蛋白质结合水，主要分布于蛋白质稠密的肌原纤维蛋白网络中（Cummins 等，2004），具有很高的稳定性，通常机械力不能改变其流动性，但宰后众多因素都有可能导致肌肉蛋白质水合效应的变化，进而诱导水的流动性改变，使蛋白质结合水部分地转变为可流动水，造成滴水损失。

研究表明，滴水损失与肌肉收缩、蛋白质降解和氧化存在相关性，但滴水损失的机理目前尚不清楚，导致宰后滴水损失升高造成经济损失，且缺乏品质调控技术。为此，本研究团队以滴水损失较高的山羊肉为原材料，通过对比滴水损失差异样品进行蛋白质组学研究，鉴定差异蛋白质，结合核磁技术推测造成滴水损失形成的原因，阐明肌肉滴水损失形成的机理，为控制宰后肌肉滴水损失和提高羊肉品质提供理论依据。

本研究团队采集波尔山羊、黄淮山羊、波尔 × 崂山白山羊三个品种背最长肌，通过测定宰后 24h 左侧背最长肌的滴水损失情况，确定低滴水损失组和高滴水损失组，比较两组肉羊宰后 24h 的 pH、肉色、剪切力、脂肪氧化程度、肌原纤维蛋白降解程度和肌纤维结构等特点，研究造成滴水损失差异的原因；进一步采用蛋白质组学方法对不同滴水损失羊背最长肌进行研究分析，比较不同滴水损失羊肉样品的双向电泳图，筛选出差异蛋白并用液相色谱 - 质谱 / 质谱（LC-MS/MS）进行鉴定，并通过液相色谱 - 质谱 / 质谱（SDS-PAGE）对蛋白质磷酸化水平进行研究，寻找滴水损失与磷酸化水平的关系。

（一）不同滴水损失羊肉理化品质特征分析

1.pH 及肉色分析

滴水损失是衡量肌肉品质的重要指标，滴水损失小，则肌肉系水力高，组织表现为多汁、鲜嫩、表面干爽。动物宰后 45min 的 pH 与滴水损失显著相关（Otto 等，2004），因此本研究中仅测定一组时间的 pH。由表 2-19 可知，低滴水损失组的 pH 45min 均高于高滴水损失组，且两组之间差异显著（$P < 0.05$），而不同品种之间无显著差异。

羊被屠宰后，肌肉中的水分含量和分布会发生改变，但这种变化在个体之间存在差异，本研究中羊肉的滴水损失率分布范围大，从 0.33% 到 4.68% 不等。已有研究表明：滴水损失受多重因素影响，包括肌肉组织的自身变化及不同处理方式等（Honikel 等，2004）。目前的研究主要集中在蛋白质的性质改变及肌肉组织结构变化导致储水空间的变化，从而造成滴水损失的形成。

本研究中高滴水损失率组肉羊宰后 45min 的 pH 显著低于低滴水损失率组，而 pH 在宰后肉品质变化中起到重要作用，如蛋白质变性、肌纤维收缩等。高滴水损失组样品的肌节变短，肌纤维空隙面积增大，这可能是宰后肌肉转变为肉的过程中产生乳酸导致 pH 下降，pH 降低至蛋白等电点后，蛋白质的正负电荷相等，蛋白质相互吸引，静电荷为零，降低了对水分的吸引，同时肌原纤维之间距离减小，造成水分流失。细胞内蛋白质之间的交联提供了维持水分的空间（Huff-Lonergan 等，2005），过低的 pH 会导致储存水分的蛋白质（如肌球蛋白头部）变性（Barbut 等，2008），当蛋白质变性后，尤其是一些维持细胞骨架结构的连接蛋白，如肌间线蛋白、伴肌动蛋白等的变性会导致滴水损失增加（Lonergan 等，2010），造成肌肉保水性的下降。

对滴水损失形成机制的研究中，其中一种观点就是由收缩造成的：肌原纤维的持水性主要与 A 带和肌节的大小有关，当 pH 下降至 5.5 时，肌纤维的横向收缩程度增强，肌节变短。宰后僵直期间，肌节变短，肌原纤维内空间减小，汁液流失的增加与肌节长度呈线性关系（Honikel 等，1986）。此外，宰后低 pH 还会导致肌原纤维的网格结构发生收缩，当 pH 降低到接近肌原纤维粗丝的等电点时，肌原纤维粗丝之间的距离平均减小 2.5nm，肌原纤维网格收缩可能引起整个肌细胞直径减小（Diesbougr 等，1988）。pH 下降引发的肌原纤维网格收缩使整个肌细胞直径减小，在肌细胞之间和肌束之间形成空隙，即所谓的汁液流失通道（DriPChannel）（Offer 等，1992）。肌原纤维体积的减小加上 pH 诱导的肌原纤维网格结构收缩使水分从肌原纤维结构中流向肌原纤维结构外的空隙，宰后肌纤维的横向收缩是形成汁液流失通道的主要原因，汁液流失通道越宽，汁液流失率越大（Bendall 等，1988）。本研究中，高滴水损失组的肌细胞外空隙面积较大，且肌节长度变短，表明蛋白质的变化以及肌纤维结构的变化都归结于 pH 的变化。

在色泽上，随着滴水损失的升高，L^* 值明显增大，不同滴水损失的两组之间差异显著（$P < 0.05$，表 2-19），这是由于滴水损失高的肉中水分溢出，使附着在肉表面的游离水增多，增加了光的反射。而不同滴水损失两组的 a^*、b^* 则差异不显著（$P > 0.05$），$\triangle E$ 中仅不同滴水损失的波尔山羊存在显著差异（$P < 0.05$）。高滴水损失组的亮度值高是由于高滴水损失组的肉样水分损失多，从肌肉中渗出的水分分布于肉表面，导致表面游离水增多，反射加强（Page 等，2001）。

2. 嫩度与脂肪氧化

滴水损失与剪切力存在联系，滴水损失高，剪切力值大。在本研究中，高滴水损失组的剪切力值普遍高于低滴水损失组，两组之间没有显著性差异（$P > 0.05$），这可能是因为滴水损失高的样品由于组织失水，韧性变大。肌肉的剪切力是反映肉嫩度高低的指标，是肌肉中结缔组织的含量与性质及肌原纤维蛋白的化学结构状态的总体反映（Srinivasan 等，1997）。肌肉中所含成分不同、处理过程不同，肌肉会表现不同的剪切力（Sriket 等，2007）。当肌肉中的水分损失过多，肌纤维明显断裂、结缔组织膜受到严重破坏，组织的完整性丧失，使肉的剪切力升高，嫩度降低。

脂肪氧化是影响肉品质的因素之一，由表 2-19 可知，高滴水损失组的脂肪氧化程度均比低滴水损失组的高（$P > 0.05$）。氧化是导致肉质下降的原因之一，肉类食品中脂肪氧化多发生在细胞膜水平上（Benjakul 等，2003），细胞膜中不饱和脂肪酸的氧化与滴水损失有关。这是由于脂类氧化始于亚细胞膜上的磷脂，引起生物膜完整性受破坏，胞浆液穿过细胞膜流失，导致滴水损失升高。肌内脂肪氧化程度的提高，可导致细胞膜结构和功能的改变，增加其通透性而引起汁液流失（Pomrat 等，2007）。

研究表明，虾肉的脂肪氧化值和剪切力增高，使得肌肉蛋白盐溶性减小、肌纤维间隙增大、肌纤维弯曲甚至断裂（Boonsumrej 等，2007）。当肌细胞破裂后，老虎虾的 α - 糖苷酶（α -glucosidase, AG）和 β - 乙酰基 - 氨基葡萄糖苷酶（β -acety glucosaminidasel，NAG）含量升高（Sriket 等，2007），Ca^{2+}-ATPase 酶活力降低、虾肉蛋白变性、肌纤维断裂及肌肉结构混乱，酶释放到肌浆中，加速了脂肪的氧化，对肌肉品质造成严重影响（Srinivasan 等，1997）。此外，肌肉中色素氧化也与脂质的氧化呈正相关（Faustman 等，1989），这是由于脂肪氧化过程中产生的自由基直接作用促进色素氧化，或通过损坏色素降解系统间接起作用（Liu 等，2000）。在肌内膜上脂肪酸氧化形成的自由基、羰基可以与肌肉蛋白褐色素中的自由氨基发生反应，加速褐色色素物质的形成，使肌肉红度值下降（Altan 等，2003）。

表2-19　　　　　　　　　　不同滴水损失羊肉理化指标比较

指标	品种	滴水损失高	滴水损失低
滴水损失 /%	波尔山羊	2.20±0.16	0.82±0.16
	黄淮山羊	2.27±0.31	0.33±0.02
	波尔 × 崂山白山羊	4.68±0.71	0.36±0.09
pH 45min	波尔山羊	6.19±0.05[b]	6.34±0.08[a]
	黄淮山羊	6.10±0.07[b]	6.35±0.04[a]
	波尔 × 崂山白山羊	6.11±0.04[b]	6.22±0.06[a]
L^*	波尔山羊	54.07±1.95[a]	45.33±0.65
	黄淮山羊	55.89±3.83[a]	52.47±2.76
	波尔 × 崂山白山羊	49.82±1.98[a]	40.86±1.15
a^*	波尔山羊	10.90±0.35	11.20±0.40
	黄淮山羊	10.35±0.20	13.29±1.52
	波尔 × 崂山白山羊	9.47±0.67	12.55±1.41
b^*	波尔山羊	11.64±0.35	13.15±0.47
	黄淮山羊	11.84±0.30	13.35±2.07
	波尔 × 崂山白山羊	10.91±0.70	11.16±1.26
$\triangle E$	波尔山羊	53.01±1.56[a]	44.04±0.67[b]
	黄淮山羊	54.20±1.29	53.13±1.22
	波尔 × 崂山白山羊	50.52±1.77	47.68±2.04
剪切力 /kg	波尔山羊	7.47±0.50	7.06±0.67
	黄淮山羊	7.18±0.60	6.66±1.49
	波尔 × 崂山白山羊	7.43±1.07	7.01±1.26
肌节长度 /μm	波尔山羊	1.26±0.15	1.36±0.11
	黄淮山羊	1.27±0.33	1.38±0.31
	波尔 × 崂山白山羊	1.37±0.26[b]	1.97±0.30[a]
硫代巴比妥酸 - 反应物（TBARS）	波尔山羊	0.021±0.02	0.012±0.02
	黄淮山羊	0.036±0.01	0.033±0.01
	波尔 × 崂山白山羊	0.061±0.01	0.057±0.01

注：不同滴水损失组间字母不同表示差异显著（$P < 0.05$）。

3. 肌肉组织形态

图 2-17 中（1）（2）（3）为用透射电镜放大 40000 倍观察不同滴水损失羊肉所得。由图可以直观看出高、低滴水损失羊肉组织结构的差异。低滴水损失组的肌节较为完整清晰，肌细胞排列紧密，几乎没有缝隙；而高滴水损失率组部分肌节扭曲、变形、排列错乱、部分 Z 线偏离或断裂，Z 线附近的其他蛋白出现了降解而附着在 Z 线，且肌细胞之间形成了较多空隙。此外，由表 2-19 可知，高滴水损失组的肌节长度均低于低滴水损失组，随着滴水损失的升高，肌节长度降低，特别是滴水损失最高的波尔 × 崂山白山羊中肌节长度显著低于滴水损失低的肉样（$P < 0.05$），说明高滴水损失的样品中肌节变短，肌肉发生了收缩。

◄ 图2-17

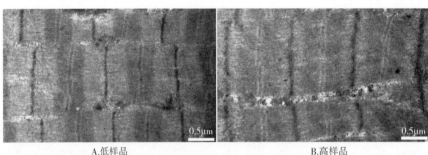

A.低样品　　　　　　　　　　　　B.高样品

(1)波尔山羊滴水损失低、高样品透射电镜图(4000×)

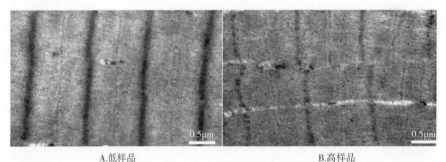

A.低样品　　　　　　　　　　　　B.高样品

(2)黄淮山羊滴水损失低、高样品透射电镜图(4000×)

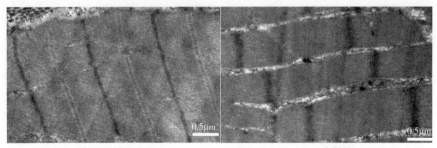

A.低样品　　　　　　　　　　　　B.高样品

(3)波尔×崂山山羊滴水损失低、高样品透射电镜图(4000×)

图2-17　不同滴▶
水损失羊肉样品
的肌肉超微结构
比较

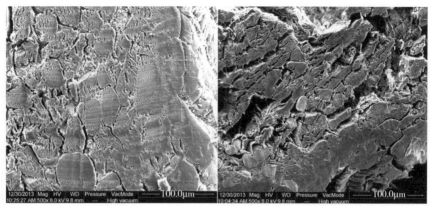

A.低样品　　　　　　　　　　　　B.高样品
(4)波尔山羊滴水损失低、高样品扫描电镜图(500×)

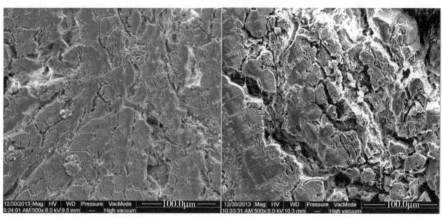

A.低样品　　　　　　　　　　　　B.高样品
(5)黄淮山羊滴水损失低、高样品扫描电镜图(500×)

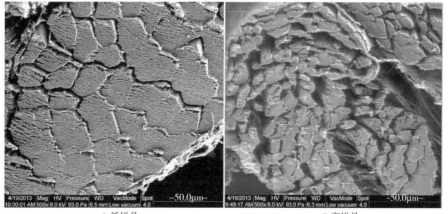

A.低样品　　　　　　　　　　　　B.高样品
(6)波尔×崂山山羊滴水损失低、高样品扫描电镜图(500×)

图 2-17 中（4）（5）（6）可清楚地看到不同滴水损失羊肉肌纤维空隙排列不同。用扫描电镜放大 500 倍进行观察，低滴水损失组的肌纤维排列致密，肌纤维之间几乎没有缝隙；而高滴水损失组的肌纤维排列混乱、结构疏松，分布不规则，且直径变小，肌纤维之间的间隙逐渐增大，均一性降低，肌束膜也发生了部分的断裂和崩解。这说明随着滴水损失的升高，肌肉中所持有水分降低，肌纤维发生收缩，使肌纤维之间的间隙变大，组织结构的完整性受到破坏。

在肌肉中结缔组织膜富有一定弹性，起着保持肌肉完整性、防止肌纤维受到损伤的作用，从图中可以看出，高滴水损失组的结缔组织破裂，表明肌肉组织完整性丧失、致密结构被破坏，且肌纤维边界模糊、排列紊乱，部分蛋白溃散、偏聚、断开。

（二）不同滴水损失羊肉肌原纤维蛋白降解分析

不同滴水损失的羊肉肌原纤维蛋白 SDS-PAGE 结果见图 2-18。从图中可见，羊肉肌原纤维蛋白中的肌球蛋白重链（MHC，myosin heavy chain）、肌动蛋白（Actin）、肌球蛋白轻链 1（LC1，light chain 1）等条带组成非常清晰，其中 200kD 处为肌球蛋白重链，45kD 附近为肌动蛋白，23kD 处为肌球蛋白轻链 1。通过比较高、低滴水损失样品的蛋白条带，发现其肌原纤维蛋白之间存在一定差异，说明不同滴水损失的羊肉肌原纤维蛋白降解程度不同，产生新的小分子条带或浓度不同。

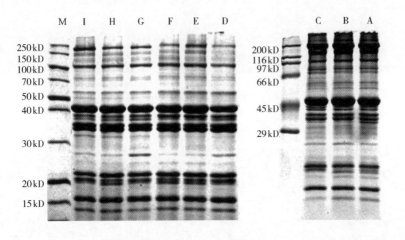

◀ 图 2-18 不同滴水损失肉样的 SDS-PAGE电泳

注：A~C 代表波尔 × 崂山山羊滴水损失低、中、高组；D~F 代表波尔山羊滴水损失低、中、高组；I~G 代表黄淮山羊滴水损失低、中、高组。

纵观三个品种，共有的差异条带的区域有三处，分别位于 40kD、25kD、20~21kD 处。在 40kD 处，高滴水损失的蛋白条带清晰，灰度值高，而低滴水损失的蛋白条带则较为模糊；高滴水损失样品在 25kD 处的蛋白高于低滴水损失肉样，这可能是蛋白质降解造成的；高滴水损失在 20~21kD 处明显出现了 1~2 条条带，而低滴水损失羊肉在此处则有一条条带，没有分离出其他条带。

不同品种也对滴水损失产生了一定影响：在波尔山羊 × 崂山白山羊中，低滴水损失羊肉在 35kD 处分离出一条蛋白带，而高滴水损失组则没有此带。

总体来看，高滴水损失组的蛋白降解程度高于低滴水损失组，可以推测滴水损失与蛋白质降解度有一定的关系。

肌原纤维蛋白氧化程度增加可降低其被酶水解的敏感度（Morzel 等，2006），肌浆蛋白的氧化程度增加导致 calpain 酶活力降低，都会削弱肌间线蛋白及肌动骨架蛋白和细胞膜之间的连接蛋白的降解，缩短肌原纤维间水分保留的时间，从而增加汁液流失和贮藏损失（Huff-Lonergan 等，2005）。此外，肌原纤维蛋白氧化程度增加促使肌纤维发生收缩或断裂，引发肌原纤维蛋白变性、肌细胞组织结构破裂。猪白肌肉汁液流失严重是肌浆蛋白和肌球蛋白变性的结果，而宰后早期的低 pH 是蛋白质变性的主要诱因（陈韬等，2006）。通过 SDS-PAGE 电泳分析发现，肌原纤维蛋白质中 100、25 和 24kD 蛋白质高于正常肉，225kD 和 16.6kD 低于正常肉，白肌肉中小分子蛋白数量大于正常肉，说明白肌肉蛋白质降解程度较高，因此蛋白降解度和白肌肉汁液流失有一定的关系。

（三）不同滴水损失羊肉品质指标间相关性分析

对于不同滴水损失的羊肉 pH_{45min}、肉色、剪切力、肌节长度、TBARS 值等指标的相应值与滴水损失大小进行皮尔逊（Pearson）相关性分析，结果如表2-20所示。总体来看，滴水损失与肉色、剪切力之间存在相关性。首先，滴水损失与 a^* 值之间呈显著负相关（$R=0.890$），说明滴水损失对色泽有重要影响，滴水损失越高，a^* 越低，这可能是肌肉中水分流失，蛋白质变性后发生一系列生化反应对肉色产生了一定影响。剪切力与 L^*、a^* 呈负相关，相关系数分别为 0.813、0.822。

表2-20　　　　　　　羊肉品质指标与滴水损失的Pearson相关性分析

	滴水损失	pH_{45min}	L^*	a^*	b^*	ΔE	剪切力	肌节长度	TBARS 值
滴水损失	1								
pH_{45min}	−0.707	1							
L^*	0.304	−0.118	1						
a^*	−0.890**	0.619	−0.318	1					
b^*	−0.620	0.756*	0.202	0.423	1				
ΔE	−0.091	−0.178	0.639	0.220	−0.116	1			
剪切力	0.785	−0.514	−0.813*	−0.822*	−0.703	−0.101	1		
肌节长度	−0.427	−0.010	−0.276	0.602	−0.330	−0.099	−0.301	1	
TBARS	0.396	−0.665	0.335	−0.033	−0.720	0.105	0.102	0.549	1

注：* 在 0.05 水平上显著相关；** 在 0.01 水平上显著相关。

高滴水损失组样品的保水性和 pH 显著低于低滴水损失组，剪切力和亮度值升高，肌节变短，肌纤维空隙面积增大，肌原纤维蛋白发生降解。高滴水损失组保水性降低可能是由于 pH 下降导致蛋白对水分的吸引力降低，蛋白质变性，造成肌原纤维网格的收缩，导致水分流失。因此，羊肉滴水损失增大的原因可能是 pH 下降、蛋白质变性和肌纤维结构变化。

（四）不同滴水损失羊肉蛋白质组学分析

1. 不同滴水损失羊肉差异蛋白分析

按照双向电泳方法，采用 24cm pH 4~7 的 IPG 胶条，蛋白上样量为 450μg，对相同月龄的波尔山羊、黄淮山羊、波尔 × 崂山白山羊的背最长肌全蛋白进行双向电泳，考染后获得了清晰度和分辨率较高的 pH 4~7 范围的蛋白质表达谱，扫描凝胶后，应用 Image Master 7.0 凝胶图像分析软件进行分析，结果显示：实验重现性较好（每个样本三块胶重复），蛋白点主要分布在 10~200kD，样本及胶之间有较高的重复性，不同品种羊背最长肌全蛋白 2-D 图谱见图 2-19、表 2-20、表 2-21。

应用 Image Master 7.0 凝胶图像分析软件分析三个肉羊品种共 18 块 2-DE 凝胶，在高、低滴水损失两组中选择差异表达（$P < 0.05$，倍数在 3.5 倍以上）的蛋白点，其中黄淮山羊中差异表达蛋白点 15 个，波尔山羊 14 个，波尔 × 崂山白山羊 14 个。这些差异表达蛋白点分子质量主要分布在 20~200kD，等电点（PI）主要分布在 pH 4~7 范围内（图 2-22）。

在 3 个品种中差异表达倍数大于 3.5 的蛋白点，经挖取酶解、LC-MS/MS 质谱分析，获得指纹图谱（PMF），通过数据库搜索及与蛋白文库进行比对分析，在山羊物种库中搜索到匹配的蛋白质，成功鉴定蛋白点对应的蛋白质（表 2-21、表 2-22、表 2-23）。

在黄淮山羊中，与低滴水损失组相比，高滴水损失组中差异蛋白表达全部下调；波尔山羊中除了点 2、7、9 外，在高滴水损失组中的差异蛋白表达均下调；波尔 × 崂山白山羊中只有 1 号点在高滴水损失组中表达上调，其余表达均下调。这些蛋白质的理论等电点、相对分子质量与观测的等电点、相对分子质量一致。

在 3 个品种中出现频率较高的差异蛋白有：α- 烯醇酶 X2 异构体（alpha-enolase isoform X2）、细胞色素 b-c1 复杂亚基 1（cytochrome b-c1 complex subunit 1）、丙酮酸脱氢酶 β 亚基（pyruvate dehydrogenase E1 component subunit beta）、肌球蛋白轻链（myosin light chain）、超氧化物歧化酶（superoxide dismutase）、肌球蛋白（myosin）、过氧化物氧化还原酶（peroxiredoxin-2）。此外，热休克蛋白 27（HSP 27 protein）、NADH 脱氢酶（NADH dehydrogenase）也同样值得关注。

图2-19　黄淮山 ▶
羊不同滴水损失
的全蛋白双向电
泳图

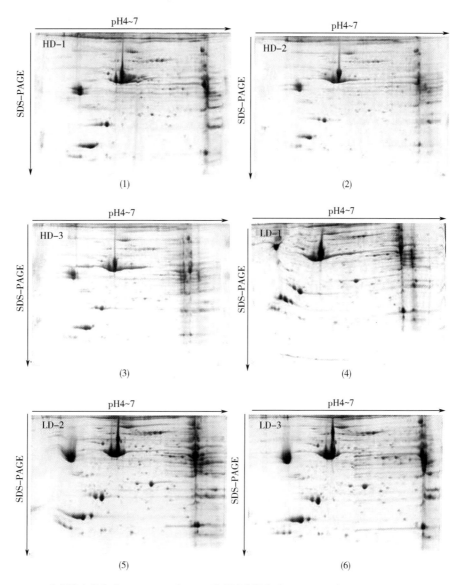

HD 为高滴水损失（high drip loss），LD 为低滴水损失（low drip loss）。

图2-20　波尔山 ▶
羊不同滴水损失
的全蛋白双向电
泳图

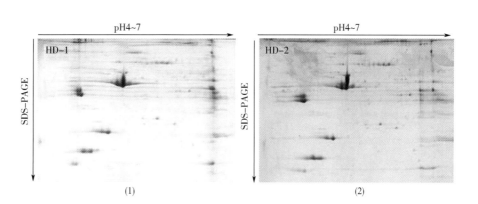

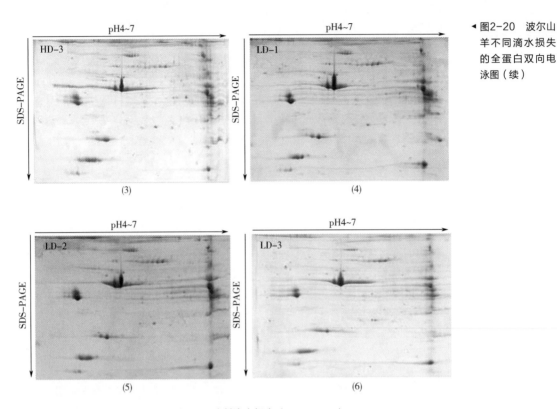

◀ 图2-20 波尔山羊不同滴水损失的全蛋白双向电泳图（续）

HD 为高滴水损失（high drip loss），LD 为低滴水损失（low drip loss）。

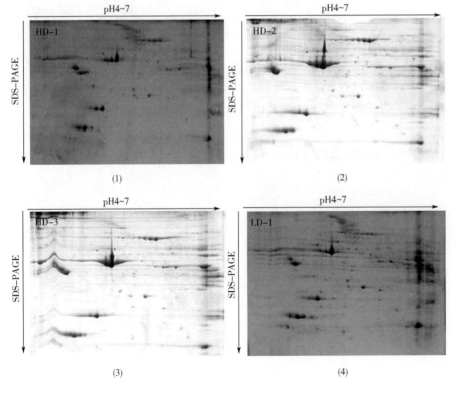

◀ 图2-21 波尔 × 崂山白山羊不同滴水损失的全蛋白双向电泳图

图2-21 波尔▶
×崂山白山羊不
同滴水损失的全
蛋白双向电泳图
（续）

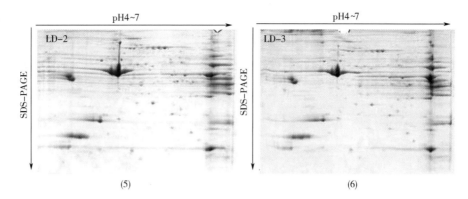

(5) (6)

HD 为高滴水损失（high drip loss），LD 为低滴水损失（low drip loss）。

图2-22 不同滴▶
水损失的差异表
达2-D谱

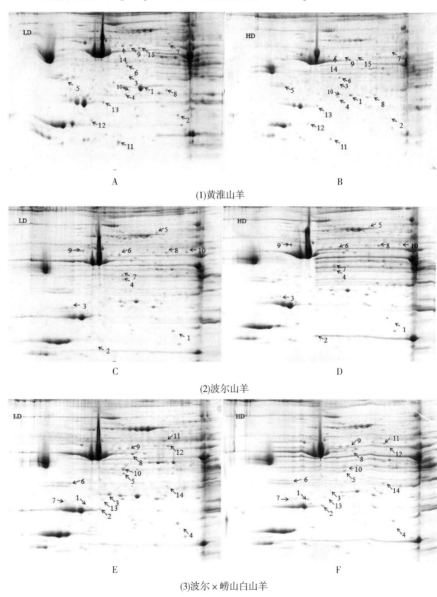

A B

(1)黄淮山羊

C D

(2)波尔山羊

E F

(3)波尔×崂山白山羊

HD 为高滴水损失（high drip loss），LD 为低滴水损失（low drip loss）。

表2-21 不同滴水损失的黄淮山羊中LC-MS/MS鉴定的差异蛋白质

条带编号	蛋白质名称	来源	登录号	理论等电点/相对分子质量	匹配肽段数	序列覆盖率/%	蛋白质丰度指数
1	肌球蛋白轻链 6B	山羊	gi|548466316	5.40/23488	443(374)	68	11.87
2	肌球蛋白轻链 6B	山羊	gi|548466316	5.40/23488	443(374)	68	11.87
3	NADH 脱氢酶	山羊	gi|548496668	5.64/26687	129(100)	55	11.96
4	热休克蛋白 27	山羊	gi|389620461	6.21/20543	318(199)	59	4.55
5	载脂蛋白 B 编辑酶	山羊	gi|548517020	4.84/26027	118(81)	72	2.92
6	丙酮酸脱氢酶 β 亚基	山羊	gi|548515230	6.21/39485	246(186)	54	8.66
7	α-烯醇酶 X2 异构体	山羊	gi|548498577	5.92/49376	309(221)	59	7.9
8	硫氧还蛋白依赖性过氧化物还原酶	山羊	gi|548523749	7.75/28377	459(399)	33	4.09
9	细胞色素 b-c1 复杂亚基 1	山羊	gi|548515658	5.84/51307	165(99)	31	3.37
10	热休克蛋白 27	山羊	gi|389620461	6.21/20543	64(32)	45	2.94
11	视网膜神经胶质瘤相关蛋白	山羊	gi|548487941	8.90/94636	10(7)	1	0.04
12	真核生物翻译启动因子 5A-1	山羊	gi|548507861	5.08/17049	275(172)	66	58.52
13	过氧化物氧化还原酶	山羊	gi|548472190	5.56/20157	10(7)	66	7.08
14	细胞色素 b-c1 复杂亚基 1	山羊	gi|548515658	5.84/51307	342(239)	55	6.15
15	琥珀酰辅酶 A 连接酶 β 亚基	山羊	gi|548487933	5.52/43878	426(337)	66	10.68

表2-22　不同滴水损失的波尔山羊中LC-MS/MS鉴定的差异蛋白质

条带编号	蛋白质名称	登录号	来源	理论等电点/相对分子质量	匹配肽段数	序列覆盖率/%	蛋白质丰度指数
1	超氧化物歧化酶	gi|5865328	山羊	5.85/15871	194(174)	39	4.78
2	脂肪酸结合蛋白	gi|39939390	山羊	6.11/14810	201(146)	68	20.19
3	超氧化物歧化酶	gi|5865328	山羊	5.85/15871	46(23)	25	0.93
4	丙酮酸脱氢酶 β 亚基	gi|548515230	山羊	6.21/39485	343(273)	54	11.69
5	肌球蛋白 1	gi|548508120	山羊	5.55/224715	201(118)	13	0.52
6	细胞色素 b-c1 复杂亚基 1	gi|548515658	山羊	5.84/51307	461(379)	58	9.89
7	肌动蛋白	gi|548482267	山羊	5.30/42437	247(177)	59	7.31
8	α-烯醇酶 X2 异构体	gi|548498577	山羊	5.92/49376	370(262)	65	20.35
9	ATP 合成酶 β 亚基	gi|548466133	山羊	5.14/56148	425(332)	67	22.26
10	肌球蛋白 2	gi|548508115	山羊	5.59/222489	311(195)	10	0.48

表2-23 不同滴水损失的波尔×崂山白山羊中LC-MS/MS鉴定的差异蛋白质

条带编号	蛋白质名称	登录号	来源	理论等电点/相对分子质量	匹配肽段数	序列覆盖率/%	蛋白质丰度指数
1	肌球蛋白轻链 3	gi|548515867	山羊	4.99/22088	213(145)	76	14.12
2	过氧化物氧化还原酶	gi|379067372	山羊	5.37/22203	134(110)	50	5.74
3	类载脂蛋白 A-I	gi|548495112	山羊	5.39/23622	438(293)	70	75.61
4	超氧化物歧化酶	gi|58865328	山羊	5.85/15871	194(174)	39	4.78
5	丙酮酸脱氢酶 β 亚基	gi|548515230	山羊	6.21/39485	343(273)	54	11.69
6	肌动蛋白	gi|548524919	山羊	5.31/42249	318(225)	30	2.57
7	肌球蛋白 1	gi|548508120	山羊	5.55/224715	201(118)	13	0.52
8	心肌 α-肌动蛋白异构体 X1	gi|548482267	山羊	5.23/42381	360(249)	64	12.8
9	细胞色素 b-c1 复杂亚基 1	gi|548515658	山羊	5.84/51307	268(210)	50	4.4
10	肌动蛋白	gi|548482267	山羊	5.30/42437	247(177)	59	731
11	三重基序家族蛋白 72	gi|548521853	山羊	6.34/29647	149(84)	49	5.84
12	α-烯醇酶 X2 异构体	gi|548498577	山羊	5.92/49376	370(262)	65	20.35
13	细胞色素 b-c1 复杂亚基 1	gi|548515658	山羊	5.84/51307	265(222)	50	2.8
14	磷酸丙糖异构酶	gi|548468261	山羊	6.12/25538	240(189)	56	4.29

经过蛋白质组学分析研究，差异蛋白质点主要集中于代谢酶、应激酶、结构蛋白等，p*I* 在 4~7，分子质量在 15~200kD，其中大部分蛋白的 p*I* 和分子质量集中于 5.0~6.4、20~50kD。在不同位点鉴定出的这些蛋白，说明它们有不同亚基、异构体，可能与宰后蛋白质翻译后修饰（如磷酸化）有关。其中代谢酶包括烯醇酶、细胞色素 b-c1、NADH 脱氢酶、丙酮酸脱氢酶；应激酶类包括过氧化物氧化还原酶、超氧化物歧化酶、HSP 27；肌纤维结构蛋白包括肌球蛋白、肌球蛋白轻链。

2. 不同滴水损失羊肉差异蛋白功能解析

为了解差异蛋白质的功能概况，对所有的差异蛋白进行基因本体注释（Gene Ontology Annotation），并采用网络基因本体注释（WEGO）软件对其注释功能进行聚类分析。差异表达蛋白经过 GO 功能注释，归类到 3 个 GO 本体，共映射 30 条 GO terms，分别是"细胞组分"（cellular component）、"生物过程"（biological process）和"分子功能"（molecular function）（图 2-23）。在生物过程中数量较多的是代谢过程（metabolic process）、细胞过程（cellular process）和应激响应（response to stimulus），分子功能中注释数量较多的是连接（binding）和催化（catalytic）。

图2-23 差异蛋白质网络基因本体注释分类

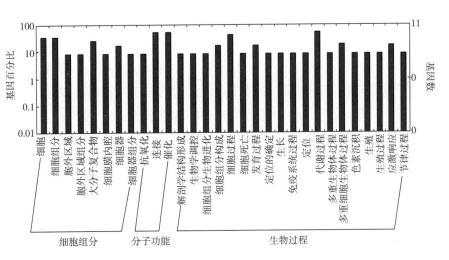

（1）热休克蛋白 27　热休克蛋白（Heat Shock Protein）是细胞内最重要的分子伴侣（于晓妮，2005），与目标蛋白配位，可以保护、维持、修复细胞内一些重要蛋白质分子的功能性构象，调节稳定性及激酶活性，为应激状态下的细胞提供保护，在蛋白质水解中使破损的蛋白重定向（Pelham，1986；Feder 等，1986；Liu 等，2006），具有抗氧化损伤和抗细胞凋亡作用的保护作用（Ouali 等，2006），其分子机制有以下几种可能：促进谷胱甘肽（glutathione，GSH）生成，提高胞内还原能力；抑制细胞色素（Cytochrome C，CytC）释放和 CytC 凋亡蛋白酶激活因子

复合物形成；抑制 caspase 前体活化；稳定细胞骨架。

HSP 27 一般在组织和保护肌原纤维蛋白结构中扮演重要作用，特别是对 Z 线和 I 带的定位（Sugiyame 等，2000），因此可以作为评价肉品质的生物标记（Kim等，2008）。近年来的研究多集中于 HSP 27 与嫩度的关系，HSP 27 表达下调可导致肌动蛋白聚合和肌动蛋白微丝稳定性增强（Guay 等，1997），但 HSP 27 的下调也可加速肌动蛋白结构破坏，造成肉嫩度的变化（Bernard 等，2007；Morzel等，2008）。在低品质组中，HSP 27 的表达量是高品质组的两倍，且与剪切力呈负相关，表明 HSP 27 表达量下调会加速肌肉中蛋白质的降解，作用于肉的嫩度（Kim等，2008）。在本研究中，HSP 27 在低滴水损失组中的含量高于高滴水损失组，而低滴水损失组的剪切力值低于高滴水损失组。宰后肌肉酸度升高导致分子伴侣蛋白从可溶的肌肉提取物中消失（Pulford 等，2008），热休克蛋白的含量在宰后随时间发生动态变化，这是由于无氧糖酵解会使宰后 pH 降低，使蛋白质溶解度下降，而肌肉最终 pH 影响 HSP 27 的溶解性，进而对肉的嫩度造成影响。

此外，HSP 27 由于其等电点较低，易发生磷酸化修饰。在发生氧化应激或与肌动蛋白互作时，HSP 27 会发生磷酸化反应来防止其降解（Huot 等，1996）。HSP 27 可以延缓蛋白质水解（Morzel 等，2008），这是由于其参与细胞组成，限制蛋白质聚合程度（Welch，1992），使表面酶活力增加，加速后期蛋白质水解。

虽然目前 HSP 27 在持水性上还缺乏深入研究，仅在猪 PSE 肉中发现 HSP 27 的一个异构体缺失（Laville 等，2005），且滴水损失升高与应激传递、HSP 含量降低有关（Yu 等，2009）。但通过研究 HSP 27 在嫩度上的作用可知，HSP 27 在肌肉中主要是通过结合未折叠或降解的蛋白来稳定肌动蛋白纤维丝（Neufer 等，1996），当 pH 降低，HSP 27 含量下降，造成肌动蛋白结构破坏。肌动蛋白可以维持细胞的机械完整性，当肌动蛋白被破坏，细胞结构受到损坏，进而造成滴水损失升高。

（2）细胞色素 b-c1　线粒体细胞色素 b-c1 复合体 1，也称复合体 III 亚基 I，是线粒体呼吸链中重要组成部分，且组成该复合体的多个组分及亚基均是由线粒体外转运进入线粒体并执行其相关功能的（Sidhu 等，1982；1983；Crivellone 等，1988），也是电子转移链中的重要蛋白质。

前人的研究未证实其与肉品质之间的相关性，仅在嫩肉组中检测到较高的氧化代谢蛋白质表达量（Bouley 等，2004），且细胞色素氧化酶会降低线粒体活性，使氧化的肌纤维比例降低（Picard 等，2011）。

（3）α-烯醇酶　烯醇酶是糖酵解系统和三羧酸循环的一种关键酶，不仅参与催化 2-磷酸-甘油酸失水生成磷酸烯醇丙酮酸（PEP）的反应，也可在糖原合成过程中催化逆向反应，即作为磷酸丙酮酸水合酶，使 PEP 向 3- 磷酸甘油酸（PGA）转化（Bolten 等，2008）。大多情况下，α- 烯醇酶作为一种胞浆蛋白广泛存在，然而 α- 烯醇酶也可表达于细胞表面或以一种核 DNA 结合蛋白的形式出现。这说明 α- 烯醇酶除了作为糖酵解反应的限速酶外，还参与细胞的其他生物学活动，如通过调节细胞的产能过程，维持细胞 ATP 水平，保证细胞的存活及其生理功能的执行。

烯醇酶大部分活性都与肌肉的 M- 带有关，糖酵解酶系与其他内部酶系在宰后蛋白质水解和肉嫩化过程中起到重要作用（Herrera-Mendez 等，2006；Koohmaraie 等，2006）。烯醇酶在宰后会发生降解（Lamestch 等，2002），当猪肉中糖原含量异常，显著影响宰后代谢电位，导致肌肉中 pH 下降。

本研究中，随着烯醇酶表达下调，高滴水损失组的红度值低，表明烯醇酶与红度值（a^*）呈正相关（Gianluca 等，2012）。因此，烯醇酶可以通过调节糖酵解影响宰后肌肉的 pH。

（4）NADH 脱氢酶和丙酮酸脱氢酶 E1 NADH 脱氢酶，又称复合体Ⅰ，是一种位于线粒体内膜催化电子从 NADH 传递给辅酶 Q 的酶，是线粒体中氧化磷酸化（oxidative phosphorylation）的"入口酶"。氧化磷酸化是指电子从 NADH 或 $FADH_2$ 经电子传递链传递给分子氧生成水，并偶联 ADP 和 Pi 生成 ATP 的过程，是需氧生物合成 ATP 的主要途径，且氧化的速率决定了肉的 pH。

通过比较不同滴水损失羊肉的宰后 pH，发现高滴水损失组的 pH 低于低滴水损失组。在高滴水损失组中，NADH 脱氢酶表达下调，说明其活性不高，在有氧呼吸中电子传递受阻，产生后续生化反应所需的 ATP 含量减少。高滴水损失组在宰后将体内 ATP 耗尽所需的时间较短，无氧呼吸程度较高，乳酸含量上升，pH 下降，但具体变化还有待于进一步验证。

此外，NADH 脱氢酶会对肉色产生影响：正常条件下，电子转移至复合体Ⅲ，若缺氧或复合体被抑制，则会反向转移至复合体Ⅰ。NADH 脱氢酶在反向电子转移过程中催化生成了 NADH，加速了高铁肌红蛋白的降解，使肉色变淡（Giddings，1974）。

丙酮酸脱氢酶 E1（Pyruvate dehydrogenase E1）是丙酮酸脱氢酶系的重要组成部分，催化丙酮酸不可逆地氧化脱羧转化成乙酰辅酶 A（Co-A），将有氧呼吸与三羧酸循环和氧化磷酸化连接起来，在细胞线粒体呼吸链能量代谢中的作用至关重要。

结合三羧酸循环和呼吸链分析，当丙酮酸脱氢酶在高滴水损失组中表达量降低，催化形成参与三羧酸循环（TCA 循环）的乙酰辅酶 A 效率降低，导致丙酮酸堆积。作为无氧呼吸的底物，其含量增加，生成乳酸含量相对较高，使 pH 下降。

综上，当NADH脱氢酶和丙酮酸脱氢酶含量降低时，可能造成无氧呼吸程度增高，乳酸堆积，pH降低。

（5）超氧化物歧化酶和过氧化物氧化还原酶　超氧化物歧化酶（superoxide dismutase，SOD）是一种重要的抗氧化酶，在生化反应中起到重要作用。作为氧的清除剂参与清除体内自由基，SOD在防御机体衰老及生物分子损伤等方面有极为重要的作用（Chan等，1994）。由于其具有消除自由基的功能，因此健康的生物体内环境中自由基的产生与消除处于动态平衡。但是当SOD活力降低时，生物体内自由基量会过多，无法有效清除，机体自由基稳态被打破，扰乱破坏体内重要的生化过程，无法有效抑制氧化，使肌肉组织受到损伤，影响宰后肉品质。

过氧化物氧化还原酶（peroxiredoxin-2，PRDX2）是位于线粒体的一种抗氧化蛋白质，可以清除细胞中的过氧化物，抑制脂肪氧化，调节磷脂代谢，在电子传递和细胞氧化防御中起到重要作用（Gromer等，2004；Johnson等，2010）。

研究表明，肌肉中的氧化是导致品质劣变的主要原因。一般认为，肌肉脂质的氧化是从线粒体膜和微粒体膜（二者统称亚细胞膜）上富含不饱和脂肪酸的磷脂开始的。膜磷脂的氧化导致生物膜流动性降低及正常膜结构和功能的破坏（Dobretsov等，1977），从而使肌细胞完整性受损，细胞汁液外流、滴水损失升高及肉品质下降（Arsghar等，1991；Stanley，1991）。并且滴水损失与TBARS值呈正相关（Chen等，2010）。本研究中，高滴水损失组的TBARS值高于低滴水损失组，且SOD、PRSX2的表达量下调。这说明当SOD和PRDX2的含量降低，无法有效抑制细胞膜上的不饱和磷脂部分的氧化，TBARS值升高，正常膜结构被破坏，细胞内汁液外流，造成滴水损失增加。

（6）肌球蛋白和肌球蛋白轻链　肌球蛋白（myosin）是骨骼肌中含量最多的结构蛋白，是构成肌肉肌原纤维粗丝的基本组成蛋白。肌球蛋白是一个六聚体的蛋白质大分子，由两条链构成，即相对分子质量为220000的重链（myosin heavy chain，MHC）和相对分子质量为16000~27000的轻链（myosin light chain，MLC）。肌球蛋白还是重要的收缩蛋白，具有ATP酶活力，故也称之为肌球蛋白ATP酶，而肌肉收缩的直接能量来源是肌球蛋白对ATP的水解。肌球蛋白的磷酸化水平在肌肉收缩舒张中有重要作用，肌球蛋白磷酸化，肌球蛋白ATP酶活力升高，肌丝滑行造成肌肉收缩，去磷酸化后则肌肉舒张。

通过SDS-PAGE、示差扫描量热法（DSC）等技术比较白肌肉与正常猪肉后发现，白肌肉的肌浆蛋白和肌球蛋白在宰后随时间推移变性程度加剧（陈韬，2006），白肌肉的严重汁液流失是肌浆蛋白和肌球蛋白变性的结果。

肌球蛋白轻链在高滴水损失组中含量下降可能是肌原纤维结构发生了变化，造成其溶解性降低。肌原纤维由粗丝和细丝构成，其中粗丝的主要成分是肌球蛋白，肌肉中的水分存在于粗细丝之间。研究表明，肌球蛋白对保水性有重要作用（Hamm，1986）。当肌肉中 pH 下降到肌球蛋白的等电点，粗细丝间距离减小 2.5 nm（Diesbougr 等，1988），肌节变短（Honikel 等，1986），肌原纤维空隙的水分流出，这与本研究中高滴水损失组中肌节长度降低的结果一致；同时肌球蛋白头部变性，对水分的吸引降低，造成滴水损失升高。

本部分通过蛋白质组学研究，成功鉴定不同滴水损失羊肉之间的差异蛋白，所得到的蛋白主要分为代谢酶类、应激蛋白及肌纤维蛋白。这些在高滴水损失组中表达下调，代谢酶类及应激蛋白与糖酵解、三羧酸循环等生化反应有关，多数蛋白也会发生磷酸化修饰，表达下调后造成 pH 下降，使蛋白质结构及肌纤维结构受到破坏，造成滴水损失增大。

（五）不同滴水损失羊肉的蛋白质磷酸化水平分析

1. 磷酸化肌浆蛋白的单向电泳分析

图 2-24 所示为不同滴水损失羊肉中肌浆蛋白磷酸化电泳图，其中左图均为 Pro-Q Diamond 染色的磷酸化蛋白，图 2-26 所示为 SYPRO Ruby 染色的全蛋白。图中条带平直清晰，分离效果较好。从图中可以看出，条带 3、5、6、7、8、9、10、11、13 的 *P/T* 值大于 0.5，这些条带中的蛋白质可能是磷酸化程度较高的蛋白质。Pro-Q Diamond 染料对磷酸化蛋白的特异性，在 Pro-Q Diamond 染色时颜色较深的条带在 SYPRO Ruby 染色时颜色较浅，而在 SYPRO Ruby 染色时颜色较深的条带在 Pro-Q Diamond 染色时颜色却较浅。

通过比较三个品种中不同滴水损失的总体磷酸化水平（图 2-25），发现高滴

图2-24 肌浆蛋 ▶
白中磷酸化蛋白
（1）与全蛋白的
SDS-PAGE图
（2）

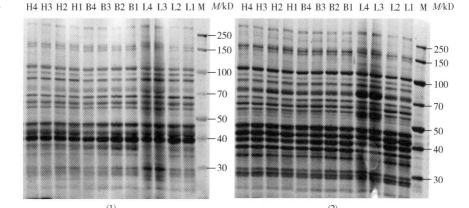

(1)　　　　　　　　　　　　(2)

　1、2—低滴水损失组　3、4—高滴水损失组　H—黄淮山羊　B—波尔山羊　L—崂山山羊
M_W—标准分子质量。图 2-25 泳道编号同。

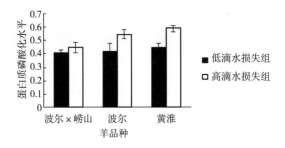

◀ 图2-25 不同品种中高、低滴水损失组中肌浆蛋白的磷酸化水平

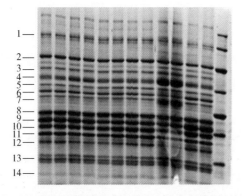

◀ 图2-26 肌浆蛋白中全蛋白SDS-PAGE图谱

水损失组的磷酸化水平普遍高于低滴水损失组。其中在高滴水损失组中的条带7、10、13显著高于低滴水损失组，说明在肌浆蛋白中，高滴水损失组的个别蛋白磷酸化修饰的程度较高。

表2-24   肌浆蛋白中各条带P/T值

条带	分子质量 /kD	高滴水损失组	低滴水损失组
1	173.571	0.280	0.346
2	107.306	0.428	0.404
3	89.270	0.902	0.895
4	77.150	0.546	0.164
5	68.143	0.817	1.356
6	62.854	0.851	0.862
7	58.769	1.863	1.570
8	46.768	2.283	2.892
9	43.250	0.862	1.744
10	40.473	7.312	0.840
11	37.500	1.214	1.869
12	34.410	0.302	0.620
13	27.250	3.849	1.012
14	24.760	0.526	0.080

对电泳图中 P/T 值差异显著的条带进行分析可知（表 2-24），条带 7（58kD）可能为丙酮酸激酶（pyruvate kinase，PK），它也是糖酵解途径的三个限速酶之一（Li 等，2012；Huang 等，2011）。丙酮酸激酶催化磷酸烯酸丙酮酸转化为丙酮酸，生成的丙酮酸在乳酸脱氢酶（LDH）的催化下可变为乳酸，同时 NADH 被氧化为 NAD^+。

条带 10（40kD）推测为肌酸激酶（creatine kinase，CK），它是与细胞内能量运转、肌肉收缩、ATP 再生有直接关系的重要磷酸激酶，在 ATP 参与下，催化肌酸磷酸化，形成磷酸肌酸和二磷酸腺苷 ADP，以及可逆催化磷酸肌酸的高能磷酸键转移给 ADP 生成 ATP，并形成肌酸。当 ATP 迅速消耗时，ADP 与磷酸根结合生成 ATP，ATP 充足时肌酸与磷酸结合生成磷酸肌酸，磷酸肌酸成为急速恢复 ATP 的高能磷酸物质，是能量的一种贮存形式。而肌酸激酶和肌动蛋白、α- 晶体蛋白是猪肉老化过程中蛋白质水解的底物（Lamestch 等，2002）。

条带 11 为甘油醛 -3- 磷酸脱氢酶（GAPDH），是参与糖酵解的一种关键酶，通过 NAD^+ 和无机磷酸盐对 3- 磷酸甘油醛的氧化磷酸化，糖酵解的活性受 F- 肌动蛋白和质膜的调控。当 GAPDH 磷酸化水平升高时，体内 pH 下降（Suresh 等，2000）。GAPDH 也能通过形成肌动蛋白纤维网格调节细胞骨架的结构。

肌肉中绝大多数酶都存在于肌浆中，而糖酵解酶又占到肌浆蛋白的三分之二（Scopes 等，1982）。糖酵解酶的活性是影响宰后肌肉 pH 下降速率的主要因素，进而影响着宰后僵直的进程，对肉的保水性具有决定性作用。而糖酵解酶磷酸化水平又调控糖酵解酶活力，因此，研究宰后肌浆蛋白质的磷酸化水平对于肉品质量的调控具有重要作用。

2. 磷酸化肌原纤维蛋白的单向电泳分析

图 2-27 所示为不同滴水损失羊肉中肌原纤维蛋白磷酸化电泳图，其中左图均为 Pro-Q Diamond 染色的磷酸化蛋白，图 2-28 所示为不同滴水损失组中肌原纤维蛋白的磷酸化水平图，图 2-29 所示为 SYPRO Ruby 染色的全蛋白。

图 2-27　肌原纤维蛋白中磷酸化蛋白（1）与全蛋白的SDS-PAGE图（2）

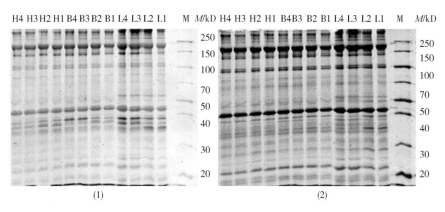

(1)　　　　　　(2)

图 2-28 泳道编号同。

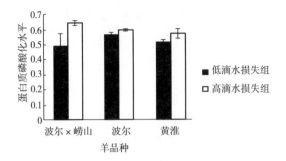

◄ 图2-28 不同品
种中高、低滴水
损失组中肌原纤
维蛋白的磷酸化
水平

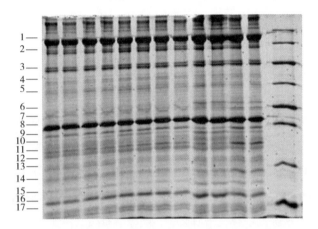

◄ 图2-29 肌原纤
维蛋白中全蛋白
SDS-PAGE

表2-25　　　　　　　　　　　肌原纤维蛋白中各条带P/T值

条带	分子质量 /kD	高滴水损失组	低滴水损失组
1	182.964	0.647	0.456
2	140.298	0.834	0.423
3	105.555	1.944	0.220
4	85.224	0.107	0.303
5	70.866	2.964	0.257
6	60.343	0.196	0.162
7	55.201	1.330	0.593
8	42.961	0.515	0.330
9	38.417	2.475	5.358
10	36.711	1.418	0.202
11	34.904	1.145	2.250
12	31.394	0.249	0.389
13	29.105	0.114	0.220
14	28.833	0.183	0.204
15	27.112	0.786	0.799
16	24.270	0.350	0.260
17	22.278	0.822	0.661

高滴水损失组中条带 2、3、5、7、9、10、11、15、17 的 *P/T* 值大于 0.5，低滴水损失组中条带 9、11、15、17 的 *P/T* 值大于 0.5，且高滴水损失组中条带 2、3、5、7、10、17 的 *P/T* 值高于低滴水损失组，说明其磷酸化水平较高。肌原纤维蛋白中的总体磷酸化水平与肌浆蛋白中的结果一致，高滴水损失组的磷酸化水平普遍高于低滴水损失组。

在肌原纤维蛋白中有 7 个条带差异较大（表 2-25），其中有五条是与肌肉收缩有关的蛋白质。条带 2（140kD）为 C- 蛋白，位于肌原纤维 A 带中，穿插于粗细丝之间，是肌肉调节蛋白质，可维持粗丝的稳定（Craig 等，1976）。C- 蛋白质磷酸化程度调节与肌动球蛋白的相互作用（Hartzell 等，1984）。

条带 3（105kD）应为 α- 肌动蛋白（α-actin），肌动蛋白是肌肉细胞中重要的收缩蛋白，也是构成细胞骨架的主要成分之一。条带 10（36.7kD）是肌钙蛋白 T（Troponin T），条带 17（22kD）应为肌钙蛋白 I（Troponin I）。肌钙蛋白是一类钙离子的受体蛋白，由 I、T、C 三个亚基组成，在肌肉收缩中起到重要作用。当结合 Ca^{2+} 后，肌钙蛋白对肌动蛋白和肌球蛋白的抑制作用减弱，导致肌肉发生收缩。

当肌钙蛋白中的亚基发生磷酸化后，会影响其与肌球蛋白之间的滑行，改变肌原纤维对 Ca^{2+} 的敏感度及肌动球蛋白 ATP 酶的活力。当 Ca^{2+} 对 ATP 酶活力的激活作用降低，TnI 将重新调控肌动球蛋白的结合（Solaro 等，1976）。

肌肉收缩与舒张是肌原纤维粗肌丝和细肌丝相互滑行的结果，粗肌丝中的肌球蛋白头部与细肌丝中的肌动蛋白之间形成横桥，肌肉收缩的能力来源于肌动球蛋白 ATP 酶的水解和催化的 ATP 所释放的能量。肌肉收缩体系活动通过位于细肌丝上的肌钙蛋白 – 原肌球蛋白进行调节，当神经刺激信号传来，肌钙蛋白与肌质网释放的 Ca^{2+} 结合后构型变化，驱动粗、细肌丝的彼此滑动产生收缩，牵引肌动蛋白和肌球蛋白结合形成收缩。

条带 5（70kD）可能为 HSP 70，条带 7（55kD）推测为肌间线蛋白（Desmin）。HSP 70 对肌肉功能有重要意义，对调控结构蛋白有重要作用，此外 HSP 70 具有抗凋亡的功能。诸多研究表明其是控制肉品嫩度的重要蛋白之一，HSP 70 在低剪切力组中表达下降（Picard 等，2010）。肌间线蛋白是肌细胞骨架结构中中间丝的主要组成部分，与 Z 线紧密相连（Robson 等，1981），是与嫩度有关的细胞骨架蛋白。它和其他中间丝蛋白发生交互作用而形成胞质内的网络结构，从而维持细胞的收缩装置和其他结构元素之间的联系。当其发生降解，会破坏肌原纤维蛋白的完整度，肌间线蛋白降解程度越低，宰后肌肉中完整的肌间线蛋白会将肌原纤维蛋白的收缩转化成整个肌细胞的收缩，造成水分流失（Huff-Lonergan 等，2005）。

3. 蛋白质磷酸化水平与肉品质指标的相关性分析

总体来看，磷酸化水平与肉色、剪切力、滴水损失之间存在相关性（表2-26）。蛋白质磷酸化水平与肉滴水损失、剪切力呈正相关，随着滴水损失的升高，磷酸化水平升高，剪切力增大；在相关系数上，磷酸化水平与a^*值相关性最高，绝对值达到0.955，这可能是由于肌肉中蛋白质磷酸化后发生一系列复杂生化反应，对肉色产生了一定影响；其次是磷酸化与滴水损失，相关系数为0.926，这说明滴水损失的高低与磷酸化水平密不可分，滴水损失较高的样品磷酸化水平也相应较高。

此外，剪切力与磷酸化水平的相关系数为0.829，这说明磷酸化还与肉的嫩度存在相关性，磷酸化水平越高，剪切力越大，肉的嫩度越低。磷酸化是最常见、最重要的一种蛋白质翻译后修饰，通过蛋白质组学可获取滴水损失与蛋白质变化、磷酸化的相关信息。

表2-26　　　　　　　　磷酸化水平与品质指标的Pearson相关性分析

	滴水损失	pH_{45min}	L^*	a^*	b^*	$\triangle E$	剪切力	肌节长度	TBARS
磷酸化水平	0.926**	−0.476	−0.955	−0.955**	−0.398	−0.253	0.829*	−0.631	0.038

注：* 在 0.05 水平上显著相关（2-tailed）；** 在 0.01 水平上显著相关（2-tailed）。

蛋白质磷酸化对宰后肌肉变化有重要影响，蛋白质磷酸化水平会通过对酶活力、蛋白质结构稳定性的改变影响宰后肌肉僵直、收缩的进程，进而影响肌肉的保水性。高滴水损失组中磷酸化水平整体高于低滴水损失组，肌浆蛋白中磷酸化程度较高的蛋白主要是代谢酶类，调节糖酵解途径，造成 pH 变化；而肌原纤维蛋白中磷酸化程度较高的则主要是骨架蛋白和收缩蛋白，肌原纤维蛋白磷酸化造成肌肉收缩加剧，肌细胞外空隙过大，水分从肌细胞中流失至肌纤维空隙。

因此，羊肉的滴水损失形成机制推测为：当体内 HSP 27、超氧化物歧化酶等蛋白表达下调，细胞结构易受到破坏，丙酮酸脱氢酶、NADH 脱氢酶等表达下调后造成糖酵解、三羧酸循环等生化反应异常，同时肌浆蛋白中某些酶类发生磷酸化反应，造成糖酵解反应速率降低、pH 下降；肌原纤维蛋白中的骨架蛋白和收缩蛋白发生磷酸化，造成宰后肌肉收缩加剧，最终导致水分流出。

二、泛素－蛋白酶体对羊肉嫩度的影响机制

肌肉中含有大量的蛋白质，根据其溶解特性的不同可以分为水溶性蛋白质（肌浆蛋白质）、盐溶性蛋白质（肌原纤维蛋白）和不溶性蛋白质（胶原蛋白）（孔保华

等，2011）。研究证实，宰后肉嫩度的改变主要在于一些肌原纤维蛋白质的有限降解，包括肌钙蛋白 T、肌间线蛋白、伴肌动蛋白和伴肌球蛋白等，且这些蛋白质在宰后的降解主要是内源酶的作用引起的。蛋白酶体是这些内源酶的其中之一。完整的 26S 蛋白酶体仅能在 ATP 存在条件下识别并降解被泛素化标记的蛋白质，其具有水解活性的核心区域 20S 蛋白酶体可以不消耗 ATP 降解多种蛋白质。蛋白酶体在宰后 7d，其蛋白酶体的类胰蛋白酶活力、类胰凝乳蛋白酶活力、肽基谷酰基肽水解酶活力和酪蛋白水解酶活力依然存在（Lamare 等，2002）。在体外模型中，20S 蛋白酶体与肌原纤维孵育后可以增加肌钙蛋白 T 等肌原纤维蛋白的降解（Dutaud 等，2006）。添加蛋白酶体抑制剂 MG-262 的样品中，部分肌原纤维蛋白质的降解受到了抑制，运用 2D-LC-MS 的蛋白质组学方法鉴定差异点得到肌钙蛋白 T、伴肌动蛋白和肌动蛋白等肌原纤维蛋白（Houbak 等，2008）。

图2-30 泛素–
蛋白酶体系统降
解蛋白质的过程

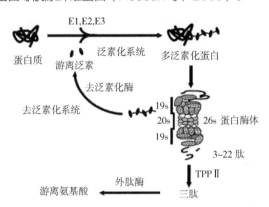

泛素 – 蛋白酶体途径是动物体内降解蛋白质的主要途径之一。蛋白质在经泛素化修饰后被靶向 26S 蛋白酶体，26S 蛋白酶体两端的 19S 蛋白酶体可以识别被泛素化标记的蛋白而避免错误的降解，被识别的蛋白质可以通过 19S 蛋白酶体而进入 26S 蛋白酶体内部——20S 蛋白酶体核心区域，20S 蛋白酶体区域具有不同的水解位点，可以将蛋白质水解为肽段（图 2-30）。泛素 – 蛋白酶体途径需要 ATP。体外实验中，26S 在 ATP 含量较低情况下会被分解为 19S 和 20S 两类，在 ATP 含量恢复时会被重新组装（Peters 等，1994）。肌原纤维与从动物体内提取出的 20S 蛋白酶体进行体外实验孵育后 Z 线和 I 带的模糊程度增加（Taylor 等，1995）。此外，20S 蛋白酶体可以在体外实验中加速 Z 线和 M 线的降解（Dutaud 等，2006）。20S 蛋白酶体作用不需要 ATP。目前关于蛋白酶体与肌肉嫩化的研究多停留在体外实验中将蛋白酶体核心区域与肌原纤维或绞碎的肌肉孵育，并不能说明肌肉中蛋白酶体对肌肉嫩化的真正作用。在活体内，蛋白酶体以泛素化修饰的蛋白为底物。目前基本没有研究报道泛素化过程在宰后是否与蛋白酶体继续联系，参与宰后成熟。针对此问题，本研究团队以大尾寒羊为对象，研究泛素 – 蛋白酶体对宰后成熟的影响，旨

在完善肌肉嫩化理论，指导嫩度调控。

本研究团队采集了大尾寒羊宰后30min的背最长肌样品进行了以下三种处理：①处理组，二甲基亚砜（DMSO）；②泛素化抑制剂处理组（ubiquitination inhibited，UI）：0.1mg/kg PYR-41（泛素化E1激活酶抑制剂）的二甲基亚砜溶液；③蛋白酶体抑制剂处理组（proteasome inhibited，PI）：0.5mg/kg MG-132（Z-LLL-CHO，蛋白酶体抑制剂）的二甲基亚砜溶液。注射方式为每块肉的4个角和中心部位各50μL。将样品放于4℃自然成熟环境中，以注射起始点为注射后0h，在注射后6h、15h、24h和48h分别取样。通过透射电镜观察并计算分析肌节长度，确定泛素化、蛋白酶体被抑制后肌原纤维结构变化的差异，在此基础上确定泛素－蛋白酶体在宰后过程中对肌肉超微结构的影响。通过提取注射后6h、15h、24h和48h样品的肌原纤维蛋白，采用SDS-PAGE、LC-MS/MS技术分析泛素－蛋白酶体对肌原纤维蛋白的作用，并使用活性电泳方法测定钙蛋白酶相对活力，在此基础上分析宰后成熟过程中泛素化、蛋白酶体对肌肉嫩化的影响。

同时，本研究团队选取了50只乌珠穆沁大尾羊，在宰后15min内取下双侧背最长肌，置于4℃环境中成熟，于宰后30min、12h、24h和48h取样。通过测定宰后30min、24h和48h钙蛋白酶活力，挑选出具有相同钙蛋白酶活力的背最长肌样品，测定所选样品宰后30min初始泛素化水平，宰后24h和48h的剪切力和肌原纤维小片化指数（MFI），并分析其相关性。进一步从具有相同钙蛋白酶活力的样品中挑选出具有相同初始泛素化水平的样品，测定宰后30min、12h、24h和48h蛋白酶体活力，分析蛋白酶体活力与剪切力和肌原纤维小片化指数值的相关性，以期探明宰后自然成熟条件下蛋白酶体与嫩度的关系。

（一）泛素－蛋白酶体对宰后肌肉超微结构的影响

1. 透射电镜分析

与0h（A）相比，6h（B、C、D）、15h（E、F、G）和24h（H、I、J）中并没有出现明显的超微结构的改变。对照组48h（K）的I带和Z线模糊、M线消失。泛素化抑制剂处理组48h（L）的超微结构模糊程度与对照组48h相比较轻，蛋白酶体抑制剂处理组48h（M）超微结构保留较好，Z线、M线以及明暗带的边界清晰，与0h相比几乎没有改变（图2-31）。

Z线和M线的消失是宰后嫩化过程中肌原纤维的主要改变之一，其他的改变包括横纹结构的消失和I带肌原纤维横向断裂和小片化（Ouali，1990）。

本研究结果表明，宰后期间蛋白酶体能对肌原纤维结构产生破坏，这与之前报道的体外实验中20S蛋白酶体可以显著破坏Z线、M线和I带的结果相似（Robert等，

图2-31 不同抑 ►
制剂处理的羊肉
肌原纤维透射电
镜图

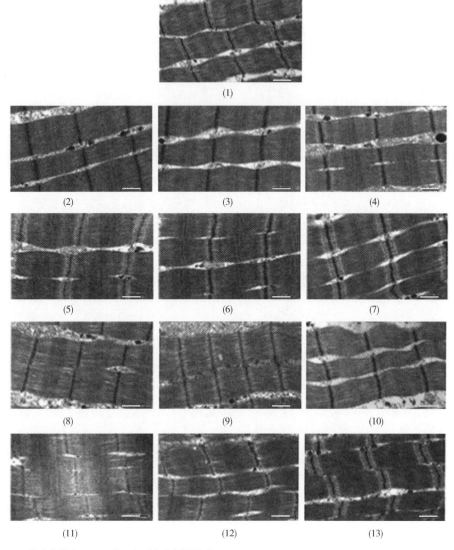

放大倍数为 40000 倍，右下角比例尺代表 0.5 nm。
（1）0h 对照组 （2）6h 对照组 （3）6h 泛素化抑制剂处理组 （4）6h 蛋白酶体抑制剂处理组 （5）15h 对照组 （6）15h 泛素化抑制剂处理组 （7）15h 蛋白酶体抑制剂处理组 （8）24h 对照组 （9）24h 泛素化抑制剂处理组 （10）24h 蛋白酶体抑制剂处理组 （11）48h 对照组 （12）48h 泛素化抑制剂处理组 （13）48h 蛋白酶体抑制剂处理组。

1999；Lamare 等，2002）。在一些体外实验中，蛋白酶体对超微结构的改变发生在 24h（Dutaud 等，2006），但在本研究中结构破坏出现在 48h。可能原因如下：26S 蛋白酶体中的 19S 蛋白酶体识别并运送泛素化蛋白进入 26S 蛋白酶体内部水解区域的过程需要消耗 ATP，而宰后 24h 的时间段内，由于动物死亡，血液被放出，有氧呼吸被终结，肌肉中主要以无氧呼吸方式产生 ATP，1 分子葡萄糖仅能产生 3 分子 ATP，因此组织中虽然存在 ATP 但含量较低，泛素 – 蛋白酶体水解蛋白的能力被抑制。随着宰后时间延长，组织中的 ATP 逐渐被消耗，宰后 48h 时消耗殆尽，大部分的 26S 蛋白酶体无法维持其完整结构而被分离为 19S 和 20S 蛋白酶体，单独的 20S 蛋白酶体可以不依赖 ATP 而发挥降解作用。

本研究中，48h 时泛素化过程仍对肌原纤维超微结构的改变具有影响，说明泛素化在宰后 48h 内仍然可以发生。

2. 肌节长度分析

与其他组样品相比，在 6h、15h 和 24h 蛋白酶体抑制剂处理组的样品具有较长的肌节长度（表 2-27，$P < 0.05$），泛素化抑制剂处理组样品具有较短肌节长度（表 2-27，$P < 0.05$）。泛素化抑制剂处理组和对照组在 48h 的肌节长度显著高于其 24h，但蛋白酶体抑制剂处理组样品 24h 和 48h 样品的肌节长度在数值上相等。

表2-27 不同处理组肌节长度 单位：μm

处理	时间 /h				P 值
	6	15	24	48	
对照组	1.34 ± 0.119^{Bb}	1.60 ± 0.115^{Ba}	1.35 ± 0.027^{Bb}	1.56 ± 0.079^{Aa}	< 0.001
泛素化抑制剂处理组	1.38 ± 0.056^{Bb}	1.54 ± 0.095^{Ca}	0.93 ± 0.089^{Cc}	1.33 ± 0.048^{Cb}	< 0.001
蛋白酶体抑制剂处理组	1.61 ± 0.077^{Aa}	1.66 ± 0.137^{Aa}	1.44 ± 0.072^{Ab}	1.44 ± 0.106^{Bb}	< 0.001
P 值	< 0.001	< 0.028	< 0.001	< 0.001	

注：同列数据肩标不同大写字母的数据代表差异显著，$P < 0.05$；同行数据肩标不同小写字母的数据代表差异显著，$P < 0.05$。

肌肉的肌节在宰后僵直结束后长度会有所恢复，本研究结果显示蛋白酶体可能对僵直后肌节的恢复有影响。一些学者认为 Z 线结构被破坏是造成僵直结束、肌节长度伸长的原因之一，且蛋白酶体可以降解 Z 线（Taylor 等，1995）。在蛋白酶体活力抑制剂处理组，由于蛋白酶体活力被抑制，Z 线降解程度降低，Z 线保持的应力无法被解除，导致了肌节长度在 24h 后没有出现回复。

本研究结果表明，与蛋白酶体抑制剂处理组和对照组相比，泛素化被抑制的样品肌节产生了更多的收缩，原因可能在于单泛素化作用。泛素化过程可以影响宰后肌肉的收缩程度，并在一定程度上保护肌原纤维的超微结构。蛋白酶体在宰后对肌原纤维超微结构具有破坏作用，影响僵直后肌节长度的回复。蛋白酶体在宰后发挥作用形式包括单独的 20S 蛋白酶体和泛素 - 蛋白酶体途径，其中前者发挥主要作用。

（二）泛素 - 蛋白酶体对肌原纤维蛋白降解的影响

1. 肌原纤维蛋白单向电泳分析

与原始样品相比，对照组、泛素化抑制剂组和蛋白酶体抑制剂组的 6h、15h 的样品电泳结果没有差异条带；24h 的各组样品中开始有新条带出现，但各个处理之

间没有出现差异条带；48h 的对照组和泛素化抑制剂处理组之间没有差异，但在条
带 1 处对照组和泛素化抑制剂组比蛋白酶体抑制剂组多一条条带，在条带 2 处对照
组和泛素化抑制剂组比蛋白酶体抑制剂处理组少一条条带（图 2-32）。

图 2-32　不同 ▶
处理组不同时间
点肌原纤维蛋白
SDS-PAGE图

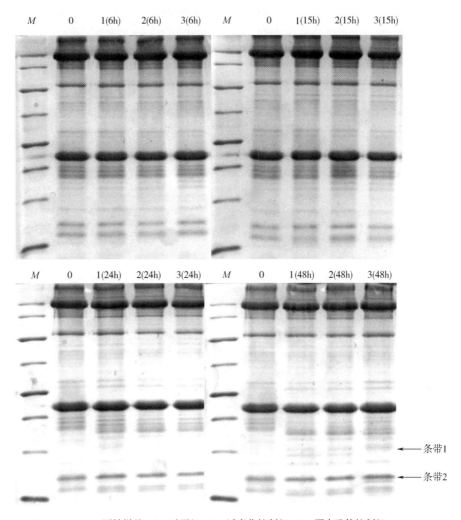

M—Maker　0—原始样品　1—对照组　2—泛素化抑制组　3—蛋白酶体抑制组

48h 对照组和蛋白酶体抑制剂处理组的肌球蛋白和肌动蛋白条带的相对光密度
值如表 2-28 所示。蛋白酶体抑制组的两种蛋白含量显著高于对照组。

表2-28　　　　　　　　　　　不同处理组蛋白条带光密度值

	肌球蛋白重链	肌动蛋白
对照组	7.5±0.11	6.6±0.48
蛋白酶体抑制组	8.4±0.13	7.8±0.19
P 值	0.001	0.016

SDS-PAGE 结果显示，肌原纤维蛋白在宰后 15~24h 开始大量降解，而此时泛素化、蛋白酶体并没有发挥作用，蛋白酶体对肌原纤维蛋白的降解起始于宰后 24~48h，与前人研究结果一致（Taylor 等，1995；Dutaud 等，2006；Matsuishi 等，1997），说明宰后肌肉中的蛋白酶体影响宰后肌原纤维蛋白的降解过程。蛋白酶体对肌原纤维蛋白的降解作用时间与"（一）泛素 – 蛋白酶体对宰后肌肉超微结构的影响"中肌肉超微结构的变化相一致，出现在 24h 之后，此时 ATP 可能被大量消耗，26S 蛋白酶体分离出单独的 20S 蛋白酶体，20S 蛋白酶体开始降解肌原纤维蛋白。

蛋白酶体被抑制后，蛋白酶体降解肌动蛋白和肌球蛋白重链的能力降低，前人研究表明，宰后过程中肌球蛋白和肌动蛋白不会被降解（Koohmaraie，1992）。但近年来大量实验发现，在宰后过程中被降解的肌原纤维蛋白中含有肌动蛋白和肌球蛋白重链，与本研究结果相符。

2. 质谱分析

图 2-32 的条带 1 和 2 中均含有 β – 肌动蛋白变体 2、Myozenin 3、原肌球蛋白 1 和肌动蛋白（表 2-29），条带 2 中鉴定出的蛋白质片段数少于条带 1。

表2-29　　　　　　　　　　　　差异条带LC-MS/MS鉴定蛋白

条带	编号	蛋白质名称	得分	匹配	序列
1	D7RIF5	β – 肌动蛋白变体 2（绵羊）	1307	45（38）	13（13）
		肌原调节蛋白 3（绵羊）	600	17（14）	11（10）
	E5FXR6	原肌球蛋白 1（绵羊）	415	12（10）	10（9）
	Q9BE42	肌球蛋白重链（片段）（绵羊）	63	4（2）	4（2）
	U3MXA9	肌动蛋白（片段）（绵羊）	45	4（2）	3（2）
	Q9BE43	肌球蛋白重链 2X（片段）（绵羊）	27	2（1）	2（1）
2	D7RIF5	β – 肌动蛋白变体 2（绵羊）	444	15（14）	8（7）
	B2LU28	原肌球蛋白 1（绵羊）	175	6（4）	6（4）
	U3MXA9	肌动蛋白（片段）（绵羊）	105	3（3）	3（3）
	E5FXR6	肌原调节蛋白 3（绵羊）	86	2（2）	2（2）

研究表明，在体外实验中蛋白酶体可以降解一些结构蛋白质的片段，包括肌动蛋白、肌钙蛋白 T、肌球蛋白轻链和伴肌动蛋白等，在体内实验中蛋白酶体可以降解肌原纤维蛋白，因此，蛋白酶体可能是影响宰后嫩度的一个因素。与对照组相比，蛋白酶体被抑制后，肌动蛋白、原肌球蛋白等蛋白质发生了降解，这可能是其他蛋白降解系统作用的结果。前人研究发现，抑制了动物体内的泛素 – 蛋白酶体途径会激活

一些其他的蛋白质降解途径，尤其是自噬途径的活性有显著的增强（Seiberlich 等，2013）。

Myozenin 是一种 Z 线蛋白，它的主要作用是连接伴肌动蛋白和细丝蛋白，起着维持 Z 线完整和稳定的作用。研究结果表明，蛋白酶体具有降解 Z 线蛋白的能力，因此，蛋白酶体被抑制后 Z 线蛋白降解减少，与"（一）泛素–蛋白酶体对宰后肌肉超微结构的影响分析"中结果一致。

3. 酪蛋白底物酶原分析

钙蛋白酶对肌原纤维结构和肌原纤维蛋白的影响已经得到了充分的证实。首先，钙蛋白酶造成 N2 线（平行于 Z 线的平缓结构）的解离，也可以使 α – 辅肌动蛋白解离，造成 Z 线的降解，使肌原纤维结构被破坏。其次，钙蛋白酶能降解原肌球蛋白、肌钙蛋白 T、肌钙蛋白 I 和肌联蛋白、伴肌动蛋白、肌营养不良蛋白和黏着斑蛋白等细胞骨架蛋白，细胞骨架蛋白的降解程度决定着嫩度。本研究所使用蛋白酶体抑制剂 MG-132 在浓度较高时会对钙蛋白酶活性产生一定程度的抑制。因此，为排除钙蛋白酶活力对实验结果的影响，测定了对照组和蛋白酶体抑制剂处理组的钙蛋白酶相对活力。由图 2-33 可知，μ – 钙蛋白酶活性在宰后不同时间变化较大，48h 时酶活力基本消失，对照组和蛋白酶体抑制剂处理组的钙蛋白酶活力几乎重合，在数值上没有差异。此结果表明，抑制剂并没有影响钙蛋白酶的活力，实验观察到的肌原纤维结构的差异和肌原纤维蛋白降解的差异与 μ – 钙蛋白酶的作用无关，因此，蛋白酶体在宰后肌肉嫩化过程中发挥作用。

图2-33　蛋白酶 ▶
体抑制剂处理的
钙蛋白酶活力电
泳（1）与相对活
力（2）

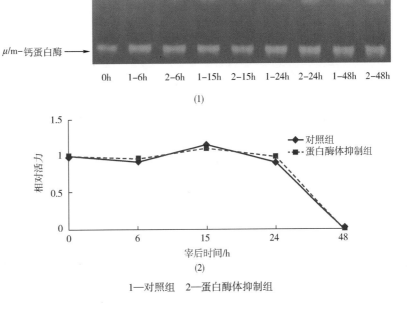

（1）

（2）

1—对照组　2—蛋白酶体抑制组

在宰后成熟过程中，蛋白酶体是以单独 20S 蛋白酶体的形式发挥作用，可以增加肌原纤维蛋白的降解，蛋白酶体与其余蛋白降解途径有协同作用，可以把相同的肌原纤维蛋白降解为不同的多肽产物，泛素化过程对宰后肌原纤维蛋白的降解几乎没有影响。

（三）蛋白酶体活力对羊肉嫩度的影响

1. 初始肌原纤维的泛素化水平分析

根据测定的 50 只羊宰后 30min、24h 和 48h 钙蛋白酶活力，挑选出 15 个具有相同钙蛋白酶活的背最长肌样品。所选样品初始泛素化水平与样品 24h、48h 的肌原纤维小片化指数和剪切力相关性如表 2-30 所示。结果表明，样品的初始泛素化水平与 24h 剪切力不相关，与 48h 剪切力、24h 和 48h 的肌原纤维小片化指数值呈弱相关性。

表2-30　　　　初始肌原纤维泛素化水平与剪切力、肌原纤维小片化指数相关性

指标	剪切力		肌原纤维小片化指数	
	24h	48h	24h	48h
相关性	0.096	0.326	0.360	0.329
P 值	0.734	0.236	0.188	0.232

泛素化是活体内蛋白酶体识别和降解目的蛋白质的前提条件（朱宇旌等，2013）。动物经屠宰放血后，体内 ATP 含量降低，需要 ATP 的泛素化过程被抑制（黄明等，2011）。那么，如果泛素－蛋白酶体途径在宰后发挥作用的话，初始肌原纤维蛋白泛素化水平和嫩化过程是否相关？结果显示，羊肉中初始肌原纤维蛋白泛素化水平与宰后 24h、48h 的肌原纤维小片化指数和剪切力不相关。可能原因包括：第一，泛素－蛋白酶体途径被中断。完整的 26S 蛋白酶体识别并降解泛素化蛋白需要消耗 ATP，但宰后细胞内 ATP 水平较低，泛素－蛋白酶体途径被抑制。随着宰后时间的延长，ATP 被完全耗尽，26S 蛋白酶体无法维持完整形态，分离为 19S 和 20S 蛋白酶体，20S 蛋白酶体具有水解活性（Peters 等，1994）。此时无论蛋白质是否被泛素化标记，只要能进入 20S 蛋白酶体内接触其活性位点就能被降解，该过程不消耗能量。因此，初始泛素化水平并不能对宰后蛋白质降解造成影响。第二，其他酶系作用。剪切力、肌原纤维小片化指数等嫩度相关变化主要是一部分肌原纤维蛋白和细胞骨架蛋白的有限降解（黄峰，2012）。在宰后蛋白降解过程中钙蛋白酶系统起主要作用，将肌原纤维蛋白和细胞骨架蛋白降解为肽段，其余酶系统包括组织蛋白酶、细胞凋亡酶等是将这些肽段进一步降解（黄明等，2011）。钙蛋白酶系统的底

物只和蛋白种类有关，与是否被泛素化标记无关。因此，泛素化水平与嫩度变化无关。

2. 宰后蛋白酶体的活力分析

具有相同钙蛋白酶活力、初始泛素化水平的9个样品的宰后蛋白酶体活力变化如图2-34所示。宰后肽基谷酰基肽水解酶（peptidyl glutamyl peptide hydrolase，PGPH）活力和类胰凝乳蛋白酶（chymotrypsin-like，ChT-L）活力都呈现了先升高后缓慢降低的趋势，在24h活力显著高于宰后0.5h、12h和48h，48h活力与宰后0.5h活力差异不显著。类胰蛋白酶（trypsin-like，T-L）活力变化不显著。

图2-34 宰后蛋 ▶
白酶体活力

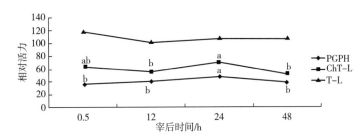

PGPH—肽基谷酰基肽水解酶　ChT-L—类胰凝乳蛋白酶　T-L—类胰蛋白酶

蛋白酶体各种酶活力与宰后肌原纤维小片化指数和剪切力的相关性如表2-31，表2-32所示。宰后0.5h、12h、24h羊肉中蛋白酶体的PGPH、ChT-L和T-L的活力与宰后24h、48h剪切力以及剪切力的变化值与宰后24h肌原纤维小片化指数没有显著的相关性。宰后0.5h、12h、24h羊肉中蛋白酶体的PGPH、ChT-L和T-L的活力与宰后24h、48h剪切力以及剪切力的变化值与宰后48h肌原纤维小片化指数没有显著的相关性。24~48h期间肌原纤维小片化指数变化值与24h T-L、48h的PGPH、ChT-L相关性分别为0.835、0.935和0.882（$P < 0.01$），具有极显著的强相关性；肌原纤维小片化指数变化值与48h T-L活力相关性为0.815（$P < 0.05$），具有显著强相关性。

表2-31　　　　　　　　　　　　宰后蛋白酶体活力与剪切力相关性

酶处理	24h 剪切力		48h 剪切力		剪切力变化值	
	相关性	P	相关性	P	相关性	P
0h PGPH	0.183	0.637	0.379	0.314	−0.116	0.827
0h CLK	0.499	0.254	0.677	0.095	−0.037	0.953
0h TLK	0.405	0.28	0.534	0.139	0.51	0.301
12h PGPH	0.644	0.061	0.564	0.114	0.479	0.336
12h CLK	0.264	0.492	0.506	0.165	0.011	0.983
12h TLK	0.194	0.676	0.592	0.161	0.544	0.343

续表

酶处理	24h 剪切力		48h 剪切力		剪切力变化值	
	相关性	P	相关性	P	相关性	P
24h PGPH	0.088	0.823	0.333	0.381	0.342	0.507
24h CLK	0.502	0.169	0.527	0.145	0.550	0.258
24h TLK	0.27	0.482	0.035	0.929	−0.304	0.558
48h PGPH	—		−0.132	0.778	−0.445	0.453
48h CLK	—		−0.036	0.926	−0.333	0.519
48h TLK	—		0.457	0.216	0.28	0.591

表2-32　　　　　　　　　　宰后蛋白酶体活力与肌原纤维小片化数值相关性

酶处理	24h 肌原纤维小片化数值		48h 肌原纤维小片化数值		肌原纤维小片化数值变化值	
	相关性	P	相关性	P	相关性	P
0h PGPH	0.348	0.359	0.084	0.829	−0.796	0.018
0h ChT−L	0.211	0.649	0.085	0.856	−0.609	0.199
0h T−L	0.301	0.432	0.316	0.408	−0.052	0.902
12h PGPH	0.311	0.416	0.389	0.301	−0.112	0.792
12h ChT−L	0.162	0.678	0.181	0.642	−0.603	0.114
12h T−L	0.492	0.262	−0.118	0.8	−0.805	0.053
24h PGPH	0.307	0.421	0.05	0.898	−0.398	0.329
24h ChT−L	0.348	0.359	0.193	0.619	−0.261	0.532
24h T−L	−0.605	0.084	0.176	0.651	0.835[**]	0.01
48h PGPH	—		0.047	0.919	0.935[**]	0.006
48h ChT−L	—		0.334	0.379	0.882[**]	0.004
48h T−L	—		0.319	0.403	0.815[*]	0.014

　　蛋白酶体包含五种不同的酶活力，在宰后呈现不同的变化趋势。本研究结果显示，羊肉中蛋白酶体 ChT−L 和 T−L 活力在 24h 最高，可能是蛋白酶体活化导致（Davies，2001），之后蛋白酶体活力出现下降，可能原因是由于蛋白酶体是一种可以被破坏和降解的蛋白，宰后 48h 蛋白酶体的结构出现变化，活力丧失（Lamare 等，2002）。宰后牛肉中蛋白酶体活力在整体上呈现缓慢下降的趋势，但其中类酪蛋白活力出现了先升高后降低的现象（Lamare 等，2002）。4℃条件下，宰后 7d 内 ChT−L 的活力下降较慢，之后开始以较快的速度下降，至 56d 时 CHT−L 的活力仅为初始值的 20%（Dutaud 等，2006）。

蛋白酶体具有降解肌原纤维蛋白和细胞骨架蛋白以及破坏肌原纤维结构的能力，具有促进肌肉嫩化的潜力（Dutaud 等，2006）。剪切力表示肉的嫩度，与结缔组织含量、肌原纤维直径、密度等多种因素有关，受个体影响较大。本研究中蛋白酶体活力变化与宰后剪切力变化不相关，可能是由于蛋白酶体对宰后剪切力形成的影响较小，不足以造成剪切力的差异。肌原纤维小片化数值表示肌原纤维断裂的程度。肌原纤维小片化的原因主要是肌原纤维蛋白质的降解和肌肉结构的破坏（刘寿春等，2005），可以反映肌肉的嫩化过程。本研究结果显示，肌原纤维小片化数值在宰后24h 至宰后 48h 的嫩化过程与蛋白酶体的三种活性相关，其中 ChT-L 主要功能是水解疏水性氨基酸的肽键、T-L 主要功能是水解碱性氨基酸的肽键、PGPH 主要功能是水解酸性氨基酸的肽键。与前述显示结果相同，蛋白酶体主要作用时间是在宰后24h 之后，可能原因是此时肌肉中 ATP 几乎被消耗殆尽，26S 蛋白酶体可能解离为20S 蛋白酶体才能发挥水解作用。由此说明，蛋白酶体参与成熟过程，主要参与时间是宰后 24h 之后。

蛋白酶体活力在宰后呈现出整体下降的变化趋势，初始泛素化水平对宰后嫩化的影响较小。蛋白酶体参与宰后嫩化过程，且发挥时间在 24h 之后。

第三节
冰温贮藏对羊肉品质的影响机制
——

动物屠宰后，经过僵直、成熟等一系列复杂的变化完成从肌肉到食用肉的转变。研究发现，温度对肌肉的成熟进程和肉品质量有着非常重要的影响（Hertzman 等，1993；Ledward，1985），成熟温度越低，肉品最终感官品质和卫生指标越好（李利，2003）。冰温是指肉品初始冻结点以上至 0℃的温度区域，是机体冻结前的最低温度带（图 2-35），在该温度区域下可使宰后胴体的生理活性降到最低程度，又能维持其正常的新陈代谢。温度可以改变糖酵解速率，进而影响肉品质量。因此，研究冰温贮藏环境下肉羊宰后的糖酵解进程，可为调控成熟提供理论基础。

20 世纪 70 年代，日本的山根昭美博士首创了能够长期保存食品新鲜度、风味和口感的冰温技术（controlled freezing point）（黎冬明等，2006）。冰温贮藏（controlled freezing-point storage）是指将肉类、鱼类等生鲜食品或加工食品在其冰温带内进行贮藏（梁琼等，2010），被称为继冷藏和气调贮藏之后的第三代保鲜技术。山根昭美博士通过研究证实，松叶蟹在其冰温区贮藏 150d 后全部存活。这

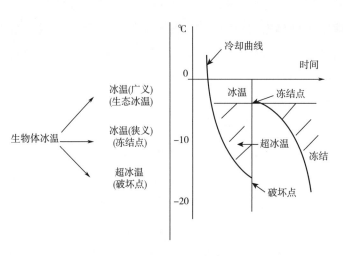

◀ 图2-35 冰温的
概念

一研究成果被认为是冰温技术诞生的标志，对食品具有划时代的意义。"冰温"一词在1974年被日本农林省的机构认可（李敏等，2003），至此，对于冰温技术的研究开始全面展开。从1973年冰温贮藏原理的提出，到1980年冰温贮藏领域的扩大，1985年日本全国性的"冰温技术"研究和推广机构的诞生，再到1985年日本分别在美国和欧洲申请"冰温技术"专利，冰温技术大致经过13年的时间，经历产生、应用与推广，最终走向基本成熟，形成完整的技术体系（李敏等，2003）。冰温贮藏的优点在于其不会破坏细胞，能够使细胞在较长时间内保持活体状态；抑制酶的活力和微生物代谢；能够降低呼吸强度，延长贮藏期（梁琼等，2010）。冰温对生物细胞起低温胁迫作用，细胞为防止冻结或失水，在胞内由糖、醇蛋白等组成不冻液，不冻液与产品品质和风味密切相关。大量的研究表明，冰温贮藏的水果和蔬菜其呼吸受到抑制，成熟与衰老延迟，长时间处于活体状态，在色、香、味及口感方面都优于冷藏，基本跟新鲜水果处于同等水平（江英等，2004；关文强等，2002；薛文通等，1997）。近年来，冰温技术凭借其突出的贮藏优越性，引起了越来越多的关注。

目前关于冰温贮藏技术的研究主要集中在水果蔬菜和水产品方面，而对畜产品尤其是鲜肉的研究与应用还相对较少。传统冷藏的羊肉货架期短。冰温贮藏保鲜技术的出现为羊肉保鲜提供了新的技术手段。冰温贮藏能够显著延长肉品货架期，延缓肉品质劣变（Duun等，2008）。为了解决贮藏过程中肉的干耗等问题，通常结合包装来避免这一问题。托盘包装是超市冷柜中最常用的肉品包装方式，真空包装能够显著延长肉品货架期，气调包装有利于肉品保持良好的色泽。结合包装可以提高冰温贮藏的效果，冰温与包装相结合为鲜肉的贮藏保鲜提供了新的技术手段。

在此背景下，本研究团队首先通过研究冰温贮藏环境下羊肉的糖酵解进程及冰温结合不同包装下羊肉品质的变化，以期为冰温调控羊肉品质提供理论依据。

一、冰温贮藏对羊肉品质的影响

现有关于肉品冰温贮藏的报道主要集中在贮藏过程中菌落总数、品质分析、TVB-N 值等肉质指标的变化（范国华等，2012；孙天利，2013；Duun 等，2008）。冰温需结合适当的包装方式才能达到理想的保鲜效果，而关于适合冰温贮藏包装方式的研究还缺乏报道。本研究以羊肉为试验材料，结合不同的包装方式，研究冰温贮藏技术结合包装方式对羊肉货架期及品质的影响，确定适用于冰温保鲜的包装方式，从而为实现羊肉冰温贮藏保鲜提供理论与技术支持。

本研究团队选取试验用羊 8 只，按照三管齐断放血方式屠宰后，在宰后 30min 内迅速取下两侧背最长肌，使用保鲜膜包裹后放在冰盒中 3h 内运回实验室。在超净工作台中使用手术刀剔除背最长肌表面脂肪和筋膜，将每只羊两侧背最长肌分成大小相近的 6 份，用滤纸吸干肉块表面水分，分配到六个试验组中进行包装、贮藏，分别在贮藏不同时间点取样测定相关数据。试验分组设计见表 2-33。

表2-33　　　　　　　　　　　　试验分组设计

分组	贮藏温度	包装方式
A	冷藏（4℃）	托盘（空气）
B	冷藏（4℃）	真空
C	冷藏（4℃）	气调（80% O_2+20% CO_2）
D	冰温（-0.8℃）	托盘（空气）
E	冰温（-0.8℃）	真空
F	冰温（-0.8℃）	气调（80% O_2+20% CO_2）

（一）羊背最长肌的冰点分析

如图 2-36 所示，样品温度测定时间为 85min，15~40min 为样品最大冰晶形成区，温度波动小，样品在此温度区停留时间久。依据温度记录仪检测数据，22min 之前样品温度持续下降，22min 时出现轻微回升，由 -2℃ 升高至 -1.9℃，25min 时又降至 -2℃，随后到 27min 时再一次升高到 -1.9℃，继而持续下降，因此确定实验样品的冰点为 -2℃。考虑到恒温箱精度为 ±1℃ 的温度波动范围，为防止样品冻结，将冰温贮藏温度设定为 -0.8℃。

（二）不同贮藏条件下羊肉菌落总数变化

贮藏过程中各组菌落总数对数值的变化如图 2-37 所示，羊肉在贮藏过程中，随

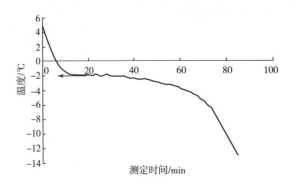

着时间的延长，各试验组的菌落总数都呈上升趋势。在贮藏过程中，三种包装方式下冰温组的菌落总数都相应地显著低于冷藏组，冰温贮藏可以显著延长羊肉的货架期。在屠宰当天测定各组初始菌落总数为 3.6lg（CFU/g），未超过国家标准的一级指标值 4lg（CFU/g）。肉腐败菌落总数界限为 6lg（CFU/g）（周梁等，2011），冷藏 + 托盘组、冷藏 + 真空组、冷藏 + 气调组、冰温 + 托盘组、冰温 + 真空组、冰温 + 气调组分别从宰后第 7、13、13、16、22、22 天起菌落总数超过 6lg（CFU/g）。冰温贮藏与冷藏相比，在托盘、真空、气调这三种包装方式下羊肉货架期都延长了 9d。温度对细菌生长、繁殖会有很大的抑制，当贮藏温度低于微生物生长繁殖的最适温度时，将会延长细菌生长繁殖的迟滞期（王志琴等，2011）。冰温贮藏能够显著抑制微生物的生长繁殖，而且冰温结合气调包装或真空包装更有利于延长羊肉的货架期。

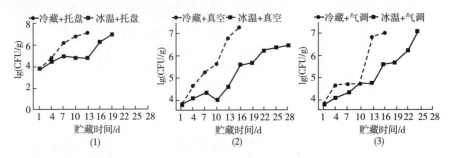

（三）不同贮藏条件下羊肉 pH 变化

在羊肉贮藏期间，pH 是反映肉品成熟度和新鲜度的指标之一。如图 2-38 所示，不同包装方式的羊肉在贮藏过程中 pH 均呈现先降低后逐渐升高的变化趋势，这可能是因为羊屠宰后，胴体的供能方式转变成了无氧糖酵解，而在此过程中产生大量的乳酸和丙酮酸（Rees 等，2003），导致肌肉 pH 迅速下降，此外，ATP 分解的产物为 ADP 和磷酸，这也会导致 pH 的降低。胴体达到极限 pH 后，随着肌糖原的继续消耗，生成了游离的糊精、甘露糖、葡萄糖等带有碱性基团的物质，使 pH 有所升高（Ylä-Ajos 等，2003）。随着贮藏过程中内源酶和外源微生物的作用，肌肉蛋白被分解释放出碱性基团，导致 pH 持续上升（赵素芬等，2010）。冰温＋托盘组在宰后 4d 达到极限 pH 5.48 后 pH 快速上升，冰温＋气调组在达到极限 pH 后 pH 变化缓慢，宰后 19d 其 pH 为 5.43，这说明气调包装可以抑制宰后肌肉的生理变化，主要是因为本研究中气调包装的气体比例为 20% CO_2 和 80% O_2，20% CO_2 能够表现出很好的抑菌效果。此外，低温环境能够强化 CO_2 的抑菌作用，进一步抑制了微生物的污染，延缓了 pH 的变化。因此冰温结合气调包装能够延缓羊肉品质的劣变。

图2-38　不同贮▶藏条件下羊肉pH的变化

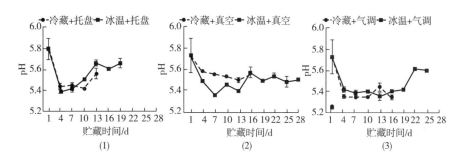

（四）不同贮藏条件下羊肉加压失水率变化

肌肉的保水力是指肉在加工过程中受外力作用（加压、加热、冻结等）时保持其水分的能力（刘冠勇等，2000）。羊肉的保水力与失水率呈负相关，即失水率越大，羊肉的保水力就越差，所以本研究中通过失水率来反映肌肉的保水力（Li 等，2006）。图 2-39 是冷藏和冰温环境下不同包装方式羊肉加压失水率的测定结果，随着贮藏时间的延长，6 个试验组加压失水率均逐渐增加。三种包装方式下冷藏组的加压失水率都高于冰温组，即冰温条件下羊肉的保水力更好。这可能是因为肌肉的保水力与细胞骨架蛋白的变性和降解程度有关，细胞骨架蛋白被降解的程度越大，组织结构越松散，肌肉的失水率也就越高（刘佳东，2011）。激光扫描共聚焦显微镜观察冷藏及冰温状态下牛肉的微观组织结构发现，宰后 24h 冷藏组的肌纤维发生了严重的降解，而冰温组肌纤维结构很完整（孙天利等，2013），说明与冷藏相比，冰温可以延缓细胞骨架蛋白的降解，维持肌纤维的完整性，使肉品具有较高的保水力。在冷藏条件下，真空包装组的加压失水率最高达到 42.02%，高于托盘组与气调组。但是在冰温条件下，托盘组最大加压失水率为 36.06%，真空组与气调组分别为 29.15%、29.74%，均显著低于托盘组。此外，冰温＋真空组在贮藏过程中加压失水率较为稳定，该结果说明冰温结合真空包装能够维持羊肉稳定的保水力。

（五）不同贮藏条件下羊肉质构指标变化

TPA 质构测试是指模拟人的牙齿咀嚼运动，对样品进行两次压缩，分析力－时间曲线而得到质构参数。

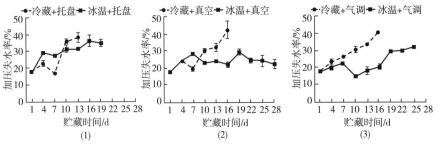

▸ 图2-39 不同贮藏条件下羊肉加压失水率的变化

1. 硬度

硬度指第一次压缩样品时所用的最大压力，反映的是样品在受力时对变形抵抗力的大小。如图 2-40 所示，冷藏和冰温环境下不同包装方式羊肉的硬度随着贮藏时间的增加不断减小。肉的硬度与含水率呈正相关（Mohammad，2005），硬度随着含水率的减小而减小，在贮藏过程中，各实验组随着含水率逐渐降低，硬度也呈下降趋势。此外，肌肉组织在微生物和酶的作用下，胶原蛋白等影响质地结构的蛋白被水解，因而在成熟过程中，羊肉硬度逐渐降低。在本研究中，包装方式及贮藏温度（冰温、冷藏）对硬度都没有产生显著影响。

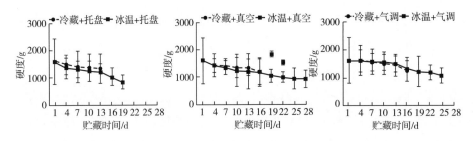

▸ 图2-40 不同包装方式羊肉在贮藏过程中硬度的变化

2. 弹性

弹性指第二次穿刺的测量高度与第一次测量高度的比，它反映的是样品经过压缩后再恢复的程度（徐亚丹，2006）。如图 2-41 所示，在贮藏期间，随着时间的增加，6 个试验组的弹性均逐渐减小。三种包装方式下冷藏组的弹性均显著低于冰温组。羊肉的弹性与其含水量密切相关，羊肉在贮藏过程中，随着蛋白质降解的进行，羊肉组织结构遭到破坏，失水量逐渐增大，导致羊肉的弹性越来越小。与传统冷藏相比，冰温贮藏能够维持羊肉较高的弹性，且冰温 + 真空组与冰温 + 气调组在贮藏过程中弹性差异不显著，即在冰温环境下，真空包装和气调包装都可以使羊肉维持较好的弹性。

（六）不同贮藏条件下羊肉色泽变化

肉色虽然不会影响肉及肉制品的营养价值和风味，但会影响消费者购买欲望，肉色也是许多国家肉制品质量分级标准中重要的评价指标。不同贮藏条件下羊肉亮度值（L^* 值）、红度值（a^* 值）的变化如表 2-34、表 2-35 所示。宰后各试验组 L^*

图2-41 不同包▶
装方式羊肉在贮
藏过程中弹性的
变化

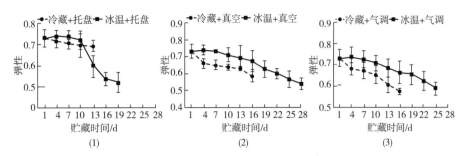

值整体表现出增加的趋势。L^* 值越大，表明肉的亮度就越高，L^* 值越小，表明肉色越暗。L^* 值与肉样表面自由水的多少有关系，肉表面渗水会使肉样对光的反射能力增强，即 L^* 值增大（Wulf，1999）。在贮藏过程中，宰后 13d 冰温 + 托盘组 L^* 值显著低于冷藏 + 托盘组，宰后 4d、10d、13d 冰温 + 真空组 L^* 显著低于冷藏 + 真空组，宰后 1~16d 冰温 + 气调组 L^* 值显著低于冷藏 + 气调组。这与加压失水率的变化相对应，说明冰温贮藏可以减缓羊肉亮度的变化，可以维持羊肉色泽的稳定。此外，在冰温条件下，贮藏过程中 L^* 值为托盘 > 真空 > 气调，表明冰温结合气调包装有利于羊肉的亮度。

表2-34 不同贮藏条件下羊肉 L^* 值的变化

贮藏时间 /d	托盘		真空		气调	
	冷藏 + 托盘	冰温 + 托盘	冷藏 + 真空	冰温 + 真空	冷藏 + 气调	冰温 + 气调
1	37.28 ± 2.29	37.28 ± 2.29	37.28 ± 2.29	37.28 ± 2.29	37.28 ± 2.29	37.28 ± 2.29
4	39.92 ± 1.56[a]	40.35 ± 0.38[a]	39.37 ± 0.57[a]	36.57 ± 2.36[b]	41.24 ± 1.35[a]	29.64 ± 2.05[c]
7	40.23 ± 1.95[a]	40.23 ± 0.81[a]	40.83 ± 1.20[a]	40.46 ± 0.47[a]	38.47 ± 1.27[b]	36.20 ± 1.31[c]
10	40.68 ± 0.92[a]	41.08 ± 1.46[a]	38.87 ± 1.52[b]	35.66 ± 0.62[c]	41.22 ± 1.07[a]	32.58 ± 1.10[d]
13	42.75 ± 0.44[a]	34.75 ± 1.02[e]	40.31 ± 0.77[b]	38.70 ± 0.49[c]	38.79 ± 0.65[c]	36.92 ± 0.55[d]
16	—	38.77 ± 1.17[b]	39.49 ± 1.39[b]	40.08 ± 1.84[b]	42.98 ± 0.93[a]	38.25 ± 1.04[b]
19	—	34.30 ± 2.56[b]	—	41.48 ± 2.07[a]	—	33.24 ± 1.65[b]
22	—	—	—	37.18 ± 1.17	—	37.58 ± 3.30
25	—	—	—	40.26 ± 0.52[a]	—	33.18 ± 1.83[b]
28	—	—	—	34.74 ± 0.43	—	—
31	—	—	—	39.22 ± 0.21	—	—

注：—表示已结束实验，不再测量指标；同行数据上标不同字母表示各实验组的结果之间差异显著（$P < 0.05$）。

a^* 值反映了肉的红度，a^* 值越大，说明肉的颜色越好。20% CO_2 已经可以有效抑制微生物的生长（Smith 等，1990），而新鲜肉肠能在 80% O_2 中维持鲜红色 8d（Martinez 等，2006），据此气调包装中气体比例设为 80% O_2+20% CO_2。

贮藏过程中 a^* 值整体呈现出先增高后降低的趋势。氧气与肌红蛋白结合生成氧合肌红蛋白，氧气向肌肉里渗透的深度、范围及氧合肌红蛋白的生成量受氧分压、温度和 pH 等的影响（Mancini 等，2005）。在贮藏初期氧气充足，肌红蛋白与氧气结合生成氧合肌红蛋白，使肉样呈现鲜红色，所以 a^* 值升高；随着贮藏时间的延长，羊肉 pH 升高，不利于氧合肌红蛋白的形成，肉色变得暗淡。此外，细菌的大量繁殖又促进了高铁肌红蛋白的形成，使肉色变暗，a^* 值下降（Martinez 等，2006）。宰后 4d 内冷藏 + 气调组 a^* 值显著高于冰温 + 气调组，这可能是因为冰温降低了氧气和肌红蛋白的结合速率，从而延缓了氧合肌红蛋白的生成，使得冰温 + 气调组的 a^* 值显著低于冷藏 + 气调组。此外，在冰温条件下，气调包装组的 a^* 值高于托盘包装和真空包装，说明冰温结合气调包装可以长时间维持羊肉稳定的鲜红色。

表2-35　　　　　　　　　　　不同贮藏条件下羊肉 a^* 值的变化

贮藏时间 /d	托盘		真空		气调	
	冷藏 + 托盘	冰温 + 托盘	冷藏 + 真空	冰温 + 真空	冷藏 + 气调	冰温 + 气调
1	19.39 ± 1.28	19.39 ± 1.28	19.39 ± 1.28	19.39 ± 1.28	19.39 ± 1.28	19.39 ± 1.28
4	16.89 ± 1.63[c]	18.12 ± 1.50[bc]	18.99 ± 0.65[abc]	20.03 ± 1.78[ab]	21.23 ± 1.52[a]	17.66 ± 2.57[bc]
7	18.69 ± 1.78[a]	18.43 ± 1.29[a]	18.34 ± 1.59[a]	16.34 ± 0.83[b]	16.35 ± 0.56[b]	19.54 ± 1.62[a]
10	15.89 ± 0.61[c]	18.51 ± 1.02[b]	18.43 ± 0.86[b]	18.02 ± 0.41[b]	19.46 ± 1.70[b]	21.64 ± 1.48[a]
13	19.59 ± 0.48[a]	13.73 ± 1.51[d]	17.74 ± 0.98[bc]	16.53 ± 0.90[c]	18.51 ± 0.75[ab]	17.19 ± 1.02[bc]
16	—	17.40 ± 1.64[a]	18.16 ± 1.00[a]	15.46 ± 1.55[b]	18.44 ± 1.32[a]	18.02 ± 1.23[a]
19	—	10.04 ± 0.46[b]	—	16.17 ± 2.08[a]	—	14.74 ± 1.85[a]
22	—	—	—	17.15 ± 1.45[b]	—	19.44 ± 1.50[a]
25	—	—	—	14.59 ± 0.28[a]	—	11.45 ± 0.37[b]
28	—	—	—	16.90 ± 0.55	—	—
31	—	—	—	17.10 ± 1.35	—	—

注：—表示已结束实验，不再测量指标；同行数据上标不同字母表示各实验组的结果之间差异显著（$P < 0.05$）。

本研究明确了冰温贮藏和冷藏对羊肉保鲜效果及品质的影响，并采用了托盘、真空和气调三种包装方式。相对于传统的冷藏保鲜，冰温可以延长羊肉货架期，结合真空包装使羊肉具有更加稳定的保水力，结合气调包装可以较长时间维持羊肉稳定的鲜红色，冰温结合真空包装或气调包装都可以使羊肉具有较好的品质。

冰温处理不会造成肌糖原含量和极限 pH 的显著变化，但是能够延缓肉羊宰后肌糖原的消耗和乳酸的积累，与冷藏组相比，肌糖原的消耗延缓 2d 左右，乳酸最大积累量时间延缓 1d 左右。冰温贮藏能够减缓丙酮酸激酶和乳酸脱氢酶活力的变化，进而延缓糖酵解进程。冰温组成熟 9d 内 *μ* - 钙蛋白酶一直具有活力。冰温可以延缓宰后肌肉糖酵解速率 1~2d。因此，冰温贮藏可以延缓宰后羊肉成熟进程 1~2d。

二、冰温贮藏对羊肉嫩度的影响机制

调控宰后糖酵解速率的方式主要有电刺激、改变成熟温度等。低压电刺激可以加快宰后糖酵解速率（Rhee 等，2001）。提高肌肉温度可以加快代谢速率（Marsh 等，1981）。冰温作为贮藏保鲜技术，主要集中于果蔬、水产品及延长肉品货架期。研究表明，冰温可以显著抑制鲤鱼贮藏过程中微生物增长、脂肪氧化及蛋白质降解（Liu 等，2014）。真空包装的烤猪肉在冰温环境下货架期长达 16 周，具有更好的感官品质（Duun 等，2008）。动物经屠宰死亡后，通常是在冷藏库中进行成熟，完成肌肉到食用肉的转变后即可售卖。目前，冰温贮藏技术在肉及肉制品中的研究主要集中在延长产品货架期方面，而关于冰温对宰后肌肉成熟影响的研究还缺乏报道。为探索冰温贮藏对宰后肌肉成熟的影响，作者团队以无角陶赛特公羊为对象，研究冰温贮藏条件下肌肉成熟过程中糖酵解关键酶活力、糖酵解产物及肌原纤维蛋白降解的变化，明确冰温对肉羊宰后成熟的影响，为冰温技术调控肉羊宰后成熟进程提供理论依据。

本研究团队选取了 5 只 65kg 左右的无角陶赛特公羊集中规模饲养，统一管理。将试验羊提前赶到待宰圈静养 1h 以消除应激，三管齐断放血方式屠宰，经放血剥皮在宰后 30min 内迅速取下两侧背最长肌，快速测定宰后 0.5h pH 作为初始 pH，在冰块上降温并快速剔除表面筋膜、脂肪。同一只羊的两侧背最长肌随机分配到冷藏组（2~4℃）和冰温组（-2~-1℃），将每个处理组的背最长肌平均分成大小相近的 9份，使用食品级保鲜膜包裹后放入 -18℃ 冰箱进行降温。待肉块中心温度降至 4℃ 左右时快速将冷藏组的肉样取出，放入冷藏环境（2~4℃）；待肉块中心温度降至 0℃ 时将冰温组的肉样快速取出放入冰温箱（-2~-1℃）成熟。分别于宰后 0.5h、2h、6h、12h、24h、3d、5d、7d、9d 取出试验组与对照组肉样，测定 pH 后用液氮冻存用于指标测定。

（一）冰温贮藏对羊肉糖酵解的影响

宰后成熟过程中 pH 逐渐降低，在达到极限 pH 后，pH 逐渐增加（图 2-42）。宰后 6h、3d、5d 冰温组 pH 显著高于冷藏组（$P < 0.05$），宰后 7d 冷藏组 pH 显著高于冰温组（$P < 0.05$）。冷藏组 pH 于宰后 3d 内显著降低，3~5d pH 差异不显著，3d 达到极限 pH 5.63，冰温组于宰后 7d 达到极限 pH 5.79，两组极限 pH 差异不

显著（$P > 0.05$）。

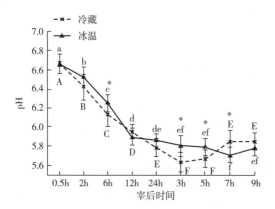

◄ 图2-42 不同贮藏温度对羊肉pH的影响

不同大写字母表示冷藏组不同成熟时间之间差异显著（$P < 0.05$），不同小写字母表示冰温组不同成熟时间之间差异显著（$P < 0.05$），* 表示宰后同一时间冰温组与冷藏组的结果之间差异显著（$P < 0.05$）。

宰后成熟过程中肌糖原含量逐渐降低，最后稳定（图2-43）。宰后成熟过程中冷藏组与冰温组肌糖原含量差异不显著。冷藏组肌糖原含量于宰后0.5~12h内显著降低，宰后12~24h肌糖原含量差异不显著，宰后3d肌糖原含量显著低于24h，3d后肌糖原含量趋于稳定。冰温组肌糖原含量于宰后0.5~12h显著降低，12~24h肌糖原含量差异不显著，之后5d内肌糖原含量显著降低，5d后肌糖原含量趋于稳定。

◄ 图2-43 不同贮藏温度对羊肉肌糖原含量的影响

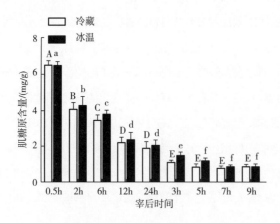

不同大写字母表示冷藏组不同成熟时间之间差异显著（$P < 0.05$），不同小写字母表示冰温组不同成熟时间之间差异显著（$P < 0.05$），* 表示宰后同一时间冰温组与冷藏组的结果之间差异显著（$P < 0.05$）。

宰后成熟过程中乳酸含量先蓄积后稳定，最后降解（图2-44）。宰后2h、6h、12h、24h冷藏组乳酸含量显著高于冰温组，宰后9d冰温组乳酸含量显著高于冷藏组。冷藏组宰后6h内乳酸含量显著增加，6~24h乳酸含量差异不显著，3d乳酸含量显著低于24h，3~5d乳酸含量差异不显著，之后乳酸含量显著降低。冰温组宰后 2h 乳酸含量显著低于 0.5h，2~24h 乳酸含量显著增加，24h~5d 乳酸含量差异不显著，之后乳酸含量显著降低。

图2-44 不同贮▶
藏温度对羊肉乳
酸含量的影响

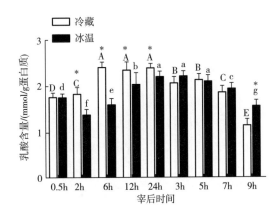

不同大写字母表示冷藏组不同成熟时间之间差异显著（$P < 0.05$），不同小写字母表示冰温组不同成熟时间之间差异显著（$P < 0.05$），* 表示宰后同一时间冰温组与冷藏组的结果之间差异显著（$P < 0.05$）。

不同贮藏温度处理组宰后成熟过程中丙酮酸激酶活力先降低后稳定（图2-45）。宰后 2h、24h 冰温组丙酮酸激酶活力显著高于冷藏组（$P < 0.05$）。冷藏组丙酮酸激酶活力在宰后 12h 内显著降低（$P < 0.05$），从宰后 12h 起趋于稳定。冰温组丙酮酸激酶活力在宰后 6h 内显著降低，宰后 6~24h 差异不显著（$P > 0.05$），于宰后 3d 起趋于稳定（$P < 0.05$）。

图2-45 不同贮▶
藏温度对羊肉丙
酮酸激酶活力的
影响

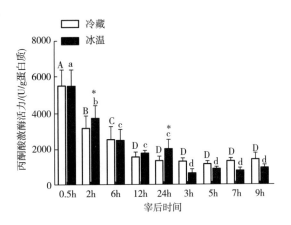

不同大写字母表示冷藏组不同成熟时间之间差异显著（$P < 0.05$），不同小写字母表示冰温组不同成熟时间之间差异显著（$P < 0.05$），* 表示宰后同一时间冰温组与冷藏组的结果之间差异显著（$P < 0.05$）。

宰后成熟过程中乳酸脱氢酶活力先增加后降低，最后稳定（图2-46）。宰后 6h、12h、24h、5d 冷藏组乳酸脱氢酶活力显著高于冰温组（$P < 0.05$）。冷藏组乳酸脱氢酶活力于宰后 12h 内显著增加（$P < 0.05$），在宰后 12h 达到最高活力，于 24h 之后乳酸脱氢酶活力逐渐降低，宰后 7d 起乳酸脱氢酶活力趋于稳定。宰后冰

温组乳酸脱氢酶活力逐渐增加，在宰后 12h 达到最大活力，之后在宰后 3d 内逐渐降低，宰后 5d 乳酸脱氢酶活力显著高于宰后 3d，宰后 7d 起乳酸脱氢酶活力趋于稳定。

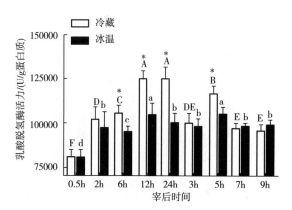

◄ 图2-46 不同贮藏温度对羊肉乳酸脱氢酶活力的影响

不同大写字母表示冷藏组不同成熟时间之间差异显著（$P < 0.05$），不同小写字母表示冰温组不同成熟时间之间差异显著（$P < 0.05$），* 表示宰后同一时间冰温组与冷藏组的结果之间差异显著（$P < 0.05$）。

动物被屠宰后，糖酵解成为胴体的主要代谢途径，肌糖原作为糖酵解底物，含量逐渐下降直至糖原磷酸化酶失活。肌糖原含量的变化受遗传和环境多种因素的影响，如肌纤维类型、环境温度等。冷藏组肌糖原含量从宰后 3d 开始保持不变，冰温组延缓至宰后 5d 糖原含量维持不变，表明冰温贮藏可以减缓肌糖原的消耗速率。哺乳动物宰后初始肌糖原含量不低于 6mg/g 才能达到正常的极限 pH，本研究中宰后 0.5h 羊背最长肌中肌糖原含量达到 6.48mg/g，两处理组极限 pH 差异不显著，表明冰温虽然会减缓肌糖原的分解，但并未引起极限 pH 的变化。pH 是判断成熟进程的重要指标之一，当达到极限 pH 时，胴体进入宰后僵直最大化阶段（南庆贤，2009）。本研究中，冷藏组在宰后 3d 达到极限 pH，冰温组则延缓至宰后 7d，表明冰温贮藏对成熟进程有延缓作用。

随着糖酵解的进行，乳酸含量逐渐积累后趋于稳定，导致 pH 逐渐降低后趋于稳定（Ryu 等，2005）。温度能够通过调节糖酵解酶活力影响宰后肌肉糖酵解（Guderley，2004），主要涉及酶活力的增减、酶浓度或分泌量的变化、酶的表达类型及细胞内环境和组成的改变等（Scheffler 等，2007）。丙酮酸激酶（PK）催化磷酸烯醇式丙酮酸和 ADP 转化为 ATP 和丙酮酸，是糖酵解的限速酶之一，丙酮酸激酶活力反映总的代谢能力（谢达平，2009）。乳酸脱氢酶（LDH）催化丙酮酸生成乳酸，作为糖酵解过程的最后调控酶，其活力的大小反映无氧代谢能力的强弱（Zakhartser，2004）。本研究中，乳酸含量先蓄积后稳定最后降低。乳酸脱氢酶催化丙酮酸生成乳酸，宰后早期乳酸脱氢酶活力快速增高（李泽，2010），致使乳酸含量也相应增加。宰后 6h、12h、24h、5d 冷藏组乳酸脱氢酶活力显著高于冰温组，相应的，宰后 6h、12h、24h 冷藏组乳酸含量也显著高于冰温组。冷藏组乳酸含量于宰后 6h 积累到最大值，冰温组乳酸含量持续增加，于宰后 24h 达到最大值，表明冰温贮藏可以延缓宰后乳酸的积累。宰后僵直期间乳酸的积累会对肉品质产生消极影响（朱学伸，2007），乳酸大量生成会造成冷却肉保水性下降，本研究中宰后 2h、6h、12h、24h 冰温组乳酸含量显著低于冷藏组，表明冰温贮藏可能有利于增加肉的保水性。乳酸脱氢酶催化丙酮酸生成乳酸的反应是可逆的，随着乳酸含量的增加，会负反馈抑制 LDH 活力（谢达平，2009），这可能是 LDH 活力在宰后 24h 开始下降的原因之一（徐昶，2009）。在糖酵解过程中，冷藏组肌糖原的消耗速率和乳酸的累积都比冰温组快，这说明温度可以影响肌肉糖酵解进程。综合所有分析结果，在本研究条件下，冰温贮藏延缓宰后成熟进程 2d 左右。

（二）冰温贮藏对羊肉肌原纤维蛋白降解的影响

1. 不同贮藏温度对羊肉 μ-钙蛋白酶活力的影响

宰后成熟过程中 μ-钙蛋白酶活力呈先增加后下降的趋势。冷藏组宰后 6h 内 μ-钙蛋白酶活力显著升高，之后活力快速下降，宰后 7d 左右失去活力。冰温组宰后 12h 内 μ-钙蛋白酶活力显著升高，之后活力逐渐降低，在宰后 9d 仍有活力。冷藏组、冰温组 μ-钙蛋白酶分别于宰后 6h、12h 达到最大活力，两组 μ-钙蛋白酶最大活力差异不显著（图 2-48，$P > 0.05$）。宰后 2h 冷藏组 μ-钙蛋白酶活力显著高于冰温组（$P < 0.05$），宰后 12h、24h、5d、7d 冰温组 μ-钙蛋白酶活力显著高于冷藏组（$P < 0.05$）。成熟过程中，冷藏组 m-钙蛋白酶在宰后第 9 天发生了降解（图 2-47），冰温组 m-钙蛋白酶活力没有发生显著变化。

图2-47　不同贮 ▶
藏温度下羊肉钙蛋
白酶活力电泳图

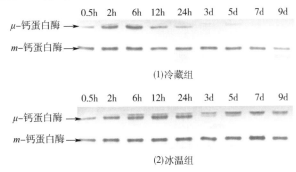

(1)冷藏组

(2)冰温组

2. 不同贮藏温度对羊肉肌原纤维小片化指数的影响

宰后成熟过程中肌原纤维小片化指数呈增加趋势（图 2-49）。冷藏组肌原纤维小片化指数值于宰后 2h、7d 显著升高。冰温组肌原纤维小片化指数值于宰后 3d、7d 显著升高。宰后 6h、12h、3d、5d、7d、9d 冷藏组肌原纤维小片化指数值显著高于冰温组（$P < 0.05$）。

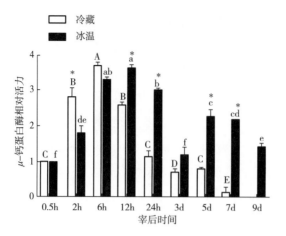

◀ 图2-48 不同贮藏温度对羊肉μ-钙蛋白酶活力的影响

不同大写字母表示冷藏组不同成熟时间之间差异显著（P < 0.05），不同小写字母表示冰温组不同成熟时间之间差异显著（P < 0.05），* 表示宰后同一时间冰温组与冷藏组的结果之间差异显著（P < 0.05）。

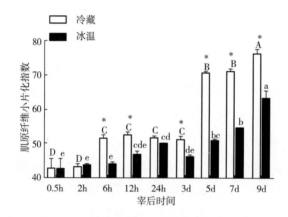

◀ 图2-49 不同贮藏温度对羊肉肌原纤维小片化指数的影响

不同大写字母表示冷藏组不同成熟时间之间差异显著（$P < 0.05$），不同小写字母表示冰温组不同成熟时间之间差异显著（$P < 0.05$），* 表示宰后同一时间冰温组与冷藏组之间差异显著（$P < 0.05$）。

肌肉成熟过程中，钙蛋白酶降解肌原纤维蛋白，使嫩度发生改善（Kemp 等，2010），钙蛋白酶活力与肌原纤维小片化指数呈正相关（李诚等，2009）。宰后成熟温度升高会加快糖酵解的速率和钙蛋白酶活力的变化（Rhee 等，2001）。相对较高的胴体温度和低的 pH 会促进肌浆中钙离子的释放，进而提高钙蛋白酶活力（Whipple 等，1990）。肌原纤维小片化指数反映了肌节 I 带附近关键细胞骨架蛋白的降解程度（Taylor 等，1995）。肌原纤维小片化指数越大，表明肌原纤维内部结构完整性破坏的程度就越大。冷藏组宰后 pH 快速下降，激活 μ-钙蛋白酶，使其具有水解肌原纤维蛋白的活力。在本研究中，冷藏组、冰温组的肌原纤维蛋白分别于宰后 6h、24h 发生明显降解，这与冷藏组、冰温组 μ-钙蛋白酶活力分别于宰后 6h、24h 显著降低相对应。冰温组 μ-钙蛋白酶的激活及失活均慢于冷藏组，这也与肌原纤维小片化指数的变化相对应，说明冰温能够延缓 μ - 钙蛋白酶活力的变化，有助于延长肉品保鲜时间。在成熟后期，冷藏组的肌原纤维小片化指数显著高于冰温组，这可能是因为冷藏组肌肉 pH 低于冰温组，促使肌浆网中释放大量的钙离子，激活并提高 μ - 钙蛋白酶活力，使冷藏组的嫩化早于冰温组。冰温组 m- 钙蛋白酶的活力在宰后成熟过程中没有发生显著变化，说明 m- 钙蛋白酶仍保持着结构完整性，冷藏组 m- 钙蛋白酶于宰后第 9 天发生降解，这可能是因为在宰后 9d 冷藏组羊肉中蓄积了足够多的钙离子，使 m- 钙蛋白酶发生了自溶并降低了活力（Boehm 等，1998）。

冰温处理不会造成肌糖原含量和极限 pH 的显著变化，但是能够延缓肉羊宰后肌糖原的消耗和乳酸的积累，与冷藏组相比，肌糖原的消耗延缓 2d 左右，乳酸最大积累量的时间延迟 1d 左右。冰温贮藏能够减缓丙酮酸激酶和乳酸脱氢酶活力的变化，进而延缓糖酵解进程。冰温组成熟 9d 内 μ - 钙蛋白酶一直具有活性。冰温可以延缓宰后肌肉糖酵解速率 1~2d。因此，冰温贮藏可以延缓宰后羊肉成熟进程 1~2d。

三、冰温贮藏对羊肉色泽的影响机制

肉色是影响消费者购买鲜肉最主要的品质指标之一，肉表面的鲜红色是新鲜肉的象征，为消费者所钟爱。肌肉的不同色调是肌红蛋白的三种存在形态（脱氧肌红蛋白、氧合肌红蛋白、高铁肌红蛋白）相互转化所赋予的。冰温技术作为继冷藏和气调贮藏之后的第三代保鲜技术，近年来在日、美、韩等国得到了长足的发展和应用。本书作者在研究冰温贮藏影响肌肉糖酵解的影响过程中发现，冰温贮藏与冷藏对肌肉肉色的影响存在肉眼可见的差异，且已有研究表明，冰温贮藏有利于肉色稳定，但影响机制如何却没有定论。

肉色是肉品质外观评定的重要指标，也是消费者对肉品质进行评价的主要依据，影响消费者的购买欲（Liu 等，1995）。鲜肉色泽褐变致使肉类生产蒙受巨大的损失（孙学朋，2008）。肉色货架期往往影响或短于以其他指标判定的货架期，表明肉色稳定性在冷藏肉保鲜中的重要性（孙京新，2004）。因此，研究影响肉色稳定性的因素对肉品的保藏有重要意义。普遍认为肉色的褐变是鲜红色的氧合肌红蛋白自动氧化生成暗褐色的高铁肌红蛋白所造成的，而肌细胞内部的高铁肌红蛋白还原酶可以将高铁肌红蛋白还原为肌红蛋白，从而稳定肉色。高铁肌红蛋白还原酶系统的还原能力与肌浆中肌红蛋白的自动氧化，以及肌间脂肪发生脂质氧化等的综合作用决定着肉色稳定性（Mikkelsen 等，1999）。冰温条件下贮藏的鸡肉从贮藏第 2 天到第 7 天其色泽均表现为鲜红色，而冷藏条件下鸡肉表现为暗红或红褐色（姜长红等，

2008）。冰温结合真空包装能够很好地稳定牛肉色泽（孙天利，2013）。乳酸脱氢酶在不同的牛肉中对高铁肌红蛋白还原和肉色稳定性所起的作用不同，不同种类的肌肉中肉色稳定性的差异是受不同的乳酸脱氢酶活力再生 NADH 的速率所调控（Kim 等，2009）。近年来，国外在肉色及影响不同部位肉色褐变因素方面的研究较多，但对宰后贮藏条件对肌肉的色素含量和存在状态及 NADH 浓度对肌肉间肉色稳定性造成差异的关系尚未见报道。本实验研究贮藏过程中贮藏温度造成肉色稳定性和变色速率差异的因素，为进一步探讨温度对肉色稳定性的调控机制提供理论依据。

本研究团队选取了饲养方式相同、体重相近的 8 月龄大尾寒羊 × 小尾寒羊杂交公羊 5 只，采用清真方式屠宰，宰前静养 1h 以消除应激，宰后 0.5h 内迅速取下两侧背最长肌。

每只羊在宰后 0.5h 取其任意一侧背最长肌靠近尾端的 1/7，液氮速冻，贮存于 -80℃，用于测定初始指标，剩余背最长肌样品均在宰后 2h 内于冰上运回实验室，每只羊两侧背最长肌随机分入冷藏组及冰温贮藏组，每条背最长肌样品平均分为 7 份，从头至尾按照随机数分配至各个贮藏时间（0.5h 作为 0d 样品、2d、4d、6d、8d、10d，剩余一份用于监测温度），盛放于白色托盘，食品级 PE 保鲜膜 ｛氧气透过率为 10600 × （1±20%）［ cm³/（m²·24h·atm）］｝ 包裹后放入 -18℃ 冰箱进行降温，冷藏组待肉块中心温度降至 4℃ 时取出，冷藏贮存（2~4℃），冰温组待肉块中心温度降至 -1℃ 时取出，冰温贮存（-1.5~-1℃）。宰后 12h、24h、3d、5d、9d 取出相应肉块，去除可见脂肪及筋膜后经液氮速冻，保存于 -80℃。

（一）冰温贮藏对肌肉色泽的影响

图 2-50 为在冰温、冷藏条件下分别贮藏 0d、2d、4d、6d、8d、10d 样品的色差值，其中图 2-50（1）、图 2-50（2）及图 2-50（3）分别为亮度值 L^*、红度值 a^* 及黄度值 b^* 随贮藏时间的变化规律图。

如图 2-50（1）所示，两处理组样品的亮度值 L^* 在贮藏过程中呈现相同的变化规律，均表现为先上升后下降再趋于稳定的趋势，且最高亮度值均出现在第 2~4 天。在整个贮藏过程中，冰温组 L^* 值波动较大，其中 2d、4d、6d、8d、10d 显著高于 0d（$P < 0.05$），且 2d、4d 显著高于 6d 与 10d，2d 与 4d、6d 与 10d 之间则没有显著差异；冷藏组 L^* 值则变化浮动不大，其中 2d、4d、6d、8d、10d 显著高于 0d（$P < 0.05$），而 2d、4d、6d、8d、10d 之间没有显著差异。其中在 2d、4d、8d 时，冰温组 L^* 值显著高于冷藏组（$P < 0.05$）。

如图 2-50（2）所示，贮藏初期（0~2d）两处理组样品的红度值 a^* 均呈现为上升趋势，随后冰温组 a^* 值趋于稳定，而冷藏组 a^* 值在贮藏第 6 天开始逐渐降低，

图2-50 冰温、▶
冷藏条件下色差
值随贮藏时间的
变化

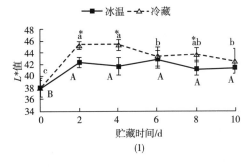

(1)

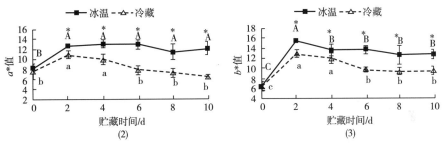

(2)　　　　　　　　　　　　(3)

不同小写字母表示冷藏条件不同贮藏时间之间存在显著差异（$P < 0.05$）；不同大写字母表示冰温条件不同贮藏时间之间存在显著差异（$p < 0.05$）；*表示同一贮藏时间不同贮藏条件之间存在显著差异（$P < 0.05$）。

冰温组与冷藏组 a^* 最大值均出现在 0d。相较于冷藏组，冰温组 a^* 值在整个贮藏过程中波动幅度不大，仅贮藏 2d、4d、6d、8d、10d 显著高于 0d，而 2d、4d、6d、8d、10d 则无显著差异（$P < 0.05$）；冷藏组在贮藏过程中 2d、4d 时 a^* 值显著高于 0d、6d、8d、10d。从贮藏第 2 天开始至贮藏期结束，冰温组 a^* 值始终显著高于冷藏组（$P < 0.05$）。

如图 2-50（3）所示，贮藏过程中冰温与冷藏两处理组样品的黄度值 b^* 呈现与红度值 a^* 相同的变化规律，即先上升后下降，冰温组最大值出现在第 2 天，第 4 天又降低，随后趋于稳定，冷藏组最大值出现在第 2 天及第 4 天，第 6 天出现下降，随后呈现稳定状态。整个贮藏过程中，冰温组 b^* 值在 2d、4d、6d、8d、10d 显著高于 0d，且 2d 显著高于 4d、6d、8d、10d，第 4、6、8 天及 10 天之间没有显著差异（$P < 0.05$）；冷藏组 b^* 值同样在 2d、4d、6d、8d、10d 显著高于 0d，且 2d、4d 显著高于 6d、8d、10d，6d、8d、10d 之间没有显著差异（$P < 0.05$）。从贮藏第 2 天开始至贮藏期结束，冰温组 b^* 值始终显著高于冷藏组（$P < 0.05$）。

（二）冰温贮藏对肌肉 pH 的影响

如图 2-51 所示，冰温、冷藏两处理组样品的 pH 在贮藏过程中呈现一致的变化趋势，均为先下降后趋于稳定。贮藏过程中，冰温组在 0d 时显著高于 2d、4d、6d、8d、10d，第 2、4、6、8、10 天之间没有显著差异（$P < 0.05$）；冷藏组

在 0d 时显著高于 2d、4d、6d、8d、10d，且 10d 显著高于 2d、4d、6d 及 8d，2d、4d、6d 之间没有显著差异（$P < 0.05$）。冰温组在贮藏 4d、6d、8d 的 pH 均显著高于冷藏组（$P < 0.05$）。

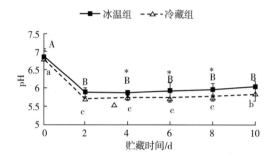

◀ 图2-51　冰温、冷藏条件下pH随贮藏时间的变化

不同小写字母表示冷藏条件不同贮藏时间之间存在显著差异（$P < 0.05$）；不同大写字母表示冰温条件不同贮藏时间之间存在显著差异（$P < 0.05$）；* 表示同一贮藏时间不同贮藏条件之间存在显著差异（$P < 0.05$）。

　　如图 2-50、图 2-51，由肌肉 pH 与色差值的测定值可以判断，实验所选原料肉正常，无黑干肉及白肌肉的存在（尹靖东，2011），可以用于实验研究。冰温及冷藏处理样品的各指标初始值均无显著差异出现，因此本研究对原料肉的分组得当可行，可排除试验材料造成的处理间差异。

　　如图 2-50（1）所示，冰温及冷藏条件下肌肉亮度值 L^* 随贮藏时间的延长变化较为复杂，肌肉表面亮度与肌肉表面水分含量相关，L^* 通常可作为判断肌肉失水程度的标志，很多研究表明，肌肉失水程度与其 pH 相关，高 pH 肌肉肌原纤维蛋白具有较强的保水性能（Lawrie，1985），本研究中，冰温贮藏组极限 pH 高于冷藏组，且贮藏过程中多个时间点（2d、4d、8d）冷藏组 L^* 值显著高于冰温组（$P < 0.05$）。

　　放血充分的胴体中，肉色主要由肌红蛋白决定，肌肉表面色泽取决于肌红蛋白含量及肌红蛋白分子的类型、化学状态等因素（Renerre，1990）。鲜肉中氧合肌红蛋白最重要，呈鲜红色，为消费者所喜爱。宰后贮藏过程中，肌肉表面的氧气向内部扩散，当氧气扩散率与肌红蛋白的吸收速率达到平衡时，不再向深层扩散，氧气与肌红蛋白结合后形成氧合肌红蛋白。

　　如图 2-51 所示，冰温贮藏及冷藏肌肉在贮藏 24h 均已达到其极限 pH，且本研究发现，冰温组极限 pH 显著高于冷藏组，这与宰后肌肉温度有关。宰后肌肉 pH 下降速率及下降程度受环境温度的影响（Lawrie，2009）。高 pH 能够提高组织呼吸活性，使得组织表面形成很薄的氧合肌红蛋白层，产生红紫色的视觉效应（Anna 等，2015）。动物宰后肌肉 pH 主要与糖酵解有关，糖酵解产生乳酸导致肌肉 pH 降低，冰温贮藏能够通过抑制糖酵解酶活性有效延缓糖酵解进程、降低糖酵解程度。因此，冰温贮藏肌肉极限 pH 会高于冷藏。

（三）冰温贮藏对肉色稳定性的影响

图 2-52 为在冰温、冷藏条件下分别贮藏 0d、2d、4d、6d、8d、10d 样品肌红蛋白三种转换状态的相对百分含量，其中图 2-52（1）、图 2-52（2）及图 2-52（3）分别为脱氧肌红蛋白（DeoxyMb）、氧合肌红蛋白（OxyMb）、高铁肌红蛋白（MetMb）的相对含量随贮藏时间的变化。

如图 2-52（1）所示，冰温组脱氧肌红蛋白相对含量呈现先降低后维持稳定的趋势，其中 0d 显著高于 2d、4d、6d、8d、10d，2d、4d、6d、8d、10d 之间无显著差异（$P < 0.05$）；冷藏组脱氧肌红蛋白相对含量变化趋势为先降低后升高再降低，其中 0d 显著高于 2d、4d、6d、8d、10d，6d、8d 显著高于 2d 及 4d，且 6d 与 8d、2d 与 4d 之间没有显著差异，10d 与 2d、4d、6d、8d 之间均没有显著差异（$P < 0.05$）。贮藏过程中，冷藏组脱氧肌红蛋白相对含量在 6d、8d 显著高于冰温组（$P < 0.05$）。

如图 2-52（2）所示，冰温及冷藏组脱氧肌红蛋白相对含量在整个贮藏过程中变化趋势一致，均为先升高后下降再维持稳定。贮藏过程中，冰温组 2d、4d、6d、8d、10d 显著高于 0d，2d、4d 显著高于 6d、8d、10d，且 2d 与 4d、6d、8d 与 10d 之间相互没有显著性差异（$P < 0.05$）；冷藏组 2d、4d、6d、10d 显著高于 0d，2d、4d 显著高于 6d、8d、10d，且 2d 与 4d、6d、8d 与 10d 之间没有显著性差异（$P < 0.05$）。从贮藏 2d 开始至贮藏期结束，冰温组氧合肌红蛋白相对百分含量始终显著高于冷藏组（$P < 0.05$）。

如图 2-52（3）所示，冰温组高铁肌红蛋白相对含量趋势为先降低再升高随后趋于稳定，冷藏组为先稳定再逐渐升高。冰温组 0、6、8、10d 显著高于 2d 与 4d，且 0d、6d、8d、10d 与 2d，2d 与 4d 之间没有显著差异（$P < 0.05$）；冷藏组 6d、8d、10d 显著高于 0d、2d 及 4d，0d、2d、4d 之间没有显著差异，8d 显著高于 6d，10d 显著高于 8d（$P < 0.05$）。从贮藏第 2 天开始至贮藏结束，冷藏组高铁肌红蛋白相对含量始终显著高于冰温组（$P < 0.05$）。

如图 2-53 所示，相较于冷藏组，冰温组 R630/580 变化较为稳定，呈现先升高后降低的趋势，冷藏组 R630/580 先降低后升高。冰温组 2d、4d、6d 显著高于 0d、8d 及 10d，2d、4d 与 6d，0d 与 8d 之间没有显著性差异（$P < 0.05$）；冷藏组 2d 显著高于 4d、6d、8d、10d，0d 显著高于 6d、8d、10d，0d 与 2d，0d 与 4d，6d 与 8d、10d 之间相互没有显著性差异（$P < 0.05$）。整个贮藏过程中，2d 至贮藏结束，冰温组 R630/580 值均显著高于冷藏组（$P < 0.05$）。

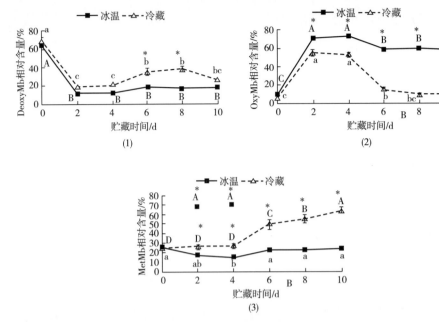

◄图2-52 冰温、
冷藏条件下肌红
蛋白三种状态相
对含量随贮藏时
间的变化

不同小写字母表示冷藏条件不同贮藏时间之间存在显著差异（$P < 0.05$）；不同大写字母表示冰温条件不同贮藏时间之间存在显著差异（$P < 0.05$）；*表示同一贮藏时间不同贮藏条件之间存在显著差异（$P < 0.05$）。

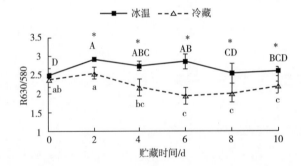

◄图2-53　冰温、
冷藏条件下R630/
580随贮藏时间的
变化

不同小写字母表示冷藏条件不同贮藏时间之间存在显著差异（$P < 0.05$）；不同大写字母表示冰温条件不同贮藏时间之间存在显著差异（$P < 0.05$）；*表示同一贮藏时间不同贮藏条件之间存在显著差异（$P < 0.05$）。

如图 2-54 所示，贮藏过程中冰温与冷藏组色度（Chroma）值变化趋势一致，均为先升高再缓慢下降。冰温组 2d、4d、6d、8d、10d 显著高于 0d，2d 显著高于 8d 及 10d，4d、6d 与 2d 没有显著差异，与 8d、10d 也没有显著差异（$P < 0.05$）；冷藏组 2d、4d 显著高于 0d、6d、8d、10d，2d 与 4d 之间没有显著差异，6d 显著高于 0d，6d 与 0d，6d 与 8d、10d 之间均没有显著差异（$P < 0.05$）。贮藏第 4 天至贮藏期结束，冰温组色度值均显著高于冷藏组（$P < 0.05$）。

如图 2-55 所示，冷藏组色调角值在整个贮藏过程中逐渐升高，冰温组呈现先升高后降低再趋于稳定的趋势。冰温组最大值出现在贮藏第 2 天，显著高于其他时间点，另外，4d、6d、8d、10d 显著高于 0d，4d、6d、8d、10d 之间没有显著差异；冷

图2-54 冰温、▶
冷藏条件下色度
值随贮藏时间的
变化

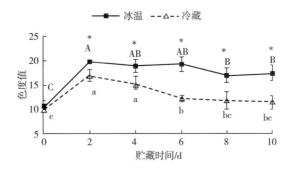

不同小写字母表示冷藏条件不同贮藏时间之间存在显著差异（$P < 0.05$）；不同大写字母表示冰温条件不同贮藏时间之间存在显著差异（$P < 0.05$）；*表示同一贮藏时间不同贮藏条件之间存在显著差异（$P < 0.05$）。

图2-55 冰温、▶
冷藏条件下色调
角值随贮藏时间
的变化

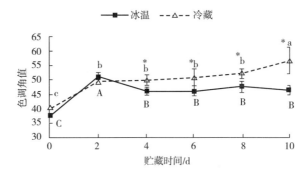

不同小写字母表示冷藏条件不同贮藏时间之间存在显著差异（$P < 0.05$）；不同大写字母表示冰温条件不同贮藏时间之间存在显著差异（$P < 0.05$）；*表示同一贮藏时间不同贮藏条件之间存在显著差异（$P < 0.05$）。

藏组 10d 显著高于其余时间点，且 2d、4d、6d、8d 显著高于 0d，2d、4d、6d、8d 之间没有显著性差异。贮藏第 4 天至第 10 天冷藏组色调角值均显著高于冰温组（$P < 0.05$）。

如图 2-53 所示，肌肉表面在 630nm 与 580nm 处的反射率之比 R630/580 自贮藏第 2 天到贮藏结束，冰温组均显著高于冷藏组（$P < 0.05$）。R630/580 值越大，表示高铁肌红蛋白含量越低，且肌肉褪色程度越低，意味着肉色稳定性越好（Sammel 等，2002）。本研究结果显示冰温贮藏有利于维持肉色稳定性。

色调角（Hue angle），是代表褪色程度的指标，其值越大，表示褪色速率越快（Ozlu 等，2010）。本研究显示，贮藏第 2 天至第 10 天中冷藏组色调角值均显著高于冰温组，意味着冷藏较冰温贮藏更易使得肌肉褪色。

色度（Chroma），代表肉色饱和程度，色度越大，肉色越稳定（Seyrfet 等，2006）。本研究结果为，贮藏第 2 天开始至贮藏期结束，冰温组色度值均显著高于冷藏组（$P < 0.05$），说明冰温贮藏能够有效、长期地维持肉色稳定性。

综上所述，冰温贮藏可以通过抑制褪色及维持肉色稳定两方面起到有效保护肉色稳定性的作用。

（四）冰温贮藏对高铁肌红蛋白还原酶活力及 NADH 浓度的影响

如图 2-56 所示，冰温组高铁肌红蛋白还原酶活力（MRA）变化较冷藏组复杂，整体表现与冷藏组一致，逐渐降低。冰温组 2d、4d 及 6d 显著高于 8d、10d，0d、2d、4d 之间没有显著性差异；冷藏组 0d、2d 显著高于其他时间点，4d、6d 显著高于 8d、10d，4d、6d 之间相互没有显著差异，8d、10d 之间也无显著差异。贮藏过程中，冰温组高铁肌红蛋白还原酶活力在 2d 以后均显著高于冷藏组（$P < 0.05$）。

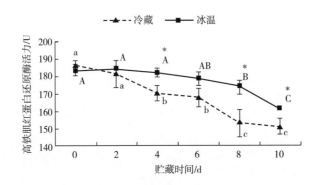

◄ 图2-56 冰温、冷藏条件下高铁肌红蛋白还原酶活力随贮藏时间的变化

不同小写字母表示冷藏条件不同贮藏时间之间存在显著差异（$P < 0.05$）；不同大写字母表示冰温条件不同贮藏时间之间存在显著差异（$P < 0.05$）；*表示同一贮藏时间不同贮藏条件之间存在显著差异（$P < 0.05$）。

如图 2-57 所示，冰温与冷藏组 NADH 含量在贮藏过程中呈现一致的变化趋势，均逐渐显著降低，但降低的程度不同，至贮藏末期，冰温组 NADH 含量仍处于较高水平，而冷藏组含量极低。贮藏第 2 天至第 10 天，冰温组 NADH 含量均显著高于冷藏组。

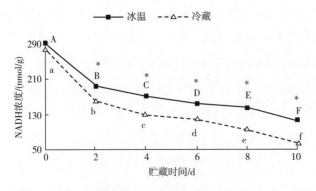

◄ 图2-57 冰温、冷藏条件下NADH含量值随贮藏时间的变化

不同小写字母表示冷藏条件不同贮藏时间之间存在显著差异（$P < 0.05$）；不同大写字母表示冰温条件不同贮藏时间之间存在显著差异（$P < 0.05$）；*表示同一贮藏时间不同贮藏条件之间存在显著差异（$P < 0.05$）。

肌肉中高铁肌红蛋白（MMb）的积累速度取决于氧合肌红蛋白（OMb）的自动氧化速率和 MMb 的还原速率。高铁肌红蛋白还原酶是 MMb 酶促还原反应中的关键酶，NADH 存在的前提下，它可以有效地将 MMb 从 Fe^{3+} 还原为 Fe^{2+} 状态。有研究表明，MMb 的还原分为酶促还原与非酶还原两类，但是非酶还原反应比酶促还原反应速率低得多；NADH 同时为酶促还原与非酶还原所需，其在高铁肌红蛋白的还原过程中作为辅酶及电子载体而起作用。高铁肌红蛋白还原酶活力与肉色稳定性之间的关系是目前研究的热点，但对其影响作用的报道结果不一致。Bekhit 等（2001）的研究表明，高铁肌红蛋白还原酶活力在宰后冷藏期间维持稳定，无显著变化，并不是肉色稳定性的主要决定因素。McKenna 等（2005）的研究显示肉色稳定性低的肌肉高铁肌红蛋白酶活力反而高，而 O'Keefe 等（1982）则认为高铁肌红蛋白酶活力有利于肉色稳定性，Madhavi 和 Carpenter（1993）也发现腰大肌的高铁肌红蛋白酶活力低于背最长肌。本研究表明，贮藏 2d 后，冰温组高铁肌红蛋白酶活力显著高于冷藏组，即高铁肌红蛋白酶活力与肉色稳定性之间存在一定的正相关性，这可能与肌红蛋白的来源以及高铁肌红蛋白酶活力测定所使用不同的方法有关。

贮藏期间，两处理组的 NADH 浓度均随贮藏时间的延长而逐渐下降，NADH 是影响肉中高铁肌红蛋白还原的主要限制因子之一。在含有乳酸、乳酸脱氢酶（LDH）及 NAD^+ 的体系中，高铁肌红蛋白将发生非酶还原反应，且体系中任何一种成分的缺少都将使得 MMb 的还原程度降低（Kim 等，2009）。因此宰后肌肉中的 LDH 可以将 NAD^+ 还原为 NADH，从而降低 MMb 的含量。此外，乳酸脱氢酶可以可逆催化乳酸和丙酮酸的相互转化，同时伴随着 NAD^+ 还原为 NADH，接着 NADH 将有效促进 MMb 向肌红蛋白的还原，从而提高肉色稳定性（Washington 等，2004）。在高度氧化的牛肉中注射乳酸钙可以提高肉色的稳定性，推测乳酸盐可能会通过为肌红蛋白提供其还原底物 NADH 从而提高肌肉抗氧化活性（Kim 等，2009）。因此研究高铁肌红蛋白酶活力及 NADH 浓度与肉色稳定性之间的关系很有必要。本研究结果为，MMb 的积累与 NADH 浓度之间表现为强的负相关，与高铁肌红蛋白酶活力之间存在一定的负相关性，而 a^* 值与 NADH 浓度之间存在很强的正相关性，且 a^* 值能够反映肉色稳定性的大小，因而肉色稳定性与宰后肌肉中 NADH 的浓度及高铁肌红蛋白酶活力相关。

冷藏组 a^* 值随贮藏时间的延长显著降低（$P < 0.05$），而冰温组 a^* 值在贮藏期内始终维持在较高水平且变化程度低。贮藏过程中冰温组 R630/580 始终显著高于冷藏组（$P < 0.05$），冰温贮藏维持肉色稳定性的能力显著高于冷藏。冰温贮藏通过影响高铁肌红蛋白还原酶活力及 NADH 浓度来调控肌肉肉色稳定性，且主要通

过影响 NADH 浓度来实现较长期维持肉色稳定性的作用，表现为 a^* 值长时间维持在较高水平，从而为鲜肉贮藏过程中肉色的保鲜起到很好的指导作用。

四、冰温贮藏对蛋白质磷酸化水平的影响

蛋白质磷酸化是分布最广泛的蛋白质翻译后修饰现象，对肌肉内部的众多生理生化反应都有重要影响，目前的研究认为，蛋白质磷酸化反应会通过影响糖酵解酶活性影响宰后肌肉糖酵解进程，通过对肌球蛋白轻链的影响促进肌肉收缩，通过对肌钙蛋白、钙蛋白酶抑制蛋白、结构蛋白等的影响降低蛋白降解。近来有研究表明，肌红蛋白存在磷酸化修饰，且肌红蛋白的翻译后修饰可能影响肉色稳定性。糖酵解、肌肉收缩和蛋白降解是影响宰后肌肉品质变化的重要因素，对肌肉的尸僵进程和嫩化过程有重要影响。相较于冷藏，冰温贮藏可延缓肌肉糖酵解进程，延迟肌肉成熟（李培迪等，2016），说明贮藏温度能够通过调控酶的活性影响糖酵解过程。宰后肌浆蛋白中葡萄糖磷酸变位酶 -1 的磷酸化水平与肌肉剪切力呈现负相关（Anderson 等，2014）。而猪宰后早期背最长肌中蛋白激酶的激活导致磷酸果糖激酶 2（PFK-2）和磷酸果糖激酶 1（PFK-1）的磷酸化，进而形成白肌肉（Shen 等，2006），这表明宰后肌肉品质与肌浆蛋白的磷酸化关系密切。同时，宰后肌肉成熟及肌肉品质变化与肌原纤维蛋白磷酸化水平相关（Huang 等，2012），肌肉中大部分肌原纤维蛋白功能特性均受蛋白质磷酸化和去磷酸化过程影响（Heeley 等，1989；Mazzei 等，1984；Ryder 等，2007），可见肌肉品质变化同样与肌原纤维蛋白的磷酸化存在紧密联系。冰温贮藏有利于延缓宰后肌肉的成熟进程，从而调控肌肉品质。肌浆蛋白与肌原纤维蛋白是肌肉蛋白最主要的组成成分，肌浆蛋白包括大多数与糖酵解有关的酶类，肌原纤维蛋白包含主要的收缩蛋白及收缩调控蛋白（尹靖东，2011）。但是在宰后较长时间的贮藏过程中，蛋白质磷酸化水平是否会发生变化，贮藏条件是否会对蛋白质磷酸化水平产生影响，均未见报道。因此，研究冰温条件下肌肉的蛋白质磷酸化水平变化情况，能够为研究宰后蛋白质磷酸化调控肌肉品质变化提供理论依据。针对此问题，张艳、张德权（2016）通过检测贮藏过程中蛋白激酶的活力、肌浆蛋白及肌原纤维蛋白的磷酸化水平，揭示冰温贮藏对蛋白质磷酸化水平的影响作用。通过分析贮藏过程中蛋白激酶活力与肌浆蛋白、肌原纤维蛋白磷酸化水平的变化规律，研究冰温贮藏对蛋白质磷酸化水平的影响。

本研究团队选取了饲养方式相同、体重相近的 8 月龄大尾寒羊 × 小尾寒羊杂交公羊 5 只。采用清真方式屠宰，宰前静养 1h 以消除应激，宰后 0.5h 内迅速取下两侧背最长肌。每只羊在宰后 0.5h 取其任意一侧背最长肌靠近尾端的 1/7，液氮速冻，

贮存于 -80℃，用于测定初始指标。剩余背最长肌样品均在宰后 2h 内于冰盒上运回实验室，每只羊两侧背最长肌随机分为冷藏及冰温贮藏处理组，每条背最长肌样品平均分为 6 份，从头至尾随机分配至各个贮藏时间（12h、24h、3d、5d、9d，剩余一块用于监测温度），白色托盘盛放，贴上标签，食品级 PE 保鲜膜，氧气透过率为 10600×（1±20%）cm³/（m²·24h·atm）包裹后放入 -18℃冰箱进行降温，冷藏组待肉块中心温度降至 4℃时取出，冷藏贮存（2~4℃），冰温组待肉块中心温度降至 -1℃时取出，冰温贮存（-1.5~-1℃）。宰后 12h、24h、3d、5d、9d 取出相应肉块，去除可见脂肪及筋膜后经液氮速冻，保存于 -80℃，用于测定各种指标。

（一）不同贮藏处理对蛋白激酶活力的影响

如图 2-58 所示，冰温贮藏条件下蛋白激酶活力在宰后 0.5~12h 显著升高（$P < 0.05$），随后逐渐下降。冷藏过程中蛋白激酶活力随贮藏时间的延长而逐渐显著降低（$P < 0.05$），且冷藏组降低速率高于冰温贮藏，12h~9d 的贮藏过程中冰温组蛋白激酶活力均显著高于冷藏组（$P < 0.05$）。在贮藏后期，冷藏组蛋白激酶接近失活状态而冰温组仍处于较高水平。

图2-58 冷藏、▶
冰温贮藏过程中
蛋白激酶活力分析

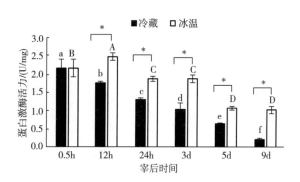

不同小写字母表示不同冷藏时间之间存在显著差异（$P < 0.05$）；不同大写字母表示不同冰温贮藏时间之间存在显著差异（$P < 0.05$）；*表示同一贮藏时间不同贮藏条件之间存在显著差异（$P < 0.05$）。

蛋白激酶是一类能够催化蛋白质磷酸化反应的酶，它们几乎在每一个细胞功能中都起着重要作用（Manning 等，2002）。所有的蛋白激酶都处于基态，在需要时被不同的刺激因素激活，进而催化某些蛋白质的磷酸化反应并激活磷酸酶（Robert，2015）。白肌肉中一磷酸腺苷激活性蛋白激酶（AMPK）在宰后早期被激活并在 0.5h 酶活力最高，随后逐渐降低，而正常猪肉中 AMPK 活性在宰后 1h 最高，说明 AMPK 活力对宰后肉品质存在影响作用（Shen 等，2006）。AMPK 在宰后糖酵解进程及白肌肉的形成中起关键作用，宰后早期 ATP 的消耗与 AMP 的生成使 AMPK 被激活，导致肌肉 pH 的快速下降，在猪肉中则表现为白肌肉的形成（Baron 等，

2005；Hwang 等，2005；2004）。而冰温贮藏的肌肉较冷藏晚 4d 达到其极限 pH（李培迪等，2016）。本研究中，冰温条件下蛋白激酶活力的激活滞后于冷藏，可以从新的角度揭示冰温贮藏条件下肌肉达到极限 pH 所需时间较长的原因。

（二）不同贮藏处理对肌浆蛋白磷酸化水平的影响

冰温贮藏组及冷藏组在宰后 0.5h、12h、24h、3d、5d、9d 的肌浆蛋白 SDS-PAGE 电泳图如图 2-59（1）、图 2-59（2）所示。由图 2-59 可知，肌浆蛋白中磷酸化蛋白主要分布于 20~250 kD 的范围内，对图中 17 个蛋白条带逐一进行分析，结果如表 2-36 所示。不同贮藏温度下，各个蛋白条带的磷酸化水平均差异显著（$P < 0.05$），条带 2、3、5、6、10、14、15 的磷酸化在不同贮藏温度和不同贮藏时间下均产生显著差异（$P < 0.05$），条带 2、5、6、14、15 的磷酸化水平在贮藏温度与贮藏时间的交互作用下差异显著（$P < 0.05$）。其中，条带 1、2、3、5、6、9 的磷酸化水平随贮藏时间的延长逐渐减低。条带 4、7、14 的磷酸化水平分别在贮藏 24h、3d、5d 达到最大值。条带 10、15、16 磷酸化水平随贮藏时间延长逐渐升高。条带 8、12、13、17 在整个贮藏期内磷酸化水平均处于稳定状态。另外，冷藏组条带 11、17 的磷酸化水平显著高于（$P < 0.05$）冰温组，而条带 6、13、14、15、16 在冰温组的磷酸化水平显著高于（$P < 0.05$）冷藏组。

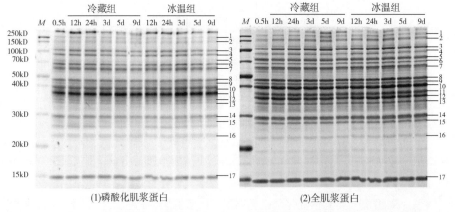

◀ 图2-59 不同贮藏条件下磷酸化肌浆蛋白与全肌浆蛋白染色效果图

(1)磷酸化肌浆蛋白　　(2)全肌浆蛋白

对图 2-59 中电泳图谱进行灰度值分析，不同贮藏处理组的整体磷酸化水平如图 2-60 所示，宰后冷藏组肌浆蛋白磷酸化水平呈现先上升后下降的趋势，冰温组在宰后 0.5~24h 时磷酸化水平降低，随后上升。冷藏组肌浆蛋白最高磷酸化水平出现在贮藏第 3 天，而冰温组肌浆蛋白磷酸化水平最高值出现在宰后 0.5h 及第 5 天。其中在贮藏第 12、24 小时及第 3 天时，冷藏组肌浆蛋白整体磷酸化水平均显著高于冰温组（$P < 0.05$），贮藏第 9 天时冰温组肌浆蛋白磷酸化水平显著高于冷藏组（$P < 0.05$）。

表2-36 不同贮藏条件对肌浆蛋白磷酸化水平的影响

条带	贮藏条件		宰后时间						显著性分析（P值）		
	冷藏	水温	0.5h	12h	24h	3d	5d	9d	贮藏条件	宰后时间	贮藏条件×宰后时间
1	2.52±0.45	2.29±0.27	1.13±0.13	0.92±0.13	1.01±0.13	0.87±0.02	0.80±0.08	0.54±0.05	<0.001	0.076	0.288
2	1.37±0.10	1.38±0.09	0.76±0.02	0.35±0.02	0.35±0.02	0.41±0.01	0.42±0.01	0.42±0.06	<0.001	<0.001	<0.001
3	2.81±0.14	2.68±0.12	1.28±0.12	0.80±0.03	0.90±0.05	0.81±0.05	0.78±0.06	0.72±0.05	<0.001	<0.001	0.097
4	5.27±0.31	5.30±0.35	1.52±0.10	1.84±0.10	1.97±0.06	1.93±0.05	1.76±0.08	1.68±0.16	<0.001	0.113	0.190
5	2.23±0.20	0.23±0.03	0.13±0.02	0.06±0.01	0.05±0.01	0.06±0.01	0.07±0.01	0.08±0.01	<0.001	<0.001	<0.001
6	4.57±0.31	4.77±0.05	2.03±0.20	1.54±0.05	1.54±0.04	1.54±0.02	1.26±0.03	1.44±0.19	<0.001	<0.001	<0.001
7	6.90±0.75	6.82±0.60	1.97±0.18	2.06±0.23	2.18±0.28	2.56±0.13	2.70±0.26	2.40±0.04	<0.001	0.144	0.688
8	2.15±0.23	2.18±0.19	0.74±0.06	0.69±0.05	0.67±0.05	0.70±0.06	0.71±0.06	0.77±0.07	<0.001	0.917	0.553
9	0.46±0.09	0.47±0.12	0.16±0.05	0.18±0.03	0.17±0.04	0.13±0.02	0.13±0.02	0.12±0.02	<0.001	0.782	0.931
10	1.40±0.06	1.43±0.04	0.43±0.03	0.46±0.01	0.46±0.01	0.48±0.02	0.49±0.02	0.52±0.03	<0.001	0.007	0.942
11	13.43±1.01	12.94±0.51	4.42±0.48	4.40±0.24	4.08±0.30	4.29±0.13	4.57±0.15	4.62±0.13	<0.001	0.473	0.319
12	0.33±0.05	0.31±0.04	0.11±0.02	0.09±0.01	0.10±0.02	0.11±0.01	0.11±0.02	0.10±0.01	<0.001	0.769	0.942
13	0.85±0.05	0.92±0.10	0.26±0.01	0.29±0.02	0.32±0.04	0.30±0.02	0.30±0.02	0.30±0.02	<0.001	0.142	0.361
14	2.04±0.09	2.49±0.20	0.78±0.06	0.66±0.03	0.70±0.01	1.52±0.07	0.63±0.03	0.65±0.03	<0.001	<0.001	<0.001
15	0.37±0.03	0.41±0.03	0.12±0.02	0.10±0.01	0.12±0.01	0.16±0.01	0.17±0.02	0.18±0.01	<0.001	<0.001	0.001
16	5.92±0.70	6.09±0.53	1.63±0.19	1.76±0.28	1.73±0.28	2.04±0.35	2.11±0.24	2.00±0.17	<0.001	0.424	0.937
17	2.52±0.29	2.19±0.18	0.75±0.04	0.70±0.05	0.72±0.04	0.77±0.07	0.82±0.06	0.78±0.08	<0.001	0.095	0.039

注：各条带的磷酸化水平（P/T值）均以"平均数±标准差"表示。

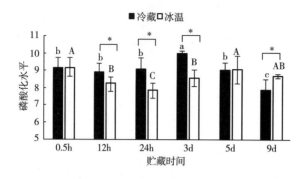

不同小写字母表示冷藏条件不同贮藏时间之间存在显著差异（$P < 0.05$）；不同大写字母表示冰温条件不同贮藏时间之间存在显著差异（$P < 0.05$）；*表示同一贮藏时间不同贮藏条件之间存在显著差异（$P < 0.05$）。

糖酵解作为宰后肌肉最主要的供能方式，与肌肉肉色、pH、系水力及肌肉僵直都有直接关系，肌浆蛋白中糖酵解酶占三分之二以上（Mikkeksen 等，1999）。宰后肌肉中 ATP 大量消耗导致糖酵解速率加快，pH 快速下降，这将会加速僵直现象的出现，促进成熟，减少僵直总时间（Woods 等，2005；Scopes 等，1982）。另有研究表明，蛋白质磷酸化在调节糖酵解酶活性方面发挥着重要作用（Huang 等，2011），因此，选择宰后羊肉的肌浆蛋白来检测并分析其磷酸化水平在不同贮藏条件下的变化，很有必要。

贮藏 12h 至 3d 时冷藏组肌浆蛋白整体磷酸化水平高于冰温组，而第 9 天时冰温组高于冷藏组（图2-60），原因可能是贮藏初期冷藏组蛋白激酶活力高于冰温组（图2-58），催化肌浆蛋白发生磷酸化反应的程度较强，而随着贮藏时间的延长，冷藏组由于糖酵解速率快（李培迪等，2016），ATP 消耗较快、含量降低，导致 ATP 依赖性蛋白激酶活力降低（Dickens 等，1995），肌浆蛋白磷酸化反应程度降低，磷酸化水平不再升高。相反，冰温贮藏有利于维持蛋白激酶活力，进而促进肌浆蛋白整体磷酸化水平的稳定。即使冷藏有利于肌浆蛋白整体磷酸化水平的提高，但并不是所有的冷藏处理组所有的肌浆蛋白磷酸化水平均高于冰温贮藏组。肌浆蛋白整体磷酸化水平受贮藏条件、贮藏时间及贮藏条件与贮藏时间的交互作用共同影响。

质谱鉴定结果显示，条带 3 主要为糖原磷酸化酶（Huang 等，2011），可以在体外被不同激酶催化发生磷酸化反应，反应后酶活力或其稳定性增强，进而加速糖酵解进程（Savell 等，2005；Walsh 等，1968），本研究中，冷藏组糖原磷酸化酶磷酸化水平高于冰温组，因此推测冰温贮藏会通过下调糖原磷酸化酶的磷酸化水平而使其活力降低，从而延缓糖酵解。条带 4 主要为磷酸果糖激酶，磷酸果糖激酶是糖酵解作用的限速酶，其发生磷酸化反应后活力下降，减少了 2，6- 二磷酸果糖的产生，从而抑制糖酵解进程，减缓肌肉 pH 下降速率，本研究结果为冰温组磷酸果糖激酶磷酸化水平高于冷藏组，所以冰温贮藏有利于通过上调磷酸果糖激酶磷酸化水平而使其活力升高，对糖酵解进程起到限制作用。条带 7 主要为丙酮酸激酶，其为糖酵解途径的限速酶，可催化磷酸稀酸丙酮酸向丙酮酸转化，进一步转变为乳酸，本研究结果为冷藏组丙酮酸激酶磷酸化水平高于冰温组，此外，冰温贮藏可上调丙酮酸激酶活力，同时延缓肌肉达到极限 pH 的时间（李培迪等，2016），因此认为冰温贮藏可通过调控肌肉中糖酵解酶的活性来影响其成熟进程。但另有研究表明，AMPK 会抑制 L- 丙酮酸激酶的活力，从而抑制糖酵解，说明丙酮酸激酶是通过多个途径影响糖酵解进程的。条带 8 可能为 AMPK，AMPK 的激活会引起磷酸果糖激酶 2 的磷酸化反应，本研究结果为冰温组 AMPK 磷酸化水平高于冷藏组，说明冰温条件更有利于 AMPK 催化磷酸果糖激酶发生磷酸化反应，这也是冰温组磷酸果糖激酶磷酸化水平高于冷藏组的原因。条带 13 主要为乳酸脱氢酶，乳酸脱氢酶能够可逆地催化并氧化 L- 乳酸生成丙酮酸，冰温贮藏可下调乳酸脱氢酶活力（李培迪等，2016），本研究中，冰温贮藏中乳酸脱氢酶磷酸化水平低于冷藏条件中其磷酸化水平，因此认为冰温贮藏能够通过调控乳酸脱氢酶磷酸化水平而影响其活力，进而影响糖酵解。条带 14 可能为热休克蛋白 27，该蛋白是涉及细胞生长及细胞凋亡等功能的重要蛋白，当细胞受到胁迫，热休克蛋白 27 表达量将增加，且会被磷酸化从而具有活力，行使保护肌动蛋白的功能，阻碍肌动蛋白与肌球蛋白的结合，进而影响嫩度，本研究中，冰温组热休克蛋白 27 的磷酸化水平高于冷藏组，说明冰温条件能够上调热休克蛋白 27 的磷酸化水平使其对肉品嫩度的调控作用发生改变。另外，猪背最长肌中的丙酮酸激酶、磷酸果糖激酶等糖酵解酶的活力均受自身磷酸化程度的影响，它们发生磷酸化反应后更加活跃，从而加快肌肉的糖酵解反应（Reiss 等，1986；Sale 等，1987）。因此，本研究结果表明，肌肉中各种糖酵解酶的磷酸化水平受贮藏温度调控，导致其活力受到影响，进而通过影响宰后糖酵解进程调控肉品品质。

（三）肌原纤维蛋白各蛋白条带磷酸化水平分析

冰温贮藏组及冷藏组在宰后 0.5h、12h、24h、3d、5d、9d 的肌原纤维蛋白 SDS-PAGE 电泳图如图 2-61（1）、图 2-61（2）所示，其中图 2-61（1）为 Pro-Q Diamond 染色的磷酸化蛋白，图 2-61（2）为 SYPRO 染色的全肌原纤维蛋白。对图 2-61 中 20 个蛋白条带逐个进行分析，结果如表 2-37 所示。表 2-37 结果表明，不同贮藏温度对所有肌原纤维蛋白条带的磷酸化水平均产生极显著影响（$P < 0.001$），不同贮藏时间对所有的肌原纤维蛋白条带的磷酸化水平产生显著影响（$P < 0.05$），贮藏温度与贮藏时间的交互作用对条带 2、3、4、5、6、7、8、9、10、13、14、15、16、18 的磷酸化水平有显著影响作用（$P < 0.05$）。

表2-37 不同贮藏条件对肌原纤维蛋白磷酸化水平的影响

条带	贮藏条件		时间						P		
	冷藏	水温	0.5h	12h	24h	3d	5d	9d	处理	时间	处理×时间
1	5.09±0.08	5.45±0.04	1.67±0.01	1.91±0.10	1.77±0.05	1.66±0.06	1.71±0.09	1.82±0.03	<0.001	<0.001	0.190
2	15.00±0.21	13.71±0.70	9.00±0.05	4.29±0.10	3.75±0.01	3.08±0.58	4.30±0.09	4.16±0.04	<0.001	<0.001	<0.001
3	1.54±0.03	1.50±0.04	0.49±0.01	0.58±0.01	0.52±0.03	0.48±0.01	0.49±0.01	0.47±0.01	<0.001	0.001	<0.001
4	2.08±0.03	3.14±0.07	0.68±0.01	1.15±0.03	0.93±0.09	0.86±0.01	0.76±0.01	0.83±0.02	<0.001	<0.001	<0.001
5	0.95±0.06	0.96±0.04	0.41±0.01	0.33±0.01	0.30±0.01	0.31±0.02	0.27±0.05	0.30±0.01	<0.001	<0.001	0.022
6	0.80±0.03	0.80±0.05	0.29±0.01	0.25±0.02	0.27±0.01	0.25±0.03	0.30±0.01	0.24±0.01	<0.001	0.05	0.123
7	1.39±0.11	1.24±0.03	0.84±0.01	0.55±0.05	0.56±0.05	0.26±0.04	0.22±0.04	0.20±0.01	<0.001	<0.001	0.007
8	4.13±0.06	4.07±0.03	1.21±0.04	0.90±0.01	1.09±0.03	1.54±0.01	1.71±0.06	1.74±0.04	<0.001	<0.001	<0.001
9	1.87±0.04	1.74±0.01	0.57±0.01	0.61±0.01	0.62±0.01	0.61±0.03	0.61±0.01	0.60±0.01	<0.001	<0.001	<0.001
10	2.40±0.27	2.75±0.15	1.46±0.02	1.06±0.05	0.89±0.06	0.74±0.01	0.56±0.04	0.55±0.01	<0.001	<0.001	<0.001
11	5.05±0.23	5.13±0.44	1.70±0.01	2.20±0.11	2.08±0.27	1.72±0.34	1.37±0.03	1.12±0.04	<0.001	<0.001	0.087
12	12.80±0.21	11.54±0.31	5.08±0.37	4.26±0.06	4.84±0.30	3.02±0.13	3.09±0.03	4.04±0.02	<0.001	<0.001	0.053
13	6.65±0.15	6.71±0.23	2.55±0.02	2.18±0.09	2.08±0.09	2.18±0.08	2.06±0.07	2.30±0.05	<0.001	<0.001	0.001
14	13.53±0.19	13.03±0.35	4.01±0.02	4.70±0.07	4.62±0.12	4.19±0.23	4.52±0.10	4.52±0.15	<0.001	<0.001	<0.001
15	0.97±0.01	0.83±0.01	0.23±0.02	0.20±0.01	0.17±0.01	0.32±0.01	0.46±0.01	0.42±0.01	<0.001	<0.001	<0.001
16	5.45±0.07	5.36±0.09	1.44±0.02	1.50±0.12	1.81±0.07	2.04±0.05	2.72±0.10	1.31±0.04	<0.001	<0.001	0.054
17	1.56±0.05	1.35±0.07	0.52±0.01	0.47±.01	0.43±0.02	0.49±0.05	0.54±0.02	0.45±0.01	<0.001	<0.001	0.001
18	2.38±0.03	2.25±0.08	0.72±0.05	0.73±0.02	0.78±0.03	0.77±0.02	0.80±0.01	0.83±0.02	<0.001	0.001	0.002
19	12.08±0.07	15.91±2.33	5.97±0.13	7.26±1.43	5.97±0.67	6.20±0.46	6.04±1.14	2.64±0.02	<0.001	<0.001	0.088
20	21.30±1.08	18.66±0.49	5.08±0.06	7.38±0.05	8.27±0.17	6.93±0.21	6.24±0.22	5.96±0.41	<0.001	<0.001	<0.001

注：各条带的磷酸化水平（P/T值）均以"平均数±标准差"表示。

其中，条带 2、5、7、10 的磷酸化水平随贮藏时间的延长逐渐减低。条带 1、3、4、11、14、21 的磷酸化水平均在贮藏第 12 小时达到最大值，条带 22 的磷酸化水平均在贮藏第 24 小时达到最大值，条带 15、17 的磷酸化水平在贮藏第 5 天达到最大值。条带 2、5、7、12、13 磷酸化水平随贮藏时间延长逐渐降低，条带 8、10、15、16、20 磷酸化水平随贮藏时间延长逐渐升高。另外，冷藏组条带 2、7、8、9、12、14、15、16、18、19 的磷酸化水平显著高于冰温组（$P < 0.05$），而条带 1、4、10、11 在冰温组的磷酸化水平显著高于冷藏组（$P < 0.05$），说明在不同贮藏条件下，肌原纤维蛋白各蛋白条带的磷酸化水平变化并不一致。

图2-61 不同贮► 藏条件下磷酸化肌原纤维蛋白与全肌浆蛋白染色效果图

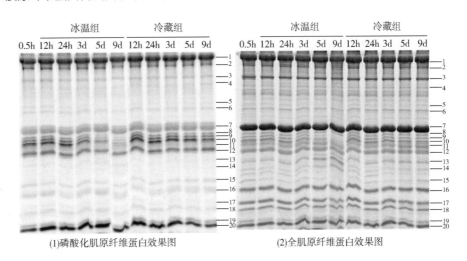

(1)磷酸化肌原纤维蛋白效果图　　(2)全肌原纤维蛋白效果图

对图 2-61 中电泳图谱进行灰度值分析，不同贮藏处理组的整体磷酸化水平如图 2-62 所示，宰后羊肉肌原纤维蛋白整体磷酸化水平在冰温贮藏组与冷藏组中均呈现先上升后下降的趋势，其中冷藏组在宰后 24h 时达到最大磷酸化水平，冰温贮藏组在宰后 12h 达到最大磷酸化水平，且从贮藏 24h 开始至贮藏期结束，冷藏组肌原纤维蛋白整体磷酸化水平均显著高于冰温组（$P < 0.05$）。

图2-62 冷藏、► 冰温贮藏过程中肌原纤维蛋白整体磷酸化水平分析

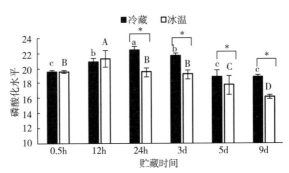

不同小写字母表示冷藏条件不同贮藏时间之间存在显著差异（$P < 0.05$）；不同大写字母表示冰温条件不同贮藏时间之间存在显著差异（$P < 0.05$）；* 表示同一贮藏时间不同贮藏条件之间存在显著差异（$P < 0.05$）。

肌原纤维蛋白是骨骼肌蛋白中含量最多的蛋白，其含量占蛋白总量的55%~60%，肌原纤维蛋白与肌肉收缩特性相关，并且与肌肉功能特性及原料肉加工特性之间均存在着很大关系（Lee 等，2010）。肌间线蛋白、肌钙蛋白、肌动蛋白、原肌球蛋白及肌球蛋白轻链等多种肌原纤维蛋白都会发生蛋白质磷酸化反应（Heeley 等，1989; Mazzei 等，1984; Ryder 等，2007）。结合本研究团队的质谱实验结果，本研究选择分析部分重要肌原纤维蛋白条带的磷酸化水平。

条带 3 中主要为肌球蛋白结合蛋白 C，研究表明肌球蛋白结合蛋白 C 能够在蛋白激酶 C 作用下发生磷酸化反应，磷酸化的肌球蛋白结合蛋白 C 与肌动蛋白的相互作用将会减弱，不利于肌肉收缩（Wang 等，2014），有利于肌肉嫩化，本研究结果为冷藏组蛋白激酶 C 磷酸化水平高于冰温组，说明冰温贮藏可通过下调肌球蛋白结合蛋白 C 的磷酸化水平来延缓肌肉成熟。条带 8、9 可能为原肌球蛋白，原肌球蛋白主要功能为调控肌球蛋白与肌动蛋白之间的相互作用。蛋白激酶 C 可使原肌球蛋白的丝氨酸位点发生磷酸化反应，从而提高其磷酸化水平（Wu 等，2007），本研究结果为，冷藏组原肌球蛋白磷酸化水平高于冰温组，说明冰温贮藏可能会通过影响原肌球蛋白的磷酸化水平而调控肌肉收缩。条带 10 与条带 11 可能为肌钙蛋白 T3（TNNT3）与肌钙蛋白 T1（TNNT1），肌钙蛋白是肌肉中主要的调节蛋白，直接参与钙离子调控的肌肉收缩（Moir 等，1977; Pinna 等，1981），肌钙蛋白 T 激酶、磷酸化酶 b 激酶、酪蛋白激酶 TS 以及 Ca^2 + 依赖性磷脂敏感蛋白激酶均可使肌钙蛋白 T 发生磷酸化反应（Pinna 等，1981），本研究中冰温组条带 10、条带 11 的磷酸化水平均高于冷藏组，说明相较于冷藏，冰温贮藏可上调肌钙蛋白 T 的磷酸化水平，对肌肉收缩的强度与速度产生重要影响。条带 16 可能为肌钙蛋白 I，其磷酸化现象能够促进肌肉收缩（England，1975），本研究中冰温组条带 16 的磷酸化水平高于冷藏组，说明冰温条件更有利于肌钙蛋白 I 磷酸化水平的升高，有利于其对肌肉收缩的促进作用。条带 20 为肌球蛋白轻链 2，肌球蛋白轻链的磷酸化会引起肌球蛋白的结构改变，由此增加肌球蛋白的收缩强度（Stull 等，2011），本研究中冰温组肌球蛋白轻链 2 磷酸化水平高于冷藏组，因此冰温贮藏引起肌球蛋白轻链磷酸化水平的升高，从而增强肌球蛋白的收缩。综上所述，冰温贮藏可通过影响肌原纤维蛋白中肌肉收缩相关主要蛋白的磷酸化水平而影响肌肉收缩的速度与强度，从而调控肉品质。

冷藏组蛋白激酶活力随贮藏时间的延长而不断降低；冰温组蛋白激酶活力在宰后 12h 时升高，随后逐渐降低，但两处理组之间的降低程度不同，贮藏 12h~9d 过程中，冰温组蛋白激酶活力始终显著高于冷藏组。冷藏组在贮藏第 3 天肌浆蛋白整体磷酸化水平最大，冰温组在第 5 天达到最大，且在贮藏早期（12h~3d）冷藏组显著高于冰温组，贮藏第 9 天时冰温组显著高于冷藏组。冷藏组肌原纤维蛋白整体磷酸化水平在贮藏 24h 时达到最大值，冰温组最大值则出现在 12h。综上所述，冰温贮藏有利于降低蛋白质磷酸化水平，从而间接调控肉品质，因此研究宰后贮藏条件对蛋白质磷酸化水平的影响具有重要意义。

本部分研究结果表明：冰温贮藏肌肉蛋白激酶活力在贮藏 12h 时出现上升现象，冷藏组样品蛋白激酶活力则随贮藏时间的延长不断降低，贮藏 12~24h 过程中，冰温组蛋白激酶活力始终显著高于冷藏组。冷藏组在贮藏第 3 天肌浆蛋白整体磷酸化水平最大，冰温组在第 5 天最大，且在贮藏早期（12~3d）冷藏组显著高于冰温组，贮藏第 9 天时冰温组显著高于冷藏组。冷藏组肌原纤维蛋白整体磷酸化水平在贮藏 24h 时达到最大值，冰温组最大值则出现在 12h。冰温贮藏有利于降低蛋白质磷酸化水平，从而间接调控肉品质。

参考文献

［1］陈茜茜，王俊，黄峰，等．蛋白质氧化对肉类成熟的影响研究进展［J］．食品科学，2013，34（3）：285-289.

［2］陈韬，周光宏，徐幸莲．不同持水性冷却肉的品质比较和蛋白质的 DSC 测定［J］．食品科学，2006，27（6）：31-34.

［3］范国华，陶乐仁，张庆刚．气调包装对猪肉冰温货架期的影响［J］．食品工业科技，2012，33（15）：349-352.

［4］关文强，张华云，刘兴华，等．葡萄贮藏保鲜技术研究进展［J］．果树学报，2002，19（5）：326-329.

［5］黄峰．细胞凋亡酶 6 在鸡肉成熟中的作用［D］．南京：南京农业大学，2009.

［6］黄峰．细胞凋亡效应酶在牛肉成熟过程中的作用机制研究［D］．南京：南京农业大学，2012.

［7］黄明，黄峰，黄继超，等．内源性蛋白酶对宰后肌肉嫩化机制研究进展［J］．中国农业科学，2011（15）：3214-3222.

［8］黄明，罗欣．内源蛋白酶在肉嫩化中的作用［J］．肉类研究，1999（2）：9-14.

［9］贾小翠．禁食对肌肉宰后僵直及其品质影响研究［D］．南京：南京农业大学，2011.

［10］江英，童军茂，陈友志，等．草莓冰温贮藏保鲜技术的研究［J］．食品科技，2004（10）：85-87.

［11］姜长红，万金庆，王国强．冰温贮藏肌肉的试验研究［J］．食品与机械，2008，24（1）：63-66.

［12］金海丽，许梓荣．钙蛋白酶系统改善肉嫩度的机理及其应用［J］．中国饲料，2002（19）：8；10；27.

［13］孔保华，熊幼翎．肌肉中的调节蛋白和细胞骨架蛋白的性质和作用［J］．食品工业科技，2011（6）：439-442.

［14］黎冬明，叶云花，刘成梅，等．冰温技术在食品工业中的应用［J］．江西食品工业，2006（1）：32-34.

［15］李诚，谢婷，付刚，等．猪肉宰后冷却成熟过程中嫩度指标的相关性研究［J］．食品科学，2009，30（17）：163-166.

［16］李利．不同温度处理对羊肉宰后成熟速度和食用品质的影响［D］．呼和浩特：内蒙古农业大学，2003.

［17］李敏，张桂．冬枣冰温贮藏保鲜研究［J］．河北科技大学学报，2003，24（3）：26-29.

［18］李培迪，李欣，李铮，等．冰温贮藏对宰后肌肉成熟进程的影响［J］．中国农业科学，2016，49（3）：554-562.

［19］李卫华．农场动物福利规范［M］．北京：中国农业科学技术出版社，2009.

［20］李泽．AMPK活性对宰后羊肉能量代谢和肉质的影响及其机理研究［D］．呼和浩特：内蒙古农业大学，2010.

［21］梁琼，万金庆，成轩，等．日本水产品冰温技术研究状况［J］．水产科技情报，2010，37（5）：246-253.

［22］刘冠勇，罗欣．影响肉与肉制品系水力因素之探讨［J］．肉类研究，2000（3）：16-18.

［23］刘佳东．宰后牦牛肉成熟机理及肉用品质变化的研究［D］．兰州：甘肃农业大学，2011.

［24］刘寿春，钟赛意，葛长荣．肉品嫩化理论及嫩化方法的研究进展［J］．肉类工业，2005（10）：19-21.

［25］南庆贤．肉类工业手册［M］．北京：中国轻工业出版社，2009：141-143.

［26］潘晓建，彭增起，周光宏，等．宰前热应激对肉鸡胸肉氧化损伤和蛋白

质功能特性的影响 [J] . 中国农业科学，2008，41（6）：1778-1785.

［27］孙京新 . 冷却猪肉肉色质量分析与评定及肉色稳定性研究 [D] . 南京：南京农业大学，2004.

［28］孙天利，张秀梅，张平，等 . 冰温结合真空包装处理对牛肉组织结构变化的影响 [J] . 食品科学，2013，34（22）：327-331.

［29］孙天利 . 冰温保鲜技术对牛肉品质的影响研究 [D] . 沈阳：沈阳农业大学，2013.

［30］孙学朋 . 高铁肌红蛋白还原酶及其对肉色稳定性的作用综述 [J] . 江西农业学报，2008，20（5）：91-93.

［31］王继鹏，岳新叶，王家国 . 生猪宰前静养与猪肉质量 [J] . 肉类工业，2007（4）：7-9.

［32］王思丹，李春保，温思颖，等 . 禁食处理和宰后时间对鸡肉蛋白磷酸化水平的影响 [J] . 食品科学，2013，34（19）：270-274.

［33］王志琴，孙磊，姚刚，等 . 不同保存温度下牛肉新鲜度变化规律的研究 [J] . 新疆农业科学，2011，48（6）：1120-1124.

［34］夏双梅，孟振北，耿鑫 . 屠宰工艺对冷却肉滴水损失的影响 [J] . 肉类工业，2007（8）：2-3.

［35］谢达平 . 食品生物化学 [M] . 北京：中国农业出版社，2009：157-158.

［36］胥蕾 . 致晕方法影响肉仔鸡肉品质的机理及脂质过氧化调控 [D] . 北京：中国农业科学院，2011.

［37］徐昶 . 禁食和环境温度对鸡肉宰后僵直过程中能量代谢影响的研究 [D] . 南京：南京农业大学，2009.

［38］徐亚丹 . 基于质地与动力学特性的牛肉新鲜度检测 [D] . 杭州：浙江大学，2006.

［39］薛文通，李里特，赵凤敏 . 桃的"冰温"贮藏研究 [J] . 农业工程学报，1997（4）：216-220.

［40］尹靖东 . 动物肌肉生物学与肉品科学 [M] . 北京：中国农业大学出版社，2011.

［41］于晓妣 . 热休克蛋白对细胞凋亡的调控作用 [J] . 细胞生物学杂志，2005，27：1-4.

［42］张德权 . 冷却羊肉加工技术 [M] . 北京：中国农业出版社，2014.

［43］赵素芬，刘晓艳 . 高氧气调包装对冷鲜肉的保鲜研究 [J] . 包装工程，

2010, 31（15）: 15-17.

[44] 周梁, 卢艳, 周佺, 等. 猪肉冰温贮藏过程中的品质变化与机理研究 [J]. 现代食品科技, 2011, 27（11）: 1296-1302.

[45] 朱学伸. 动物宰后肌肉成熟期间乳酸含量与 pH 的变化 [D]. 南京: 南京农业大学, 2007.

[46] 朱宇旌, 钟睿, 张勇. 泛素蛋白酶体系统调节肌肉降解的机理及相关信号途径 [J]. 动物营养学报, 2013（5）: 899-904.

[47] ALTAN Ö, PABUCCUOGLU A, ALTAN A, et al. Effect of heat stress on oxidative stress, lipid peroxidation and some stress parameters in broilers [J]. British Poultry Science, 2003, 44（4）: 545-550.

[48] ANDERSON L D, MAILAN J T, JEON C, et al. A mutation in PRKAG3 associated with excess glycogen content in pig skeletal muscle[J]. Science, 2000, 288: 1248-1251.

[49] ANDERSON M J, LONERGAN S M, HUFF-LONERGAN E. Differences in phosphorylation of phosphoglucomutase 1 in beef steaks from the longissimus dorsi with high or low star probe values [J]. Meat Science, 2014, 96（1）: 379-384.

[50] ANNA C V C S, CANTO S P, SUMAN M N N. Differential abundance of sarcoplasmic proteome explains animal effect on beef *Longissimus lumborum* color stability [J]. Meat Science, 2015, 102: 90-98.

[51] APPLE J K, UNRUH J A, MINTON J E, et al. Influence of repeated restraint and isolation stress and electrolyte administration on carcass quality and muscle electrolyte content of sheep [J]. Meat Science, 1993, 35（2）: 191-203.

[52] ARSGHAR A, GRAY J I, BOOREN A M, et al. Effect of supranutritional dietary vitamin E levels on subcellular deposition of a-tocopherol in the muscle and on pork quality [J]. Journal of Science, Food and Agriculture, 1991, 57: 31-41.

[53] BARBUT S, SOSNICKI A A, LONERGAN S M, et al. Progress in reducing the pale, soft and exudative（PSE）problem in pork and poultry meat [J]. Meat Science, 2008, 79: 46-63.

[54] BARON S J, LI J, RUSSELL 3rd R R, et al. Dual mechanisms

regulating AMPK kinase action in the ischemic heart [J] . Circulation Research, 2005, 96（3）: 337-345.

[55] BEE G, BIOLLEY C, GUEX G, et al. Effects of available dietary carbohydrate and pre-slaughter treatment on glycolytic potential, protein degradation, and quality traits of pig muscles [J] . Animal Science, 2006, 84（1）: 191-203.

[56] BEKHIT A E D, GEESINK G H, MORTON J D, et al. Metmyoglobin reducing activity and ovine color stability of ovine longissimus muscle [J] . Meat Science, 2001, 57（4）: 427-435.

[57] BENDALL J R, SWATLAND H J. A review of the relationships of pH with physical aspects of pork quality [J] . Meat Science, 1988, 24: 1185-1267.

[58] BENJAKUL S, VISESSANGUAN W, THONGKAEW M. Comparative study on physicochemical changes of muscle proteins from some tropical fish during frozen storage [J] . Food Research International, 2003, 36: 787-795.

[59] BERNARD C, CASSAR M I, CUNFF M L, et al. New indicators of beef sensory quality revealed by expression of specific genes [J] . Journal of Agricultural and Food Chemistry, 2007, 55: 5229-5237.

[60] BIANCHI G, GARIBOTTO G, FRANCO J, et al. Effect of fasting time and electrical stunning pre-slaughter on lambs performance: meat acceptability [J] . Revista Argentina de Producción Animal, 2011, 31（2）: 161-164.

[61] BLACKSHAW J, THOMAS F, LEE J. The effect of a fixed or free toy on the growth rate and aggressive behaviour of weaned pigs and the influence of hierarchy on initial investigation of the toys [J] . Applied Animal Behaviour Science, 1997, 53（3）: 203-212.

[62] BOEHM M L, THOMPSON V F, THOMPSON V F, at al. Changes in the calpains and calpastatin during postmortem storage of bovine muscle [J] . Journal of Animal Science, 1998, 76（9）: 2415-2434.

[63] BOLTEN K E, MARSH A E, REED S M, et al. Sarcocystis neurona: molecular characterization of enolase domain 1 region and a comparison to other protozoa [J] . Experimental Parasitology, 2008, 20（I）:

108-112.

[64] BOONSUMREJ S, CHAIWANICHSIRI S, TANTRATIAN S, et al. Effects of freezing and thawing on the quality changes of tiger shrimp (*Penaeus monodon*) frozen by air-blast and cryogenic freezing [J] . Journal of Food Engineering, 2007, 80: 292-299.

[65] BOULEY J, CHANMBON C, PICARD B. Mapping of bovine skeletal muscle proteins using two-dimensional gel electrophoresis and mass spectrometry [J] . Proteomics, 2004 (4) : 1811-1824.

[66] BROOM D M, GOODE J A, HALL S J G, et al. Hormonal and physiological effects of a15 hour road journey in sheep: comparison with the responses to loading, handling and penning in the absence of transport [J] . British Veterinary Journal, 1996, 152 (5) : 593-604.

[67] CHAN K M, DECKER E A. Endogenous skeletal muscle antioxidants [J] . Critical Reviews in Food Science and Nutrition, 1994, 34: 403-426.

[68] CHANNON H A, PAYNE A M, WARNER R D. Halothane genotype, pre-slaughter handling and stunning method all influence pork quality [J] . Meat Science, 2000, 56 (3) : 291-299.

[69] CHEN T, ZHOU G H, XU X L, et al. Phospholipase A2 and antioxidant enzyme activities in normal and PSE pork [J] . Meat Science, 2010, 84: 143-146.

[70] COCKRAM M S. Criteria and potential reasons for maximum journey times for farm animals destined for slaughter [J] . Applied Animal Behaviour Science, 2007, 106 (4) : 234-243.

[71] CONTRERAS-CASTILLO C, PINTO A A, Souza G L, et al. Effects of feed withdrawal periods on carcass yield and breast meat quality of chickens reared using an alternative system [J] . The Journal of Applied Poultry Research, 2007, 16 (4) : 613-622.

[72] CRAIG R, OFFER G. The location of C-protein in rabbit skeletal muscle [J] .Proceedings of the Royal Society of London. Series B, Biological Sciences, 1976, 192: 451-461.

[73] CRIVELLONE M D, WU M, TZAGOLOFF A. Assembly of the mitochondrial membrane system. Analysis of structural mutants of the yeast

coenzyme QH2-cytochrome c reductase complex [J] . Journal of Biological Chemistry，1988，263：14323-14333.

[74] CUMMINS K A, LONERGAN S M, HUFF-LONERGAN. Short communication：Effect of dietary protein depletion and repletion on skeletal muscle calpastatin during early lactation [J] . Journal of Dairy Science, 2004, 87（5）：1428-1431.

[75] DALY B L, GARDNER G E, FERGUSON D M, et al. The effect of time off feed prior to slaughter on muscle glycogen metabolism and rate of pH decline in three different muscles of stimulated and non-stimulated sheep carcasses [J] . Australian Journal of Agricultural Research, 2006, 57：1229-1235.

[76] DAVEY C L, KUTTEL H, GILBERT K V. Shortening as a factor in meat ageing [J] . International Journal of Food Science and Technology, 1967, 2（1）：53-56.

[77] DAVIES K J A. Degradation of oxidized proteins by the 20S proteasome [J] . Biochimie, 2001, 94：301-310.

[78] DEVINE C E, ELLERY S, WADE L, et al. Differential effects of electrical stunning on the early post-mortem glycolysis in sheep [J] . Meat science, 1984, 11（4）：301-309.

[79] DICKENS J A, LYON C E. The effects of electric stimulation and extended chilling times on the biochemical reactions and texture of cooked broiler breast meat [J] . Poultry Science, 1995, 74（12）：2035-2040.

[80] DIESBOUGR L, SWATLAND H J, MILLMAN B M. X-ray-diffraction measurements of postmortem changes in the myofilament lattice of pork [J] . Journal of Animal Science, 1988, 66：1048-1054.

[81] DOBRETSOV G E, BORSCHEVSKAYA T A, PETROV V A, et al. The increase of phospholipid bilayer rigidity after lipid peroxidation [J] . FEBS Letters, 1977, 84：125-128.

[82] DOUMIT M E, BATES R O. Regulation of pork water holding capacity, color, and tenderness by protein phosphorylation [R] . Pork Quality, 2000.

[83] DUTAUD D, AUBRY L, GUIGNOT F, et al. Bovine muscle 20S proteasome. II : Contribution of the 20S proteasome to meat tenderization

as revealed by an ultrastructural approach[J]. Meat Science, 2006, 74(2): 337-344.

[84] DUUN A S, HEMMINGSEN A K T, HAUGLAND A, et al. Quality changes during superchilled storage of pork roast [J] . LWT - Food Science and Technology, 2008, 41 (10) : 2136-2143.

[85] EKIZ B, ERGUL EKIZ E, KOCAK O, et al. Effect of pre-slaughter management regarding transportation and time in lairage on certain stress parameters, carcass and meat quality characteristics in Kivircik lambs [J] . Meat Science, 2012, 90 (4) : 967-976.

[86] ENGLAND PJ. Correlation between contraction and phosphorylation of the inhibitory subunit of troponin in perfused rat heart [J] . Febs Letters, 1975, 50 (1) : 57-60.

[87] FAUSTMAN C, CASSENS R G, SCHAEFER D M, et al. Improvement of pigment and lipid stability in Holstein steer beef by dietary supplementation with vitamin E [J] . Journal of Food Science, 1989, 54(4): 858-862.

[88] FEDER M E, HOFMANN G E. Heat-shock proteins, molecular chaperones, and the stress response: evolutionary and ecological physiology [J] . Annual Review of Physiology, 1999, 61: 243-282.

[89] FERGUSON D M, BRUCE H L, THOMPSON J M, et al. Factors affecting beef palatability-farmgate to chilled carcass [J] . Australian Journal of Experimental Agriculture, 2001, 41: 879-891.

[90] FERGUSON D, WARNER R. Have we underestimated the impact of pre-slaughter stress on meat quality in ruminants [J] . Meat Science, 2008, 80 (1) : 12-19.

[91] FLEMING B K, FRONING G W, BECK M M, et al. The effect of carbon dioxide as a preslaughter stunning method for turkeys [J] . Poultry science, 1991, 70 (10) : 2201-2206.

[92] GIANLUCA P, SAMANTA R, EMØKE B, et al. "Muscle to meat" molecular events and technological transformations: the proteomics insight [J] . Journal of Proteomics, 2012, 75: 4275-4289.

[93] GIDDINGS G G. Reduction of ferrimyoglobin in meat [J] . CRC Critical Reviews in Food Technology, 1974 (5) : 143-173.

［94］GREENWOOD PL, FINN J A, MAY T J, et al. Management of young goats during prolonged fasting affects carcass characteristics but not pre-slaughter live weight or cortisol［J］. Animal Production Science, 2010, 50: 533-540.

［95］GREENWOOD PL, FINN J A, MAY T J, et al. Pre-slaughter management practices influence carcass characteristics of young goats［J］. Australian Journal of Agricultural Research, 2008, 48: 910-915.

［96］GREGORY N G. Animal welfare at markets and during transport and slaughter［J］. Meat science, 2008, 80（1）: 2-11.

［97］GROMER S, URIG S, BECKER K. The thioredoxin system-From science to clinic［J］. Medicinal Research Reviews, 2004, 24（1）: 40-89.

［98］GUAY J, LAMBERT H, LAVOIE J N, et al. Regulation of actin filament dynamics by p38 map kinase-mediated phosphorylation of heat shock protein 27［J］. Journal of Cell Science, 1997, 100: 357-368.

［99］GUDERLEY H. Metabolic responses to low temperature in fish muscle［J］. Biological Reviews of the Cambridge Philosophical Society, 2004, 79（2）: 409-427.

［100］GUTTA V R, KANNAN G, LEE J H, et al. Influences of short-term pre-slaughter dietary manipulation in sheep and goats on pH and microbial loads of gastrointestinal tract［J］. Small Ruminant Research, 2009, 81: 21-28.

［101］HAMILTON D, MILLER K, ELLIS M, et al. Relationships between longissimus glycolytic potential and swine growth performance, carcass traits, and pork quality［J］. Animal Science, 2003, 81（9）: 2206-2212.

［102］HAMM R. Functional Properties of the myorfibrillar system and their measurements［M］//BECHTEL P G. Muscle as food. New York: Aeademic Press, 1986: 135-199.

［103］HAN J Z, WANG Y B. Proteomics: present and future in food science and technology［J］. Trends in Food Science and Technology, 2008, 19（1）: 26-30.

［104］HARTZELL H C. Phosphorylation of C-protein in intact

amphibian cardiac muscle. Correlation between 32P incorporation and twitch relaxation [J] . The Journal of general physiology, 1984, 83 (4) : 563-588.

[105] HEELEY D H, WATSON M H, MAK A S, et al. Effect of phosphorylation on the interaction and functional properties of rabbit striated-muscle alpha alpha-tropomyosin [J] . Journal of Biological Chemistry, 1989, 264 (5) : 2424-2430.

[106] HERRERA-MENDEZ C H, BECILA S, BOUDJELLAL A, et al. Meat ageing: Reconsideration of the current concept [J] . Trends in Food Science and Technology, 2006, 17: 394-405.

[107] HERTZMAN C, OLSSON U, TORNBERG E. The influence of high temperature, type of muscle and electrical stimulation on the course of rigor, ageing and tenderness of beef muscles [J] . Meat Science, 1993, 35 (1) : 119-141.

[108] HONIKEL K O, KIM C J. Causes of the development of PSE pork [J] . Fleischwirschaft, 1986, 66: 349-353.

[109] HONIKEL K O. Water-holding capacity of meat [M] // te Pas M F, Everts M E, Haagsman H P. Muscle development of livestock animals: Physiology, genetics and meat quality. Cambridge, MA: CABI Publishing. 2004: 389-400.

[110] HOUBAK M B, ERTBJERG P, THERKILDSEN M. *In vitro* study to evaluate the degradation of bovine muscle proteins post-mortem by proteasome and mu-calpain [J] . Meat Sci, 2008, 79 (1) : 77-85.

[111] HUANG H G, LARSEN M R, KARLSSON A H, et al. Gel-based phosphoproteomics analysis of sarcoplasmic proteins in postmortem porcine muscle with pH decline rate and time differences [J] . Proteomics, 2011, 11 (20) : 4063-4076.

[112] HUANG H G, LARSEN M R, LAMETSCH R. Changes in phosphorylation of myofibrillar proteins during postmortem development of porcine muscle [J] . Food Chemistry, 2012, 134 (3) : 1999-2006.

[113] HUFF-LONERGAN E, LONERGAN S M. Mechanisms of water-holding capacity of meat: The role of postmortem biochemical and structural changes [J] . Meat Science, 2005, 71 (1) : 194-204.

［114］HUOT J，HOULE F，SPITZ D R，et al. HSP 27 phosphorylation mediated resistance against actin fragmentation and cell death induced by oxidative stress［J］. Cancer Research，1996，56：273-279.

［115］HWANG J T，HA J，PARK O J. Combination of 5-fluorouracil and genistein induces apoptosis synergistically in chemo-resistant cancer cells through the modulation of AMPK and COX-2 signaling pathways［J］. Biochemical and Biophysical Research Communications，2005，332（2）：433-440.

［116］HWANG J T，LEE M，JUNG S N，et al. AMP-activated protein kinase activity is required for vanadate-induced hypoxia-inducible factor 1alpha expression in DU145 cells［J］. Carcinogenesis，2004，25（12）：2497-2507.

［117］JACOB R H，PETHICK D W，CLARK P，et al. Quantifying the hydration status of lambs in relation to carcass characteristics［J］. Animal Production Science，2006，46（4）：429-437.

［118］JOHNSON R M，HO Y S，YU D Y，et al. The effects of disruption of genes for peroxiredoxin-2，glutathione peroxidase-1，and catalase on erythrocyte oxidative metabolism［J］. Free Radical Biology and Medicine，2010，48：519-525.

［119］JONES S D M，SCHAEFER A L，TONG A K W，et al. The effects of fasting and transportation on beef cattle. 2. Body component changes，carcass composition and meat quality［J］. Livestock Production Science，1988，20：25-35.

［120］KADIM I T，MAHGOUB O，AL-KINDI A，et al. Effects of transportation at high ambient temperatures on physiological responses，carcass and meat quality characteristics of three breeds of Omani goats［J］. Meat Science，2006，73（4）：626-634.

［121］KADIM I，MAHGOUPO，AL-MARZOOQI W，et al. Effects of transportation during the hot season and low voltage electrical stimulation on histochemical and meat quality characteristics of sheep longissimus muscle ［J］. Livestock Science，2009，126（1）：154-161.

［122］KEMPC M，SENSKY P L，BARDSLEY R G，et al. Tenderness - An enzymatic view［J］. Meat Science，2010，84（2）：248-256.

[123] KIM K H, KEETON J T, SMITH S B, et al. Role of lactate dehydrogenase in metmyoglobin reduction and color stability of different bovine muscles [J] . Meat Science, 2009, 83 (3) : 376-382.

[124] KIM N K, CHO S H, LEE S H, et al. Proteins in longissimus muscle of Korean native cattle and their relationship to meat quality [J] . Meat Science, 2008, 80: 1068-1073.

[125] KIM Y H, KEETON J T, SMITH S B, et al. Evaluation of antioxidant capacity and colour stability of calcium lactate enhancement on fresh beef under highly oxidising condition [J] . Food Chemistry, 2009, 115 (1) : 272-278.

[126] KOOHMARAIE M, GEESINK G H. Contribution of postmortem muscle biochemistry to the delivery of consistent meat quality with particular focus on the calpain system [J] . Meat Science, 2006, 74: 34-43.

[127] KOOHMARAIE M. The role of Ca (2+) -dependent proteases (calpains) in post mortem proteolysis and meat tenderness [J] . Biochimie, 1992, 74 (3) : 239-245.

[128] LAMARE M, TAYLOR R G, FAROUT L, et al. Changes in proteasome activity during postmortem aging of bovine muscle [J] . Meat Sci, 2002, 61: 199-204.

[129] LAMBOOY E. Electrical stunning of sheep [J] . Meat Science, 1982, 6 (2) : 123-135.

[130] LAMESTCH R, ROEPSTORFF P, BENDIXEN E. Identification of protein degradation during postmortem storage of pig meat [J] . Journal of Agricultural and Food Chemistry, 2002, 50 (20) : 5508-5512.

[131] LAVILLE E, SAYD T, MORZEL M, et al. Characterisation of PSE zones in semimembranosus pig muscle [J] . Meat Science, 2005, 70: 167-172.

[132] LAWRIE R A. Meat Science [M] .6th ed. Cambridge: Wood head Publishing Limited, 1998: 59-61.

[133] LAWRIE R A, LEDWARD D. Lawrie' s 肉品科学 [M] . 7 版 . 周光宏, 主译 . 北京: 中国农业大学出版社, 2009.

[134] LAWRIE, R A. Chemical and biochemical constitution of muscle [M] //LAWRIE R A. Meat Science, Amsterdam: Elesvier, 1985: 43-73.

［ 135 ］ LEACH T M，WARRINGTON R，WOTTON S. B. Use of a conditioned stimulus to study whether the initiation of electrical pre-slaughter stunning is painful ［ J ］ . Meat Science，1980，4（3）：203-208.

［ 136 ］ LEDWARD D A. Post-slaughter influences on the formation of metmyoglobin in beef muscles ［ J ］ . Meat Science，1985，15（3）：149-171.

［ 137 ］ LEE S H，JOO S T，RYU Y C. Skeletal muscle fiber type and myofibrillar proteins in relation to meat quality ［ J ］ . Meat Science，2010，86（1）：166-170.

［ 138 ］ LI C B，CHEN Y J，XU X L，et al. Effects of low-voltage electrical stimulation and rapid chilling on meat quality characteristics of Chinese Yellow crossbred bulls ［ J ］ . Meat Science，2006，72（1）：9-17.

［ 139 ］ LINARES M B，BÓRNEZ R，VERGARA H. Effect of different stunning systems on meat quality of light lamb ［ J ］ . Meat science，2007，76（4）：675-681.

［ 140 ］ LISTE G，MIRANDA-DE LA LAMA G，CAMPO M，et al. Effect of lairage on lamb welfare and meat quality ［ J ］ . Animal Production Science，2011，51（10）：952-958.

［ 141 ］ LISTE G，VILLARROEL M，CHACÓN G，et al. Effect of lairage duration on rabbit welfare and meat quality ［ J ］ . Meat Science，2009，82：71-76.

［ 142 ］ LIU G，XIONG Y L，BUTTERFIELD D A. Chemical，physical，and gel-forming properties of oxidized myofibrils and whey-and soy-protein isolates ［ J ］ . Journal of Food Science，2000，65（5）：811-818.

［ 143 ］ LIU Q，KONG B，HAN J，et al. Effects of superchilling and cryoprotectants on the quality of common carp（Cyprinus carpio）surimi：Microbial growth，oxidation，and physiochemical properties ［ J ］ . LWT – Food Science and Technology，2014，57（1）：165-171.

［ 144 ］ LIU Q，LANARI M C，SCHAEFER D M. A review of dietary vitamin E supplementation for improvement of beef quality ［ J ］ . Journal of Animal Science，1995，73（10）：3131-3140.

［ 145 ］ LIU Y，GAMPERT L，NETHING K，et al. Response and function of skeletal muscle heat shock protein 70 ［ J ］ . Frontiers in bioscience, 2006, 11: 2802-2827.

[146] LONERGAN E H, ZHANG W, LONERGAN S M. Biochemistry of postmortem muscle-Lessons on mechanisms of meat tenderization [J]. Meat Science, 2010, 86: 184-195.

[147] LUCIANO G, MONAHAN F J, VASTA V, et al. Dietary tannins improve lamb meat colour stability [J]. Meat Science, 2009, 81（7）: 120-125.

[148] MADHAVI D L, CARPENTER C E. Aging and processing affect color, metmyoglobin reductase and oxygen consumption of beef muscles[J]. Journal of Food Science, 1993, 58（5）: 939-942.

[149] MALDONADO M J, MOTA-ROJAS D, BECERRIL-HERRERA M, et al. Broiler welfare evaluation through two stunning methods: Effects on critical blood variables and carcass yield [J]. Journal of Animal and Veterinary Advances, 2007, 6（12）: 1469-1473.

[150] MANCINI R, HUNT M C, et al. Effects of endpoint temperature, pH and storage time on cooked internal color reversion of pork longissimus chops [J]. Journal of Muscle Foods, 2005, 16（1）: 16-26.

[151] MANNING G, WHYTE D B, MARTINEZ R, et al. The protein kinase complement of the human genome [J]. Science, 2002, 298: 1912-1934.

[152] MARSH B B, LOCHNER J V, TAKAHASHI G, et al. Effects of early post-mortem pH and temperature on beef tenderness [J]. Meat Science, 1981, 5（6）: 479-483.

[153] MART NEZ L, DJENANE D, CILLA I, et al. Effect of varying oxygen concentrations on the shelf-life of fresh pork sausages packaged in modified atmosphere [J]. Food Chemistry, 2006, 94（2）: 219-225.

[154] MATSUISHI M, OKITANI A. Proteasome from rabbit skeletal muscle: some properties and effects on muscle proteins [J]. Meat Science, 1997, 45（4）: 451-462.

[155] MAZZEI G J, KUO J F. Phosphorylation of skeletal -muscle troponin I and troponin T by phospholipid -sensitive Ca^{2+}-dependent protein kinase and its inhibition by troponin C and tropomyosin [J]. Biochemical Journal, 1984, 218（2）: 361-369.

[156] MCKENNA D R, MIES PD, BAIRD B E, et al. Biochemical and physical factors affecting discoloration characteristics of 19 bovine muscles [J] . Meat Science, 2005, 70 (4) : 665-682.

[157] MIKKELSEN A, JUNTER D, SKIBSTED L H. Metmyoglobin reductase activity in porcine *M. longissimus* dorsi muscle [J] . Meat Science, 1999, 51 (2) : 155-161.

[158] MOHAMMAD. S R. Instrumental texture profile analysis (tpa) of date flesh as a function of moisture content [J] . Journal of food Engineering, 2005, 66: 505-511.

[159] MOIR A J, PERRY S V. The sites of phosphorylation of rabbit cardiac troponin I by adenosine 3′ : 5′ -cyclic monophosphate-dependent protein kinase. Effect of interaction with troponin C [J] . Biochemical Journal, 1977, 167 (2) : 333-343.

[160] MORZEL M, CHAMBON C, HAMELIN M, et al. Proteome changes during pork meat ageing following use of two different pre-slaughter handling procedures [J] . Meat Science, 2004, 67: 689-696.

[161] MORZEL M, GATELLIER P, SAYD T, et al. Chemical oxidation decreases proteolytic susceptibility of skeletal muscle myofibrillar proteins[J]. Meat Science, 2006, 73: 536-543.

[162] MORZEL M, TERLOUW C, CHAMBON C, et al. Muscle proteome and meat eating qualities of *Longissimus thoracis* of "Blonde d'Aquitaine" young bulls: A central role of HSP 27 isoforms [J] . Meat Science, 2008, 78: 297-304.

[163] MOUNIER L, DUBROEUCQ H, ANDANSON S, et al. Variations in meat pH of beef bulls in relation to conditions of transfer to slaughter and previous history of the animals [J] . Journal of Animal Science, 2006, 84: 1567-1576.

[164] NEUFER PD, BENJAMIN I J. Differential expression of alphaB-crystallin and HSP 27 in skeletal muscle during continuous contractile activity [J] . Journal of Biological Chemistry, 1996, 271: 24089-24095.

[165] O'KEEFE M, HOOD D E. Biochemical factors influencing metmyoglobin formation on beef from muscles of differing color stability [J] . Meat Science, 1982, 7 (3) : 209-228.

[166] OFFER G, COUSINS T. The mechanism of drip production-formation of extracellular space in muscle postmortem [J] . Journal of the Science of Food and Agriculture, 1992, 58: 107-116.

[167] OTTO G, ROEHE R, LOOFT H, et al. Comparison of different methods for determination of drip loss and their relationships to meat quality and carcass characteristics in pigs [J] . Meat Science, 2004, 68 (3) : 401-409.

[168] OUALI A, HERREA C H, COULIS G, et al. Revisiting the conversion of muscle into meat and the underlying mechanisms [J] . Meat Science, 2006, 74: 44-58.

[169] OUALI A. Meat tenderization: possible causes and mechanisms. A review [J] . Journal of Muscle Foods, 1990, 1: 129-165.

[170] OZLU N, AKTEN B, TIMM W, et al. Phosphoproteomics [J] . Wiley Interdiscip Rev-Syst Biol, 2010, 2 (3) : 255-276.

[171] PAGE K J, WULF D M, SCHWOTZER. A survey of beef muscle color and pH [J] . Animal Science, 2001, 79: 678-687.

[172] PANELLA-RIERA N, GISPERT M, GIL M, et al. Effect of feed deprivation and lairage time on carcass and meat quality traits on pigs under minimal stressful conditions [J] . Livestock Science, 2012, 146: 29-37.

[173] PELHAM H R. Speculations on the functions of the major heat shock and glucose-regulated proteins [J] . Cell, 1986, 46: 959-961.

[174] PETERS J M, FRANKE W W, KLEINSCHMIDT J A. Distinct 19S and 20S subcomplexes of the 26S proteasome and their distribution in the nucleus and the cytoplam [J] . The Journal of Biochemical Chemistry, 1994, 269 (10) : 7709-7718.

[175] PICARD B, CÉCILE B, LOUIS L, et al. Skeletal muscle proteomics in livestock production [J] . Briefings in Functional Genomics, 2010, 9 (3) : 259-278.

[176] PICARD M, HEPPLE R T, BURELLE Y. Mitochondrial functional specialization in glycolytic and oxidative muscle fibers: Tailoring the organelle for optimal function [J] . American Journal of Physiology-Cell Physiology, 2011, 302: 629-641.

[177] PINNA L A, MEGGIO F, DEDIUKINA M M. Phosphorylation of

troponin T by casein kinase TS [J] . Biochemical and Biophysical Research Communications, 1981, 100 (1) : 449-454.

[178] POINTON A, KIERMEIER A, FEGAN N. Review of the impact of pre-slaughter feed curfews of cattle, sheep and goats on food safety and carcase hygiene in Australia [J] . Food Control, 2012, 26: 313-321.

[179] PORNRAT S, SUMATE T, ROMMANEE S, et al. Changes in the ultrastructure and texture of prawn muscle (*Macrobrachuim rosenbergii*) during cold storage [J] . LWT-Food Science and Technology, 2007, 40 (10) : 1747-1754.

[180] PULFORD D J, FRAGA V S, FROST D F, et al. The intracellular distribution of small heat shock proteins in post -mortem beef is determine d by ultimate pH [J] . Meat Science, 2008, 79: 623-630.

[181] RAJ A B M, GREY T C, AUDSELY A R, et al. Effect of electrical and gaseous stunning on the carcase and meat quality of broilers [J] . British Poultry Science, 1990, 31 (4) : 725-733.

[182] REES M P, TROUT G R, WARNER R D. The influence of the rate of pH decline on the rate of ageing for pork. I : Interaction with method of suspension [J] . Meat Science, 2003, 65 (2) : 791-804.

[183] REISS N, KANETY H, SCHLESSINGER J. Five enzymes of the glycolytic pathway serve as substrates for purified epidermal -growth-factor-receptor kinase [J] . Journal of Biochemical, 1986, 239: 691-697.

[184] RENERRE M. Review: Factors involved in the discoloration of beef meat [J] . International Journal of Food Science and Technology, 1990, 25, 613-630.

[185] RHEE M S, KIM B C. Effect of low voltage electrical stimulation and temperature conditioning on postmortem changes in glycolysis and calpains activities of Korean native cattle (Hanwoo) [J] . Meat Science, 2001, 58 (3) : 231-237.

[186] ROBERT N, BRIAND M, TAYLOR R, et al. The effect of proteasome on myofibrillar structures in bovine skeletal muscle [J] . Meat Sci, 1999, 51: 149-153.

[187] ROBERT R J. A historical overview of protein kinases and their targeted small molecule inhibitors [J] . Pharmacological Research, 2015, 7

（10）: 1-23.

［188］ROBSON R M, RIDPATH J F, KASANG L E, et al. Biochemistry and molecular architecture of muscle cell 10-nm filaments and Z-line: Roles of desmin and α-actin ［J］. Recipocal Meat Conference, 1981, 34: 5.

［189］ROSENVOLD K, PATERSON J, LWERKE H, et al. Muscle glycogen stores and meat quality as affected by strategic finishing feeding of slaughter pigs ［J］. Animal Science, 2001, 79（2）: 382-391.

［190］RYDER J W, LAU K S, KAMM K E, et al. Enhanced skeletal muscle contraction with myosin light chain phosphorylation by a calmodulin-sensing kinase ［J］. Journal of Biological Chemistry, 2007, 282（28）: 20447-20454.

［191］RYU Y C, CHOI Y M, KIM B C. Variations in metabolite contents and protein denaturation of the longissimus dorsi muscle in various porcine quality classifications and metabolic rates ［J］. Meat Science, 2005, 71（3）: 522-529.

［192］SALE E M, WHITE M F, KAHN C R. Phosphorylation of glycolytic and gluconeogenic enzymes by the insulin receptor kinase ［J］. Journal of Cellular Biochemistry, 1987, 33（1）: 15-26.

［193］SAMMEL L M, HUNT M C, KROPF D H, et al. Influence of chemical characteristics of beef inside and outside semimembranosus on color traits ［J］. Food Chemistry and Toxicology, 2002, 67（4）: 1323-1330.

［194］SAVAGE W J, WARRISS PD, JOLLEY PD. The amount and composition of the proteins in drip from stored pig meat ［J］. Meat Science, 1990, 27（4）: 289-303.

［195］SAVELL J W, MUELLER S L, BAIRD B E. The chilling of carcasses ［J］. Meat Science, 2005, 70（3）: 449-459.

［196］SCHEFFLER T L, GERRARD D E. Mechanisms controlling pork quality development: The biochemistry controlling postmortem energy metabolism ［J］. Meat Science, 2007, 77（1）: 7-16.

［197］SCOPES R K, STOTER A. Purification of all glycolytic-enzymes from one muscle extract ［J］. Methods in Enzymology, 1982, 90: 479-

490.

[198] SEIBERLICH V, BORCHERT J, ZHUKAREVA V, et al. Inhibition of protein deubiquitination by PR-619 activates the autophagic pathway in OLN-t40 oligodendroglial cells [J] . Cell Biochemistry and Biophysics, 2013, 67 (1) : 149-160.

[199] SEYRFET M, MANCINI R A, HUNT M C, et al. Color stability, reducing activity,and cytochrome c oxidase activity of five bovine muscles[J]. Agricultural and Food Chemical, 2006, 54: 8919-8925.

[200] SHEN Q W, MEANS W J, UNDERWOOD K R, et al. Early post-mortem AMP-activated protein kinase (AMPK) activation leads to phosphofructokinase-2 and-1 (pfk-2 and pfk-1) phosphorylation and the development of pale, soft, and exudative (PSE) conditions in porcine longissimus muscle [J] . Agricultural and Food Chemistry, 2006, 54 (15) : 5583-5589.

[201] SIDHU A, BEATTIE D S. Kinetics of assembly of complex III into the yeast mitochondrial membrane: Evidence for a precursor to the iron-sulfiir protein [J] . Journal of Biological Chemistry 1983, 258: 10649-10656.

[202] SIDHU A, BEATTIE D S. Purification and polypeptide characterization of complex III from yeast mitochondria [J] . Journal of Biological Chemistry, 1982, 257: 7879-7886.

[203] SMITH J P, RAMASWAMY H S, SIMPSON B K. Developments in food packaging technology. Part II . Storage aspects [J] . Trends in Food Science and Technology, 1990 (1) : 111-118.

[204] SOLARO R J, MOIR A J, PERRY S V. Phosphorylation of troponin I and the inotropic effect of adrenaline in the perfused rabbit heart [J] . Nature, 1976, 262: 615-616.

[205] SRIKET P, BENJAKUL S, VISESSANGUAN W, et al. Comparative studies on the effect of the freeze-thawing process on the physicochemical properties and microstructures of black tiger shrimp (Penaeus monodon) and white shrimp (Penaeus vannamei) muscle [J] . Food Chemistry, 2007, 104: 113-121.

[206] SRINIVASAN S, XIONG Y L, BLANCHARD S P. Effects of

freezing and thawing methods and storage time on thermal properties of freshwater prawns （*Macrobrachium rosenbergii*）［J］. Journal of the Science of Food and Agriculture，1997，75：37-44.

［207］STANLEY D W. Biological membrane deterioration and associated quality losses in food tissues［J］. Critical Reviews in Food Science and Nutrition，1991，30：487-553.

［208］STULL T J，KAMM K E，VANDENBOOM R. Myosin light chain kinase and the role of myosin light chain phosphorylation in skeletal muscle ［J］. Archives of Biochemistry and Biophysics，2011，510（2）：120-128.

［209］SUGIYAME Y，SUZUKI A，KISHIKAWA M，et al. Muscle develops a specific form of small heat shock protein complex composed of MKBP/HSPB2 and HSPB3 during myogenic differentiation［J］. The Journal of Biological Chemistry，2000，275：1095-1104.

［210］SURESH C，BISHNU P，AMIYA B. Specific phosphorylated forms of glyceraldehyde 3-Phosphate dehydrogenase associate with human parainfluenza virus type 3 and inhibit viral transcription *in vitro*［J］. Journal of Virology，2000，74（8）：3634-3641.

［211］TARRANT P V. Animal behaviour and environment in the dark-cutting condition in beef-a review［J］ Irish Journal of Food Science and Technology，1989，13：1-21.

［212］TAYLOR R G，GEESINK G H，THOMPSON V F，et al. Is Z-disk degradation responsible for post-mortem tenderization［J］? Journal of Animal Science，1995，73：1351-1367.

［213］TAYLOR R G，TASSY C，BRIAND M，et al. Proteolytic activity of proteasome on myofibrillar structures［J］. Molecular Biology Reports，1995，21（1）：113-120.

［214］TERLOUW E，ARNOULD C，AUPERIN B，et al. Pre-slaughter conditions，animal stress and welfare：current status and possible future research［J］. Animal，2008，2（10）：1501-1517.

［215］VAN DE PERRE V，PERMENTIER L，BIE S D，et al. Effect of unloading，lairage，pig handling，stunning and season on pH of pork［J］. Meat Science，2010，86：931-937.

［216］VELARDE A，GISPERT M，DIESTRE A，et al. Effect of

electrical stunning on meat and carcass quality in lambs [J] . Meat Science, 2003, 63 (1): 35-38.

[217] VERGARA H, GALLEGO L. Effect of electrical stunning on meat quality of lamb [J] . Meat science, 2000, 56 (4): 345-349.

[218] VILLARROEL M, MARIA G A, SAÑUDO C, et al. Effect of transport time on sensorial aspects of beef meat quality [J] . Meat Science, 2003, 63 (3): 353-357.

[219] VOSLÁŘOVÁ E, JANÁČKOVÁ B, RUBEŠOVÁ L, et al. Mortality rates in poultry species and categories during transport for slaughter [J] . Acta Veterinaria Brno, 2007, 76 (8): 101-108.

[220] WALSH D A, PERKINS J P, KREBS E G. An Adenosine 3′, 5′ -monophosphatedependant protein kinase from rabbit skeletal muscle [J] . The Journal of Biological Chemistry, 1968, 243 (13): 3763-3774.

[221] WANG L, SADAYAPPAN S, KAWAI M. Cardiac myosin binding protein c phosphorylation affects cross-bridge cycle' s elementary steps in a site-specific manner [J] . Plos One, 2014, 9 (11): e113417.

[222] WARRISS PD, BROWN S N., BEVIS E A, et al. Influence of food withdrawal at various times pre-slaughter on carcass yield and meat quality in sheep [J] . Journal of the Science of Food and Agriculture, 1987, 39 (4): 325-334.

[223] WASHINGTON T A, REECY J M, THOMPSON R W, et al. Lactate dehydrogenase expression at the onset of altered loading in rat soleus muscle [J] . Journal of Applied Physiology, 2004, 97 (4): 1424-1430.

[224] WEBB E C, CASEY N H, SIMELA L. Goat meat quality [J] . Small Ruminant Research, 2005, 60: 153-166.

[225] WELCH W J. Mammalian stress response: Cell physiology, structure, function of stress proteins, and implications for medicine and disease [J] . Physiological Reviews, 1992, 72: 1063-1081.

[226] WHIPPLE G, KOOHMARAIE M, DIKEMAN M E, et al. Effects of high-temperature conditioning on enzymatic activity and tenderness of *Bos indicus* longissimus muscle [J] . Journal of Animal Science, 1990, 68 (11): 3654-3662.

[227] WOODS A, DICKERSON K, HEATH R, et al. Ca^{2+}/calmodulin-dependent protein kinase kinase-beta acts upstream of AMP-activated protein kinase in mammalian cells [J] . Cell Metabolism, 2005, 2（1）: 21-33.

[228] WU S C, SOLARO R J. Protein kinase C zeta. A novel regulator of both phosphorylation and de-phosphorylation of cardiac sarcomeric proteins [J] . Journal of Biology Chemistry, 2007, 282（42）: 30691-30698.

[229] WULF D M. Measuring muscle color on beef carcasses using the Lab color space [J] . Journal of Animal Science, 1999, 77: 2418-2427.

[230] YLÄ-AJOS M, RUUSUNEN M, PUOLANNE E. The significance of the activity of glycogen debranching enzyme in glycolysis in porcine and bovine muscles [J] . Meat Science, 2006, 72（3）: 532-538.

[231] YU J, TANG S, BAO E, et al. The effect of transportation on the expression of heat shock proteins and meat quality of *M. longissimus dorsi* in pigs [J] . Meat Science, 2009, 83: 474-478.

[232] ZAKHARTSER M. Effects of temperature acclimation on lactate dehydrogenase of cod （*Gadus morhua*）: genetic, kinetic and thermodynamic aspects [J] . The Journal of Experimental Biology, 2004, 207（1）: 95-112.

[233] ZHANG L, YUE H Y, ZHANG H J, et al. Transport stress in broilers: I . Blood metabolism, glycolytic potential, and meat quality [J] . Poultry science, 2009, 88（10）: 2033-2041.

[234] ZHEN S, LIU Y, LI X, et al. Effects of lairage time on welfare indicators, energy metabolism and meat quality of pigs in Beijing [J] . Meat Science, 2013, 93（2）: 287-291.

[235] ZHONG R Z, LIU H W, ZHOU D W, et al. The effects of road transportation on physiological responses and meat quality in sheep differing in age [J] . Journal of Animal Science, 2011, 89（11）: 3742-3751.

[236] ZIMERMAN M, GRIGIONI G, TADDEO H, et al. Physiological stress responses and meat quality traits of kids subjected to different pre-slaughter stressors [J] . Small Ruminant Research, 2011, 100（2）: 137-142.

▶ 第三章

近红外光谱检测与评价
羊肉品质

近红外区域按美国材料与试验协会（ASTM）定义是指波长在 780~2526nm 范围内的电磁波，近红外光谱（near infrared spectroscopy，NIR）主要是有机分子或原子振动基频在 2000cm^{-1} 以上的倍频、合频吸收，所以有机近红外光谱主要包括 C—H、O—H、N—H 等的伸缩振动的倍频吸收谱带及伸缩振动和摇摆振动的合频吸收。这些含氢基团的吸收频率特征性强，受分子内外环境的影响小，而且在近红外谱区样品光谱特性更稳定，为近红外光谱分析提供了基础。近红外光谱分析适合于大量样品的分析。进行近红外光谱分析，必须首先收集一批有代表性的样品，准确采集其近红外光谱图并测定化学值，其次，利用化学计量学算法，建立全谱区的光谱信息与化学测定值之间的预测模型，并且通过严格的统计验证，选择最佳数学模型。对于未知样品，只要采集其光谱，就可由选定的数学模型计算其对应成分的含量或性质。

近红外光谱技术摆脱了传统分析方法操作烦琐费时、无法满足生产需要的弊端，实现了快速、无损检测。作为一种方便、快捷、无污染、适合在线监测的分析技术，它具有独特的优越性：①可用于样品的定性，也可以得到准确度很高的定量结果；②分析速度快，产出多，可用于分析样品的各种性质或多种组分的同时测定；③操作简单，无需样品的前处理；④不破坏样品、不用试剂、不污染环境，是一种"绿色分析"技术；⑤光导纤维的应用使近红外光谱分析技术扩展到过程分析及有毒或恶劣环境的远程分析，同时也使谱仪的设计更小型化。20 世纪 60 年代，现代近红外光谱分析技术已经应用于农业分析。美国的 Norris 等（1976）首先应用近红外光谱分析技术测量了谷物中的蛋白质、水分、脂肪等含量。之后研究对象开始向其他方向转移。近些年，近红外光谱分析技术在肉品上的应用逐渐增多，已经成为肉品相关分析的主要研究方法。

1999 年，Tùgersen 等利用近红外仪器构建了肉品质在线检测系统。该系统在近红外仪器上安装了波长为 1441nm、1510nm、1655nm、1728nm 和 1810nm 的滤光片，以 20Hz 的频率旋转滤光片，获得了各个波长处的肉的吸光度。2003 年，Tùgersen 等对 154 个猪肉和牛肉样本的脂肪、水分以及蛋白质含量进行在线检测，建立了猪肉和牛肉的脂肪、水分、蛋白质含量联合模型以及猪肉和牛肉各自的脂肪、水分、蛋白质含量模型。同年 Anderson 等利用 DA-700 近红外分析系统建立了肉品质在线检测系统。2004 年，Nilsen 研究小组应用近红外反射仪器（Corona 45）对传送带上的绞细牛肉成分进行在线检测，并提出利用简易分类法（SIMCA）来区分传送带和绞细牛肉的光谱信息。2005 年，刘炜等测定了鲜猪肉中肌内脂肪、蛋白质和水分含量，建立了近红外光谱预测模型。2006 年，侯瑞峰等开展了用近红外漫反射光谱检测肉品新鲜度的初步研究，采用近红外漫反射光谱法建立预测模型，实现了对肉品的新鲜程度非破坏性、快速检测。

我国是羊肉生产大国，2016 年羊肉产量为 459 万吨，约占世界羊肉总产量的 1/3，居世界首位，在世界羊肉生产中占有举足轻重的地位。本团队利用近红外光谱分析技术研究开发出一套对羊肉食用品质进行快速定量分析及预测的方法，科学地表征羊肉的食用品质，进而建立和完善我国羊肉食用品质评价体系。

目前，针对我国西部绵羊肉品质进行系统的分析研究相对较少。已有研究主要集中于西部的单一品种或两种品种结合，进行品质比较分析与测定，对西部地区主要绵羊品种的羊肉品质进行系统的比较分析鲜有涉猎。本研究团队选用了藏羊、乌珠穆沁羊、小尾寒羊、滩寒杂交羊等主要品种绵羊的通脊，采用近红外光谱仪进行光谱扫描，建立了羊肉中水分、蛋白质、脂肪等含量的近红外光谱预测模型，其中羊肉水分含量、蛋白质含量、脂肪含量、系水力、颜色（ΔE）等理化品质近红外光谱预测模型的 R^2 验证均达到 0.60 以上，剪切力、pH 的近红外光谱模型 R^2 验证稍低，分别为 0.59 和 0.58，灰分含量的预测效果较差，仅达到 0.44，实现了近红外光谱技术用于新鲜羊肉的理化品质的预测。

另外，我国缺乏羊肉分级方法和分级标准，肉羊品种混杂，原料不一，无法加工出质量均一、品质稳定的羊肉制品，造成产品质量良莠不齐，竞争力低，无法实现优质优价，严重影响了我国羊肉产业的发展。参考国外相关报道，结合我国羊肉生产实际和已有的研究基础，建立羊胴体人工产量分级模型和质量分级模型，为国家制定标准提供借鉴和参考；建立了近红外光谱预测模型，完善我国羊胴体分级评定技术，实现优质优价，促进肉羊产业的健康发展。

面对我国肉羊品种多、不成规模且优质品种较少等问题，本研究团队选用了杜泊羊、晋中绵羊与苏尼特羊等 9 个绵羊品种的通脊，采集其近红外光谱，建立基于线性判别分析与偏最小二乘判别分析的不同品种羊肉近红外光谱鉴别模型，以达到快速鉴别不同品种羊肉的目的。同时，本研究团队以不同产地羊肉为对象，采用化学计量学的方法，开展羊肉产地近红外光谱溯源技术研究，构建不同产地羊肉的近红外光谱图谱，建立羊肉产地的近红外光谱溯源模型，实现对羊肉产地的溯源，为羊肉质量安全控制提供技术支撑。

第一节

羊肉食用品质近红外光谱检测技术

———

随着生活水平的提高，人们对肉品的需求逐渐由数量转向质量，不仅要求肉质营养丰富，而且也要求肉质具有较好的风味和感官性状。目前，我国肉品品质研究主要集中于各畜禽肉品质特性方面的研究，对羊肉的品质研究则主要集中于各品种羊肉的产肉性能上，而具体到羊肉的食用品质评价，还没有进行系统的研究，这已严重制约了我国羊肉产业的正常发展。因此，建立一种快速、无损、在线的羊肉食用品质评价方法，并实现在线分级，是羊肉产业发展的必然趋势。

近红外光谱技术应用于肉类品质的研究在国内还很少见，但在国外已较普遍，主要集中于肉类各品质指标的预测。2003 年，Geesink 等用近红外预测了肉品的滴水损失和剪切力值。2008 年，Damez 等使用该技术反映了肉品的各食用品质信息，如嫩度、香气、多汁性和颜色等指标。本研究团队基于羊肉产业目前的发展趋势及近红外光谱技术的发展现状，筛选了我国羊肉的食用品质评价指标，并创建了羊肉食用品质评价指标体系，继而利用近红外光谱分析技术建立了羊肉食用品质分级模型，为我国羊肉生产企业参与国际竞争提供有力的科学依据。

一、羊肉食用品质评价指标体系

目前评价肉品食用品质的方法主要有客观评价法和感官评价法。客观评价法指质构仪等仪器评价肉品的食用品质，该方法虽然简单方便，但风味等指标无法测量，不能系统地评价肉品的食用品质。感官评价法可以对肉品质构和风味进行全面系统的评价，国外普遍采用这种方法评价肉品的食用品质。而采用感官评价法对肉品进行评价，首先，需确定用于评价食用品质的指标，而目前国内对于肉品感官评价的指标并没有形成统一的认识；其次，各国（地区）评价肉品食用品质的指标也不统一。本研究团队结合我国实际情况，参照 GB/T 16861—1997《感官分析 通用多元分析方法鉴定和选择用于建立感官剖面的描述词》，对评价羊肉食用品质的指标进行筛选。采用感官评价结合 M 值、主成分分析和相关性分析方法对羊肉的食用品质评价指标进行了筛选，并建立了羊肉食用品质评价关键指标。

（一）羊肉食用品质评价指标筛选

各国（地区）评价肉品食用品质的指标不统一（表 3-1）。为使羊肉食用品质的评价达到规范化、标准化，本研究团队根据 GB/T 16861—1997《感官分析 通用多元分析方法鉴定和选择用于建立感官剖面的描述词》的要求首先征集用于评价羊肉食用品质的评价指标（表 3-2），且邀请 9 位肉制品行业的专家组成感官评价小组，9 位感官评价员按照图 3-1 的要求对 12 个羊肉样品的每一个指标（表 3-2）进行评价，即每一位感官评价员在感官评价过程中，对每一个样品的每一个评价指标的感受强度分别按照图 3-1 的要求在尺度 0~5 的范围内标出评价位置，其中 0 表示没有所考虑特性的知觉，5 为感受到的最大强度。采用 M 值法和主成分分析法对数据进行分析，筛选出羊肉食用品质评价指标（GB/T 16860—1997《感官分析方法 质地剖面检验》）。

表3-1　　　　　　　　　　　　国外羊肉食用品质评价指标

国家 / 地区	澳大利亚	欧洲	美洲
食用品质指标	嫩度	硬度	柔软度
	多汁性	黏性	初始嫩度
	风味	多汁性	咀嚼性
	总体可接受性	润滑性	多汁性
	香气的强度	咀嚼次数	破碎率
			风味浓度
			异味
			黏附感
			结缔组织量

图3-1　羊肉食▶
用品质评价指标
的强度评价尺度

没感觉	弱	较弱	一般	较强	强
0	1	2	3	4	5

表3-2　　　　　　　　　　　　羊肉食用品质的评价指标

用于评价羊肉食用品质的指标																					
表面颜色	湿润度	油腻感	气味总体强度	肉香味	金属味	血腥味	膻味	蒸煮味	异味	滋味总体强度	肉汁味	甜味	苦味	氧化味	腐败味	异味	硬度	弹性	嫩度	润滑性	多汁性

1. 羊肉食用品质评价指标 M 值法筛选

9 个感官评价员对 12 个羊肉样品中每个样品的 22 个指标的评价结果见表 3-3，参见 GB/T 16861—1997《感官分析方法 质地剖面检验》，$M = (F \times I)\ 1/2$；其中，F 指描述词实际被述及的次数占该描述词所有可能被述及总次数的百分率；I 指评价小组实际给出的一个描述词的强度和占该描述词最大可能所得强度的百分数。以表 3-3 数据为基础计算出的各指标 M 值见表 3-4。由表 3-4 可知：金属味、血腥味、异常气味、苦味、氧化味、腐败味和异常滋味这些指标的 M 值都很小（小于 40，M 值最大为 100），个别值小于 35，表明这些指标很少被述及，或者它们的感受强度都很低，不适用于羊肉食用品质的评价；颜色、湿润度、肉香味、肉汁味、硬度、弹性、嫩度、多汁性等的 M 值都大于 70，表明这些指标经常被述及或者感受强度很强，是评价羊肉食用品质的主要指标。因此，去除 M 值小于 40 的指标，初步筛选出的羊肉食用品质评价指标为颜色、湿润度、油腻感、肉香味、膻味、蒸煮味、甜味、硬度、弹性、嫩度、润滑性、多汁性等 12 个指标。

表3-3　　　　　　　　　　　　羊肉食用品质感官评价原始数据

指标	样品号											
	1	2	3	4	5	6	7	8	9	10	11	12
表面颜色	3.1	3.8	2.8	3.3	2.6	2.4	3.0	2.6	3.3	2.5	2.6	2.5
湿润度	3.3	3.8	3.3	3.4	3.5	3.3	3.9	3.5	2.8	2.4	3.0	3.1
油腻感	2.3	2.6	2.0	2.3	2.4	2.5	2.8	2.9	2.3	2.1	2.4	2.3
气味总体强度	3.9	3.3	4.0	2.9	3.0	3.5	3.4	3.5	3.5	3.0	2.9	3.4
肉香味	3.8	2.5	4.0	2.9	3.0	3.3	3.1	3.8	3.6	3.3	2.8	3.1
金属味	0.9	1.3	0.9	1.0	1.1	1.1	1.0	0.9	0.9	1.0	0.9	0.9
血腥味	0.8	0.9	0.8	0.9	1.0	1.4	0.9	0.9	0.9	0.9	0.9	0.9
膻味	2.4	1.8	2.4	1.9	2.0	2.8	2.3	2.0	1.8	1.9	1.8	1.5
蒸煮味	2.3	2.0	2.4	1.9	2.0	1.9	1.9	2.3	1.9	2.0	1.8	1.6
异味	0.8	1.0	0.8	1.3	1.0	1.1	0.9	0.8	0.9	0.8	0.8	1.0
滋味总体强度	3.4	3.4	4.0	3.0	3.5	2.6	3.1	3.4	3.1	3.1	2.9	3.0
肉汁味	3.1	3.1	3.8	3.3	3.5	2.3	3.1	3.5	3.3	2.9	2.6	3.0
甜味	1.3	1.1	1.5	1.3	1.5	1.0	1.4	1.4	1.1	1.1	1.3	1.3

表3-4　　　　　　　　　　　　羊肉食用品质评价指标的 M 值

品质指标	M 值	品质指标	M 值
颜色	70.8	肉汁味	78.93
湿润度	80.62	甜味	43.48
油腻感	69.07	苦味	34.91
气味总体强度	81.78	氧化味	34
肉香味	80.62	腐败味	33.77
金属味	38.32	异常滋味	34
血腥味	39.35	硬度	79.45
膻味	58.03	弹性	76.24
蒸煮味	58.85	嫩度	73.46
异常气味	36.87	润滑性	50.62
滋味总体强度	80.1	多汁性	73.6

2. 羊肉食用品质评价指标主成分分析法筛选

M 值法只是初步筛选出了评价羊肉食用品质的指标，直接用于评价羊肉的食用品质还比较复杂，有必要对指标进行进一步筛选。本研究采用主成分分析法对本章第一节"羊肉食用品质评价指标 M 值法筛选"中初步筛选的指标进行分析，结果见表3-5。

其中主成分分析的基本步骤如下：①将原始数据转换为中心化数据；②求数据的协方差矩阵；③求协方差矩阵的特征根、特征向量、各特征根的方差贡献率和累计方差贡献率；④保留适当数目的前几个特征根，并利用它们的特征向量来构成主成分的结构式；⑤用中心化数据与前几个特征向量相乘求得前几个主成分的得分值；⑥必要时，可用特征根的平方根（即主成分的标准差）除主成分得分，将其化为标准化主成分得分（张尧庭等，1983）。

由表3-5可以看出，前三个主成分的方差累计贡献率已达到了81.74%，大部分研究认为保留累计方差大于75%的前 n 个主成分即可保留原资料的大部分信息，因此，本研究团队选择前三个主成分对羊肉食用品质评价指标进行分析，结果见图3-2。图3-2表明，硬度、嫩度、多汁性分居坐标轴的两侧，具有很大的载荷因子，分别为0.59、0.53、0.32，作为第一主成分其方差贡献率为51.56%，因此第一主成分可以定义为质构因子，评价指标为硬度、嫩度和多汁性；第二主成分的方差贡献为19.7%，其中肉香味和膻味居于坐标轴的最上侧，表明它们的载荷因子很大，是第二主成分的代表性指标，因此，第二主成分可以定义为风味因子，评价指标为肉香味、膻味；而第三个主成分方差贡献率仅为10.49%，其中湿润度的载荷最大为0.71，可以定义为外观因子，评价指标为湿润度。通过主成分分析和载荷分析，可确定评价羊肉食用品质的评价指标主要有硬度、嫩度、多汁性、肉香味、膻味和湿润度。

表3-5　　　　　　　　　　　　各主成分的方差累计贡献率

主成分数	特征值	差数	方差贡献率 /%	方差累计贡献率 /%
1	1.23	0.76	51.56	51.56
2	0.47	0.22	19.70	71.26
3	0.25	0.10	10.49	81.74

（二）羊肉食用品质评价关键指标建立

应用筛选出的指标，9个感官评价员分别对9个羊肉样品进行了感官评价，结果见表3-6。对表3-6中的结果采用净相关分析法进行分析，结果见表3-7。结果表明，湿润度与多汁性有较强的正相关性（相关系数 $R=0.62$），而硬度与肉香味和嫩度有较强的负相关性（相关系数 R 分别为 -0.72 和 -0.57），说明多汁性中包含

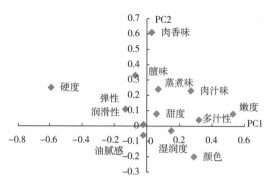

◀ 图3-2 经 *M* 值法初步筛选的指标分布

了湿润度的大部分信息，嫩度中包含了硬度和肉香味的大部分信息，因此为了简化羊肉食用品质的评价指标，可以用膻味、嫩度和多汁性三个指标来评价羊肉的食用品质。

表3-6   羊肉食用品质评价得分

品质指标		湿润度	肉香味	膻味	硬度	嫩度	多汁性
	1	5.97	7.50	4.61	6.21	9.22	4.71
	2	6.09	8.42	5.67	6.91	8.92	5.56
	3	5.87	8.11	4.52	7.00	9.28	4.78
	4	5.63	6.74	4.71	6.64	9.67	5.24
样品号	5	5.86	5.72	4.42	7.19	9.40	5.20
	6	6.69	7.80	5.10	5.56	10.60	6.16
	7	5.27	7.99	5.00	5.49	9.67	5.19
	8	5.29	7.67	4.42	6.84	9.44	4.70
	9	5.38	6.00	6.12	6.57	9.47	4.86

表3-7   羊肉食用品质评价指标的相关性分析

品质指标	湿润度	肉香味	膻味	硬度	嫩度	多汁性
湿润度	1.00	0.19	−0.20	0.20	0.03	0.62
肉香味	0.19	1.00	−0.31	−0.57	−0.54	0.20
膻味	−0.20	−0.31	1.00	−0.35	−0.46	0.48
硬度	0.20	−0.57	−0.35	1.00	−0.72	0.11
嫩度	0.03	−0.54	−0.46	−0.72	1.00	0.51
多汁性	0.62	0.20	0.48	0.11	0.51	1.00

二、羊肉食用品质近红外光谱预测技术

近红外光谱技术应用于肉类品质的研究在国外已较普遍（Byrne 等，1998；

Garcia-Rey 等，2005；Ortiz 等，2006；Damez 等，2008；Ripoll，2008）。本研究团队采用 OPUS 软件，通过偏最小二乘法（PLS）建立羊肉膻味、嫩度、多汁性的预测模型。交叉验证计算模型的交叉验证均方标准差（RMSECV）和决定系数（R^2），确定光谱预处理方法、近红外光谱建模区间和最佳主成分数（阶），与软件自动优化的结果进行比较，确定建模方案，并通过模型的决定系数来评价模型的预测可靠性。

（一）羊肉食用品质评价关键指标范围分析

本研究团队测量了 90 个羊胴体背长肌肌肉样品的膻味、嫩度、多汁性（表 3-8），选取 67 个样品作为校正集样品，采用交叉检验建立了羊肉膻味、嫩度、多汁性的预测模型，其余 23 个样品作为测试集样品对模型进行测试。膻味的得分主要集中在 2~7，嫩度主要集中在 7~13，多汁性主要集中在 3~8。

表3-8　　　　　　　　　　　　　羊肉样品膻味、嫩度、多汁性的分布情况

指标	分布范围	样品数	
		校正集	测试集
膻味	＜3	6	1
	3~4	12	4
	4~5	30	10
	5~6	15	5
	＞7	4	3
嫩度	7~8	3	1
	8~9	13	5
	9~10	24	8
	10~11	15	5
	11~12	9	2
	＞12	3	2
多汁性	＜4	12	4
	4~5	34	10
	5~6	18	7
	＞6	3	2

（二）羊肉近红外漫反射吸收光谱特性及分析方法

1. 羊胴体背长肌的近红外漫反射吸收光谱特性

羊胴体背最长肌的光谱图（图3-3），在 12000~4000cm^{-1} 光谱区间，样品在

各区段表现出独特吸收，整个光谱区间上有许多吸收峰，可作为建模光谱区段筛选的依据。

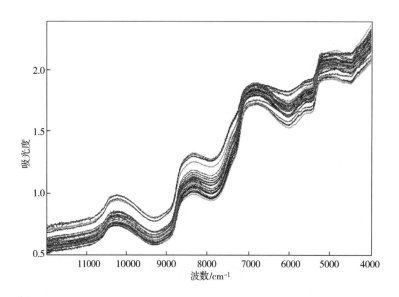

◀ 图3-3　鲜羊胴体背长肌近红外光谱图

2. 最佳主成分数的确定

模型的阶数（即主成分数）直接影响该模型质量的好坏，如果选取的阶数太小，会导致模型拟合不足，影响模型的质量；如果选择的阶数过多，则会导致过度拟合，同样降低模型的质量。本研究对光谱全波段进行偏最小二乘（PLS）回归分析，用模型的 R^2 和 RMSECV 来评价并确定最佳阶数（主成分数）。采用的方法是，首先选不同的阶数（主成分数）进行检验，以最大的 R^2 和最小的 RMSECV 值所对应的阶数（主成分数）为最佳阶数。结果表明（图3-4）：模型的 R^2 随阶数（主成分数）的增加呈先增加后下降的趋势，RMSECV 随阶数（主成分数）的增加呈先下降后上升的趋势。其中，当膻味的阶数为 10 时，模型的 R^2 达到最大值 78.22%，RMSECV 达到最低值 0.458；当嫩度的阶数为 9 时，模型的 R^2 达到最大值 74.15%，RMSECV 达到最低值 0.619；当多汁性的阶数为 8 时，模型的 R^2 达到最大值 73.4%，RMSECV 达到最低值 0.435。因此，膻味、嫩度、多汁性的最佳阶数分别为 10、9、8。

3. 光谱预处理方法选择

光谱数据在分析前需进行相应的预处理，以消除杂散光的影响，优化预测模型。红外光谱的预处理方法主要有基线校正法（constant offset elimination）、多点平滑处理、一阶导数法（first derivative）、二阶导数法（second derivative）、直线差减法（straight line subtraction）、矢量归一法（vector normalization）、多元散射校正法（multiplicative scattering correction）、最大最小归一法（mix-max

图3-4 三种指▶
标 的 主 成 分 数
（阶）与决定系
数、校正标准差
关系图

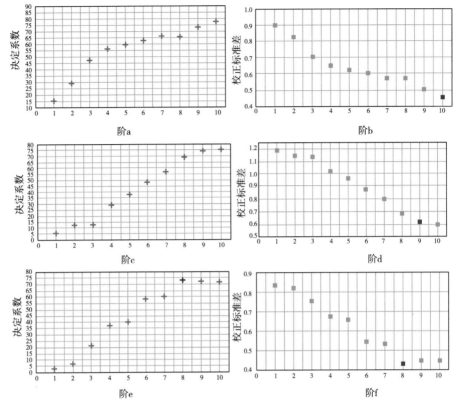

阶a—膻味的决定系数（R^2）与阶数的关系图　阶b—膻味的校正标准差与阶数的关系图　阶c—嫩度的决定系数（R^2）与阶数的关系图　阶d—嫩度的校正标准差与阶数的关系图　阶e—多汁性的决定系数（R^2）与阶数的关系图　阶f—多汁性的校正标准差与阶数的关系

normalization）等，为了找出最优的光谱预处理方式，本部分用OPUS光谱分析软件，分别对这些预处理方式进行了处理，结果见表 3-9，膻味在预处理方式为矢量归一化时决定系数达到了 78.74%，在各种处理方式中为最大，校正标准差为 0.453，为各种预处理方式中的最小，表明矢量归一化在预测膻味时为最优的光谱预处理方式；嫩度在没有对光谱进行预处理时决定系数达到了 72.64%，在各种处理方式中为最大，校正标准差为 0.637，为各种预处理方式中的最小，表明在预测膻味时光谱不用进行预处理；多汁性在对光谱进行矢量归一化时决定系数达到了 72.63%，在各种处理方式中为最大，校正标准差为 0.441，为各种预处理方式中的最小，表明矢量归一化在预测多汁性时为最优的光谱预处理方式。

4. 近红外光谱建模区间选择

首先对光谱数据进行预处理，用 OPUS 软件对建模区间进行优化。选取 RMSECV 最小的前 5 个光谱区间进行分析。结果表明（表 3-10）：膻味在 11987.7~7498.1cm^{-1} 和 6101.9~5172.3cm^{-1} 的波段范围内用矢量归一法处理光

表3-9 不同光谱预处理方法对模型精度的影响

光谱预处理方式	膻味			嫩度			多汁性		
	阶	决定系数	矫正标准差	阶	决定系数	矫正标准差	阶	决定系数	矫正标准差
没有光谱预处理	10	75.59	0.485	9	72.64	0.637	8	71.14	0.453
消除常数偏移量	10	75.25	0.489	9	55.98	0.807	8	71.25	0.452
减去一条直线	10	75.71	0.484	9	53.27	0.832	8	69.2	0.468
矢量归一化	10	78.74	0.453	9	63.02	0.74	8	72.63	0.441
最小－最大归一化	10	74.28	0.498	9	56.45	0.803	8	71.25	0.452
多元散射校正	10	76.53	0.476	9	52.91	0.835	8	71.07	0.454
一阶导	10	41.07	0.754	9	10.87	1.15	8	2.311	0.834
二阶导	10	-0.076	0.983	9	-43.99	1.46	8	-17.79	0.916
一阶导减去一条直线	10	39.86	0.762	9	11.14	1.15	8	-0.24	0.845
一阶导＋矢量归一化	10	29.14	0.827	9	-5.798	1.25	8	4.592	0.824
一阶导＋多元散射校正	10	27.53	0.836	9	-11.57	1.29	8	1.967	0.835

表3-10 不同光谱区间建模对模型精度的影响

指标	光谱预处理	不同光谱区间 /cm^{-1}	主成分数	决定系数 /%	校正标准差
膻味	矢量归一化	11987.7~7498.1；6101.9~4246.6	10	76.35	0.478
		11987.7~4597.6	10	78.72	0.453
		11987.7~7498.1；6101.9~5172.3	10	77.04	0.471
		11987.7~5446.2	10	78.87	0.452
		11987.7~6098	10	67.24	0.562
嫩度	没有光谱预处理	11987.7~4597.6	9	74.15	0.619
		11987.7~7498.1；5176.2~4246.6	9	72.21	0.641
		11987.7~4246.6	9	73.54	0.626
		11987.7~7498.1；5450~4597.6	9	72.17	0.642
		11987.7~7498.1；6101.9~4597.6	9	73.9	0.622
多汁性	矢量归一化	11987.7~7498.1；4601.5~4246.6	8	55.07	0.566
		11987.7~6098；4601.5~4246.6	8	68.52	0.473
		11987.7~4246.6	8	69.93	0.463
		11987.7~6098；5450~4246.6	8	69.54	0.466
		7502~6098；4601.5~4246.6	8	45.57	0.623

谱建模，主成分数为 10 时，模型 R^2 达到最高为 77.04%，RMSECV 最小为 0.471；嫩度在 11987.7~7498.1cm^{-1} 和 6101.9~4597.6cm^{-1} 的波段范围内，不对光谱进行预处理建模，主成分数为 9 时，R^2 达到 73.9%，RMSECV 为 0.622；嫩度在 11987.7~4246.6cm^{-1} 的波段范围内，对光谱进行矢量归一化，主成分数为 8 时，R^2 达到 69.93%，RMSECV 为 0.463。

5. 模型参数的确定

对分析得到的模型的参数和 OPUS 软件自动优化得到的参数（表 3-11）对比可知：分析确定的膻味预测模型的 RMESCV 为 0.452，与 OPUS 优化确定的膻味预测模型的 RMESCV 相比要小（0.458），而分析确定的多汁性预测模型的 RMESCV 为 0.452，比 OPUS 优化确定的 RMESCV（0.435）要大，对于嫩度的预测模型，两种方法得到的结果是一样的；而分析确定的膻味预测模型的决定系数 R^2 为 78.87%，要比 OPUS 优化确定的 R^2（78.22%）大，多汁性相反，嫩度相同。因此分析后确定的膻味的模型要比 OPUS 优化确定的精度高，而多汁性的模型比 OPUS 的优化确定的精度低，对于嫩度预测模型，两种方法的结果是一样的。

表3-11 两种获得模型参数方法的比较

参数的获得方式	测定的指标	光谱预处理方式	选定的光谱区间 /cm^{-1}	主成分数	R^2/%	RMSECV
分析后确定	膻味	矢量归一化	11987.7~5446.2	10	78.87	0.452
	嫩度	没有光谱预处理	11987.7~4597.6	9	74.51	0.619
	多汁性	矢量归一化	11987.7~4246.6	8	69.93	0.463
OPUS 软件自动优化	膻味	没有光谱预处理	11987.7~7498.1；6101.9~4246.6	10	78.22	0.458
	嫩度	没有光谱预处理	11987.7~4597.6	9	74.15	0.619
	多汁性	没有光谱预处理	9742.9~7498.1；6101.9~4246.6	8	73.4	0.435

（三）羊肉食用品质近红外光谱模型的建立

选取 11987.7~5446.2cm^{-1} 的波数范围，因子数取 10，用矢量归一法预处理红外光谱建立羊肉膻味的模型 [图 3-5（1）]，模型的 R^2 达到了 78.87%，RMSECV 为 0.452；选取 11987.7~4597.6cm^{-1} 的波数范围，因子数取 9，用近红外光谱建立羊肉嫩度的模型 [图 3-5（2）]，模型的 R^2 达到了 74.15%，RMSECV 为 0.619；选取 9742.9~7498.1、6101.9~4246.6cm^{-1} 的波数范围，因子数取 8，用近红外光谱建立羊肉多汁性的模型 [图 3-5（3）]，模型的 R^2 达到了 73.4%，RMSECV 为 0.435。

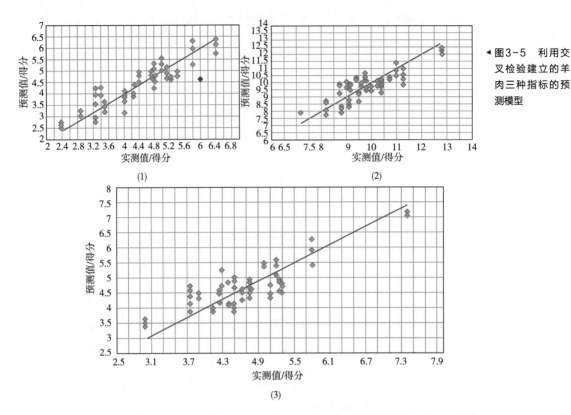

◄ 图3-5　利用交叉检验建立的羊肉三种指标的预测模型

（1）利用交叉检验建立的羊肉膻味模型　（2）利用交叉检验建立的羊肉嫩度模型　（3）利用交叉检验建立的羊肉多汁性模型

（四）羊肉食品品质近红外光谱模型的检验

将23条验证光谱分别带入膻味、嫩度、多汁性的预测模型进行检验，结果见图3-6：膻味预测模型的 R^2 达到0.60，方差检验显著（$P < 0.05$）；嫩度预测模型的 R^2 达到0.67，方差检验显著（$P < 0.05$）；嫩度预测模型的 R^2 达到0.73，方差检验显著（$P < 0.05$）。

三、羊肉食用品质分级模型的建立

目前，我国羊肉主要是按部位进行分割零售，具体到每块羊肉的食用品质如何，无从知晓。为了正确地评价肉品品质，科学表征羊肉食用品质，实现羊肉的优质优价，并规范其生产、加工，从而根据食用品质对羊肉进行了分级。

（一）羊肉食用品质级别判别模型的建立

判定肉品属于哪个级别（一共三级）属于多类问题，本团队选取52个样本，对样品级别进行典型判别，得到2个典则判别函数，其特征值分别为1.69、0.44，方

图3-6　三种指标的预测模型和残差分布图

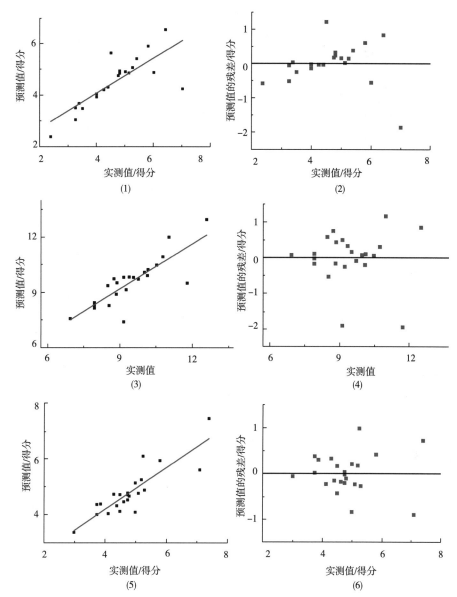

（1）膻味的预测值与真实值的相关图　（2）膻味的预测模型的残差分布图　（3）嫩度的预测值与真实值的相关图　（4）嫩度的预测模型的残差分布图　（5）多汁性的预测值与真实值的相关图　（6）多汁性的预测模型的残差分布图

差解释率为 79.52%、20.48%，前 2 个典型判别函数可解释 100% 的方差变化，包含了全部信息，可以描述膻味、嫩度、多汁性的差异与联系。用前两个典型判别函数对样品做散点图，结果见图 3-7。由图 3-7 可见，取得的判别模型可以很好地将 3 个级别的样本区分开，表明膻味、嫩度、多汁性三个指标可以很好地反映羊肉的食用品质特性。

通过典型判别分析共建立了 3 个分类器。建立的线性分类器如下（表 3-12）：

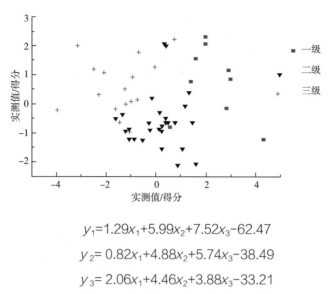

◀ 图3-7　典型判别函数散点图

$$y_1=1.29x_1+5.99x_2+7.52x_3-62.47$$
$$y_2=0.82x_1+4.88x_2+5.74x_3-38.49$$
$$y_3=2.06x_1+4.46x_2+3.88x_3-33.21$$

式中，自变量 x_1、x_2、x_3 分别表示膻味、嫩度、多汁性的得分值，y_1、y_2、y_3 代表线性判别的函数值。由这组函数，给出任意一个样品的膻味、嫩度、多汁性的得分值数据，分别代入 3 个函数方程，计算出 3 个函数值，数值最大的 y 值对应的级别即为该样品被判定的等级。因此，既可以用这组方程对未知样品的等级进行判别，也可以用已知等级的样品对取得的函数进行判别效果检验。

表3-12　　　　　　　　　　　Fisher线性判别函数系数

变量	典型判别函数系数		
	一级	二级	三级
常数项	−62.47	−38.49	−33.21
膻味（x_1）	1.29	0.82	2.06
嫩度（x_2）	5.99	4.88	4.46
多汁性（x_3）	7.52	5.75	3.88

（二）羊肉食用品质级别判别模型的检验

1. 对 Fisher 线性判别函数的检验

结果见表 3-13。分析可知，11 个一级样品中有 10 个被判为一级，1 个被判为二级，识别率达到 90.91%；25 个二级样品中有 20 个被正确判为二级，有 3 个被误判为一级，2 个被误判为三级，正确识别率达到 80%；16 个三级样品中有 14 个被判为三级，1 个被判为一级，1 个被判为二级，正确识别率达到 87.5%。从模型的适用性来说，精度能达到 80% 以上是可以接受的。模型的适用性和精确度是一对矛盾，当模型的精度提高时势必会降低其适用性，只有模型的适用性和精度达到平衡才是好的模型。

表3-13　　　　　　　　　Fisher线性判别函数对原始资料的判别结果

	级别	1	2	3	总计
样品数	1	10	1	0	11
	2	3	20	2	25
	3	1	1	14	16
判别正确率 /%	1	90.91	9.09	0.00	100.00
	2	12.00	80.00	8.00	100.00
	3	6.25	6.25	87.50	100.00

2. 质构分析仪预测羊肉级别的验证

用 18 个样本（其中，2 个为一级，9 个为二级，7 个为三级）对肉羊的级别判别模型进行验证。结果见表 3-14：2 个一级样品中 2 个被判为二级；9 个二级样品中有 6 个被判为二级，3 个判为一级；7 个三级样品中 1 个判为一级，1 个判为三级，5 个判为二级。一级产品的判别结果不好，这主要是因为，样本数太少，导致误差成为影响结果的主要因素。但从二、三级的判别结果来说还是可以接受的，采用质构分析仪对羊肉级别的判别，总体上来说还要增大样本量来进一步观察。

表3-14　　　　　　　　　质构分析仪对羊肉级别的验证

	级别	1	2	3	总计
样品数	1	0	2	0	2
	2	3	6	0	9
	3	1	5	1	7

3. 近红外光谱仪预测羊肉级别的验证

用 23 个样本（其中，3 个为一级，15 个为二级，5 个为三级）对肉羊的级别判别模型进行验证。结果见表 3-15：3 个一级样品中 2 个被判为一级，1 个被判为二级；15 个二级样品中有 13 个被判为二级，1 个判为一级，1 个被判为三级；5 个三级样品中 2 个判为三级，3 个判为二级。分析可知，红外光谱法预测羊肉的级别，其结果要优于质构分析法，这可能是因为，近红外光谱在预测膻味、嫩度、多汁性指标时，要比质构测定法准确，而这三个指标的准确度将直接影响判别模型的精度。近红外光谱法是采用鲜肉的光谱来预测熟肉的品质和级别，因此从适用性和方便性方面来说也具有优势。

表3-15　　　　　　　　　　　　红外光谱法对羊肉级别的验证

	级别	1	2	3	总计
	1	2	1	0	3
样品数	2	1	13	1	15
	3	0	3	2	5

第二节
羊肉理化品质近红外光谱检测技术

20 世纪 50 年代中后期，随着简易型近红外光谱仪器的出现及 Norris 等（1962）在近红外光谱漫反射中所做的奠定性工作，近红外光谱在测定农副产品（包括肉、蛋、奶、谷物、饲料、水果、蔬菜等）品质（如水分、蛋白、油脂含量等）等方面得到广泛应用。目前，近红外光谱分析技术作为一种现代化的快速分析技术，具有分析时间短、无需样品预处理、非破坏性、无污染以及成本低（陈福生等，2004）等特点，引起广大研究者的极大关注。

羊肉是一种高蛋白、低脂肪的肉类，营养价值十分丰富。随着人们生活水平的提高，对羊肉的需求越来越多，羊肉品质受到更多人的关注。由于羊只的饲喂条件、生长环境等不同，不同品种和不同部位的羊肉品质存在差异。传统的检测方法费时、耗力、具有破坏性，在羊肉品质检测和品种鉴别中的应用受到限制。近些年来，作为一种快速检测方法，近红外光谱技术广泛地应用于肉品品质快速检测中。对于近红外光谱技术检测肉中脂肪、蛋白质、水分等化学成分含量，国内外已有大量研究报道。本研究团队基于前人研究基础开展研究，从品种、部位、年龄、性别等角度，对我国主要绵羊品种的羊肉理化品质按国标方法进行检测，采用近红外光谱对其进行扫描，建立羊肉理化品质近红外光谱检测技术。采用近红外光谱分析技术实现羊肉品质测定与品种鉴别的快速检验，对于提高羊肉品质具有重要的实践意义和现实意义。

一、羊肉理化品质分析

我国羊品种多，不同的品种加工适宜性差异很大，如何区分不同品种不同部位羊肉，实现羊肉优质优价非常重要。面对现在肉羊品种繁杂的情况，亟须采取一种技术手段对现有羊品种进行筛选，提供一种鉴别不同品种羊肉的快捷有效方法，为品种鉴别奠定基础。大量研究表明，近红外光谱技术可以应用于不同畜种肉的鉴别，但是对于同一畜种不同品种的研究鲜有报道，特别是对于不同品种来源羊肉鉴别的研究报道更少。本研究团队首先对不同品种羊肉开展了理化品质分析，为后续开展近红外光谱技术奠定了数据基础。

本研究团队采集了滩寒杂交羊、藏羊等9个品种的羊肉，对其4个部位（前腿肉、后腿肉、羊脖肉、通脊）、两个年龄（六月龄与12月龄）、两种性别（公羊、母羊）的羊肉的pH、颜色（ΔE）、剪切力、系水力、水分含量、蛋白质含量、脂肪含量、灰分含量等羊肉品质指标进行测定分析。

（一）不同部位羊肉理化品质分析

从表3-16及图3-8中可知，前腿肉与后腿肉除蛋白质含量存在较大差异外（$P < 0.05$），其他理化品质无显著差异；羊脖肉与通脊水分含量、灰分含量存在显著差异（$P < 0.05$），其他理化品质接近；在蛋白质含量、水分含量、脂肪含量与灰分含量上，羊脖肉、通脊与前腿肉、后腿肉差异明显；在系水力、pH、剪切力、颜色（ΔE）上，前腿肉、后腿肉、通脊、羊脖肉无显著差异。以上分析表明，前腿肉与后腿肉理化品质接近，羊脖肉与通脊理化品质接近，在蛋白质含量、水分含量、脂肪含量与灰分含量上，前腿肉、后腿肉与羊脖、通脊之间存在显著差异。前腿肉、后腿肉、通脊肉、羊脖肉的剪切力无显著差异，但其平均值显示了一定的规律性，其中通脊的剪切力值最小，羊脖肉＜前腿肉＜后腿肉。

表3-16 不同部位羊肉的理化品质

部位	蛋白质 /%	水分 /%	脂肪 /%	灰分 /%	系水力 /%	pH	剪切力	ΔE
前腿	20.81 ± 0.73^b	74.53 ± 0.41^a	1.03 ± 0.60^b	1.31 ± 0.17^b	67.74 ± 0.38^a	5.86 ± 0.34^a	37 ± 10.97^a	63 ± 2.28^a
羊脖	21.94 ± 0.98^a	72.89 ± 1.99^a	2.22 ± 1.16^a	1.22 ± 8.41^b	64.84 ± 5.37^a	5.59 ± 0.33^a	35 ± 10.26^a	62 ± 2.95^a
后腿	21.99 ± 1.15^a	74.31 ± 1.76^a	1.00 ± 0.60^b	1.31 ± 0.27^b	66.47 ± 3.56^a	5.75 ± 0.57^a	39 ± 7.58^a	63 ± 3.01^a
通脊	22.45 ± 1.11^a	72.21 ± 1.20^b	2.18 ± 1.27^a	2.92 ± 1.87^a	65.75 ± 2.37^a	5.55 ± 0.27^a	33 ± 7.92^a	62 ± 4.88^a

注：①实验羊为滩寒杂交羊、乌珠穆沁羊、苏尼特羊、晋中绵羊的周岁母羊；②前腿肉、后腿肉、羊脖、通脊肉各取10个样品；③同列数据上标不同英文字母表示差异显著（$P < 0.05$）。

（二）不同年龄羊肉理化品质分析

羊的年龄对羊肉理化品质存在一定影响，故采集不同品种的6月龄与12月龄羊羊肉，从表3-17及图3-9可知，不同年龄的滩羊肉在脂肪含量、系水力、灰分含量、剪切力与颜色灰分含量、颜色（ΔE）上存在显著差异；乌珠穆沁羊肉的不同年龄对水分含量、系水力、pH及剪切力影响较大；不同年龄的杜泊羊肉在脂肪含量、系水力、

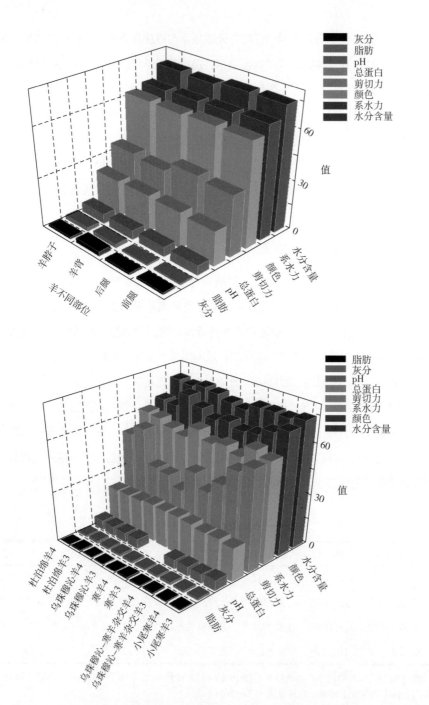

▸ 图3-8 不同部位羊肉理化品质分布图

▸ 图3-9 不同年龄羊肉理化品质分布图（3、6月龄；4、12月龄）

灰分含量与 pH 上存在显著差异；不同年龄的小尾寒羊肉在 pH 与颜色（ΔE）上存在显著差异；晋中绵羊肉受年龄影响较大的理化品质是灰分含量与剪切力值；不同年龄的苏尼特羊肉在灰分含量、pH 与颜色（ΔE）上存在显著差异，其他理化品质之间无差异；藏羊肉的理化品质受年龄影响的是水分含量、脂肪含量与 pH。以上分析表明，滩羊肉理化品质受年龄的影响较大，小尾寒羊肉、晋中绵羊肉、苏尼特羊肉及藏羊肉的理化品质受年龄的影响较小。

表3-17　不同年龄羊肉理化品质

样品信息		蛋白质/%	水分/%	脂肪/%	系水力/%	灰分/%	pH	剪切力	颜色（ΔE）
小尾寒羊	A	20.57±0.92a	75.66±5.07a	0.43±0.20a	73.23±5.35a	1.17±0.15a	6.38±0.66a	61±10.35a	61±2.12a
	B	21.73±1.96a	73.91±3.31a	0.70±0.35a	69.81±3.91a	1.11±0.13a	5.59±0.31b	56±11.07a	64±3.79b
苏尼特羊	A	22.34±0.49a	73.59±0.86a	0.42±0.17a	66.98±1.85a	1.26±0.11a	5.54±0.06a	36±4.55a	57±2.87b
	B	22.92±0.88a	73.76±0.97a	0.35±0.15a	71.27±0.84a	1.51±0.12b	6.40±0.19b	38±5.35a	62±6.59a
杜泊羊	A	21.68±0.40a	73.56±1.75a	0.89±0.42a	65.14±0.67a	1.54±0.21a	5.66±0.06a	58±13.62a	61±0.79a
	B	21.11±0.02a	74.69±1.03a	0.22±0.17b	65.96±1.98a	1.25±0.07a	5.73±0.16a	52±11.61a	62±0.51a
乌寒杂交羊	A	21.27±0.28b	74.33±0.14a	0.99±0.53a	65.61±2.58a	1.45±0.27a	5.54±0.05a	45±7.82a	57±1.33a
	B	22.62±1.26a	74.11±1.84b	0.76±0.13a	64.32±3.55a	1.29±0.13a	5.56±0.07a	37±10.45a	60±0.63a
晋中绵羊	A	22.87±0.13a	70.23±1.34a	1.15±0.64a	67.03±1.38a	1.02±0.17a	—	36±2.37a	61±0.07a
	B	23.01±0.07a	69.49±1.74a	1.23±0.17a	66.41±1.23a	1.53±0.24b	—	45±10.04b	60±0.02a
乌珠穆沁羊	A	22.99±0.78a	73.91±0.93a	0.52±0.30a	68.96±1.31a	1.35±0.12a	5.75±0.14a	37±5.77a	56±4.57a
	B	21.89±0.65a	75.27±1.13a	0.54±0.33a	73.57±1.89a	1.21±0.04a	5.69±0.05b	38±0.56b	58±1.22a
藏羊	A	23.09±0.74a	71.03±1.76a	2.93±1.08a	64.77±1.43a	1.15±0.05a	5.92±0.01a	43±2.73a	62±1.80a
	B	23.92±2.09b	72.38±1.62a	1.42±0.67b	67.74±2.18a	1.18±0.06a	5.97±0.19a	43±5.74a	62±3.07a
滩羊	A	23.11±0.33a	70.25±1.22a	1.21±0.23a	66.91±0.59a	1.03±0.09a	—	45±2.33a	58±0.12a
	B	22.77±0.15a	71.57±2.56a	0.36±0.15b	64.85±2.04b	1.25±0.13b	—	31±3.32b	63±0.17b

注：①实验样品为母羊通脊，每个年龄各取10只；A为6月龄羊肉，B为12月龄羊肉；②同列数据上标不同英文字母表示差异显著（$P < 0.05$）

（三）不同性别羊肉理化品质分析

性别对羊肉的理化品质存在一定影响，主要体现在脂肪含量、灰分含量、剪切力值、系水力及 pH 等理化品质上，其中小尾寒羊、苏尼特羊肉、杜泊羊、乌珠穆沁羊、乌寒杂交羊等受性别影响较大，藏羊与滩羊的性别对羊肉的理化品质影响较小。从表 3-18 及图 3-10 中可知，小尾寒羊的公母羊肉在蛋白质含量、脂肪含量、系水力与 pH 上存在显著差异，特别是脂肪含量，母羊肉的脂肪含量是公羊肉脂肪含量的数倍；苏尼特羊肉的公母羊肉在蛋白质含量、脂肪含量、灰分含量中存在显著差异；性别对杜泊羊肉的理化品质影响较大，公母羊肉在水分含量、脂肪含量、系水力、灰分含量、pH 及剪切力上均存在显著差异；乌寒杂交羊的脂肪含量、灰分含量与剪切力值受性别的影响较大；乌珠穆沁羊肉受性别的影响较大，公羊肉与母羊肉在脂肪含量、系水力、灰分含量、pH 与剪切力上存在显著差异；藏羊与滩羊的性别对羊肉的理化品质影响较小。由以上分析可知，羊的性别对羊肉的脂肪含量、灰分含量、剪切力值、系水力及 pH 影响较大，对羊肉的水分含量、蛋白质含量影响小，对颜色（ΔE）无影响。

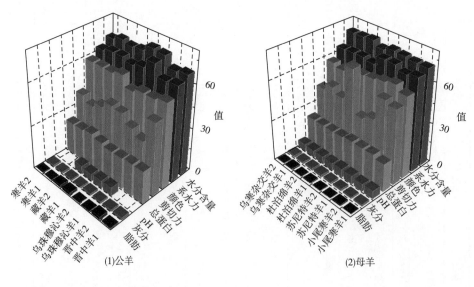

◄ 图3-10 不同性别羊肉理化品质分布图

(1)公羊　　(2)母羊

（四）不同品种羊肉品质分析

不同品种羊肉通脊样品的理化品质结果如表 3-19 及图 3-11 所示。蛋白质含量分布在 21.24%~24.18%，小尾寒羊肉的蛋白质含量最低，为 21.24%，与乌寒杂交羊肉蛋白质含量接近；藏羊肉的蛋白质含量超过小尾寒羊 2.84%，二者之间存在显著差异（$P < 0.05$）；晋中绵羊肉蛋白质含量较高，可达到 23.01%，与藏羊肉蛋白质含量无显著差异；其他各个品种羊肉的蛋白质含量差异不显著。

表3-18　不同性别羊肉理化品质

样品信息	性别	蛋白质/%	水分/%	脂肪/%	系水力/%	灰分/%	pH	剪切力	颜色（ΔE）
小尾寒羊	公	21.17±1.06[b]	72.59±1.87[a]	0.31±0.15[b]	69.91±1.29[a]	1.24±0.25[a]	5.98±0.85[a]	56±10.86[a]	61±3.51[a]
	母	23.08±0.48[a]	72.64±1.76[a]	1.00±0.23[a]	68.07±0.79[b]	1.20±0.14[a]	5.49±0.27[b]	58±9.94[a]	65±3.33[a]
苏尼特羊	公	22.87±0.45[b]	73.39±0.56[a]	0.28±0.05[b]	71.31±0.59[a]	1.49±0.16[b]	6.36±0.21[a]	40±6.01[a]	63±5.13[a]
	母	22.96±1.24[a]	74.12±1.21[a]	0.42±0.20[a]	71.20±1.19[a]	1.53±0.05[a]	6.31±0.19[a]	36±4.12[a]	61±8.17[a]
杜泊羊	公	21.78±0.37[a]	71.64±1.41[b]	0.84±1.04[a]	64.74±0.02[a]	1.72±0.08[a]	5.65±0.05[b]	68±10.98[a]	60±1.01[a]
	母	21.18±0.08[a]	75.23±0.25[a]	0.35±0.02[b]	66.07±1.83[a]	1.45±0.21[b]	5.77±0.10[a]	43±0.50[b]	62±0.83[a]
乌寒杂交羊	公	21.21±0.37[a]	74.41±0.61[a]	1.23±0.49[a]	65.86±3.50[b]	1.36±0.31[b]	5.55±0.11[a]	47±10.09[a]	56±0.96[a]
	母	21.38±0.30[a]	74.17±0.18[a]	0.50±0.31[b]	65.08±1.24[a]	1.63±0.28[a]	5.53±0.14[a]	42±1.14[b]	58±0.92[a]
晋中绵羊	公	23.04±0.49[a]	70.05±1.44[a]	0.83±0.37[b]	66.79±1.05[a]	1.64±0.16[a]	—	51±8.81[a]	60±1.39[a]
	母	22.96±0.19[a]	68.36±1.02[b]	2.03±1.11[a]	65.66±1.54[a]	1.32±0.34[b]	—	34±5.54[b]	58±2.46[a]
乌珠穆沁羊	公	21.89±0.64[a]	75.27±1.14[a]	0.53±0.13[a]	73.57±1.89[a]	1.21±0.06[b]	5.87±0.10[a]	38±4.56[b]	58±1.20[a]
	母	21.67±0.74[a]	76.08±0.05[a]	0.33±0.13[b]	67.23±0.97[b]	1.52±0.10[a]	5.59±0.16[b]	44±6.43[a]	55±0.80[a]
藏羊	公	22.91±0.93[a]	71.61±1.21[a]	2.01±1.59[b]	65.20±1.44[a]	1.14±0.06[a]	5.19±0.17[b]	45±2.54[a]	62±2.72[a]
	母	24.64±1.28[a]	70.60±2.55[a]	2.07±0.74[a]	67.39±2.78[a]	1.23±0.16[a]	5.77±0.34[a]	40±8.58[a]	60±2.78[a]
滩羊	公	23.11±0.33[a]	72.25±1.59[a]	0.76±0.84[b]	66.82±0.73[a]	1.26±0.15[a]	—	36±8.43[a]	60±3.22[a]
	母	22.77±0.15[a]	69.57±0.26[b]	0.79±0.37[a]	64.95±2.17[b]	1.29±0.07[a]	—	40±9.42[a]	60±3.51[a]

注：①实验样品为 12 月龄羊通脊，公母羊样品各取 10 只；②同列数据上标不同英文字母表示差异显著（$P < 0.05$）；"—" 表示样品指标未检测。

表3-19　　　　不同品种羊肉通脊的理化品质

品种	蛋白质/%	水分/%	脂肪/%	灰分/%	系水力/%	pH	剪切力	颜色（ΔE）
小尾寒羊	21.24±1.69ᵈ	74.64±4.16ᵃ	1.08±1.37ᵃᵇᶜ	1.13±1.35ᵈ	71.24±4.80ᵃ	6.04±0.66ᵃ	58±17.48ᵃ	63±0.05ᵃ
滩寒杂交羊	22.45±1.11ᵇᶜᵈ	72.21±1.20ᵃᵇ	2.18±1.27ᵃ	2.92±1.87ᵃ	65.75±2.37ᵇ	5.55±0.27ᵇ	35±7.92ᶜ	62±4.88ᵃᵇ
藏羊	24.18±1.41ᵃ	70.87±2.43ᵇᶜ	2.05±0.98ᵃᵇ	1.21±0.07ᶜᵈ	66.81±2.65ᵇ	5.81±0.31ᵃᵇ	41±7.77ᵇᶜ	61±0.05ᵃᵇ
苏尼特羊	22.64±0.76ᵃᵇᶜᵈ	73.68±0.89ᵃᵇ	0.38±0.16ᶜ	1.39±0.17ᵇᶜ	69.13±2.61ᵃᵇ	6.03±0.45ᵃ	37±4.89ᵇᶜ	60±0.10ᵃᵇ
乌珠穆沁羊	22.82±0.77ᵃᵇᶜᵈ	74.07±0.99ᵃ	0.51±0.26ᶜ	1.29±0.10ᵇᶜᵈ	69.78±2.54ᵃᵇ	5.72±0.15ᵃᵇ	37±5.74ᵇᶜ	60±0.06ᵃᵇ
晋中绵羊	23.01±0.07ᵃᵇ	69.49±1.74ᶜ	1.23±0.78ᵃᵇᶜ	1.53±0.24ᵇ	66.41±1.23ᵇ	—	45±13.04ᵃᵇᶜ	60±1.84ᵃᵇ
杜泊羊	21.38±0.35ᶜᵈ	74.03±2.08ᵃᵇ	0.84±0.86ᵇᶜ	1.54±0.21ᵇ	65.62±1.51ᵇ	5.69±0.08ᵃᵇ	51±14.70ᵃᵇ	61±1.01ᵃᵇ
滩羊	22.94±0.29ᵃᵇᶜ	70.91±1.81ᵇᶜ	0.79±0.52ᵇᶜ	1.27±0.99ᵈ	65.88±1.71ᵇ	—	38±8.44ᵇᶜ	60±1.95ᵃᵇ
乌尾杂交羊	21.27±0.28ᵈ	74.33±0.14ᵃ	0.99±0.52ᵃᵇᶜ	1.45±1.72ᵇᶜ	65.60±2.58ᵇ	5.55±0.34ᵇ	45±7.82ᵃᵇᶜ	57±1.33ᵇ

注：①实验样品为周岁母羊通脊，每个品种各取10只；②"—"表示样品指标未检测；③同列数据上标不同英文字母表示差异显著（$P < 0.05$）。

从表 3-19 可知，9 个品种羊肉的水分含量分布在 69.49%~74.69%。从表 3-19 及图 3-11 可见，不同品种之间相差较大：乌寒杂交羊肉与小尾寒羊肉、乌珠穆沁羊肉、杜泊羊肉水分含量大于 74%，水分含量高；苏尼特羊肉与滩寒杂交羊肉的水分含量分别为 73.68% 与 72.21%，水分含量接近，二者与藏羊肉、滩羊肉的水分含量存在显著差异（$P < 0.05$）；晋中绵羊肉与藏羊肉水分含量低，分别为 69.49% 与 70.87%。

从表 3-19 可知，9 个品种脂肪含量分布在 0.38%~2.18%，不同品种之间脂肪含量差异较大，其中苏尼特羊肉与乌珠穆沁羊肉的脂肪含量低，分别为 0.38% 与 0.51%；杜泊羊肉、滩羊肉、乌寒杂交羊肉的脂肪含量略高于苏尼特羊肉与乌珠穆沁羊肉，这五个品种羊肉的脂肪含量无显著差异；滩寒杂交羊肉与藏羊肉脂肪含量大于 2.0%，肌内脂肪含量丰富，与其他品种之间存在显著差异。

从图 3-11 可知，9 个品种的羊肉中滩寒杂交羊肉的灰分含量最高，可达到 2.92%，小尾寒羊肉灰分含量最低，为 1.13%；小尾寒羊肉与滩羊肉灰分含量接近；晋中绵羊肉与杜泊羊肉灰分含量接近；小尾寒羊肉、滩羊肉与晋中绵羊肉、杜泊羊肉灰分含量存在显著差异。

不同品种对羊肉系水力的影响不大，从表 3-19 及图 3-11 可知，小尾寒羊肉系水力最大，为 71.24%，与苏尼特羊肉、乌珠穆沁羊肉在系水力上无显著差异；滩寒杂交羊肉、藏羊肉、晋中绵羊肉、杜泊羊肉、滩羊肉、乌寒杂交羊肉的系水力含量接近，6 个品种羊肉系水力无显著差异，但是这 6 个品种羊肉与小尾寒羊肉在系水力上存在显著差异。

图3-11　不同品 ▶
种羊肉通脊理化
品质分布图

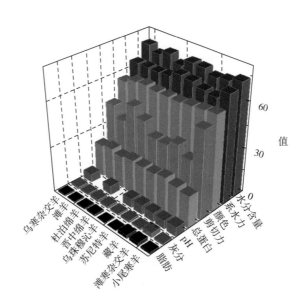

小尾寒羊肉与苏尼特羊肉 pH 接近，乌寒杂交羊肉与滩寒杂交羊肉 pH 接近，这两组数据之间存在显著差异；小尾寒羊肉与滩寒杂交羊肉的剪切力存在显著差异；小尾寒羊肉与乌寒杂交羊肉颜色（ΔE）存在显著差异，其他各品种之间均无显著差异。

从以上分析可知，藏羊肉与晋中绵羊肉的水分含量低，蛋白质含量、脂肪含量及灰分含量较高，系水力、剪切力值适中，在研究的 9 个品种羊肉中属于比较好的羊肉。乌珠穆沁羊肉与滩羊肉剪切力受年龄影响较大，其他品种羊肉剪切力值受年龄影响较小。

二、羊肉理化品质近红外光谱检测技术

传统的检测方法，如理化检验、感官检验、微生物检验等费时、耗力、具有破坏性。近红外光谱是近年发展起来的一种快速、绿色环保的检测方法，在肉品品质快速检测中发挥着重要作用。国内外众多学者已先后对近红外光谱检测肉中脂肪、蛋白质、水分等化学成分含量等方面进行了深入研究。Savenije 等（2006）利用近红外光谱对猪肉的品质进行了预测。Berzaghi（2005）等利用近红外光谱对鸡胸肉的脂肪含量进行预测，相关系数可达到 0.99。刘炜、俞湘麟等（2005）采用傅里叶变换近红外光谱法检测猪肉中肌内脂肪、蛋白质和水分含量，预测模型中肌内脂肪、蛋白质和水分的相关系数分别为 0.999、0.979、0.989。Viljoen（2007）等对冻干羊肉的蛋白质与脂肪含量建立了近红外光谱预测模型，二者的复相关系数达到 1.00。Yi（2010）采用近红外光谱分析生猪肉中的水分、脂肪和蛋白质含量等，发现近红外光谱与脂肪含量、水分含量及蛋白含量均具有较高的相关性（$R^2 \geqslant 0.75$）。

国内外学者的相关研究表明近红外光谱可以用于肉品品质检测，但是目前的研究主要集中在牛、猪及鸡肉等肉类中，对羊肉的研究较少，已有的研究也主要集中在冻干羊肉中。因此本团队采用近红外光谱对新鲜羊肉中的化学成分进行检测与分析，除去通脊表面的脂肪和肌膜之后，采用近红外光谱仪的平面漫反射光纤探头进行光谱扫描。扫描时，保持近红外光谱光线照射方向与肌纤维方向垂直，每个样品重复扫描 5 次。数据采用 SPSS 软件进行统计分析，近红外光谱采用 Unscrambler 软件偏最小二乘法（PLS）建立模型。将样品分为校正集与验证集，采用交叉验证的方法来检验模型的内部稳定性和拟合效果，以模型的校正决定系数（$R^2_{校正}$）、交叉验证均方根（RMSECV）及验证决定系数（$R^2_{验证}$）作为评价模型的指标。利用 10 个已知理化品质真实值的样品对建立好的羊肉品质近红外光谱模型进行验证。

（一）羊肉理化品质分析

采用国标方法测定了 143 个样品的水分、蛋白质、脂肪等成分的含量，结果见表 3-20，从表 3-20 可知，各个理化品质的变化范围较大。对表 3-20 中所有数据进行区间划分，结果见图 3-12，从表 3-20 及图 3-12 可知，各个成分的分布均匀，较符合正态分布，代表性强，样品集选择比较合适。

表3-20　　　　　　　　　　　　　　　　羊肉理化品质分布

测定指标	N	最小值 /%	最大值 /%	平均值 /%	相对标准偏差
水分	143	59.48	81.19	73.45	3.73
蛋白质	138	17.11	26.49	22.30	7.06
脂肪	137	0.018	5.51	1.23	92.5
系水力	120	56.45	78.96	68.49	5.7
灰分	131	0.96	2.25	1.28	16.4
pH	321	5.20	7.11	5.63	6.41
剪切力	134	20.47	100.83	42.79	32.51
颜色（ΔE）	143	49	69	61.5	6.65

图3-12　羊肉理 ▶
化品质分布直方图

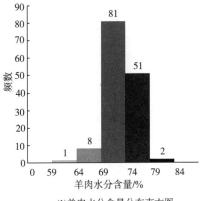

(1)羊肉水分含量分布直方图　　(2)羊肉蛋白质含量分布直方图

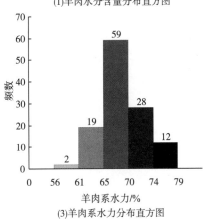

(3)羊肉系水力分布直方图

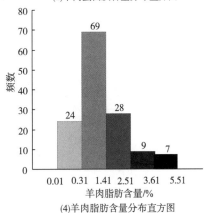

(4)羊肉脂肪含量分布直方图

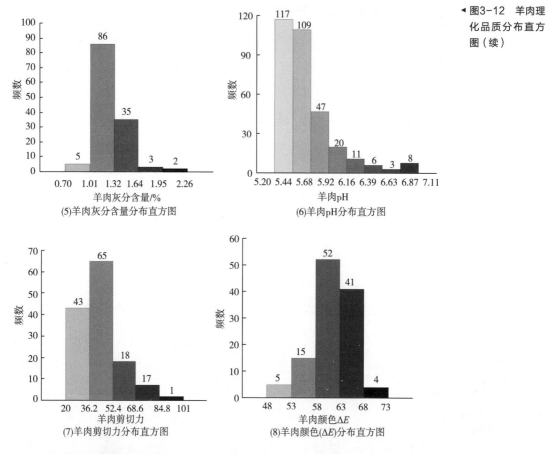

◀ 图3-12 羊肉理化品质分布直方图（续）

(5)羊肉灰分含量分布直方图

(6)羊肉pH分布直方图

(7)羊肉剪切力分布直方图

(8)羊肉颜色(ΔE)分布直方图

（二）羊肉的近红外光谱分析

采用 SupNIR-1520 便携式近红外光谱仪扫描羊肉样品，每个样品重复扫描 5 次，图 3-13 是 143 个样品的平均光谱曲线，从图中可知，光谱的形状基本一致，且有大量相对集中的谱图。在 1180nm 和 1430nm 处出现了强烈的吸收峰，它们分别是 C—H 的二级倍频吸收、O—H 伸缩振动的一级倍频以及 N—H 伸缩振动的一级

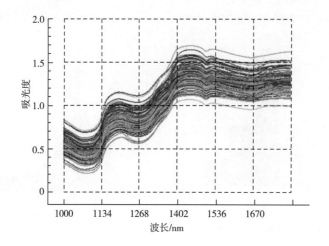

◀ 图3-13 143个样品近红外光谱图

倍频。另外在 1730nm 处可见到较小的吸收峰，这是 C—H 的一级倍频吸收。

（三）羊肉理化品质近红外光谱预测模型建立

采用偏最小二乘法（PLS）建立近红外光谱预测模型，并采取交叉验证对模型的稳定性进行验证。在采集的近红外光谱中往往包含一些与待测性质无关的信息，导致光谱的基线漂移以及噪声（刘发龙，2008），因此需要对原始光谱进行预处理。常见的预处理方法有数据平滑、求导、归一化、多元散射（MSC）等。

1. 羊肉水分含量近红外光谱预测模型建立

从表 3-21 可以看出，采用不同的光谱预处理方法建模得到的水分含量近红外光谱预测模型结果不同。比较各种预处理方法建立羊肉水分预测模型的主成分数、决定系数及交叉验证均方根（RMSECV），可知当采用多元散射校正（MSC）与标准归一化（SNV）等光谱产生处理方法对光谱进行预处理时，模型的主因子数为 11，$R^2_{校正}$ 可达到 0.93，$R^2_{验证}$ 为 0.87，具有较高的决定系数。图 3-14 为近红外光谱模型的预测值与真实值做散点图，由图可知模型的预测值与真实值较为接近，模型的预测效果好。

表3-21　　　　　不同预处理方法建立羊肉水分含量近红外光谱预测模型（n=133）

参数	预处理方法	主因子数	RMSECV	$R^2_{校正}$	$R^2_{验证}$
	无处理	12	1.19	0.82	0.69
	MSC	7	0.70	0.92	0.67
	SNV	11	0.77	0.93	0.82
	移动平均平滑	12	1.67	0.82	0.68
	标准化	8	1.79	0.70	0.50
	S-G 平滑	9	1.21	0.83	0.68
	基线校正	13	1.02	0.73	0.69
	MSC+ S-G 平滑	7	0.99	0.91	0.50
	MSC+SNV	11	0.77	0.93	0.87
	MSC+ 基线校正	14	0.94	0.90	0.80
	MSC+ 一阶求导	7	1.03	0.88	0.50
	MSC+ 移动平均平滑	11	1.63	0.68	0.52
水分	MSC+ 标准化	11	1.34	0.83	0.72
	SNV+ 基线校正	12	0.98	0.89	0.77
	SNV+ S-G 平滑	11	1.07	0.82	0.72
	SNV+ 移动平均平滑	11	1.06	0.81	0.69
	SNV+ 一阶导数	11	0.79	0.92	0.83

续表

参数	预处理方法	主因子数	RMSECV	$R^2_{校正}$	$R^2_{验证}$
	MSC+SNV+ 一阶导数	5	0.52	0.91	0.73
	MSC+SNV+ 标准化	5	2.12	0.46	0.37
	MSC+SNV+S-G 平滑	11	1.07	0.81	0.71
	MSC+SNV+ 基线校正	12	0.74	0.86	0.80
	SNV+ 一阶导数 + 标准化	7	0.89	0.91	0.46
	SNV+ 一阶导数 + 基线校正	9	0.42	0.95	0.61
	SNV+ 一阶导数 +S-G 平滑	8	0.71	0.91	0.68
	SNV+ 一阶导数 + 移动平均平滑	7	1.42	0.76	0.54

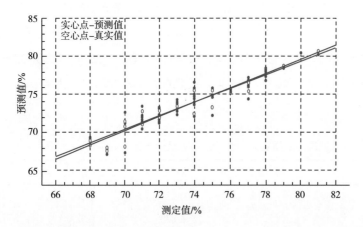

◀ 图3-14 羊肉水分含量近红外光谱预测值与真实值散点图

2. 羊肉蛋白质含量近红外光谱预测模型

表 3-22 为基于偏最小二乘法建立的羊肉蛋白质含量近红外光谱预测模型。当采用不同预处理方法时，$R^2_{验证}$相差不大，当对光谱进行一阶求导 + MSC+ S-G 平滑预处理时，建立的羊肉蛋白质含量近红外光谱预测模型效果比较好，此时模型的主因子数为 9，$R^2_{验证}$可达到 0.72。从图 3-15 可以看到，模型的预测值与真实值较为接近，可以应用于预测中。

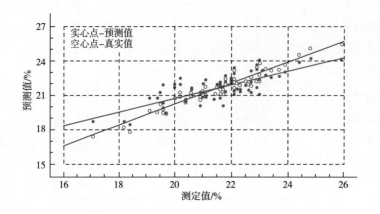

◀ 图3-15 羊肉蛋白质含量近红外光谱预测值与真实值散点图

表3-22　　　　不同预处理方法建立羊肉蛋白质含量近红外光谱预测模型（ n =128 ）

参数	预处理方法	主因子数	RMSECV	$R^2_{校正}$	$R^2_{验证}$
	无处理	13	0.71	0.74	0.62
	MSC	13	0.62	0.84	0.62
	一阶求导	8	0.58	0.89	0.64
	S–G 平滑	13	0.81	0.83	0.62
	基线校正	14	0.64	0.84	0.59
	移动平均平滑	13	0.65	0.82	0.51
	SNV	14	0.63	0.84	0.58
	MSC+ S–G 平滑	13	1.1	0.83	0.6
	MSC+ 一阶求导	8	0.39	0.93	0.52
	MSC+ 基线校正	13	0.62	0.83	0.59
蛋白质	MSC+ 移动平均平滑	13	0.6	0.81	0.57
	MSC+SNV	14	1.05	0.84	0.56
	一阶求导 + MSC	8	0.96	0.91	0.68
	一阶求导 + S–G 平滑	9	0.62	0.85	0.69
	一阶求导 + 基线校正	10	1.09	0.91	0.64
	一阶求导 + 移动平均平滑	9	0.93	0.86	0.63
	一阶求导 +SNV	8	0.98	0.89	0.61
	一阶求导 +MSC+ 基线校正	8	0.95	0.88	0.66
	一阶求导 +MSC+ 移动平均平滑	9	0.85	0.89	0.72
	一阶求导 +MSC+ SNV	14	0.67	0.83	0.71
	一阶求导 +MSC+ S–G 平滑	9	0.54	0.90	0.72

3. 羊肉脂肪含量近红外光谱预测模型

对采集到的 127 条光谱进行处理并建立羊肉脂肪含量近红外光谱预测模型。从表 3-23 可知，对光谱进行 MSC+ 一阶求导后，所建模型的 $R^2_{校正}$ 为 0.81， $R^2_{验证}$ 为 0.61，主因子数为 7，模型结果较好。

4. 羊肉系水力近红外光谱预测模型

表 3-24 为羊肉系水力偏最小二乘法建立近红外光谱模型结果。从表 3-24 中可知，当采用 SNV+ 基线校正 +MSC 时，模型的 $R^2_{校正}$ 较高，为 0.70， $R^2_{验证}$ 为 0.65，主成分数为 5。图 3-17 为模型预测值与真实值散点图，从该图可知，预测值与真实值比较接近，模型的预测效果较好。

表3-23　　　　　　不同预处理方法建立羊肉脂肪含量近红外光谱预测模型（n=127）

参数	预处理方法	主因子数	RMSECV	$R^2_{校正}$	$R^2_{验证}$
脂肪	无处理	13	0.39	0.88	0.60
	MSC	6	0.78	0.51	0.46
	一阶求导	4	0.52	0.79	0.39
	基线校正	5	0.67	0.52	0.42
	SNV	6	0.77	0.53	0.41
	S-G 平滑	6	0.80	0.49	0.40
	移动平均平滑	5	0.79	0.48	0.41
	MSC+ 基线校正	6	0.78	0.52	0.42
	MSC+ SNV	3	0.62	0.48	0.42
	MSC+ S-G 平滑	6	0.77	0.52	0.41
	MSC+ 移动平均平滑	6	0.77	0.53	0.43
	MSC+ 一阶求导	7	0.47	0.81	0.61

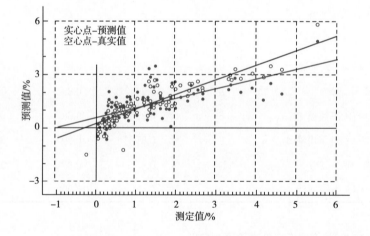

◀ 图3-16　羊肉脂肪含量近红外光谱预测值与真实值散点图

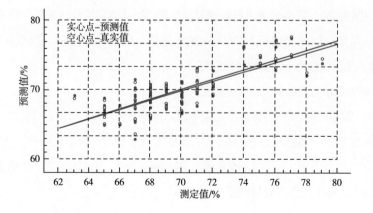

◀ 图3-17　羊肉系水力近红外光谱预测值与真实值散点图

表3-24　　　　不同预处理方法建立羊肉系水力近红外光谱预测模型（n=127）

参数	预处理方法	主因子数	RMSECV	$R^2_{校正}$	$R^2_{验证}$
	无处理	6	2.67	0.59	0.52
	MSC	4	2.39	0.63	0.58
	SNV	4	2.37	0.64	0.58
	一阶求导	5	2.33	0.71	0.60
	标准化	5	2.71	0.57	0.50
	S-G 平滑	6	2.67	0.59	0.52
	基线校正	6	2.39	0.63	0.55
	MSC+ S-G 平滑	4	2.38	0.63	0.58
	MSC+SNV	4	2.37	0.64	0.58
	MSC+ 基线校正	4	2.39	0.64	0.58
	MSC+ 一阶求导	3	2.67	0.58	0.51
系水力	MSC+ 标准化	4	2.38	0.63	0.58
	SNV+ 基线校正	4	2.37	0.65	0.60
	SNV+ S-G 平滑	4	2.37	0.64	0.58
	SNV+ 一阶导数	3	2.68	0.58	0.51
	一阶求导 +S-G 平滑	5	2.33	0.68	0.59
	一阶求导 +MSC	3	2.74	0.56	0.49
	一阶求导 +SNV	3	2.50	0.57	0.51
	SNV+ 基线校正 +MSC	5	1.86	0.70	0.65
	SNV+ 基线校正 + 标准化	4	2.09	0.67	0.60
	SNV+ 基线校正 +S-G 平滑	5	2.06	0.69	0.61
	SNV+ 基线校正 + 一阶求导	3	2.67	0.58	0.51
	一阶导数 + S-G 平滑 + 标准化	3	1.81	0.70	0.64
	一阶导数 + S-G 平滑 + 基线校正	5	2.10	0.67	0.59
	一阶导数 + S-G 平滑 +SNV	4	2.02	0.70	0.60
	一阶导数 + S-G 平滑 +MSC	4	1.96	0.71	0.61

5. 羊肉灰分含量的近红外光谱预测模型

对采集的 121 条光谱进行处理并建立羊肉灰分含量近红外光谱预测模型。从表 3-25 可知，当对光谱采用单一预处理方法、两种或三种预处理方法结合时，建立模型的 $R^2_{验证}$ 最大仅为 0.44，羊肉灰分含量近红外光谱预测模型的效果较差。

表3-25 不同预处理方法建立羊肉灰分含量近红外光谱预测模型（$n=121$）

参数	预处理方法	主因子数	RMSECV	$R^2_{校正}$	$R^2_{验证}$
	无处理	10	0.11	0.41	0.19
	MSC	4	0.13	0.16	0.05
	一阶求导	8	0.10	0.87	0.26
	基线校正	9	0.11	0.32	0.13
	SNV	3	0.12	0.21	0.11
	S-G 平滑	11	0.08	0.54	0.16
灰分	去噪	4	0.10	0.42	0.17
	一阶求导 + 基线校正	8	0.08	0.89	0.37
	一阶求导 + SNV	7	0.12	0.84	0.27
	一阶求导 + S-G 平滑	8	0.78	0.51	0.41
	一阶求导 +MSC	7	0.18	0.73	0.17
	一阶求导 + S-G 平滑 +MSC	7	0.19	0.73	0.29
	一阶求导 + S-G 平滑 +SNV	14	0.12	0.69	0.44
	一阶求导 + S-G 平滑 + 基线校正	6	0.18	0.57	0.32

6. 羊肉 pH 的近红外光谱预测模型

采用偏最小二乘法建立羊肉 pH 的近红外光谱预测模型，结果见表 3-26。从表 3-26 可知，当对光谱进行 MSC 的建模效果较好，$R^2_{验证}$ 可达到 0.52。MSC 与 SNV 共同对近红外光谱进行预处理时，建立的近红外光谱模型较好，以这两种预处理方法为基础，结合其他方法共同作用原始光谱。采用 MSC、SNV 与一阶求导结合可得到比较好的预测模型，所建模型的 $R^2_{校正}$ 为 0.66，$R^2_{验证}$ 为 0.58，但是此时模型的主因子数较大，因此建立的模型有待进一步优化。图 3-18 为模型预测值与真实值散点图。

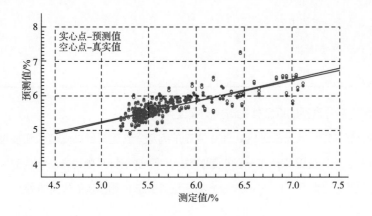

◀ 图 3-18　羊肉 pH近红外光谱预测值与测定值散点图

表3-26　　　　　不同预处理方法建立羊肉pH近红外光谱预测模型（n=301）

参数	预处理方法	主因子数	RMSECV	$R^2_{校正}$	$R^2_{验证}$
	无处理	10	0.28	0.57	0.45
	MSC	20	0.25	0.70	0.52
	一阶求导	10	0.27	0.72	0.39
	基线校正	14	0.27	0.53	0.43
	SNV	20	0.26	0.66	0.49
pH	S-G 平滑	15	0.19	0.52	0.45
	MSC+ 一阶求导	10	0.27	0.70	0.42
	MSC+ 基线校正	20	0.25	0.70	0.52
	MSC+ SNV	20	0.26	0.66	0.58
	MSC+ S-G 平滑	20	0.25	0.67	0.52
	MSC+ SNV+ 一阶求导	10	0.26	0.66	0.42
	MSC+ SNV+ 基线校正	20	0.26	0.66	0.49

7. 羊肉剪切力的近红外光谱预测模型

对采集到的 124 条光谱进行处理并建立羊肉剪切力近红外光谱预测模型。从表 3-27 可知，当采用 SNV、S-G 平滑与 MSC 结合可得到比较好的预测模型，所建模型的 $R^2_{校正}$ 为 0.69，$R^2_{验证}$ 为 0.59，主因子数为 10，羊肉剪切力的近红外光谱预测模型较好。图 3-19 为模型预测值与真实值散点图。

表3-27　　　　　不同预处理方法建立羊肉剪切力值近红外光谱预测模型（n=124）

参数	预处理方法	主因子数	RMSECV	$R^2_{校正}$	$R^2_{验证}$
	无处理	7	11.96	0.55	0.39
	MSC	5	10.41	0.50	0.42
	一阶求导	4	10.26	0.67	0.37
	基线校正	7	10.29	0.54	0.43
	SNV	6	10.27	0.54	0.47
剪切力	S-G 平滑	7	11.28	0.47	0.32
	SNV+ 基线校正	5	10.50	0.47	0.39
	SNV +MSC	5	10.40	0.50	0.42
	SNV+ S-G 平滑	6	10.78	0.57	0.53
	SNV+ 一阶求导	11	10.47	0.47	0.41
	SNV+ S-G 平滑 + 一阶求导	11	11.58	0.57	0.52
	SNV+ S-G 平滑 + 基线校正	11	11.73	0.59	0.55
	SNV+ S-G 平滑 +MSC	10	10.75	0.69	0.59

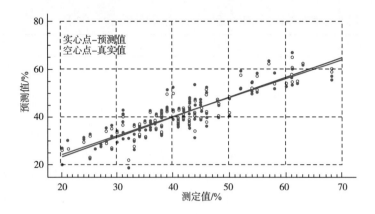

▶ 图3-19 羊肉剪
切力近红外光谱
预测值与测定值
散点图

8. 羊肉颜色（ΔE）的近红外光谱预测模型

采用不同预处理方法处理采集到的 128 条近红外光谱，建立羊肉颜色（ΔE）的近红外光谱预测模型，从表 3-28 可知，当采用 S-G 平滑与 MSC 对光谱进行预处理时，建立模型的 $R^2_{验证}$ 为 0.69，$R^2_{校正}$ 为 0.77，主因子数为 9。从图 3-20 可以看到，模型的预测值与真实值之间较为接近，可以应用于预测中。

表3-28　　　不同预处理方法建立羊肉颜色（ΔE）近红外光谱预测模型（n=128）

参数	预处理方法	主因子数	RMSECV	$R^2_{校正}$	$R^2_{验证}$
	无处理	10	1.98	0.63	0.62
	MSC	6	2.37	0.64	0.53
	一阶求导	8	2.24	0.85	0.64
	S-G 平滑	13	2.12	0.82	0.63
	基线校正	13	2.35	0.76	0.52
	标准化	12	2.11	0.62	0.51
	SNV	6	2.38	0.64	0.52
	S-G 平滑 +MSC	9	2.05	0.77	0.69
颜色	S-G 平滑 + 一阶求导	5	2.31	0.61	0.51
（ΔE）	S-G 平滑 + 基线校正	13	2.31	0.82	0.60
	S-G 平滑 + 标准化	8	2.22	0.69	0.57
	MSC+SNV	8	2.20	0.73	0.61
	一阶求导 + S-G 平滑	6	2.39	0.75	0.54
	一阶求导 + 基线校正	7	2.13	0.88	0.61
	一阶求导 +MSC	6	2.63	0.76	0.50
	一阶求导 +SNV	5	2.63	0.74	0.54
	S-G 平滑 +MSC+ 基线校正	6	1.94	0.72	0.59
	S-G 平滑 +MSC+ 标准化	9	2.16	0.65	0.61
	S-G 平滑 +MSC+ SNV	7	1.79	0.68	0.65
	S-G 平滑 +MSC+ 一阶求导	9	1.81	0.76	0.62

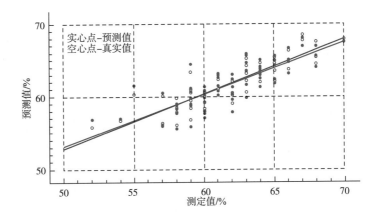

图3-20 羊肉颜色（ΔE）近红外光谱预测值与化学值散点图

（四）羊肉理化品质近红外光谱模型结果验证

利用10个已知水分含量、蛋白质含量、脂肪含量、系水力与颜色（ΔE）测定值的样品对建立的羊肉理化品质近红外光谱预测模型进行验证，结果见表3-29。从表3-29可知，水分含量的近红外光谱模型预测值与真实值平均偏差为0.90，但是1号样品的预测偏差达到2.64，与平均偏差相距较大；蛋白质含量的近红外光谱模型预测值与真实值较为接近，平均偏差为0.69；脂肪含量的近红外光谱预测值与真实值之间相差较大，平均偏差可达到0.41，特别是10号样品的脂肪含量真实值为0.40，而近红外光谱模型的预测值却达到1.42；系水力真实值与近红外光谱预测值之间相差较大，其中5号样品与7号样品，真实值与预测值之间相差15.19%与12.71%；颜色（ΔE）的真实值与近红外光谱模型的预测值较为接近。从以上分析可知，羊肉理化品质近红外光谱预测模型可预测羊肉中的水分含量、蛋白质含量、颜色（ΔE），对系水力与脂肪含量可进行粗略预测。可能的原因是羊肉水分含量、蛋白质含量、颜色（ΔE）值绝对值大，对于近红外光谱这种间接分析技术的相对误差要小一些，另一方面的原因可能是验证样品数量较小，样品的代表性有待进一步加强。

表3-29　　　　　　　　　　　近红外光谱预测值与真实值比较

理化品质	编号	预测样品真实值	样品近红外模型预测值	预测值与真实值偏差
	1	72.96	70.32	2.64
	2	70.75	71.12	0.37
	3	74.19	73.95	0.24
水分	4	72.13	71.45	0.68
	5	72.51	73.02	0.51
	6	77.63	77.99	0.36
	7	76.03	74.56	1.47

续表

理化品质	编号	预测样品真实值	样品近红外模型预测值	预测值与真实值偏差
水分	8	72.17	71.11	1.06
	9	73.49	72.26	1.23
	10	73.42	73.83	0.41
蛋白质	1	23.03	21.27	1.76
	2	21.60	22.03	0.43
	3	22.01	22.23	0.22
	4	21.72	22.43	0.71
	5	21.77	22.16	0.39
	6	18.39	18.41	0.02
	7	21.57	22.54	0.97
	8	23.88	22.60	1.28
	9	21.75	22.47	0.72
	10	23.15	23.55	0.40
脂肪	1	0.83	1.35	0.52
	2	0.67	0.96	0.29
	3	2.67	1.92	0.75
	4	0.52	0.58	0.06
	5	0.79	1.17	0.38
	6	0.99	0.70	0.29
	7	1.98	2.23	0.25
	8	1.37	1.05	0.32
	9	1.45	1.29	0.16
	10	0.40	1.42	1.02
系水力	1	65.45	67.28	1.83
	2	68.54	67.63	0.91
	3	65.09	69.35	4.26
	4	63.48	67.61	4.13
	5	60.60	69.81	9.21
	6	69.21	67.85	1.36
	7	59.74	67.33	7.59
	8	68.98	72.50	3.52

续表

理化品质	编号	预测样品真实值	样品近红外模型预测值	预测值与真实值偏差
系水力	9	67.96	67.97	0.01
	10	70.34	74.83	4.49
颜色（ΔE）	1	67.02	66.79	0.23
	2	63.62	60.79	2.83
	3	64.78	63.25	1.53
	4	62.11	64.49	2.38
	5	65.30	58.84	6.46
	6	58.70	59.22	0.52
	7	64.41	63.00	1.41
	8	63.41	62.72	0.69
	9	63.56	62.21	1.35
	10	66.26	64.65	1.61

第三节
羊胴体分级模型与近红外光谱评定技术

胴体分级是指应用在市场上人所共识的语言对畜胴体特征进行恰当的描述，并根据胴体的一些相关经济性状将其划分为不同的等级。目前，世界上胴体分级主要包括两个方面：一是胴体产量分级，以胴体出肉率为依据而分级，胴体出肉率一般以少数几个指标建立回归模型而进行估测；二是胴体质量分级，对胴体肉的可食性，即嫩度、多汁质和风味等进行评定，主要评价指标为大理石纹、生理成熟度以及肌肉、脂肪的结实度、颜色等。

美国制定羊胴体分级标准比较早，1931 年就发布了关于羔羊肉、1 岁龄羊肉及成年羊肉的分级标准。此后经过十余次的修改和完善，到 1992 年形成了比较完备的国家标准并沿用至今。该标准由产量等级和质量等级构成，产量等级（YG）用于估计腿、腰部、肋部和肩部的去骨零售切块肉；质量等级表示羊肉的适口性或食用特性。产量等级由高到低分五个等级，计算公式为：YG = 0.4 +（10× 脂肪厚度）。

新西兰羊肉分级标准的主要指标是胴体重和脂肪含量，而脂肪含量是通过测量肋脂厚度（GR）来确定的，GR 测定是指胴体表面到肋骨间的脂肪厚度，测定部位是第 12 和第 13 肋之间距背脊中线 11cm 处（Chandraratne 等，2006）。

澳大利亚根据绵羊的生理成熟度、性别、体重和膘厚进行羊胴体分级。首先是按生理成熟度和性别划分为羔羊、幼年羊、成年羊和公羊，然后再根据胴体的重量和膘厚进行质量分级。澳大利亚根据胴体的重量把各类羊肉胴体分为轻（L）、中（M）、重（H）和特重（X）四个等级，对其具体指标都有明确的规定（Cameron 等，1978；Cuthbertson 等，1976）。

我国目前有标准 NY/T 630—2002《羊肉质量分级》对羊肉进行分级。该标准根据生理成熟度将羊肉划分为三类——大羊肉、羔羊肉和肥羔羊，根据胴体重、肥度、肋脂厚度、肉质硬度、肌肉发育程度、生理成熟度和肉脂色泽共七个指标将每类羊肉分为四个级别，分别是特等级、优等级、良好级和可用级。但是该标准的分级指标中没有涉及出肉率的指标，也没有产量分级的相关描述。美国羊肉分级标准中建立了产量分级方程：产量级 = 0.4 +（10× 脂肪厚度）；我国牛肉质量分级中也建立了产量分级方程：分割肉质量 =-5.9395+0.4003× 胴体质量 +0.1871× 眼肌面积，并根据分割肉质量将牛肉分为五个级别。因此，本研究团队从产量分级出发，根据胴体出肉率对羊肉进行分级，参考国外分级标准，结合我国加工方式、肉羊品种特点和消费习惯，筛选出产量分级指标并建立符合我国羊肉产业发展现状的产量分级方程，为企业开展羊胴体分级提供技术支撑。

一、羊肉分级指标测定方法

我国是羊肉生产和消费大国，但不是加工强国，羊肉产品良莠不齐，90% 的产品没经过分级，优质不优价的现象普遍存在。一个很重要的原因就是我国尚无统一的羊肉等级评定标准和方法，没有对商品羊胴体进行合理的分级。本研究团队参考美国、澳大利亚、新西兰等国的羊肉分级标准，结合我国羊肉、猪肉、牛肉分级标准，确定了我国羊胴体测定方法，并制定了肌肉、脂肪颜色和大理石花纹标准板。

（一）羊胴体性状测定方法

胴体重：宰后去除毛皮、头、蹄、内脏及体腔内全部脂肪后，对个体进行称量。

腿部肌肉得分：参考美国羊肉分级标准，采用感官评价法进行评定，腿部肌肉得分分值范围为 9~15，具体参考图示见图 3-21。

眼肌面积：在胴体 12~13 肋骨处垂直切断背最长肌（眼肌），用硫酸纸覆盖于眼肌横断面上，用深色笔沿眼肌边缘描出眼肌轮廓，再用求积仪求出眼肌的面积，单位为平方厘米。

图3-21 腿部肌▶
肉得分参照图示

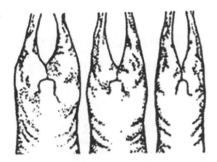

图3-22 背膘厚▶
度的测定部位

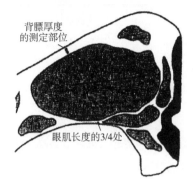

背膘厚度
的测定部位

眼肌长度的3/4处

图3-23 肋脂厚▶
度测定部位

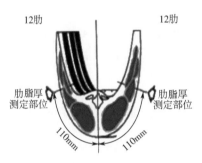

12肋　　　　　　　　　12肋

肋脂厚　　　　　　　　　　肋脂厚
测定部位　　　　　　　　　测定部位

110mm　　110mm

图3-24 腹壁厚▶
度的测定部位

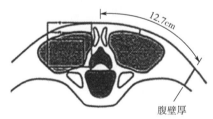

12.7cm

腹壁厚

标准差和变异系数见表 3-30。

背膘厚度: 在羊胴体 12~13 肋骨处切开, 从靠近脊柱的一端起, 在眼肌长度的 3/4 处, 垂直于外表面测量该处的脂肪厚度, 即为背膘厚度, 见图 3-22。

肋脂厚度: 在羊胴体 12~13 肋骨处切开, 测量 12 肋骨距离脊柱中心 11cm 处脂肪的厚度, 见图 3-23。

腹壁厚度: 在羊胴体 12~13 肋骨处切开, 测量距脊柱中心 12.7cm 处腹壁的厚度, 见图 3-24。

胴体出肉率: 将羊胴体剔骨分割后, 称胴体肉质量, 胴体肉质量占胴体重的百分数, 即为胴体出肉率, 其计算公式为:

$$胴体出肉率 = \frac{剔骨后的胴体肉质量}{胴体重} \times 100\%$$

（二）求积仪快速测定方法建立

1. 眼肌面积采集方法

在排酸后羊胴体 12~13 肋骨处切开, 用硫酸纸贴在横断的眼肌面上, 用 HB 铅笔沿眼肌边缘描下的轮廓。用求积仪直接测定硫酸纸上眼肌面积, 重复两次（误差不超过 1%）, 面积取其平均值。

2. 基础数据统计

对采集到的 294 只羊的基础数据进行分析, 得到眼肌面积的平均值、最大值、最小值、

表3-30			羊眼肌面积基础数据统计			
变量	N	均值	标准偏差	总和	最小值	最大值
长	294	5.54745	0.81496	1631	1.90000	7.50000
宽	294	2.60697	0.63004	766.45	1.60000	6.70000
求积仪	294	11.237	2.72228	3304	5.60000	23.2300

3. 相关性分析

通过求积仪得到眼肌面积的真实值，通过直尺测量得到眼肌面积的长和宽，计算眼肌面积的长 × 宽，将其结果与眼肌面积的真实值进行相关性分析，结果见表3-31。

表3-31　　　　　　　　眼肌面积真实值与眼肌面积长×宽之间的相关性分析

	求积仪	眼肌面积长	眼肌面积宽	眼肌面积长 × 宽
求积仪	1.00000	0.55568	0.58988	0.91948
眼肌面积长	0.55568	1.00000	−0.17855	0.58594
眼肌面积宽	0.58988	−0.17855	1.00000	0.64792
眼肌面积长 × 宽	0.91948	0.58594	0.64792	1.00000

由表 3-31 可知，眼肌面积的真实值和眼肌面积长 × 宽的相关系数最高，达到 0.91948，说明这两个值显著相关，可以对其进行回归拟合。

4. 回归分析

以求积仪测量得到的真实值为因变量，以直尺测量得到的长 × 宽为自变量，通过 SAS 进行回归分析，得到眼肌面积的线性回归方程为：眼肌面积 =0.68369× 长 × 宽 +1.41202（R^2=0.8454）。

再次采集 30 只羊胴体的眼肌面积数据，对拟合的眼肌面积方程进行假设性检验，$P < 0.05$ 说明假设性检验显著，方程拟合效果良好。

（三）肌肉、脂肪颜色标准板的制定

1. 肌肉和脂肪颜色采集方法

羊胴体排酸后在 12~13 肋骨处切开，眼肌面修整平整，静置 1h 待测。色差计用校正板标准化，然后将镜头垂直置于肉面上，镜口紧扣肉面（不能漏光），按下摄像按钮，色度参数即自动存入色差计。由于肉面颜色随位置而异，故每个肉面重复 5 次，不断改变位置重复度量，取平均数。

通过色差计测量眼肌处肌肉的颜色，得到亮度（L）、红度（a）、黄度（b），进而通过 $\Delta E= [(L-L_0)^2+ (a-a_0)^2+ (b-b_0)^2]^{1/2}$ 可以计算出 ΔE 值，代表总色差的大小，即所测颜色偏离标准白板的变化情况。

2. 肌肉颜色感官评定方法

在日光灯下对羊肉颜色进行感官评价，参考图示见图 3-25。评价人员为车间富有经验的工人和本团队成员，取每个样本的平均值。

图3-25　参考颜▶
色等级图

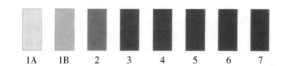

| 1A | 1B | 2 | 3 | 4 | 5 | 6 | 7 |

3. 影响颜色指标参数的确定

参考我国牛肉颜色标准板，在日光灯下对所测样本进行感官评级，参考图示见图3-25。为了更好地判定最能反映肌肉和脂肪颜色的指标，对感官评定级别和色差计测量指标之间进行了相关性分析，结果见表3-32。

表3-32　　　　　　　　　感官评定得分与色差计指标间的相关性分析

相关性分析	L	a	b	ΔE
感官评定得分	−0.83176	0.79101	0.55469	0.91369

从表3-32可知，感官评定得分和 ΔE 值的相关系数最大，为0.91369，高于感官评定得分与 L、a、b 值的相关系数，说明 ΔE 值与感官评定得分的相关性最大。因为 ΔE 值代表所测样本颜色偏离标准白板的变化情况，能够更好地反映颜色的变化。进一步根据 ΔE 值的区间变化确定肌肉、脂肪颜色标准板。

4. 肌肉颜色标准板的制定

本研究团队分析了461只羊胴体肌肉颜色的 L、a、b 值，计算得到 ΔE 值，经统计分析后得到其平均值、最大值、最小值、标准偏差、标准误差和变异系数见表3-33。

表3-33　　　　　　　　　羊肌肉颜色 ΔE 值基础数据统计

样本量	均值	最小值	最大值	标准偏差	标准误差	变异系数
461	61.2063511	49.0700000	70.4600000	3.6681173	0.1708413	5.9930338

由表3-33可知，肉色的 ΔE 值范围为49.07~70.46，对其进行区间划分见图3-26。依据图示将羊胴体肌肉颜色划分为六个级别，各个级别的 ΔE 和 L、a、b 值见表3-34。

图3-26　羊肌肉▶
颜色 ΔE 值的分布
直方图

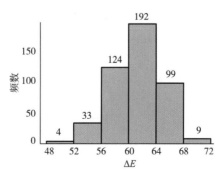

表3-34 羊胴体肌肉颜色标准板等级的划分

等级	范围	频数	频率	ΔE	L	a	b
一	$\Delta E \leq 52$	4	0.868	49.07	50	12.316	8.304
二	$52 < \Delta E \leq 56$	33	7.158	54.58	45.552	16.572	7.8
三	$56 < \Delta E \leq 60$	124	26.898	58.116	41.518	15.814	7.42
四	$60 < \Delta E \leq 64$	192	41.649	62	38.762	20	6.988
五	$64 < \Delta E \leq 68$	99	21.475	66.16	33.27	17.02	6.194
六	$68 < \Delta E$	9	1.952	70.46	27.97	13.256	3.264

应用 Photoshop 图像处理技术，输入相应的 L、a、b 值，可以返回一种颜色，就是对应的羊胴体肌肉等级颜色，见图 3-27。

一级	二级	三级	四级	五级	六级

◀ 图3-27 羊胴体肌肉颜色标准板

应用此标准板在羊肉分割车间进行实地验证，发现颜色有些许偏差，二级、三级和四级肉色不是很好区分，用相机进行现场照相，再对肉色标准板进行修订，得到最终的羊肉肌肉颜色标准板见图 3-28。

肌肉颜色标准板

1　　2　　3　　4　　5　　6

◀ 图3-28 修订后肌肉颜色标准板

5. 脂肪颜色标准板的制定

本团队将 437 只羊胴体脂肪颜色的 L、a、b 值，计算得到 ΔE 值，经统计分析后得到其平均值、最大值、最小值、标准偏差、标准误差和变异系数见表 3-35。

表3-35 羊脂肪颜色ΔE值基础数据统计

样本量	均值	最小值	最大值	标准偏差	标准误差	变异系数
437	22.5984603	13.6500000	37.3670000	3.9642932	0.1896379	17.5423153

由表 3-35 可知，肉色的 ΔE 值范围为 13.65~37.367，对其进行区间划分见图 3-29。依据图示将羊胴体肌肉颜色划分为六个级别，各个级别的 ΔE 和 L、a、b 值见表 3-36。

图3-29　羊脂肪 ▶
颜色 ΔE 值的分布
直方图

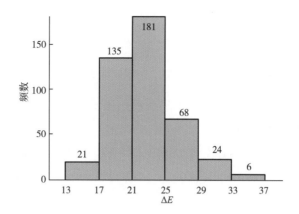

表3-36 　　　　　　　　　　　　羊胴体脂肪颜色标准板等级的划分

等级	范围	频数	频率	ΔE	L	a	b
一	$\Delta E \leqslant 17$	21	4.805	13.65	84.672	1.97	7.38
二	$17 < \Delta E \leqslant 21$	135	30.892	19.028	79.49	2	8.76
三	$21 < \Delta E \leqslant 25$	181	41.419	23.006	74.5	1.58	5.6
四	$25 < \Delta E \leqslant 29$	68	15.561	26.95	70.36	0.09	6.29
五	$29 < \Delta E \leqslant 33$	24	5.492	30.754	70.39	7.67	12.33
六	$33 < \Delta E$	6	1.373	37.367	66.67	6.58	7.66

　　应用 Photoshop 图像处理技术，输入相应的 L、a、b 值，可以返回一种颜色，就是对应的羊胴体肌肉等级颜色，见图 3-30。

图 3-30　羊胴体 ▶
肌肉等级颜色标
准板

　　应用此标准板在羊肉分割车间进行实地验证，发现颜色有些许偏差，颜色整体偏浅。由于脂肪颜色比较均匀，故用相机照下脂肪照片，用 Photoshop 进行截取处理，最后得到脂肪颜色标准板见图 3-31。

图3-31　修订后 ▶
的脂肪颜色标准板

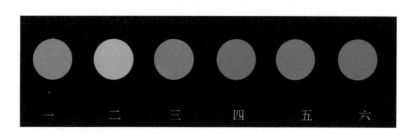

（四）大理石花纹标准板的制定

1. 大理石花纹采集方法

羊胴体排酸后在 12~13 肋骨处切开，对眼肌面修整平整。将数码相机调至微距且闪光灯关的状态进行拍照，得到所需的大理石花纹照片。

2. 验证试验方法的可行性

以美国牛肉大理石花纹板（图 3-32）为样本，用 Photoshop 进行图像处理，并应用 Matlab 软件计算大理石花纹比例，结果见表 3-37。对各个级别的大理石花纹比例建立折线图见图 3-33。

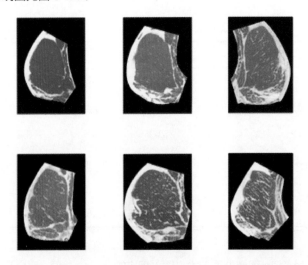

◀ 图3-32 美国牛肉大理石花纹标准板

表3-37 美国牛肉各级别的大理石花纹比例

级别	一级	二级	三级	四级	五级	六级
所占比例/%	0.761174	1.2645	4.3406	6.78386	9.15719	16.6112

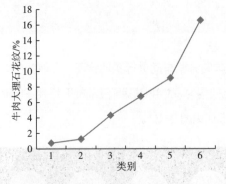

◀ 图3-33 各个级别大理石花纹比例折线图

由图 3-33 可知，牛肉不同级别的大理石花纹比例由低到高，呈现线性关系，验证了该方法的可行性。所以，进一步根据大理石花纹的比例来确定羊胴体大理石花纹的级别。

3. 大理石花纹标准板的制定

本研究团队采集了 157 只羊胴体的大理石花纹照片，筛选出花纹清晰可用的图片，应用 Photoshop 软件进行图片处理。图片处理过程见图 3-34。

图3-34　应用 ▶
Photoshop软件
图片处理过程

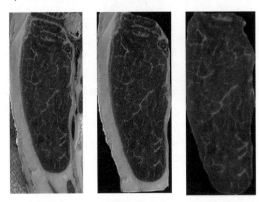

应用 Photoshop 对图像进行初步处理之后，应用 Matlab 对图像进行分析，编写对应程序，得到图片对应的大理石花纹比例。图像分析过程见图 3-35。

图3-35　大理石 ▶
花纹比例的计算
过程

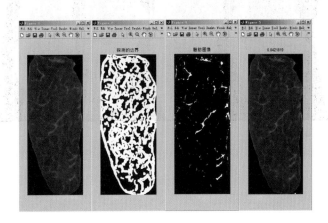

将根据大理石花纹的比例来确定羊胴体大理石花纹的级别，故对采集到的大理石花纹图像按照图 3-34 和图 3-35 所示方法进行处理和分析，得到每一张图片的大理石花纹比例，将所得的大理石花纹比例进行统计分析，见表 3-38。

表3-38　　　　　　　　　　　　　大理石花纹比例基本统计量　　　　　　　　　　　单位：%

样本量	均值	最小值	最大值	标准偏差	标准误差	变异系数
157	1.3267516	0	4.5000000	0.7820406	0.0624136	5.89440086

由表 3-38 可知，大理石花纹比例的范围为 0~4.5%，对其进行区间划分见图 3-36。

依据分布直方图将大理石花纹比例划分为六个级别，分别是一级 4.5%、二级 3.6%、三级 2.7%、四级 1.8%、五级 0.9%、六级 0%。根据大理石花纹比例找到

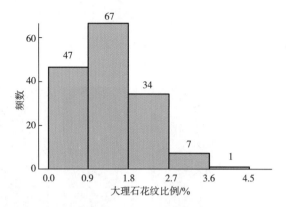

◀ 图3-36 大理石
花纹比例的分布
直方图

原始对应图像，将原始图像进行图层组合处理，即可得到大理石花纹标准板，见图
3-37。

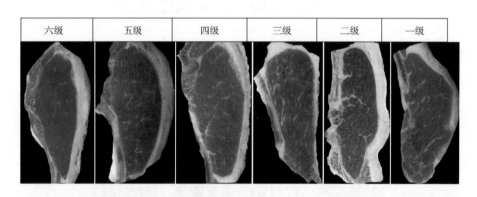

◀ 图3-37 修订前
的大理石花纹标
准板

　　在羊肉分割车间继续采集大理石花纹的图片，对大理石花纹标准板进行修订。
应用本研究团队制定的标准板对羊肉花纹进行评级，以便后续质量分级试验。在评级
中发现，标准板在四级、五级，一级、二级之间区分不是很明显，对应新采集到的花
纹照片对标准板进行修订和处理，得到最终的大理石花纹标准板，见图 3-38。

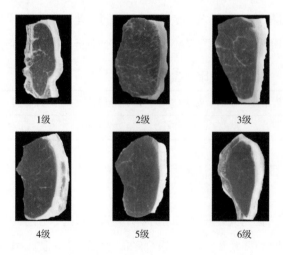

◀ 图3-38 修订后
的大理石花纹标
准板

大理石花纹极丰富为 1 级、丰富为 2 级、多量为 3 级、中等为 4 级、少量为 5 级、几乎没有为 6 级。

二、羊肉产量分级方法

本研究团队调研我国羊肉深加工企业并结合国内外羊肉分级标准，征集到可用的羊肉产量分级指标为：胴体重、腿部肌肉得分、眼肌面积、背膘厚度、肋肉厚度、腹壁厚度、胴体出肉率。通过主成分分析和相关性分析筛选出羊胴体产量分级指标，并测定了 274 只羊胴体的肋肉厚度，并采集该部位的近红外光谱，采用正交信号校正 OSC、S-G 求导和标准化相结合的预处理方法，建立肋肉厚度近红外预测模型。在此基础上，结合羊胴体产量分级方程和胴体出肉率的分级方法，建立了快速、无损的智能化产量分级模型。

（一）羊肉产量分级标准

胴体出肉率代表羊胴体分割后的出肉情况，所以根据胴体出肉率的高低可以对羊肉产量进行分级。本研究团队在宁夏、内蒙古、辽宁、山东采集到了 157 只羊的胴体出肉率数据，详见表 3-39。

表3-39　　　　　　　　　　　　　　胴体出肉率采集数据统计

采集地区	采集数量 / 只	胴体出肉率的均值
宁夏	89	71.38890 ± 5.84815
内蒙古	31	71.97860 ± 5.75544
辽宁	17	73.43315 ± 2.33805
山东	20	70.82509 ± 6.60182
合计	157	71.65487 ± 5.65916

对所有数据进行分析，所测胴体出肉率的范围是 54.27%~82.18%，对其进行区间划分见图 3-39。依据图示，根据胴体出肉率的大小，将羊肉产量级分为五个级别见表 3-40。

图3-39　胴体出 ▶
肉率的分布直方图

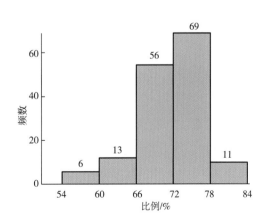

表3-40　　　　　　　　　　　　　　胴体出肉率分级方法

级别	胴体出肉率	频数	频率
一级	胴体出肉率 ≥ 78%	6	3.82%
二级	72% ≤胴体出肉率＜ 78%	13	8.28%
三级	66% ≤胴体出肉率＜ 72%	56	35.67%
四级	60% ≤胴体出肉率＜ 66%	69	43.95%
五级	胴体出肉率＜ 60%	11	7%

本研究团队根据胴体出肉率将羊肉产量划分为五个级别，但是胴体出肉率指标破坏性极大，严重影响了胴体的正常分割，因此本研究团队进一步探索了产量分级指标预测胴体出肉率。

（二）羊肉产量分级指标筛选

1. 初步筛选

参考美国、澳大利亚、新西兰等国的羊肉分级标准，结合我国羊肉、猪肉、牛肉分级标准，本研究团队征集到 10 个产量分级相关的指标，分别是生理成熟度、胴体重、瘦肉率、腿部肌肉得分、十三块分割肉重、眼肌面积、背膘厚度、肋脂厚度、腹壁厚度、体型构造，在此基础上对我国羊肉深加工企业进行调研，调研结果见图 3-40。

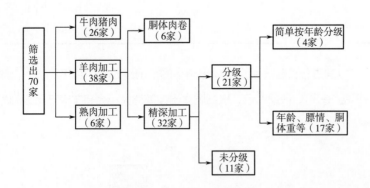

◀ 图3-40　羊肉深加工企业调研结果

结合羊肉加工企业调研的结果，对征集到的指标进行初步筛选，得到生产车间可用且较为方便的 6 个产量分级指标，分别是胴体重、腿部肌肉得分、眼肌面积、背膘厚度、肋脂厚度、腹壁厚度，为进一步筛选指标打下基础。

2. 进一步筛选

本研究团队对初步筛选得到的 6 个产量分级指标进行数据采集，得到 157 只羊胴体的胴体重、腿部肌肉得分、背膘厚度、肋脂厚度、腹壁厚度和眼肌面积数据，经统计分析后得到它们的平均值、最大值、最小值、标准差和变异系数见表 3-41。

表3-41　　　　　　　　　　　　　　羊胴体性状指标分析表

项目	指标					
	胴体重 /kg	腿部肌肉得分	背膘厚度 /mm	肋脂厚度 /mm	腹壁厚度 /mm	眼肌面积 /cm²
样本量	157	157	157	157	157	157
最小值	5.8	9	0	0	10.54	5.8
最大值	47.2	14	13.42	33.07	36.64	22.87
平均值	19.4759	11.65	4.6557	11.758	15.73	11.56
标准差	5.9492	1.86380	2.667	6.5276	5.8943	2.3671
变异系数	30.5463	18.11081	57.284	55.5146	53.0394	15.077

对 157 组产量分级指标数据进行相关性分析见表 3-42。从表中可以看出，肋脂厚度和腹壁厚度的相关系数最大，达到 0.97201，其他指标间的相关系数都大于 0.3，相关性较强，符合主成分分析的要求，即变量间的相关系数大于 0.3，通过主成分分析可以对数据进行有效的降维处理。

表3-42　　　　　　　　　　　　　　产量分级指标之间的相关性

	胴体重	腿部肌肉得分	背膘厚度	肋脂厚度	腹壁厚度	眼肌面积
胴体重	1.00000					
腿部肌肉得分	0.61707	1.00000				
背膘厚度	0.55261	0.52262	1.00000			
肋脂厚度	0.62262	0.58821	0.57847	1.00000		
腹壁厚度	0.61494	0.59765	0.56032	0.97201	1.00000	
眼肌面积	0.55424	0.47427	0.40115	0.64443	0.68655	1.00000

对六个产量分级指标进行主成分分析，结果见表 3-43。主成分 1 的累计贡献率已经达 80.5%，保留了原始数据的大部分信息，达到主成分分析的要求，因此，只需选取一个主成分就可以对羊胴体进行评定。表 3-44 为入选的特征值系数。由表可知，对主成分 1 影响较大的两个因素分别是肋脂厚度和腹壁厚度，载荷系数分别为 0.657184 和 0.615304。对主成分 1 中的肋脂厚度和腹壁厚度进行相关性分析，从表 3-42 可知，它们的相关系数可达 0.97201，进而对其进行回归分析可得到回归方程：腹壁厚度 =0.91145× 肋脂厚度 +0.47788（R^2=0.9448），腹壁厚度这个指标可以用肋脂厚度来代替，所以对主成分 1 影响最大的指标可以认为是肋脂厚度。因此得到羊胴体产量分级的指标为肋脂厚度。

表3-43 主成分分析特征根及贡献率

	特征根（λ）	贡献率 /%	累积贡献率 /%
1	24.1145790	0.8050	0.8050
2	2.6300786	0.0878	0.8928
3	1.6476498	0.0550	0.9478
4	0.9292661	0.0310	0.9788
5	0.3847160	0.0128	0.9917
6	0.2488810	0.0083	1.0000

表3-44 入选特征根系数

特征根系数	X1	X2	X3	X4	X5	X6	特征根	贡献率 /%	累积贡献率 /%
主成分 1	0.272645	0.114336	0.249925	0.657184	0.615304	0.199098	24.114579	0.8050	0.8050

（三）羊胴体产量分级模型的建立

1. 分级模型的拟合

应用 SAS 分析软件，对采集到的 157 只羊胴体的肋脂厚度和胴体出肉率进行线性和非线性拟合，以胴体出肉率为因变量，肋脂厚度为自变量，拟合的方程结果见表 3-45。

表3-45 拟合方程汇总

编号	曲线模型类型	拟合后方程	R^2
1	$y = ax+b$	$Y = 0.62014+66.79293x$	0.4243
2	$y = ax^2+b$	$Y = 70.30958+0.01696x^2$	0.2151
3	$y = ax^3+b$	$Y = 71.41732+0.00041437x^3$	0.1045
4	$y = ax^2+bx+c$	$Y = 63.50948+1.41521x-0.03313x^2$	0.5481
5	$y = ax^3+bx^2+cx+d$	$Y = 0.00287x^3-0.16296x^2+2.86722x+60.0043$	0.6194
6	$y = ax^4+bx^3+cx^2+dx+e$	$Y = 0.00020969x^4+0.01568x^3-0.40348x^2+$ $4.4222x+57.52945$	0.6405
7	$y = ax^5+bx^4+cx^3+dx^2+ex+f$	$Y = -3.17179\times10^{-8}x^5+0.00020729x^4+0.01562x^3-$ $0.4028x^2+4.4193x+57.53273$	0.6405
8	$y = 1/(ax+b)$	$Y = 1/(0.01504-0.00012578x)$	0.3802
9	$y = 1/(ax^2+b)$	$Y = 1/(0.01431-0.00000334x^2)$	0.1815
10	$y = 1/(ax^3+b)$	$Y = 1/(0.01409-7.99601\times10^{-8}x^3)$	0.0848
11	$y = 1/(ax^2+bx+c)$	$Y = 1/(0.00000739x^2-0.00030321x+0.01577)$	0.5145
12	$y = 1/(ax^3+bx^2+cx+d)$	$Y = 1/(-6.92625\times10^{-7}x^3+0.00003869x^2-0.00065324x+$ $0.01661)$	0.6047

续表

编号	曲线模型类型	拟合后方程	R^2
13	$y=a\exp(bx)$	$Y=66.65899\exp(0.00881x)$	0.4031
14	$y=a\exp(bx^2)$	$Y=70.0984\exp(0.00023723x^2)$	0.1984
15	$y=(a+bx)/x$	$Y=(78.28904x-32.30705)/x$	0.9935
16	$y=x/(a+bx)$	$Y=x/(0.01277+0.00596x)$	0.9900
17	$y=a+b\sqrt{x}$	$Y=60.86869+4.08113\sqrt{x}$	0.5466
18	$y=1/(a+b\sqrt{x})$	$Y=1/(0.01629-0.00084516\sqrt{x})$	0.5106
19	$y=a+b\exp(-x)$	$Y=73.46012-30.96608\exp(-x)$	0.4355
20	$y=1/(a+b\exp(-x))$	$Y=1/(0.01365+0.0704\exp(-x))$	0.4909

决定系数 R^2 与方程的预测能力成正比，系数越大，说明模型的预测能力越高，反之则越低。从表中可以看出，选择第 12 个模型 $y=(a+bx)/x$，决定系数 $R^2=0.9614$，预测能力相对较高，其拟合的方程为：

$$胴体出肉率 = \frac{-32.30705+72.28904\times 肋脂厚度}{肋脂厚度}\times 100\%$$

2. 最优方程的回归诊断

随机选取 40 组肋脂厚度和胴体出肉率数据验证回归模型的准确性。将选取的 40 个样本的肋脂厚度代入胴体出肉率回归方程中，计算出每只羊胴体出肉率的估测值，进而求出每个估测结果的残差值。

若有 95% 以上的试验点分布在（-2，2），且分布趋势的规律性不明显，表明残差与估测值之间没有相关关系，则可认为残差是标准正态分布，说明此回归方程较可靠。

为了进一步验证拟合方程的准确性，将随机选取的 40 个样本的肋脂厚度数据代入胴体出肉率回归方程中，计算出每只羊胴体出肉率的估测值，通过两样本的配对法 T-Test 检验，判断估测值与实测值的差异是否显著，其结果见表 3-46。

表3-46 回归方程的 T-Test检验结果

T-Test	样本量	标准差	标准误	最小值	最大值	t 值	P 值
真值－估测	40	5.1365	0.6325	−5.28	7.16	0.45	0.6544

根据检验结果 $t=0.45$，$P=0.6544$ 可知：胴体出肉率的估测值与实测值差异不显著（$t>0.05$），证明拟合的方程与实际符合程度高，准确性好，是可靠的。

三、羊肉质量分级方法

本研究团队经过企业调研征集到七个质量分级相关的指标，分别是生理成熟度、背膘厚度、肋脂厚度、眼肌面积、肌肉颜色、脂肪颜色和大理石花纹。经过系列研究确定了四个质量分级指标眼肌面积、肌肉颜色、脂肪颜色和大理石花纹的测量方法，并基于此建立了羊肉质量分级图示。

（一）羊胴体质量分级指标的筛选

1. 企业调研结果分析

胴体质量分级，对胴体肉的可食性，即嫩度、多汁性和风味等进行评定，主要评价指标为大理石纹、生理成熟度以及肌肉、脂肪的结实度、颜色等。和美国、新西兰羊肉质量分级相比，我国羊肉质量分级标准评定指标复杂，操作烦琐，量化指标交叉，实际评级困难。参考美国、澳大利亚、新西兰等国的羊肉分级标准，结合我国羊肉、猪肉、牛肉分级标准，已经得到羊肉质量分级指标，分别为生理成熟度、背膘厚度、肋脂厚度、眼肌面积、大理石花纹、肌肉颜色和脂肪颜色。本团队在确定了各个质量分级指标的基础上，对得到的指标进行筛选，以确定最终用于质量分级的指标，再将确定的指标分级，依据我国羊肉产业实际构建质量分级图示，确保本研究团队制定的分级模型切实可用，本研究团队深入企业调研召开研讨会征集质量分级指标，共调研企业 28 家，调研结果见表 3-47。

表3-47　　　　　　　　　　　　　质量分级指标调研结果

分级指标	生理成熟度	肋脂厚度	背膘厚度	肌肉颜色	脂肪颜色	大理石花纹	眼肌面积
得票数	28	14	8	17	2	9	4

由表可知，征集到的指标对羊肉质量影响由高到低分别为：生理成熟度、肌肉颜色、肋脂厚度、大理石花纹、背膘厚度、眼肌面积、脂肪颜色。生理成熟度是影响质量分级很重要的一个指标，其次是肌肉颜色、肋脂厚度和背膘厚度。

2. 实验结果分析

企业根据羊肉的质量将其做成法式羊排、蝴蝶排、剔全羊打肉卷三种类别的产品。依据产品将羊胴体划分为三个级别，将适合做成法式羊排的胴体定为一级；将适合做成蝴蝶排的胴体定为二级；将不适合排类产品，剔骨做成肉卷的胴体定为三级。对征集到的 7 个质量分级指标进行数据采集，得到 72 只羊胴体的生理成熟度、肌肉颜色、肋脂厚度、大理石花纹、背膘厚度、眼肌面积和脂肪颜色数据。同时参照感官评定方法对这 72 只羊胴体进行感官评级，经统计分析后得到它们的平均值、最大值、最小值、标准差和变异系数见表 3-48。

表3-48　　　　　　　　　　　　质量分级指标的基本统计量

变量	样本量	均值	最小值	最大值	标准偏差	标准误差	偏差系数
感官评定级别	72	1.6111111	1.0000000	3.0000000	0.6829009	0.0804806	42.3869542
生理成熟度	72	10.2916667	6.0000000	15.0000000	1.3782771	0.1624315	13.3921666
肋脂厚度	72	12.6154167	1.8800000	33.0700000	5.9246853	0.6982309	46.9638493
背膘厚度	72	5.6294444	0.9500000	13.4200000	2.6633643	0.3138805	47.3113174
花纹级别	72	4.5000000	2.0000000	6.0000000	1.1383210	0.1341524	25.2960217
肌肉级别	72	3.1388889	2.0000000	4.0000000	0.5643282	0.0665067	17.9785985
脂肪级别	72	3.0555556	2.0000000	5.0000000	0.8029679	0.0946307	26.2789492
眼肌面积	72	11.1905556	6.0500000	17.1500000	2.5143369	0.2963174	22.4683828

对于72只羊的九个指标进行相关性分析，结果见表3-49。

表3-49　　　　　　　　　　　　质量性状之间的相关性分析

	感官评级	生理成熟度	肋脂厚度	背膘厚度	花纹级别	肌肉级别	脂肪级别	眼肌面积
感官评级	1.00000	0.33170	−0.59091	−0.54939	0.19930	0.06903	0.11701	−0.04581
生理成熟度		1.00000	−0.12899	−0.01941	0.09426	0.03773	0.04878	0.11786
肋脂厚度			1.00000	0.88721	−0.30700	0.01211	0.01874	0.17435
背膘厚度				1.00000	−0.16306	−0.02450	−0.04279	0.12964
花纹级别					1.00000	−0.04385	0.20032	−0.08238
肌肉级别						1.00000	0.04490	0.14745
脂肪级别							1.00000	0.13679
眼肌面积								1.00000

通过相关性分析可知，和感官评定级别相关性最大的指标为肋脂厚度、背膘厚度和生理成熟度，相关系数分别为 −0.59091、−0.54939 和 0.33170。由于肋脂厚度和背膘厚度均为厚度指标，且它们之间具有较高的相关性，相关系数达 0.88721，故可用其中一个指标代替另外一个，由此可以确定和感官评定级别相关性高的指标为肋脂厚度和生理成熟度。

综合企业调研和试验的结果，最终确定羊胴体质量分级指标为肋脂厚度和生理成熟度，参考分级指标为肌肉颜色和大理石花纹。

（二）质量分级方法的建立

1. 肋脂厚度级别的划分

从采集到的数据中发现，肋脂厚度的范围在 0.24~24.7mm，参考澳大利亚羊肉分级中关于肋脂厚度范围的划分，可以将肋脂厚度分为 5 个级别，见图 3-41。

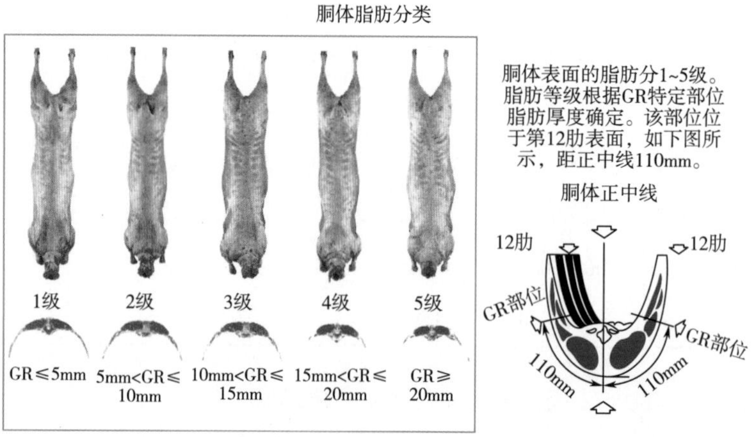

◄ 图3-41　澳大利亚肋脂厚度级别

根据澳大利亚羊肉分级中关于肋脂厚度范围的划分，对我们实验的肋脂厚度数据进行统计分析，结果见表 3-50。

表3-50　　　　　　　　　　肋脂厚度在各个级别中所占的比例

级别	肋脂厚度范围 /mm	比例 /%
一级	＞ 20	4.348
二级	15~20	8.696
三级	10~15	31.304
四级	5~10	28.696
五级	≤ 5	26.957

2. 生理成熟度级别的划分

我国现有羊只一般都是年后产仔，秋季进入屠宰旺季，冬季屠宰量最大。宰杀年龄一般都在六月龄以上，将近一年的羊只偏多，两年、三年的羊只较少。根据羊只生长规律和我国羊肉屠宰加工的实际情况，将生理成熟度分为四个级别，分别是肥羔羊（0~6 月）、羔羊肉（6~12 月）、大羊肉（12~24 月）、成年羊超过（24 月）。

3. 羊胴体质量分级图示的建立

在确定羊胴体质量分级指标的基础上，大量采集生理成熟度、肋脂厚度和感官评定级别的数据，构建质量分级图示。本研究团队对 171 只羊的三个指标进行统计分析，并基于此建立羊胴体质量分级图示见表 3-51。

表3-51　　　　　　　　　　　　　　羊胴体质量分级图示

级别	羔羊胴体分级	
	肋脂厚度（H）	胴体质量（m）
特等级	8mm ≤ H ≤ 20mm	绵羊 m ≥ 18kg 山羊 m ≥ 15kg
优等级	8mm ≤ H ≤ 20mm	绵羊 15kg ≤ m < 18kg 山羊 12kg ≤ m < 15kg
良好级	8mm ≤ H ≤ 20mm	绵羊 8kg ≤ m < 15kg 山羊 8kg ≤ m < 12kg
	5mm ≤ H < 8mm	绵羊 m ≥ 12kg 山羊 m ≥ 10kg
普通级	5mm ≤ H < 8mm	绵羊 8kg ≤ m < 12kg 山羊 8kg ≤ m < 10kg
	H < 5mm	绵羊 m ≥ 8kg 山羊 m ≥ 8kg
	H > 20mm	绵羊 m ≥ 8kg 山羊 m ≥ 8kg

级别	大羊胴体分级	
	肋脂厚度（H）	胴体质量（m）
特等级	8mm ≤ H ≤ 20mm	绵羊 m ≥ 25kg 山羊 m ≥ 20kg
优等级	8mm ≤ H ≤ 20mm	绵羊 19kg ≤ m < 25kg 山羊 14kg ≤ m < 20kg
良好级	8mm ≤ H ≤ 20mm	绵羊 16kg ≤ m < 19kg 山羊 11kg ≤ m < 14kg
	5mm ≤ H < 8mm	绵羊 m ≥ 19kg 山羊 m ≥ 14kg
普通级	5mm ≤ H < 8mm	绵羊 16kg ≤ m < 19kg 山羊 11kg ≤ m < 14kg
	H < 5mm	绵羊 m ≥ 16kg 山羊 m ≥ 11kg
	H > 20mm	绵羊 m ≥ 16kg 山羊 m ≥ 11kg

　　肌肉颜色作为分级参考指标，对其进行统计分析。质量级一级对应的肌肉颜色多为肌肉颜色标准板的三级和四级；质量级二级对应肌肉颜色标准板的二级和五级；质量级三级对应肌肉颜色标准板的一级和六级。故在评定羊胴体级别时，需要参照肌肉颜色标准板，见图3-28。

　　大理石花纹作为分级参考指标，对其进行统计分析。质量级一级多对应大理石花纹标准板的一级、二级、三级和四级；质量级二级对应大理石花纹标准板的四级和五级；质量级三级对应大理石花纹标准板的五级和六级。故在评定羊胴体级别时，需要参照大理石花纹标准板，见图 3-38。

肌肉颜色和大理石花纹作为辅助分级指标，完善质量分级图示。将肌肉颜色分为两个级别 A 级和 B 级，肌肉颜色的三级和四级划为 A 级，其余级别划为 B 级；将大理石花纹分为两个级别 A 级和 B 级，大理石花纹一级、二级、三级为 A 级，其余级别为 B 级。参考这两个辅助分级标准将羊胴体质量分为 12 个级别，详见表 3-52。

表3-52　　　　　　　　　　　　　　羊胴体质量分级细化级别

特等级	规格			
	AA	AB	BA	BB
优等级	AA	AB	BA	BB
良好级	AA	AB	BA	BB
普通级	AA	AB	BA	BB

注：第一个字母表示肌肉颜色级别；第二个字母表示大理石花纹级别，如特等级 AA 表示色泽为 A 级、大理石纹为 A 级的特等级羊肉。

四、羊胴体近红外分级技术

世界发达国家早在 20 世纪 20—30 年代就建立了畜禽胴体分级评定方法标准，并结合机械装置实现了机械化分级，目前正在开发智能化分级评定技术，以达到快速、准确、无损的在线分级。国外采用光电探针、超声波、电磁扫描、图形成像、近红外光谱扫描等技术开展了畜禽肉在线分级研究，并取得良好的成效，如 1994 年 Agresearch 发表了光电探针用于羊胴体的分级；1998 年 Broendum 用超声波自动分级系统对猪胴体进行了在线分级；2007 年 Rius-vilarrasa 利用图形成像技术在线预测了羊胴体产量等。在猪胴体分级评定方法上，我国采用 PG-100 瘦肉率测定仪建立了瘦肉率预测方程。在牛胴体分级评定方法上，主要有基于机器视觉和图像处理的牛肉自动分级评定技术，如陈坤杰等（2009 年）报道了基于计算机视觉和神经网络的牛肉颜色自动分级。

通过上述的探索，本研究团队得到羊肉人工产量分级方程，据此计算胴体出肉率，进而对羊胴体进行分级。在此基础上，结合近红外光谱分析技术，建立肋脂厚度近红外光谱预测模型，可以实现在线无损分级。

（一）肋脂厚度数据及光谱分析

1. 肋脂厚度数据分析

排酸 24h 之后的羊胴体经过喷淋、冲洗干净后推出，对羊胴体进行初步分割，去掉前腿、后腿、羊腩等部位后分割肋骨，用电子数显卡尺测量 12 肋骨表面距脊柱中线 11cm 处的脂肪厚度，即得到光谱对应的肋脂厚度。对 274 只羊胴体的肋脂厚度进行测量，经统计分析后得到它们的平均值、最大值、最小值、标准差和变异系数见表 3-53。

表3-53　　　　　　　　　　　　肋脂厚度基本统计数据

项目	样本数量	平均值	标准偏差	标准误差	最小值	最大值	变异系数
肋脂厚度 /mm	274	12.4004745	6.0309895	0.3643454	0.27	33.07	48.6351514

2. 光谱分析

光谱采集方法为：排酸 24h 之后的羊胴体经过喷淋、冲洗干净后推出，对羊胴体进行初步分割，去掉前腿、后腿、羊腩等部位后，现场用便携式近红外光谱仪对 12 肋骨表面距脊柱中线 11cm 处进行近红外光谱扫描，每个样本采集 5 条光谱，光谱信息保留在近红外光谱仪中。

按照上述近红外光谱采集方法对羊胴体近红外光谱进行现场扫描，得到一个样本肋脂厚度近红外光谱图见图 3-42。

图3-42　羊肉近 ▶
红外光谱图

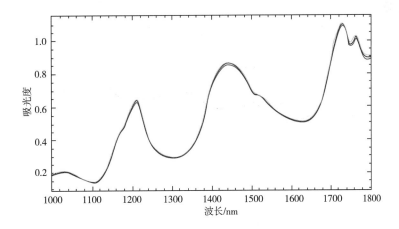

近红外光谱的常见分析有漫反射光谱和透射光谱两大类。采用的便携式近红外光谱仪为平面漫反射，在漫反射过程中，分析光与样品表面或内部作用，光传播方向不断变化，最终携带样品信息又反射出样品的表面，然后由检测器进行检测。便携式近红外光谱仪测试条件：近红外光谱扫描范围为 1000~1800nm；扫描次数为 32 次；光谱分辨率为 ≤ 12nm；实验温度为 25℃。

按照上述近红外光谱采集方法对 274 只羊胴体近红外光谱现场扫描，得到羊胴体肋脂厚度近红外光谱库。见图 3-43。

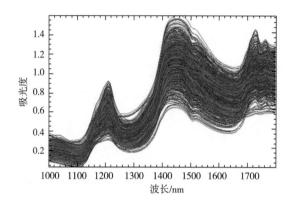

◄ 图3-43　羊肉近红外光谱库

从羊肉的近红外光谱图中可以看到，在 1000~1800nm 光谱区间，样品在各区段表现出独特吸收，在 1205nm、1440nm 和 1720nm 处均有特征吸收。分析各个吸收峰，1205nm 处为亚甲基 C—H 二级倍频吸收，1440nm 处为水分子中 O—H 键伸缩振动的一级倍频吸收，1720nm 为脂肪特征吸收峰，因为 1674~1743nm 处是脂肪区分于肌肉特有的吸收峰，参见图 3-44。

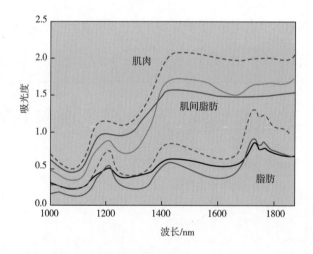

◄ 图3-44　羊肉肌肉、脂肪和肌间脂肪的近红外光谱

（二）肋脂厚度近红外光谱预测模型的建立

1. 模型参数选择

本研究团队采集了 274 只羊胴体肋脂部位的近红外光谱，同时测量了对应的肋脂厚度。随机选取其中 200 个样本的光谱为校正集，其余 74 个样本为验证集建模。在 SupNir-1520 自带的软件系统中，定量分析自动选择偏最小二乘法进行建模。在此基础上选择不同的预处理方式，结果见表 3-54。

表3-54　　　　　　　　　　　不同预处理方式对模型的影响

	预处理方法	校正集决定系数	验证集决定系数	主成分数	RMSECV
无处理	无处理	0.4249	0.57478	4	5.2215
标准化	标准化	0.44069	0.59644	4	5.1687
	均值中心化	0.42414	0.57319	4	5.2159
平滑	S-G 平滑	0.42491	0.57479	4	29.973
导数	S-G 导数	0.49746	0.69709	4	29.1
	差分求导	0.49306	0.68763	4	29.166
	标准正态变量变换 SNN	0.37662	0.49664	4	30.621
	多元散射校正 MSC	0.35703	0.44664	4	30.873
信号校正	净分析信号 NAS	0.40055	0.3673	4	9.9084
	正交信号校正 OSC	0.55265	0.61613	4	4.7969
	去趋势校正 DT	0.47765	0.60685	4	5.0969
	基线校正	0.42762	0.62542	4	5.2107

对于近红外光谱预测模型而言，校正集的决定系数和验证集决定系数越高越好，RMSECV 值越低越好。通过比较可知，S-G 导数和差分求导的验证集系数最高，表明模型的验证效果较好。但是，它们的 RMSECV 将近 30，太高，影响模型的准确性，故弃之。综合考虑模型的校正集系数、验证集系数和 RMSECV 值，比较之后，选择正交信号校正作为光谱预处理的基本方法，因为其校正集决定系数为 0.55265，验证级决定系数为 0.61613，RMSECV 为 4.7969。

在选择正交信号校正预处理方法的基础上，结合其他方法，以确定更优的模型，结果见表 3-55。

表3-55　　　　　　　　标准化结合其他预处理方式对模型的影响

预处理方法	校正集决定系数	验证集决定系数	主成分数	RMSECV
正交信号校正 OSC	0.55265	0.61613	4	4.7969
OSC+ 标准化	0.5606	0.6247	4	4.7767
OSC+ 均值中心化	0.55282	0.61867	4	4.8034
OSC+S-G 平滑	0.55264	0.61615	4	4.7969
OSC+S-G 求导	0.56731	0.68058	4	4.7508
OSC+ 差分求导	0.56589	0.67821	4	4.7512

综合考虑模型的校正集系数、验证集系数和 RMSECV 值，从表 3-55 中容易

得出正交信号校正 OSC 和 S-G 求导相结合的方法建立的模型效果最佳。模型的校正集决定系数为 0.56731，验证集决定系数为 0.68058，RMSECV 为 4.7508。

在选择正交信号校正 OSC 和 S-G 求导处理方法的基础上，结合其他方法，以确定更优的模型，结果见表 3-56。

表3-56　　　　　　　　标准化和S-G求导结合其他预处理方式对模型的影响

预处理方法	校正集决定系数	验证集决定系数	主成分数	RMSECV
OSC+S-G 求导	0.56731	0.68058	4	4.7508
OSC + S-G 求导 + 标准化	0.63428	0.74285	4	4.5174
OSC+ S-G 求导 + 标准化 + S-G 平滑	0.6307	0.74323	4	4.5197
OSC+ S-G 求导 + 均值中心化	0.56768	0.6815	4	4.7579
OSC+ S-G 求导 + 均值中心化 + S-G 平滑	0.56709	0.68177	4	4.7579

从表可以看出，正交信号校正 OSC、S-G 求导和标准化相结合的方法与正交信号校正 OSC、S-G 求导、标准化和 S-G 平滑相结合的方法评价指标的值非常接近。由于前者是三种预处理方式，计算时间相对较短，且校正集模型的决定系数高于后者，RMSECV 值也低于后者。因此，肋脂厚度的近红外预测模型的预处理方法定为正交信号校正 OSC、S-G 求导和标准化相结合的方法，建立模型的校正集决定系数为 0.63428，验证集决定系数为 0.74285，RMSECV 为 4.5174。

2. 模型的建立

通过已经确定的光谱预处理方法对采集到的光谱进行分析，得到最优的肋脂厚度预测模型如下。

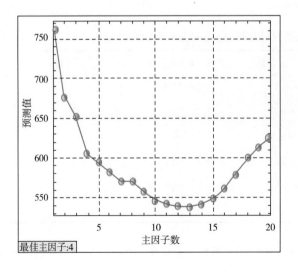

◀ 图3-45　预测模型的主因子数

图3-46　预测模 ▶
型校正集的决定
系数

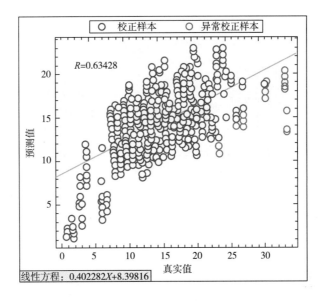

图3-47　预测模 ▶
型验证集的决定
系数

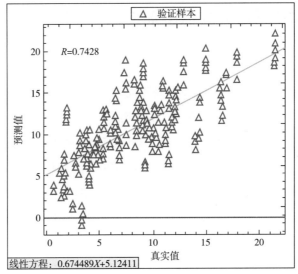

从图3-45~图3-47中可以看到,肋脂厚度近红外预测模型的最佳主因子数为4,模型的校正集决定系数为0.63428,验证集决定系数为0.74285,模型预测能力较强,得到的结果也较可靠。

（三）近红外产量分级模型的确立

本研究团队建立了羊胴体近红外光谱预测模型,可以很好地预测羊胴体的肋脂厚度,结合人工产量分级方程:胴体出肉率 =（78.28904× 肋脂厚度 −32.30705 ）/肋脂厚度（ R^2=0.9935 ）和产量分级方法:一级,胴体出肉率 ≥ 78%;二级,72% ≤胴体出肉率 < 78%;三级,66% ≤胴体出肉率 < 72%;四级,60% ≤胴体出肉率 < 66%;五级,胴体出肉率 < 60%,建立了近红外产量分级模型。其操作

流程图如图 3-48。

$$胴体出肉率 = \frac{-32.30705 + 72.28904 \times 肋肉厚度}{肋肉厚度} \times 100\%$$

一级：胴体出肉率 ≥ 72%；二级：67% ≤ 胴体出肉率 <72%；三级：62% ≤ 胴体出肉率 <67%；四级：57% ≤ 胴体出肉率 <62%；五级：胴体出肉率 <57%

第四节
不同品种羊肉近红外光谱鉴别技术

我国羊品种繁多，不同品种羊肉具有不同的加工适宜性，采用一种技术手段实现不同品种羊肉的简便快速分类、鉴别，对于实现羊肉的优质优价具有重要意义。

近红外光谱定性分析技术具有光谱信号易获取及信号丰富两方面的优点，已成功应用于食品成分掺假、食品种类鉴别、追溯不同产品来源等（Pontes，2006；陈全胜，2006；张晓惠，2008）。近年来，近红外光谱技术用于不同畜种鉴别也见诸报道。Cozzolino 等（2004）采用近红外光谱对羊肉、马肉、猪肉和鸡肉进行鉴别研究，发现近红外光谱的正确判别率达 80% 以上。Moral 等（2009）采用近红外光谱技术对杜洛克猪肉与伊比利亚猪肉成功进行了鉴别。此外近红外光谱技术在成年牛肉与小牛肉的鉴别（Gerard 等，1997）、猪肉质量分级（Monroy 等，2010）等的研究中也显示了良好的效果。但是对于同一畜种不同品种的研究鲜有报道，对于不同品种羊肉鉴别的研究报道更少。基于此，本研究团队选用杜泊羊、晋中绵羊与苏尼特羊等 9 个绵羊品种的通脊，采集其近红外光谱，建立基于线性判别分析与偏最小二乘法判别分析的不同品种羊肉近红外光谱鉴别模型。

一、不同品种羊肉近红外光谱特征分析

9 个不同品种羊肉的近红外原始光谱如图 3-49 所示。采用 Unscrambler 9.0 软件分别对原始光谱进行了平滑、一阶求导、多元散射校正（MSC）、标准归一化

（SNV）处理，比较各种预处理方法所建立模型的决定系数及模型的正确判别率。

图3-49 不同品▶种羊通脊原始光谱图

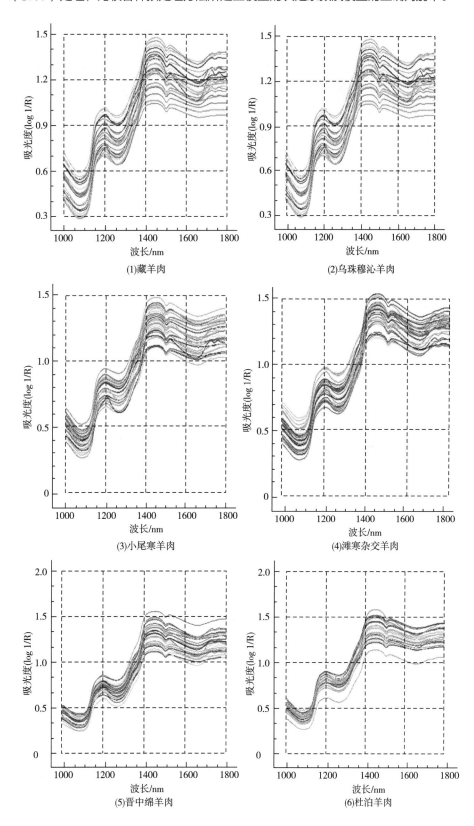

(1)藏羊肉

(2)乌珠穆沁羊肉

(3)小尾寒羊肉

(4)滩寒杂交羊肉

(5)晋中绵羊肉

(6)杜泊羊肉

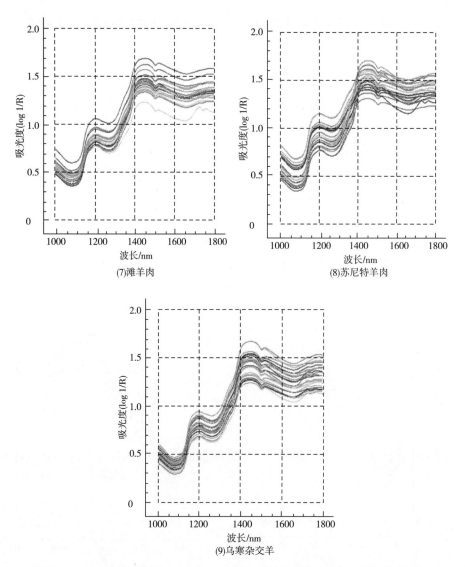

▲图3-49 不同品种羊通脊原始光谱图（续）

(7)滩羊肉

(8)苏尼特羊肉

(9)乌寒杂交羊

由图 3-50 原始光谱图可以看出，不同品种羊肉的近红外反射光谱基本一致，且有大量相对集中的谱图，均在 1180nm、1450nm 附近有吸收峰。经分析可知，1180nm 处的吸收峰可能与蛋白质或脂质中的 C—H 二级倍频吸收有关，1450nm 处的吸光度较大，此区间主要为 O—H 伸缩振动的一级倍频和 N—H 伸缩振动的一级倍频。另外，在 1730nm 处可以见到较小的吸收峰，这与脂质中 C—H 的一级倍频吸收有关。

二、不同品种羊肉的线性判别分析模型建立

采用 SPSS 20.0 建立线性判别函数，首先通过 MATLAB 进行主成分分析来降低变量数目，提取有效的光谱特征，作为输入变量输入线性判别分析，建立判别模型。

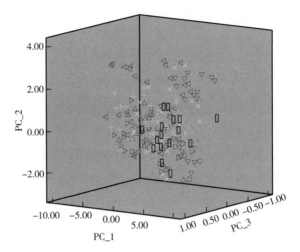

◇乌珠穆沁羊　　+小尾寒羊　　○乌珠穆沁交小尾寒羊　　▽苏尼特羊　　×滩寒杂交羊　　△杜泊羊
◻滩羊　　◁藏羊　　▷晋中羊

采用留一法交叉验证对模型的判别正确率进行评价。

（一）不同品种羊肉近红外光谱主成分分析

采集的不同品种羊肉光谱在 1000~1799nm 间共有 800 个数据点，数据量及计算量大，干扰信息多，而且有些区域样品的光谱信息很弱，因此首先用 MATLAB 软件对数据进行主成分分析。经过计算前 10 个主成分的累积贡献率如表 3-57 所示。可以看到，前 8 个主成分的累积贡献率即可达到 99.99%，因此选用前 8 个主成分代表样品光谱的主要信息，降低计算量。图 3-50 为前三个主成分得分散点图，可以看出，虽然各个品种羊肉样品的空间界限不是很清晰，但是不同品种的样品各自占有自己的空间，初步说明利用近红外光谱判别不同品种羊肉存在可行性。

表3-57　　　　　　　　　　　　　前10个主成分与累积贡献率

主成分	贡献率 /%	累积贡献率 /%
PC_1	86.71	86.71
PC_2	12.17	98.88
PC_3	0.69	99.57
PC_4	0.19	99.76
PC_5	0.15	99.91
PC_6	0.04	99.95
PC_7	0.03	99.98
PC_8	0.01	99.99
PC_9	0.01	99.99
PC_10	0.002	99.99

（二）不同品种线性判别分析模型

主成分分析结果表明，不同品种羊肉的近红外光谱间存在差异。为了进一步了解近红外光谱对不同品种羊肉的判别效果，采用前 8 个主成分建立判别函数。以数字 1~9 分别代表乌珠穆沁羊肉、小尾寒羊肉、乌寒杂交羊肉、滩羊肉、滩寒杂交羊肉、苏尼特羊肉、杜泊羊肉、藏羊肉、晋中绵羊肉，对 9 个品种的 247 个样品进行主成分分析，选取前 8 个主成分在 SPSS 中进行 fisher 线性判别分析，建立不同品种羊肉近红外光谱判别模型，得到 8 个判别函数，其特征值分别为 5.323、1.591、6.963、0.381、0.08、0.066、0.012、0.004，方差解释率为 63.2、18.9、11.4、4.5、0.9、0.8、0.1、0。前 7 个判别函数可解释 100% 的方差变化，包含了全部信息。前两个判别函数对样品做散点图，结果见图 3-51。由图 3-51 可以看出，判别函数较好地将每个品种的羊肉样品聚集在一起，具有较明显的分类作用，但是由于前两个判别函数的方差解释率仅有 82.1%，因此各个品种之间的界限不是特别明显。通过判别分析共建立了 9 个判别函数（表 3-58），建立的线性判别函数如下：

$Y_1=0.91×X_1-1.36×X_2-5.12×X_3-0.25×X_4+11.89×X_5-78.20×X_6+17.63×X_7-89.47×X_8-6.89$

$Y_2=-0.77×X_1+1.22×X_2+1.95×X_3-3.69×X_4-13.43×X_5+31.07×X_6-12.15×X_7+121.82×X_8-5.35$

$Y_3=0.15×X_1-0.62×X_2+0.30×X_3-8.30×X_4-7.23×X_5+8.28×X_6-22.72×X_7+2.89×X_8-3.57$

$Y_4=1.04×X_1-2.14×X_2-0.58×X_3+7.56×X_4+28.60×X_5-87.16×X_6+17.99×X_7-127.97×X_8-8.44$

$Y_5=0.12×X_1-0.21×X_2-3.35×X_3+3.43×X_4+5.15×X_5-23.05×X_6+32.01×X_7-29.01×X_8-4.14$

$Y_6=0.55×X_1+0.40×X_2-1.78×X_3-8.22×X_4-7.44×X_5+8.71×X_6-17.74×X_7-20.61×X_8-4.14$

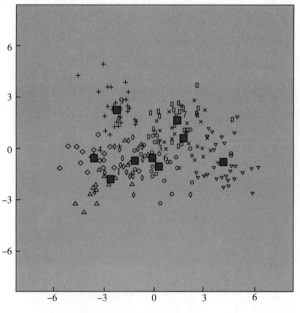

◀ 图3-51　9个品种羊肉样本判别函数散点图

△乌珠穆沁羊　×小尾寒羊　○乌珠穆沁交小尾寒羊　◇滩羊　◇滩寒杂交羊　♂苏尼特羊　□杜泊羊　▽藏羊＋晋中绵羊　■组质心

$$Y_7=-0.35\times X_1+0.46\times X_2+6.75\times X_3+0.39\times X_4-7.77\times X_5+51.65\times X_6-44.79\times X_7+45.63\times X_8-5.61$$

$$Y_8=-1.19\times X_1+3.51\times X_2-2.37\times X_3-9.53\times X_4-41.85\times X_5+92.36\times X_6+20.67\times X_7+127.96\times X_8-11.75$$

$$Y_9=-0.02\times X_1-2.13\times X_2+3.98\times X_3+15.78\times X_4+35.35\times X_5-24.58\times X_6-8.26\times X_7-66.39\times X_8-7.37$$

其中X_1~X_8分别为主成分得分，Y_1~Y_9分别为线性判别的代表值，由这组函数，任意给出一未知样品的近红外光谱，计算其主成分得分，代入判别函数中，数值最大者对应的Y值即为该样品种类。因此既可以对已知品种的羊肉近红外光谱判别函数进行验证，也可以对未知品种的羊肉进行近红外光谱判定。

表3-58　　　　　　　　　　　　　　　　　费歇尔判别函数系数

	品种								
	1	2	3	4	5	6	7	8	9
PC_1	0.91	−0.77	0.15	1.04	0.12	0.55	−0.35	−1.19	−0.02
PC_2	−1.36	1.22	−0.62	−2.14	−0.21	0.40	0.46	3.51	−2.13
PC_3	−5.12	1.95	0.30	−0.58	−3.35	−1.78	6.75	−2.37	3.98
PC_4	−0.25	−3.69	−8.30	7.56	3.43	−8.22	0.39	−9.53	15.78
PC_5	11.89	−13.43	−7.23	28.60	5.15	−7.44	−7.77	−41.85	35.35
PC_6	−78.20	31.07	8.28	−87.16	−23.05	8.71	51.65	92.36	−24.58
PC_7	17.63	−12.15	−22.72	17.99	32.01	−17.74	−44.79	20.67	−8.26
PC_8	−89.47	121.82	2.89	−127.97	−29.01	−20.61	45.63	127.96	−66.39
常量	−6.89	−5.35	−3.57	−8.44	−4.14	−4.14	−5.61	−11.75	−7.37

（三）判别函数对训练集样品的识别与交叉验证

利用建立的判别函数对样本进行识别与交叉验证，结果见表3-59。从表3-59可以看到，原始样本识别中8号即藏羊肉的正确判别率最高，可达到96.9%，其次为9号晋中绵羊肉，正确判别率为90%，4号滩羊肉、2号小尾寒羊肉、7号杜泊羊肉的正确判别率分别为85%、83.9%、83.3%，1号乌珠穆沁羊肉、3号乌寒杂交羊肉、5号滩寒杂交羊肉、6号苏尼特羊肉正确判别率较低，分别为78.3%、70.6%、56.7%、56.0%，原始样本的平均正确判别率为78.4%，交叉验证结果与此相似，平均正确判别率为75.4%。由此可见，纯种羊肉的正确判别率普遍高于杂交羊肉，其中藏羊肉来源于青海地区，由于其地理位置、气候环境等的不同，导致藏羊肉品质与其他品种羊肉品质相比有较明显的差异，从表3-59可以看到，藏羊肉与其他品种羊肉相比，蛋白质含量、脂肪含量较高，水分含量较低，灰分含量适中，与其他品种有较明显差异，导致藏羊肉的近红外光谱特征比较明显，判别分析结果最好。在正确判别率最低的 6 号苏尼特羊中，有 10 个样品被误判为乌寒杂交羊肉，苏尼特羊肉与乌寒杂交羊肉均取自内蒙古，羊只生长环境、饲料、饲养方式相似，这说明二者之间品种差异不显著。在 5 号滩寒杂交羊肉中有 5 个被误判为苏尼特羊肉，4 个被误判为乌珠穆沁羊肉。

表3-59　　　　　　　　　　　fisher判别函数判别9个品种羊肉的结果

实际品种		判别品种									总计	正确率/%
		1	2	3	4	5	6	7	8	9		
原始样本	1	18	0	3	0	1	1	0	0	0	23	78.3
	2	0	26	1	0	0	0	2	2	0	31	83.9
	3	0	0	12	0	1	1	3	0	0	17	70.6
	4	2	0	0	17	1	0	0	0	0	20	85.0
	5	4	0	2	0	17	5	0	1	1	30	56.7
	6	0	0	10	0	0	14	1	0	0	25	56.0
	7	0	1	1	0	1	1	20	0	0	24	83.3
	8	0	1	0	0	0	0	0	31	0	32	96.9
	9	0	0	0	1	2	0	0	0	27	30	90.0
交叉验证	1	18	0	2	0	2	1	0	0	0	23	78.3
	2	0	25	1	0	0	0	2	3	0	31	80.6
	3	1	0	11	0	2	1	2	0	0	17	64.7
	4	2	0	0	16	2	0	0	0	0	20	80.0
	5	4	0	2	0	17	5	0	1	1	30	56.7
	6	0	0	11	0	0	13	1	0	0	25	52.0
	7	0	2	1	0	1	1	19	0	0	24	79.2
	8	0	1	0	0	0	0	1	30	0	32	93.7
	9	0	0	0	1	2	0	1	0	26	30	86.7

注：1~9 分别代表乌珠穆沁羊肉、小尾寒羊肉、乌寒杂交羊肉、滩羊肉、滩寒杂交羊肉、苏尼特羊肉、杜泊羊肉、藏羊肉、晋中绵羊肉。

三、不同品种羊肉近红外光谱同步鉴别模型建立

随机选择 180 个样本以偏最小二乘法（PLS）建立 9 个不同品种羊肉的同步识别模型。分别对藏羊肉、小尾寒羊肉、乌珠穆沁羊肉、滩寒杂交羊肉、晋中绵羊肉、

杜泊羊肉、滩羊肉、苏尼特羊肉、乌寒杂交羊组成的样本设定一参考值，其中设定藏羊肉为1，小尾寒羊肉为2，乌珠穆沁羊肉为3，滩寒杂交羊肉为4，晋中绵羊肉为5，杜泊羊肉为6，滩羊肉为7，苏尼特羊肉为8，乌珠穆沁交小尾寒羊肉为9，设定阈值为±0.3，用67个样本带入模型进行预测，如果预测值位于设定值的两侧，则认为分类正确。以藏羊肉为例，如果预测值位于0.7~1.3，则认为分类正确。

采用PLS法建立一个同步鉴别模型来区分9个不同品种的羊肉。表3-60表示不同预处理方法对建立不同品种羊肉近红外光谱鉴别模型的影响，以及模型对样本的正确判别率。

从表3-60可知，利用原始光谱构建的模型对样本的正确判别率为38%，光谱经过多元散射校正（MSC）、平滑、求导、标准归一化（SNV）处理后，模型的正确判别率没有特别显著的提高，相反当采用MSC预处理时会有所降低，因此可知，光谱的预处理并不是都能提高鉴别模型的正确判别率。9个不同品种羊肉的同步鉴别模型的判别准确率最高仅达到48%，因此9个品种同步鉴别模型的结果不是很理想。周健（2010）等采用偏最小二乘法建立茶叶原料的品种鉴别模型，当采用原始光谱建立原料品种的同步鉴别模型时，模型的正确判别率在60%左右，经过光谱预处理后模型正确判别率没有明显的提高；建立单一品种羊肉的鉴别模型，模型的正确判别率可达到80%以上，部分预处理方法可达到99%。由此可见，单一品种羊肉近红外光谱鉴别模型的正确判别率要明显高于同步鉴别模型。

表3-60　　　　　　　　　不同预处理方法对9个品种羊肉鉴别模型的影响

预处理方法	PC	R_C^2	RMSEC	判别正确率
无	14	0.74	1.49	38%
MSC	14	0.80	1.18	25%
平滑	16	0.81	1.15	34%
一阶求导	12	0.85	1.02	48%
SNV	14	0.81	1.18	34%
基线校正	15	0.81	1.17	34%
一阶求导+3点平滑	12	0.85	1.05	48%
一阶求导+MSC	11	0.85	1.03	43%
一阶求导+SNV	11	0.84	1.02	43%
一阶求导+基线校正	11	0.83	1.09	43%

注：PC为主因子数；R_C^2为决定系数；RMSEC为校正标准差。

四、不同品种羊肉近红外光谱单一鉴别模型建立

藏羊肉近红外光谱鉴别模型的建立：把藏羊肉样本值设定为 1，其他品种设定为 0，采用偏最小二乘法建立藏羊肉近红外光谱鉴别模型，模型建立过程中，采用交叉验证来判断模型的准确率和稳定性。根据模型的预测结果，阈值分别设定为 ±0.1、±0.3 和 ±0.5，以 0.3 为例，当预测结果为 0.7~1.3 的归为藏羊肉，小于 0.7 或大于 1.3 的则为判别错误，根据此标准对光谱结果是否为藏羊肉进行分析，计算模型的识别准确率，作为评价模型的好坏标准之一。

其他 8 个品种羊肉近红外光谱鉴别模型的建立依据上述步骤进行。在模型建立过程中采用不同的数据预处理方法，分别比较不同预处理方法下所建品种鉴别模型的决定系数（R^2）、交叉验证均方根（RMSECV）及正确判别率，得到建立单个品种近红外光谱模型的最佳条件。

由于同步鉴别模型对 9 个品种羊肉进行鉴别的效果不理想，因此建立单一品种羊肉的近红外光谱鉴别模型非常必要。以藏羊肉为例，采用不同的方法对原始光谱进行处理，建立单一品种的近红外光谱鉴别模型，结果见表 3-61。比较各种预处理方法建立的不同品种羊肉近红外光谱鉴别模型，当阈值设定为 ±0.3 与 ±0.5 时，各种预处理方法建立模型的正确判别率均可达到 100%，可以达到很好的鉴别效果。当阈值设定为 ±0.1 时，采用一阶求导与 SNV+MSC 和 SNV+ 基线校正得到鉴别模型的正确判别率较高，分别为 71%、86%、71%，而当采用 SNV+MSC 和 SNV+ 基线校正处理时，模型的主因子数分别为 18 和 19，主因子数过大，将测量噪声过多地引入到模型中，影响模型的稳定性。当阈值设定为 ±0.1 时，采用一阶求导对光谱进行预处理建立藏羊肉近红外光谱鉴别模型，模型的 R^2 为 0.80，判别正确率是 71%。

依据此方法对小尾寒羊肉、乌珠穆沁羊肉、滩寒杂交羊肉、晋中绵羊肉、杜泊羊肉、滩羊肉、苏尼特羊肉、乌寒杂交羊肉分别建立单一品种鉴别模型，结果见表 3-62。由于各种预处理方法建立近红外光谱单一品种鉴别模型正确判别率均较高，因此选择一阶求导作为统一的预处理方法建立各个品种的近红外光谱鉴别模型。从图 3-53 可以看到，经一阶求导处理后 9 个品种的羊肉近红外光谱存在显著的不同。从表 3-61、表 3-62 可以看到，建立各个品种羊肉的近红外光谱鉴别模型，阈值设定为 ±0.5 时，模型的正确判别率均可达到 100%，当阈值设定为 ±0.3 时，各个品种羊肉近红外光谱判别正确率可达到 80% 以上，而当阈值设定为 ±0.1 时，各个品种羊肉近红外光谱鉴别模型正确判别率均有较大程度的下降，其中最好的为藏羊肉近红外光谱鉴别模型，判别正确率为 71%。

表3-61　　　　　　　　　　不同预处理方法建立藏羊肉近红外光谱鉴别模型

预处理方法	PC	R_C^2	RMSEC	判别正确率（±0.1）	判别正确率（±0.3）	判别正确率（±0.5）
无处理	18	0.79	0.15	43%	100%	100%
MSC	19	0.82	0.14	43%	100%	100%
三点平滑	20	0.79	0.15	54%	100%	100%
一阶求导	15	0.80	0.15	71%	100%	100%
基线校正	20	0.79	0.16	43%	100%	100%
SNV	20	0.82	0.14	86%	100%	100%
一阶求导＋三点平滑	16	0.80	0.15	29%	100%	100%
一阶求导＋基线校正	16	0.79	0.16	43%	100%	100%
一阶求导＋SNV	15	0.78	0.16	43%	100%	100%
一阶求导＋MSC	14	0.77	0.16	43%	100%	100%
SNV＋一阶求导	14	0.77	0.16	43%	100%	100%
SNV+3点平滑	20	0.79	0.15	43%	100%	100%
SNV+MSC	18	0.80	0.15	86%	100%	100%
SNV＋基线校正	19	0.78	0.15	71%	100%	100%
MSC＋三点平滑	17	0.79	0.15	43%	100%	100%
MSC＋基线校正	18	0.79	0.15	24%	100%	100%
MSC+SNV	19	0.79	0.15	43%	100%	100%
MSC＋一阶求导	14	0.77	0.16	24%	100%	100%

表3-62　　　　　　　　　　9个品种羊肉近红外光谱鉴别模型

	预处理方法	PC	R_C^2	RMSEC	判别正确率（±0.1）	判别正确率（±0.3）	判别正确率（±0.5）
藏羊肉	一阶求导	15	0.81	0.15	71%	100%	100%
小尾寒羊肉	一阶求导	15	0.72	0.17	60%	80%	100%
乌珠穆沁羊肉	一阶求导	15	0.74	0.18	50%	83.3%	100%
滩寒杂交羊肉	一阶求导	15	0.63	0.21	40%	80%	100%
晋中绵羊肉	一阶求导	15	0.77	0.16	66.7%	83.3%	100%
杜泊羊肉	一阶求导	15	0.74	0.15	40%	80%	100%
滩羊肉	一阶求导	15	0.75	0.20	45%	87%	100%
苏尼特羊肉	一阶求导	15	0.82	0.24	63%	85%	100%
乌寒杂交羊肉	一阶求导	15	0.69	0.20	47%	81%	100%

　　不同品种羊肉的近红外光谱有其各自的特征，这主要与其品质不同有关，而羊肉品质与羊的品种、年龄、性别、营养和饲料类型、饲养方式、不同部位等（Warriss，2000；孙洪新，2010）密切相关。不同品种羊肉的原始近红外光谱相似，因为虽然不同品种羊肉的化学成分有差异，但产生近红外吸收的基团都是 C-H、N-H、O-H等含氢基团（Deaville，2000；Jowder，2002；郑灿龙，2003；赵强，2005；窦晓利，2005；李松柏，2006），在外界发生变化时，这些基团会导致峰位和峰强度的变化，样品中存在的成分决定峰位和峰强度，不同品种的羊肉中均存在这些成分，由于其在样品中占的比重较小，吸收峰常常会被掩盖。但是化学计量学方法处理后可以显示出其吸收。图 3-52 为 9 个品种羊肉的原始光谱经一阶求导处理后的光谱图，从图中可看出，在 1150nm 与 1380nm 处不同品种的羊肉光谱有较明显的不同，经分析为水分和蛋白的吸收。Barbin（2012）等对猪肉等级进行近红外光谱的测定，发现不同等级的猪肉近红外光谱在 900nm 和 1400nm 处有明显的不同，黑切肉（DFD）的吸光度较小，光谱经二阶求导处理后，在 960nm、1147nm 与1207nm 处存在特征吸收。Cozzolino（2000）等对羊肉的近红外光谱进行二阶求导后发现其光谱存在显著不同。同时 Cozzolino（2004）等也对牛肉、猪肉、鸡肉和羊肉的肌肉样品进行了鉴别研究，发现其在 500nm、1750nm 与 2250nm 处有较明显的不同。对比这些研究可以发现，不同品种羊肉之间的近红外光谱吸收峰位置基本相同。

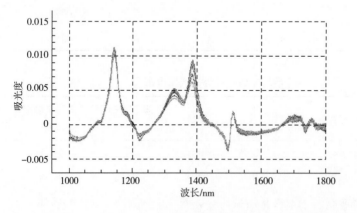

◀ 图3-52　经一阶求导处理后9个品种羊肉的近红外光谱

　　羊肉的吸收峰位于 1180nm 与 1420nm 处，吸光度大小分别为 0.9 与 1.5，在1500nm 处有一尖峰，谱图呈现先降低后逐渐升高再降低的趋势（图 3-53）。对比羊肉与图 3-54 鸡肉的近红外光谱（刘炜等，2009）发现，鸡肉的吸收峰分别在1150nm 与 1400nm 处，吸光度分别为 1.3 与 2.2，鸡肉的近红外光谱在 1100nm处较为平缓，在此位置羊肉的近红外光谱变化较大，鸡肉近红外光谱在 1660nm 处有一较明显的倒峰，这与羊肉的近红外光谱也显著不同；从图 3-55 可以看出，鸭肉

图3-53　羊肉的▶
近红外光谱图

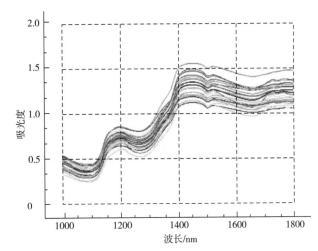

图3-54　鸡肉近▶
红外光谱图

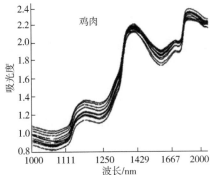

图3-55　鸭肉近▶
红外光谱图

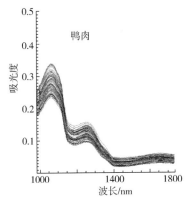

（赵进辉等，2011）与羊肉的近红外光谱无论在吸收峰的位置、吸光度的大小以及光谱曲线的形状上均有显著的不同；图3-56猪肉在1100~1800nm波长处有三个较为明显的吸收峰，分别在1200nm、1400nm和1680nm处，与羊肉的近红外光谱吸收峰位置接近，但是吸光度的大小存在着显著的不同，而且猪肉的近红外光谱曲线呈现一直上升趋势，在1800nm处才出现细微的拐点；图3-57牛肉的近红外光谱曲线与羊肉的近红外光谱曲线较为接近，但是羊肉的近红外光谱曲线在1500nm处有一明显的尖峰，而牛肉的近红外光谱曲线较为平滑，与羊肉的光谱曲线存在不同。从以上分析可知，羊肉的近红外光谱曲线与鸡肉、鸭肉、猪肉及牛肉的近红外光谱曲线存在不同。

图3-56　猪肉近▶
红外光谱图

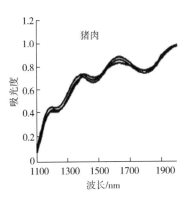

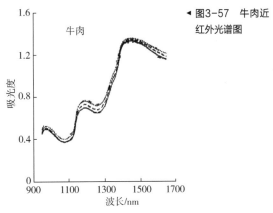

◀图3-57　牛肉近
红外光谱图

第五节

羊肉产地近红外光谱溯源技术

食品产地溯源是食品安全追溯制度的重要组成部分，对于食品原产地保护和保障食品安全至关重要。我国是羊肉生产大国和消费大国，但近年来羊布鲁氏菌病、羊痒病等羊易感的人畜共患传染病在我国有抬头的趋势，严重威胁了羊肉安全。因此，研究建立一种快速、准确的羊肉产地溯源技术，为市场监管提供方法和手段，对于保障食品安全具有重要作用。

有关近红外光谱技术溯源机理的研究报道较少，溯源机理尚不清楚。有学者认为，不同产地来源的食品，因其生长环境湿度、温度、水质、土壤等不同，导致食品中蛋白质、脂肪、水分含量存在差异，而这些成分的差异可反映在近红外光谱上，若再借助一定的模式识别方法分析测定差异，则可达到鉴别不同产地食品的目的（Xiccato等，2003）。另有学者研究发现，不同产地和饲喂不同饲料的牲畜，其个体之间碳同位素组成存在较大差异（郭波莉等，2006），而近红外光谱含有 C—H 基团倍频与合频吸收带，不同产地之间的肉品近红外光谱差异是否与碳同位素组成有关，目前还不清楚。而现有的研究发现，采用近红外光谱结合模式识别技术可以对食品产地进行溯源，但目前机制尚不清楚，故本研究团队开展了近红光谱溯源机制研究工作，以不同产地羊肉为对象，采用化学计量学的方法，开展羊肉产地近红外光谱溯源技术研究，建立羊肉产地的近红外光谱溯源模型，并对近红外光谱溯源的机制进行了初探，为近红外光谱技术在食品产地溯源上的应用提供理论支撑。

一、不同产地羊肉样本库建立

本研究团队研究了不同样品制备方法对模型建立的影响，重点对鲜样、干样（粉末）进行了研究，干样制备采用热风干燥和真空冷冻干燥，探讨对模型建立的影响，确定样品最佳制备方法。针对山东、河北、内蒙古、宁夏、新疆 5 个产地的羊肉，大量收集样品，进行近红外扫描，建立不同产地羊肉的近红外原始光谱库。

（一）不同产地羊肉样本制备方法确定

建立羊肉产地近红外光谱溯源模型的过程中，收集样本最困难、最花费时间。

收集样本时必须考虑样本种类、物理结构、颜色、样本的表面特征、加工条件及其他因素。对于羊肉等畜类产品，由于受时间、季节、运输、屠宰场条件等限制，取样存在困难，为便于开展研究和保证原料的一致性，样本采集确定为羊里脊肉。分别取自山东济宁市、河北大厂县、内蒙古临河市、宁夏银川市、新疆呼和浩特市的屠宰厂，其中山东 32 条、河北 37 条、内蒙古 74 条、宁夏 64 条、新疆 60 条，共 267 条。每条里脊大约 70g，并分别剔除羊肉里脊上的筋膜及脂肪块，装于自封带中，于 4℃ 冷藏保存备用。

近红外光谱分析中由于制样引起的分析误差可占总误差的 60%~70%（严衍禄，2005）。样本的制备即把样本转化成近红外光谱分析所能用的形式。本研究团队研究不同样本制备方法对模型建立的影响，重点对鲜样、干样（粉末）进行研究，干样制备采用热风干燥和真空冷冻干燥，两者制备方法和设定的参数如下。

●热风干燥工艺：鲜肉绞碎为肉馅，肉馅平铺于托盘，高度约 0.3mm，置于烘箱 60℃烘 24h，制成干肉，经粉碎制得粉末。烘烤温度 60℃，时间 24h。

●真空冷冻干燥工艺：鲜肉直接平铺于冷冻干燥盒中，高度不超过 1cm，调节温度抽真空，冷冻干燥 42h 后，制得干肉，经粉碎得到粉末。上箱温度 -40℃，下箱温度 -50℃，冷冻时间 42h。

其中近红外光谱扫描范围 12000~4000cm^{-1}；扫描次数 64 次；分辨率 8cm^{-1}。

1. 鲜样制备

将鲜肉修割成直径 42mm 左右的肉块，直接放入样品杯测量。光谱见图 3-58。将鲜肉绞碎后的肉馅也进行光谱扫描，见图 3-59。

2. 干样制备

将热风干燥制得的粉末进行光谱扫描，见图 3-60。真空冷冻干燥制得的羊肉粉末近红外光谱图见图 3-61。

图3-58　鲜肉光▶
谱图

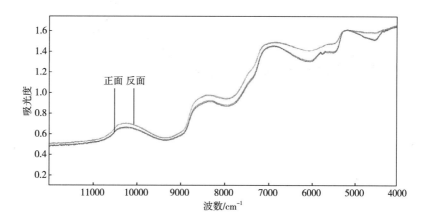

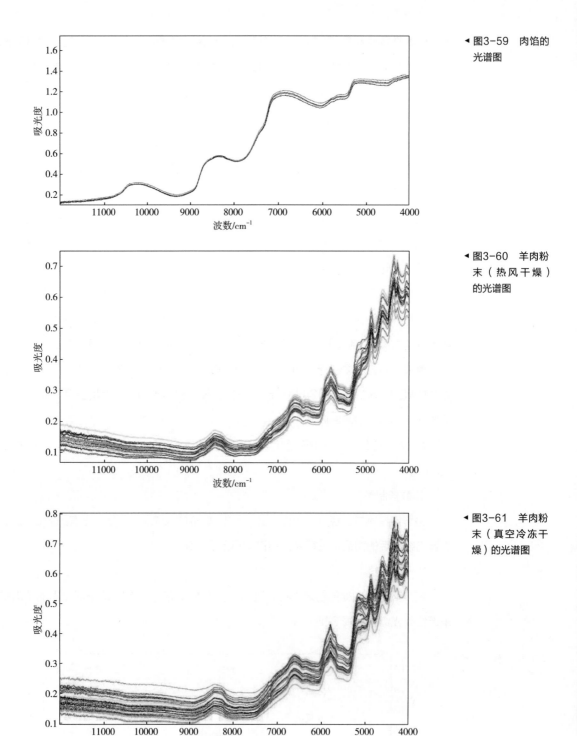

◀图3-59 肉馅的
　光谱图

◀图3-60 羊肉粉
　末（热风干燥）
　的光谱图

◀图3-61 羊肉粉
　末（真空冷冻干
　燥）的光谱图

3. 光谱分析

　　由鲜肉的近红外光谱图可以发现，鲜肉中的水分对近红外光谱的吸收峰影响较大，水分与蛋白质、脂肪峰重叠，掩盖蛋白质、脂肪等信息，同时鲜肉正反面光谱差异较大（图3-58），所以采用干燥方法制成粉末，使光谱图能较好反映出羊肉样本中主要营养物质的信息。从图 3-60 和图 3-61 可看到，热风干燥和真空冷冻干燥制得羊肉粉末的光谱峰型基本一致。但多次试验发现，不同产地的羊肉因季节、水质等环境因素的影响，会造成水分含量的不同，而使每一批样本的烘烤时间不能保持一致。从理论上讲，可以通过延长时间达到干燥的目的，但羊肉中的蛋白质长时间受热，可能会发生变性，同时使羊肉的颜色加深。样本的色泽影响近红外漫反射的过程，从而使测得的近红外光谱不能真实地反映样本的原始信息。另外，热风干燥的前处理过程比真空冷冻干燥要复杂、费时，不适合处理样本量较大的情况。而本研究为了使采样具有代表性，从各产地采集样本的数量都较大，故为了保持样本制备的一致性，采用真空冷冻干燥，将羊肉制成粉末。

4. 筛孔选择

为了使样本均匀以减少误差，通常将样本磨碎后进行过筛。样本的粒度影响光对样本的反射性，分别比较了 40 目、60 目和 80 目筛分效果（图 3-62）。虽然 60、80 目筛下物较细，但对于羊肉样本，本身含有一定的脂肪，筛分较困难，得到的筛上物较多，试验对其筛上物进行了光谱扫描。经分析，60 目筛上物和筛下物光谱的相关系数为 0.9963，80 目筛上物和筛下物光谱的相关系数为 0.9982，可见筛上物与筛下物成分基本一致。而筛分过细，不仅会造成筛分困难，也会造成营养成分损失，使筛下物不能充分代表样本情况，达不到筛分的效果。研究发现，40 目筛的筛上物很少，基本上是纤维类物质，筛下物包括了羊肉主要营养成分，为此，本研究选择 40 目筛进行筛分。

图3-62　羊肉粉▶
末经不同筛孔处
理后的光谱图

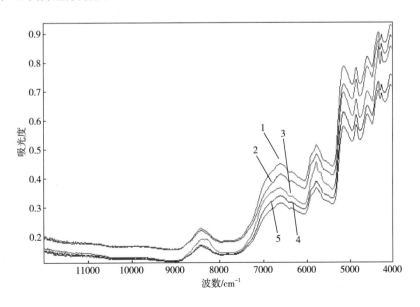

1—60 目筛上物　2—80 目筛上物　3—40 目筛下物　4—60 目筛下物　5—80 目筛下物

（二）不同产地羊肉样本光谱库建立

山东、河北、内蒙古、宁夏、新疆5个产地267条羊肉里脊，按照上述确定的制备方法制得粉末，过40目筛后，进行近红外光谱扫描，得到羊肉近红外光谱库（图3-63）。

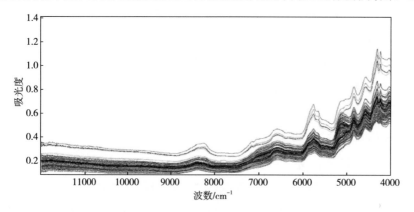

◀ 图3-63　5个产地羊肉的近红外光谱图

二、羊肉产地近红外光谱结合 SIMCA 溯源技术

本研究团队从山东、河北、内蒙古、宁夏、新疆产地的羊肉光谱库中，分别随机挑选 20、25、57、48、44 个样本作为校正集，用于建立各类的 SIMCA 模型，剩下 73 个样本作为验证集，检验模型的可靠性。

（一）不同产地羊肉简易分类法分析

简易分类法（SIMCA）是 Wold 于 1976 年提出的一种基于主成分分析的特征投影显示方法，其基本思想是先利用主成分分析的显示结果得到样本分类的基本印象，然后分别建立各类样本的类模型，再用这些模型对未知样本进行判别分析（Wold，1976）。采用近红外光谱技术结合 SIMCA 模式识别方法已成功地应用于茶叶品种鉴别、饮料掺假、中草药产地判别（陈全胜等，2006；Pontes 等，2002；Cho 等，2002）等领域，但应用于肉品产地溯源的报道较少。为此，本研究团队提出了采用近红外光谱技术结合 SIMCA 模式识别方法建立羊肉产地溯源模型，以期为肉品产地溯源提供一种新的思路。

采用 SIMCA 模式识别方法，首先针对每一类样本的光谱数据矩阵进行主成分分析。而主成分分析，是指在进行光谱分析之前，将 OPUS 光谱格式转化为 JCAMP-DX。对原始光谱进行主成分分析，目的在于在尽可能保持原信息的基础上，减少光谱数据的维数。第一个主成分代表方差的最大特征，第二主成分尽可能代表方差余下的特征，依次类推。主成分投影图能显示出不同变量间的相互关系，每个主成分有两个属性：得分（score）和载荷（loading）。每一个样品沿着每一主成分轴都有一个得分，用主成分的得分来建立模型。在主成分空间下，计算各类类内、类间的马氏距离（以下所有距离指马氏距离），建立判别模型，并用识别率和拒绝率来评价模型的好坏；其次依据该模型对未知样本进行分类，确定未知样本类别。SIMCA分析采用 Perkin Elmer 公司的 SIMCA 软件平台。

$$识别率 = \frac{识别自身类样本个数}{该类样本的总个数} \times 100\%$$

$$拒绝率 = \frac{拒绝其他类样本个数}{其他类样本的总个数} \times 100\%$$

（二）不同产地羊肉光谱模型建立

1. 光谱预处理方法筛选

光谱测量中产生的噪声会掩盖有用的光谱信息，而平滑处理（Smooth）是滤除噪声最常用的方法。以内蒙古和宁夏两产地为代表，各选 39 条光谱，其中 27 条光谱为校正集，用于建立模型，12 条光谱为验证集，用于检验模型的可靠性，在全光谱范围 11995~3999 cm^{-1} 内，比较 5 点 Smooth 和 9 点 Smooth 对光谱的影响，其识别率和拒绝率见表 3-63，结果（表 3-63）表明，5 点 Smooth 效果优于 9 点 Smooth，原因在于平滑点数过多会造成信息失真。此外，羊肉样本颗粒的不均匀性也会影响光的漫反射，导致光谱波动，为此，在 Smooth 的基础上对样本的原始光谱分别进行了变量标准化（SNV）、多元散射校正（MSC）及一阶导数（Derivative）等预处理，结果表明（表 3-63），MSC 处理的效果优于 SNV 和一阶导数，从图 3-64也可看出，平均光谱进行 MSC 处理后减少了样本间因散射而引起的光谱波动。因此，最终确定选用 5 点 Smooth+ MSC 的光谱预处理方法。

表3-63　　　　　　　　　　　　光谱预处理方法对建模效果的影响

产地	预处理	主成分数	校正集		验证集	
			识别率 /%	拒绝率 /%	识别率 /%	拒绝率 /%
内蒙古	5 点平滑	6	100	100	100	100
	9 点平滑	6	100	100	100	100
	5 点平滑 + 变量标准化	4	100	96	100	100
	5 点平滑 + 多元散射校正	5	100	100	100	100
	5 点平滑 + 一阶导数	1	100	81	100	83
宁夏	5 点平滑	6	100	100	83	100
	9 点平滑	6	96	100	83	100
	5 点平滑 + 变量标准化	5	96	89	100	100
	5 点平滑 + 多元散射校正	6	100	100	100	100
	5 点平滑 + 一阶导数	3	100	59	100	25

注：①识别率指该类识别自身样本的能力，如内蒙古识别率 = 内蒙古类样本个数 / 内蒙古类样本总个数 ×100%；②拒绝率指该类拒绝其他类样本的能力，如内蒙古拒绝率 = 内蒙古类拒绝宁夏类样本个数 / 宁夏类样本总个数 ×100%。

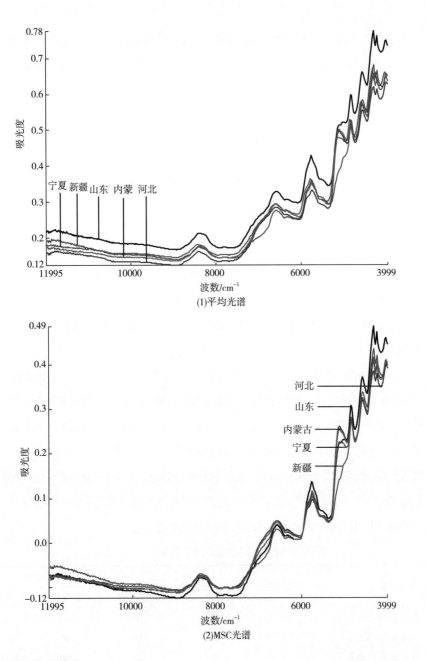

▶ 图3-64　5个产
地羊肉的平均光谱
图及MSC处理图

2. 波长范围筛选

为确定最佳的光谱范围，以内蒙古、宁夏两产地为代表，对其全光谱、分段光谱进行筛选，各取 39 条光谱，其中 27 条光谱为校正集，用于建立模型，12 条光谱为验证集，用于检验模型的可靠性，结果（表 3-64）表明，由全光谱建立的模型优于部分波段建模的效果，其识别率和拒绝率均达到 100%。从图 3-65 也可看出，在水分吸收敏感区 5155cm^{-1} 处和脂肪特征峰 5767cm^{-1}、4329cm^{-1} 处及蛋白特征峰 6670、4650cm^{-1} 处，5 个产地的羊肉光谱均存在较大差异，而部分波段仅反映了不同产地羊肉光谱的部分信息，造成识别率下降，为此，选用全波段光谱进行建模，增加模型的稳健性。

表3-64　　　　　　　　　　　　不同波长范围对建模效果的影响

产地	波数 /cm⁻¹	主成分数	校正集		验证集	
			识别率 /%	拒绝率 /%	识别率 /%	拒绝率 /%
内蒙古	11995~3999	5	100	100	100	100
	5300~4900	6	100	100	100	100
	5900~5500+4500~3999	7	96	100	0	100
	6800~6300+5000~4500	7	100	100	92	100
宁夏	11995~3999	6	100	100	100	100
	5300~4900	6	100	100	92	100
	5900~5500+4500~3999	6	100	100	92	100
	6800~6300+5000~4500	6	100	100	92	100

3. 模型的建立

先对山东、河北、内蒙古、宁夏、新疆 5 个产地羊肉校正集的样本进行主成分分析，由主成分投影图（图 3-65）可见，主成分投影图仅能直观地反映新疆与 4 个产地样本明显地分开，而不能较好地反映其他 4 个产地间样本的分开情况，表明仅用主成分分析不能将产地识别。光谱相关分析表明，宁夏和山东、河北、内蒙古的相关系数均较大，分别达到 0.9880、0.9781、0.9913；内蒙古和山东、河北的相关系数也较大，分别达到 0.9615、0.9958，导致了宁夏、内蒙古与其他产地样本相互重叠。为此，本研究在主成分分析的基础上进行 SIMCA 分析。基于交互验证法，用方差贡献率增加的显著性（$F-$ 检验），确定山东、河北、内蒙古、宁夏、新疆 5 类模型的最佳主成分数分别为 5、6、8、7、5（图 3-66）。在主成分空间下，计算出样本类间的距离及各类临界距离（表 3-65），由表 3-65 可以看出，任意两个产地类间距离均大于两类的各自临界距离，表明类间有明显的类界限，说明可以用该 SIMCA 模型鉴别不同产地来源的羊肉。

表3-65　　　　　　　　　　　　5个产地样本的临界距离及类间距离

	山东	河北	内蒙古	宁夏	新疆
山东	1.46	11.53	6.90	7.81	7.91
河北		1.40	6.87	10.07	27.12
内蒙古			1.24	4.01	22.31
宁夏				1.26	13.47
新疆					1.27

注：对角线上为 5 个产地样本的临界距离。

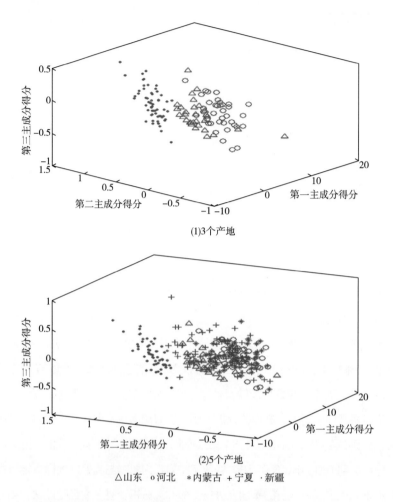

(1)3个产地

(2)5个产地

△山东　o河北　*内蒙古　+宁夏　·新疆

（三）不同产地羊肉近红外光谱结合 SIMCA 模型验证

校正集的样本用来建立模型。由图 3-67（1）、图 3-67（2）、图 3-67（3）、图 3-67（4）和表 3-66可见，山东分别与其他 4 个产地间建立的 SIMCA 分类模型，因山东产地的 1 个样本（x-23）到山东类模型中心的距离大于该类的临界距离，所以该样本被拒于山东类之外，即山东类未识别自身 20 个样本中的 19 个，识别率为 95%；山东类拒绝了其他 4 类 174 个样本中的 172 个，拒绝率为 99%。由图 3-67（1）、图 3-67（5）、图 3-67（6）、图 3-67（7）和表 3-66 可见，河北分别与其他 4 个产地间建立的 SIMCA 分类模型，河北类全部识别自身的 25 个样本，识别率为 100%；全部拒绝了其他 4 类 169 个样本，拒绝率为 100%。由图 3-67（2）、图 3-67（5）、图 3-67（7）、图 3-67（8）和表 3-66 可见，内蒙古分别与其他 4 个产地间建立的 SIMCA 分类模型，内蒙古类全部识别了自身的 57 个样本，识别率为 100%；拒绝了其他 4 个产地 137 个样本中的 136 个，拒绝率为 99%。由 3-67（3）、图 3-67（7）、图 3-67（9）、图 3-67

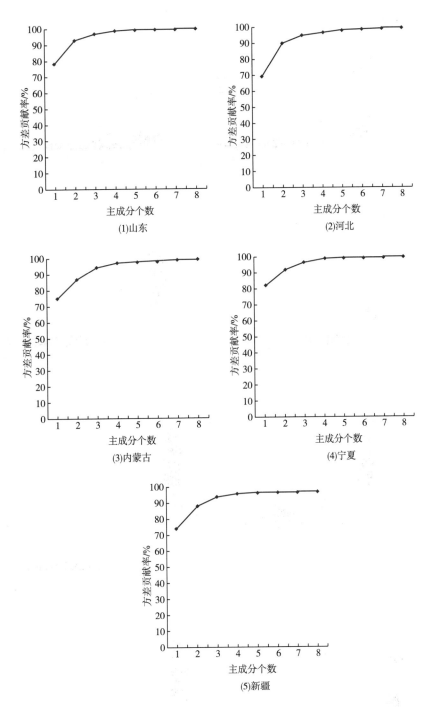

图3-66 5个产地羊肉样本模型的主成分数与方差关系图

(1)山东

(2)河北

(3)内蒙古

(4)宁夏

(5)新疆

（10）和表 3-66 可见，宁夏类分别与其他 4 个产地间建立的 SIMCA 分类模型，宁夏类全部识别自身的 48 个样本，识别率为 100%；全部拒绝其他 4 个类 146 个样本，拒绝率为 100%。由图 3-67（4）、图 3-67（6）、图 3-67（8）、图 3-67（10）和表 3-66 可见，新疆分别与其他 4 个产地间建立的 SIMCA 分类模型，新疆类全部识别自身 44 个样本，识别率为 100%；全部拒绝其他 4 个类 150

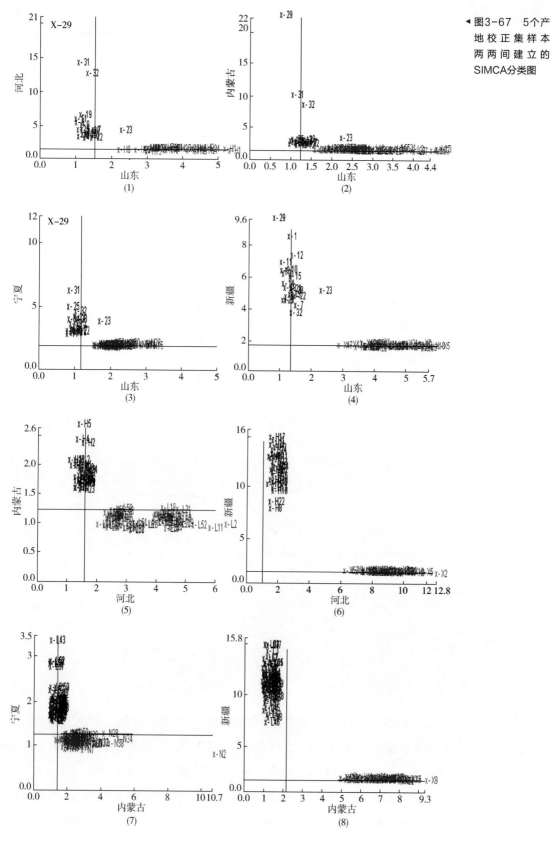

◄ 图3-67　5个产地校正集样本两两间建立的SIMCA分类图

图3-67 5个产地校正集样本两两间建立的SIMCA分类图（续）

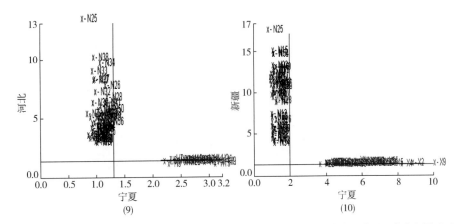

横坐标表示样本到 X 轴代表的类的距离；纵坐标表示样本到 Y 轴代表的类的距离［如图（1）中横坐标表示样本到山东类的距离、纵坐标表示样本到河北类的距离］；山东、河北、内蒙古、宁夏、新疆类的临界距离分别为 1.46、1.40、1.24、1.26、1.27。

个样本，拒绝率为 100%。用建立的 SIMCA 分类模型对验证集样本进行分类判别分析，由图 3-68（5）和表 3-66 可见，山东类完全识别自身 12 个样本，识别率为 100%；由图 3-68（1）、图 3-68（2）、图 3-68（3）、图 3-68（4）和表 3-66 可见，山东类全部拒绝了河北类 12 个样本、内蒙古类 17 个样本、宁夏类 16 个样本、新疆类 16 个样本，拒绝率 100%。由图 3-67（1）和表 3-66 可见，河北类识别自身 12 个样本中的 10 个，识别率为 83%；由图 3-68（5）、图 3-68（6）、图 3-68（7）、图 3-68（8）和表 3-66 可见，河北类全部拒绝山东类 12 个样本、内蒙古类 17 个样本、宁夏类 16 个样本、新疆类 16 个样本，拒绝率为 100%。由图 3-68（2）和表 3-66 可见，内蒙古类识别自身 17 个样本中的 16 个，识别率为 94%；由图 3-68（9）、图 3-68（10）、图 3-68（11）、图 3-68（12）和表 3-66 可见，内蒙古类全部拒绝山东类 12 个样本、河北类 12 个样本、宁夏类 16 个样本、新疆类 16 个样本，拒绝率为 100%。图 3-68（7）和表 3-66 可见，宁夏类识别自身 16 个样本中的 13 个，识别率为 81%；由图 3-68（13）、图 3-68（14）、图 3-68（15）、图 3-68（16）和表 3-66 可见，宁夏类全部拒绝山东类 12 个样本、河北类 12 个样本、内蒙古类 17 个样本、新疆类 16 个样本，拒绝率为 100%。由图 3-68（4）和表 3-66 可见，新疆类识别自身 16 个样本中的 14 个样本，识别率为 88%；由图 3-68（17）、图 3-68（18）、图 3-68（19）、图 3-68（20）和表 3-66 可见，新疆类全部拒绝山东类 12 个样本、河北类 12 个样本、内蒙古类 17 个样本、宁夏类 16 个样本，拒绝率为 100%。

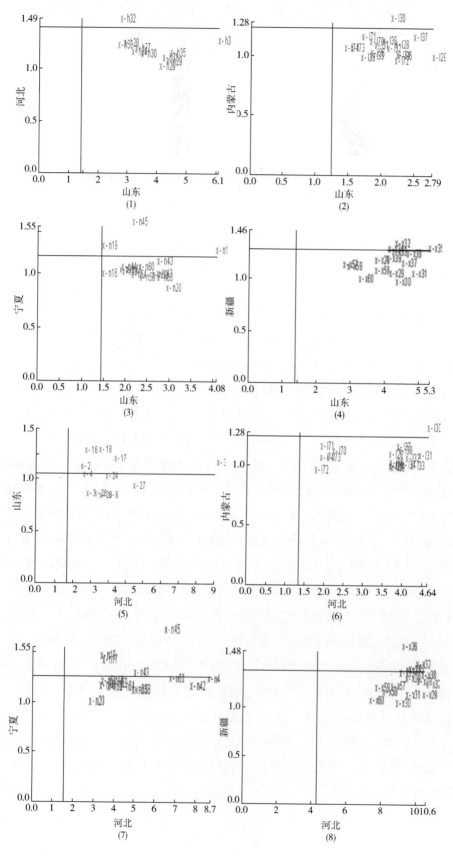

◄ 图3-68 5个产地验证集样本两两间建立的SIMCA分类图

图3-68 5个▶
产地验证集样本
两两间建立的
SIMCA分类图
（续）

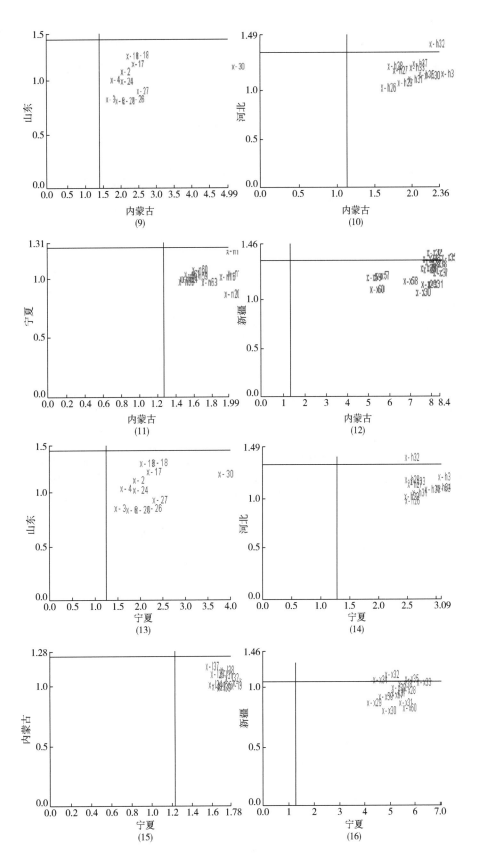

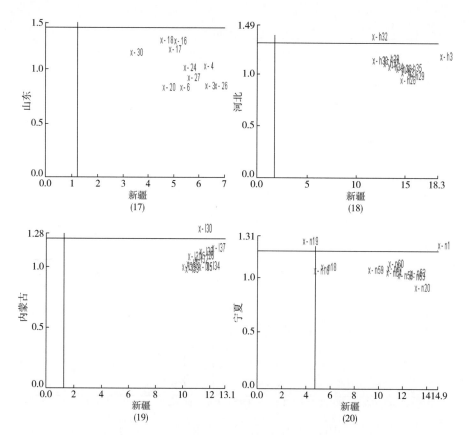

◀图3-68 5个产地验证集样本两两间建立的SIMCA分类图（续）

横坐标表示样本到X轴代表的类的距离、纵坐标表示样本到Y轴代表的类的距离；从每个图可看出，X轴代表的类拒绝Y轴代表的类的样本能力和Y轴代表的类识别自身类的样本能力[如由图(1)可看出，山东类拒绝河北类的样本能力和河北类识别自身类样本的能力]；山东、河北、内蒙古、宁夏、新疆类的临界距离分别为1.46、1.40、1.24、1.26、1.27。

表3-66 SIMCA产地模型校正与预测效果

产地	主成分数	校正集		验证集	
		识别率 /%	拒绝率 /%	识别率 /%	拒绝率 /%
山东	5	95	99	100	100
河北	6	100	100	83	100
内蒙古	8	100	99	94	100
宁夏	7	100	100	81	100
新疆	5	100	100	88	100

三、羊肉产地近红外光谱结合支持向量机溯源技术

支持向量机（support vector machine，SVM）是20世纪90年代形成的一种新模式识别方法，它将待解决的模式识别问题转化成为一个二次规划寻优问题，在理论上，

保证了全局最优解，避免了局部收敛现象。近红外光谱结合 SVM 模式识别方法在鉴别茶叶真伪、奶粉掺假上取得较好的应用（吴静珠等，2007；陈全胜等，2006），但在肉品产地溯源上鲜见报道。为此，本研究团队提出采用近红外光谱结合 SVM 模式识别方法建立羊肉产地溯源模型，以期为肉品产地溯源提供一种新的思路。

（一）支持向量机模式原理及方法

1. 支持向量机模式原理

SVM 是从线性可分情况下的最优分类面发展而来的，其基本思想如图 3-69 所示。根据结构风险最小的原理，构造一个目标函数，寻找一个最优的分类面，并使校正集中的点距离分类平面尽可能的远。最优分类面就是要求分类面不但能将两类正确分开，而且使分类间隔最大。$H1$ 和 $H2$ 上的训练样本点为支持向量。当问题为线性不可分时，可以用核函数 $K(xj, xi)$ 实现非线性变换，将线性不可分问题转换为另一个高维空间中的线性分问题，并在该高维空间中寻求最优分类面。目前，研究较多的核函数有以下 3 种形式：多项式核函数、高斯径向基函数（RBF）核函数和 Sigmoid 核函数。

（1）多项式核函数　$K(xi, xj) = [(xi \cdot xj)+1]^q$，$q=1$，2，…，所得到的是 q 阶多项式分类器。

（2）高斯径向基函数（RBF）　$K(xi, xj) = \exp\{-\gamma |xi \cdot xj|^2\}$，$\gamma = 1/2\sigma^2$。

（3）Sigmoid 核函数　$K(xi, xj) = \tanh(v(xi \cdot xj)+c)$，SVM 实现的就是一个隐藏的多层感知器。

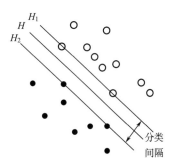

图3-69　线性情况下最优分类面

●代表一类样品、○代表另一类样品；H—分类超平面，H_1、H_2—分类面，即过各自样本中离分类超平面最近且平行于分类超平面的平面。

2. 多分类问题与核函数的选择

基于 SVM 只能够对两个类别进行分类，在多类别情况下需要将两类 SVM 扩展到多类别分类器。其基本思想主要是将多类问题转化为两类问题，通过多个两类分类器的组合，实现多类分类。

基于 SVM 建立鉴别模型优先解决的问题是核函数的选择。不同的核函数对所建立模型的性能影响不同。一般在没有先验理论指导的情况下，选择 RBF 核函数通常能够得到较好的拟合结果，它可以将非线性样本数据映射到高维特征空间，处理具有非线性关系的样本数据，另外 RBF 取值（$0 < K \leqslant 1$）要比多项式取值（$0 < K$ 或 $\infty > K > 1$）简单。对于 Sigmoid 核函数，计算速度低于前两种，在实际中很少应用，因此用 RBF 作为支持向量机的核函数。核函数确定后，要对核函数的参量进行优化，参量对模型建立有一定的影响，RBF 核函数需要确定的参量有惩罚系数 C 和宽度参量 γ，这些参量的选择，一般通过多次试验确定。

SVM 编程基于 Matlab 6.0 软件平台。研究在 SVM 不同输入（原始光谱、原始光谱经一阶导、多元散射校正处理 MSC、标准归一化处理）的情况下，不同的核函数参量惩罚系数 C 和宽度参量 γ，对产地模型建立的影响。

（二）近红外光谱结合支持向量机输入量模式选择

本研究团队从山东、河北、内蒙古、宁夏、新疆 5 个产地的羊肉光谱库中，分别随机挑选 20、25、57、48、44 个样本作为校正集，用于建立 SVM 模型，剩下 73 个样本作为验证集，检验模型的可靠性。在进行光谱分析前，将 OPUS 光谱格式转化为 ASCII。

1. 输入量为原始光谱

（1）惩罚系数 C 的确定　由表 3-67、表 3-68 可见，随着 C 值增加，不同 γ 值对应校正集和验证集模型正确分类率均在增加，$C=10000$ 时，效果最佳，校正集模型正确分类率为 100%，验证集正确分类率范围为 91.8%~100%。之后 C 值再增加，正确分类率均不变化，因此，惩罚系数 C 确定为 10000。

表3-67　　　　　　　　　不同核函数参量对校正集模型正确分类率的影响

γ	C				
	10	100	1000	10000	100000
0.01	61.3	64.9	95.4	100	100
0.02	62.9	79.4	96.9	100	100
0.03	63.4	86.6	98.5	100	100
0.04	63.4	89.2	99.5	100	100
0.05	63.4	90.2	99.0	100	100
0.06	64.4	90.2	99.5	100	100
0.07	64.4	92.7	100	100	100
0.08	64.9	93.2	100	100	100
0.09	66.5	94.8	100	100	100
0.10	66.5	95.4	100	100	100

注：输入量为原始光谱。

表3-68　　　　　　　　　　　不同核函数参量对验证集模型正确分类率的影响

γ	C				
	10	100	1000	10000	100000
0.01	47.9	57.5	86.3	100	100
0.02	56.2	74.0	94.5	100	100
0.03	56.2	75.3	98.6	100	100
0.04	57.5	80.8	97.3	98.6	98.6
0.05	57.5	82.2	97.3	95.9	95.9
0.06	57.5	83.6	95.9	95.9	95.9
0.07	57.5	83.6	94.5	95.9	95.9
0.08	57.5	83.6	91.8	93.2	93.2
0.09	57.5	83.6	90.4	91.8	91.8
0.10	57.5	83.6	90.4	91.8	91.8

注：输入量为原始光谱。

（2）宽度参量 γ 的确定　C 为 10000 时，对应校正集的正确分类率均为 100%。由表 3-69 可见，γ 为 0.01~0.03 时，验证集的正确分类率也达到 100%；随着 γ 增大，正确分类率逐渐降低，说明该分类模型产生过拟合现象。结果表明，最佳的 γ 对应支持向量的数目越少，泛化能力就越强。因此，确定 $\gamma=0.01$，对应山东、河北、内蒙古、宁夏、新疆 5 个产地模型的支持向量数分别为 14、9、29、21、9 时，建模效果较好。

表3-69　　　　　　　　　　　宽度参量 γ 对模型建立的影响

γ	支持向量机数						正确分类率 /%				
	山东	河北	内蒙	宁夏	新疆	总计	山东	河北	内蒙	宁夏	新疆
0.01	14	9	29	21	9	100	100	100	100	100	100
0.02	13	9	30	21	9	100	100	100	100	100	100
0.03	15	9	30	22	9	100	100	100	100	100	100
0.04	16	11	32	22	10	98.6	91.7	100	100	100	100
0.05	17	11	32	24	10	95.9	91.7	100	100	87.5	100
0.06	17	13	32	24	10	95.9	91.7	100	100	87.5	100
0.07	17	13	33	24	10	95.9	91.7	100	100	87.5	100
0.08	17	13	34	25	10	93.2	91.7	83.3	100	87.5	100
0.09	17	13	35	27	10	91.8	91.7	75.0	100	87.5	100
0.10	17	13	33	26	10	91.8	91.7	75.0	100	87.5	100

注：输入量为原始光谱。

2. 输入量为一阶导光谱

（1）惩罚系数 C 的确定　由表3-70、表3-71可见，随着 C 值增加，不同 γ 值对应校正集和验证集模型正确分类率均在增加，C=10000，γ=0.01 时，校正集模型正确分类率未达到 100%，但 C=10000 对应的验证集正确分类率范围为 89.0%~98.6%，效果较好，综合考虑，惩罚系数 C 确定为 10000。

表3-70　　　　　　　　不同核函数参量对校正集模型正确分类率的影响

γ	C				
	10	100	1000	10000	100000
0.01	61.3	64.9	93.3	99.5	100
0.02	62.4	78.9	95.9	100	100
0.03	63.4	85.1	97.4	100	100
0.04	63.4	89.2	97.9	100	100
0.05	63.4	89.2	99.0	100	100
0.06	64.4	89.2	98.5	100	100
0.07	64.4	89.7	99.5	100	100
0.08	64.9	91.2	99.5	100	100
0.09	66.5	91.8	100	100	100
0.10	66.5	93.3	100	100	1

注：输入量为一阶导光谱。

表3-71　　　　　　　　不同核函数参量对验证集模型正确分类率的影响

γ	C				
	10	100	1000	10000	100000
0.01	47.9	57.5	83.6	98.6	94.5
0.02	56.2	72.6	93.2	98.6	94.5
0.03	56.2	75.3	91.8	94.5	93.2
0.04	57.5	78.1	93.2	93.2	93.2
0.05	57.5	79.5	93.2	93.2	93.2
0.06	57.5	83.6	93.2	93.2	93.2
0.07	57.5	82.2	91.8	91.8	91.8
0.08	57.5	83.6	89.0	91.8	91.8
0.09	57.5	83.6	87.7	90.4	90.4
0.10	57.5	82.2	87.7	89.0	89.0

注：输入量为一阶导光谱。

（2）宽度参量 γ 的确定　由表 3-72 可见，随着 γ 值增加，建立的分类模型也产生了过拟合现象。γ 为 0.01~0.02 时，验证集正确分类率最高，均为 98.6%；但 γ=0.01 时，校正集正确分类率未达到 100%；γ=0.02 对应各个产地模型的支持向量数最少，分别为 12、8、28、17、8，建立模型效果较佳，因此确定 γ 为 0.02。对原始光谱求一阶导，提高原始光谱分辨率，但同时增加了光谱噪声，而 SVM 算法对噪声较为敏感。所以输入量为一阶导光谱所建立模型与原始光谱建立模型相比，没有明显的优越性。

表3-72　　　　　　　　　　　　宽度参量 γ 对模型建立的影响

γ	支持向量机数						正确分类率 /%				
	山东	河北	内蒙	宁夏	新疆	总计	山东	河北	内蒙	宁夏	新疆
0.01	14	9	28	20	8	98.6	100	91.7	100	100	100
0.02	12	8	28	17	8	98.6	100	91.7	100	100	100
0.03	14	8	26	17	9	94.5	83.3	91.7	100	93.8	100
0.04	13	10	27	17	10	93.2	75.0	91.7	100	93.8	100
0.05	14	11	26	19	9	93.2	83.3	91.7	100	87.5	100
0.06	14	11	26	19	10	93.2	83.3	91.7	100	87.5	100
0.07	14	12	25	19	10	91.8	83.3	83.3	100	87.5	100
0.08	14	12	25	19	9	91.8	83.3	83.3	100	87.5	100
0.09	14	13	25	19	9	90.4	83.3	75.0	100	87.5	100
0.10	14	12	24	21	9	89.0	83.3	75.0	100	81.3	100

3. 输入量为 MSC 处理光谱

（1）惩罚系数 C 的确定　由表 3-73、表 3-74 可见，随着 C 值增加，不同 γ 值对应校正集和验证集模型正确分类率均在增加，C=100000 时，建立的模型识别效果最佳，校正集和验证模型正确分类率均为 100%。因此，惩罚系数 C 确定为 100000。

表3-73　　　　　　　　　　不同核函数参量对校正集模型正确分类率的影响

γ	C				
	10	100	1000	10000	100000
0.01	56.2	62.9	92.8	99.5	100
0.02	62.9	71.6	96.9	100	100
0.03	63.4	77.8	98.5	100	100
0.04	63.4	89.2	98.5	100	100

续表

γ	C				
	10	100	1000	10000	100000
0.05	62.4	88.1	99.5	100	100
0.06	62.4	90.2	99.5	100	100
0.07	62.4	91.2	99.5	100	100
0.08	61.9	91.8	99.5	100	100
0.09	61.9	91.8	99.5	100	100
0.10	62.4	93.3	99.5	100	100

注：输入量为 MSC 处理光谱。

表3-74   不同核函数参量对验证集模型正确分类率的影响

γ	C				
	10	100	1000	10000	100000
0.01	52.1	56.2	93.1	100	100
0.02	53.4	64.4	94.5	100	100
0.03	53.4	76.7	95.9	100	100
0.04	54.8	80.8	95.9	100	100
0.05	54.8	84.9	98.6	100	100
0.06	54.8	86.3	98.6	100	100
0.07	56.2	90.4	100	100	100
0.08	56.2	91.8	100	100	100
0.09	56.2	93.1	100	100	100
0.10	56.2	93.1	100	100	100

注：输入量为 MSC 处理光谱。

（2）宽度参量 γ 的确定　C 为 100000 时，对应校正集和验证集的正确分类率均为 100%。而 γ =0.01，对应各个产地模型的支持向量数最少（表3-75），分别为 9、9、23、16、7，建立模型效果较佳，因此确定 γ 为 0.01。对光谱进行 MSC 预处理，减少了样本间因散射而引起的光谱波动，因此建模效果优于输入量为原始光谱及一阶导光谱建立的模型。

4. 输入量为 SNV 处理光谱

（1）惩罚系数 C 的确定　与 MSC 类似，SNV 也可用来校正样品间因散射而引起的光谱的误差。由表 3-76、表 3-77 可见，当 C 值增加到 1000 时，校正集和验证集模型正确分类率均达到 100%，惩罚系数 C 确定为 1000。

表3-75　　　　　　　　　　　　　宽度参量 γ 对模型建立的影响

γ	支持向量机数						正确分类率 /%				
	山东	河北	内蒙古	宁夏	新疆	总计	山东	河北	内蒙古	宁夏	新疆
0.01	9	9	23	16	7	100	100	100	100	100	100
0.02	9	9	23	19	7	100	100	100	100	100	100
0.03	9	9	23	19	7	100	100	100	100	100	100
0.04	9	9	23	20	7	100	100	100	100	100	100
0.05	9	9	23	20	7	100	100	100	100	100	100
0.06	9	9	23	20	7	100	100	100	100	100	100
0.07	9	9	24	20	7	100	100	100	100	100	100
0.08	9	9	25	20	7	100	100	100	100	100	100
0.09	9	9	26	20	7	100	100	100	100	100	100
0.10	9	9	26	20	7	100	100	100	100	100	100

注：输入量为 MSC 处理光谱。

表3-76　　　　　　不同核函数参量对校正集模型正确分类率的影响　　　　　　单位：%

γ	C				
	10	100	1000	10000	100000
0.01	85.1	99.0	100	100	100
0.02	92.8	99.5	100	100	100
0.03	95.9	100	100	100	100
0.04	96.4	100	100	100	100
0.05	96.4	100	100	100	100
0.06	96.9	100	100	100	100
0.07	98.5	100	100	100	100
0.08	98.5	100	100	100	100
0.09	98.5	100	100	100	100
0.10	99.0	100	100	100	100

注：输入量为 SNV 处理光谱。

表3-77　　　　　　　不同核函数参量对验证集模型正确分类率的影响　　　　　　单位：%

γ	C				
	10	100	1000	10000	100000
0.01	84.9	97.3	100	100	100
0.02	93.2	98.6	100	100	100
0.03	94.5	100	100	100	100
0.04	94.5	100	100	100	100
0.05	94.5	100	100	100	100
0.06	94.5	100	100	100	100
0.07	94.5	100	100	100	100
0.08	95.9	100	100	100	100
0.09	95.9	100	100	100	100
0.10	95.9	100	100	100	100

注：输入量为 SNV 处理光谱。

（2）宽度参量 γ 的确定　由表 3-78 可见，γ =0.02，对应各个产地模型的支持向量数最小，分别为 9、10、28、22、7，建立模型效较佳，因此确定 γ 为 0.02。与表 3-78 相比，γ 在 0.01~0.10 时，对应的各产地模型的支持向量数都较大，表明光谱经 MSC 处理后建模的效果优于 SNV 处理效果。

表3-78　　　　　　　　　宽度参量 γ 对模型建立的影响

γ	支持向量机数						正确分类率 /%				
	山东	河北	内蒙	宁夏	新疆	总计	山东	河北	内蒙	宁夏	新疆
0.01	9	10	30	20	7	100	100	100	100	100	100
0.02	9	10	28	22	7	100	100	100	100	100	100
0.03	10	10	30	23	8	100	100	100	100	100	100
0.04	10	10	32	23	8	100	100	100	100	100	100
0.05	10	10	31	25	9	100	100	100	100	100	100
0.06	11	10	32	25	10	100	100	100	100	100	100
0.07	11	11	32	25	10	100	100	100	100	100	100
0.08	11	11	32	27	9	100	100	100	100	100	100
0.09	11	11	32	27	9	100	100	100	100	100	100
0.10	11	11	33	27	9	100	100	100	100	100	100

注：输入量为 SNV 处理光谱。

（三）近红外光谱结合支持向量机溯源羊肉产地模型建立

采用近红外光谱结合支持向量机，建立了不同产地羊肉溯源模型，以径向基（RBF）为核函数，在 4 种不同的 SVM 输入量（原始光谱、一阶导光谱、原始光谱经 MSC 处理和 SNV 处理）下，调节核参数惩罚系数 C 和宽度参量 γ，分别建立了较优的羊肉产地溯源模型，校正集和验证集的正确分类率为 100%，其中山东、河北、内蒙古、宁夏、新疆各类模型的正确分类率也均为 100%，具体参数如下：

当输入量为原始光谱时，C=10000，γ=0.01，对应山东、河北、内蒙古、宁夏、新疆 5 个产地模型的支持向量数分别为 14、9、29、21、9；

当输入量为一阶导光谱时，C=10000，γ=0.02，对应山东、河北、内蒙古、宁夏、新疆 5 个产地模型的支持向量数分别为 12、8、28、17、8；

当输入量为 MSC 处理光谱时，C=100000，γ=0.01，对应山东、河北、内蒙古、宁夏、新疆 5 个产地的支持向量数分别为 9、9、23、16、7；

当输入量为 SNV 处理光谱时，C=1000，γ=0.02，对应山东、河北、内蒙古、宁夏、新疆 5 个产地模型的支持向量数分别为 9、10、28、22、7。

由上述参数可以看出，在 3 种光谱预处理方法（一阶导数、SNV、MSC）中，MSC 效果优于其他 2 种方法。

基于支持向量机，利用近红外光谱技术鉴别羊肉产地可行，也为支持向量机在近红外光谱分析中的应用奠定了基础。

四、羊肉产地近红外光谱结合人工神经网络溯源技术

人工神经网络（artificial neural network，ANN）是一种有潜力的非线性拟合工具，有很强的非线性映射能力，它是由人工建立的以有向图为拓扑结构的动态系统，通过分析连续或断续输入的状态响应来进行信息处理。其实质是输入转化成输出的一种数学表达式，这种数学关系由网络的结构来确定，而网络结构则必须根据具体问题进行设计和训练。与其他计算机程序不同，它主要是通过对一系列样本的"学习"而不是通过编程来解决预测、评估或识别等问题。国内外许多研究集中在利用 ANN 鉴别酸奶、杨梅、枇杷、鱼油等品种（何勇等，2006；Blanco 等，2002；Fu 等，2007），近红外光谱结合 ANN 溯源农产品产地的研究鲜见报道。本研究团队用 ANN 解析 5 个产地羊肉的 NIR 漫反射光谱，建立羊肉产地溯源模型，将为 ANN 模式识别方法应用于近红外光谱溯源农产品产地提供依据。

（一）人工神经网络方法建立

为了去除来自高频随机噪声、基线漂移、样本不均匀、光散射等的影响，对光谱进行预处理。分别对其进行 MSC、SNV、一阶导处理。

人工神经网络中输入层的节点数决定于变量个数，若样本的近红外光谱数据维数很高，直接采用近红外光谱数据作为输入层的变量将影响网络运行速度，而且人工神经网络要求输入层的变量为相互独立的，而主成分分析（PCA）可对光谱数据进行压缩并使压缩后的数据变量间相互独立，既有效提取特征信息，又减少了节点数，从而提高网络运行速度。

误差反传算法（BP）模型是一种典型的人工神经网络模型。本研究团队建立一个 3 层 BP 神经网络。所有的样本随机分成校正集和验证集数据，其中 194 个样本为校正集样本，73 个样本为验证集样本。设定最小均方误差为 0.0001，训练次数为 1000 次，网络输出层节点数为 5，输入层节点数取决于主成分数，隐含层节点数一般小于输入层节点数。ANN 算法采用 Matlab 6.0 编程。

（二）近红外光谱结合人工神经网络光谱模式选择

1.PCA 分析

在全波段范围内，对 267 个羊肉样本的近红外光谱进行主成分分解（图 3-70），结果表明，主成分图中的特征区域 4200~4400cm⁻¹、4600~5200cm⁻¹、5500~6000cm⁻¹ 和 6500~7000cm⁻¹ 与样本方差图中的特征峰位置基本一致（图 3-71），说明可以用主成分得分来代替近红外光谱原始数据作为输入层的变量，既提取了特征信息，又减少节点数，从而提高网络运行速度。

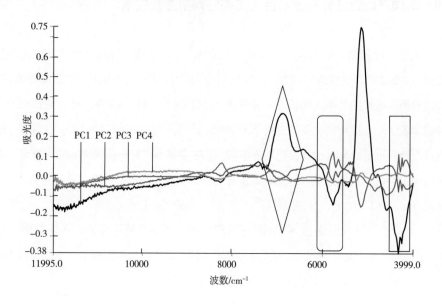

◀ 图3-70　样本主成分图

图3-71　样本方 ▶
差图

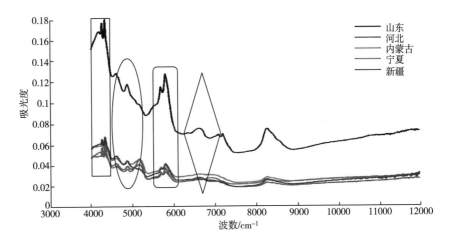

2. 不同光谱预处理方法的建模效果

设定输入层、隐含层、输出层节点数分别为 10、8、5，分别研究一阶导、MSC、SNV 等预处理对模型建立的影响，结果如图 3-72 所示。人工神经网络，经多次"学习"，分别找到 3 种预处理方法对应的最佳正确分类率。光谱经 MSC 处理后建立模型的正确分类率为 100%，明显优于其他预处理方法。所以对光谱采用 MSC 预处理与主成分分析后，作为 ANN 的输入进行模式识别，减小网络规模，同时提高分类效果。

图3-72　不同预 ▶
处理方法的建模
效果

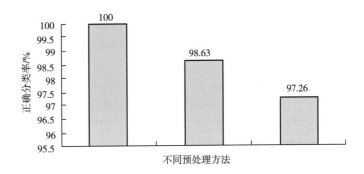

3.BP-ANN

在全波段范围内，分别研究不同输入层节点数、隐藏层节点数对模型建立的影响。一般情况下，输入层节点数取决于 PCA 个数，隐藏层节点数小于输入层节点数。由表 3-79 可见，输入层节点数为 10 时，模型的正确分类率都优于节点数 8、9，可能是主成分数为 10 时，较好地代表了光谱特征及有效信息；当隐藏层节点数为 8 时，建立模型效果最佳，校正集和验证集的正确分类率均达到 100%。同时也可看出，人工神经网络没有固定的算法，但是训练结束后，可将 ANN 参数保存在模型中，用该模型预测未知产地羊肉。

表3-79 不同参数对ANN模型建立的影响

主成分数	输入层节点数	隐藏层节点数	输出层节点数	正确分类率/%	
				校正集	验证集
8	8	7	5	100	95.89
	8	6	5	100	98.63
9	9	8	5	100	98.63
	9	7	5	100	98.63
	9	6	5	100	97.26
10	10	9	5	100	98.63
	10	8	5	100	100
	10	7	5	100	95.89
	10	6	5	100	94.52

（三）近红外光谱结合人工神经网络溯源羊肉产地模型建立

采用近红外光谱技术结合三种不同的模式识别方法（SIMCA、SVM 及 ANN），建立了羊肉产地的溯源模型，以模型的正确分类率来衡量其好坏。对比发现，SVM 和 ANN 均优于 SIMCA 建模效果（表3-80），校正集和验证集模型的正确分类率均可达到100%。而 SIMCA 建模效果相对较差（图3-73），除山东外，识别率均为 100%；验证集中仅有山东模型的识别率达到 100%，这说明 SVM 和 ANN 在处理非线性问题上要优于 SIMCA。

表3-80 SVM和ANN建立羊肉产地模型的效果

正确分类率/%	校正集	验证集					
		总计	山东	河北	内蒙古	宁夏	新疆
SVM	100	100	100	100	100	100	100
ANN	100	100	100	100	100	100	100

对 5 个产地羊肉样本的近红外光谱进行主成分分析，表明可以用主成分得分来代替光谱原始数据作为输入层的变量，既提取了特征信息，又减少节点数，从而提高网络运行速度。

采用近红外光谱技术结合 ANN 模式识别方法，建立了不同产地羊肉溯源模型，将 MSC 预处理光谱结合 PCA 作为误差反传算法（BP）神经网络的输入向量，当输入层、隐藏层、输出层节点数分别为 10、8、5 时建模效果最佳，山东、河北、内

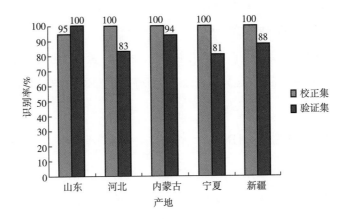

图3-73　不同产▶
地羊肉SIMCA模
型的建模效果

蒙古、宁夏、新疆5个产地羊肉校正集分类正确率除山东外均达到了100%。

五、红外光谱技术溯源羊肉产地的机理初探

本研究团队对山东、河北、内蒙、宁夏和新疆5个产地的羊肉进行近红外光谱主成分分析，提取前8个主成分，进行主成分得分分析和近红外光谱载荷分析，进而分别对其中水分、脂肪和蛋白质进行近红外光谱方差分析，最后对羊肉产地进行近红外光谱溯源机理分析。

（一）近红外光谱分析技术

有关近红外光谱技术溯源机理的研究报道较少，溯源机理尚不清楚。有学者认为，不同产地来源的食品，因其生长环境湿度、温度、水质、土壤等不同，导致食品中蛋白质、脂肪、水分含量存在差异，而这些成分的差异又反映在近红外光谱上，若再借助一定的模式识别方法分析测定差异，则可达到鉴别不同产地食品的目的（Xiccato等，2003）。探讨近红外光谱技术溯源羊肉产地的机理，将近红外光谱与羊肉主要营养组分建立联系，从而找到影响光谱差异的主要因子，为近红外光谱技术应用于食品产地溯源提供理论依据。

1. 主成分得分分析

利用主成分分析是最常见的一种光谱特征提取方法，其主要优点是可利用主成分新描述的原光谱特征间的差异对样本进行分类鉴别。可选定以各主成分构成的多维空间来描述原样本，利用不同类的样本的某些特定主成分得分不同而把样本分类鉴别。

2. 载荷分析

通过主成分分析，可以提取出光谱中的有用信息。主成分有两个属性，得分（score）和载荷（loading）。对载荷分析可得到光谱中相应的样本信息，即可将

近红外光谱与羊肉特征组分建立联系。

3. 羊肉主要营养组分的方差分析

通过方差分析，确定不同产地羊肉中水分、脂肪、蛋白质含量间的差异，并从近红外光谱上找到相应的光谱差异，进而对近红外光谱技术溯源羊肉产地的机理进行初步探讨。

（二）近红外光谱主成分得分分析

对 5 个产地羊肉的近红外光谱进行主成分分析，提取前 8 个主成分，其得分（score）见图 3-74。从图中可以看出，5 个产地羊肉近红外光谱的第一主成分得分（Score1）基本上一致，都在 5 以下，样本没有分开的趋势；第三主成分得分（Score3），都在 -0.5~0.5，样品也没有分开；类似地，第四、六、七主成分得分也未将样本分开。而由第二主成分（Score2）得分图可见，新疆样本的得分在 -0.5~1，山东、河北、内蒙古、宁夏 4 个产地样本的得分在 -0.5~0.5，说明新疆样本与其他 4 个产地有分开的趋势；第五主成分（Score5）得分图中，山东样本的得分在 -0.1~0，河北样本的得分在 0~0.1，内蒙古样本的得分在 -0.1~0.1，但大多数样本集中在 -0.1~0，宁夏样本的得分在 -0.2~0，新疆大部分样本得分在 0~0.1，可见 5 个产地样本的该主成分得分有明显不同；类似地，不同产地样本的第八主成分得分也有差异。由此表明，利用第二、第五、第八主成分得分的不同有可能

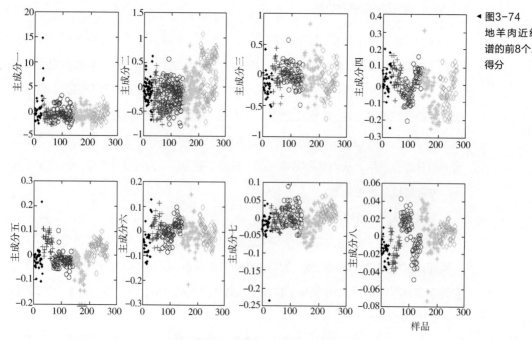

◀ 图3-74　5个产地羊肉近红外光谱的前8个主成分得分

山东　+河北　○内蒙古　╪宁夏　◇新疆

横坐标为样本的数目：1~32 样本属山东；33~69 样本属河北；70~143 样本属内蒙古；144~207 样本属宁夏；208~267 样本属新疆；纵坐标为 8 个主成分的得分。

将 5 个产地羊肉分开。用这 3 个主成分得分做 5 个产地羊肉样本的三维投影图，见图 3-75。由 5 个产地羊肉样本的第二、第五、第八主成分得分的投影图（图 3-75）可见，5 个产地基本能分开，其中河北与新疆产地间距离最远，这与表 3-65 中计算出河北与新疆产地样本间的类间距离最大（27.12）相一致；还可看出，山东、宁夏两产地和新疆产地间距离较近，与计算出山东、宁夏产地与新疆产地样本的类间距离分别为 7.91、13.47 也相一致；类似地，内蒙和宁夏产地样本相重叠，是与 2 个产地间类间距离较小有关。由此可见，选用第二、第五、第八主成分作为鉴别产地分类的特征主成分是正确的，即 5 个产地羊肉样本的近红外光谱间的确存在差异，利用主成分分析可提取出 5 个产地羊肉样本的特征光谱差异，在主成分分析的基础上，再借助一定的模式识别手段（SIMCA、ANN），可提高产地判别分析的可靠性。上文将近红外光谱与 SIMCA、SVM、ANN 结合分别为 5 个产地羊肉建立了产地判别模型，效果较理想。

图3-75　5个产 ▶
地羊肉样本的3个
主成分得分投影图

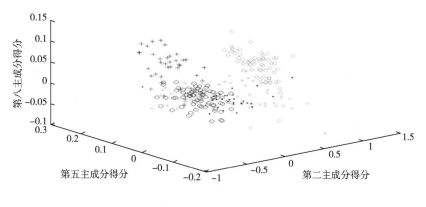

山东　+河北　◦内蒙古　·宁夏　新疆

（三）近红外光谱载荷分析

产地判别分析的重要依据是不同产地羊肉样本光谱特征的差异性。通过主成分分析，已确定第二、第五、第八主成分提取了 5 个产地羊肉光谱特征的差异性。利用载荷分析，找到光谱特征的差异所反映出羊肉样本的信息。

从图 3-76（1）载荷图可看出，在 $5000 \sim 5200 cm^{-1}$ 波段处有明显的水峰，$4200 \sim 4400 cm^{-1}$、$5600 \sim 5800 cm^{-1}$、$6700 \sim 7000 cm^{-1}$ 分别是脂肪分子 C—H 基的合频、一级、二级倍频吸收区，可认为第二个主成分主要反映产地羊肉水分、脂肪差异的信息，说明 5 个产地的羊肉在水分、脂肪含量及结构上存在差异。由图 3-76（2）可见，$4200 \sim 4400 cm^{-1}$ 是脂肪分子中 C—H 基的合频吸收区，$5000 \sim 5200 cm^{-1}$ 波段有较明显的水峰，$4600 \sim 4900 cm^{-1}$、$6600 \sim 6700 cm^{-1}$ 分别是蛋白质分子中 N—H 基合频、倍频吸收区；可认为第五个主成分主要反映 5

个产地羊肉在脂肪、水分、蛋白质等含量和结构上的差异信息。图3-76（3）中，4600~4900cm⁻¹是蛋白质分子中N—H基合频区，5600~5800cm⁻¹，6700~7000cm⁻¹分别是C—H基的一级、二级倍频吸收区，可认为第八个主成分主要反映了5个产地羊肉在蛋白质、脂肪含量和结构上的差异信息。由载荷分析可知，3个特征主成分主要反映了5个产地羊肉在水分、脂肪、蛋白质含量和结构上的差异信息。说明5个产地羊肉在水分、脂肪、蛋白质含量和结构上确实存在差异，这些

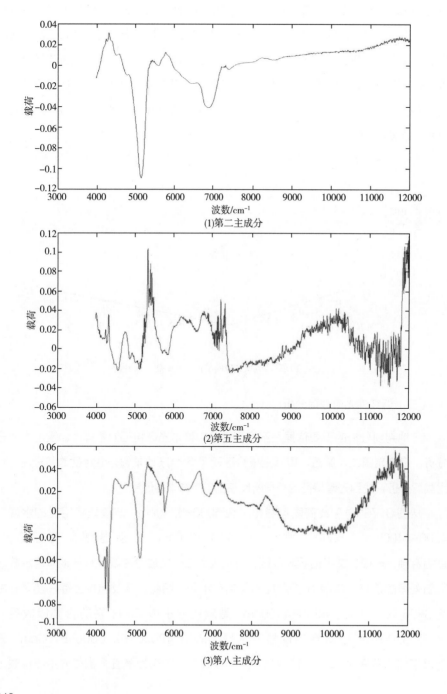

◀ 图3-76　5个产地羊肉样本光谱的3个特征主成分的载荷图

(1)第二主成分

(2)第五主成分

(3)第八主成分

差异反映于近红外光谱中，利用主成分分析可对差异进行提取，再借助适当的模式识别方法就可建立羊肉产地溯源模型。

（四）近红外光谱方差分析

1. 水分含量的方差分析

对 5 个产地羊肉的水分含量进行方差显著性分析，结果见表 3-81。由表可见，内蒙古与宁夏间差异不显著，但与其他 3 个产地的水分含量有明显差异。山东、河北、新疆间水分含量也有明显的差异。从图 3-77 也可看出，5 个产地羊肉样本在水分吸收敏感区（5000~5200cm^{-1}）的光谱存在差异，表明水分含量的不同与近红外光谱中水分子波段处的峰高及峰的形状差异有一定的关系。含水量与羊肉营养物质构成和结构有关，蛋白质多肽链上有许多极性基团，极易吸收水分子，不同产地的羊肉，其蛋白质结构不同，会造成吸水能力存在差异。另外，水分子是通过氢键缔合形成三维取向的立体结构，可推测不同产地羊肉，因受季节、水质、土壤等影响，会造成水分子结构上的差异，水分子结构和含量的差异将反映于近红外光谱上，通过主成分分析提取这些差异可用于判别不同产地来源的羊肉。

表3-81 5个产地羊肉的水分含量差异分析

产地	水分含量平均值	差异显著性
山东	4.6183	b
河北	3.4200	c
内蒙古	5.5400	a
宁夏	5.7883	a
新疆	1.9700	d

注：差异的显著性用字母法标记。

2. 脂肪含量的方差分析

对 5 个产地羊肉的脂肪含量进行方差分析，结果见表 3-82。由表可见，山东与河北、内蒙古、宁夏等两两产地间的羊肉脂肪含量差异不显著，河北与宁夏产地羊肉间脂肪含量差异也不显著，但内蒙古与河北、内蒙与宁夏间的羊肉脂肪含量差异显著，新疆与 4 个产地的羊肉脂肪含量差异均显著。由图 3-78 可见，在 4200~4400cm^{-1} 和 5600~5800cm^{-1} 波段处，5 个产地羊肉样本的光谱存在差异；在脂肪分子 C—H 基合频区 4200~4400cm^{-1} 波段，内蒙古和山东的样本光谱重叠在一起，宁夏与河北的样本光谱重叠在一起，新疆样本的光谱与其他产地光谱没有发生重叠，与方差分析的结果基本一致，说明脂肪含量的不同会造成光谱的差异。脂肪中含有大量的

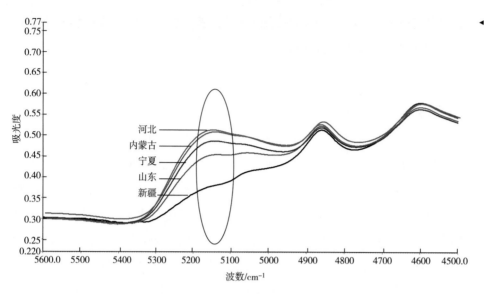

C16脂肪酸（棕榈酸）和C18脂肪酸（硬脂酸），中等含量的不饱和脂肪酸如油酸、亚油酸，一定数量的饱和脂酰甘油，以及少数的奇数酸，而不同产地羊肉样本间脂肪含量的差异可能与其中的脂肪酸构成和含量有关。Ollivier等通过气相色谱测定橄榄油中饱和、多不饱和及单不饱和脂肪酸之和、三酰基甘油等成分及含量，结合LDS识别来自法国的6个橄榄油产地，说明不同橄榄油产地间脂肪酸种类及含量的不同会反映于光谱中，借助模式识别手段，可实现产地鉴别。有研究报道不同年龄间的羊肉，其硬脂酸和豆蔻酸组成存在显著差异（李维红等，2004），脂肪酸构成上的差异会造成脂肪含量和结构的不同。由此推测，不同产地羊肉，因饲养方式、饲料、年龄、生长环境等不同，在脂肪酸种类、含量上存在差异，而这些差异将会反映于光谱中的脂肪波段上，成为近红外光谱定性分析的重要依据。

表3-82　　　　　　　　　5个产地羊肉的脂肪含量差异分析

产地	脂肪含量平均值	差异显著性
山东	8.761	bc
河北	7.316	c
内蒙古	10.084	b
宁夏	7.631	c
新疆	12.583	a

注：差异的显著性用字母法标记。

3. 蛋白质含量的方差分析

对5个产地羊肉的蛋白质含量进行方差分析，由表3-83可见，山东与新疆产

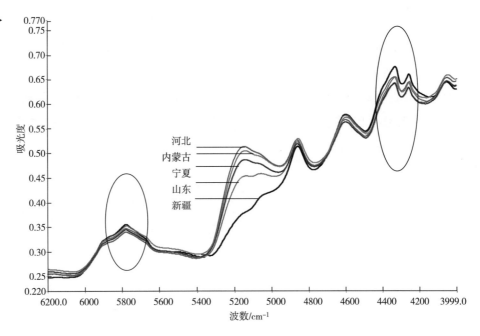

图3-78 5个产地羊肉样本脂肪波段的近红外光谱

地羊肉蛋白质含量差异不显著、内蒙古与宁夏产地羊肉蛋白质含量差异不显著，但它们两两间差异显著，另这4个产地与河北产地的蛋白质含量有明显差异。由图3-79可见，5个产地羊肉样本在 4600~4900cm^{-1}、6600~6700cm^{-1} 波段的光谱存在差异，河北产地样本的光谱与其他4个产地光谱几乎没有重叠，与方差分析结果相一致（河北产地样本蛋白质含量与其他4个产地均有显著差异），新疆与山东2个产地样本的光谱在 4600~4900cm^{-1} 波段重叠，说明产地间蛋白质含量的不同与光谱差异有一定的关系。蛋白质是由许多氨基酸通过肽键连接形成的生物大分子，Herbert 等利用荧光光谱研究了奶制品中蛋白结构及蛋白间相互作用（Herbert 等，

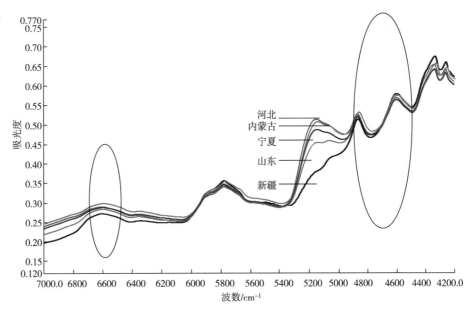

图3-79 5个产地羊肉样本蛋白波段的近红外光谱

2000）。Karoui 将荧光光谱与因子判别分子（FDA）结合，鉴别来自法国和瑞士生产的奶酪，结果表明对奶酪产地的正确分类率达到 100%（Karoui 等，2005）。由此可见，蛋白含量、结构及蛋白间相互作用对产地鉴别起着重要的作用。由此推测，不同产地羊肉，因温度、湿度、土壤、饲料等不同，使其氨基酸种和含量不同，导致蛋白质含量和结构上存在差异，而这些差异反映于近红外光谱中的蛋白质波段，成为近红外光谱定性分析的重要依据。

表3-83 　　　　　　　　　　5个产地羊肉的蛋白质含量差异分析

产地	蛋白质含量平均值	差异显著性
山东	83.125	b
河北	84.787	a
内蒙古	79.949	c
宁夏	80.333	c
新疆	82.628	b

注：差异的显著性用字母法标记。

（五）羊肉产地近红外光谱溯源机理分析

对近红外光谱溯源羊肉产地机理进行了初步探讨，利用主成分分析，提取出 5 个产地羊肉样本光谱的特征差异，再利用载荷分析，建立了近红外光谱的特征差异与羊肉主要营养组分的关系，结果表明 5 个产地羊肉在水分、脂肪、蛋白质含量和结构上存在差异。对 5 个产地羊肉的水分、脂肪、蛋白质含量分别进行方差分析，结果也验证了 5 个产地羊肉在 3 种主要营养物质含量上存在差异。由此推测不同产地的羊肉，因水质、土壤、温度、季节、饲养方式、饲料、年龄等不同，造成了水分、脂肪（脂肪酸）、蛋白质（氨基酸）等营养组分的含量和结构上存在差异，这些差异会反映在近红外光谱上，借助于主成分分析等模式识别方法进行提取并定性，可达到产地溯源的目的。国内外在产地溯源研究上，多集中在农产品，如蜂蜜、橄榄油、葡萄酒、中药材等，有关肉品产地溯源的研究较少，而产地溯源机理尚在探索阶段。今后应将近红外光谱技术与其他检测手段相结合，对羊肉产地溯源机理做深入的研究。有研究表明，通过检测不同产地食品的金属含量可用于判别食品产地的来源。

Hintze 等利用原子吸收光谱对来自 5 个产地 21 个农场的牛肉硒含量与其产地建立了关系，研究发现依据牛肉骨骼肌肉中硒含量不同，可识别产地（Hintze 等，2001）。为此，在此基础上可利用原子吸收光谱测定不同产地羊肉中含有的特定金属元素含量，建立该金属元素与近红外光谱的关系，可用于解释近红外光谱溯源的可能机制。另有研究表明，不同产地和饲喂不同饲料的牲畜，其个体之间碳同位素组成存在较大差异（郭波莉等，2006），Schmidt 等研究不同国家的牛肉样品，脱脂后检测其中 C、N 和 S 元素，结果发现，美国与欧洲的牛肉中 C、N 同位素组成存在很大差异，爱尔兰与其他欧洲国家牛肉的 δ13C 值、δ15N 值也存在明显差异（Schmidt 等，2005）。Piasentier 等研究发现，羊肉蛋白质中的 δ13C 值比脂中的 δ13C 值平均高 5.0‰，但两者之间高度相关，它们均与羊的品种和饲料来源有关（Piasentier 等，2003）。而近红外光谱含有 C—H 基团倍频与合频吸收带，为此，探讨不同产地之间的羊肉近红外光谱差异与碳同位素组成的关系，也将是近红外光谱溯源机制研究的一个突破点。有学者通过对不同产地食品脂肪酸的分析，建立了食品产地的溯源方法。Ollivier 等通过气相色谱测定橄榄油中饱和、多不饱和及单不饱和脂肪酸之和、三酰基甘油等成分及含量，结合 LDA 对来自法国 6 个产地的橄榄油进行了识别（Ollivier 等，2003），但本研究仅推测了由于不同产地羊肉在脂肪酸含量和种类上存在不同，可能会造成不同产地间脂肪波段近红外光谱的差异，而有关近红外光谱溯源与脂肪含量及结构间的关系，尚未开展深入的研究。同时，有学者通过利用荧光光谱获取食品中蛋白质、肽、游离氨基酸（色氨酸、酪氨酸、丙氨酸）等信息，建立了食品产地溯源的模型。Herbert 等利用荧光光谱研究了奶制品中蛋白结构及蛋白间相互作用（Herbert 等，2000）。Karoui 将荧光光谱与因子判别分析（FDA）结合，鉴别来自法国和瑞士生产的奶酪，结果表明对奶酪产地的正确分类率达到 100%（Karoui 等，2005）。Karoui 等还通过分析色氨酸、维生素 A 的荧光光谱，识别了瑞士奶酪产地（Karoui 等，2004）。因此，利用荧光光谱测定不同产地羊肉中蛋白质构成及蛋白质间相互作用，进而与近红外光谱蛋白质波段差异建立联系，也可用于诠释近红外光谱溯源的机制。

参考文献

［1］GB/T 16860—1997 感官分析方法　质地剖面检验［S］.

［2］陈坤杰,孙鑫,陆秋琰.基于计算机视觉和神经网络的牛肉颜色自动分级［J］.农业机械学报，2009（4）：173-178.

［3］陈全胜，赵杰文，张海东，等.基于支持向量机的近红外光谱鉴别茶叶的真伪［J］.光学学报，2006，26（6）：933-937.

［4］窦晓利，高宪儒，郭宗弟.影响羔羊肉用性能的因素［J］.中国草食动物，2005（1）：46-48.

［5］郭伯莉，魏益民，潘家荣，等.牛不同组织中稳定性碳同位素组成及变化

规律研究［J］.中国农业科学，2006，39（9）：1885-1890.

［6］郭元，李博.小尾寒羊不同部位羊肉理化特性及肉用品质的比较［J］.食品科学，2008，29（10）：143-147.

［7］何勇，李晓丽.用近红外光谱鉴别杨梅品种的研究［J］.红外与光谱波学报，2006，25（3）：2021-2023.

［8］李松柏.舍饲规模饲养条件下育成羊生产性能及其胴体品质的研究［D］.雅安：四川农业大学，2006.

［9］刘发龙，马新刚，程福银，等.近红外光谱分析技术在快速分析上的应用［J］.分析测试技术与仪器，2008，14（4）：241-247.

［10］刘炜，吴昊旻，孙东东，等.近红外光谱分析技术在鲜鸡肉快速检测分析中的应用研究［J］，中国家禽，2009，31（2）：8-11.

［11］刘炜，俞湘麟，孙东东，等.傅里叶变换近红外光谱法快速检测鲜猪肉中肌内脂肪、蛋白质和水分含量［J］.养猪，2005（3）：47-50.

［12］刘长英，韩玲，常海军，等.甘南藏羊肉品质分析［J］.甘肃农业大学学报，2008，43（2）：34-36.

［13］钱文熙.滩羊肉品质研究［D］.银川：宁夏大学，2005.

［14］孙洪新，敦伟涛，陈晓勇.影响羊肉品质的因素［J］.中国草食动物，2010（10）：73-75.

［15］吴静珠，王一鸣，张小超，等.支持向量机-近红外光谱法用于真假奶粉的判别［J］.农机化研究，2007（1）：155-158.

［16］席其乐木格，沙丽娜，武彩霞，等.苏尼特绵羊肉理化品质的分析研究［J］.农产品加工：学刊，2007（5）：29-38.

［17］肖玉琪，张有法，杨若飞，等.绵羊眼肌面积近似计算公式法初探［J］.中国草食动物，2003（增刊1）：117-118.

［18］严衍禄.近红外光谱分析基础与应用［M］.北京：中国轻工业出版社，2005：222-235.

［19］袁志明.小尾寒羊和蒙古羊肉品理化性状及食用品质的研究［J］.特产研究，2006（2）：22-24.

［20］张晓慧，刘建学.近红外光谱技术鉴别连翘产地［J］.激光与红外，2008，38（4）：342-344.

［21］张尧庭，方开泰.多元统计分析引论［M］.北京：科学出版社，1983：325.

［22］赵进辉，刘木华，吁芳，等.鸭肉中谷氨酸含量的可见-近红外光谱测

定研究［J］.核农学报，2011，25（3）：529-533.

［23］赵强，张工力，陈星旦.多元散射校正对近红外光谱分析定标模型的影响［J］.光学精密工程，2005，13（1）：53-58.

［24］郑灿龙.羊肉的营养价值及其品质的影响因素［J］.肉类研究，2003（1）：47-48.

［25］周光宏.肉品加工学［M］.北京：中国农业出版社，2009：49.

［26］周健，陈浩，曾建明，等，基于近红外的多相偏最小二乘模型组合分析实现茶叶原料品种鉴定与溯源的研究［J］.光谱学与光谱分析，2010，30（10）：2650-2653.

［27］曾永庆，王慧，储明星.小尾寒羊肉品理化性状及食用品质的研究［J］.中国畜牧杂志，2000（3）：6-8.

［28］ALDAI N，NAJERA A I，DUGAN M E R. Characterisation of intramuscular，intermuscular and subcutaneous adipose tissues in yearling bulls of different genetic groups［J］. Meat Science，2007，76：682-691.

［29］BERZAGHI P，DALL Z A.Near-Infrared reflectance spectroscopy as a method to predict chemical composition of breast meat and discriminate between different n-3 feeding sources［J］. Poultry Science，2005，84（1）：128-136.

［30］BLANCO M，PAGES J.Classification and quantitation of finishing oils by near infrared spectroscopy［J］. Analytica Chimica Acta，2002，463：295-303.

［31］CAMERON PN.Carcase classification and the selection of lamb carcases［J］. Proceedings of the Australian Society of Animal Production，1978，12：244.

［32］CHADRARATNE M R，KULASIRI D，FRAMPTON C. Prediction of lamb carcass grades using features extracted from lamb chop images［J］. Journal of Food Engineering，2006，74：116-124.

［33］CHO C H，WOO Y A. Rapid qualitative and quantitative evaluation of deer antler（*Cervus elaphus*）using near infrared reflectance spectroscopy［J］.Microchem，2001，68（2）：189-195.

［34］COZZOLINO D，MURRAY I. Identification of animal meat muscles by visible and near infrared reflectance spectroscopy［J］. Swiss Society of Food Science and Technology，2004，37（4）：447-452.

［35］COZZOLINO D, MURRAY I, SCAIFE J R. Study of dissected lamb muscles by visible and near infrared reflectance spectroscopy for composition assessment［J］. Animal Science, 2000, 70（3）: 417-423.

［36］CUTHBERTSON A, HARRINGTON G. The MLC sheep carcase classification scheme［C］//Proceedings of the carcase classification symposium, Adelaide: Australian Meat Board, May 1976: S2.

［37］DAMEZ J, S. CLERJON. Meat quality assessment using biophysical methods related to meat structure［J］. Meat Science, 2008, 80（1）: 132-149.

［38］DEAVILLE E, FLINN P C. Near infrared respectroscopy（NIR）: An alternative approach for the estimation of forage quality and voluntary intake［M］// Forage evaluation in ruminant nutrition. UK: CABI Publishing, 2000: 301-320.

［39］FU X P, YINGi Y B, ZHOU Y.Application of probabilistic neural networks in qualitative analysis of near infrared spectra: Determination of producing area and variety of loquats［J］. Analytica Chimica Acta, 2007 , 598: 27-33.

［40］GARCIA-REY R M, GARICIA-OLMO J, DE PEDRO E. Prediction of texture and colour of dry-cured ham by visible and near infrared spectroscopy using a fiber optic probe［J］. Meat Science, 2005, 70（2）:357-363.

［41］GERARD D, DOMINIQUE B. Discrimination between fresh and frozen-then-thawed beef *M. longissimusdorsi* by combines visible-near infrared reflectance spectroscopy: A feasibility study［J］. Meat Science, 1997, 45（3）: 353-363.

［42］HINTZE K J, LARDY G P, MARCHELLO M J.Areas with high concentrations of selenium in the soil and forage produce beef with enhanced concentrations of selenium［J］. Journal of Agricultural and Food Chemistry, 2001, 49: 1062-1067.

［43］JOWEDER A O, KEMSLEY K, WOLSON R H. Detection of adulteration in cooked meat products by mid-infrared spectroscopy［J］. Journal of Agriculture and Food Chemistry, 2002, 50（6）: 1325-1329.

［44］MONROY M, PRASHER S, NGADI M O. Pork meat quality

classification using Visible/Near- Infrared spectroscopic data [J] . Biosystems Engineering, 2010, 107（3）: 271-276.

[45] ORTIZ M C, SARABIA L, GARCIA-REY R, et al. Sensitivity and specificity of PLS-class modelling for five sensory characteristics of dry-cured ham using visible and near infrared spectroscopy [J] . Analytica Chimica Acta, 2006, 558（1/2）: 125-131.

[46] PONTES M J C, SANTOS S R B, ARAUJO M C U. Classification of distilled alcoholic beverages and verification of adulteration by near infrared spectroscopy [J] . Food Research International, 2006, 39（2）: 182-189.

[47] RIPOLLI G, ALBERTI P, PANEA B. Near-infrared reflectance spectroscopy for predicting chemical, instrumental and sensory quality of beef [J] .Meat Science, 2008, 80（3）: 697-702.

[48] RIUS-VILARRASA E, BUNGER L, MALTIN C A. Evaluation of video image analysis （VIA）technology to predict lean meat yield of sheep carcasses online under abattoir conditions [J] . Meat Science, 2009, 82: 94-100.

[49] SAVENIJE B, GEEINK G H, VANDER J G. Prediction of pork quality using visible near-infrared reflectance spectroscopy [J] . Meat Science 2006, 73（4）: 181-184.

[50] SCHMIDT O, QUILTER J M, BAHAR B.Inferring the origin and dietary history of beef from C, N and S stab le ration analysis [J] . Food Chemistry, 2005, 91: 545-549.

[51] United States Department of Agriculture. United States standards for grades of lamb, yearling mutton, and mutton carcasses [S] . 1992.7.6.

[52] VILJOEN M, HOFFMAN L C. Prediction of the chemical composition of mutton with near infrared reflectance spectroscopy [J] . Small Ruminant Research, 2007, 69（1-3）: 88-94.

[53] WARRISS PD. meat science: An introductory text [M] . Wallingford, UK: CABI Publishing, 2000.

[54] WOLD S.Pattern recognition by means of disjoint principle components models [J] . Pattern Recognition, 1976（8）: 127-139.

[55] XICCATO G, TROCINO A, TULLI F. Prediction of chemical composition and origin identification of European sea bass （*Dicentrarchus*

labrax L.) by near infrared reflectance spectroscopy （NIRS） [J] . Food Chemistry, 2004, 86: 275-281.

[56] LIAO Y T, FAN X X, FANG C. On-line prediction of fresh pork quality using visible/near-infrared reflectance spectroscopy [J] . Meat Science, 2010, 86（4）: 901-907.

▶ 第四章

羊肉加工特性与加工适宜性评价

　　我国地域辽阔，肉羊品种资源丰富，主要分布在内蒙古、新疆、西藏、甘肃、宁夏、河南、河北、山东、四川、湖北等地的广大牧区、半农半牧区和农区。肉羊品种繁多，绵山羊主要商品化品种共 53 个，其中绵羊地方品种 15 个、培育品种 7 个、引入品种 8 个，山羊地方品种 20 个、培育品种 2 个、引入品种 1 个。

　　羊肉加工产品多种多样，我国传统羊肉加工产品包括涮制、烤制、煮制、熏制、制肠等。涮制是将切好的羊肉薄片在沸水中放置数秒后捞出食用的方式，由于加热时间很短，肉片能较大程度保持鲜嫩多汁；烤制是在高温下对羊肉进行快速加热的过程，主要包括原料肉解冻、清洗修整、腌制、烤制、冷却包装、杀菌等程序；煮制是我国最常用的加工方式之一，煮制与爆炒或烧烤加工相比，可以较好地保留营养成分；熏制是指利用木屑、甘蔗皮、茶叶、红糖等材料的不完全燃烧而产生的烟气对肉制品进行熏制处理的过程；羊肉香肠是我国的传统肉制品之一，它是将羊肉、脂肪等斩碎，与辅料混合后灌入不同形式的肠衣制成的产品，具有加工技术成熟性、食用方便性、耐贮性等特点。

　　随着人们消费水平逐步提高和羊肉制品在膳食中所占比例逐渐增大，羊肉品质越来越受到人们的重视。一般从食用品质、营养品质和加工品质对羊肉品质进行评价，羊肉品质与羊肉内在特性密切相关。影响羊肉品质的内部因素是品种、年龄、性别，外部因素包括营养水平、饲养方式等环境因素。品种不同的羊生长速度存在较大差异，羊肉中结缔组织、肌纤维特性等也存在很大差异。由于肉品品质构成复杂，不同品种和部位来源的羊肉，其组成成分、理化特性、结构构成千差万别，加工过程中肉品品质随加工条件的不同会发生进一步的变化，给加工品质综合评价带来困难。加工不同类型的高品质羊肉，需要以特定的标准化原料肉为基础。目前我国关于不同加工方式下羊肉加工适宜性评价方法与评价体系缺乏，亟待建立系统、科学有效的评价方法。

　　中国农业科学院农产品加工研究所肉品加工与品质控制研究团队通过 15 年的研究，对我国主要商品化肉羊的不同品种、不同年龄、不同性别、不同部位涮制、烤制、煮制、熏制和制肠特性及其加工适宜性进行了系统研究，建立烤制、煮制、涮制、熏制和制肠适宜性评价模型，为实现原料肉优质优价和促进羊肉加工产业的发展提供借鉴。本章根据中国传统加工方式和饮食习惯，对我国羊肉的涮制、烤制、煮制、熏制、制肠等加工特性和加工适宜性进行介绍。

羊肉涮制特性与加工适宜性评价

涮羊肉是我国深受广大消费者青睐的传统肉制品，是目前商业化销售羊肉产品的最主要形式之一。目前，关于涮制特性的评价和分析多集中在色泽、质地、口感等食用品质方面。羊肉的品种、部位、宰后成熟时间对其涮制特性会产生影响，进而决定肉的价值。要实现羊肉的优质优价，发挥羊肉的最佳涮制品质，就要筛选出能够评价羊肉涮制品质的关键指标，建立我国羊肉涮制适宜性评价标准。

一、羊肉涮制特性与加工适宜性评价方法

（一）羊肉涮制加工方法

将冷冻的羊肉样品用全自动切片机沿肌纤维方向切片，肉片厚 1mm，沸水涮 20s 捞出，晾凉至室温，放置于 4℃，备用。

（二）羊肉品质测定方法

肉品加工适宜性评价指标包括原料肉理化品质（蛋白含量、脂肪含量、蛋白脂肪含量之比、水分含量、pH 等）、色泽（亮度值 L、红度值 a^*、黄度值 b^*）、肌纤维特性（肌纤维直径、肌纤维密度与肌节长度）、加工品质（溶解特性、凝胶特性、乳化特性、保水特性）、食用品质（剪切力、硬度、黏聚性、咀嚼性、弹性、感官评价）五个方面。

1. 羊肉理化品质测定

蛋白质含量测定参考 GB 5009.5—2016《食品安全国家标准 食品中蛋白质的测定》，采用凯氏定氮装置测定羊肉的蛋白质含量。脂肪含量测定参考 GB 5009.6—2016《食品安全国家标准 食品中脂肪的测定》，利用酸水解方法测定羊肉的脂肪含量。水分含量测定参考 GB 5009.3—2016《食品安全国家标准 食品中水分的测定》，采用直接干燥的方法测定羊肉的水分含量。pH 使用便携式 pH 计直接测定。

2. 羊肉色泽测定

色差的测定采用 CIE-$L^*a^*b^*$ 法测定色差，色差计使用前用白板校正后，直接测定羊肉样品表面的亮度值 L^*、红度值 a^*、黄度值 b^*。

3. 羊肉肌纤维特性测定

利用透射电镜（TEM）测定肌节长度。将待测样品顺着肌纤维方向切成大小为

5mm×2mm×2mm 的小条，立即放入 2.5% 的戊二醛溶液中进行固定，然后在通风橱中用 1% 四氧化锇固定 2h，然后用 0.1mol/L 的磷酸盐缓冲液（pH7.3）冲洗。冲洗后，用乙醇逐级脱水（30%、50%、70%、80%、90%、95%、100%），每级 7min。脱水后，用无水丙酮置换四次，每次 7min。然后用 Epon 812 树脂浸透包埋，经 Power Tom-XL 超薄切片机沿肌纤维纵向切片，醋酸双氧铀和柠檬酸铅染色，用 H-7500 型透射电镜放大 30000 倍观察测定 100 个肌节长度。

利用扫描电镜（SEM）测定肌纤维直径。前处理方法与上述相同，样品经液氮冷冻断裂处理之后，在超临界 CO_2 干燥仪中干燥，然后用 Eiko IB·5 型离子溅射喷金仪喷金。用透射电镜放大 1000 倍观察、拍照，每个切片在不同视野下拍 5 张照片，每张照片用 Image-pro-plus 6.0 软件随机量取 10 个肌纤维直径。最终每个样品的肌纤维直径至少为 50 个测量值的平均值。

利用扫描电镜测定肌纤维密度。利用 Image-Pro Plus 6.0 软件测定一定的区域面积后计算肌纤维密度。计算公式为：

$$肌纤维密度 = \frac{选定区域内肌纤维束根数}{此选定区域面积}$$

4. 羊肉加工品质测定

将肌原纤维蛋白溶解在磷酸盐缓冲溶液（0.6mol/L NaCl，0.1mol/L K_2HPO_4/KH_2PO_4，pH 6.5）中，配制成 1mg/mL 的蛋白溶液，将 8.0mL 肌原纤维蛋白溶液和 2.0mL 大豆油放入塑料离心管中，匀浆 1min，迅速从离心管底取 50μL 匀浆液，加入到 5mL 0.1%（质量分数）SDS 溶液中，混匀后在 500nm 波长处测定吸光度 A_0，静置 10min 后在同一位置取匀浆液 50μL，加入到 5mL 0.1% SDS 溶液中，振荡混匀后测定吸光度 A_{10}，用 0.1% SDS 溶液作空白对照。按照式（4-1）计算乳化活性指数（EAI），按照式（4-2）计算乳化稳定性指数（ESI）：

$$EAI（m^2/g） = \frac{2 \times 2.303}{c \times（1-\varphi）\times 10^4} \times A_0 \times 稀释倍数 \qquad （4-1）$$

$$ESI（\%） = \frac{A_{10}}{A_0} \times 100 \qquad （4-2）$$

式中　c——乳化前肌原纤维蛋白浓度

　　　φ——油相体积分数

　　A_0——肌原纤维蛋白乳化液在 0min 的吸光度

　　A_{10}——肌原纤维蛋白乳化液在 10min 的吸光度

肌原纤维蛋白溶解度用总可溶解蛋白质溶解度与肌浆蛋白质溶解度之差表示。

肌浆蛋白质溶解度（mg/g）：1g 肉样加 10mL 0.025mol/L 磷酸钾缓冲液（pH7.2），冰浴条件下 8000r/min 匀浆 60s，4℃摇床过夜抽提。1500×g 离心 20min，上清液用双缩脲法测定蛋白浓度。总可溶解蛋白质溶解度（mg/g）：1g 肉样加 20mL 含 1.1mol/L 碘化钾的 0.1mol/L 磷酸钾缓冲液（pH7.2），冰浴条件下匀浆、摇动抽提、离心条件、蛋白浓度测定方法与肌浆蛋白相同。

肌原纤维蛋白用含有 0.6mol/LNaCl，15mmol/L 哌嗪 −1，4− 二乙磺酸的缓冲液（pH6.0）将其质量浓度调至 40mg/mL，匀浆后置于直径 30mm、高 50mm 的玻璃瓶中，80℃水浴 30min，在冷水中冷却至常温后置于 4℃下过夜，在室温下放置 30min 后测定。用物性测定仪测定凝胶的硬度、弹性、黏聚性与咀嚼性。测定参数为测试前速率为 1.0mm/s；测试速率为 0.5mm/s；测试后速率为 1.0mm/s；压缩比 50%；引发力 5g；探头型号选择 P/0.5R。试验结果取平均值。准确称量蛋白凝胶重量，4℃ 1000×g 离心 10min，去除离心管中的液体。记录离心前后离心管的质量以及空管质量。凝胶保水性（WHC）按照式（4-3）计算。

$$WHC（\%）=\frac{m_2-m_1}{m_2-m} \times 100\%$$ （4-3）

式中 m_1——离心后离心管与肌原纤维蛋白凝胶的质量

m_2——离心前离心管与肌原纤维蛋白凝胶的质量

m——空管质量

试验重复三次，结果取平均值。

称取加工前的样品质量（m_1），加工后的样品晾凉至室温，吸去表面水分，称量（m_2）。按照式（4-4）计算加工损失。试验重复三次，结果取平均值。

$$加工损失 =\frac{m_1-m_2}{m_1} \times 100\%$$ （4-4）

式中 m_1——加工前样品质量

m_2——加工后样品质量

5. 羊肉食用品质测定

将涮制羊肉片顺肌纤维方向切成 2cm×1cm×1mm 的小片，用物性测试仪测定样品剪切力。测定条件：剪切力测定用 HDP/BSK 探头，测前速度 2.0mm/s，测试速度 1.0mm/s，测后速度 10.0mm/s。去除异常值，结果取平均值。

选取具有专业知识背景人员 20 名，经过筛选去除不敏感个体，感官评价员经过培训，对羊肉感官品质从最优到最差打 5~1 分。试验在感官评价室进行，每次可容纳 9 个人。感官评价按照 GB/T 22210—2008《肉与肉制品感官评定规范》开展。试验前准备好矿泉水、无盐苏打饼干、牙签等，并告知感官评价员试验注意事项，如感官评价前避免食用辛辣食物，感官评价试验过程保持安静，每次品评后漱口并用无盐苏打饼干消除口中味道。样品用三位数字代码进行盲标，随机呈递给感官评价员。感官评价标准见表4-1。

表4-1 感官评价标准

类型	感官评价	评分	类型	感官评价	评分
外观	外观易于接受	5	色泽	肉色均匀，有光泽	5
	外观较易接受	4		肉色较均匀，较有光泽	4
	外观可接受度中等	3		肉色与光泽度中等	3
	外观可接受度较差	2		肉色较深或较浅，光泽度较差	2
	外观不易接受	1		肉色过深或过浅，无光泽	1
嫩度	肉质很嫩（火腿肠）	5	多汁性	肉汁很丰富（橙子）	5
	较嫩	4		肉汁较丰富	4
	嫩度中等	3		中等	3
	肉质稍老	2		肉汁较少	2
	肉质粗糙、很老（牛肉干）	1		非常干（饼干）	1
香气	肉香浓郁	5	膻味	无膻味	5
	肉香较浓郁	4		膻味较轻	4
	肉香一般	3		膻味一般	3
	轻微肉香	2		膻味较浓	2
	无肉香	1		膻味强烈，不易接受	1
滋味	滋味可接受性很高	5	总体可接受性	接受性高	5
	滋味可接受性较高	4		接受性较高	4
	滋味可接受性一般	3		接受性一般	3
	滋味较差	2		接受性较低	2
	滋味不易接受	1		接受性差	1

（三）不同部位羊肉品质比较

1. 不同部位羊肉理化品质比较

不同部位羊肉理化品质测定结果见表4-2。肌肉中蛋白质与脂肪是主要的营养物质，蛋白质脂肪含量之比是衡量蛋白质与脂肪关系的重要指标，影响着营养物质的消化、风味的形成等。由结果可知，蛋白质、脂肪、蛋白质脂肪含量之比、水分、pH在不同部位间存在显著差异（$P < 0.05$）。蛋白质含量范围为19.77~21.54g/100g，其中腱子肉蛋白质含量最高，里脊蛋白含量最低；脂肪含量范围为1.11~2.83g/100g，其中米龙脂肪含量最高，腱子肉脂肪含量显著低于其他

部位（$P < 0.05$）；蛋白质脂肪含量之比范围为7.28~19.46，其中腱子肉蛋白质脂肪含量之比显著高于其他部位（$P < 0.05$），米龙蛋白脂肪含量之比最低；水分含量范围为73.87~76.60g/100g，其中腱子肉水分含量显著高于其他部位（$P < 0.05$），外脊水分含量显著低于其他部位（$P < 0.05$）。不同部位肉在化学组成上的差异会引起肉品色泽、嫩度、风味等食用品质的不同，腱子肉是高蛋白、低脂肪、高水分的原料肉，具有较好的品质。不同部位羊肉pH在5.64~6.10范围内波动，其中腱子肉pH最高，外脊pH最低。

表4-2 不同部位羊肉理化品质比较

部位	蛋白质含量 / （g/100g）	脂肪含量 / （g/100g）	蛋白质脂肪含量之比	水分含量 / （g/100g）	pH
外脊	21.03±0.61[ab]	2.76±0.31[ab]	7.61±0.66[bc]	73.87±0.35[e]	5.64±0.07[d]
肩肉	19.85±0.13[c]	2.30±0.32[c]	8.64±1.09[b]	76.06±0.31[bc]	5.91±0.2[abc]
霖肉	20.20±0.19[bc]	2.44±0.04[bc]	8.27±0.10[bc]	75.80±0.10[c]	5.98±0.11[ab]
里脊	19.77±0.57[c]	2.22±0.02[c]	8.91±0.23[b]	76.22±0.15[b]	5.79±0.13[bcd]
黄瓜条	20.50±1.06[bc]	2.31±0.26[c]	8.89±1.39[b]	75.31±0.24[d]	5.77±0.14[bcd]
米龙	20.60±0.03[abc]	2.83±0.05[a]	7.28±0.12[c]	75.50±0.21[d]	5.76±0.11[cd]
腱子肉	21.54±0.40[a]	1.11±0.01[d]	19.46±0.28[a]	76.60±0.13[a]	6.10±0.17[a]
变异系数 /%	3.09	24.95	43.36	1.17	2.68

注：同列数据上标不同小写字母表示差异达到显著水平（$P < 0.05$）。下同。

2. 不同部位羊肉凝胶特性

肉制品中的凝胶是由蛋白质分子交联形成的三维空间网络结构，网络结构可以有效地保持水、脂肪、风味物质等，影响产品的外观、切片性、质地、保水性、保油性以及出品率等，是加工过程中最为重要的加工品质之一。不同部位羊肉凝胶特性的测定结果见表4-3。由表可知，不同部位羊肉肌原纤维蛋白热诱导凝胶的凝胶硬度、凝胶弹性、凝胶黏聚性、凝胶咀嚼性、凝胶保水性均存在显著性差异（$P < 0.05$）。肩肉凝胶硬度与凝胶咀嚼性均显著高于其他部位（$P < 0.05$），分别为32.04g与10.59g。肩肉凝胶弹性与凝胶黏聚性最高，腱子肉凝胶弹性、凝胶黏聚性与凝胶咀嚼性最低，里脊凝胶硬度最低。里脊的凝胶保水性显著高于其他部位（$P < 0.05$），表明里脊具有较好的凝胶品质。

3. 不同部位羊肉溶解特性与乳化特性比较

不同部位羊肉溶解特性、乳化特性见表4-4。肌肉蛋白质的溶解性能与乳化性能在加工过程中至关重要，溶解的蛋白质可以与肉的各种成分相互作用，影响产品品质。由结果可知，不同部位肉的溶解特性、乳化稳定性指数存在显著性差异（$P < 0.05$）。其中外脊的总蛋白溶解度为 9.17mg/g，显著高于其他部位（$P < 0.05$），肩肉与黄瓜条的总蛋白溶解度最低，为 7.27mg/g；霖肉肌原纤维蛋白溶解度最高，为 3.45mg/g，黄瓜条肌原纤维蛋白溶解度最低，为 1.99mg/g。不同部位肉肌原纤维蛋白乳化活性指数不存在显著性差异（$P > 0.05$）；霖肉乳化稳定性指数高于其他部位，为 65.52%，里脊乳化稳定性指数最低，为 31.88%。

表4-3　　　　　　　　　　　不同部位羊肉凝胶特性比较

部位	凝胶硬度 /g	凝胶弹性	凝胶黏聚性	凝胶咀嚼性 /g	凝胶保水性 /%
外脊	20.23±2.88[b]	0.52±0.09[ab]	0.30±0.03[ab]	6.11±1.53[b]	50.00±0.06[c]
肩肉	32.04±7.06[a]	0.62±0.23[a]	0.34±0.07[a]	10.59±1.09[a]	61.34±0.04[b]
霖肉	22.03±2.59[b]	0.51±0.11[ab]	0.29±0.03[ab]	6.23±0.87[b]	56.46±0.03[bc]
里脊	18.86±5.42[b]	0.48±0.12[ab]	0.29±0.03[ab]	5.52±1.85[b]	72.83±0.06[a]
黄瓜条	23.04±5.50[b]	0.43±0.04[b]	0.30±0.05[ab]	6.97±2.15[b]	62.18±0.05[b]
米龙	20.69±3.75[b]	0.48±0.10[ab]	0.29±0.05[ab]	5.97±1.48[b]	54.20±0.06[bc]
腱子肉	19.13±4.32[b]	0.41±0.07[b]	0.25±0.01[b]	4.83±1.20[b]	57.08±0.07[bc]
变异系数 /%	20.42	13.79	8.75	28.40	12.36

表4-4　　　　　　　　　不同部位羊肉溶解特性与乳化特性比较

部位	总蛋白溶解度 /（mg/g）	肌原纤维蛋白溶解度 /（mg/g）	乳化活性指数 /（m²/g）	乳化稳定性指数 /%
外脊	9.17±0.49[a]	3.06±0.58[ab]	4.86±0.64	51.08±4.71[abc]
肩肉	7.27±0.36[c]	2.49±0.23[bc]	6.93±0.58	37.33±6.25[bc]
霖肉	8.34±0.34[b]	3.45±0.29[a]	6.56±1.60	65.52±19.55[a]
里脊	8.29±0.16[b]	2.86±0.49[ab]	7.31±3.49	31.88±12.67[c]
黄瓜条	7.27±1.04[c]	1.99±1.24[c]	6.31±1.46	61.13±21.71[ab]
米龙	8.63±0.13[b]	3.11±0.31[ab]	5.26±1.08	40.50±10.72[abc]
腱子肉	7.47±0.29[c]	2.79±0.20[ab]	5.35±1.00	54.97±14.30[abc]
变异系数 /%	9.19	16.71	15.34	25.88

4. 不同部位羊肉色泽

不同部位羊肉色泽见表 4-5。由表可知，不同部位肉亮度值 L、红度值 a^*、黄度值 b^* 均存在显著差异（$P < 0.05$），其中黄瓜条亮度值最高为 46.96，里脊亮度值最低为 38.44；腱子肉红度值最高为 18.38，黄瓜条红度值最低为 14.19；黄瓜条黄度值最高为 8.87，肩肉黄度值为 5.09 显著低于其他部位（$P < 0.05$）。

表4-5　　　　　　　　　　　　　不同部位羊肉色泽比较

部位	亮度值 L	红度值 a^*	黄度值 b^*
外脊	42.08±2.19^{cd}	17.21±1.51^{ab}	7.18±1.50^{a}
肩肉	45.43±5.15^{ab}	14.82±3.06^{cd}	5.09±2.35^{b}
霖肉	41.30±2.73^{d}	16.36±1.93^{bc}	7.68±2.58^{a}
里脊	38.44±2.18^{e}	17.57±1.63^{ab}	7.94±2.08^{a}
黄瓜条	46.96±1.78^{a}	14.19±2.30^{d}	8.87±2.18^{a}
米龙	44.28±3.07^{bc}	14.55±2.04^{d}	7.75±2.40^{a}
腱子肉	40.46±3.83^{de}	18.38±2.57^{a}	7.74±3.46^{a}
变异系数/%	7.00	10.21	15.56

5. 不同部位羊肉肌纤维特性

不同部位羊肉肌纤维透射电镜与扫描电镜照片见图 4-1 与图 4-2。表 4-6 列出了不同部位原料肉肌纤维微观结构与超微结构特性，包括肌纤维直径、肌纤维密度与肌节长度。由表 4-6 可知，不同部位肉肌节长度存在显著差异，其中外脊肌节长度显著高于其他部位（$P < 0.05$），为 1.84μm；肩肉肌节长度显著低于其他部位

图4-1　不同部 ▶
位羊肉肌纤维透
射电子显微照片
（25000×）

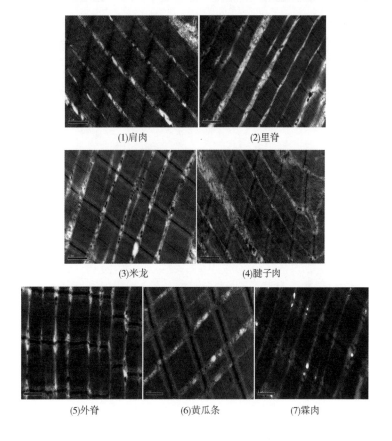

(1)肩肉　　　　　　(2)里脊

(3)米龙　　　　　　(4)腱子肉

(5)外脊　　　(6)黄瓜条　　　(7)霖肉

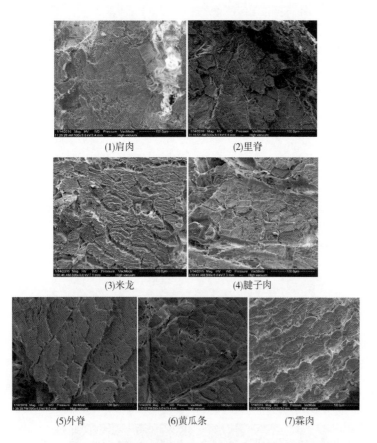

（$P < 0.05$），为 1.03μm。不同部位肌肉肌纤维密度与直径均存在显著性差异（$P < 0.05$）。霖肉肌纤维直径显著高于其他部位（$P < 0.05$），为 33.04μm；肩肉肌纤维直径显著低于其他部位（$P < 0.05$），为 22.97μm；肩肉肌纤维密度最大，为 1107.09Number/mm²；腱子肉肌纤维密度最小，为 669.70Number/mm²。

表4-6　　　　　　　　　　不同部位羊肉肌纤维特性比较

部位	肌节长度 /μm	肌纤维直径 /μm	肌纤维密度 /（Number/mm²）
外脊	1.84 ± 0.07^a	29.64 ± 7.99^b	803.18 ± 169.43^{bc}
肩肉	1.03 ± 0.32^e	22.97 ± 4.75^d	1107.09 ± 237.58^a
霖肉	1.60 ± 0.10^c	33.04 ± 6.68^a	765.90 ± 257.12^{bc}
里脊	1.21 ± 0.15^d	25.52 ± 6.49^c	800.28 ± 340.92^{bc}
黄瓜条	1.75 ± 0.08^b	29.29 ± 6.09^b	945.17 ± 186.36^{ab}
米龙	1.73 ± 0.06^b	25.68 ± 5.15^c	1033.32 ± 259.01^a
腱子肉	1.75 ± 0.41^b	28.05 ± 5.98^b	669.70 ± 238.52^c
变异系数 /%	20.10	11.97	17.99

（四）羊肉涮制适宜性感官评价指标筛选

不同部位羊肉涮制产品的感官评价结果见表 4-7。由表可知，涮制羊肉外观、色泽、嫩度、多汁性、膻味与总体可接受性在不同部位间存在显著性差异（$P < 0.05$）。涮制羊肉香气与滋味在不同部位间不存在显著性差异（$P > 0.05$）。里脊涮制总体可接受性得分最高（4.00）；米龙涮制总体可接受性得分最低（2.83）。

表4-7　　　　　　　　　　　不同部位涮制羊肉感官评价结果

部位	外观	色泽	嫩度	多汁性	香气	膻味	滋味	总体
外脊	4.33 ± 0.82^{ab}	3.33 ± 0.52^{ab}	2.33 ± 1.03^{c}	2.67 ± 1.03^{b}	3.17 ± 0.98	3.33 ± 0.82^{b}	3.00 ± 0.89	3.67 ± 0.52^{ab}
肩肉	4.67 ± 0.82^{a}	4.00 ± 1.10^{a}	3.83 ± 0.75^{ab}	4.33 ± 0.82^{a}	3.33 ± 1.03	3.50 ± 1.05^{ab}	3.67 ± 0.82	3.33 ± 0.52^{ab}
霖肉	4.50 ± 0.84^{a}	3.67 ± 1.21^{a}	3.17 ± 0.75^{bc}	3.50 ± 1.05^{ab}	3.67 ± 0.52	3.83 ± 1.17^{ab}	3.50 ± 0.55	3.50 ± 0.84^{ab}
里脊	2.33 ± 0.82^{c}	2.33 ± 0.82^{b}	3.17 ± 1.17^{bc}	3.17 ± 0.98^{ab}	3.17 ± 0.98	4.17 ± 0.41^{ab}	3.50 ± 1.22	4.00 ± 0.63^{a}
黄瓜条	4.17 ± 0.98^{ab}	4.33 ± 0.82^{a}	2.67 ± 0.52^{c}	3.33 ± 0.82^{ab}	2.67 ± 1.03	3.67 ± 1.37^{ab}	3.50 ± 0.55	3.17 ± 0.75^{ab}
米龙	3.17 ± 1.47^{bc}	3.50 ± 1.05^{ab}	3.17 ± 0.75^{bc}	3.67 ± 1.03^{ab}	3.17 ± 0.98	3.33 ± 1.21^{b}	3.50 ± 0.55	2.83 ± 1.17^{b}
腱子肉	3.83 ± 1.17^{ab}	3.67 ± 1.21^{a}	4.33 ± 0.82^{a}	3.50 ± 1.05^{ab}	2.33 ± 1.37	4.67 ± 0.52^{a}	3.67 ± 1.21	3.83 ± 1.17^{ab}

（五）羊肉涮制适宜性客观评价指标筛选

1. 涮制加工品质指标相关性分析

涮制品质指标间相关性分析结果见表 4-8。如表所示，涮肉硬度与咀嚼性极显著相关，与弹性、水分含量显著相关；黏聚性与蛋白脂肪含量之比极显著相关，与脂肪含量显著相关；咀嚼性与弹性显著相关；弹性与亮度值显著相关；加工损失与蛋白含量、蛋白脂肪含量之比、凝胶黏聚性显著相关。由此可知，各品质指标间存在着相

表4-8　　　　　　　　　　涮制品质指标相关性分析

	剪切力	硬度	黏聚性	咀嚼性	弹性	加工损失
剪切力	1					
硬度	-0.049	1				
黏聚性	0.121	0.168	1			
咀嚼性	-0.241	0.946^{**}	-0.109	1		
弹性	0.054	-0.866^{*}	-0.219	-0.783^{*}	1	
加工损失	0.418	-0.071	0.649	-0.346	0.031	1
蛋白含量	0.020	0.339	-0.754	0.551	-0.181	-0.790^{*}

续表

	剪切力	硬度	黏聚性	咀嚼性	弹性	加工损失
脂肪含量	0.599	0.414	0.770*	0.108	−0.407	0.678
蛋白质脂肪含量之比	−0.466	−0.278	−0.899**	0.043	0.326	−0.781*
水分含量	−0.317	−0.817*	−0.449	−0.661	0.630	−0.078
总蛋白溶解度	0.545	0.264	0.304	0.143	0.034	0.096
肌原纤维蛋白溶解度	0.590	−0.235	−0.070	−0.277	0.574	0.206
乳化稳定性指数	0.344	−0.006	−0.259	0.011	0.066	−0.143
乳化活性指数	−0.324	−0.596	0.476	−0.679	0.410	0.491
凝胶保水性	−0.512	−0.589	0.331	−0.581	0.334	0.062
凝胶硬度	−0.247	0.222	0.228	0.132	−0.307	0.608
凝胶黏聚性	−0.122	0.366	0.691	0.156	−0.417	0.761*
凝胶咀嚼性	−0.258	0.293	0.354	0.176	−0.376	0.637
凝胶弹性	−0.083	0.282	0.482	0.130	−0.127	0.746
pH	−0.185	−0.627	−0.708	−0.427	0.643	−0.163
肌节长度	0.477	0.323	−0.364	0.367	−0.255	−0.501
亮度值	0.136	0.499	0.158	0.371	−0.773*	0.319
红度值	−0.347	−0.245	−0.390	−0.026	0.586	−0.596
黄度值	0.300	−0.271	−0.057	−0.259	0.086	−0.442
肌纤维直径	0.481	−0.094	−0.044	−0.125	0.265	−0.086
肌纤维密度	0.095	0.335	0.403	0.149	−0.596	0.618

关性，反映的信息存在不同程度的重叠，因此需要筛选具有代表性的关键指标进行加工适宜性评价。

2. 涮制品质指标主成分分析

涮制品质指标主成分分析结果见表 4-9。由表可知，第 1 主成分方差贡献率为 35.433%，代表性指标为凝胶黏聚性、凝胶咀嚼性、凝胶硬度、凝胶弹性与肌纤维密度；第 2 主成分方差贡献率为 24.529%，代表性指标为水分含量；第 3 主成分方差贡献率为 16.513%，代表性指标为总蛋白溶解度、肌原纤维蛋白溶解度；第 4 主成分方差贡献率为 9.832%，代表性指标为乳化稳定性指数；第 5 主成分方差贡献率为 8.853%，代表性指标为 pH、凝胶保水性与黄度值。涮制品质指标前 5 个主成分累积贡献率达到 95.160%，反映了大部分结果的信息，因此选取前 5 个主成分进行分析。

表4-9 涮制品质指标主成分分析

品质指标	成分				
	1	2	3	4	5
蛋白质含量	−0.729	0.458	−0.476	−0.080	0.146
脂肪含量	0.601	0.586	0.531	0.017	−0.059
蛋白质脂肪含量之比	−0.719	−0.380	−0.560	−0.080	0.133
水分含量	−0.180	−0.915	−0.119	0.151	0.110
剪切力	−0.052	0.494	0.601	0.384	0.339
硬度	0.316	0.791	−0.420	−0.277	−0.039
黏聚性	0.682	0.149	0.528	0.005	−0.375
咀嚼性	0.094	0.677	−0.615	−0.367	−0.027
弹性	−0.447	−0.664	0.518	−0.070	0.287
加工损失	0.776	−0.057	0.491	0.183	0.345
总蛋白溶解度	−0.139	0.589	0.647	−0.456	0.006
肌原纤维蛋白溶解度	−0.308	0.124	0.691	−0.353	0.510
乳化稳定性指数	−0.438	0.302	−0.032	0.617	0.352
乳化活性指数	0.445	−0.777	0.274	0.175	−0.183
凝胶保水性	0.184	−0.768	0.144	0.045	−0.590
凝胶硬度	0.815	−0.210	−0.366	0.088	0.370
凝胶黏聚性	0.973	0.014	−0.021	−0.040	0.075
凝胶咀嚼性	0.887	−0.153	−0.317	0.028	0.268
凝胶弹性	0.814	−0.062	0.084	−0.377	0.404
pH	−0.400	−0.664	−0.237	0.186	0.555
肌节长度	−0.624	0.728	−0.062	0.274	0.013
亮度值	0.579	0.366	−0.464	0.550	0.049
红度值	−0.708	−0.235	0.095	−0.597	0.014
黄度值	−0.603	0.188	0.250	0.514	−0.523
肌纤维直径	−0.519	0.349	0.369	0.403	0.246
肌纤维密度	0.880	0.102	−0.185	0.170	−0.010
特征根	9.213	6.378	4.293	2.556	2.302
方差贡献率 /%	35.433	24.529	16.513	9.832	8.853
累积方差贡献率 /%	35.433	59.963	76.476	86.307	95.160

3. 涮制品质指标聚类分析

涮制品质指标聚类分析结果见图 4-3，指标权重与变异系数见表 4-10。由图可知，第一类品质指标包括凝胶硬度、凝胶咀嚼性、凝胶黏聚性、凝胶弹性、亮度值、肌纤维密度、脂肪含量、黏聚性、加工损失。亮度值与黏聚性变异系数较小，分别为 7.00% 和 6.31%，因此舍去这两个指标。凝胶黏聚性与加工损失、凝胶硬度、凝胶咀嚼性、凝胶弹性、肌纤维密度显著相关，相关系数为 0.761、0.846、0.914、0.866、0.772，因此用凝胶黏聚性代替加工损失、凝胶硬度、凝胶咀嚼性、凝胶弹性、肌纤维密度。选取凝胶黏聚性与脂肪含量为第一类代表指标。第二类品质指标包括乳化活性指数与凝胶保水性，由于乳化活性指数在不同部位间不存在显著性差异，因此将该指标删去，选取凝胶保水性为第二类的代表指标。第三类品质指标包括水分含量、pH、弹性、蛋白质脂肪含量之比、红度值。水分含量与 pH 变异系数小于 7%，舍去这两个指标；弹性权重较小，舍去该指标；选取红度值、蛋白脂肪含量之比为第三类代表指标。第四类品质指标包括硬度、咀嚼性、蛋白质含量、肌节长度。蛋白质含量变异系数为 3.09%，因此舍去该指标，余下指标中权重均较小，舍去该类指标。第五类指标包括总蛋白溶解度、肌原纤维蛋白溶解度、剪切力、乳化稳定性指数、肌纤维直径与黄度值。除了剪切力外，其他指标权重均较小，因此选取剪切力为第五类指标代表。由于脂肪与蛋白脂肪含量之比极显著相关，相关系数为 -0.960，因此选取权重较大的脂肪含量代替蛋白脂肪含量之比。

综上所述，选取脂肪含量、凝胶保水性、凝胶黏聚性、红度值和剪切力为羊肉涮制适宜性的关键品质指标。

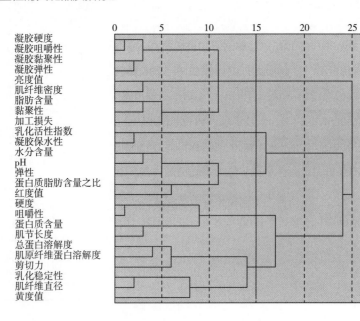

◀ 图4-3 涮制品质指标聚类分析

表4-10 涮制品质指标权重与变异系数

品质指标	权重	变异系数 /%
蛋白质含量	−0.1117	3.09
脂肪含量	0.2490	24.95
蛋白质脂肪含量之比	−0.2425	43.36
水分含量	−0.1545	1.17
剪切力	0.1987	22.42
硬度	0.0908	37.07
黏聚性	0.1708	6.31
咀嚼性	0.0052	35.15
弹性	−0.0938	15.92
加工损失	0.2321	10.51
总蛋白溶解度	0.0966	9.19
肌原纤维蛋白溶解度	0.0586	16.71
乳化稳定性指数	0.0507	25.88
乳化活性指数	−0.0023	15.34
凝胶保水性	−0.1092	12.36
凝胶硬度	0.1082	20.42
凝胶黏聚性	0.1718	8.75
凝胶咀嚼性	0.1204	28.40
凝胶弹性	0.1432	13.79
pH	−0.1284	2.68
肌节长度	0.0157	20.10
亮度值	0.1533	7.00
红度值	−0.1994	10.21
黄度值	−0.0464	15.56
肌纤维直径	0.0625	11.97
肌纤维密度	0.1607	17.99

4. 涮制关键品质指标权重的确定

涮制关键品质指标及其权重见表 4-11、表 4-12。由表可知，巴寒杂交羔羊不同部位肉涮制特性关键指标分别为脂肪含量、剪切力、凝胶保水性、凝胶黏聚性以及红度值。按照权重值由高至低排序依次为脂肪含量、红度值、剪切力、凝胶黏聚性以及凝胶保水性。

表4-11 涮制关键品质指标

理化特性	质地	凝胶特性	色泽
脂肪含量	剪切力	凝胶保水性 凝胶黏聚性	红度值

表 4-12 涮制关键品质指标权重

	脂肪含量	剪切力	凝胶保水性	凝胶黏聚性	红度值
主成分分析权重	0.2490	0.1987	0.1092	0.1718	0.1994
归一化	0.2683	0.2141	0.1177	0.1851	0.2148

二、羊肉涮制特性与加工适宜性

（一）不同部位羊肉涮制综合品质评价与涮制适宜性

涮制关键指标结果进行正向化与标准化处理，并依据公式 $Y=0.2683 \times A_1+0.2141 \times A_2+0.1177 \times A_3+0.1851 \times A_4+0.2148 \times A_5$（$A_1 \sim A_5$ 分别代表脂肪含量、剪切力、凝胶保水性、凝胶黏聚性、红度值）计算综合品质评价得分，如表 4-13 所示。综合品质评价 Y 值 K-means 聚类分析结果见表 4-14、表 4-15。表 4-14 列出了最终确定的 3 个类中心点，表 4-15 列出了不同部位羊肉涮制适宜性评价结果。Y 值小于 0.63 为不适宜涮制食用，Y 值在 0.63~0.77 为较适宜涮制食用，Y 值大于 0.77 为适宜涮制食用。结果表明，肩肉、黄瓜条、霖肉与米龙不适宜涮制食用，外脊与腱子肉较适宜涮制食用，里脊适宜涮制食用。

表4-13 不同部位羊肉涮制综合品质评价得分

部位	脂肪含量	剪切力	凝胶保水性	凝胶黏聚性	红度值	Y
外脊	0.96	0.59	0.00	0.46	0.72	0.63
肩肉	0.69	1.00	0.50	0.00	0.15	0.49
霖肉	0.78	0.08	0.28	0.55	0.52	0.47
里脊	0.65	0.93	1.00	0.56	0.81	0.77
黄瓜条	0.70	0.67	0.53	0.45	0.00	0.48
米龙	1.00	0.00	0.18	0.60	0.09	0.42
腱子肉	0.00	0.96	0.31	1.00	1.00	0.64

表 4-14　　　　　　　　羊肉涮制综合品质评价得分 K-means 聚类分析结果

聚类类别	1	2	3
最终聚类中心	0.6350	0.7700	0.4650

表 4-15　　　　　　　　羊肉涮制综合品质评价得分 K-means 聚类分析结果

部位	外脊	肩肉	霖肉	里脊	黄瓜条	米龙	腱子肉
聚类	1	3	3	2	3	3	1
距离	0.0050	0.0250	0.0050	0.0000	0.0150	0.0450	0.0050
涮制适宜性	较适宜	不适宜	不适宜	适宜	不适宜	不适宜	较适宜

（二）不同部位羊肉涮制综合品质评价方程的验证

对不同部位涮羊肉进行感官评价，并对总体可接受性结果进行标准化处理，以总体可接受性为因变量，综合品质评价为自变量，建立回归方程，结果见表 4-16。由表 4-16 可知，回归方程的 R^2 为 83.34%，表明综合评价模型可以较好地反映涮制适宜性。

表4-16　　　　　　不同部位羊肉涮制综合品质评价得分与感官评价总体可接受性对比

部位	x（综合品质评价）	y（总体可接受性）
外脊	0.63	0.72
肩肉	0.49	0.43
霖肉	0.47	0.57
里脊	0.77	1.00
黄瓜条	0.48	0.29
米龙	0.42	0.00
腱子肉	0.64	0.86
回归方程 $y=2.52x-0.85$（$R^2=83.34\%$）		

涮制感官评价结果表明，嫩度得分与原料肉水分含量显著相关，相关系数为0.855，其中腱子嫩度得分最高，外脊嫩度得分最低，这与原料肉水分含量测定结果的趋势是一致的，表明水分含量是影响涮肉嫩度的因素之一。

三、结果与展望

筛选出脂肪含量、凝胶保水性、凝胶黏聚性、红度值和剪切力为羊肉涮制的关键品质指标。建立了羊肉涮制综合品质评价方程 $Y=0.2683 \times A_1+0.2141 \times A_2+$

$0.1177×A_3+0.1851×A_4+0.2148×A_5$（$A_1$~$A_5$分别代表脂肪含量、剪切力、凝胶保水性、凝胶黏聚性、红度值）。Y值小于0.63为不适宜涮制，Y值在0.63~0.77为较适宜涮制，Y值大于0.77为适宜涮制。结果表明，肩肉、黄瓜条、霖肉与米龙不适宜涮制，外脊与腱子肉较适宜涮制，里脊适宜涮制。以不同部位肉涮制感官评价总体可接受性结果为因变量，综合品质评价得分为自变量，建立回归方程$y=2.52x-0.85$（$R^2=83.34\%$），结果表明，综合品质评价模型可以较好地反映不同部位肉涮制适宜性。

第二节
羊肉烤制特性与加工适宜性评价

———

烤肉因其特有的风味和诱人的色泽深受广大消费者喜爱，羊肉烤制类产品有烤羊腿、烤羊排、烤全羊等。烤制工艺包括原料肉解冻、清洗修整、腌制、烤制、冷却包装、杀菌等程序。目前关于烤制特性的研究多集中在脱膻工艺、烤制工艺优化、品质改善、危害物分析和动力学模型拟合等方面。羊肉的品种、部位决定烤肉品质，要实现羊肉的优质优价，发挥羊肉的最佳烤制品质，就要筛选出能够评价羊肉烤制品质的关键指标，建立评价模型，对我国不同品种、部位来源的羊肉烤制适宜性进行评价。

一、羊肉烤制特性与加工适宜性评价方法

（一）羊肉烤制加工方法

将羊肉样品在4℃条件下解冻24h，切成5cm厚肉条。将肉条在180℃烘烤30min，期间翻动4次，保证原料肉受热均匀，减小实验误差。取出肉块，晾凉至室温，放置于4℃，备用。

（二）羊肉品质测定方法

同本章第一节"羊肉品质测定方法"。

（三）羊肉烤制适宜性感官评价指标筛选

1. M值法初步筛选烤羊肉感官品质评价描述词

8个感官评价员对9个羊肉样品的感官评价结果见表4-17，样品1~3，4~6，

7~9 分别代表来自市场 1、市场 2 和市场 3 的通肌、后腿肉、脖肉。

表4-17　　　　　　　　　　　　　　　　烤羊肉食用品质感官评价结果

指标	样品号								
	1	2	3	4	5	6	7	8	9
表面颜色	1.9±1.0	2.0±0.9	4.1±1.0	2.9±0.8	2.5±0.8	3.9±1.0	2.9±0.8	3.5±0.8	1.6±0.7
肌肉纹理	2.4±0.7	2.5±0.8	3.1±0.8	2.1±0.6	3.3±0.5	2.3±1.2	2.9±1.0	2.1±1.0	2.5±0.9
湿润度	3.3±1.2	2.5±1.3	1.9±0.8	3.8±0.9	2.8±1.2	1.9±1.1	4.1±0.6	4.1±0.6	2.9±0.8
油腻感	2.3±1.3	1.6±1.1	1.6±0.7	2.9±1.2	1.5±1.2	1.3±0.9	3.4±0.7	3.5±0.9	1.5±1.1
气味总体强度	1.9±1.0	3.3±1.2	3.3±1.0	2.4±1.3	2.8±1.8	2.9±1.4	3.6±1.3	3.0±1.1	2.8±1.8
肉香味	1.6±1.2	3.0±1.1	3.1±0.8	2.3±1.0	1.6±1.1	2.9±1.1	2.6±1.1	2.9±0.8	1.9±1.2
金属味	0.6±1.2	0.8±1.2	1.0±0.9	1.1±1.1	0.9±1.4	0.4±0.5	1.1±1.4	1.0±1.2	1.0±1.3
血腥味	1.1±1.6	0.6±1.4	0.8±0.9	1.0±1.1	1.4±1.5	0.9±1.1	1.1±1.2	0.8±0.7	2.0±1.7
膻味	2.0±1.4	2.3±0.7	2.3±1.2	2.4±0.9	2.6±1.8	2.1±0.8	2.3±1.2	2.5±0.9	2.1±1.4
蒸煮味	1.4±1.5	1.9±1.5	1.8±1.3	1.9±1.1	1.9±1.5	1.8±1.4	1.9±1.2	2.5±1.1	2.0±1.2
总体风味强度	2.4±1.3	3.3±0.5	3.1±1.0	3.0±1.2	2.9±1.1	3.1±1.1	3.4±0.5	3.3±1.0	3.0±1.3
肉汁香味	2.0±1.3	2.8±1.3	2.6±1.1	2.6±1.3	2.0±1.3	2.5±1.2	2.4±0.9	2.8±0.7	2.4±0.9
甜味	0.9±1.1	1.6±1.2	1.3±1.2	1.5±1.3	2.0±1.4	1.1±1.1	1.8±1.3	1.8±1.2	1.9±1.2
清香味	1.0±0.9	1.9±1.0	2.1±1.4	0.9±1.1	0.9±1.5	1.9±1.6	2.0±1.6	1.8±1.5	1.5±1.7
氧化味	1.6±1.8	1.1±1.6	1.1±1.4	1.4±1.5	1.4±1.8	0.4±0.7	0.8±1.2	1.3±1.6	1.5±1.2
肾脏味	1.4±1.7	1.0±1.9	0.8±1.5	1.4±1.4	1.4±1.8	1.0±1.3	0.9±1.5	1.5±1.8	1.9±2.0
肉腥味	3.1±1.5	2.0±1.3	2.1±1.2	2.5±1.4	2.6±1.3	2.0±1.4	1.9±1.2	2.9±1.2	2.6±1.1
硬度	4.0±0.8	2.1±1.0	2.5±0.9	2.8±1.0	2.8±0.9	3.0±0.8	2.8±0.9	2.5±0.9	2.4±0.5
弹性	2.8±1.0	2.4±1.2	1.8±1.3	3.5±0.9	3.3±0.7	2.9±0.8	3.5±0.8	3.8±0.5	2.8±1.0
嫩度	1.8±0.9	2.6±1.1	3.3±1.4	3.4±0.7	2.9±1.0	2.6±0.7	2.8±1.0	2.9±0.8	3.5±0.9
润滑性	2.0±1.1	2.4±1.1	1.6±1.2	3.6±1.1	2.8±1.0	1.9±0.8	2.6±1.1	3.1±0.8	2.6±0.7
多汁性	2.1±1.0	2.9±0.8	1.9±1.0	3.8±0.7	2.6±0.7	2.9±1.1	3.5±0.8	3.3±0.9	2.5±1.1
结缔组织含量	4.0±1.1	1.5±0.9	1.3±1.2	3.4±0.7	2.1±1.4	2.3±1.6	2.8±1.0	3.4±1.3	1.9±1.2
韧性	4.1±0.8	2.0±0.8	2.1±1.0	3.0±1.1	3.0±1.1	3.0±0.9	3.0±0.8	3.1±0.8	2.8±1.0
黏附性	1.6±0.9	2.8±1.4	2.5±1.3	1.6±0.9	2.3±1.3	2.5±1.3	1.6±1.2	1.9±1.1	2.3±1.2

参见 GB/T 16861—1997《感官分析　通过多元分析方法鉴定和选择用于建立感官剖面的描述词》，计算 M 值，$M=(F \times I)^{1/2}$，其中，F 指描述词实际被述及的次数占该描述词所有可能被述及总次数的百分率，I 指评价小组实际给出的一个描述

词的强度和占该描述词最大可能所得强度的百分率。以表4-17数据为基础计算出的各指标M值，得到表4-18的结果。由表4-18可知，M值小于50的指标有：肾脏味、血腥味、氧化味、金属味、甜味、清香味6个描述词，其中金属味M值小于30，表明这些指标描述的频率小，对它们的感受强度低，说明这些描述词不适用于烤羊肉食用品质的评价。烤羊肉的表面颜色、韧性、弹性、多汁性、肌肉纹理、湿润度等描述词的M值都大于70，说明这些描述词的感受强度大，是评价烤羊肉食用品质的重要指标。因此，去除M值小于50的指标，初步可以得到评价烤羊肉食用品质的描述词为表面颜色、弹性、韧性、多汁性、嫩度、肌肉纹理、湿润度、润滑性、肉香味等19个指标。这些指标中包含了烤羊肉食用品质评价中常用的嫩度、色泽、多汁性、风味指标，同时包括了羊肉感官评价中特殊的指标。

表4-18　　　　　　　　　　　烤羊肉食用品质评价指标的M值

品质指标	M 值	品质指标	M 值
表面颜色	74.91	清香味	44.38
肌肉纹理	71.19	氧化味	31.18
湿润度	77.10	肾脏味	32.63
油腻感	62.06	肉腥味	64.51
气味总体强度	71.87	硬度	73.65
肉香味	67.26	弹性	76.20
金属味	28.32	嫩度	74.94
血腥味	33.15	润滑性	69.61
膻味	65.01	多汁性	74.04
蒸煮味	55.90	结缔组织含量	66.14
总体风味强度	77.45	韧性	75.66
肉汁香味	67.95	黏附性	61.26
甜味	46.06		

2. 主成分分析法结合相关性分析筛选烤羊肉食用品质评价指标

M值法只是初步筛选出了评价烤羊肉食用品质的描述词，指标过多不宜直接用于评价烤羊肉的食用品质，因此需对指标进行进一步删减。本研究采用主成分分析法和相关性分析对前一小节中初步筛选的指标进行分析，对评价指标进行删减，结果见表4-19。由表4-19可以看出，前三个主成分的方差累计贡献率达到了77%，因此，选择前三个主成分。各指标在主成分上的载荷结果见图4-4。从图可以看出，第一主成分方差贡献率为36%，其中硬度、韧性和结缔组织含量的载荷因子很大，代表了烤羊肉的机械质地（GB/T 16860—1997《感官分析方法　质地剖面检验》），其次为气味总体强度和肉香味，因此第一主成分可以定义为质地和风味因子的综合表现；第二主成分的方差贡献率为 32%，其中润滑性和多汁性居于坐标轴的最上侧，载荷最大，代表了烤羊肉的表面质地（GB/T 16860—1997《感官分析方法　质地剖面检验》），是第二主成分的代表性指标。因此，第二主成分是质构因子；第三个主成分方差贡献率为 9%，其中肉香味的载荷最大为 0.45，可以定义为风味因子，评价指标为肉香味。通过主成分分析和载荷分析，可确定评价烤羊肉食用品质的评价指标主要为质地和风味因子。

表4-19　　　　　　　　　　　　各主成分的方差累计贡献率

主成分数	特征值	差数	方差贡献率 /%	方差累计贡献率 /%
1	6.85	0.84	0.36	0.36
2	6.01	4.26	0.32	0.68
3	1.75	0.33	0.09	0.77

图4-4　经 *M* 值法 ▶
筛选的评价指标
分布

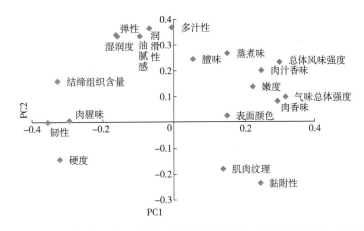

机械质地因子指标为硬度、韧性和结缔组织含量，其相关性见表 4-20，韧性和结缔组织含量、硬度的相关系数分别为 0.76、0.79，说明韧性包含了硬度和结缔组织含量的大部分信息，因此选用载荷较大的韧性指标代替其他两个指标。表面质地因子的两个指标相关系数为 0.71，相关性较高，因此选用载荷较大的多汁性指标代替润滑性。综上所述，通过对三个主成分分析结合指标间相关性分析，可以筛选出韧性、多汁性和肉香味三个指标作为烤羊肉食用品质评价指标。

3. 烤羊肉食用品质综合评价方法的建立

肉香味、韧性、多汁性三个指标，可以较充分地反映烤羊肉食用品质的差异，为了得到可靠的食用品质综合评价方法，根据消费者对烤羊肉食用品质的总体喜好程

度对这三个指标的权重进行确定。12 组烤羊肉的肉香味、韧性、多汁性和总评分值
见表 4-21。

表4-20　　　　　　　　　　　　机械质地因子指标相关性

	韧性	结缔组织含量	硬度
韧性	1		
结缔组织含量	0.87	1	
硬度	0.89	0.7	1

表4-21　　　　　　　　　　　　烤羊肉食用品质评价结果

种类	肉香味	韧性	多汁性	总评分
苏尼特羊霖肉	5.77±0.15	3.87±0.55	5.6±0.53	7.17±0.29
苏尼特羊羊脖	6.73±0.68	7.77±0.91	6.4±0.72	6.67±2.08
苏尼特羊羊排	8.5±0.1	4.57±2.11	4.83±0.35	8.67±0.58
滩寒杂交羊霖肉	6.35±0.21	6.15±0.49	6.75±1.06	6.25±0.35
滩寒杂交羊羊脖	6.8±0.14	8.35±0.07	6.65±0.21	6.25±0.35
滩寒杂交羊羊排	7.95±0.07	3.6±0.28	3.75±0.64	7.25±0.35
滩羊霖肉	5.7±0.39	5.2±1.29	5.38±1.47	5.83±0.75
滩羊羊脖	6.97±0.39	8.15±0.42	6.55±0.29	7±0.89
滩羊羊排	8.5±0.32	5.15±1.3	3.52±0.63	7.33±0.82
乌珠穆沁羊霖肉	5.63±0.55	5.9±1.47	5.37±0.51	5.67±1.15
乌珠穆沁羊羊脖	6.33±0.15	8.73±0.21	6.03±0.15	6.33±1.53
乌珠穆沁羊羊排	8±0.17	3.97±0.4	4.73±0.46	8.33±0.58

对 12 组烤羊肉的肉香味、韧性、多汁性与总评分值进行相关性分析，偏相关系
数及显著性见表 4-22。从表 4-22 可以看出，肉香味与多汁性与总评分呈正相关，
韧性和总评分呈负相关，即烤羊肉的肉香味越大，越多汁，消费者感官评分越高，韧
性越高，感官评分越低。

表4-22　　　　　　　　　　　　各品质指标的相关性

控制变量	品质指标		总评分
韧性，多汁性	肉香味	相关性	0.865
		显著性（双侧）	0.001
肉香味，多汁性	韧性	相关性	−0.683
		显著性（双侧）	0.029
肉香味，韧性	多汁性	相关性	0.578
		显著性（双侧）	0.08

肉香味、韧性、多汁性与总评分多元向后回归分析结果见表4-23，总评分与各食用品质评价指标的回归方程为：总评分 =0.286+0.840× 肉香味 -0.299× 韧性 +0.469× 多汁性，R^2=0.818，回归方程显著性检验 P 值为 0.002，回归方程的拟合优度较好，回归显著。从回归方程中可以看出，烤羊肉的肉香味和多汁性的系数要比韧性大，说明消费者在选择烤羊肉时更加在意肉香味和多汁性。

表4-23　　　　　　　　烤羊肉食用品质指标和总评分向后多元回归结果

项目	系数	显著值（P 值）
常量	0.286	0.886
肉香味	0.84	0.001
韧性	−0.299	0.03
多汁性	0.469	0.08

（四）羊肉烤制适宜性评价标准建立

1. 羊肉烤制特性评价指标筛选

分别测定 58 种羊肉样品的烤肉颜色、烘烤损失、出品率、质构特性指标和烤羊肉食用品质指标，将烤制特性与食用品质进行相关性分析，结果见表4-24。从表4-24中可以看出，大部分烤制特性指标和烤羊肉食用品质显著相关，其中：表皮 a 值和烤羊肉韧性呈显著负相关，表皮 b 值和烤肉内部 b 值都与总评分显著相关；烘烤损失和总评分、肉香味、韧性都呈显著正相关；与烘烤损失相反，出品率和总评分、肉香味、韧性呈显著负相关；剪切力和韧性呈显著正相关，硬度和肉香味、总评分呈显著正相关；弹性与多汁性呈极显著正相关；黏聚性和肉香味、总评分都呈显著负相关。

a 值表示颜色偏红的程度，b 值表示颜色偏黄的程度，烤肉色泽的形成主要是高温烤制过程中肌肉中蛋白高温变性，氨基酸和还原糖发生美拉德反应形成，这个过程也同时形成了烤肉的香味和质地。烘烤损失和出品率都是肌肉保水性的衡量指标，一般认为保水性和肉制品的食用品质有密切联系，在本研究中烘烤损失和出品率与韧性、肉香味、总评分都显著相关，但与多汁性的相关性并不显著，分析认为，在烤羊肉制作工艺中有盐水注射腌制的环节，可能是造成保水性指标和多汁性相关性不显著的原因。

以上分析表明，表皮 a 值、表皮 b 值、烤肉内部 b 值、烘烤损失、出品率、剪切力、硬度、弹性、黏聚性这些指标对烤羊肉的食用品质有显著影响，是影响烤羊肉品质的关键烤制特性指标。表皮 L 值、烤肉内部 L 值、烤肉内部 a 值、咀嚼性和食用品质指标都没有显著的相关性，说明这些指标不是影响烤肉食用品质的关键性指标。

表4-24   羊肉烤制特性与烤羊肉食用品质的相关性

		肉香味	韧性	多汁性	总评分
L（表皮）	Pearson 相关性	−0.027	−0.135	0.041	0.034
	显著性（双侧）	0.915	0.594	0.872	0.893
	N	58	58	58	58
a（表皮）	Pearson 相关性	−0.196	−0.546*	−0.258	−0.130
	显著性（双侧）	0.436	0.019	0.301	0.607
	N	58	58	58	58
b（表皮）	Pearson 相关性	0.390	−0.173	−0.307	0.500*
	显著性（双侧）	0.110	0.493	0.215	0.035
	N	58	58	58	58
L（内部）	Pearson 相关性	0.101	−0.088	−0.054	0.157
	显著性（双侧）	0.689	0.729	0.832	0.533
	N	58	58	58	58
a（内部）	Pearson 相关性	−0.350	−0.179	0.070	−0.380
	显著性（双侧）	0.155	0.477	0.784	0.120
	N	58	58	58	58
b（内部）	Pearson 相关性	0.534*	0.366	−0.181	0.514*
	显著性（双侧）	0.022	0.135	0.472	0.029
	N	58	58	58	58
烘烤损失	Pearson 相关性	0.581*	0.582*	−0.036	0.539*
	显著性（双侧）	0.011	0.011	0.886	0.021
	N	58	58	58	58
出品率	Pearson 相关性	−0.621*	−0.652*	0.034	−0.565*
	显著性（双侧）	0.006	0.003	0.895	0.014
	N	58	58	58	58
剪切力 /kg	Pearson 相关性	0.430	0.567*	0.026	0.361
	显著性（双侧）	0.075	0.014	0.918	0.142
	N	58	58	58	58
硬度 /kg	Pearson 相关性	0.594**	0.385	−0.190	0.586*
	显著性（双侧）	0.009	0.115	0.451	0.011
	N	58	58	58	58
弹性	Pearson 相关性	−0.361	0.111	0.616**	−0.323
	显著性（双侧）	0.141	0.661	0.006	0.191
	N	58	58	58	58
黏聚性	Pearson 相关性	−0.684**	−0.467	0.456	−0.580*
	显著性（双侧）	0.002	0.051	0.057	0.012
	N	58	58	58	58
咀嚼性	Pearson 相关性	0.279	0.297	0.152	0.312
	显著性（双侧）	0.262	0.232	0.548	0.208
	N	58	58	58	58

注："**"在 P=0.01 水平（双侧）上显著相关；"*"在 P=0.05 水平（双侧）上显著相关。

通过对表皮 a 值、表皮 b 值、烤肉内部 b 值、烘烤损失、出品率、剪切力、硬度、弹性、黏聚性这些指标的相关性分析（表 4-25）发现，有些指标之间相关性很强，如从表中可以看到表皮 a 值和表皮 b 值，表皮 b 值与烤肉内部 b 值都有显著的相关性，弹性和黏聚性显著相关，硬度和剪切力、烘烤损失、出品率都显著相关，尤其是烘烤损失和出品率相关系为 -0.987，可以互相替代。因此，有必要进一步对这些个指标进行主成分分析降维，各主成分方差累计贡献表见表 4-25。

表4-25　　　　　　　　　　　　烤制特性指标的相关性

		a（表皮）	b（表皮）	b（内部）	烘烤损失	出品率	剪切力/kg	硬度/kg	弹性	黏聚性
a（表皮）	Pearson 相关性	1								
	显著性（双侧）									
	N	58								
b（表皮）	Pearson 相关性	0.531*	1							
	显著性（双侧）	0.023								
	N	58	58							
b（内部）	Pearson 相关性	0.18	0.540*	1						
	显著性（双侧）	0.475	0.021							
	N	58	58	58						
烘烤损失	Pearson 相关性	−0.323	0.396	0.575*	1					
	显著性（双侧）	0.191	0.103	0.013						
	N	58	58	58	58					
出品率	Pearson 相关性	0.327	−0.362	−0.595**	−0.988**	1				
	显著性（双侧）	0.186	0.14	0.009	0					
	N	58	58	58	58	58				
剪切力/kg	Pearson 相关性	−0.33	−0.016	0.259	0.690**	−0.748**	1			
	显著性（双侧）	0.181	0.949	0.3	0.002	0				
	N	58	58	58	58	58	58			
硬度/kg	Pearson 相关性	−0.411	0.36	0.335	0.769**	−0.783**	0.528*	1		
	显著性（双侧）	0.09	0.142	0.174	0	0	0.024			
	N	58	58	58	58	58	58	58		
弹性	Pearson 相关性	−0.381	−0.215	−0.172	0.151	−0.105	0.017	−0.063	1	
	显著性（双侧）	0.119	0.393	0.494	0.55	0.677	0.946	0.803		
	N	58	58	58	58	58	58	58	58	
黏聚性	Pearson 相关性	0.243	0.185	−0.32	−0.188	0.276	−0.397	−0.253	0.527*	1
	显著性（双侧）	0.332	0.462	0.195	0.456	0.267	0.103	0.311	0.025	
	N	58	58	58	58	58	58	58	58	18

注：" ** "在 $P=0.01$ 水平（双侧）上显著相关；" * "在 $P=0.05$ 水平（双侧）上显著相关。

由表 4-26 可以看出，前三个主成分累积贡献率达到了 83.549%，可以解释大部分信息，因此选取前三个主成分进分析，各主成分载荷见表 4-27。第一主成分中，主要是出品率、烘烤损失、剪切力、硬度的载荷较高，其中出品率和烘烤损失载荷最高，分别为 −0.977 和 0.954，这两个指标之间又极显著相关，可以相互替代，因此第一主成分可以以载荷最大的出品率为代表。第二主成分中表皮 a 值、表皮 b 值的载荷最高，分别为 0.856 和 0.791，同样表皮 a 值和表皮 b 值显著相关。第三主成分中黏聚性和弹性的载荷显著高于其他指标，同时黏聚性与弹性也是显著相关的。因此，以在主成分上的贡献率最大的表皮 a 值和黏聚性分别代表第二和第三主成分。羊肉烤制特性的关键性指标为出品率、表皮 a 值和黏聚性。

表4-26　　　　　　　　　　各主成分的方差解释（解释的总方差）

成分	初始特征值			提取平方和载入		
	合计	方差的 /%	累积 /%	合计	方差的 /%	累积 /%
1	3.968	44.084	44.084	3.968	44.084	44.084
2	2.025	22.499	66.584	2.025	22.499	66.584
3	1.527	16.965	83.549	1.527	16.965	83.549
4	0.623	6.922	90.471			
5	0.518	5.760	96.231			
6	0.144	1.598	97.828			
7	0.108	1.202	99.030			
8	0.082	0.917	99.947			
9	0.005	0.053	100.000			

表4-27　　　　　　　　　　各烤制特性指标的载荷

	成分		
	1	2	3
a（表皮）	−0.337	0.856	0.082
b（表皮）	0.376	0.791	0.371
b（内部）	0.634	0.517	−0.012
烘烤损失	0.954	−0.035	0.224
出品率	−0.977	0.042	−0.136
剪切力 /kg	0.762	−0.269	−0.164
硬度 /kg	0.839	−0.067	0.044
弹性	−0.022	−0.563	0.736
黏聚性	−0.401	0.033	0.862

2. 羊肉烤制适宜性评价方法的建立

（1）烤羊肉食用品质分级　58 种烤羊肉食用品质总评分分布情况见表 4-28，所有样品烤羊肉食用品质评分均在 4 分以上，即所有烤羊肉样品的食用品质都在可接受的范围内，都适合烤制，但适宜的程度有高低之分。参考 GB/T 10220—2012《感官分析　方法学　总论》，结合实际生产应用，将烤羊肉食用品质分为三个级别，即烤羊肉食用品质总评分在 6 分以上为一级，适宜烤制；5~6 分为二级，较适宜烤制；在 4~5 为三级，基本适宜烤制。58 种烤羊肉食用品质分级结果见表 4-29。

表4-28　　　　　　　　　　　　　　烤羊肉食用品质总评分结果

	N	极小值	极大值	均值	标准差	变异系数
总评分	58	4.164	7.537	5.61	0.993	17.7

表4-29　　　　　　　　　　　　　　烤羊肉食用品质分级结果

级别	一级（适宜）	二级（较适宜）	三级（基本适宜）
样品个数	16	21	21
样品编号	47、22、40、7、39、33、27、21、37、29、45、50、3、53、20、43	25、17、11、9、18、32、35、51、4、6、24、15、30、8、56、38、31、10、41、57、34	2、28、54、36、19、42、5、49、16、52、13、46、26、44、58、55、1、14、48、12、23

（2）羊肉烤制适宜性判别模型的建立　以出品率、a（表皮）、黏聚性三个羊肉烤制特性指标对 58 种烤羊肉的食用品质级别进行费歇尔判别分析，提取 2 个判别函数，其特征值分别为 2.621、0.363，方差解释率为 87.8%、12.2%，2 个判别函数可解释 100% 的方差变化，包含了全部信息。

通过费歇尔判别分析，得到的 3 个分类函数为：

$Y1 = 7.267 \times$ 出品率 $-3.515 \times a$（表皮）$+312.113 \times$ 黏聚性 -305.884

$Y2 = 7.115 \times$ 出品率 $-3.425 \times a$（表皮）$+344.224 \times$ 黏聚性 -312.119

$Y3 = 8.164 \times$ 出品率 $-4.209 \times a$（表皮）$+356.654 \times$ 黏聚性 -386.472

三个判别函数分别对应一级（适宜），二级（较适宜），三级（基本适宜），即将样品的出品率、表皮 a 值、黏聚性的客观数据分别代入 3 个函数方程，计算出 $Y1$、$Y2$、$Y3$，数值最大的 Y 值对应的级别即为该样品烤制适宜性等级。

（3）羊肉烤制适宜性判别模型的验证　将 58 种羊肉的出品率、表皮 a 值、黏聚性 3 个指标数据带入判别函数，对 Fisher 线性判别函数进行检验，结果见表 4-30。从表 4-30 的判别模型的验证结果可以看出，一级烤羊肉共 16 个样品，其中有 13 个样品被正确判定为一级，正确识别率达到 81.3%；二级烤羊肉共 21 个样品，其中有 18 个样品被正确判定为二级，正确识别率为 85.7%；三级烤羊肉共 21 个样品，21 个样品都被正确判定为三级，正确识别率达到 100%。判别模型的整体正确判别率为 89.7%，判别效果较好。

表4-30　　　　　　　　Fisher线性判别函数对原始资料的判别结果

烤羊肉初始级别		预测级别			合计
		一级	二级	三级	
计数 / 个	一级	13	3	0	16
	二级	2	18	1	21
	三级	0	0	21	21
%	一级	81.3	18.8	0	100.0
	二级	9.5	85.7	4.8	100.0
	三级	0	0	100.0	100.0

（4）聚类分析对羊肉烤制适宜性判别模型的验证　将 58 种羊肉所测得的表皮 a 值、出品率、黏聚性的原始数据标准化，根据这 3 个烤制特性指标值对所有样品进行系统聚类。将 58 个样品聚为 3 类，聚类的结果见表 4-31，将聚类的结果和各烤

表4-31　　　　　　　　聚类分析对各样品的分类结果

样品编号	集群	样品编号	集群	样品编号	集群
47	2	18	1	36	1
22	2	32	1	19	3
40	2	35	2	42	3
7	3	51	1	5	3
39	2	4	1	49	2
33	2	6	2	16	2
27	2	24	1	52	1
21	2	15	1	13	3
37	3	30	1	46	3
29	2	8	1	26	3
45	2	56	1	44	3
50	2	38	3	58	2
3	3	31	1	55	1
53	2	10	1	1	3
20	2	41	1	14	3
43	1	57	1	48	3
25	1	34	1	12	3
17	1	2	2	23	3
11	1	28	3		
9	1	54	2		

羊肉样品的食用品质级别进行对比（表4-32），可以看到：75%的一级样品都聚到了第二组，85.7%的二级样品聚到了第一组，57.1%的三级样品聚到了第三组，说明用表皮 a 值、出品率、黏聚性3个烤制特性指标对羊肉烤制适宜性进行划分是可行的。

表4-32　　　　　　　　　　聚类结果与原始资料的对比

烤羊肉食用品质级别		聚类组别			合计
		2	1	3	
计数/个	一级	12	1	3	16
	二级	2	18	1	21
	三级	5	3	13	21
%	一级	75	6.25	18.75	100.0
	二级	9.52	85.7	4.76	100.0
	三级	23.8	14.29	57.1	100.0

二、羊肉烤制特性与加工适宜性

（一）不同品种羊肉烤制特性与加工适宜性

不同品种来源羊肉烤制特性和烤羊肉食用品质指标方差分析检验结果见表4-33。多重比较的结果见表4-34。

表4-33　　　　　　　不同品种来源烤羊腿各指标方差检验结果

	方差齐性检验			显著性
	Levene 统计量	df1	df2	
出品率/%	5.409	6	45	0
a（表皮）	1.31	6	45	0.255
黏聚性	1.434	6	45	0.204
肉香味	1.085	6	45	0.373
韧性	4.547	6	45	0
多汁性	12.919	6	45	0
总评分	0.955	6	45	0.458

表 4-34 不同品种来源羊肉烤制特性及烤羊肉食用品质

品质指标	新疆细毛羊	晋中绵羊	滩羊	滩寒杂交羊	乌珠穆沁羊	苏尼特羊	乌珠穆沁和小尾寒羊杂交羊
出品率/%	64.44±5.87[cd]	69.3±4.64[bcd]	68.02±5.95[bcd]	74.7±4.86[ab]	67.8±7.62[cd]	74.46±9.18[abc]	76.37±4.83[ab]
a（表皮）	8.06±1.52[de]	8.41±1.78[cde]	8.77±1.66[bcd]	10.2±2[a]	9.18±1.39[bcd]	9.49±1.74[ab]	7.47±0.98[e]
黏聚性	0.48±0.06[b]	0.48±0.08[b]	0.48±0.07[b]	0.5±0.08[ab]	0.51±0.06[ab]	0.54±0.06[a]	0.5±0.05[ab]
肉香味	6.91±1.02[a]	6.42±1.24[a]	7.06±1.23[a]	4.57±1.4[bc]	5.32±1.29[b]	5.22±1.47[b]	4.31±0.84[c]
韧性	6.99±1.44[a]	5.33±2.19[ab]	6.17±1.77[ab]	4.73±1.23[b]	5.09±1.62[b]	4.77±1.41[b]	5.09±0.69[b]
多汁性	5.05±0.93[a]	4.66±1.46[a]	5.15±1.56[a]	5.49±0.76[a]	5.19±0.63[a]	5.48±0.59[a]	5.41±0.71[a]
总评分	6.37±0.78[ab]	6.27±0.98[abc]	6.78±0.87[a]	5.29±1.2[de]	5.67±1.12[cd]	5.81±1.13[bcd]	4.92±0.83[e]

注：同行数据上标小写字母完全不同表示差异显著（$P < 0.05$）。

1. 品种对烤羊肉食用品质影响

从图 4-5 可以看出，不同品种来源烤羊肉食用品质总评分差异显著，由高到低顺序依次为：滩羊＞新疆细毛羊＞晋中绵羊＞苏尼特羊＞乌珠穆沁羊＞滩寒杂交羊＞乌珠穆沁与小尾寒羊杂交羊。滩羊食用品质显著高于滩寒杂交羊、乌珠穆沁羊、苏尼特羊和乌珠穆沁与小尾寒羊杂交羊。滩羊与新疆细毛羊、晋中绵羊无显著差异。乌珠穆沁与小尾寒羊杂交羊食用品质总评分最低，显著低于其他纯种羊，两个杂交羊烤羊肉食用品质差异不显著。

从表 4-34 可以看到，不同品种来源烤羊肉多汁性没有显著差异，但肉香味和韧性有显著差异。滩羊烤羊肉的肉香味显著高于其他品种，其食用品质总评分最高。乌珠穆沁羊与小尾寒羊杂交羊的肉香味显著低于其他品种，总评分最低。因此，烤羊肉肉香味差异对不同品种烤羊肉食用品质总评分的影响较大。

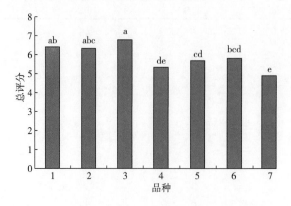

◀ 图4-5 不同品种来源烤羊肉食用品质总评分

注：所有品种来源均为 1 岁羊羊排部位肉。1—新疆细毛羊 2—晋中绵羊 3—滩羊 4—滩寒杂交羊 5—乌珠穆沁羊 6—苏尼特羊 7—乌珠穆沁和小尾寒羊杂交羊。

2. 品种对羊肉烤制特性的影响

不同品种烤羊肉的出品率差异显著（图4-6），出品率由高到低顺序依次为：乌珠穆沁与小尾寒羊杂交羊＞滩寒杂交羊＞苏尼特羊＞晋中绵羊＞滩羊＞乌珠穆沁羊＞新疆细毛羊。乌珠穆沁与小尾寒羊杂交羊、滩寒杂交羊烤羊肉出品率显著高于新疆细毛羊、乌珠穆沁羊。5个纯种羊烤羊肉出品率差异不显著，两个杂交羊烤羊肉的出品率差异不显著。从表4-34可以看到，两种杂交羊的出品率很高，说明保水性能较好，烤肉的韧性也较低，但食用品质得分最低。

图4-6　不同品► 种来源烤羊肉出 品率

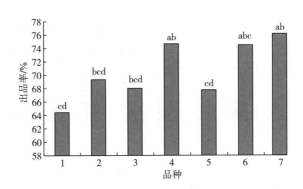

注：所有品种来源均为1岁羊羊排部位肉。1—新疆细毛羊　2—晋中绵羊　3—滩羊　4—滩寒杂交羊　5—乌珠穆沁羊　6—苏尼特羊　7—乌珠穆沁和小尾寒羊杂交羊。

不同品种烤羊肉的表皮 a 值有显著差异（图4-7），表皮 a 值由高到低顺序依次为：滩寒杂交羊＞苏尼特羊＞乌珠穆沁羊＞滩羊＞晋中绵羊＞新疆细毛羊＞乌珠穆沁与小尾寒羊杂交羊。滩寒杂交羊烤羊肉的表皮 a 值除苏尼特羊外显著高于其他品种。苏尼特羊显著高于晋中绵羊、新疆细毛羊和乌珠穆沁与小尾寒羊杂交羊。乌珠穆沁羊、滩羊、晋中绵羊和新疆细毛羊烤羊肉表皮 a 值没有显著差异。乌珠穆沁与小尾寒羊杂交羊烤羊肉的表皮 a 值显著低于滩寒杂交羊、苏尼特羊、乌珠穆沁羊和滩羊。

图4-7　不同品► 种烤羊肉表皮 a 值

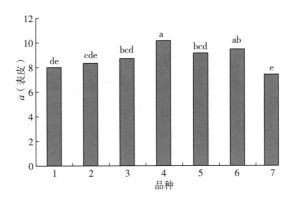

注：所有品种来源均为1岁羊羊排部位肉。1—新疆细毛羊　2—晋中绵羊　3—滩羊　4—滩寒杂交羊　5—乌珠穆沁羊　6—苏尼特羊　7—乌珠穆沁和小尾寒羊杂交羊。

不同品种烤羊肉的黏聚性有显著差异（图4-8），苏尼特羊烤羊肉的黏聚性最高，苏尼特羊、乌珠穆沁羊、乌珠穆沁与小尾寒羊杂交羊、滩寒杂交羊烤羊肉的黏聚性差异不显著，但苏尼特羊烤羊肉黏聚性显著高于新疆细毛、晋中绵羊、滩羊。除苏尼特羊外，其他品种烤羊肉黏聚性差异不显著。

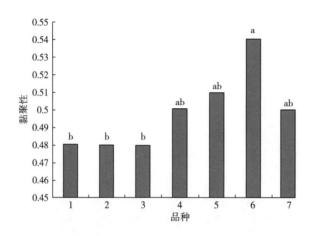

◀图4-8　不同品种来源烤羊肉黏聚性

注：所有品种来源均为1岁羊羊排部位肉。1—新疆细毛羊　2—晋中绵羊　3—滩羊　4—滩寒杂交羊　5—乌珠穆沁羊　6—苏尼特羊　7—乌珠穆沁和小尾寒羊杂交羊。

以上对不同品种来源羊肉烤制特性的分析表明，品种对烤羊肉品质影响较大，更深层次的原因可能是遗传造成不同品种羊肉肌肉中肌纤维以及各种营养成分的差异。

3. 不同品种羊肉烤制适宜性

不同品种、部位羊肉烤制适宜性见图4-9，所有样品均为1岁羊。从图4-9可以看到，晋中绵羊和滩羊的羊排和羊脖都适宜烤制，霖肉较适宜烤制；细毛羊和乌珠穆沁羊羊排适宜烤制，霖肉和羊脖较适宜烤制；滩寒杂交羊羊排适宜烤制，羊脖较适宜，霖肉基本适宜；苏尼特羊羊排适宜烤制，羊脖较适宜烤制，霖肉基本适宜；乌寒

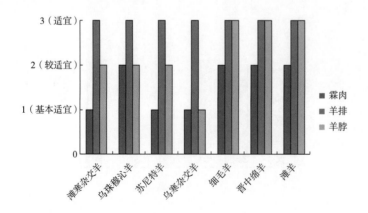

◀图4-9　不同品种、部位来源羊肉烤制适宜性

注：所有品种来源均为1岁羊。

杂交羊的羊排、羊脖和霖肉都是基本适宜烤制。总体来看，不同的品种烤制适宜性不同，滩羊和晋中绵羊最适宜烤制，细毛羊、乌珠穆沁羊、苏尼特羊、滩寒杂交羊较适宜烤制，乌寒杂交羊基本适宜烤制。

（二）不同年龄羊肉烤制特性与加工适宜性

不同年龄来源羊肉烤制特性和烤羊肉食用品质指标方差分析检验结果见表4-35。多重比较的结果见表4-36。

表4-35　　　　　　　　　　不同年龄来源烤羊肉各指标方差检验结果

	Levene 统计量	df1	df2	显著性
出品率 /%	4.426	2	27	0.013
a（表皮）	1.531	2	27	0.219
黏聚性	1.141	2	27	0.322
肉香味	6.377	2	27	0.002
韧性	14.904	2	27	0
多汁性	11.688	2	27	0
总评分	1.763	2	27	0.175

表4-36　　　　　　　　　　不同年龄来源羊肉烤制特性及烤羊肉食用品质

烤制特性指标	6 月龄	1 岁羊	2 岁羊
出品率 /%	74.35 ± 7.23[a]	72.47 ± 8.23[a]	75.44 ± 4.43[a]
a（表皮）	9.18 ± 2.07[ab]	8.92 ± 1.82[b]	10.02 ± 1.43[a]
黏聚性	0.54 ± 0.06[a]	0.5 ± 0.06[b]	0.52 ± 0.08[ab]
肉香味	4.38 ± 0.96[b]	5.2 ± 1.43[a]	4.24 ± 0.98[b]
韧性	4.51 ± 0.82[b]	5.13 ± 1.45[a]	4.6 ± 0.96[ab]
多汁性	5.46 ± 0.5[a]	5.4 ± 0.76[a]	5.26 ± 0.52[a]
总评分	5.18 ± 0.81[ab]	5.66 ± 1.18[a]	4.94 ± 1.12[b]

注：同行肩标小写字母完全不同表示差异显著（$P < 0.05$）；所有年龄羊肉均为乌珠穆沁羊羊排肉。

1. 年龄对烤羊肉食用品质的影响

从图 4-10 可以看出，不同年龄的烤羊肉食用品质总评分差异显著，由高到低顺序依次为：1 岁羊＞ 6 月龄羊＞ 2 岁羊。1 岁羊烤羊肉食用品质评分显著高于2 岁羊，6 月龄羊和 1 岁羊差异不显著，6 月龄和 2 岁羊差异不显著。从表 4-36 可

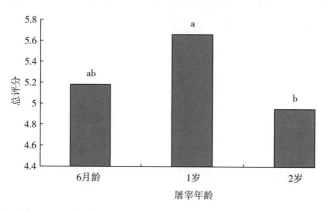

◀ 图4-10 不同年龄来源烤羊肉食用品总评分

注：所有年龄来源均为乌珠穆沁羊羊排部位肉。

以看出，6月龄的羊烤羊肉韧性显著低于1岁羊和2岁羊，可能是由于年龄小的羊肌纤维较细，韧性较低。1岁羊烤羊肉的肉香味显著高于6月龄和2岁羊。不同年龄羊烤羊肉多汁性没有显著差异。

2. 年龄对烤羊肉烤制特性的影响

出品率由高到低顺序依次为2岁羊、6月羊、1岁羊，但不同年龄羊烤羊肉的出品率差异并不显著（图4-11）。

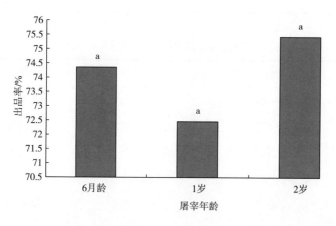

◀ 图4-11 不同年龄来源烤羊肉出品率

注：所有年龄来源均为乌珠穆沁羊羊排部位肉。

不同年龄来源烤羊肉的表皮a值有显著差异（图4-12），表皮a值由高到低顺序依次为2岁羊、6月龄羊、1岁羊。2岁羊表皮a值显著高于1岁羊，6月龄羊与2岁羊差异不显著，6月龄与1岁羊差异不显著。

不同年龄羊烤羊肉黏聚性有显著差异（图4-13），黏聚性由高到低顺序依次为6月龄、2岁羊、1岁羊。6月龄羊烤羊肉黏聚性显著高于1岁羊，2岁羊与6月龄无显著差异，2岁羊与1岁羊无显著差异。以上分析表明，年龄对羊肉烤制特性有显著影响。

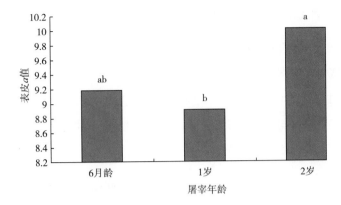

图4-12 不同年龄来源烤羊肉表皮a值

注：所有年龄来源均为乌珠穆沁羊羊排部位肉。

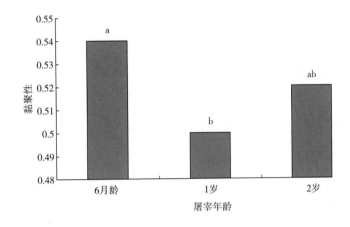

图4-13 不同年龄来源烤羊肉黏聚性

3. 不同年龄来源羊肉烤制适宜性

不同年龄羊肉烤制适宜性见图4-14，所有样品均为羊排。从图4-14中可以看到，1岁羊的3个品种中2个为适宜烤制，1个较适宜；6月龄的3个品种中2个为较适宜，1个基本适宜；2岁羊的3个品种都为基本适宜；总体而言，1岁羊适宜烤制，6月龄较适宜，2岁羊基本适宜。

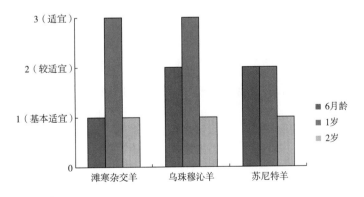

图4-14 不同年龄来源羊肉烤制适宜性

注：所有样品均为羊排。

（三）不同部位羊肉烤制加工适宜性

1. 不同部位感官品质评价

不同部位肉烤制产品的感官评价结果见表4-37。由表4-37可知，烤制羊肉色泽、嫩度、多汁性与总体可接受性在不同部位间存在显著性差异（$P < 0.05$），烤制羊肉外观、香气、膻味与滋味差异不显著（$P > 0.05$）。其中腱子肉总体可接受得分最高（3.86）；黄瓜条总体可接受得分最低（2.43）。

表4-37 不同部位来源烤羊肉感官评价比较

部位	外观	色泽	嫩度	多汁性	香气	膻味	滋味	总体
外脊	4.14 ± 0.69	2.71 ± 0.95^{cd}	2.29 ± 0.95^{bc}	2.29 ± 0.49^{bc}	3.57 ± 0.98	4.29 ± 0.76	3.14 ± 1.07	3.00 ± 0.82^{abc}
肩肉	3.57 ± 0.53	3.14 ± 0.69^{bcd}	1.86 ± 0.69^{c}	1.86 ± 0.38^{c}	3.00 ± 1.15	3.71 ± 1.25	3.14 ± 0.69	2.57 ± 0.79^{bc}
霖肉	3.86 ± 0.90	4.00 ± 1.00^{ab}	2.43 ± 1.13^{bc}	2.86 ± 1.07^{ab}	2.86 ± 1.21	4.00 ± 1.00	2.71 ± 1.11	3.29 ± 0.95^{abc}
里脊	3.86 ± 0.38	2.29 ± 1.11^{d}	2.14 ± 0.90^{bc}	2.29 ± 0.95^{bc}	3.29 ± 1.11	4.57 ± 0.53	2.71 ± 1.11	3.43 ± 0.53^{ab}
黄瓜条	4.57 ± 0.79	4.29 ± 0.76^{a}	1.86 ± 0.69^{c}	2.71 ± 0.95^{abc}	3.29 ± 0.76	4.43 ± 0.53	3.00 ± 1.00	2.43 ± 0.53^{c}
米龙	3.71 ± 1.11	3.14 ± 0.69^{bcd}	3.00 ± 0.82^{ab}	2.43 ± 0.53^{abc}	2.71 ± 1.38	4.00 ± 0.82	2.86 ± 0.69	3.14 ± 0.90^{abc}
腱子肉	3.86 ± 1.35	3.71 ± 0.76^{abc}	3.43 ± 0.53^{a}	3.29 ± 0.49^{a}	3.43 ± 1.62	3.71 ± 1.38	3.43 ± 0.98	3.86 ± 0.69^{a}

2. 品质指标相关性分析结果

烤制品质指标相关性分析结果见表 4-38~ 表 4-41。由表结果可知，原料肉蛋白质含量与肌节长度、烤肉弹性、乳化活性指数显著相关；脂肪含量与 pH 显著相关；蛋白质脂肪含量之比与脂肪含量极显著相关，与加工损失显著相关；水分含量与 pH、硬度、咀嚼性显著相关；乳化稳定性指数与肌纤维直径极显著相关；乳化活性指数与凝胶保水性、肌节长度显著相关；凝胶硬度与凝胶咀嚼性极显著相关，与凝胶黏聚性、凝胶弹性、b^* 值显著相关；凝胶黏聚性与凝胶咀嚼性极显著相关，与凝胶弹性、肌纤维密度显著相关；凝胶咀嚼性与凝胶弹性、肌纤维密度、b^* 值显著相关；凝胶弹性与 b^* 值极显著相关；pH 与加工损失显著相关；肌节长度与咀嚼性显著相关；L 值与 a^* 值极显著相关，L 值与肌纤维密度显著相关；a^* 值与肌纤维密度极显著相关，与剪切力显著相关；硬度与咀嚼性极显著相关。由以上结果可知，各品质指标间存在着相关性，反映的信息存在不同程度的重叠，为了降低加工适宜性评价负担，需要对以上指标进行筛选，确定关键品质指标。

表4-38　　　　　　　　　　　　　　烤制品质指标相关性分析

	蛋白质含量	脂肪含量	蛋白质脂肪含量之比	水分含量	总蛋白溶解度	肌原纤维蛋白溶解度
蛋白质含量	1					
脂肪含量	−0.426	1				
蛋白质脂肪含量之比	0.644	−0.960**	1			
水分含量	−0.210	−0.684	0.552	1		
总蛋白溶解度	0.106	0.605	−0.447	−0.635	1	
肌原蛋白溶解度	0.066	0.234	−0.114	−0.091	0.741	1
乳化稳定性指数	0.447	−0.159	0.207	−0.192	−0.101	0.036
乳化活性指数	−0.867*	−0.052	−0.221	0.536	−0.444	−0.239
凝胶保水性	−0.649	−0.235	−0.005	0.574	−0.415	−0.382
凝胶硬度	−0.477	0.141	−0.262	0.111	−0.521	−0.391
凝胶黏聚性	−0.693	0.556	−0.684	−0.244	−0.140	−0.295
凝胶咀嚼性	−0.537	0.247	−0.371	0.014	−0.441	−0.407
凝胶弹性	−0.583	0.453	−0.528	−0.154	0.067	0.114
pH	0.166	−0.783*	0.731	0.801*	−0.569	0.097
肌节长度	0.801*	0.026	0.187	−0.494	0.353	0.156
亮度值	−0.064	0.333	−0.331	−0.268	−0.407	−0.606
红度值	0.395	−0.551	0.589	0.163	0.270	0.426
黄度值	0.291	−0.078	0.112	−0.069	0.120	−0.064
肌纤维直径	0.335	0.033	0.024	−0.324	0.291	0.359
肌纤维密度	−0.498	0.532	−0.576	−0.095	−0.226	−0.387
剪切力	−0.402	0.678	−0.737	−0.456	−0.044	−0.285
硬度	0.366	0.436	−0.288	−0.757*	0.720	0.177
黏聚性	0.197	−0.244	0.262	0.210	−0.568	−0.192
咀嚼性	0.464	0.426	−0.255	−0.793*	0.675	0.160
弹性	0.816*	−0.452	0.602	0.003	−0.353	−0.252
加工损失	−0.691	0.730	−0.844*	−0.412	0.191	−0.296

表4-39 烤制品质指标相关性分析

	乳化稳定性指数	乳化活性指数	凝胶保水性	凝胶硬度	凝胶黏聚性	凝胶咀嚼性
乳化稳定性指数	1					
乳化活性指数	−0.283	1				
凝胶保水性	−0.462	0.852*	1			
凝胶硬度	−0.173	0.401	0.053	1		
凝胶黏聚性	−0.322	0.447	0.135	0.846*	1	
凝胶咀嚼性	−0.252	0.414	0.088	0.987**	0.914**	1
凝胶弹性	−0.402	0.330	−0.034	0.779*	0.866*	0.821*
pH	0.287	0.202	0.082	0.121	−0.362	−0.025
肌节长度	0.652	−0.824*	−0.681	−0.614	−0.613	−0.638
亮度值	0.182	−0.091	−0.253	0.620	0.539	0.620
红度值	0.001	−0.145	0.049	−0.578	−0.610	−0.598
黄度值	0.439	−0.165	0.111	−0.773*	−0.652	−0.770*
肌纤维直径	0.886**	−0.254	−0.400	−0.449	−0.399	−0.487
肌纤维密度	−0.427	0.199	0.042	0.731	0.772*	0.774*
剪切力	0.335	0.168	−0.112	0.404	0.594	0.446
硬度	0.147	−0.561	−0.313	−0.700	−0.316	−0.608
黏聚性	0.449	−0.111	−0.430	0.628	0.195	0.513
咀嚼性	0.286	−0.658	−0.452	−0.654	−0.328	−0.580
弹性	0.585	−0.646	−0.586	−0.052	−0.436	−0.153
加工损失	−0.420	0.408	0.401	0.224	0.666	0.360

表4-40 烤制品质指标相关性分析

	凝胶弹性	pH	肌节长度	亮度值	红度值	黄度值	肌纤维直径	肌纤维密度
凝胶弹性	1							
pH	−0.152	1						
肌节长度	−0.662	−0.161	1					
亮度值	0.207	−0.234	0.089	1				
红度值	−0.282	0.310	0.091	−0.896**	1			
黄度值	−0.889**	−0.138	0.633	−0.137	0.087	1		
肌纤维直径	−0.393	0.093	0.651	−0.160	0.222	0.541	1	
肌纤维密度	0.570	−0.345	−0.403	0.765*	−0.875**	−0.459	−0.618	1
剪切力	0.248	−0.442	0.079	0.741	−0.827*	0.104	0.250	0.563

续表

	凝胶弹性	pH		亮度值	红度值	黄度值	肌纤维直径	肌纤维密度
硬度	−0.420	−0.736	0.689	−0.126	0.140	0.600	0.402	−0.285
黏聚性	0.216	0.566	0.036	0.585	−0.389	−0.395	0.058	0.293
咀嚼性	−0.441	−0.684	0.796*	−0.009	0.068	0.602	0.481	−0.263
弹性	−0.476	0.372	0.654	0.397	−0.067	0.190	0.247	−0.131
加工损失	0.367	−0.799*	−0.346	0.300	−0.511	0.000	−0.278	0.560

表4-41 烤制品质指标相关性分析

	剪切力	硬度	黏聚性	咀嚼性	弹性	加工损失
剪切力	1					
硬度	0.128	1				
黏聚性	0.231	−0.620	1			
咀嚼性	0.199	0.982**	−0.462	1		
弹性	−0.062	−0.020	0.651	0.138	1	
加工损失	0.601	0.289	−0.485	0.201	−0.670	1

注："*"表示在0.05水平（双侧）上显著相关；"**"在0.01水平（双侧）上显著相关。

3. 烤制关键品质指标的筛选

（1）烤制品质指标主成分分析 烤制品质指标主成分分析结果见表4-42。由表4-42可知，第1主成分方差贡献率为36.204%，代表性指标为蛋白质含量、凝胶硬度、凝胶黏聚性、凝胶咀嚼性、肌纤维密度；第2主成分方差贡献率为25.541%，代表性指标为脂肪含量、水分含量、pH；第3主成分方差贡献率为17.981%，代表性指标为黏聚性、弹性；第4主成分方差贡献率为10.028%，代表性指标为肌原纤维蛋白溶解度、黄度值；第5主成分方差贡献率为7.096%，代表性指标为肌纤维直径。烤制加工品质指标前5个主成分特征值大于1，累积贡献率达到96.849%，反映了大部分结果的信息，因此选取前5个主成分进行分析。

表4-42 烤制品质指标主成分分析

品质指标	成分				
	1	2	3	4	5
蛋白质含量	−0.803	−0.091	0.442	−0.170	−0.333
脂肪含量	0.377	0.881	−0.010	−0.154	0.131
蛋白质脂肪比	−0.546	−0.789	0.107	0.020	−0.228
水分含量	0.111	−0.877	−0.236	0.214	0.072

续表

品质指标	成分				
	1	2	3	4	5
剪切力	0.457	0.575	0.456	0.330	0.377
硬度	−0.549	0.797	−0.112	0.112	−0.166
黏聚性	0.216	−0.438	0.828	−0.193	0.180
咀嚼性	−0.581	0.790	0.070	0.093	−0.132
弹性	−0.463	−0.275	0.814	0.045	−0.211
加工损失	0.598	0.660	−0.291	0.329	−0.066
总蛋白溶解度	−0.347	0.711	−0.355	−0.479	0.060
肌原纤维蛋白溶解度	−0.356	0.156	−0.333	−0.669	0.402
乳化稳定性指数	−0.480	0.015	0.602	0.162	0.589
乳化活性指数	0.634	−0.313	−0.456	0.371	0.387
凝胶保水性	0.374	−0.316	−0.643	0.585	0.004
凝胶硬度	0.871	−0.211	0.385	−0.172	0.034
凝胶黏聚性	0.925	0.256	0.109	−0.128	0.058
凝胶咀嚼性	0.914	−0.093	0.314	−0.160	−0.012
凝胶弹性	0.792	0.095	−0.037	−0.572	0.107
pH	−0.153	−0.914	0.140	−0.088	0.307
肌节长度	−0.796	0.376	0.465	0.066	−0.025
亮度值	0.487	0.230	0.787	0.253	−0.152
红度值	−0.631	−0.335	−0.521	−0.306	0.004
黄度值	−0.644	0.251	−0.059	0.690	0.132
肌纤维直径	−0.600	0.240	0.230	0.059	0.706
肌纤维密度	0.828	0.232	0.301	0.035	−0.280
特征根	9.413	6.641	4.675	2.607	1.845
方差贡献率 /%	36.204	25.541	17.981	10.028	7.096
累计方差贡献率 /%	36.204	61.745	79.725	89.753	96.849

（2）烤制品质指标聚类分析　按照主成分分析的结果，对烤制加工品质指标进行聚类分析，结果见图4-15，如图所示将所有指标聚成5类。各指标权重与变异系数见表4-43。按照主成分分析的结果，计算各指标的权重，反映了各指标对烤制加工的相对重要程度。变异系数反映了各指标在不同部位间取值范围的跨度大小。

图4-15 烤制品 ▶
质指标聚类分析

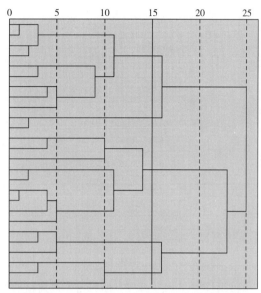

表4-43　　　　　　　　　　烤制品质指标权重与变异系数

品质指标	权重	变异系数 /%
脂肪含量	0.2129	24.95
剪切力	0.3141	19.75
加工损失	0.2137	7.54
凝胶硬度	0.1741	20.42
凝胶黏聚性	0.2303	8.75
凝胶咀嚼性	0.1898	28.40
凝胶弹性	0.1161	13.79
亮度值	0.2547	7.00
肌纤维密度	0.2213	17.99
乳化活性指数	0.0816	15.34
凝胶保水性	−0.0069	12.36
硬度	0.0053	19.57
咀嚼性	0.0238	18.50
乳化稳定性指数	0.0593	25.88
肌纤维直径	0.0209	11.97
红度值	−0.2820	10.21
黄度值	−0.0104	15.56
总蛋白溶解度	−0.0443	9.19
肌原纤维蛋白溶解度	−0.1243	16.71
肌节长度	−0.0251	20.10

续表

品质指标	权重	变异系数 /%
弹性	−0.0373	4.81
蛋白质含量	−0.1577	3.09
蛋白质脂肪含量比	−0.2398	43.36
水分含量	−0.1269	1.17
黏聚性	0.0802	4.30
pH	−0.1436	2.68

由图4-15可知，第一类指标包括凝胶硬度、凝胶咀嚼性、凝胶黏聚性、凝胶弹性、亮度值、肌纤维密度、脂肪含量、加工损失和剪切力。由于亮度值在不同部位间变异系数较小，为7.00%，因此将该指标删去。由于凝胶黏聚性权重较大，并且与凝胶硬度、凝胶咀嚼性、凝胶弹性、肌纤维密度显著相关，相关系数分别为0.846、0.914、0.886、0.772，因此用凝胶黏聚性代替凝胶硬度、凝胶咀嚼性、凝胶弹性、肌纤维密度。选取权重较大的凝胶黏聚性、脂肪含量、加工损失和剪切力为第一类的代表指标。第二类指标包括乳化活性指数与凝胶保水性，第二类指标权重均较小，分别是0.08与−0.01，因此将该类指标删去。第三类指标包括总蛋白溶解度、肌原纤维蛋白溶解度、红度值、乳化稳定性指数、肌纤维直径、硬度、咀嚼性、肌节长度、黄度值。选取权重较大的红度值、肌原纤维蛋白溶解度为第三类的代表指标。第四类指标包括蛋白质含量、蛋白质脂肪含量比和弹性，蛋白含量变异系数为3.09%，弹性变异系数为4.81%，蛋白质脂肪含量比变异系数为43.36%，蛋白质含量与弹性变异系数太小，因此选取蛋白质脂肪含量比为第四类的代表指标。第五类指标包括水分含量、pH、黏聚性。三个指标的变异系数均较小，分别是1.17%、2.68%、4.30%，因此将该类指标删去。由于剪切力与红度值显著相关，相关系数为−0.827，因此用权重较大的剪切力代替红度值。蛋白质脂肪含量比与脂肪含量和加工损失显著相关，相关系数为−0.960、−0.844，因此用蛋白质脂肪含量比代替脂肪含量与加工损失。

综上所述，选取剪切力、凝胶黏聚性、肌原纤维蛋白溶解度、蛋白质脂肪含量比为烤制羊肉的关键品质指标。

（3）烤制关键品质指标权重的确定　烤制关键品质指标如表4-44所示。烤制关键品质指标权重见表4-45。由该结果可知，巴寒杂交羔羊不同部位肉烤制特性关键指标分别为剪切力、蛋白质脂肪含量比、凝胶黏聚性以及肌原纤维蛋白溶解度。其中剪切力权重最大，蛋白质脂肪含量比与凝胶黏聚性次之，肌原纤维蛋白溶解度权重最小。

表4-44 烤制关键品质指标

嫩度	理化特性	凝胶特性	溶解特性
剪切力	蛋白脂肪含量之比	凝胶黏聚性	肌原纤维蛋白溶解度

表4-45 烤制关键品质指标权重

	A_1	A_2	A_3	A_4
主成分分析权重	0.3141	0.2398	0.2303	0.1243
归一化	0.3457	0.2640	0.2535	0.1368

注：A_1~A_4 分别代表剪切力、蛋白质脂肪含量比、凝胶黏聚性、肌原纤维蛋白溶解度。

（4）不同部位烤制羊肉综合品质评价以及烤制适宜性 将关键指标结果进行正向化与标准化处理，并依据公式：$Y=0.3457×A_1+0.2640×A_2+0.2535×A_3+0.1368×A_4$（$A_1$~$A_4$ 分别代表剪切力、蛋白质脂肪含量比、凝胶黏聚性、肌原纤维蛋白溶解度）计算综合品质评价得分，见表4-46。综合品质评价 Y 值 K-means 聚类分析结果见表 4-47。表 4-47 列出了最终确定的 3 个类中心点，表 4-48 列出了不同部位羊肉烤制适宜性评价结果。Y 值小于 0.38 为不适宜烤制食用，Y 值在 0.38~0.94 为较适宜烤制食用，Y 值大于 0.94 为适宜烤制食用。结果表明，肩肉与黄瓜条不适宜烤制食用，外脊、里脊、霖肉与米龙较适宜烤制食用，腱子肉适宜烤制食用。

表4-46 不同部位烤羊肉综合品质评价得分

部位	剪切力	蛋白质脂肪含量比	凝胶黏聚性	肌原纤维蛋白溶解度	Y
外脊	0.45	0.03	0.46	0.73	0.38
肩肉	0.37	0.11	0.00	0.34	0.21
霖肉	0.26	0.08	0.55	1.00	0.39
里脊	0.70	0.13	0.56	0.60	0.50
黄瓜条	0.00	0.13	0.45	0.00	0.15
米龙	0.39	0.00	0.60	0.77	0.39
腱子肉	1.00	1.00	1.00	0.55	0.94

表 4-47 烤羊肉综合品质评价得分 K-means 聚类分析结果

聚类类别	最终聚类中心
1	0.5767
2	0.1700
3	0.7350

表 4-48　　　　　　　　　烤羊肉综合品质评价得分 K-means 聚类分析结果

部位	聚类	距离	烤制适宜性
外脊	1	0.0350	较适宜
肩肉	2	0.0300	不适宜
霖肉	1	0.0250	较适宜
里脊	1	0.0850	较适宜
黄瓜条	2	0.0300	不适宜
米龙	1	0.0250	较适宜
腱子肉	3	0.0000	适宜

（5）不同部位烤制羊肉综合品质评价方程的验证　对不同部位烤羊肉进行感官评价，并对总体可接受性结果进行标准化处理，以总体可接受性为因变量，综合品质评价为自变量，建立回归方程，结果见表 4-49。从表可以看出，回归方程的 R^2 为 87.13%，表明综合品质评价模型可以较为准确地预测感官总体可接受性，较好地反映烤制加工适宜性。

感官评价结果表明，烤制嫩度得分为黄瓜条最低，腱子肉最高，这与黄瓜条剪切力最高，腱子肉剪切力最低的研究结果是一致的，腱子肉嫩度最高与其肌纤维密度最低有关；烤制与涮制色泽得分为黄瓜条最高，里脊最低，这可能与原料肉肉色测定结果中黄瓜条亮度值最高，里脊亮度值最低有关，本研究中 pH 与水分含量显著正相关，与烤肉加工损失显著负相关，因为宰后 pH 越高，肉的持水能力越好，因此水分含量越高，加工损失越低。脂肪含量与 pH 显著负相关。

表4-49　　　　　　不同部位烤羊肉综合品质评价得分与感官评价总体可接受性对比

部位	x（综合品质评价）	y（总体可接受性）
外脊	0.38	0.40
肩肉	0.21	0.10
霖肉	0.39	0.60
里脊	0.50	0.70
黄瓜条	0.15	0.00
米龙	0.39	0.50
腱子肉	0.94	1.00

回归方程 $y=1.25x-0.06$（R^2=87.13%）

三、结果与展望

采用相关性分析、主成分分析与聚类分析等方法，从不同部位肉理化品质、加工品质、食用品质、肌纤维微观结构特性中筛选出剪切力、凝胶黏聚性、肌原纤维蛋白溶解度、蛋白质脂肪含量比为烤制羊肉的关键品质指标。建立了烤制羊肉综合品质评价方程 $Y=0.3457 \times A_1 + 0.2640 \times A_2 + 0.2535 \times A_3 + 0.1368 \times A_4$（$A_1$~$A_4$ 分别代表剪切力、蛋白质脂肪含量比、凝胶黏聚性、肌原纤维蛋白溶解度）。Y 值小于 0.38 为不适宜烤制，Y 值在 0.38~0.94 为较适宜烤制，Y 值大于 0.94 为适宜烤制。研究结果表明，肩肉与黄瓜条不适宜烤制，外脊、里脊、霖肉与米龙较适宜烤制，腱子肉适宜烤制。以不同部位肉烤制感官评价总体可接受性结果为因变量，综合品质评价得分为自变量，回归方程 $y=1.25x-0.06$（$R^2=87.13\%$）可以较好地反映不同部位肉烤制加工适宜性。

烤羊肉食用品质评价主要在于质地和风味两方面。烤羊肉食用品质的 3 个主要评价指标为：韧性、多汁性和肉香味，分别评价烤羊肉机械质地、表面质地和风味。以肉香味、韧性、多汁性对消费者总评分进行多元向后回归分析，得到烤羊肉食用品质的回归方程为：总评分 $=0.286+0.840 \times$ 肉香味 $-0.299 \times$ 韧性 $+0.469 \times$ 多汁性，为烤羊肉的食用品质提供评价方法。根据烤羊肉食用品质总评分结果并结合实际生产应用，将烤羊肉食用品质分为三个级别，即烤羊肉食用品质总评分在 6 分以上为一级，适宜烤制；5~6 分为二级，较适宜烤制；4~5 为三级，基本适宜烤制，为烤羊肉食用品质提供分级标准。采用相关性分析、主成分分析法对羊肉烤制特性评价指标进行筛选，确定影响烤羊肉食用品质的关键指标为出品率、表皮 a 值和黏聚性。以出品率、表皮 a 值和黏聚性对 58 种烤羊肉食用品质级别进行费歇尔判别分析，得到烤羊肉食用品质级别的 3 个分类函数，判别模型的总正确判别率为 89.7%，模型的判别效果较好。以表皮 a 值、出品率、黏聚性三个指标对样品的聚类结果也进一步印证了以烤制特性指标对羊肉烤制适宜性进行评价的可行性。根据分类函数对烤羊肉食用品质级别进行判定，可以作为羊肉烤制适宜性的评价方法。通过对不同品种、部位、年龄羊肉的烤制特性进行比较，发现品种、部位、年龄都对烤羊肉食用品质有显著影响。不同品种羊烤羊肉食用品质评分排序为：滩羊＞新疆细毛羊＞晋中绵羊＞苏尼特羊＞乌珠穆沁羊＞滩寒杂交羊＞乌珠穆沁与小尾寒羊杂交羊。不同部位羊肉食用品质评分排序为：羊排＞羊脖＞霖肉，不同年龄烤羊肉食用品质评分排序为：1 岁羊＞6 月龄羊＞2 岁羊。对不同品种、部位、年龄羊肉的烤制适宜性进行评价，结果表明：滩羊和晋中绵羊最适宜烤制，细毛羊、乌珠穆沁羊、苏尼特羊、滩寒杂交羊较适宜烤制，乌寒杂交羊基本适宜烤制；羊排适宜烤制，羊脖较适宜烤制，霖肉基本适宜烤制；

1 岁羊适宜烤制，6 月龄较适宜，2 岁羊基本适宜。

羊肉煮制特性与加工适宜性评价

煮制是我国最常用的加工方式，煮制与爆炒或烧烤加工相比，可以较好地保留营养成分。目前，关于煮制特性的评价多集中在卤煮工艺、冷却方式和风味组成等方面，但羊肉的不同原料对其煮制特性会产生影响，进而决定煮制品质，要实现羊肉的优质优价，发挥羊肉的最佳煮制品质，就要筛选出能够评价羊肉煮制品质的关键指标，建立评价模型，对不同部位来源的羊肉的煮制适宜性进行评价。

一、羊肉煮制特性与加工适宜性评价方法

（一）羊肉煮制加工方法

参考周九庆（2014）的方法，略作修改。将羊肉样品在 4℃ 条件下解冻，切成边长 2cm 的肉块，沸水煮 30min 后，将肉块捞出，晾凉至室温，放置于 4℃，备用。

（二）羊肉煮制特性与加工适宜性评价指标测定

同本章第一节"羊肉品质测定方法"。

（三）羊肉煮制适宜性感官评价指标筛选

感官评价方法同本章第二节"羊肉烤制特性与加工适宜性评价"。

不同部位肉煮制产品的感官评价结果见表 4-50。由表 4-50 可知,煮制羊肉嫩度、多汁性与总体可接受性在不同部位间存在显著性差异（$P < 0.05$），煮制羊肉外观、色泽、香气、膻味与滋味差异不显著（$P > 0.05$）。其中里脊煮制总体可接受性得分最高（4.13）；肩肉煮制总体可接受性得分最低（3.00）。

表4-50　　　　　　　　不同部位煮食羊肉感官评价比较

部位	外观	色泽	嫩度	多汁性	香气	膻味	滋味	总体
外脊	3.63±1.19	3.38±1.06	2.50±1.20[cd]	2.75±1.16[bc]	3.25±0.89	3.88±0.83	3.13±0.64	3.25±0.46[b]
肩肉	4.00±0.93	4.13±0.99	3.38±0.92[abc]	3.50±0.76[ab]	3.38±0.74	3.50±1.07	3.13±0.83	3.00±0.53[b]

续表

部位	外观	色泽	嫩度	多汁性	香气	膻味	滋味	总体
霖肉	3.88±1.13	3.88±0.99	3.13±0.83[bcd]	2.63±0.52[bc]	3.38±0.92	4.38±0.52	3.63±0.52	3.50±0.53[ab]
里脊	3.88±1.13	4.00±1.20	4.25±0.71[a]	4.00±0.76[a]	4.00±0.53	4.38±0.52	3.75±0.71	4.13±0.83[a]
黄瓜条	4.13±0.83	3.63±1.06	3.00±0.76[bcd]	3.00±0.93[bc]	3.00±1.31	3.88±1.25	3.00±1.07	3.13±1.25[b]
米龙	3.88±1.13	3.38±0.92	2.38±0.74[d]	2.13±0.35[c]	3.38±1.19	4.25±1.04	3.00±0.76	3.50±0.76[ab]
腱子肉	3.63±0.74	3.50±0.93	3.63±0.52[ab]	3.00±0.76[bc]	3.38±1.30	3.75±1.04	3.25±0.71	3.63±0.52[ab]

（四）羊肉煮制适宜性客观评价指标筛选

1. 煮制品质指标相关性分析结果

煮制品质指标间相关性分析结果见表4-51。由表4-51结果可知，煮肉剪切力与黏聚性、加工损失显著相关；硬度与咀嚼性极显著相关，与水分含量显著相关；黏聚性与加工损失极显著相关，与蛋白脂肪含量之比显著相关；咀嚼性与水分含量极显著相关；弹性与脂肪含量显著相关；加工损失与蛋白含量、蛋白脂肪含量之比、凝胶黏聚性显著相关。由此可知，各品质指标间存在着相关性，反映的信息存在不同程度的重叠，因此需要筛选具有代表性的关键评价指标来降低加工适宜性评价负担。

表4-51 煮制品质指标相关性分析

	剪切力	硬度	黏聚性	咀嚼性	弹性	加工损失
剪切力	1					
硬度	0.590	1				
黏聚性	−0.834*	−0.679	1			
咀嚼性	0.525	0.988**	−0.567	1		
弹性	−0.478	−0.333	0.268	−0.350	1	
加工损失	0.785*	0.407	−0.926**	0.291	−0.239	1
蛋白质含量	−0.477	0.176	0.536	0.281	0.318	−0.783*
脂肪含量	0.566	0.649	−0.671	0.611	−0.786*	0.599
蛋白质脂肪含量比	−0.644	−0.545	0.780*	−0.474	0.702	−0.778*
水分含量	−0.355	−0.870*	0.468	−0.884**	0.477	−0.232
总蛋白溶解度	0.001	0.328	−0.021	0.354	−0.743	−0.144
肌原纤维蛋白溶解度	0.032	−0.069	0.219	−0.040	−0.677	−0.324
乳化稳定性指数	0.303	0.488	−0.299	0.453	0.272	−0.005

续表

	剪切力	硬度	黏聚性	咀嚼性	弹性	加工损失
乳化活性指数	0.271	−0.457	−0.337	−0.571	0.127	0.610
凝胶保水性	−0.224	−0.637	−0.028	−0.728	0.388	0.314
凝胶硬度	0.657	0.111	−0.392	0.103	−0.140	0.573
凝胶黏聚性	0.753	0.316	−0.659	0.275	−0.421	0.819*
凝胶咀嚼性	0.671	0.159	−0.452	0.146	−0.204	0.641
凝胶弹性	0.679	0.118	−0.353	0.122	−0.650	0.522
pH	−0.146	−0.588	0.458	−0.572	0.432	−0.390
肌节长度	−0.208	0.547	0.067	0.586	0.116	−0.424
亮度值	0.492	0.606	−0.543	0.597	0.060	0.502
红度值	−0.540	−0.490	0.647	−0.445	0.148	−0.666
黄度值	−0.399	0.117	−0.050	0.057	0.433	−0.148
肌纤维直径	0.255	0.451	−0.306	0.401	0.015	−0.014
肌纤维密度	0.437	0.260	−0.423	0.255	−0.303	0.576

2. 煮制品质指标主成分分析

煮制品质指标主成分分析结果见表 4-52。由表 4-52 可知，第 1 主成分方差贡献率为 37.936%，代表性指标为蛋白质脂肪含量比、剪切力、加工损失、凝胶黏聚性、凝胶咀嚼性、肌纤维密度；第 2 主成分方差贡献率为 26.481%，代表性指标为水分含量、硬度、咀嚼性、肌节长度；第 3 主成分方差贡献率为 13.985%，代表性指标为总蛋白溶解度、肌原纤维蛋白溶解度、弹性；第 4 主成分方差贡献率为 10.111%，代表性指标为凝胶保水性、b^* 值；第 5 主成分方差贡献率为 8.240%，代表性指标为乳化稳定性指数、pH、肌纤维直径。煮制品质指标前 5 个主成分特征值大于 2，累积贡献率达到 96.752%，反映了大部分结果的信息，因此选取前 5 个主成分进行分析。

表4-52 煮制品质指标主成分分析

品质指标	成分				
	1	2	3	4	5
蛋白质含量	−0.681	0.468	0.287	0.467	−0.075
脂肪含量	0.711	0.526	−0.364	−0.170	−0.174
蛋白质脂肪含量比	−0.809	−0.331	0.325	0.325	0.117
水分含量	−0.334	−0.846	0.114	−0.051	0.164

续表

品质指标	成分				
	1	2	3	4	5
剪切力	0.804	0.223	0.104	−0.049	0.538
硬度	0.463	0.838	0.269	0.025	0.008
黏聚性	−0.766	−0.321	−0.223	0.472	−0.184
咀嚼性	0.412	0.855	0.245	0.166	−0.026
弹性	−0.496	−0.371	0.723	−0.184	−0.149
加工损失	0.867	−0.031	0.134	−0.462	0.108
总蛋白溶解度	−0.045	0.658	−0.748	−0.048	−0.064
肌原纤维蛋白溶解度	−0.236	0.318	−0.740	0.076	0.431
乳化稳定性指数	−0.228	0.527	0.575	−0.159	0.560
乳化活性指数	0.365	−0.721	−0.045	−0.546	0.215
凝胶保水性	0.037	−0.758	−0.057	−0.603	−0.202
凝胶硬度	0.772	−0.395	0.262	0.365	0.214
凝胶黏聚性	0.964	−0.171	−0.028	0.077	0.041
凝胶咀嚼性	0.841	−0.359	0.193	0.317	0.129
凝胶弹性	0.785	−0.206	−0.362	0.338	0.273
pH	−0.450	−0.518	0.268	0.209	0.584
肌节长度	−0.462	0.827	0.287	0.043	−0.091
亮度值	0.635	0.176	0.666	0.210	−0.217
红度值	−0.755	−0.091	−0.417	0.034	0.245
黄度值	−0.509	0.377	0.265	−0.664	−0.250
肌纤维直径	−0.291	0.648	0.173	−0.374	0.571
肌纤维密度	0.829	−0.156	0.131	0.227	−0.366
特征根	9.863	6.885	3.636	2.629	2.142
方差贡献率 /%	37.936	26.481	13.985	10.111	8.240
累计方差贡献率 /%	37.936	64.416	78.401	88.512	96.752

3. 煮制品质指标聚类分析

　　煮制品质指标聚类分析结果见图 4-16，指标权重与变异系数见表 4-53。由图 4-16 可知，第一类品质指标包括硬度、咀嚼性、脂肪含量、亮度值、肌纤维密度、剪切力、加工损失、凝胶硬度、凝胶咀嚼性、凝胶黏聚性、凝胶弹性。其中，加工损失、亮度值变异系数较小，分别为 6.67%、7.00%，因此舍去这两个指标。凝胶咀嚼性与凝胶硬度、凝胶黏聚性、凝胶弹性、肌纤维密度显著相关，相关系数为 0.987、0.914、0.821、0.774，因此用凝胶咀嚼性代替凝胶硬度、凝胶黏聚性、凝胶弹性、肌纤维密度。硬度与咀嚼性极显著相关，相关系数为 0.988，因此用变异系数较大的硬度代替咀嚼性。综上所述，选取剪切力、脂肪含量、硬度、凝胶咀嚼性为第一类代表指标。第二类品质指标包括总蛋白溶解度与肌原纤维蛋白溶解度，权重均较小，因此舍去第二类指标。第三类品质指标包括蛋白质含量、肌节长度、乳化稳定性指数、肌纤维直径、黄度值。蛋白质含量变异系数为 3.09%，舍去该指标。选取权重较大的乳化稳定性指数为第三类代表指标。第四类品质指标包括乳化活性指数与凝胶保水性，由于乳化活性指数在不同部位间不存在显著性差异，因此舍去该指标，选取凝胶保水性为第四类的代表指标。第五类指标包括蛋白质脂肪含量比、黏聚性、红度值、水分含量、pH、弹性。黏聚性、水分含量、弹性、pH 变异系数低于 7%，因此舍去以上四项指标。选取权重较大的红度值与蛋白质脂肪含量比为第五类指标代表。另外，由于蛋白质脂肪含量比与脂肪含量极显著相关，因此选取权重较大的脂肪含量代替蛋白质脂肪含量比。

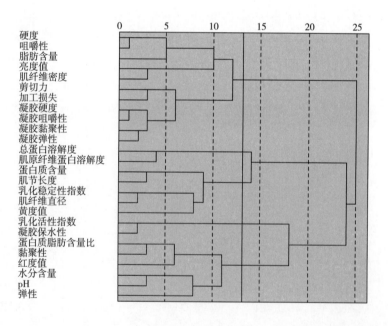

◀ 图4-16　煮制品质指标聚类分析

综上所述，选取剪切力、脂肪含量、硬度、凝胶咀嚼性、乳化稳定性指数、凝胶保水性、红度值为煮制羊肉的关键品质指标。

4. 煮制品质指标权重的确定

煮制品质指标见表 4-54，煮制品质指标权重见表 4-55。可知巴寒杂交羔羊不同部位肉煮制加工特性关键指标分别为脂肪含量、剪切力、硬度、乳化稳定性指数、凝胶保水性、凝胶咀嚼性以及红度值。按照权重值由高至低排序依次为硬度、剪切力、凝胶保水性、红度值、凝胶咀嚼性、脂肪含量以及乳化稳定性指数。

表4-53　　　　　　　　　　　　煮制品质指标权重与变异系数

品质指标	权重	变异系数 /%
蛋白质含量	0.0156	3.09
脂肪含量	0.1317	24.95
蛋白质脂肪含量比	−0.1153	43.36
水分含量	−0.1596	1.17
剪切力	0.2216	27.12
硬度	0.2325	18.77
黏聚性	−0.1752	3.74
咀嚼性	0.2335	16.58
弹性	−0.0922	5.53
加工损失	0.1272	6.67
总蛋白溶解度	−0.0007	9.19
肌原纤维蛋白溶解度	−0.0310	16.71
乳化稳定性指数	0.1282	25.88
乳化活性指数	−0.0774	15.34
凝胶保水性	−0.1794	12.36
凝胶硬度	0.1540	20.42
凝胶黏聚性	0.1496	8.75
凝胶咀嚼性	0.1528	28.40
凝胶弹性	0.1203	13.79
pH	−0.0589	2.68
肌节长度	0.0664	20.10
亮度值	0.2068	7.00
红度值	−0.1649	10.21
黄度值	−0.0852	15.56
肌纤维直径	0.0743	11.97
肌纤维密度	0.1254	17.99

表4-54　　　　　　　　　　　　煮制关键品质指标

理化特性	质地	乳化特性	凝胶特性	色泽
脂肪含量（A_1）	剪切力（A_2） 硬度（A_3）	乳化稳定性指数（A_4）	凝胶保水性（A_5） 凝胶咀嚼性（A_6）	红度值（A_7）

表4-55 煮制关键品质指标权重

	A_1	A_2	A_3	A_4	A_5	A_6	A_7
主成分分析权重	0.1317	0.2216	0.2325	0.1282	0.1794	0.1528	0.1649
归一化	0.1087	0.1830	0.1920	0.1059	0.1481	0.1261	0.1362

注：A_1~A_7分别代表脂肪含量、剪切力、硬度、乳化稳定性指数、凝胶保水性、凝胶咀嚼性、红度值。

二、羊肉煮制特性与加工适宜性

（一）不同部位煮制羊肉综合品质评价与煮制适宜性

对煮制关键指标结果进行正向化与标准化处理，并依据公式 $Y=0.1087×A_1+0.1830×A_2+0.1920×A_3+0.1059×A_4+0.1481×A_5+0.1261×A_6+0.1362×A_7$（$A_1$~$A_7$分别代表脂肪含量、剪切力、硬度、乳化稳定性指数、凝胶保水性、凝胶咀嚼性、红度值）计算煮制品质综合评价得分。综合品质评价 Y 值 K-means 聚类分析结果见表 4-56。表 4-57 列出了最终确定的 3 个类中心点，表 4-58 列出了不同部位羊肉煮制适宜性评价结果。Y 值小于 0.41 为不适宜煮制食用，Y 值在 0.41~0.74 为较适宜煮制食用，Y 值大于 0.74 为适宜煮制食用。结果表明，肩肉不适宜煮制食用，外脊、霖肉、黄瓜条与米龙较适宜煮制食用，里脊与腱子肉适宜煮制食用。

表4-56 不同部位煮制羊肉综合品质评价得分

部位	A_1	A_2	A_3	A_4	A_5	A_6	A_7	Y
外脊	0.96	0.34	0.00	0.57	0.00	0.78	0.72	0.42
肩肉	0.69	0.07	0.60	0.16	0.50	0.00	0.15	0.31
霖肉	0.78	0.00	0.39	1.00	0.28	0.76	0.52	0.47
里脊	0.65	0.78	1.00	0.00	1.00	0.88	0.81	0.77
黄瓜条	0.70	0.33	0.13	0.87	0.53	0.63	0.00	0.41
米龙	1.00	0.61	0.41	0.26	0.18	0.80	0.09	0.47
腱子肉	0.00	1.00	0.91	0.69	0.31	1.00	1.00	0.74

表4-57 煮制羊肉综合品质评价得分K-means聚类分析结果

聚类类别	1	2	3
最终聚类中心	0.4425	0.3100	0.7550

表4-58　　　　　　　　　　煮制羊肉综合品质评价得分K-means聚类分析结果

部位	聚类	距离	煮制适宜性
外脊	1	0.0225	较适宜
肩肉	2	0.0000	不适宜
霖肉	1	0.0275	较适宜
里脊	3	0.0150	适宜
黄瓜条	1	0.0325	较适宜
米龙	1	0.0275	较适宜
腱子肉	3	0.0150	适宜

（二）不同部位煮制羊肉综合品质评价方程的验证

对不同部位煮制羊肉进行感官评价，并对总体可接受性结果进行标准化处理，以总体可接受性为因变量，综合品质评价为自变量，建立回归方程，结果见表4-59。从表可以看出，回归方程的 R^2 为81.83%，表明综合评价模型可以较好地反映煮制加工适宜性。

外脊煮制加工产品的硬度与咀嚼性比肩部和腿部的结果高。这可能是因为外脊比肩部和腿部等部位的肉结缔组织含量低，经过高温加热胶原蛋白吸水膨润，机械强度降低，逐步分解为可溶性的明胶，肉质变嫩。腱子肉烤制、煮制与涮制加工损失均为最低，原因一方面可能是腱子中含有较多的结缔组织，加热过程中胶原蛋白转变为明胶，提高肉的持水能力，阻止了水分的流失；另一方面是由于宰后肌肉的极限 pH 越高，持水能力的变化越小。通过评价发现腱子肉宰后极限 pH 最高，因此持水性能最好，加工损失最少。

表4-59　　　　　不同部位煮制羊肉综合品质评价得分与感官评价总体可接受性对比

部位	x（综合品质评价）	y（总体可接受性）
外脊	0.42	0.22
肩肉	0.31	0.00
霖肉	0.47	0.44
里脊	0.77	1.00
黄瓜条	0.41	0.11
米龙	0.47	0.44
腱子肉	0.74	0.56
回归方程 $y=1.73x-0.49$（$R^2=81.83\%$）		

三、结果与展望

筛选出剪切力、脂肪含量、硬度、凝胶咀嚼性、乳化稳定性指数、凝胶保水性、红度值为煮制羊肉的关键品质指标。建立了煮制羊肉综合品质评价方程 $Y=0.1087 \times A_1+0.1830 \times A_2+0.1920 \times A_3+0.1059 \times A_4+0.1481 \times A_5+0.1261 \times A_6+0.1362 \times A_7$（$A_1 \sim A_7$ 分别代表脂肪含量、剪切力、硬度、乳化稳定性指数、凝胶保水性、凝胶咀嚼性、红度值）。Y 值小于 0.41 为不适宜煮制，Y 值在 0.41~0.74 为较适宜煮制，Y 值大于 0.74 为适宜煮制。研究结果表明，肩肉不适宜煮制，外脊、霖肉、黄瓜条与米龙较适宜煮制，里脊与腱子肉适宜煮制。以不同部位肉煮制感官评价总体可接受性结果为因变量，综合品质评价得分为自变量，建立回归方程 $y=1.73x-0.49$（$R^2=81.83\%$）可以较好地反映不同部位肉煮制加工适宜性。

第四节
羊肉熏制特性与加工适宜性评价
—

熏制羊肉具有特殊的地域特色和民族特色，将羊肉的风味与熏烟的风味很好地融合在一起，形成了风味独特、口感细腻的一种传统地方风味肉制品。熏制羊肉集色、香、味于一体，不膻不腻，深受广大消费者的喜爱。但由于肉羊品种多，熏羊肉品质不均一，熏羊肉加工未实现工业化、标准化。随着生活水平的提高，人们对熏制羊肉品质越来越重视，为了生产出高品质的熏制羊肉产品，就要筛选出熏制专用原料肉，对羊肉熏制适宜性进行评价。

一、羊肉熏制特性与加工适宜性评价方法

（一）羊肉熏制加工方法

冻肉放于 4℃ 恒温解冻 24h，按肌肉纹理修整成形状大小均匀的肉块；按照肉块重量的 1.5% 加入食盐，对肉块进行按摩后室温静置 6h，使食盐充分渗透入味。用烟熏炉熏制，60℃ 干燥 20min 后，85℃ 蒸煮 30min，最后在 50℃、相对湿度 60% 条件下烟熏 20min。

（二）羊肉品质测定方法

同本章第一节"羊肉品质测定方法"。

（三）不同品种羊肉品质比较

1. 不同品种羊肉组成成分差异比较

羊肉的组成成分主要包括水分、蛋白质和脂肪，三种成分的组成比例影响肉品质。水分是肌肉中含量最高的成分，肉中的水分与肉的多汁性密切相关，直接关系到肉及肉制品的品质、组织状态和风味。蛋白质含量越高，肌肉的营养价值也会越高，其含量直接影响肉的持水性与凝胶性。脂肪含量的多少直接影响肉的嫩度与多汁性，一般脂肪超过 3%，肉具有理想的嫩度。鲜肉中的脂肪组织的含量和分布直接影响肉类产品的感官性状。

选定的 10 个不同肉羊品种米龙、通脊羊肉的组成成分如表 4-60 所示，不同品种的同一部位、同一品种的不同部位的组成成分均存在差异。米龙部位，各品种羊肉的水分含量均在 72% 以上，杜蒙杂交羊、昭乌达羊的水分含量最高，分别为75.75%、75.52%。通脊部位，巴寒杂交羊的水分含量最高，为 75.35%，青海藏羊的水分含量最低，为 68.42%。同一品种，米龙水分含量普遍高于通脊水分含量，通脊水分含量在品种间的差异大于米龙。米龙部位，杜蒙杂交羊的蛋白质含量最高，为 21.47%。通脊部位，巴寒杂交羊、青海藏羊蛋白质含量显著高于其他 8 个品种（$P < 0.05$）。陶晓臣的研究结果中昭乌达羊的蛋白质含量高于 20%，与本研究的结果一致。米龙部位脂肪含量的范围为 1.97%~3.87%，其中杜蒙杂交羊、乌珠穆沁羊的脂肪含量最高，均为 3.87%。通脊部位脂肪含量的范围为 2.86%~5.94%，盐池滩羊的脂肪含量显著高于其他 9 个品种（$P < 0.05$），为 5.94%，佐证了盐池滩羊肉的美味、多汁性，表明了盐池滩羊肉品质优于其他品种。苏尼特羊米龙、通脊的蛋白质、脂肪含量均较低。

表4-60　　　　　　　　　不同品种羊肉组成成分差异分析

品种	水分含量 /%		蛋白质含量 /%		脂肪含量 /%	
	米龙	通脊	米龙	通脊	米龙	通脊
盐池滩羊	72.05±0.45[e]	71.19±0.56[e]	19.81±0.67[cd]	20.±0.37[c]	2.49±0.34[de]	5.94±0.11[a]
东北细毛羊	75.15±0.31[ab]	74.75±0.21[ab]	19.70±0.14[cd]	19.07±0.22[de]	3.09±0.36[bc]	3.76±0.20[bc]
甘肃细毛羊	73.50±0.30[cd]	70.04±0.61[f]	18.03±0.89[e]	19.23±0.22[d]	2.38±0.36[de]	4.10±0.64[b]
巴寒杂交羊	74.27±0.45[bc]	75.35±0.24[a]	20.70±0.41[ab]	22.10±0.24[a]	3.49±0.19[ab]	4.02±0.17[b]
杜蒙杂交羊	75.75±1.20[a]	73.98±0.05[c]	21.47±0.57[a]	19.78±0.66[cd]	3.87±0.27[a]	3.49±0.58[bcd]

续表

品种	水分含量 /%		蛋白质含量 /%		脂肪含量 /%	
	米龙	通脊	米龙	通脊	米龙	通脊
蒙寒杂交羊	75.01 ± 0.22^{ab}	$74.18 \pm 0.23b^{c}$	19.70 ± 0.29^{cd}	21.08 ± 0.39^{b}	2.82 ± 0.26^{cd}	3.00 ± 0.08^{cd}
乌珠穆沁羊	72.67 ± 0.86^{de}	70.04 ± 0.45^{f}	20.94 ± 0.68^{ab}	19.69 ± 0.75^{cd}	3.87 ± 0.35^{a}	3.26 ± 0.20^{bcd}
苏尼特羊	74.78 ± 0.19^{ab}	73.04 ± 0.72^{d}	18.09 ± 0.89^{de}	18.36 ± 0.22^{e}	1.97 ± 0.18^{e}	2.86 ± 0.55^{d}
昭乌达羊	75.52 ± 0.25^{a}	71.19 ± 0.39^{e}	20.45 ± 0.25^{bc}	20.11 ± 0.49^{c}	2.51 ± 0.42^{d}	2.92 ± 0.45^{cd}
青海藏羊	73.65 ± 0.15^{c}	68.43 ± 0.08^{g}	21.28 ± 0.44^{ab}	21.99 ± 0.44^{a}	2.68 ± 0.05^{cd}	3.38 ± 0.35^{bcd}

注：同列数据上标不同小写字母表示品种间差异性达到显著水平（$P < 0.05$）。

2. 不同品种羊肉色泽和 pH 比较

鲜肉的 pH 和肉色作为消费者选择肉品的重要评判指标，不仅能反映肉品的新鲜程度，其差异也会引起熟肉制品外观的差异，对羊肉加工制品品质特性的优劣起着重要作用。

如表 4-61 所示，不同品种羊肉的极限 pH 存在显著差异（$P < 0.05$），青海藏羊的 pH 最高，为 6.26，甘肃细毛羊的 pH 低，为 5.61。肉的极限 pH 大于 6.7 时属于不新鲜肉，各个品种的极限 pH 均为正常值，意味着羊肉质量达到了相应的指标。不同品种羊肉的颜色存在显著差异（$P < 0.05$）。L^* 值、a^* 值、b^* 值是获得肉色的客观量化指标。米龙部位，甘肃细毛羊的 L^* 值，为 48.01，显著高于其他品种（$P < 0.05$），而且其 a^* 值和 b^* 值均较低。苏尼特羊的 a^* 值最高，为 12.89，

表4-61　　　　　　　　　　　不同品种羊肉pH、色泽比较

品种	pH_{24}		L^*		a^*		b^*	
	米龙	通脊	米龙	通脊	米龙	通脊	米龙	通脊
盐池滩羊	5.41 ± 0.03^{cd}	5.77 ± 0.33^{c}	42.50 ± 0.81^{c}	44.07 ± 0.47^{b}	11.94 ± 0.27^{b}	12.22 ± 0.32^{b}	7.58 ± 0.53^{a}	7.58 ± 0.19^{b}
东北细毛羊	5.68 ± 0.05^{cd}	5.43 ± 0.04^{f}	40.92 ± 0.59^{def}	42.42 ± 0.59^{c}	12.29 ± 0.33^{ab}	7.52 ± 0.25^{d}	5.40 ± 0.36^{cd}	6.27 ± 0.31^{cd}
甘肃细毛羊	5.61 ± 0.03^{e}	5.62 ± 0.06^{e}	48.01 ± 0.44^{a}	44.10 ± 0.70^{b}	9.40 ± 0.29^{e}	9.57 ± 0.31^{c}	3.08 ± 0.05^{f}	4.90 ± 0.10^{e}
巴寒杂交羊	5.91 ± 0.21^{b}	5.68 ± 0.03^{d}	42.09 ± 1.38^{cd}	41.46 ± 1.01^{cd}	11.89 ± 0.91^{b}	12.17 ± 0.77^{b}	5.63 ± 0.36^{bc}	5.65 ± 0.67^{ef}
杜蒙杂交羊	5.81 ± 0.15^{bc}	5.42 ± 0.05^{f}	39.67 ± 0.61^{f}	41.15 ± 0.26^{d}	11.17 ± 0.31^{c}	15.27 ± 0.79^{a}	6.15 ± 0.21^{b}	4.98 ± 0.86^{e}
蒙寒杂交羊	5.67 ± 0.12^{b}	6.05 ± 0.04^{a}	45.30 ± 0.67^{b}	42.42 ± 0.59^{c}	10.41 ± 0.18^{d}	7.52 ± 0.25^{d}	5.45 ± 0.34^{c}	6.27 ± 0.31^{cd}
乌珠穆沁羊	5.89 ± 0.08^{b}	5.93 ± 0.04^{b}	40.65 ± 1.73^{ef}	39.28 ± 0.62^{e}	9.68 ± 0.58^{e}	11.68 ± 0.39^{b}	4.54 ± 0.83^{e}	3.07 ± 0.19^{f}
苏尼特羊	5.80 ± 0.23^{d}	5.61 ± 0.03^{e}	44.68 ± 0.38^{b}	46.19 ± 0.84^{a}	12.89 ± 0.42^{a}	11.97 ± 0.34^{b}	4.70 ± 0.13^{e}	6.69 ± 0.17^{c}
昭乌达羊	5.86 ± 0.11^{b}	6.05 ± 0.04^{a}	41.19 ± 0.95^{de}	40.81 ± 0.92^{d}	8.29 ± 0.38^{f}	7.71 ± 0.28^{d}	4.89 ± 0.47^{de}	5.05 ± 0.96^{e}
青海藏羊	6.26 ± 0.10^{a}	5.95 ± 0.202^{b}	40.82 ± 1.19^{def}	44.66 ± 0.76^{b}	12.13 ± 0.61^{b}	15.81 ± 0.49^{a}	7.20 ± 0.42^{a}	9.11 ± 0.55^{a}

注：同列数据上标不同小写字母表示品种间差异性达到显著水平（$P < 0.05$）。

乌珠穆沁羊的 a^* 最低，为 9.68。盐池滩羊、青海藏羊的 b^* 值均显著高于其他品种（$P < 0.05$）。通脊部位，苏尼特羊的 L^* 值显著高于其他 9 个品种（$P < 0.05$），为 46.19。青海藏羊与杜蒙杂交羊的 a^* 值最高，分别为 15.81、15.27。甘肃细毛羊、乌珠穆沁羊的 b^* 值均较低。

3. 不同品种羊肉肌纤维特性比较

肌纤维特性是影响肌肉品质的重要因素，与肉品的嫩度紧密相关。通过扫描电镜和透射电镜可以分别观察肌纤维的微观结构和超微结构。由图 4-17 和图 4-18 可以看出，不同品种羊的肌纤维特性存在一定差异。10 个品种的米龙微观结构显示，盐池滩羊的肌纤维间隙小、肌纤维间排列致密。乌珠穆沁羊、昭乌达羊的肌纤维间隙大、整体疏松、排列不紧密。从通脊的微观结构可以看出，盐池滩羊、甘肃细毛羊的肌纤维间隙小、肌纤维间排列致密。乌珠穆沁羊、昭乌达羊的肌纤维排列松散，缝隙较大，整体疏松。

图4-17　不同▶
品种羊米龙肌纤
维束显微结构
（1000×）

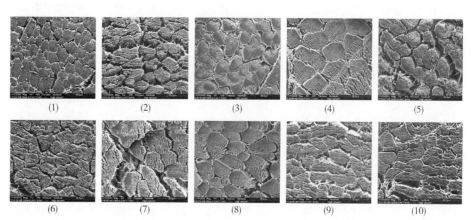

注：1 ~ 10 代表的羊品种分别为盐池滩羊、东北细毛羊、甘肃细毛羊、巴寒杂交羊、杜蒙杂交羊、蒙寒杂交羊、乌珠穆沁羊、苏尼特羊、昭乌达羊、青海藏羊。

图4-18　不同▶
品种羊通脊肌纤
维束显微结构
（1000×）

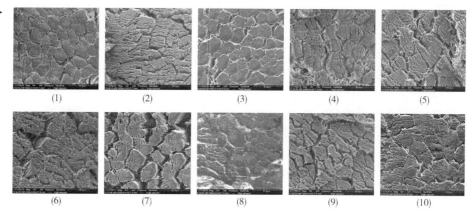

注：1 ~ 10 代表的羊品种分别为盐池滩羊、东北细毛羊、甘肃细毛羊、巴寒杂交羊、杜蒙杂交羊、蒙寒杂交羊、乌珠穆沁羊、苏尼特羊、昭乌达羊、青海藏羊。

由图 4-19 和图 4-20 可以看出，肌纤维明暗相间的条纹，不同品种羊米龙肌纤维的明带和暗带的宽度不同，其中杜蒙杂交羊、盐池滩羊的明带比其他品种羊的明带宽，盐池滩羊的肌纤维框架中明带变得模糊。不同品种羊通脊的肌纤维之间有明暗相间的条纹，而且明带和暗带的宽度不同，其中甘肃细毛羊、盐池滩羊的明带较其他品种的明带宽，盐池滩羊的肌纤维框架中明带变得模糊，Z 线降解，Z 线结构完整性受到破坏。Z 线起着连接相邻肌小节的作用，Z 线结构的破坏，导致肌原纤维小片化，从而肌肉的嫩度有所提高。

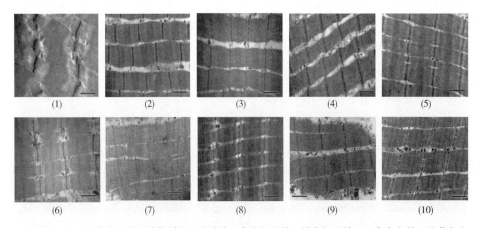

(1)　　　(2)　　　(3)　　　(4)　　　(5)

(6)　　　(7)　　　(8)　　　(9)　　　(10)

◀图4-19　不同品种羊米龙肌纤维束超微结构（30000×）

注：1 ~ 10 代表的羊品种分别为盐池滩羊、东北细毛羊、甘肃细毛羊、巴寒杂交羊、杜蒙杂交羊、蒙寒杂交羊、乌珠穆沁羊、苏尼特羊、昭乌达羊、青海藏羊。

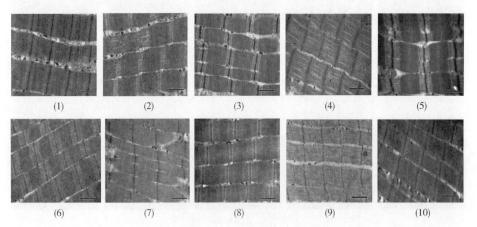

(1)　　　(2)　　　(3)　　　(4)　　　(5)

(6)　　　(7)　　　(8)　　　(9)　　　(10)

图4-20　不同品种羊通脊肌纤维束超微结构（30000×）

注：1 ~ 10 代表的羊品种分别为盐池滩羊、东北细毛羊、甘肃细毛羊、巴寒杂交羊、杜蒙杂交羊、蒙寒杂交羊、乌珠穆沁羊、苏尼特羊、昭乌达羊、青海藏羊。

通过定量分析肌纤维直径、密度、肌节长度如表 4-62 所示，10 个品种羊的肌纤维直径存在显著差异（$P < 0.05$）。米龙部位，乌珠穆沁羊、巴寒杂交羊的肌纤维直径显著高于其他 8 个品种（$P < 0.05$），分别为 36.44μm、36.03μm。盐池滩羊、东北细毛羊的肌纤维直径显著低于其他 8 个品种（$P < 0.05$），分别为

22.60μm、21.76μm，盐池滩羊的肌纤维直径也较低。盐池滩羊的肌纤维密度显著高于其他品种（$P < 0.05$），为2526.59n/mm²。盐池滩羊的肌节长度最长，显著长于其他品种，为2.81μm。通脊部位，青海藏羊的肌纤维直径较其他品种的粗（$P < 0.05$），为68.40μm。盐池滩羊的肌纤维密度显著高于其他品种（$P < 0.05$），为2205.78n/mm²。乌珠穆沁羊的肌节长度显著长于其他9个品种（$P < 0.05$），为1.93μm。

表4-62　　　　　　　　　　　　不同品种羊肉肌原纤维特性比较

品种	肌纤维直径 /μm		肌纤维密度 / (n/mm²)		肌节长度 /μm	
	米龙	通脊	米龙	通脊	米龙	通脊
盐池滩羊	22.60 ± 1.03[fg]	26.36 ± 1.03[fg]	2526.59 ± 30.69[a]	2205.78 ± 119.73[a]	2.81 ± 0.02[a]	1.52 ± 0.02[d]
东北细毛羊	21.76 ± 0.48[f]	28.41 ± 0.26[e]	1280.68 ± 26.78[de]	1526.75 ± 121.18[b]	1.59 ± 0.06[e]	1.60 ± 0.03[c]
甘肃细毛羊	26.33 ± 0.73[de]	25.21 ± 1.38[g]	1410.82 ± 120.38[cd]	1756.42 ± 156.96[b]	1.59 ± 0.03[e]	1.90 ± 0.04[b]
巴寒杂交羊	36.03 ± 1.05[a]	38.21 ± 0.78[c]	774.15 ± 53.20[g]	1232.16 ± 121.22[c]	1.14 ± 0.04[h]	1.28 ± 0.02[f]
杜蒙杂交羊	25.56 ± 0.97[e]	27.77 ± 0.49[ef]	832.91 ± 117.77[fg]	672.5 ± 42.66[de]	1.43 ± 0.04[f]	1.17 ± 0.01[h]
蒙寒杂交羊	29.58 ± 1.33[c]	53.54 ± 1.66[b]	1827.92 ± 72.19[b]	1605.64 ± 149.93[b]	1.75 ± 0.03[c]	1.11 ± 0.02[i]
乌珠穆沁羊	36.44 ± 1.36[a]	31.18 ± 1.36[d]	961.73 ± 59.91[f]	898.84 ± 15.16[d]	1.20 ± 0.02[g]	1.93 ± 0.03[a]
苏尼特羊	27.32 ± 0.91[d]	18.63 ± 0.49[h]	1365.77 ± 125.95[cde]	2376.52 ± 349.80[a]	1.97 ± 0.02[b]	1.47 ± 0.02[e]
昭乌达羊	33.96 ± 0.27[b]	27.00 ± 1.77[ef]	1446.56 ± 94.07[c]	2344.71 ± 169.61[a]	1.68 ± 0.03[d]	1.46 ± 0.02[e]
青海藏羊	30.17 ± 1.17[c]	68.40 ± 1.33[a]	1250.72 ± 58.44[e]	441.72 ± 39.18[e]	1.02 ± 0.01[i]	1.23 ± 0.02[g]

注：同列数据上标不同小写字母表示品种间差异性达到显著水平（$P < 0.05$）。

4. 不同品种熏羊肉剪切力

嫩度在消费者购买肉品时起着重要作用，肉在加工过程中嫩度会发生显著变化，在一定范围内剪切力值越小，肉的嫩度越高，常用剪切力来衡量肉的嫩度。

不同品种熏羊肉的剪切力结果如图4-21所示，品种和部位间均存在显著差异。米龙部位，东北细毛羊、巴寒杂交羊的剪切力值显著大于其他品种（$P < 0.05$），分别为53.16N、51.23N。盐池滩羊、乌珠穆沁羊的剪切力值最小（$P < 0.05$），分别为33.08N、33.13N。通脊部位，苏尼特羊的剪切力值显著大于其他9个品种（$P < 0.05$），为51.70N，昭乌达羊的剪切力值最小（$P < 0.05$），为31.67N。米龙部位熏羊肉剪切力的变化范围大于通脊。

5. 不同品种羊肉熏制损失率比较

保水性对肉品加工的质量有很大影响。熏制损失率是表征肌肉保水性的一个重要指标，一定程度上能反映肌肉对水的保持能力，同时与企业的经济效益密切相关。

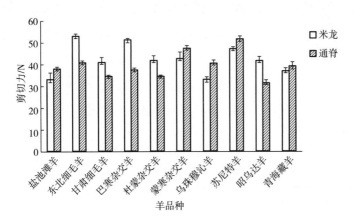

◂图4-21 不同品
种熏制羊肉剪切
力值比较

10个品种米龙、通脊羊肉熏制损失率如图 4-22 所示。米龙部位，青海藏羊的熏制
损失率显著高于其他品种（$P < 0.05$），为 47.38%。甘肃细毛羊、盐池滩羊、东
北细毛羊的熏制损失率较小。通脊部位，蒙寒杂交羊熏制损失率显著高于其他 9 个
品种（$P < 0.05$），为 44.4%。盐池滩羊的熏制损失率最低，为 31.19%。同一品
种米龙部位的熏制损失率的变化范围大于通脊。

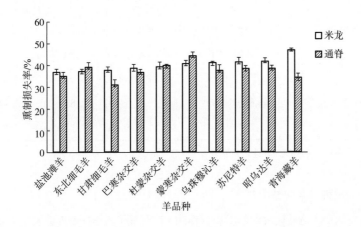

◂图4-22 不同品
种羊肉熏制损失
率比较

6. 不同品种熏制羊肉表皮肉色比较

羊肉表皮肉色的好坏在熏制羊肉产品的销售中扮演着重要的角色，被作为产品
重要的经济性状。由表 4-63 可知，不同品种米龙、通脊熏制羊肉的表皮色泽之间
存在显著差异（$P < 0.05$）。不同品种米龙熏制羊肉的表皮色泽，甘肃细毛羊的
L^* 值、a^* 值、b^* 值均较高。巴寒杂交羊的 L^* 值最低。乌珠穆沁羊、苏尼特羊的
a^* 值显著低于其他品种（$P < 0.05$）。米龙 b^* 值在品种间的变化范围较小。不
同品种通脊熏制羊肉的表皮色泽，盐池滩羊、杜蒙杂交羊的 L^* 值显著高于其他品
种（$P < 0.05$）。乌珠穆沁羊的 L^* 值最低。甘肃细毛羊的 a^* 值、b^* 值均较高。杜
蒙杂交羊的 a^* 值最低。

表4-63 不同品种熏制羊肉表皮色泽比较

品种	L 表皮		a^* 表皮		b^* 表皮	
	米龙	通脊	米龙	通脊	米龙	通脊
盐池滩羊	35.63±0.19^b	40.21±0.68^a	11.09±0.65^{bc}	8.03±0.35^d	13.08±0.47^b	10.03±0.38^d
东北细毛羊	34.87±0.97^b	36.89±0.68^b	10.19±0.59^e	11.07±1.01^b	13.41±0.66^b	15.06±0.33^b
甘肃细毛羊	38.51±0.95^a	36.02±0.77^b	11.82±0.55^b	12.42±0.56^a	15.83±0.61^a	16.04±0.60^a
巴寒杂交羊	29.20±0.62^e	33.23±1.16^c	10.8±0.55^{bcd}	10.79±0.66^b	12.36±0.45^c	10.51±0.60^d
杜蒙杂交羊	30.38±0.93^{cd}	40.77±2.78^a	11.43±0.47^{ab}	6.96±0.33^e	13.14±0.50^b	10.23±0.37^d
蒙寒杂交羊	30.93±1.37^c	31.88±1.11^{cd}	10.5±0.38^{cde}	10.53±0.89^b	13.53±0.55^b	12.34±0.33^c
乌珠穆沁羊	28.83±0.43^e	29.70±0.60^e	9.57±0.47^f	10.79±0.45^b	11.19±0.47^d	10.51±0.60^d
苏尼特羊	39.16±0.65^a	31.85±1.33^{cd}	9.35±0.27^f	10.26±0.91^b	11.24±1.37^d	12.09±0.33^c
昭乌达羊	29.39±0.19^{de}	36.24±0.30^b	10.8±0.32^{bcd}	10.90±0.43^b	15.83±0.61^a	15.44±0.45^{ab}
青海藏羊	31.27±1.49^c	31.50±1.15^d	10.25±0.50^{de}	8.96±0.49^c	13.30±0.76^b	11.89±0.86^c

注：同列数据上标不同小写字母表示品种间差异性达到显著水平（$P < 0.05$）。

7. 不同品种熏制羊肉质构剖面分析

质构剖面分析用于测定肉制品的质构特性。由表 4-64 可知，不同品种熏制羊肉的米龙、通脊的质构特性存在差异。米龙部位，甘肃细毛羊、乌珠穆沁羊的硬度较低（$P < 0.05$）。东北细毛羊的咀嚼性显著高于其他品种（$P < 0.05$），为 15.18N。甘肃细毛羊的咀嚼性最低（$P < 0.05$），为 7.99N。通脊部位，杜蒙杂交羊的硬度最低，为 23.47N。东北细毛羊的咀嚼性普遍低于其他品种，为 10.40N。其中咀嚼性是硬度、弹性、黏聚性的综合表现，与其他 3 个指标相比，在品种间的差异较大。米龙、通脊熏制肉的弹性在品种间的差异不大。

（四）熏羊肉感官品质评价模型建立

1. 熏羊肉感官评价指标水平分析

消费者对熏羊肉品质的评价是从感官评价开始，其感官品质主要是指熏羊肉的外观、质地和风味（表 4-65）。不同品种、部位的熏羊肉具有不同的品质，而消费者通过感官即可初步判断熏羊肉的差异。如表 4-66 所示，米龙熏制后，盐池滩羊、蒙寒杂交羊、甘肃细毛羊的外观得分显著高于巴寒杂交羊、杜蒙杂交羊（$P < 0.05$）。盐池滩羊的整体可接受性得分显著高于乌珠穆沁羊、甘肃细毛羊、昭乌达羊（$P < 0.05$）。通脊熏制后，感官评价得分在不同品种间无显著差异（$P > 0.05$）。

表4-64　不同品种熏制羊肉质构剖面分析结果

品种	硬度/N		弹性		黏聚性		咀嚼性/N	
	米龙	通脊	米龙	通脊	米龙	通脊	米龙	通脊
盐池滩羊	25.50±1.23[a]	30.15±1.20[ab]	0.49±0.04[a]	0.46±0.03[b]	0.67±0.03[cd]	0.67±0.04[c]	12.50±1.15[bc]	14.45±0.98[abc]
东北细毛羊	24.13±1.64[a]	25.27±0.97[c]	0.50±0.07[a]	0.50±0.02[a]	0.63±0.03[d]	0.68±0.06[c]	15.18±0.83[a]	10.40±1.47[f]
甘肃细毛羊	14.82±1.00[c]	31.50±1.04[a]	0.54±0.03[a]	0.49±0.04[a]	0.76±0.02[a]	0.66±0.03[c]	7.99±0.55[e]	16.32±1.33[a]
巴寒杂交羊	24.07±1.44[a]	31.70±0.47[a]	0.51±0.01[a]	0.52±0.02[a]	0.75±0.06[ab]	0.75±0.05[ab]	12.02±0.59[bc]	15.80±0.67[a]
杜蒙杂交羊	24.89±0.80[a]	23.47±1.01[d]	0.52±0.04[a]	0.51±0.02[a]	0.74±0.02[abc]	0.66±0.07[c]	12.82±0.83[b]	11.08±0.78[ef]
蒙寒杂交羊	19.30±1.15[b]	31.34±1.25[a]	0.49±0.06[a]	0.53±0.07[a]	0.66±0.03[d]	0.69±0.05[bc]	11.43±0.56[cd]	12.69±0.87[cde]
乌珠穆沁羊	16.38±0.44[c]	25.76±0.95[c]	0.51±0.04[a]	0.50±0.02[a]	0.76±0.10[ab]	0.69±0.06[bc]	11.93±0.85[bc]	12.23±1.22[def]
苏尼特羊	23.91±0.51[a]	27.02±0.86[b]	0.45±0.02[b]	0.50±0.04[a]	0.68±0.01[bcd]	0.66±0.04[bc]	10.64±0.58[d]	13.61±1.48[bcd]
昭乌达羊	20.79±1.14[b]	26.71±0.90[b]	0.54±0.04[a]	0.49±0.03[a]	0.71±0.03[abc]	0.71±0.05[ab]	11.87±1.11[bc]	13.29±1.54[bcd]
青海藏羊	20.90±0.61[b]	29.45±0.75[a]	0.52±0.03[a]	0.51±0.01[a]	0.69±0.03[abc]	0.76±0.06[a]	13.32±0.38[b]	15.31±0.77[ab]

相同品种不同部位感官评价分析，盐池滩羊米龙外观得分显著高于通脊（$P < 0.05$）。结果表明：不同品种来源对熏羊肉感官评价得分的影响高于不同部位。品种作为遗传因素，与诸多环境因素间存在交互作用，是决定熏羊肉品质的非常重要的因素，品种间的差异比部位间的差异大。

表4-65　　　　　　　　　　　　　　　熏羊肉感官评价标准

评价指标	得分				
	$0 < x \leqslant 2$	$2 < x \leqslant 4$	$4 < x \leqslant 6$	$6 < x \leqslant 8$	$8 < x \leqslant 10$
外观	松散、粗糙、紧实性差	不均匀、稍有松散、有汁液渗出	紧实性稍差、稍有汁液渗出	较平整、稍有汁液渗出	平整、紧实、无汁液渗出
颜色	暗黑色、不均匀、无光泽	褐色、不均匀、无光泽	褐色、均匀、有光泽	棕褐色、均匀、有光泽	红棕色、均匀、有光泽
嫩度	肉质粗老	肉质一般	肉质较嫩	肉质嫩	肉质非常嫩
多汁性	非常干	干	微干	多汁	非常多汁
气味	寡淡、有异味	寡淡、无不良气味	一般、无不良气味	较浓郁	浓郁、持久
滋味	弱	刚好识别	中等	强	很强
烟熏味	明显的苦味	苦味	无明显烟熏香气	烟熏香味较淡	芳香的烟熏香味
总体可接受性	不易被接受	勉强接受	较易被接受	易被接受	很容易被接受

2. 熏羊肉感官评价指标相关性分析

由表 4-67 可以看出，熏羊肉的总体可接受性与外观、颜色、多汁性、气味、滋味呈极显著相关（$P < 0.05$）。由此可知，熏羊肉的总体可接受性是综合多个感官品质指标的评价结果。其中，与总体可接受性相关程度最高的是外观（$R=0.79$）和多汁性（$R=0.77$），也就是说熏羊肉的外观越好，多汁性越高，评价得分可能更高，反过来，消费者评价高的熏羊肉，对外观、多汁性的评分相对较高。最终选择外观、多汁性作为影响熏羊肉食用品质评价的关键指标。

3. 熏羊肉感官评价指标判断矩阵的建立

为了解感官评价时不同感官评价指标权重的大小，依照层次分析法提出的 1~9 比例标度法以及根据消费者对熏羊肉各指标重要性的定性评价，建立判断矩阵，如表 4-68 所示。一致性比例 CR=0.0013 < 0.1，由此表明一致性检验是满意的，判断矩阵的构建是合理的，即确定了 7 个感官评价指标的权重，分别为 0.2642、00935、0.0445、0.2457、0.1413、0.1413、0.0695。熏羊肉各感官评价指标权重的判断与感官评价相关性分析的结果一致，也印证了对熏羊肉感官评价的结果。

表4-66 不同品种、部位羔羊肉感官评价指标差异

感官评价指标	部位	品种										
		盐池滩羊	东北细毛羊	甘肃细毛羊	巴美杂交羊	杜蒙杂交羊	蒙寨杂交羊	乌珠穆沁羊	苏尼特羊	昭乌达羊	青海藏羊	P值
外观	米龙	8.89 ± 0.60^{aA}	8.06 ± 1.07^{abc}	8.44 ± 0.73^{a}	7.28 ± 1.48^{bc}	7.06 ± 1.01^{c}	8.56 ± 1.01^{a}	8.17 ± 1.32^{ab}	8.33 ± 1.12^{ab}	7.94 ± 1.24^{ab}	7.78 ± 0.83^{abc}	0.014
	通脊	7.56 ± 0.88^{abB}	8.44 ± 0.53^{ab}	8.11 ± 1.05^{ab}	8.22 ± 0.83^{ab}	7.89 ± 0.93^{ab}	8.50 ± 1.17^{ab}	7.56 ± 1.67^{b}	8.78 ± 0.67^{a}	8.33 ± 1.32^{ab}	8.06 ± 1.38^{ab}	0.312
	P值	0.002	0.344	0.446	0.115	0.088	0.916	0.402	0.321	0.528	0.612	
颜色	米龙	8.56 ± 0.88^{a}	7.83 ± 1.70^{ab}	8.44 ± 1.74^{a}	6.39 ± 1.69^{b}	6.50 ± 1.54^{b}	7.00 ± 1.66^{ab}	7.61 ± 1.58^{ab}	7.33 ± 1.94^{ab}	7.72 ± 1.86^{ab}	6.67 ± 1.22^{b}	0.053
	通脊	7.22 ± 1.86^{ab}	7.56 ± 1.67^{ab}	7.33 ± 1.94^{ab}	6.72 ± 2.51^{ab}	6.56 ± 2.07^{ab}	7.39 ± 1.50^{ab}	6.11 ± 2.09^{b}	8.22 ± 1.09^{a}	7.56 ± 1.67^{ab}	7.28 ± 1.20^{ab}	0.465
	P值	0.069	0.731	0.219	0.746	0.949	0.608	0.105	0.290	0.844	0.301	
嫩度	米龙	8.11 ± 0.93	7.61 ± 1.58	8.33 ± 1.00	7.39 ± 1.58	7.39 ± 1.58	7.44 ± 1.67	6.94 ± 1.78	7.11 ± 1.45	8.17 ± 1.87	6.89 ± 2.03	0.488
	通脊	7.22 ± 0.97	7.72 ± 1.39	7.33 ± 1.12	7.06 ± 1.94	7.11 ± 1.45	7.94 ± 1.74	6.89 ± 2.03	7.56 ± 1.01	7.00 ± 1.66	6.39 ± 1.83	0.674
	P值	0.065	0.876	0.063	0.695	0.730	0.542	0.951	0.463	0.181	0.591	
多汁性	米龙	7.00 ± 1.12^{ab}	7.17 ± 0.94^{ab}	7.33 ± 1.50^{a}	6.50 ± 1.54^{ab}	6.39 ± 1.45^{ab}	6.78 ± 1.92^{ab}	7.39 ± 1.65^{a}	6.44 ± 1.42^{ab}	6.83 ± 1.00^{ab}	5.67 ± 2.00^{b}	0.373
	通脊	7.33 ± 1.12	6.78 ± 1.48	7.11 ± 1.05	6.33 ± 1.58	6.61 ± 1.58	6.50 ± 0.94	6.22 ± 1.39	7.11 ± 1.17	6.44 ± 1.33	6.06 ± 1.47	0.518
	P值	0.536	0.515	0.721	0.824	0.760	0.702	0.125	0.293	0.494	0.644	
气味	米龙	7.11 ± 1.90^{ab}	7.50 ± 1.50^{ab}	7.44 ± 1.88^{ab}	6.94 ± 1.70^{ab}	6.83 ± 1.50^{ab}	7.67 ± 1.66^{a}	7.06 ± 2.24^{ab}	7.22 ± 1.56^{ab}	6.72 ± 1.52^{ab}	5.67 ± 2.24^{b}	0.542
	通脊	8.00 ± 0.87	6.33 ± 2.50	7.67 ± 1.41	6.33 ± 2.74	6.78 ± 2.05	7.72 ± 1.20	7.11 ± 1.62	7.22 ± 2.54	7.89 ± 1.69	6.72 ± 1.03	0.446
	P值	0.220	0.247	0.780	0.578	0.948	0.936	0.953	1	0.144	0.217	
滋味	米龙	7.28 ± 1.30^{a}	7.17 ± 1.06^{a}	7.78 ± 1.39^{a}	7.17 ± 1.17^{a}	6.72 ± 1.25^{b}	7.56 ± 1.33^{a}	7.50 ± 1.22^{a}	7.11 ± 1.05^{a}	7.17 ± 1.27^{a}	5.67 ± 1.80^{b}	0.080
	通脊	7.00 ± 1.50	7.22 ± 1.72	7.44 ± 1.42	7.44 ± 1.13	7.00 ± 1.12	7.50 ± 1.32	7.11 ± 1.45	7.00 ± 1.58	7.22 ± 1.56	7.22 ± 1.30	0.997
	P值	0.680	0.935	0.623	0.616	0.626	0.930	0.548	0.863	0.935	0.052	
烟熏味	米龙	7.89 ± 1.36	7.28 ± 1.09	7.56 ± 1.59	6.83 ± 1.22	6.94 ± 1.55	7.94 ± 1.18	7.39 ± 1.11	7.67 ± 1.32	7.28 ± 1.48	7.44 ± 1.33	0.738
	通脊	7.67 ± 1.94	7.33 ± 1.58	7.56 ± 1.59	7.28 ± 1.82	7.17 ± 1.32	7.39 ± 0.99	6.94 ± 1.74	8.33 ± 1.41	6.67 ± 1.12	7.50 ± 1.80	0.675
	P值	0.782	0.932	1	0.552	0.748	0.297	0.528	0.317	0.338	0.942	
总体可接受性	米龙	8.44 ± 1.24^{a}	8.22 ± 0.83^{ab}	6.67 ± 1.81^{c}	8.06 ± 0.95^{ab}	7.50 ± 0.87^{abc}	8.06 ± 0.95^{ab}	7.17 ± 1.06^{bc}	7.44 ± 1.13^{ab}	6.61 ± 1.17^{c}	7.50 ± 1.00^{abc}	0.007
	通脊	8.17 ± 0.79	7.56 ± 2.00	7.94 ± 1.13	7.56 ± 1.88	7.22 ± 0.97	7.56 ± 1.01	7.17 ± 1.46	7.28 ± 1.09	7.00 ± 1.87	7.56 ± 1.33	0.818
	P值	0.068	0.371	0.171	0.291	0.774	0.623	1	0.785	0.347	0.922	

注：同行数据上标不同小写字母表示不同品种间差异达到显著水平（$P<0.05$）；同列数据上标不同大写字母表示不同部位差异达到显著水平（$P<0.05$）。

表4-67 熏羊肉感官评价指标的相关性分析结果

感官评价指标	外观	颜色	嫩度	多汁性	气味	滋味	烟熏味
外观	1						
颜色	0.78**	1					
嫩度	0.34	0.66*	1				
多汁性	0.50	0.72*	0.37	1			
气味	0.45	0.42	0.19	0.73*	1		
滋味	0.49	0.50	0.24	0.85**	0.88*	1	
烟熏味	0.88**	0.43	0.16	0.20	0.35	0.37	1
总体可接受性	0.79**	0.68*	0.32	0.77**	0.70*	0.72*	0.61

注："*"代表显著性水平为 0.05；"**"代表显著性水平为 0.01。

表4-68 熏羊肉感官评价指标权重判断及其一致性检验

	外观	颜色	嫩度	多汁性	气味	滋味	烟熏味	权重(W_i)
外观	1	3	5	1	2	2	4	0.2642
颜色	1/3	1	3	1/3	1/2	1/2	2	0.0935
嫩度	1/5	1/3	1	1/4	1/3	1/3	1/2	0.0445
多汁性	1	3	4	1	2	2	3	0.2457
气味	1/2	2	3	1/2	1	1	2	0.1413
滋味	1/2	2	3	1/2	1	1	2	0.1413
烟熏味	1/4	1/2	2	1/3	1/2	1/2	1	0.0695
λ_{max}=7.11，CI=0.018，RI=1.36，CR=0.013＜0.1								

4. 熏羊肉感官品质秩相关系数检验

采用 SPSS17.0 将熏羊肉感官评价加权得分排序与总体可接受性得分排序进行秩相关系数检验，结果见表 4-69，加权得分排序与总体可接受性得分排序的秩相关系数达到极显著相关，r=0.854（$P<0.01$），因此，选择外观、多汁性作为熏羊肉食用品质的核心评价指标是合理的。由此可见，外观、多汁性两个指标可以充分地体现熏羊肉食用品质的差异。

5. 熏羊肉感官品质评价模型建立

熏羊肉外观、多汁性与总评分多元回归分析结果见表 4-70，总评分与各食用品质评价指标的回归方程为：总评分 =0.596× 外观 +0.633× 多汁性 −1.487（R^2=0.811），回归方程显著性检验 P 值为 0.003，回归方程的拟合度较好，回归显著。从回归方程中可以看出，外观、多汁性与总评分呈正相关，即熏羊肉外观评分越高，越多汁，消费者感官评分越高。熏羊肉多汁性的系数比外观大，说明消费者在选择熏羊肉时更加在意多汁性。多汁性与原料肉的含水量、脂肪含量及肌纤维结构相关。

表4-69　　　　　　　　熏羊肉感官评价加权得分与总体可接受性得分比较

品种	加权得分	排序	总体可接受性	排序	秩相关系数
盐池滩羊	7.61	3	8.44	1	
东北细毛羊	7.80	2	8.22	2	
甘肃细毛羊	6.50	10	6.67	7	
巴寒杂交羊	7.56	4	8.06	3	
杜蒙杂交羊	7.48	5	7.50	4	0.854**
蒙寒杂交羊	7.84	1	8.06	3	
乌珠穆沁羊	6.77	9	7.17	6	
苏尼特羊	7.34	6	7.44	5	
昭乌达羊	6.94	8	6.61	8	
青海藏羊	7.33	7	7.50	4	

注："**"表示 0.01 水平上显著相关。

表4-70　　　　　　　　熏羊肉感官品质评价指标和总评分多元回归结果

项目	系数	显著性（P）
常量	−1.487	0.399
外观	0.596	0.026
多汁性	0.633	0.032

二、羊肉熏制特性与加工适宜性

（一）不同品种米龙熏制特性与加工适宜性

1. 不同品种米龙品质指标数据分布

为了消除不同测定指标的量纲不同，计算不同品质指标在不同品种间的变异系数。结果见表4-71。由表4-71可知，19项品质指标均存在不同程度的变异情况。原料肉品质指标中肌纤维密度的变异程度最大，其变幅范围也较大，为441.72~2376.52n/mm²。水分含量的变异程度最小，变异系数仅为3.25%，说明米龙水分含量具有较稳定的遗传性，且该指标受品种的影响不大。熏制肉品质指标中黏聚性的变异程度最大，变异系数为53.62%，表示米龙熏制羊肉黏聚性在品种间存在较大差异。

表4-71 羊米龙原料肉与熏羊肉品质指标性状及分布

指标	变幅	平均数	变异系数
水分含量	72.05~75.75	74.24	1.67
蛋白质含量	18.03~21.47	20.10	5.37
脂肪含量	1.97~3.87	2.92	22.26
pH_{24}	5.41~6.26	5.79	3.80
L^*值	39.67~48.01	42.58	6.13
a^*值	8.29~12.89	11.00	13.55
b^*值	3.08~7.58	5.47	23.95
肌纤维直径	21.76~36.44	28.98	18.05
肌纤维密度	774.15~2526.59	1367.79	37.65
肌节长度	1.02~2.81	1.66	28.92
剪切力	33.08~53.16	42.28	16.18
熏制损失率	37.01~47.38	40.36	7.61
硬度	14.82~25.50	21.47	17.23
弹性	0.45~0.54	0.51	5.88
黏聚性	0.63~0.76	0.70	7.14
咀嚼性	7.99~15.18	12.35	17.00
L^*值（表皮）	28.83~39.16	32.82	11.91
a^*值（表皮）	9.35~11.82	10.60	7.36
b^*值（表皮）	11.19~15.83	13.00	10.08

2. 不同品种米龙品质指标相关性分析

原料肉的理化特性影响熏羊肉的品质，对米龙原料肉品质指标与熏羊肉品质指标进行相关性分析，分析结果如表 4-72 所示。米龙原料肉指标与熏羊肉品质指标间存在一定程度的相关性。通过相关性分析结果可知，水分含量与剪切力存在显著正相关关系；pH_{24} 与熏制损失率存在极显著正相关关系；L^* 值与硬度呈显著负相关关系；a^* 值与 L^* 值（表皮）存在显著正相关关系，与 a^* 值（表皮）存在显著负相关关系；b^* 值与 L^* 值（表皮）、硬度存在显著正相关关系；肌纤维直径与弹性呈显著正相关关系；肌纤维密度与 b^* 值（表皮）呈显著负相关关系；肌节长度与 L^* 值（表皮）、黏聚性存在显著正相关关系，与 b^* 值（表皮）存在显著负相关关系。

表4-72   不同品种羊米龙品质与其熏羊肉品质之间相关性

原料肉指标	熏制肉指标								
	剪切力	熏制损失率	L^*值（表皮）	a^*值（表皮）	b^*值（表皮）	硬度	弹性	黏聚性	咀嚼性
水分含量	0.665*	0.099	0.263	0.041	−0.216	0.295	−0.440	0.280	0.325
蛋白质含量	−0.216	0.415	0.291	0.244	0.187	0.48	0.499	0.053	0.431
脂肪含量	−0.025	−0.154	0.024	0.286	0.399	0.322	0.490	0.001	0.176
pH$_{24}$	0.017	0.840**	−0.105	0.224	0.25	0.097	0.128	−0.186	0.265
L^*值	0.073	−0.222	−0.472	−0.14	−0.035	−0.521*	−0.484	−0.155	−0.412
a^*值	0.337	−0.008	0.691*	−0.695*	−0.403	0.296	−0.175	0.654*	0.426
b^*值	−0.237	0.198	0.676*	−0.193	−0.398	0.593*	0.173	0.471	0.476
肌纤维直径	−0.114	0.41	−0.39	0.267	0.522*	−0.138	0.631*	−0.266	0.17
肌纤维密度	−0.388	−0.199	0.108	−0.277	−0.568*	0.104	−0.163	0.101	−0.255
肌节长度	−0.164	−0.268	0.648*	−0.43	−0.546*	0.349	−0.055	0.558*	0.276

3. 不同品种米龙品质指标主成分分析

选取特征值 λ > 1 的前5个主成分，其累计方差贡献率达到86.597%，反映了大部分结果的信息。由表4-73可以看出，第一主成分方差贡献率为29.434%，主要代表性指标为 a^*值、肌节长度、a^*值（表皮）、硬度；第二主成分方差贡献率为24.909%，主要代表性指标为蛋白质含量、L^*值；第三主成分方差贡献率为14.276%，主要代表性指标为水分含量、剪切力、熏制损失率；第四主成分方差贡献率为10.633%，主要代表性指标为肌纤维密度、熏制损失率；第五主成分方差贡献率为7.345%，主要代表性指标为 L^*值、咀嚼性。

表4-73   米龙原料肉及熏羊肉19个评价指标的主成分分析结果

指标	主成分1	主成分2	主成分3	主成分4	主成分5	权重（W_i）
水分含量	0.155	0.236	0.761	−0.205	−0.380	0.060
蛋白质含量	0.017	0.931	−0.288	−0.094	−0.151	0.064
脂肪含量	−0.184	0.692	−0.055	0.385	−0.371	0.086
pH$_{24}$	−0.306	0.702	0.143	−0.533	0.295	0.026
L^*值	−0.176	−0.849	0.226	0.001	0.235	−0.079
a^*值	0.746	0.114	0.094	−0.092	0.435	0.104
b^*值	0.679	0.417	−0.553	−0.166	0.019	0.078
肌纤维直径	−0.588	0.521	−0.070	0.34	0.299	0.002

续表

指标	主成分 1	主成分 2	主成分 3	主成分 4	主成分 5	权重（W_i）
肌纤维密度	0.428	−0.635	−0.552	−0.840	−0.070	−0.076
肌节长度	0.808	−0.203	−0.46	0.091	0.020	0.049
剪切力	0.351	0.089	0.894	0.161	0.027	0.100
熏制损失率	−0.234	0.372	−0.940	0.849	0.250	−0.001
L^*值（表皮）	−0.197	0.530	−0.446	0.532	0.220	0.031
a^*值（表皮）	0.852	0.197	0.287	0.277	0.120	0.140
b^*值（表皮）	0.503	0.605	0.255	0.263	0.286	0.141
硬度	0.862	0.321	0.053	0.168	0.099	0.135
弹性	−0.611	0.219	−0.057	0.122	−0.380	0.032
黏聚性	−0.741	0.249	−0.026	0.436	0.261	0.067
咀嚼性	0.590	0.414	−0.069	−0.273	−0.484	0.040
特征值	5.593	4.733	2.712	2.202	1.396	
百分率 /%	29.434	24.909	14.276	10.633	7.345	
累计百分率 /%	29.434	54.344	68.619	79.252	86.597	

4. 不同品种米龙品质指标聚类分析

图 4-23 为米龙原料肉与熏羊肉品质指标的聚类分析结果。按照主成分分析的结果，将所有指标聚成 5 类。由图可知，第一类指标包括 pH_{24}、熏制损失率。第二类指标包括弹性、黏聚性、蛋白质含量、脂肪含量、肌纤维直径、L^*值（表皮）。第三类指标为肌纤维密度、肌节长度、L^*值。第四类指标为水分含量、剪切力。第五类指标为 b^*值、咀嚼性、a^*值（表皮）、硬度、b^*值（表皮）、a^*值。

第一类指标中，pH_{24} 与熏制损失率存在极显著正相关关系，因此 pH_{24} 可以代表熏制损失率指标，但 pH_{24} 和熏制损失率的权重较小，分别为 0.026、−0.001，且 pH_{24} 的变异系数小于 7%，仅为 3.80%，因此将该类指标删去；第二类指标中，肌纤维直径、脂肪含量的变异系数较大，分别为 18.05%、22.26%。由于肌纤维直径与弹性呈显著正相关关系，肌纤维直径可以代替弹性。肌节长度与黏聚性、L^*值（表皮）呈显著正相关关系，肌节长度可以代替弹性、L^*值（表皮），肌纤维直径的主成分分析权重仅为 0.002，最终筛选脂肪含量、肌节长度作为第二类的代表指标；第三类指标中，L^*值的变异系数仅为 6.13%，因此将该指标删去，肌纤维密度的变异系数较大，筛选出肌纤维密度为第三类的代表指标；第四类指标中，水分含量与剪切力呈正相关关系，水分含量可以代替剪切力指标，水分含量在品种间的变异系数最小，仅为 1.67%，因此将该类指标删去；在第五类指标中，a^* 值和 b^* 值的变异系数均较大，权重分别为 0.104、0.078，所以选择 a^* 值作为第五类的代表指标。综上所述，选取脂肪含量、a^* 值、肌节长度、肌纤维密度作为米龙熏制加工的关键原料肉指标。

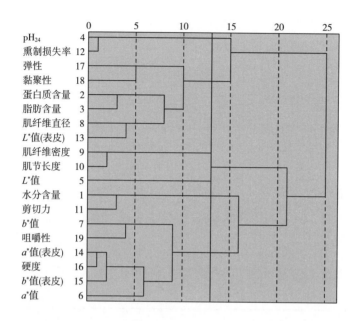

◀ 图4-23 米龙19 项品质指标的系统聚类谱系图

5. 不同品种米龙熏制品质指标权重确定

根据独立性权系数法确定指标的权重，米龙熏制指标权重见表 4-74。米龙熏制关键品质指标为脂肪含量、a^* 值、肌纤维密度、肌节长度，权重分别为 0.2645、0.2786、0.2223、0.2347。

表4-74　　　　　　　　　　　　米龙熏制关键品质指标权重

	脂肪含量	a^* 值	肌纤维密度	肌节长度
独立性系数权重	0.2645	0.2786	0.2223	0.2347

6. 不同品种米龙熏羊肉综合品质评价以及熏制适宜性评价

对关键指标进行正相化与标准化处理，并依据公式：$Y_1 = 0.2645 \times$ 脂肪含量 $+0.2786 \times a^*$ 值 $+0.2223 \times$ 肌纤维密度 $+0.2347 \times$ 肌节长度计算综合品质评价得分见表 4-75。综合品质评价总分 K-means 聚类分析结果见表 4-76。由表 4-76 可知，将 10 个品种米龙熏制综合品质评价得分分为 3 类，得出不同品种米龙熏制适宜性评价结果。最适宜熏制加工的肉羊品种为盐池滩羊，不适宜熏制加工的肉羊品种为东北细毛羊、昭乌达羊，其余肉羊品种为较适宜熏制加工。

表4-75 米龙熏制综合品质评价得分

品种	脂肪含量	a^*	肌纤维密度	肌节长度	总分	适宜性
盐池滩羊	0.07	0.22	0.22	0.23	0.75	适宜
东北细毛羊	0.16	0.24	0.06	0.07	0.53	较适宜
甘肃细毛羊	0.06	0.07	0.08	0.02	0.23	不适宜
巴寒杂交羊	0.21	0.22	0.00	0.07	0.51	较适宜
杜蒙杂交羊	0.27	0.17	0.01	0.06	0.51	较适宜
蒙寒杂交羊	0.12	0.13	0.13	0.12	0.51	较适宜
乌珠穆沁羊	0.27	0.08	0.02	0.00	0.37	较适宜
苏尼特羊	0.00	0.28	0.08	0.09	0.44	较适宜
昭乌达羊	0.08	0.00	0.09	0.05	0.21	不适宜
青海藏羊	0.10	0.23	0.06	0.07	0.47	较适宜

表4-76 米龙熏制综合品质评价得分K-means聚类分析结果

聚类类别	1	2	3
案例个数	1	7	2

7. 不同品种米龙熏制加工模型验证

对米龙熏制感官评价的总体可接受性结果进行标准化处理，以感官评价结果为因变量，综合品质评价结果为自变量，建立回归方程。验证模型见表4-77，为：$y=1.724x-0.446$（$R^2=0.808$），其拟合系数大于0.8，可以较为准确地预测感官总体可接受性，较好地反映米龙熏制加工适宜性。

表4-77 米龙熏制综合品质评价得分与总体可接受性对比

品种	x（综合品质评价）	y（总体可接受性）
盐池滩羊	0.75	1.00
东北细毛羊	0.53	0.62
甘肃细毛羊	0.23	0.09
巴寒杂交羊	0.51	0.29
杜蒙杂交羊	0.51	0.50
蒙寒杂交羊	0.51	0.29

续表

品种	x（综合品质评价）	y（总体可接受性）
乌珠穆沁羊	0.37	0.12
苏尼特羊	0.44	0.15
昭乌达羊	0.21	0.00
青海藏羊	0.47	0.29
回归方程	$y=1.724x-0.446$（$R^2=0.808$）	

（二）不同品种通脊熏制特性与加工适宜性

1. 不同品种通脊品质指标数据分布

10 个品种通脊品质和熏羊肉品质指标分布情况见表 4-78，原料肉品质指标中肌纤维密度的变异程度最大，变异系数为 37.65%，表示不同品种肉羊的肌纤维密度存在较大差异，水分含量的变异程度最小，变异系数仅为 1.67%，熏羊肉品质指标中黏聚性的变异程度最大为 53.62%。

表4-78 羊通脊品质与熏羊肉品质指标性状及分布

指标	变幅	平均数	变异系数 /%
水分含量	68.43~75.35	72.22	3.25
蛋白质含量	18.36~22.10	20.15	6.10
脂肪含量	2.86~5.94	3.67	24.80
pH_{24}	5.42~6.05	5.72	3.67
L^* 值	39.28~46.19	42.63	4.90
a^* 值	7.52~15.81	11.62	23.75
b^* 值	3.07~9.11	5.88	28.23
肌纤维直径	18.63~68.40	34.47	44.10
肌纤维密度	441.72~2376.52	1506.10	45.87
肌节长度	1.11~1.93	1.47	19.40
剪切力	31.67~51.70	40.43	14.40
熏制损失率	31.19~44.40	37.63	9.38
硬度	23.47~31.70	28.24	10.48
弹性	0.46~0.53	0.50	38.00
黏聚性	0.66~0.76	0.69	53.62
咀嚼性	10.40~16.32	13.52	14.64
L^* 值（表皮）	29.70~40.77	34.83	10.88
a^* 值（表皮）	6.96~12.42	10.07	16.09
b^* 值（表皮）	10.03~16.04	12.54	17.62

2. 不同品种通脊品质指标相关性分析

由表 4-79 可知，通脊品质与熏羊肉品质指标间存在一定程度的相关性。相关性分析结果表明，水分含量与熏制损失率呈显著正相关关系；蛋白质含量与硬度呈显著正相关关系、与黏聚性呈极显著正相关关系；脂肪含量与弹性呈显著负相关关系；pH_{24} 与黏聚性呈显著正相关关系；L^* 值与剪切力呈显著正相关关系；肌原纤维直径与弹性、黏聚性呈显著正相关关系；肌纤维密度与 L^*（表皮）存在显著正相关关系，与弹性存在显著负相关关系；肌节长度与 a^* 值（表皮）、b^* 值（表皮）存在显著负相关关系。评价指标间所反映的信息存在重叠现象，有必要对指标进行进一步的归类和简化，从而提高熏制羊肉品质评价的准确性。

表4-79 不同品种羊通脊品质与其熏羊肉品质之间相关性

原料肉指标	熏制肉指标								
	剪切力	熏制损失率	L^* 值（表皮）	a^* 值（表皮）	b^* 值（表皮）	硬度	弹性	黏聚性	咀嚼性
水分含量	0.136	0.626*	0.426	0.166	0.289	−0.107	0.431	−0.148	−0.416
蛋白质含量	−0.335	0.025	−0.175	0.235	0.179	0.523*	0.438	0.863**	0.414
脂肪含量	−0.196	−0.375	0.453	−0.443	−0.464	0.299	−0.733*	−0.186	0.250
pH_{24}	−0.264	−0.143	−0.136	0.170	0.220	0.237	−0.150	0.537*	0.359
L^* 值	0.570*	−0.354	0.072	−0.188	−0.077	0.368	−0.217	−0.138	0.45
a^* 值	−0.163	−0.274	−0.081	−0.324	−0.113	−0.344	0.004	0.189	−0.064
b^* 值	0.117	−0.165	0.159	−0.253	−0.022	0.401	−0.084	0.388	0.419
肌纤维直径	0.001	0.111	−0.346	−0.049	−0.106	0.386	0.539*	0.726*	0.221
肌纤维密度	0.246	0.026	0.547*	0.036	0.176	0.179	−0.508*	−0.427	0.112
肌节长度	0.391	−0.41	0.098	−0.535*	−0.602*	0.343	−0.197	−0.173	0.207

3. 不同品种通脊品质指标主成分分析

选取特征值 $\lambda > 1$ 的前 7 个主成分，累计方差贡献率达到 94.944%。说明前 7 个主成分反映了大部分测定结果的信息。由表 4-80 可知，蛋白质含量、肌纤维直径、黏聚性对第一主成分因子的贡献率较大；熏制损失率对第二主成分因子的贡献率较大；a^* 值、肌纤维密度对第三主成分因子的贡献率较大；剪切力对第四主成分因子的贡献率最大；L^* 值（表皮）对第五主成分因子的贡献率最大；a^* 值对第六主成分的贡献率最大。

表4-80 通脊原料肉及熏羊肉19个评价指标的主成分分析结果

指标	主成分1	主成分2	主成分3	主成分4	主成分5	主成分6	主成分7	权重（W_i）
水分含量	−0.288	−0.548	0.160	0.399	0.487	0.176	−0.410	−0.038
蛋白质含量	0.890	0.008	−0.122	−0.006	0.357	−0.070	−0.233	0.091
脂肪含量	−0.253	0.664	−0.135	−0.279	0.372	0.050	−0.341	0.019
pH$_{24}$	0.550	0.151	0.177	−0.559	0.039	−0.342	0.441	0.059
L^*值	−0.057	0.692	0.240	0.511	−0.014	0.320	0.284	0.122
a^*值	0.137	0.121	−0.716	0.121	−0.038	0.643	0.054	0.010
b^*值	0.391	0.601	−0.051	0.295	0.410	0.202	0.345	0.147
肌纤维直径	0.816	0.085	−0.312	0.335	0.125	−0.287	0.118	0.093
肌纤维密度	−0.519	0.256	0.722	−0.137	0.277	−0.091	0.163	0.022
肌节长度	−0.239	0.636	−0.067	0.479	−0.168	−0.269	−0.165	0.035
剪切力	−0.191	0.112	0.380	0.744	−0.197	−0.073	0.231	0.051
熏制损失率	−0.124	−0.720	0.029	0.312	0.423	−0.293	0.194	−0.047
L^*值（表皮）	−0.483	0.135	0.033	−0.087	0.814	0.036	0.048	−0.002
a^*值（表皮）	0.421	−0.448	0.657	−0.114	−0.256	0.246	−0.171	0.026
b^*值（表皮）	0.323	−0.465	0.565	−0.136	0.169	0.487	0.207	0.047
硬度	0.486	0.520	0.487	0.198	0.100	−0.213	−0.388	0.124
弹性	0.507	−0.639	0.02	0.564	−0.053	−0.054	−0.076	0.017
黏聚性	0.872	−0.005	−0.105	−0.085	0.308	0.021	0.034	0.095
咀嚼性	0.547	0.613	0.45	−0.096	−0.163	0.194	−0.220	0.129
特征值	4.528	4.118	2.635	2.336	1.903	1.352	1.168	
百分率/%	23.834	21.671	13.866	12.296	10.015	7.117	6.145	
累计百分率/%	23.834	45.505	59.371	71.667	81.682	88.799	94.944	

4. 不同品种通脊品质指标聚类分析

根据主成分分析结果，对19项品质指标进行聚类分析，将所有指标聚成7类，形成评价指标的树状聚类图。由图4-24可知，第一类是由蛋白质含量、黏聚性、肌纤维直径、pH$_{24}$组成；a^*值单独聚为第二类；第三类是由肌纤维密度、L^*值（表皮）、脂肪含量组成；第四类是由肌节长度、剪切力组成；第五类是由硬度、咀嚼性、L^*值、b^*值组成；第六类是由a^*值（表皮）、b^*值（表皮）组成；第七类由水分含量、熏制损失率、弹性组成。

第一类指标中蛋白质含量、肌纤维直径、pH$_{24}$ 与黏聚性存在显著的相关关系，蛋白质含量和 pH$_{24}$ 的变异系数较小，而肌纤维直径的变异系数最大，为44.10%。肌纤维直径与弹性、黏聚性呈显著正相关关系，权重较大为 0.093，选择肌纤维直径作为第一类代表性指标；第二类指标中 a^* 值的权重仅为 0.010，因此将该类指标删去；第三类指标中，肌纤维密度、脂肪含量的变异系数较大，但考虑到指标是否满足快速检测、操作简单的要求，选择脂肪含量作为第三类代表性指标；第四类指标中，L^* 值与剪切呈正相关关系，L^* 值可以代替剪切力，但 L^* 值的变异系数仅为 4.90%，因此将该指标删去。肌节长度与 a^* 值（表皮）、b^* 值（表皮）存在显著负相关关系，变异系数为 19.40%，选择肌节长度作为第四类代表性指标；第五类指标中蛋白质含量与硬度呈显著正相关关系，与咀嚼性也存在一定程度的相关性，且蛋白质含量、硬度、咀嚼性的权重较大，选择蛋白质含量作为第五类代表性指标；第六类指标中肌节长度代替 a^* 值（表皮）、b^* 值（表皮），选择肌节长度作为第六类代表性指标；第七类指标中，水分含量、熏制损失率、弹性的权重均较小，故将该类指标删去。综合相关性分析、主成分分析、聚类分析的结果，筛选出肌纤维直径、脂肪含量、肌节长度、蛋白质含量为通脊熏制加工的关键原料肉指标。

图4-24 通脊19 ▶
项品质指标的系
统聚类谱系图

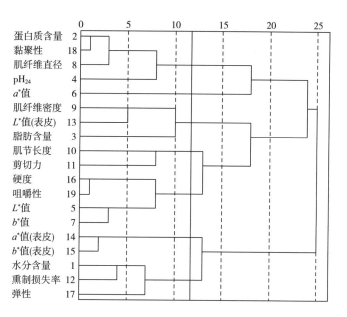

5. 不同品种通脊熏制品质指标权重确定

根据独立性系数法确定指标的权重，通脊熏制关键指标权重见表 4-81。通脊熏制关键品质指标为蛋白质含量、脂肪含量、肌纤维直径、肌节长度，权重大小分别为0.2130、0.2926、0.2143、0.2801。

表4-81　　　　　　　　　　　　　　　通脊熏制关键品质指标权重

	蛋白质含量	脂肪含量	肌纤维直径	肌节长度
独立性系数权重	0.2130	0.2926	0.2143	0.2801

6. 不同品种通脊熏羊肉综合品质评价以及熏制适宜性评价结果

将关键指标进行正相化与标准化处理，并依据公式：$Y_2=0.2130\times$ 蛋白质含量 $+0.2926\times$ 脂肪含量 $+0.2143\times$ 肌纤维直径 $+0.2801\times$ 肌节长度计算熏制羊肉的综合品质评价得分见表 4-82。综合品质评价总分 K-means 聚类分析结果见表 4-83。表 4-83 列出了最终确定的 3 个类的案例个数，由表 4-82 可知，将 10 个品种通脊熏制羊肉综合品质评价得分分为 3 类，得出不同品种通脊熏制适宜性评价结果。最适宜熏制加工的肉羊品种为盐池滩羊、甘肃细毛羊，东北细毛羊、巴寒杂交羊、青海藏羊为较适宜熏制加工，其他品种为不适宜熏制加工。

表4-82　　　　　　　　　　　　　　通脊熏羊肉综合品质评价得分

品种	蛋白质含量	脂肪含量	肌纤维直径	肌节长度	总分	排序
盐池滩羊	0.10	0.29	0.18	0.14	0.71	适宜
东北细毛羊	0.04	0.09	0.17	0.27	0.57	较适宜
甘肃细毛羊	0.05	0.12	0.19	0.28	0.63	适宜
巴寒杂交羊	0.21	0.11	0.13	0.06	0.51	较适宜
杜蒙杂交羊	0.08	0.06	0.17	0.00	0.32	不适宜
蒙寒杂交羊	0.15	0.01	0.06	0.12	0.36	不适宜
乌珠穆沁羊	0.08	0.04	0.16	0.04	0.31	不适宜
苏尼特羊	0.00	0.00	0.21	0.12	0.33	不适宜
昭乌达羊	0.10	0.01	0.18	0.02	0.30	不适宜
青海藏羊	0.21	0.05	0.00	0.17	0.42	较适宜

表 4-83　　　　　　　　通脊熏羊肉综合品质评价得分 K-means 聚类分析结果

聚类类别	1	2	3
案例个数	2	3	5

7. 不同品种通脊熏制加工模型验证

对通脊熏制羊肉感官评价的总体可接受性结果进行标准化，以感官评价结果为因变量，综合品质评价为自变量，建立回归方程。验证模型见表 4-84，为：

$y=2.119x-0.422$（$R^2=0.840$），其拟合系数大于 0.8，可以较为准确地预测感官总体可接受性，较好地反映通脊熏制加工适宜性。

表4-84 通脊熏羊肉综合品质评价得分与总体可接受性对比

品种	x（综合品质）	y（总体可接受性）
盐池滩羊	0.71	1.00
东北细毛羊	0.57	0.79
甘肃细毛羊	0.63	0.88
巴寒杂交羊	0.51	0.79
杜蒙杂交羊	0.32	0.30
蒙寒杂交羊	0.36	0.49
乌珠穆沁羊	0.31	0.03
苏尼特羊	0.33	0.46
昭乌达羊	0.3	0.00
青海藏羊	0.42	0.49
回归方程	$y=2.119x-0.422$（$R^2=0.840$）	

三、结果与展望

米龙与通脊熏制后，盐池滩羊的总体可接受性得分最高。品种对米龙熏制感官评价得分的影响大于通脊，相关性分析结果，表明外观和多汁性与总体可接受性存在极显著相关关系，通过层次分析验证结果，筛选出外观、多汁性作为熏羊肉感官品质评价的主要指标，得到熏羊肉的感官评价模型，总评分 $=0.596\times$ 外观 $+0.633\times$ 多汁性 -1.487（$R^2=0.811$）。消费者对熏羊肉接受程度的预测可以通过外观和多汁性两个指标体现。

通过对 10 个品种原料肉品质及熏羊肉品质指标进行测定，发现各品质指标在品种间均存在一定程度的差异。肌纤维直径、肌节长度在品种间的差异显著。同一品种，米龙水分含量普遍高于通脊，米龙蛋白质、脂肪含量、L^* 值（表皮）普遍低于通脊。通脊 pH_{24} 在品种间的差异大于米龙。米龙 a^* 值在品种间的差异大于通脊。米龙部位熏羊肉剪切力、熏制损失率的变化范围大于通脊。米龙、通脊熏羊肉的弹性在品种间的差异不大。

通过多元统计分析，筛选出不同品种米龙熏制适宜性评价的关键指标为脂肪含量、a^* 值、肌纤维密度、肌节长度；不同品种通脊熏制适宜性评价的关键指标为蛋白质含量、脂肪含量、肌纤维直径、肌节长度。经过权重分析确定米龙熏制适宜性评价模型为，总分 =0.2645× 脂肪含量 +0.2786×a^* 值 +0.2223× 肌纤维密度 +0.2347× 肌节长度。通脊熏制适宜性评价模型为，总分 =0.2130× 蛋白质含量 +0.2926× 脂肪含量 +0.2143× 肌纤维直径 +0.2801× 肌节长度。综合不同品种米龙、通脊熏制适宜性评价结果，总分 ≤ 0.36 为不适宜熏制加工，0.37 ≤ 总分 ≤ 0.57 为较适宜熏制加工，总分 ≥ 0.63 为适宜熏制加工。

第五节
羊肉制肠特性（中式香肠）与加工适宜性评价

我国中式羊肉香肠主要包括蒸煮肠、烟熏肠及腊肠三大类，现有研究及报道以加工工艺及其参数优化、发酵菌株筛选、加工工艺或菌株对理化性质及风味物质的影响等为主，在羊肉加工品质评价体系及加工专用原料筛选方面未见相关报道，建立其相应的加工品质评价体系迫切且必要。通过建立羊肉加工品质评价技术及评价体系，能更加了解羊肉的原料品质与加工制品品质的关系，促使企业注重加工原料的品质，生产出高档、优质的中式香肠制品，以满足人们的消费需求。

一、中式羊肉香肠感官品质评价指标筛选

（一）中式羊肉香肠制作方法

1. 工艺流程

后腿肉 → 清洗 → 切块 → 绞馅 → 加入调味料 → 斩拌 → 腌渍 → 灌肠 → 烘烤、蒸煮或熏蒸

2. 操作要点

（1）前处理　料肉洗净，去骨，去筋膜，切成边长小于 10cm 的肉块，放入绞肉机内搅碎。

（2）调味料配制　配料混匀后，再倒入无色酱油及料酒搅拌均匀。

（3）斩拌　将搅碎的羊肉与调味料搅拌均匀并不断斩拌、滚制揉捏，直至料肉富有黏性为止。

（4）腌渍　将斩拌的料肉在 0~4℃的条件下腌渍 24h。

（5）灌肠、烘烤、蒸煮或熏蒸　洗净肠衣沥干水分，将肉馅灌入肠衣内，控制

香肠直径在2cm左右，用棉线分段结扎，每节30cm左右，烘烤、蒸煮或熏蒸成熟。

（二）中式羊肉香肠感官品质评价描述词删减

对实际样品按5分制评分标准进行品评，其中0分为没感觉，1分为弱，2分为稍弱，3分为平均，4分为稍强，5分为强。计算其几何平均值，所得结果见表4-85。

表4-85　　　　　　　　21个中式羊肉香肠感官品质描述词的初步分析结果

感官指标		描述词	代号	F值	I值	总M值	排序
外观		干爽的	a	0.74	0.47	0.59	6
		饱满的	b	0.84	0.54	0.67	3
		均匀的	c	0.46	0.31	0.38	15
		有光泽的	g	0.42	0.20	0.29	18
		完整的	d	0.54	0.34	0.43	13
		切面光滑的	e	1.00	0.56	0.75	2
色泽		偏红的	f	0.82	0.48	0.63	5
		黯淡的	h	0.14	0.10	0.12	21
质地	硬性	紧实的	i	0.72	0.47	0.58	7
	咀嚼性	嫩	j	0.60	0.36	0.47	11
		咬劲	k	0.60	0.40	0.49	8
		韧性	l	0.30	0.22	0.25	19
	弹性	弹性	m	0.82	0.52	0.66	4
	粒度	细腻的	n	0.52	0.28	0.38	14
		粗糙的	o	0.36	0.30	0.33	16
		细粒的	p	0.26	0.15	0.20	20
	水分	干的	q	0.42	0.24	0.32	17
		湿润的	r	0.62	0.38	0.49	9
	脂肪	多脂的	s	0.62	0.33	0.45	12
风味		羊肉特有的香味	t	0.90	0.66	0.77	1
		膻味	u	0.68	0.34	0.48	10

注：M为几何平均值=（F×I）1/2；其中，F指描述词实际被述及的次数占该描述词所有可能被述及总次数的百分率；I指评价小组实际给出的一个描述词的强度和占该描述词最大可能所得强度的百分率。

由表4-85可以看出，中式羊肉香肠的感官描述中，M<0.30的描述词有有光泽的、黯淡的、韧性、细粒的。这些描述词对中式羊肉香肠的质地品质有一定的影响，

但对多种羊肉香肠产品的品质区分来看作用较弱，其原因是被感知的次数太少和／或感知的强度普遍较低，因此，本研究对这四个感官品质描述词删除。在剩余的感官品质描述词当中，再根据不同的 M 值大小进行筛选，其中 M 值 > 0.30 的感官品质描述词有干爽的、均匀的、饱满的、完整的、切面光滑的、偏红的等 17 个；M 值 > 0.40 的感官品质描述词有干爽的、饱满的、完整的、切面光滑的、偏红的等 13 个；M 值 > 0.50 的感官品质描述词则有干爽的、饱满的、切面光滑的、偏红的、紧实的、弹性、羊肉特有的香味共 7 个。

（三）中式羊肉肠感官品质描述词的因子分析

根据不同的 M 值大小，用 SAS 软件对不同样品感官品质描述词的几何平均值进行因子分析。以特征值的累计贡献率大于 85% 为原则，选择代表大多数中式羊肉香肠感官品质的几个主因子，使其可以解释中式羊肉香肠所有的感官性质的变异。根据各感官品质描述词在主因子中的方差贡献大小，选择出最能反映羊肉中式香肠感官品质的几项描述词。

1. M > 0.30 时感官品质描述词的因子分析

当 M > 0.30 时，共 17 个感官描述词的特征值及累计贡献率见表 4-86，各感官品质在三个主因子中的方差贡献率见表 4-87。

表4-86　　　　　　　　　M＞0.30时17个描述词的总方差分析

类别	主因子 1	主因子 2	主因子 3	主因子 4
特征值	7.49	5.04	2.88	1.59
差数	2.45	2.15	1.30	1.59
方差贡献率 /%	44.07	29.65	16.95	9.33
累计贡献率 /%	44.07	73.72	90.67	100.00

表4-87　　　　　　　　　17个描述词在三个主因子上的方差贡献值

描述词	主因子 1	主因子 2	主因子 3	描述词	主因子 1	主因子 2	主因子 3
干爽的	0.61	−0.57	0.55	弹性	0.91	0.37	0.13
均匀的	0.06	−0.90	−0.25	细腻的	−0.21	−0.03	0.89
饱满的	−0.85	0.08	−0.18	粗糙的	−0.90	0.34	0.27
完整的	0.33	0.77	−0.11	干的	0.67	−0.61	0.29
切面光滑的	0.27	0.88	0.30	湿润的	−0.76	0.19	0.58
偏红的	0.97	−0.02	0.24	多脂的	0.82	0.56	−0.06
紧实的	0.484	−0.87	−0.08	羊肉特有的香味	0.71	−0.22	0.55
嫩	0.26	0.81	−0.12	膻味	−0.38	0.27	0.83
咬劲	0.98	−0.09	−0.15				

2. $M > 0.40$ 时感官品质描述词的因子分析

当 $M > 0.40$ 时，13 个感官描述词的特征值及累计贡献率见表 4-88，各感官品质在三个主因子中的方差贡献见表 4-89。

由表 4-88 可以看出，前 3 个主因子的累计百分比达到了 90% 以上，大于 85%。按照累计贡献率大于 85% 的原则，取前三个主因子即可基本上反映原指标的信息，它们的贡献率分别为 44.07%、29.65%、16.95%。由表 4-89 可以看出，第 1 主因子以偏红的、咬劲、弹性三个描述词的影响为主，它们的贡献率都在 0.90 以上，因而可以把第 1 主因子定义为咀嚼性及色泽；第 2 主因子以均匀的、切面光滑的、紧实的影响为主，它们的贡献率都在 0.80 以上，可将其定义为外观及硬性；第 3 主因子以细腻的、膻味为主，它们的贡献率都在 0.80 以上，远高于其他描述词的贡献率，可将其定义为中式羊肉香肠的粒度及风味。因为第 1 主因子可以解释最多的变异，因此，中式羊肉香肠感官品质的差异也以咀嚼性及色泽的变化最为显著。由此可见，对中式羊肉香肠感官品质影响最大的是色泽、咀嚼性、硬性、外观形态及风味几个方面。在 17 个感官品质描述词中，咬劲、弹性、偏红的、均匀的、切面光滑的、紧实的、细腻的和膻味为主要描述词，它们对中式羊肉香肠所有感官品质的变异做出了解释，反映了中式羊肉香肠品质的绝大多数信息。

表4-88　　　　　　　　　　$M > 0.40$时13个描述词的总方差分析

类别	主因子 1	主因子 2	主因子 3	主因子 4
特征值	6.23	3.73	1.90	1.15
差数	2.49	1.84	0.75	1.15
方差贡献率 /%	47.88	28.72	14.58	8.81
累计贡献率 /%	47.88	76.61	91.19	100.00

表4-89　　　　　　　　　　13个描述词在三个主因子上的方差贡献值

描述词	主因子 1	主因子 2	主因子 3	描述词	主因子 1	主因子 2	主因子 3
干爽的	0.60	−0.60	0.50	咬劲	0.95	−0.90	−0.09
饱满的	−0.83	0.15	−0.26	弹性	0.94	0.32	0.05
完整的	0.34	0.72	−0.01	湿润的	−0.72	0.25	0.64
切面光滑的	0.35	0.88	0.21	肥腻的	0.85	0.50	−0.13
偏红的	0.97	−0.08	0.21	羊肉特有香味	0.74	−0.24	0.42
紧实的	0.42	−0.90	−0.09	膻味	−0.33	0.31	0.89
嫩	0.32	−0.81	−0.26				

3. $M > 0.50$ 时感官描述词的因子分析

当 $M > 0.50$ 时，7 个感官描述词的特征值及累计贡献率见表 4-90，各感官品质在三个主因子中的方差贡献见表 4-91。

表4-90　　　　　　　　　$M > 0.50$ 时7个描述词的总方差分析

类别	主因子 1	主因子 2	主因子 3	主因子 4
特征值	4.23	2.01	0.59	0.18
差数	2.23	1.42	0.41	0.18
方差贡献率 /%	60.44	28.64	8.39	2.52
累计贡献率 /%	60.44	89.08	97.48	100.00

表4-91　　　　　　　　　7个描述词在三个主因子上的方差贡献值

描述词	主因子 1	主因子 2	描述词	主因子 1	主因子 2
干爽的	0.86	-0.39	紧实的	0.58	-0.78
饱满的	-0.85	-0.01	弹性	0.81	0.53
切面光滑的	0.19	0.97	羊肉特有的香味	0.89	0.02
偏红的	0.97	0.15			

由表 4-90 可以看出，前 2 个主因子的累计百分比达到了 97% 以上，大于 85%，因此选择前 2 个主因子进行分析，它们的贡献率分别为 60.44%、28.64%。由表 4-91 可以看出，第 1 主因子以偏红的一个描述词的影响为主，它的贡献率在 0.90 以上，因而可以把第 1 主因子定义为色泽；第 2 主因子以切面光滑的影响为主，它的贡献率在 0.90 以上，可将其定义为外观。由此可见，当选取 $M > 0.50$ 的 7 个描述词来进行分析时，对中式羊肉香肠感官品质影响最大的是色泽和外观。在 7 个感官品质描述词中，以偏红的、切面光滑的为主要描述词，它们对中式羊肉香肠所有感官品质的变异做出了解释，反映了中式羊肉香肠品质的绝大多数信息。

（四）中式羊肉香肠感官品质描述词的主成分分析

同样以三组描述词作为分析对象，以特征值的累计贡献率大于 85% 为原则，选择代表大多数中式羊肉香肠感官品质的主成分，根据各感官品质描述词在主成分中的载荷大小，选择最能反映中式羊肉香肠感官品质的几项描述词。

1. $M > 0.30$ 时感官品质描述词的主成分分析

以 $M > 0.30$ 的 17 个感官描述词进行主成分分析，其特征值及累计百分比见表

4-92，各感官描述词在两个主成分中的载荷见表 4-93。

表4-92 $M>0.30$ 时17个描述词的总方差分析

主成分	特征值	差数	方差贡献率 /%	累计贡献率 /%
1	5.76	3.22	62.32	62.32
2	2.53	1.91	27.49	89.81
3	0.63	0.32	6.84	96.65
4	0.03	0.31	3.35	100.00

表4-93 $M>0.30$ 时17个描述词在两个主成分上的载荷

描述词	主因子 1	主因子 2	描述词	主因子 1	主因子 2
干爽的	0.27	−0.27	弹性	0.17	−0.12
均匀的	0.03	0.77	细腻的	−0.01	0.01
饱满的	−0.27	0.05	粗糙的	−0.23	0.15
完整的	0.06	−0.31	干的	0.18	0.15
切面光滑的	0.02	−0.11	湿润的	−0.10	−0.06
偏红的	0.82	−0.10	肥腻的	0.09	−0.10
紧实的	0.15	0.34	羊肉特有的香味	0.06	0.03
嫩	0.02	−0.16	膻味	−0.02	−0.06
咬劲	0.12	0.003			

由表 4-92 可以看出，前 2 个主成分的累计百分比达到了 89% 以上，大于 85%，因此就选择前 2 个主成分进行分析，它们的方差贡献率分别为 62.32%、 27.49%。由表 4-93 中可以看出，第 1 主成分以偏红的一个描述词的影响为主，它 的贡献率为 0.82，远高于其他描述词的贡献率，因而可以把第 1 主成分定义为色泽； 第 2 主成分以均匀的一个描述词的影响为主，它的贡献率为 0.77，远高于其他描述 词的贡献率，可将其定义为外观。因此，中式羊肉香肠感官品质的差异以色泽及外观 形态的变化最为显著。由此可见，以主成分分析方法对 $M>0.30$ 的 17 个描述词进 行分析的结果表明，对中式羊肉香肠品质影响最大的是色泽及外观形态两个方面。而 在这些描述词当中，偏红的、均匀的为主要描述词，它们对中式羊肉香肠所有感官品 质的变异做出了解释，反映了中式羊肉香肠品质的绝大多数信息。

2. $M>0.40$ 时感官品质描述词的主成分分析

以 $M>0.40$ 的 13 个感官描述词进行主成分分析，其特征值及累计百分比见表

4-94，各感官描述词在两个主成分中的载荷见表 4-95。

表4-94　　　　　　　　　　　$M > 0.40$ 时13个描述词的总方差分析

主成分	特征值	差数	方差贡献率 /%	累计贡献率 /%
1	5.27	4.28	77.62	77.62
2	0.98	0.70	14.50	92.13
3	0.03	0.04	4.21	96.34
4	0.03	0.03	3.66	100.00

表4-95　　　　　　　　　　$M > 0.40$ 时13个描述词在两个主成分上的载荷

描述词	主因子 1	主因子 2	描述词	主因子 1	主因子 2
干爽的	0.29	-0.52	咬劲	0.13	0.02
饱满的	-0.28	-0.04	弹性	0.18	0.21
完整的	0.07	0.50	湿润的	-0.10	0.01
切面光滑的	0.02	0.16	肥腻的	0.10	0.19
偏红的	0.86	0.14	羊肉特有的香味	0.07	-0.05
紧实的	0.15	-0.51	膻味	-0.02	0.03
嫩	0.02	0.31			

由表 4-94 可以看出，前 2 个主成分的累计百分比达到了 92% 以上，大于 85%，因此就选择前 2 个主成分进行分析，它们的方差贡献率分别为 77.62%、14.50%。由表 4-95 中可以看出，第 1 主成分以偏红的一个描述词的影响为主，它的贡献率为 0.86，远高于其他描述词的贡献率，因而可以把第 1 主成分定义为色泽；第 2 主成分以干爽的、完整的以及紧实的三个描述词的影响为主，它们的贡献率都在 0.45 以上，可将其定义为外观及硬性。因此，中式羊肉香肠感官品质的差异以色泽及外观形态的变化最为显著。由此可见，以主成分分析方法对 $M > 0.40$ 的 13 个描述词进行分析的结果表明，对中式羊肉香肠品质影响最大的是色泽及外观形态两个方面。而在这些描述词当中，偏红的、干爽的、完整的和紧实的为主要描述词，它们对中式羊肉香肠所有感官品质的变异做出了解释，反映了中式羊肉香肠品质的绝大多数信息。

3. $M > 0.50$ 时感官品质描述词的主成分分析

以 $M > 0.50$ 的 7 个感官描述词进行主成分分析，其特征值及累计百分比见表 4-96，各感官描述词在两个主成分中的载荷见表 4-97。

表4-96 $M > 0.50$ 时7个描述词的总方差分析

主成分	特征值	差数	方差贡献率 /%	累计贡献率 /%
1	5.06	4.45	85.70	85.70
2	0.61	0.45	10.31	96.00
3	0.15	0.07	2.62	98.62
4	0.08	0.08	1.38	100.00

表4-97 $M > 0.50$ 时7个描述词在两个主成分上的载荷

描述词	主因子 1	描述词	主因子 1
干爽的	0.30	紧实的	0.16
饱满的	−0.29	弹性	0.18
切面光滑的	0.02	羊肉特有的香味	0.07
偏红的	0.87		

由表 4-96 可以看出，第 1 个主成分的方差贡献率就达到了 85.70%，大于 85%，因此就选择第 1 个主成分进行分析。由表 4-97 中可以看出，它主要以偏红的一个描述词的影响为主，它的贡献率为 0.87，远高于其他描述词的贡献率，由此可以看出，当选取 $M > 0.50$ 的 7 个描述词进行主成分分析时，对中式羊肉香肠品质影响最大的是色泽。

4. 两种方法对比分析

以三组描述词的 M 值为分析依据，以因子分析及主成分分析两种分析方法为手段，得到的分析结果见表 4-98。

由表 4-98 可以看出，不论 M 值在何范围，经过主成分分析所得到的主要描述词，以色泽及外观形态为主，而经过因子分析所得到的主要描述词，则均涉及到了中式羊肉香肠色泽、质地、风味三个方面，对外观形态也有一定的反映。因此，本研究决定以因子分析作为筛选描述词的最终方法。

在采用因子分析方法进行分析时，可以看出，当选取 $M > 0.50$ 的 7 个描述词来分析时，只有"切面光滑的"和"偏红的"被筛选出来，它们分别代表了感官的外观及色泽两个品质，而在中式羊肉香肠的风味及最重要的质地方面则没有相关描述。而选取当 $M > 0.30$ 及 0.40 的描述词进行分析后，其主要描述词当中都包括了咬劲、弹性、紧实的，它们分别从咀嚼性、弹性、硬性三个方面解释了香肠的质地，在风味方面也有"膻味"来进行诠释，更为全面。考虑到实际评价过程中的可操作性，选取 $M > 0.40$ 的 13 个描述词为分析对象。

表4-98　　　　　　　　　　　　　　　因子分析及主成分分析方法的结果比较

筛选标准	感官品质		主成分分析 筛选出的描述词	因子分析 筛选出的描述词
$M > 0.3$		外观	均匀的	切面光滑的、均匀的
		色泽	偏红的	偏红的
	质地	硬性		紧实的
		弹性		弹性
		咀嚼性		咬劲
		粒度		细腻的
		风味		膻味
$M > 0.4$		外观	干爽的、完整的	切面光滑的
		色泽	偏红的	偏红的
	质地	硬性	紧实的	紧实的
		弹性		弹性
		咀嚼性		咬劲
		风味		膻味
$M > 0.5$		外观		切面光滑的
		色泽	偏红的	偏红的

以 $M > 0.40$ 为划分依据，以因子分析为手段，选用偏红的、咬劲、弹性、紧实的、切面光滑的、膻味6个感官品质描述词作为中式羊肉香肠最主要的感官品质描述词。由这6个描述词所反映的中式羊肉香肠品质指标可以看出，对中式羊肉香肠品质影响最大的指标分别为色泽、咀嚼性、弹性、硬性、外观及风味。

二、中式羊肉香肠感官品质评价与仪器分析相关性

（一）质构仪探头的选择

分别用 P36、P100 两种探头对同一批羊肉香肠进行了质构检测，每个探头重复检测20次，各检测指标的变异系数见表4-99。

由表4-99可以看出，由探头P36检测的羊肉中式香肠的硬度、弹性、胶黏性、咀嚼性四项指标的变异系数均小于由探头P100所检测到的各项指标的变异系数，说明探头P36检测羊肉中式香肠的硬度、弹性、胶黏性、咀嚼性的重复性略优于探头P100。究其原因，可能是由于P36探头的直径为3.6cm，远小于P100探头的

直径 10cm，与香肠直径 2cm 较为接近，在探头下降并挤压的过程中，作用力较为集中的缘故。选取 P36 探头作为质构检测时的检测探头。

表4-99　　　　　　　　　　　　两种探头检测的数据稳定性比较

探头	硬度		弹性		胶黏性		咀嚼性	
	平均值	变异系数	平均值	变异系数	平均值	变异系数	平均值	变异系数
P36	12023.34	13.49	0.89	6.81	7040.93	11.40	6313.42	15.08
P100	14054.89	13.62	0.86	6.87	8378.51	12.36	7222.40	16.91

（二）原料加工部位的选择

对羊后腿肉、前腿肉、通脊肉及胸肉制成的四类中式羊肉香肠样品分别进行质构及色差检测，对检测结果进行方差分析，比较不同部位羊肉制作的中式羊肉香肠感官品质是否具有差异性，为最终选择原料加工部位提供参考，以提高后续实验的数据检测的稳定性。

1. 不同部位制成的香肠质构检测结果

用 P36 探头对羊后腿肉、前腿肉、通脊肉及胸肉制成的四类中式羊肉香肠样品分别进行质构检测，结果见表 4-100。

表4-100　　　　　　　四个部位制成的羊肉香肠硬度、弹性、胶黏性、咀嚼性的方差分析

部位	硬度		胶黏性		咀嚼性		弹性	
	平均值 ± 标准差	变异系数	平均值 ± 标准差	变异系数	平均值 ± 标准差	变异系数	平均值 ± 标准差	变异系数
通脊肉	18441.2 ±978.7[Aa]	5.31	10365.5 ±1240.1[Aa]	11.04	9617.9 ±1197.7[Aa]	12.45	0.92749 ±0.01631[Aa]	1.76
胸肉	13991.8 ±1082.6[Bb]	7.74	8479.7 ±682.1[Bb]	8.04	7641.4 ±680.3[Bb]	8.90	0.90088 ±0.02860[Ab]	3.17
后腿肉	11697.3 ±324.2[Cc]	2.77	6918.9 ±384.5[Cc]	5.56	6347.9 ±351.2[Cc]	5.32	0.91795 ±0.02972[Aab]	3.24
前腿肉	10880.0 ±1419.6[Cd]	13.04	6654.1 ±836.4[Cc]	12.57	6043.9 ±759.0[Cc]	12.56	0.90844 ±0.01742[Aab]	1.92

注：ABC 为 0.01 水平差异显著，abcd 为 0.05 水平差异显著。

由表 4-100 可以看出，不论是在 0.05 水平还是在 0.01 水平下，通脊肉、胸肉及腿肉都有显著差异。尤其是在硬度上，0.05 水平下，通脊肉、胸肉、前腿肉、后腿肉制成的样品之间均有显著差异。而在其余情况下，前腿肉及后腿肉之间差异并不显著。另外，在硬度、胶黏性、咀嚼性三项指标所测数据的变异系数中，后腿肉的变异

系数均为最小，说明由后腿肉制作的羊肉香肠的硬度、胶黏性、咀嚼性各项指标的检测数据最为稳定，变化差异最小。

在弹性检测中，只有通脊肉与胸肉制成的样品之间差异显著，通脊肉、后腿肉、前腿肉制成的各样品之间差异不显著，后腿肉、前腿肉、胸肉制成的各样品之间差异也不显著。在变异系数上，各样品的原料加工部位以通脊肉最小，前腿肉次之。在 0.01 水平下，四个部位制成的样品之间差异不显著。

2. 不同部位制成的香肠色泽检测

用色差计对羊后腿肉、前腿肉、通脊肉及胸肉制成的四类中式羊肉香肠样品分别进行色差的检测，计算 e 值。对结果进行方差分析，比较不同部位羊肉制成的香肠色泽是否存在差异性，为最终选择原料加工部位提供参考，以提高后续数据检测的稳定性，结果见表 4-101。

表4-101　　　　　　　　　　四个部位制成的羊肉香肠色泽 e 值方差分析

部位	平均值 ± 标准差	变异系数
通脊肉	1.34639 ± 0.25596[Aa]	19.01
胸肉	0.75896 ± 0.05787[Bb]	7.62
后腿肉	0.675.0 ± 0.01732[Bb]	2.57
前腿肉	0.71347 ± 0.04225[Bb]	5.92

注：AB 为 0.01 水平差异显著，ab 为 0.05 水平差异显著。

由表 4-101 可以看出，在色泽 e 值的检测中，不论是 0.01 水平还是 0.05 水平，由通脊肉制成的羊肉香肠，其 e 值与其余三个部位制成的样品之间均存在显著差异，而胸肉、后腿肉、前腿肉制成的样品之间差异不显著。其变异系数则以后腿肉制成的样品最小，前腿肉次之。

综合表 4-99~ 表 4-101 可以看出，不同加工部位制成的样品，在仪器检测的各项指标检测中，均能显示出一定的差异性，尤其在硬度的检测中，四个部位之间在 0.05 水平下均达到了显著差异，说明在中式羊肉香肠加工之前，对不同加工部位进行选择很有必要。

另外，从变异系数上可以看出，后腿肉制成的样品除弹性外的硬度、胶黏性、咀嚼性、色泽 4 个指标均为最小值，说明后腿肉制成的样品，其各项性状更为稳定。究其原因，可能是由于后腿肉以大块肌肉为主，肉块较为集中，筋膜相对较少。综合考虑不同部位所制样品的稳定性，及原料购买、实验操作的方便性，以羊后腿肉作为中式羊肉香肠加工所用原料。

（三）感官评价与仪器检测的相关性分析

以羊后腿肉为加工原料制作中式羊肉香肠。工艺流程同前，样品标号及加工方式见表4-102。

表4-102 中式羊肉香肠样品标号及制作方式

样品号	盐 /%	糖、酱油 /%	料酒 /%	味精 /%	花椒、胡椒、姜粉 /%	加工方式
1	2.3	2.2	1.0	0.25	0.2	160℃烘烤 45min
2	2.3	2.2	1.0	0.25	0.2	水煮 20min
3	2.3	2.2	1.0	0.25	0.2	阴凉通风处悬挂 3d 后熏蒸 30min
4	1.5	1.2	0.6	0.15	0.1	熏蒸 30min
5	1.5	1.2	0.6	0.15	0.1	60℃烘烤 12h

1. 感官评价结果

对不同样品的中式羊肉香肠进行感官评价结果见表 4-103。由表 4-103 中的数据可以看出，各指标间在 $P < 0.05$ 水平下仍然具有显著性差异。5 种羊肉香肠的色泽、外观、弹性及风味的变异系数较大，说明对这 5 个样品的评分差异较大，能有效地将这 5 个样品的各个评价指标进行区分。这可能是不同加工方式引起的品质变化。另外，从对各样品的喜好性评价可以看出，样品 5 的喜好性得分最高，为 5.07 分，说明它的品质最受大家喜爱。从各评价指标的分值来看，样品 5 具有较好的色泽、硬性及咀嚼性，其膻味也较小，说明样品的色泽、硬度、咀嚼性及风味对样品整体品质影响较大。香肠的制作方式以样品 5 的制作方式为标准。

表4-103 中式羊肉香肠感官评价得分结果

评价指标	样品 1	样品 2	样品 3	样品 4	样品 5	各样品间变异系数
色泽	4.38 ± 1.19[a]	2.38 ± 1.06[b]	1.38 ± 0.52[c]	4.81 ± 0.75[a]	4.88 ± 0.64[a]	43.54
外观	5.25 ± 1.28[a]	4.75 ± 1.28[ab]	3.25 ± 0.89[c]	3.64 ± 1.60[bc]	3.88 ± 1.25[bc]	19.91
硬性	3.88 ± 0.99[b]	4.63 ± 0.77[a]	4.13 ± 1.55[ab]	3.75 ± 1.83[b]	4.5 ± 1.51[a]	9.13
弹性	4.63 ± 1.30[ab]	5.50 ± 0.76[a]	4.38 ± 0.52[b]	2.88 ± 1.25[c]	2.88 ± 1.36[c]	28.42
咀嚼性	3.25 ± 0.89[b]	3.63 ± 0.92[ab]	3.56 ± 0.98[ab]	4.06 ± 1.43[ab]	4.38 ± 1.41[a]	8.09
风味	5.25 ± 1.16[a]	4.38 ± 1.06[ab]	3.50 ± 0.93[bc]	2.63 ± 1.06[c]	2.63 ± 1.06[c]	31.04
喜好性	4.14 ± 1.57[ab]	4.21 ± 1.41[ab]	4.00 ± 0.58[b]	5.00 ± 0.58[ab]	5.07 ± 0.61[a]	11.34

注：数值表示形式为平均值 ± 标准偏差。同行数据上标不同字母者差异显著（$P < 0.05$）。

2. 仪器检测分析结果

中式羊肉香肠的仪器检测分析结果见表 4-104。由表 4-104 可以看出，5 种中式羊肉香肠的各项指标测定值之间差异明显，尤其是硬度、胶黏性、咀嚼性和 e 值的差异系数相对较大，说明用仪器检测能检测出这 5 个样品的各项指标之间的差异。

表4-104　　　　　　　　　中式羊肉香肠仪器检测分析结果

测定指标	样品 1	样品 2	样品 3	样品 4	样品 5	变异系数
硬度	8320.27 ±843.78[b]	10216.21 ±1142.47[a]	8893.38 ±986.30[b]	10313.47 ±1320.90[a]	10814.47 ±1755.07[a]	10.85
弹性	0.85±0.03[b]	0.90±0.03[a]	0.87±0.01[b]	0.82±0.05[c]	0.85±0.04[b]	3.31
胶黏性	4920.38 ±660.41[bc]	6265.84 ±706.64[a]	5204.08 ±565.73[b]	4765.79 ±701.95[bc]	4501.62 ±1078.04[c]	13.32
咀嚼性	4210.48 ±660.41[bc]	5633.02 ±722.96[a]	4523.04 ±486.10[b]	3916.13 ±705.60[c]	3840.40 ±903.98[c]	14.92
e 值	1.20±0.09[a]	0.93±0.07[b]	0.74±0.04[c]	0.93±0.06[b]	0.93±0.02[b]	17.43

注：数值表示形式为平均值 ± 标准偏差。同行数据上标不同字母者差异显著（$P < 0.05$）。

3. 仪器检测各指标之间的相关性分析

中式羊肉香肠仪器检测各指标之间的相关性分析，结果见表 4-105。从表 4-105 可以看出，胶黏性与咀嚼性之间的相关系数最大，达到了 0.980，说明胶黏性与咀嚼性之间的相关性最好。同时，咀嚼性和弹性之间的相关系数也达到了 0.601，说明咀嚼性与弹性之间具有一定的相关性。根据表 4-105 可以发现，咀嚼性为弹性和胶黏性的乘积，这为仪器检测中咀嚼性分别与弹性和胶黏性之间较好的相关性做出了解释。另外，硬度与胶黏性、咀嚼性之间的相关系数分别为 0.562 和 0.512。

表4-105　　　　　　　　　中式羊肉香肠仪器检测相关性

	硬度	弹性	胶黏性	咀嚼性	e 值
硬度	1.000	0.095	0.562	0.512	−0.264
弹性		1.000	0.443	0.601	−0.084
胶黏性			1.00000	0.980	−0.181
咀嚼性				1.000	−0.173
e 值					1.000

4. 感官评价与仪器检测的相关性分析

对感官评价与仪器检测的指标进行相关性分析，结果见表 4-106。由表 4-106 可以看出，中式羊肉香肠仪器测定的 TPA 曲线及色差值中，其硬度、弹性和 e 值与多项感官评价结果呈正相关。其中感官评价的"色泽"与色差计检测的"e 值"相关系数达到了 0.88，呈显著正相关。由此可以看出，用色差计检测计算所得的 e 值，可以代替感官对色泽的评价，从而减少实验操作的误差性，提高结果稳定性。

感官描述的"外观"，通过描述词"切面光滑的"来反映，它与仪器检测的弹性呈显著正相关，相关系数达到了 0.89。分析其原因认为，样品的切面光滑性除受刀具锋利度及刀切时的速度等外部条件的影响外，与样品本身的胶黏性有相关性。胶黏性越好，肉糜之间的黏着性越好，质地也就越紧实，肉糜间空隙越小，因此在切片时，其切面更为紧致细腻，也更为光滑。而弹性对切面光滑性也有一定的影响，弹性越好，其切面受力后恢复到原来状态的程度就越大，越不易断裂和毛糙，也是保证切面光滑的一个因素。同时，仪器检测各指标相关性中，弹性与胶黏性之间一定的相关性，使得感官评价中对"外观"的描述用 TPA 质构的"弹性"检测来代替具有一定的可行性。因此，对感官描述的"硬性、弹性和咀嚼性"三项指标而言，都可以用仪器检测的"硬度"或"弹性"来代替。

另外，感官评价的"风味"与仪器检测的硬度、弹性及色泽 e 值之间都有一定的相关性。肉品的风味与它的氨基酸、脂肪酸含量有关，它们的数量与含量对肉品的营养价值和风味都有很大的影响。而氨基酸、脂肪酸的含量又对肉品的嫩度、弹性、色泽、多汁性等多项品质有着重要的影响。为了使仪器检测更全面地反映羊肉香肠的风味，用仪器检测的硬度、弹性及 e 值对感官评价的风味进行了回归分析，得到线性回归方程为：风味 $=-13.18-0.549×$ 硬度 $+21.64×$ 弹性 $+3.82×$ 色泽 e 值。其中，方程的显著性为 0.233，各指标的方差解释率分别为 0.535、0.694 和 0.479，说明用仪器检测的硬度、弹性和色泽 e 值在一定程度上可以反映感官评价的风味。

因此，用仪器进行的硬度、弹性及 e 值检测，可以取代感官评价，从而更方便、更快捷、更稳定地进行中式羊肉香肠的品质检测。

表4-106　　　　　　　　　　中式羊肉香肠感官评价结果与仪器检测值的相关性

感官描述	硬度	弹性	e 值
色泽	0.31	−0.63	0.88
外观	−0.32	0.89	0.33
硬性	0.49	0.79	−0.29
弹性	0.48	0.82	0.13
咀嚼性	0.78	0.49	−0.47
风味	0.73	0.48	0.61

三、羊肉对中式羊肉香肠加工品质评价指标体系

（一）中式羊肉香肠品质评价指标筛选

中式羊肉香肠的品质评价指标，除了应有的感官指标以外，还应该包括香肠的理化品质、营养品质以及卫生指标等各个方面。为了更好地寻找中式羊肉香肠品质与羊肉加工品质之间的关系，筛选羊肉加工品质指标，首先应该将受原料肉影响最大的几个香肠品质指标筛选出来。参考香肠、火腿肠、鲜冻胴体羊肉等肉与肉制品的国家行业标准及卫生标准，发现对肠类制品的评定主要包括感官指标、理化指标及微生物指标三个方面。除感官指标外所有的参考指标及其来源见表4-107。

在相关标准中出现的亚硝酸盐、淀粉等指标由于在中式羊肉香肠加工过程中未被使用，与羊肉加工原料关系很小，因此不予考虑。经过专家的探讨研究，一致认为中式羊肉香肠的水分、蛋白质、脂肪含量和菌落总数尽管与原料肉之间有一定的联系，但是非常容易因为加工过程中水分、凝胶、蛋白及淀粉等的添加、加工的温度及湿度等条件而受到影响，因此并不考虑将其作为羊肉香肠的品质评价指标。同样，香肠的食盐和蔗糖含量也因由外部条件引起而被删除。而过氧化值因其在肉与肉制品中具有重要的理化评价作用，被一致同意添加到香肠的参考指标中，并最终和挥发性盐基氮、酸值作为中式羊肉香肠的理化指标，并和第三章中筛选出来的色泽、硬度、弹性三个感官指标共同作为中式羊肉香肠的品质评价指标。

表4-107　　　　　　　　　中式羊肉香肠品质的各项参考指标及其来源

参考指标	来源
水分	SN/T 0222—2011、GB/T 9961—2008、GB 2730—2015
蛋白质	SN/T 0222—2011、GB/T 9961—2008
脂肪	SN/T 0222—2011、GB/T 9961—2008
食盐	SN/T 0222—2011、GB 2730—2015
蔗糖	SN/T 0222—2011
酸值	SN/T 0222—2011、GB 2730—2015
挥发性盐基氮	GB/T 9961—2008
微生物检验	SN/T 0222—2011、GB 2726—2016、GB/T 9961—2008

注：SN/T 0222—2011《进出口加工肉制品检验规程》，GB/T 9961—2008《鲜、冻胴体羊肉》，GB 2730—2015《食品安全国家标准 腌腊肉制品》，GB 2726—2016《食品安全国家标准 熟肉制品》。

（二）中式羊肉香肠品质评价指标权重的确定

对10个不同品种羊肉制成的中式羊肉香肠的 e 值、硬度、弹性、挥发性盐基氮、

酸值、过氧化值6项指标进行检测，通过计算每个指标在相关系数和中所占比重，采用归一化法确定各个指标的权重。中式羊肉香肠品质相关性分析结果见表4-108。

由表4-108可以看出，对中式羊肉香肠品质影响最大的是香肠的弹性，它对香肠整体品质的影响程度达到了21%；其次为羊肉香肠的酸值，达到了19%；硬度及过氧化值的影响程度相同，均为17%；色泽及挥发性盐基氮则分别占到了11%、15%。

表4-108　　　　　　　　　　中式羊肉香肠品质指标相关性分析

	e值	硬度	弹性	挥发性盐基氮	酸值	过氧化值	Σ
e值	1.000	0.001	0.213	0.129	0.041	−0.331	1.751
硬度	0.001	1.000	−0.515	0.049	0.615	0.429	2.609
弹性	0.213	−0.515	1.000	−0.687	−0.439	−0.525	3.379
挥发性盐基氮	0.129	0.049	−0.687	1.000	0.446	0.025	2.336
酸值	0.041	0.615	−0.439	0.446	1.000	0.431	2.972
过氧化值	−0.331	0.429	−0.525	0.025	0.431	1.000	2.741
Σ	1.715	2.609	3.379	2.336	2.972	2.741	15.752
权重	11	17	21	15	19	17	100

注：Σ值为各个指标各相关系数的绝对值之和，权重值为各指标Σ值归一化处理后的分值。

（三）羊肉加工品质对中式羊肉香肠品质的影响分析

1. 羊肉加工品质评价指标筛选

对10个品种羊肉的11项加工品质以及相对应制成的中式羊肉香肠的6项检测指标分别进行检测，每个样品每个指标至少重复3次。用SAS软件对羊肉加工品质及中式羊肉香肠品质进行相关性分析，结果见表4-109。其中，$Σ_总$值为羊肉某一个加工品质对中式羊肉香肠品质指标所有相关系数的绝对值与表4-108中分析所得中式羊肉香肠品质指标权重的乘积之和，反映了各个羊肉加工品质对羊肉香肠品质的影响。Σ值为羊肉加工品质和中式羊肉香肠某一品质的相关系数绝对值之和，反映了羊肉加工品质对中式羊肉香肠某一个品质的影响程度。

通过对表4-109的Σ值比较发现，羊肉加工品质对中式羊肉香肠的挥发性盐基氮及色泽e值影响最大，其相关系数和分别达到了5.614和5.099。而与中式羊肉香肠的硬度、弹性、酸值及过氧化值的相关系数基本相同，都在3~4。说明中式羊肉香肠的这6项品质指标都能较充分地反映羊肉原料的加工品质，具有一定的代表性。

通过对表4-109的$Σ_总$值比较发现，在所有的羊肉加工品质当中，对中式羊肉香肠品质影响最大的分别为系水力、色泽e值、粗脂肪含量、挥发性盐基氮及总氨基酸含量，它们与中式羊肉香肠整体品质的相关系数和分别为 0.412、0.434、0.537、0.469 及 0.423，均在 0.40 以上。说明羊肉的系水力、色泽、粗脂肪含量、挥发性盐基氮及总氨基酸含量和中式羊肉香肠品质最为相关，对中式羊肉香肠品质的影响最大。

表4-109　　　　　　　　羊肉加工品质与中式羊肉香肠品质的相关性分析

加工品质	e 值	硬度	弹性	挥发性盐基氮	酸值	过氧化值	$\Sigma_{总}$
失水率	−0.492	0.274	−0.322	−0.251	0.216	0.768	0.377
系水力	0.445	−0.377	0.399	0.106	−0.413	−0.713	0.412
蒸煮损失率	0.221	−0.393	−0.546	−0.591	−0.267	0.221	0.383
pH	0.420	−0.232	−0.096	0.579	−0.107	−0.630	0.320
e 值	0.932	−0.266	−0.150	0.508	0.152	−0.321	0.434
嫩度	0.057	−0.489	−0.010	−0.630	−0.248	0.257	0.277
粗灰分	−0.444	0.197	0.197	−0.239	−0.046	−0.099	0.185
粗蛋白	0.477	−0.090	−0.171	0.746	0.498	−0.082	0.324
粗脂肪	0.429	0.473	−0.720	0.685	0.573	0.272	0.537
挥发性盐基氮	−0.476	0.317	−0.852	0.549	0.159	0.417	0.469
总氨基酸	0.708	0.249	−0.334	0.728	0.518	−0.150	0.423
Σ	5.099	3.356	3.796	5.614	3.197	3.929	4.046

通过对羊肉的各个品质指标对中式羊肉香肠品质影响研究发现，羊肉的系水力与中式羊肉香肠的过氧化值呈显著负相关，相关系数为 −0.713。说明羊肉的系水力越好，经加工而成的中式羊肉香肠的过氧化值也相应越低。分析其原因，认为过氧化值的大小与过氧化物的含量有关，过氧化物则主要指由脂肪酸氧化分解形成。而系水力是指保持原有水分的能力，它主要靠肌原纤维结构和毛细血管张力将其固定在细胞内部或细胞间隙中，从而保证水分渗出的减少。而这些毛细管水和截留水则是食品中自由水的主要来源。当自由水不容易流失及蒸发时，它会与 H_2O_2 结合，从而影响氧化反应的进行。因此，系水力越好，水分越不容易流失，脂肪酸的氧化分解越不容易进行，其过氧化值就越低。羊肉的系水力还分别与羊肉香肠的硬度和弹性呈一定的负相关及正相关，它们的相关系数分别为 −0.377 和 0.399。由于系水力与肉品的嫩度、多汁性等品质有着较大的影响，因此在一定程度下，系水力越好，肌肉内部的水分含量越高，产品的多汁性和嫩度也就越好，其相应的硬度也就越低、弹性越好。系水力还与中式羊肉香肠色泽之间有一定的正相关性，相关系数为 0.445，可能是因为随着

系水力的增强，水分渗出减少而导致肌红蛋白氧化程度的降低。

作为与系水力表达及作用相反的失水率，其与羊肉香肠的过氧化脂、硬度、弹性、色泽的相关性应该与系水力的完全相反。从表中可以看出，失水率和羊肉香肠这几个指标的相关系数与系水力和羊肉中式香肠这几个指标的相关系数的绝对值较为相近，其正负形也正好完全相反，分别为 0.768、0.274、-0.322 和 -0.492。

羊肉的粗脂肪含量与中式羊肉香肠的弹性呈显著负相关，相关系数为 -0.720。主要是因为脂肪在加工的热处理过程中大多被熔化，冷却后形成的固体油脂基本不具有弹性。因此脂肪含量越大，制品的弹性也就越小。另外，由于粗脂肪水解产生游离脂肪酸以及由氧化产生的过氧化物分解得到的有机酸含量是酸值形成的决定性因素，因此粗脂肪含量还与中式羊肉香肠的酸值有关，其相关系数达到了 0.573。

羊肉的粗蛋白和总氨基酸含量对中式羊肉香肠的挥发性盐基氮有很大的影响，相关系数分别达到了 0.746 和 0.728，呈显著正相关性。挥发性盐基氮是指动物性食品由于酶和细菌的作用，在腐败过程中使蛋白质分解而产生氨以及胺类等碱性含氮物质，此类物质可以与在腐败过程中分解产生的有机酸结合，形成一种称为盐基态氮的物质积聚在肉品当中。因此，蛋白质含量以及氨基酸含量越高，在一定的酶和细菌的作用下，其分解的可能性及程度就越大，相应所形成制品的挥发性盐基氮含量也就越大。

此外，羊肉的色泽 e 值与中式羊肉香肠的色泽 e 值、羊肉的挥发性盐基氮与中式羊肉香肠的挥发性盐基氮都呈现了一定的正相关性，相关系数分别达到了 0.932 和 0.549。说明羊肉的品质对中式羊肉香肠相对应的品质影响很大。

经过分析，系水力、粗脂肪含量、挥发性盐基氮、总氨基酸含量和色泽 e 值这 5 项羊肉加工品质，作为对中式羊肉香肠品质影响最大的指标。

2. 羊肉脂肪酸含量对中式羊肉香肠品质影响分析

对 10 个品种羊肉的脂肪酸组成进行检测，用 SAS 软件对羊肉各脂肪酸含量及中式羊肉香肠品质进行相关性分析，结果见表 4-110。其中，$\Sigma_{总}$ 值为羊肉某一个脂肪酸含量对中式羊肉香肠品质指标所有相关系数的绝对值与表 4-108 中分析所得中式羊肉香肠品质指标权重的乘积之和，它反映了各个羊肉脂肪酸含量对中式羊肉香肠品质的影响。Σ 值为羊肉脂肪酸和中式羊肉香肠某一品质的相关系数绝对值之和，反映了羊肉脂肪酸对中式羊肉香肠某一个品质的影响程度。

从表 4-110 的 $\Sigma_{总}$ 值大小可以看出，在所有脂肪酸当中，$C_{14:0}$、$C_{16:0}$、$C_{18:1}$ 脂肪酸含量对羊肉香肠的品质影响最大，其相关系数和分别达到了 0.617、0.550 和 0.594。由于 $C_{14:0}$、$C_{16:0}$、$C_{18:1}$ 脂肪酸分别属于饱和脂肪酸和单不饱和脂肪酸，它们与中式羊肉香肠品质之间较为显著的相关性，使得饱和脂肪酸和单不饱和脂肪酸总含量与中式羊肉香肠品质的相关系数也达到了 0.486，大于其他所有脂肪酸含量对羊肉香肠品质的影响。肌肉内脂肪酸的组成与肉品质存在着极大的相关性。多不饱和脂肪酸含量高则品质变差，饱和脂肪酸和单不饱和脂肪酸含量高则肉品质较好。随着多不饱和脂肪酸含量升高，肌肉的脂肪随之变软，贮存、加工过程中易氧化腐败，货架期缩短、产生异味，使肉品质下降。而在 10 个品种羊肉的脂肪酸构成当中，$C_{18:1}$ 的含量达到了 43.38%，$C_{16:0}$ 的含量达到了 21.88%。油酸（$C_{18:1}$）是羔羊皮下脂肪、肌肉脂肪中最重要的脂肪酸，占总脂肪酸的 34.15%~43.75%；棕榈酸（$C_{16:0}$）是一种饱和性脂肪酸，为羔羊脂肪组织中的第二位脂肪酸，占总脂肪酸的 24%。由于 $C_{14:0}$、$C_{16:0}$、$C_{18:1}$ 脂肪酸等饱和及单不饱和脂肪酸相对的高组成成分，使得它们对中式羊肉香肠品质的影响性也更为突出。

表4-110　　　　　　　　　羊肉脂肪酸组成与中式羊肉香肠品质的相关性分析

羊肉脂肪酸组成	e 值	硬度	弹性	挥发性盐基氮	酸值	过氧化值	$\Sigma_{总}$
$C_{14:0}$	0.233	0.505	−0.818	0.72	0.684	0.561	0.617
$C_{16:0}$	−0.143	0.304	−0.809	0.795	0.563	0.512	0.550
$C_{16:1}$	0.736	0.301	−0.373	0.421	0.091	0.064	0.302
$C_{17:0}$	0.728	−0.039	0.046	0.143	−0.209	−0.489	0.241
$C_{18:0}$	0.768	−0.080	0.282	−0.563	−0.421	−0.074	0.334
$C_{18:1}$	0.057	−0.488	0.823	−0.667	−0.602	0.690	0.594
$C_{18:2}$	−0.747	0.133	0.206	−0.653	−0.318	0.735	0.329
$C_{18:3}$	−0.855	−0.177	0.342	−0.059	0.001	−0.152	0.231
其他脂肪酸	0.714	0.185	−0.257	0.358	0.378	0.373	0.353
Σ	4.980	2.214	3.956	4.383	3.267	3.050	3.551
饱和和单不饱和脂肪酸	−0.703	−0.151	0.521	−0.906	−0.372	−0.395	0.486
多不饱和脂肪酸	−0.365	0.048	0.146	−0.238	−0.419	0.567	0.291

脂肪酸对中式羊肉香肠的酸价及过氧化值也有一定的影响。尤其对过氧化值影响较大，$C_{18:1}$、$C_{18:2}$ 对它的影响最为显著，分别达到了 0.690 和 0.735，这与过氧化值的形成因素相符合，即不饱和脂肪酸更容易被氧化分解，形成过氧化物。从多不饱和脂肪酸与羊肉香肠过氧化值的相关系数 0.567 来看，也充分证实了这一点。

另外，脂肪酸对中式羊肉香肠的色泽也有一定的影响。不饱和脂肪酸含量越高，脂肪酸败的速度越快，其酸败的产物能加速肌红蛋白氧化为高铁肌红蛋白，使色泽偏红值（a^*）下降，偏黄值（b^*）增大，从而使色泽 e 值减小。结果表明，$C_{18:2}$、

$C_{18:3}$ 与中式羊肉香肠的色泽 e 值分别呈显著负相关性，相关系数达到了 -0.747 和 -0.855。

3. 羊肉氨基酸含量对中式羊肉香肠品质影响分析

对 10 个品种羊肉的氨基酸含量进行检测，用 SAS 软件对羊肉各氨基酸含量及羊肉香肠品质进行相关性分析，结果见表 4-111。其中，$\Sigma_\text{总}$ 值为羊肉某一个氨基酸含量对羊肉香肠品质指标所有相关系数的绝对值与羊肉香肠品质指标权重的乘积之和，它反映了各个羊肉氨基酸含量对中式羊肉香肠品质的影响。Σ 值为羊肉氨基酸和中式羊肉香肠某一品质的相关系数绝对值之和，反映了羊肉氨基酸对中式羊肉香肠某一个品质的影响程度。

表4-111　　　　　　　　　羊肉氨基酸含量与中式羊肉香肠品质的相关性分析

羊肉氨基酸含量	e 值	硬度	弹性	挥发性盐基氮	酸价	过氧化值	$\Sigma_\text{总}$
天冬氨酸[2]	0.219	−0.407	0.042	0.627	0.164	−0.389	0.293
苏氨酸[1]	0.003	−0.420	0.052	0.594	0.158	−0.386	0.268
丝氨酸[2]	0.010	−0.549	0.109	0.527	−0.043	−0.423	0.276
谷氨酸[2]	0.630	−0.258	−0.167	0.734	0.191	−0.194	0.328
甘氨酸[2]	0.576	0.344	−0.313	0.666	0.406	−0.323	0.420
丙氨酸[2]	−0.430	−0.57	−0.072	0.461	−0.190	−0.276	0.312
半胱氨酸	0.904	0.283	0.090	−0.019	0.236	−0.032	0.220
缬氨酸[1,2]	−0.336	−0.596	−0.22	0.622	−0.097	−0.238	0.336
蛋氨酸[1,2]	0.660	0.133	0.111	0.016	0.249	−0.157	0.185
异亮氨酸[1,2]	−0.279	−0.756	0.413	0.047	−0.228	−0.271	0.342
亮氨酸[1,2]	0.702	−0.202	−0.026	0.656	0.234	−0.315	0.314
酪氨酸	0.729	0.525	−0.385	0.427	0.531	0.162	0.443
苯丙氨酸[1]	0.791	0.479	−0.304	0.401	0.483	0.048	0.392
组氨酸[1]	0.848	0.353	−0.177	0.349	0.326	−0.189	0.337
赖氨酸[1]	0.907	0.302	−0.122	0.340	0.349	−0.143	0.318
精氨酸[2]	−0.313	0.765	−0.711	0.394	0.644	0.449	0.572
脯氨酸[2]	0.864	0.311	0.124	0.079	0.397	−0.046	0.269
Σ	5.020	4.893	2.303	4.829	2.843	3.080	3.656
必需氨基酸	0.853	0.2	−0.18	0.568	0.396	−0.251	0.369
风味氨基酸	0.217	−0.459	−0.37	0.893	0.462	−0.135	0.424
总氨基酸	0.708	0.249	−0.334	0.728	0.518	−0.150	0.423

注：氨基酸上标有 1 的为人体必需氨基酸，标有 2 的为风味氨基酸。

从表 4-111 中的 $\Sigma_\text{总}$ 值大小可以看出，在所有氨基酸当中，以甘氨酸、酪氨酸、精氨酸三种氨基酸含量对羊肉香肠的品质影响最大。它们与中式羊肉香肠品质之间的相关系数和分别达到了 0.420、0.443 和 0.572，都在 0.400 以上，均高于其他氨基酸与羊肉香肠品质之间的相关性。其中，由于甘氨酸和精氨酸都属于风味氨基酸，因此认为风味氨基酸含量对羊肉香肠品质有一定的影响。从表 4-111 中发现，风味氨基酸与中式羊肉香肠品质的相关系数和达到了 0.424，也在 0.400 以上。

蛋白质与氨基酸组成及含量是形成挥发性盐基氮的重要因素。从表 4-111 中可以看出，除半胱氨酸外，其余所有氨基酸与中式羊肉香肠挥发性盐基氮之间的相关性都呈正相关，即氨基酸含量越高，越容易使中式羊肉香肠中挥发性盐基氮的含量增高。其中，与中式羊肉香肠挥发性盐基氮相关系数较大的为天门冬氨酸、谷氨酸、甘氨酸、缬氨酸及亮氨酸，其相关系数分别为 0.627、0.734、0.666、0.622 和 0.656，均在 0.6以上。研究表明，这 5 种氨基酸又同时属于风味氨基酸，导致了风味氨基酸对中式羊肉香肠挥发性盐基氮的影响较大，其相关系数达到了 0.893。

四、羊肉制肠（中式香肠）适宜性评价

（一）不同品种羊肉对中式羊肉香肠品质的主成分分析

10 个肉羊品种的 5 项肉品品质原始数据的主成分分析结果见表 4-112、表4-113、表 4-114。由表 4-113 可以看出，前三个主成分的累积贡献率就已经达到了 92.89%，尤其第一主成分的贡献率就已达到了 61.269%。按照累积贡献率 85%以上的原则，在此次分析中只选用前三个主成分进行分析，并以此为基础计算综合主成分值。由表 4-114 中可以看出，第一主成分主要以粗脂肪含量影响为主，挥发性盐基氮的影响为辅；第二主成分中以挥发性盐基氮的影响为主；第三主成分以总氨基酸含量的影响为主。根据各主成分的贡献率，说明对中式羊肉香肠品质影响最大的是粗脂肪含量及挥发性盐基氮。

表4-112　　　　　　　　　　　5项肉品品质检测平均值及标准差

	系水力	粗脂肪含量	挥发性盐基氮	总氨基酸含量	色泽 e 值
平均值	0.574	3.970	11.369	17.455	3.140
标准差	0.076	2.473	1.758	1.238	1.012

表4-113　　　　　　　　　　　5项肉品品质的总方差解释

主成分	特征值	差数	方差贡献率 /%	累计贡献率 /%
1	7.208	4.763	61.269	61.269
2	2.444	1.169	20.778	82.048
3	1.276	0.442	10.842	92.890

表4-114　　　　　　　　　　　　　5项肉品品质的所有载荷

羊肉加工品质	主成分1	主成分2	主成分3
系水力	−0.004	−0.006	0.038
粗脂肪含量	0.889	−0.363	−0.270
挥发性盐基氮	0.406	0.855	0.244
总氨基酸含量	0.148	−0.333	0.931
色泽 e 值	0.153	0.162	0.020

（二）不同品种羊肉对中式羊肉香肠品质的综合主成分值分析

在主成分分析的基础上，根据综合主成分值的得分公式，求得10个肉羊品种的主成分得分和综合主成分值。综合得分越高，说明该品种的综合品质越好，计算结果见表4-115。

表4-115　　　　　　　　　　　　　10个品种羊肉的综合主成分值

标号	品种	Y_1	Y_2	Y_3	$Y_{综}$	排序
2	银川滩羊	2.748	0.891	0.577	2.079	1
5	山东小尾寒羊	1.332	−1.291	0.085	0.600	2
8	内蒙改良羊	0.408	0.189	−0.399	0.265	3
9	新疆阿勒泰羊	−0.192	0.347	0.591	0.020	4
6	杂交滩羊	−0.403	1.401	−0.127	−0.100	5
10	新疆细毛羊	−0.401	−0.762	2.017	−0.199	6
4	特克塞尔	−0.463	0.216	−0.259	−0.287	7
3	无角陶赛特	−0.595	−0.022	−0.703	−0.480	8
1	大厂小尾寒羊	−0.935	0.552	0.040	−0.489	9
7	波尔山羊	−1.499	−1.523	−0.683	−1.409	10

由表4-115可以看出，各品种的综合主成分值各不相同。在第一主成分综合值 Y_1 中，发现银川滩羊的分值最高，达到了2.748分。由表4-114知道，第一主成分中以粗脂肪含量的影响最为显著，而银川滩羊的粗脂肪含量在10个羊肉品种当中也是最高的，说明用综合主成分值能较客观地反映各品种间的品质比较。同时也导致了银川滩羊的综合主成分值达到了2.079分，成为10个羊肉品种中综合主成分最高值。说明在这10个品种当中，银川滩羊最适宜于加工为中式羊肉香肠。

除2号银川滩羊的综合主成分分值在2.00分以上，5号山东小尾寒羊、8号内蒙改良羊、9号新疆阿勒泰羊的综合主成分值为0.600、0.265和0.020，均在0.00

分以上外，其余所有品种的综合主成分得分均为负值。其中 1 号大厂小尾寒羊、3 号无角陶赛特、4 号特克塞尔、6 号杂交滩羊、10 号新疆细毛羊得分较为相近，均在 −0.500~0.000 分，它们分别为 −0.489、−0.480、−0.287、−0.100 及 −0.199 分。而波尔山羊的综合主成分值明显低于其他品种，为 −1.409 分。说明最适宜加工中式羊肉香肠的品种为银川滩羊，其次为山东小尾寒羊、内蒙改良羊和新疆阿勒泰羊，而波尔山羊则最不适宜于中式羊肉香肠的加工。

（三）不同品种羊肉对中式羊肉香肠品质的聚类分析

将 10 个肉羊品种所测得的系水力、粗脂肪含量、挥发性盐基氮、总氨基酸含量及色泽的原始数据进行聚类分析，以期对综合主成分值的计算结果及适宜性分类进行验证。聚类分析的结果见图 4-25。

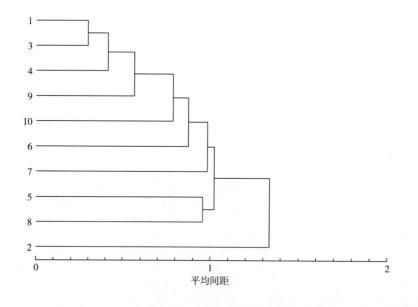

► 图4-25 10个羊肉品种的聚类分析

1—大厂小尾寒羊　2—银川滩羊　3—无角陶赛特　4—特克塞尔　5—山东小尾寒羊　6—杂交滩羊　7—波尔山羊　8—内蒙改良羊　9—新疆阿勒泰羊　10—新疆细毛羊

从图 4-25 可以看出，当类间距离取 0.97 的时候，10 个羊肉品种可分为四类，其中 2 号即银川滩羊归为一类，5 号和 8 号即山东小尾寒羊和内蒙改良羊归为一类，7 号即波尔山羊为一类，其余 7 个羊肉品种归为一类。这与 10 个品种肉羊综合主成分值的分布基本一致，即都将 2 号银川滩羊和 7 号波尔山羊划分出来分别单独归为了一类，将 5 号山东小尾寒羊和 8 号内蒙改良羊归为一类。另外，根据图 4-25 所示，1 号大厂小尾寒羊与 3 号无角陶赛特首先被归为一类，说明这两个品种羊肉的品质极为相似。而它们具有极为相近的综合主成分值 −0.489 和 −0.480，也充分说明并验证了这一点。

9 号新疆阿勒泰羊的类别归属在综合主成分值及聚类分析中有所区别。在聚类分析中，9 号新疆阿勒泰羊与 1 号大厂小尾寒羊、3 号无角陶赛特、4 号特克塞尔、6 号杂交滩羊、10 号新疆细毛羊共 6 个品种羊肉归为一类，而在综合主成分值分析中，当以 0.000 分为划分依据时，它与 5 号山东小尾寒羊和 8 号内蒙改良羊归为一类。经过多次研究与分析后，我们发现，去掉综合主成分值呈现明显差异的 2 号银川滩羊及 7 号波尔山羊，将剩下 8 个品种羊肉的综合主成分值的最大值与最小值进行均分，以均分值对剩余 8 个品种羊肉进行归类，其结果与聚类分析结果相同。具体分类结果及综合主成分值分布见表 4-116。

根据综合主成分值的分析及聚类分析之间的比较，说明用综合主成分值对 10 个肉羊品种进行分类切实可行。因此，本研究认为，最适宜加工中式羊肉香肠的品种为银川滩羊，其次为山东小尾寒羊和内蒙改良羊，而波尔山羊则最不适宜于加工中式羊肉香肠。

表4-116　　　　　　　　　　　　10个肉羊品种加工适宜性分类

加工适宜性	$Y_{综}$划分区间	样品标号	样品名称	$Y_{综}$
最适宜	$Y_{综} \geq 0.600$	2	银川滩羊	2.079
较适宜	$0.600 > Y_{综} \geq 0.055$	5	山东小尾寒羊	0.600
		8	内蒙改良羊	0.265
		9	新疆阿勒泰羊	0.020
		6	杂交滩羊	−0.100
较不适宜	$0.055 > Y_{综} \geq -0.490$	10	新疆细毛羊	−0.199
		4	特克塞尔	−0.287
		3	无角陶赛特	−0.480
		1	大厂小尾寒羊	−0.489
最不适宜	$Y_{综} < -0.490$	7	波尔山羊	−1.409

（四）羊肉制肠（中式香肠）适宜性评价标准建立

将 5 个羊肉加工品质评价指标对羊肉香肠品质的相关系数和进行归一化处理，确定其权重，见表 4-117。依照综合主成分值及聚类分析的分类结果，将所有羊肉品种分为四类，计算各类别各指标的聚类中心值。以中心值为依据，对应羊肉亲水力、粗脂肪含量、挥发性盐基氮、总氨基酸含量、色泽 5 个指标数值的分布情况，考虑实际应用的需求，将各指标相应划分为 4 个级别，见表 4-118，其中，Ⅰ级为最适宜，依次类推。并将权重值作为最高得分，赋予各等级指标以相应的分值，形成中式羊肉香肠加工适宜性评价标准。以肉羊品种各指标得分之和为该肉羊品种加工适宜性总得分。总分越高，适宜性越强。总分大于70分的为Ⅰ级，60~70分为Ⅱ级，50~60分为Ⅲ级，50分以下为Ⅳ级。

表4-117　　　　　　　　　　　　羊肉加工品质评价指标及其权重

指标	失水率	粗脂肪	挥发性盐基氮	总氨基酸	色泽	Σ
相关系数	0.412	0.537	0.469	0.423	0.434	2.275
权重	18	24	21	18	19	100

表4-118　　　　　　　　　　　　中式羊肉香肠加工适宜性评价标准

分类	系水力		粗脂肪 /%		挥发性盐基氮 /（mg/100g）		总氨基酸 /（g/100g）		色泽	
	分类值	得分值	分类值	得分值	分类值	得分值	分类值	得分值	分类值	得分值
Ⅰ	≥ 0.62	18	≥ 7.4	24	≤ 8.95	21	≥ 19.21	18	≥ 4.62	19
Ⅱ	0.62~0.55	14	7.4~5	18	11.13~8.95	15	19.21~17.69	14	4.62~3.67	14
Ⅲ	0.55~0.49	10	5~2.6	12	13.31~11.13	9	17.69~16.16	10	3.67~2.73	9
Ⅳ	≤ 0.49	6	≤ 2.6	6	≥ 13.31	3	≤ 16.16	6	≤ 2.73	4

用以上评价标准再次对10个品种中式羊肉香肠进行加工适宜性评价，结果如表4-119所示。属于Ⅰ类适宜性的为银川滩羊1个品种，Ⅱ类适宜性的为山东小尾寒羊和内蒙改良羊两个品种，Ⅲ类适宜性的有5个品种，Ⅳ类适宜性的为波尔山羊和大厂小尾寒羊2个品种。经比较发现，大厂小尾寒羊的综合主成分值仅大于波尔山羊，所以认为用该评价标准所得的分类结果与用综合主成分值和聚类分析所得的结果基本一致。因此用此评价标准对各肉羊品种的加工适宜性进行分类是可行的。

表4-119　　　　　　　　　　　不同肉羊品种的加工中式香肠适宜性评价

品种	大厂小尾寒羊	银川滩羊	无角陶赛特	特克塞尔	山东小尾寒羊	杂交滩羊	波尔山羊	内蒙改良羊	新疆阿勒泰羊	新疆细毛羊
得分	49	78	58	56	66	60	47	64	54	55
分类	Ⅳ	Ⅰ	Ⅲ	Ⅲ	Ⅱ	Ⅲ	Ⅳ	Ⅱ	Ⅲ	Ⅲ

五、结果与展望

银川滩羊、杂交滩羊、内蒙改良羊、波尔山羊、山东小尾寒羊、大厂小尾寒羊、新疆细毛羊、阿勒泰羊、无角陶赛特、特克塞尔10个肉羊品种制作中式羊肉香肠的加工适宜性如下。

通过感官评定，对征集到的 35 个羊肉香肠感官品质评价描述词进行初步筛选，筛选出了 21 个感官品质评价描述词，分别是干爽的、饱满的、均匀的、完整的、切面光滑的、偏红的、有光泽的、黯淡的、紧实的、嫩、咬劲、韧性、弹性、细腻的、粗糙的、细粒的、干的、湿润的、多脂的、羊肉特有的香味、膻味。

质构仪及色差计检测的 5 项指标中，由后腿肉制成的中式羊肉香肠，其变异系数有 4 项均为最小，说明羊后腿肉最适宜作为中式羊肉香肠的加工原料。

中式羊肉香肠品质评价指标体系主要包括色泽、硬度、弹性、挥发性盐基氮、酸价及过氧化值，其权重分别为 11%、17%、21%、15%、19%、17%。

采用建立的中式羊肉香肠品质评价标准和方法，对 10 个肉羊品种进行了制肠适宜性分类，并用聚类分析进行了验证，筛选出了最适宜加工中式羊肉香肠的品种为银川滩羊，较适宜于加工中式羊肉香肠的品种为山东小尾寒羊和内蒙改良羊，最不适宜于加工中式羊肉香肠的品种为波尔山羊。

第六节
羊肉制肠特性（乳化香肠）与加工适宜性评价
—

乳化香肠是将畜禽肉绞碎、腌制、斩拌乳化形成肉糜状，真空灌进肠衣后成型、烘烤或蒸煮、冷却制作而成的低温肉制品。我国地域辽阔，肉羊品种繁多，种间差异较大，原料肉品质不同，其加工适宜性必然存在显著差异。现有研究多集中在不同的加工方式及添加剂对香肠品质的影响，而针对特定加工产品的原料研究较少，加工专用原料匮乏。急需建立羊肉乳化香肠加工适宜性评价标准和评价方法，确定适宜加工羊肉乳化香肠的专用原料肉，充分利用我国现有的羊肉资源，生产优质产品，使原料物尽其值，满足消费者对肉品品质的更高要求。

一、羊肉乳化香肠食用品质评价方法

（一）羊肉乳化香肠制作方法

工艺流程：原料肉 → 解冻 → 清洗 → 切块 → 绞肉 → 腌制 → 斩拌乳化 → 真空脱气 → 灌肠 → 蒸煮 → 冰水冷却 → 0~4℃冰箱贮存 。

羊肉解冻到中心温度 –2℃，羊尾油解冻到中心温度 –6℃。不同程度解冻的羊肉和羊尾油过6mm孔板，按肥瘦比1∶4的比例混匀，添加1.6%的食盐后4℃腌制过夜。腌制完成后，对肉样进行乳化斩拌，同时加入小碎冰保证斩拌温度不超过12℃。斩拌完成后，将肉样灌入直径为21mm的肠衣，80℃水温煮40min。煮后的香肠立刻在冰水混合物中冷却，冷却后真空包装于4℃冷藏待测。

（二）M值法初步筛选羊肉乳化香肠食用品质评价指标

M值是反映感官评价剖面描述词出现频率和感受强弱的关键数据，其值越大，对感官品质的贡献越大。以感官评价员对13种羊肉乳化香肠样品的感官评价数据为基础，计算各指标的M值，结果如表4-120所示。哈喇味、血腥味、金属味、蒸煮味的M值均小于0.5，对羊肉乳化香肠食用品质的影响程度低，不是羊肉乳化香肠食用品质的关键评价指标。其原因可能是由于13种羊肉乳化香肠是经过原料品质控制、斩拌乳化、真空灌装、中温蒸煮、低温冷凉而成的产品，蛋白质充分变性、脂肪氧化及蛋白质降解程度低、蒸煮作用弱。

表4-120　　　　　　　　　　羊肉乳化香肠食用品质评价指标的M值

品质指标	总M值	品质指标	总M值
肠体完整的	0.81	胶黏的	0.69
肠体有光泽	0.67	弹性	0.71
肠体均匀的	0.75	细腻的	0.64
切面光滑的	0.69	多汁性	0.69
切面紧实的	0.72	偏干的	0.58
切面均匀的	0.74	多脂的	0.66
油腻感	0.56	肉香味	0.77
湿润度	0.61	膻味	0.71
浅粉红色	0.66	后膻味	0.63
灰白的	0.52	哈喇味	0.14
柔软的	0.71	残留肉滋味	0.71
结实的	0.74	血腥味	0.19
嫩的	0.72	蒸煮味	0.40
有咬劲的	0.70	金属味	0.09

（三）主成分分析法筛选羊肉乳化香肠食用品质评价指标

羊肉乳化香肠的食用品质评价指标，经过M值法初步筛选，保留了肠体完整的、肠体均匀的等24个描述词。采用主成分分析法对这24个描述词进一步筛选，其结果如表 4-121 所示。由表可知，前 5 个主成分的方差贡献率达到 83.918%，保留了样品的大部分信息，因此，选择前五个主成分对羊肉乳化香肠食用品质评价指标进行分析。第一主成分方差贡献率为 21.026%，由表 4-122 可知，肠体完整的、肠体有光泽的、肠体均匀的、切面光滑的和切面紧实的载荷因子分别为 0.797、0.817、0.861、0.712、0.807，是第一个主成分的代表性指标，由于它们都是对羊肉乳化香肠外观的描述，因此定义为外观因子。第二个主成分的方差贡献率为 19.694%，其中结实的、有咬劲的、胶黏的、弹性的载荷因子分别为 0.784、0.895、0.728、0.852，代表了羊肉乳化香肠的机械质地。第三个主成分的方差贡献率为 15.800%，载荷因子较大的油腻感、湿润度、多汁性、偏干的这四个指标，载荷因子分别为 0.745、0.637、0.876、-0.871，体现了羊肉乳化香肠的成分构成和保水保油特性。第四个主成分的方差贡献率为 13.704%，其中膻味和后膻味的载荷因子最大，分别为 0.901 和 0.953，代表了羊肉乳化香肠的风味特性。第五个主成分的方差贡献率为 13.694%，其中浅粉红色和灰白的是主要的载荷因子，分别为 0.842 和 -0.867，代表了羊肉乳化香肠的色泽特性。通过主成分分析，筛选得到 17 个代表羊肉乳化香肠食用品质的评价指标，包含外观、质地、组分、风味、色泽 5 个方面的特性，可以表征产品食用品质的所有关键属性。肉品的食用品质包括色泽、质地、风味等方面，通过主成分分析法筛选出的 17 个评价指标，全面地概括了羊肉乳化香肠的食用品质特性，具有典型的代表性。

表4-121 各主成分的方差累计贡献率

主成分数	特征值	方差贡献率 /%	方差累计贡献率 /%
1	5.046	21.026	21.026
2	4.726	19.694	40.720
3	3.792	15.800	56.520
4	3.289	13.704	70.224
5	3.287	13.694	83.918

表 4-122 羊肉乳化香肠食用品质指标的载荷因子表

	成分				
	1	2	3	4	5
肠体完整的	0.797	0.420	0.056	-0.093	0.164
肠体有光泽	0.817	0.334	0.251	-0.067	0.229
肠体均匀的	0.861	0.222	-0.001	-0.275	0.151

续表

	成分				
	1	2	3	4	5
切面光滑的	0.712	0.603	−0.047	−0.115	0.227
切面紧实的	0.807	0.493	−0.069	0.021	0.187
切面均匀的	0.573	0.637	−0.398	0.169	−0.155
油腻感	0.026	−0.022	0.745	0.529	0.282
湿润度	−0.174	0.114	0.637	−0.091	0.541
浅粉红色	0.384	0.194	−0.010	0.190	0.842
灰白的	0.026	−0.232	−0.253	−0.180	−0.867
柔软的	0.125	−0.214	0.130	0.303	0.374
结实的	0.553	0.784	−0.127	0.025	0.172
嫩的	0.644	0.106	0.372	0.309	0.495
有咬劲的	0.136	0.895	0.200	−0.018	0.285
胶黏的	0.300	0.728	0.362	0.187	0.360
弹性	0.308	0.852	−0.170	0.069	0.365
细腻的	0.485	0.592	0.361	0.263	0.388
多汁的	0.107	0.005	0.876	0.175	0.111
偏干的	0.032	0.010	−0.871	−0.399	−0.147
多脂的	−0.002	0.117	0.453	0.614	0.447
肉香味	−0.101	0.039	−0.020	−0.466	0.098
膻味	−0.157	0.109	0.242	0.901	0.199
后膻味	−0.073	−0.016	0.094	0.953	0.037
残留肉滋味	0.333	0.407	0.514	−0.009	−0.218

（四）相关性分析法筛选羊肉乳化香肠食用品质评价指标

对主成分分析得到的评价羊肉乳化香肠食用品质的 17 个评价指标进行相关性分析，结果如表 4-123 所示。主成分分析中代表外观因子的五个评价指标中，肠体均匀的载荷最大，且与肠体完整的、肠体有光泽、切面光滑的、切面紧实的这四个指标的相关系数分别为 0.874、0.785、0.791、0.828，说明肠体均匀的与其他四个指标显著相关，因此选择肠体均匀的作为评价羊肉乳化香肠外观因子的关键评价指标。主成分分析中代表机械质地的四个评价指标中，有咬劲的载荷最大，同时，有咬劲的与弹性、结实的和胶黏的相关系数分别达到 0.911、0.764 和 0.927，说明有咬劲的代表了弹性、结实的和胶黏的大部分信息，可以用其代表羊肉乳化香肠的机械质地。同样道理，多汁性可以替代油腻的、湿润度及偏干的三个指标，代表羊肉乳化香肠的

表4-123

羊肉乳化香肠部分品质指标相关性分析

	X_1	X_2	X_3	X_4	X_5	Y_1	Y_2	Y_3	Y_4	Z_1	Z_2	Z_3	Z_4	U_1	U_2	V_1	V_2
X_1	1.000																
X_2	0.877	1.000															
X_3	0.874	0.785	1.000														
X_4	0.863	0.788	0.791	1.000													
X_5	0.880	0.803	0.828	0.939	1.000												
Y_1	0.748	0.690	0.658	0.916	0.890	1.000											
Y_2	0.609	0.557	0.401	0.647	0.556	0.764	1.000										
Y_3	0.709	0.687	0.455	0.681	0.628	0.716	0.927	1.000									
Y_4	0.682	0.609	0.523	0.801	0.759	0.894	0.911	0.859	1.000								
Z_1	0.650	0.745	0.517	-0.003	0.029	-0.011	0.392	0.392	0.091	1.000							
Z_2	0.196	0.152	0.053	0.089	0.023	-0.017	0.518	0.518	0.276	0.474	1.000						
Z_3	0.293	0.329	0.143	0.036	0.060	-0.063	0.293	0.531	0.109	0.665	0.765	1.000					
Z_4	-0.035	-0.202	0.120	0.066	0.030	0.102	-0.188	-0.462	-0.085	-0.890	-0.676	-0.873	1.000				
U_1	-0.115	-0.011	-0.339	-0.150	-0.048	0.018	0.180	0.368	0.173	0.580	0.521	0.359	-0.589	1.000			
U_2	-0.174	-0.112	-0.271	-0.195	-0.044	-0.039	-0.011	0.174	0.074	0.209	0.166	0.237	-0.477	0.891	1.000		
V_1	0.560	0.522	0.490	0.583	0.597	0.501	0.475	0.625	0.619	0.303	0.484	0.234	-0.186	0.257	-0.446	1.000	
V_2	-0.304	-0.309	-0.110	-0.306	-0.251	-0.277	-0.528	-0.651	-0.510	-0.476	-0.722	-0.420	0.427	0.190	-0.162	-0.806	1.000

注：X_1、X_2、X_3、X_4、X_5 分别代表肠体完整的、肠体有光泽的、肠体均匀的、切面光滑的、切面紧实的；Y_1、Y_2、Y_3、Y_4 分别代表结实的、有咬劲的、胶黏的、弹性；Z_1、Z_2、Z_3、Z_4 分别代表油腻感、湿润度、多汁性、偏干的；U_1、U_2 分别代表膻味和后膻味；V_1、V_2 分别代表浅粉红色和灰白的。

成分构成和保水保油特性。膻味替代后膻味表示羊肉乳化香肠的风味特征。浅粉红色替代灰白色，代表羊肉乳化香肠的色泽指标。

分析肠体均匀的、有咬劲的、多汁性、膻味和浅粉红色五个评价指标，其中肠体均匀的可以评判原料肉的乳化能力及其在加热过程中形成热诱导凝胶能力的强弱，衡量产品蒸煮损失状况，是产品外观品质的直观综合体现；有咬劲的是咀嚼性强度适中的体现，与硬性、黏聚性、弹性三个基本参数相关，另外，有咬劲的与质构仪测定参数中咀嚼性相对应，体现了乳化香肠的凝胶性的好坏，是乳化香肠手感和口感的综合体现；多汁性是肉品食用品质的关键指标，与肉品的含水量与肌内脂肪含量密切相关，同时，多汁性体现着乳化香肠乳化稳定性的强弱，与产品保水保油性正相关，因此，多汁性代表着羊肉乳化香肠的组分和保水保油特性；膻味是羊肉的特征风味，决定着羊肉的适口性，其强度影响着人们对羊肉制品的喜好，代表着羊肉乳化香肠的风味特征；色泽是肉品食用品质的关键指标，红色是消费者意识中肉品的特征颜色，其红色值的高低决定着肉品的食用品质，虽然肉品在蒸煮过程中颜色会变淡而变为灰白色，但是红色依然是消费者对肉品的第一选择色，所以浅粉红色更能体现羊肉乳化香肠的色泽特征。

综上所述，通过对主成分分析后载荷较大的指标进行相关性分析，筛选出肠体均匀的、有咬劲的、多汁性、膻味和浅粉红色五个指标作为羊肉乳化香肠食用品质的关键评价指标，这五个指标代表了羊肉乳化香肠的外观、质地、组分、风味、色泽等全部特征，可以简单、快速、全面、准确地评价羊肉乳化香肠的食用品质。

（五）羊肉乳化香肠感官评价标准的确定

14位感官评价员对不同样品的强度评分及给出的等级评判统计结果如表4-124所示，不同的感官评价员对样品的强度评分标准略有差异，但对不同的产品对应的等级评定结果基本一致。

肠体均匀的三种差异样品中，276号样品保水保油效果最好，其表面均匀完整，褶皱及气孔极少，感官评价人员认为其品质最优，而471号样品乳化效果较差，其汁液流失严重，表面凹凸不平，褶皱气孔多，感官评价人员认为其为不合格，523号样品居中，在感官评价小组的接受范围内，为合格。因此，感官评价小组认为肠体均匀的强度越高，其对应的香肠品质更好。浅粉红色的三个对照组中827号样品猪肉对照组由于猪肉的肌红蛋白含量低，其色泽偏白，不为感官评价小组接受，为不合格样品。643号样品红曲的添加虽然使香肠的颜色变红，但同时导致香肠的颜色变暗，无光泽，同样感官评价小组的接受程度不高，也为不合格样品。相比之下，731号样品羊肉组煮后呈现羊肉正常的浅红色，感官评价小组的接受程度更高。209号样品中的脂肪添加量较少，导致产品的质地较差，入口后颗粒感严重，不耐咀嚼，感官评价小组的接受程度低。大豆分离蛋白的加入使 241 号样品呈现良好的质地，口感较嫩，耐咀嚼，并能产生清脆的响声，感官评价小组认为其品质最优。而 683 号样品的咀嚼性适中。409 号样品的汁液流失多造成其口感粗糙，不为感官评价小组接受，569 号样品的水分添加量达 30%，虽然在品尝过程中汁液丰富，但并未与香肠良好地结合，过多的汁液并不被感官评价小组所偏爱，定义为合格。278 号样品的汁液含量适中，感官评价小组的接受程度高。膻味对照组的三个样品，227 号样品猪肉 +15% 猪脂肪 +2% 羊尾油组的膻味最轻，感官评价小组的接受程度最高，187 号样品羊肉 +8% 猪脂肪 +12% 羊尾油组的膻味适中，为感官评价小组所接受，而 431 号样品羊肉 +25% 的羊尾油组过膻，感官评价小组不易接受。

表4-124　　　　　　　　　　　　　　样品评分与等级问卷结果

项目	高膻味组样品			中膻味组样品			低膻味组样品		
	样品号	评分	等级	样品号	评分	等级	样品号	评分	等级
肠体均匀的	471	4.67±0.53	C	523	7.09±0.67	B	276	8.63±0.72	A
浅粉红色	827	5.23±0.97	C	731	7.22±0.62	B	643	8.79±0.73	C
有咬劲的	209	5.32±0.49	C	683	7.46±0.73	B	241	8.73±0.61	A
多汁性	409	4.12±0.43	C	278	7.26±0.57	A	569	8.73±0.89	B
膻味	227	5.31±0.67	A	187	7.67±0.48	B	431	8.91±0.57	C

分析其原因，肠体均匀程度主要与羊肉乳化香肠的保水保油特性有关，当配比中脂肪含量较多，可溶性的蛋白不能完全将其包裹，脂肪不能完全乳化；当脂肪含量过少时，也不易形成良好的乳化稳定体系，造成羊肉乳化香肠在后期蒸煮的过程中造成出水出油现象，从而影响产品外观的均匀程度。猪肉相对于羊肉来说肌红蛋白含量低，制作出来的乳化香肠的颜色较白，羊肉制作的羊肉乳化香肠的颜色稍红，红曲色素为红色或暗红色粉末，有很好的着色效果，添加红曲组的羊肉的颜色最红。因此，猪肉组、羊肉组和羊肉 + 红曲组有很好的颜色区别。大豆分离蛋白是一种很好的乳化剂，既能降低水和油的表面张力，又能降低水和空气的表面张力，易于形成稳定的乳化体系，可以有效地改善香肠制品的质地和口感。实验通过设置 10% 的脂肪组、20% 脂肪组 +3% 大豆分离蛋白、20% 脂肪组 +5% 大豆分离蛋白使三组羊肉乳化香肠样品在咀嚼性上达到低、中、高三个强度。10% 脂肪组由于其乳化稳定性较差，造成汁液流失较多，30% 水设置组由于水的添加量增多，造成香肠的水分含量增多。因此，10% 脂肪组、20% 脂肪组及 30% 水设置组也可以很好地达到低、中、高三个强度程度。羊肉的膻味主要来自羊肉中的挥发性脂肪酸，而羊尾油中挥发性脂肪酸

更多，因而羊肉的增多会造成羊肉膻味的增强。因此，通过设置猪肉 +15% 猪脂肪 +2% 羊尾油、羊肉 +10% 猪脂肪 +10% 羊尾油、羊肉 +25% 的羊尾油以达到低、中、高三个不同的膻味强度。

在后期感官评价中，为了减小主观因素造成的实验误差，结合各个不同等级产品对应的感官特性，与感官评价小组达成一致意见，建立统一的主观尺度，制定如表 4-125 的羊肉乳化香肠感官评价标准。

表4-125　　　　　　　　　　　羊肉乳化香肠感官评价标准

品质指标	优（8~10分）	合格（6~8分）	不合格（0~6分）
肠体均匀的	肠体表面完整均一，褶皱及气孔极少	肠体表面较光滑均匀，气孔、褶皱较少	肠体表面凹凸不平，褶皱、气孔较多
浅粉红色	呈现熟肉制品产生的愉悦的浅粉红色，光泽度好	略带肉制品呈现的正常的红色，有一定的光泽度	切面呈现黄棕色、灰白色等颜色，暗淡无光泽
有咬劲的	口感较嫩，咀嚼性适中，易吞咽，可产生清脆的响声	口感适中，有一定的咀嚼性，较易吞咽	入口后颗粒感较重，不易咀嚼及吞咽或口感太软，咀嚼性差
多汁性	汁液含量适中，口感好	汁液含量偏多或稍少，口感较好	汁液含量较少，口感偏干，粗糙
膻味	有轻微的羊肉典型的膻味	膻味适中	膻味重，不易接受

二、羊肉乳化香肠品质评价模型的建立

（一）羊肉乳化香肠品质核心指标筛选

1. 羊肉乳化香肠品质指标的统计分析

测定了 138 个羊肉样品制成的羊肉乳化香肠的 L^*、a^*、b^*、硬度、弹性、黏聚性、咀嚼性、总流失汁液、总汁液中脂肪所占的比例（TEF_{Fat}）、蒸煮损失及保水性共 11 个指标，包含羊肉乳化香肠的色泽、质构及保水保油特性，通过描述统计对其进行差异分析，结果见表 4-126。三个色泽指标中，L^* 值的变异系数较小，为 3.45%，b^* 值的变异系数为 7.65%，变异范围为 8.08~14.14，a^* 值变异系数最大，为 10.66%，a^* 值的变异范围为 5.67~10.30。物性测试仪测得的四个质构指标中除弹性的变异系数较小外，其他三个指标在不同的羊肉样品间体现了较大的差异，硬度、黏聚性、咀嚼性的变异系数分别为 26.42%、14.9%、37.27%。质构指标中硬度的变异范围为 1127.93~3557.17g，弹性的变异范围为 0.76~0.88，黏聚性的变异范围为 0.32~0.60，咀嚼性的变异范围为 312.49~1867.27g。不同的羊肉样品制得的

乳化香肠的四个保水保油相关的指标总流失汁液、TEF$_{fat}$、保水性、蒸煮损失都存在较大的差异，变异系数分别为29.41%、28.87%、33.54%、29.74%。总流失汁液的变异范围为2.82%~23.87%，TEF$_{fat}$的变异范围为6.72%~30.76%，蒸煮损失的变异范围为2.07%~27.27%，保水性的变异范围为7.17%~29.42%。

表4-126　　　　　　　　　　　138个羊肉乳化香肠品质指标统计分析

品质指标	N	极大值	极小值	均值	标准差	变异系数 /%
L^*值	138	66.21	56.31	61.67	2.13	3.45
a^*值	138	10.30	5.67	7.37	0.83	10.66
b^*值	138	8.08	14.14	12.02	0.92	7.65
硬度	138	1127.93	3557.17	2322.00	613.49	26.42
弹性	138	0.76	0.88	0.8177	0.0263	3.22
黏聚性	138	0.32	0.60	0.4712	0.07019	14.90
咀嚼性	138	1867.27	312.49	953.56	355.29	37.27
总流失汁液	138	23.87	2.82	15.67	4.61	29.41
TEF$_{fat}$	138	6.72	30.76	15.17	4.38	28.87
蒸煮损失	138	27.27	2.07	14.55	4.88	33.54
保水性	138	7.17	29.42	19.23	5.72	29.74

2. 羊肉食用品质与品质指标的相关性分析

将羊肉乳化香肠的11项品质指标与筛选出的5个羊肉食用品质指标进行相关性分析，结果如表4-127所示，大部分羊肉食用品质指标与羊肉乳化香肠加工品质存在极显著相关，其中，a^*值与浅粉红色的相关系数为0.527，硬度、弹性、黏聚性、咀嚼性、总流失汁液及蒸煮损失都与肠体均匀的、有咬劲的、多汁性呈极显著相关（$P < 0.01$）。同时，保水性也与肠体均匀的、有咬劲的及多汁性存在显著相关。但是，L^*、b^*、TEF$_{fat}$与食用品质指标之间相关性较弱。因此，a^*、硬度、弹性、黏聚性、咀嚼性、总流失汁液、蒸煮损失及保水性这些指标都是影响羊肉乳化香肠品质的关键指标。

表4-127　　　　　　　　　　　加工品质与食用品质的相关性

品质指标	肠体均匀的	浅粉红色	有咬劲的	多汁性	膻味	总体可接受性
L^*值	0.220	−0.237	−0.001	0.039	−0.044	−0.029
a^*值	0.073	0.527*	0.035	0.008	0.456	0.486*
b^*值	0.242	−0.246	0.131	0.154	−0.189	−0.014
硬度	0.645**	0.143	0.655**	0.492**	0.582**	0.675**

续表

品质指标	肠体均匀的	浅粉红色	有咬劲的	多汁性	膻味	总体可接受性
弹性	0.616**	0.151	0.756**	0.655**	0.263	0.614**
黏聚性	0.478**	0.246	0.801**	0.696**	0.079**	0.574**
咀嚼性	0.776**	0.424*	0.846**	0.797**	0.551**	0.870**
总流失汁液	−0.847**	−0.206	−0.715**	−0.619**	−0.659**	−0.801**
TEF$_{fat}$	−0.508**	−0.140	−0.359	−0.488**	−0.775**	−0.457*
保水性	−0.596**	−0.337	−0.675**	−0.631**	−0.090	−0.546**
蒸煮损失	−0.523**	−0.107	−0.337	−0.362	−0.543**	−0.504**

注："**"在 $P=0.01$ 水平（双侧）上显著相关；"*"在 $P=0.05$ 水平（双侧）上显著相关。

3. 羊肉乳化香肠品质指标的主成分分析

对羊肉乳化香肠品质指标进行主成分分析，各主成分方差累计贡献见表4-128。前三个主成分的累计方差贡献率达到81.97%，说明前三个主成分可以代表 L^*、a^*、b^*、硬度、弹性、黏聚性、咀嚼性、总流失汁液、TEF$_{fat}$、蒸煮损失及保水性这 11 个品质指标的大部分信息。各品质指标在三个主成分中的载荷见表 4-129，第一主成分主要代表硬度、弹性、黏聚性、咀嚼性、TEF$_{fat}$ 及保水性等代表质构及部分与保水保油特性相关的因子，包含 32.835% 的信息，其中代表质构特性的硬度、弹性、黏聚性、咀嚼性的载荷为正，载荷因子分别为 0.626，0.803，0.742，0.803，与保水保油相关的 TEF$_{fat}$ 及保水性的载荷为负，载荷因子分别为 −0.626，−0.886。第二主成分包含 27.736% 的信息，主要由与保水保油特性相关的总流失汁液、蒸煮损失、TEF$_{fat}$ 及咀嚼性组成，其载荷因子分别为 −0.888、−0.857、−0.694、0.598。第三主成分可以定义为羊肉乳化香肠的色泽因子，包含了 21.399% 的信息，主要由 L^*、a^*、b^* 组成，其载荷因子分别为 −0.805、−0.867、0.872。

表4-128　　　　　　　　　　各主成分的方差解释

主成分数	特征值	方差贡献率 /%	方差累计贡献率 /%
1	5.453	32.835	32.835
2	1.994	27.736	60.571
3	1.570	21.399	81.970

4. 加工品质指标相关性分析及核心指标筛选

对 a^* 值、硬度、弹性、黏聚性、咀嚼性、总流失汁液、蒸煮损失及保水性这些指标进行相关性分析，结果见表 4-130，第一主成分包含了品质指标 32.84% 的信息，其中载荷为正的硬度、弹性、黏聚性、咀嚼性四个指标中，咀嚼性的载荷因子最大为 0.871，与硬度、弹性、黏聚性、TEF_{fat} 及保水性五个指标均存在极显著相关性，相关系数分别为 0.793、0.770、0.723、−0.581、−0.646。咀嚼性是硬度、弹性、黏聚性三个指标的乘积，综合反映了香肠的质构特性，同时咀嚼性与肠体均匀的、浅粉红色、有咬劲的、多汁性、膻味及总体可接受性存在极显著相关性，相关系数分别为 0.776、0.424、0.846、0.797、0.551、0.870，且在不同的羊肉样品间的变异系数较大，因此，选择咀嚼性代表其他五个指标。第二主成分中总流失汁液和蒸煮损失在品种间的变异系数较大，分别为 29.41%、33.54%，且载荷因子较大，分别为 −0.888、−0.857，两者显著相关，相关系数为 0.597，同时，结合两个指标与 TEF_{fat} 及咀嚼性和食用品质的相关性，总流失汁液与 TEF_{fat} 及咀嚼性的相关系数分别为 0.640 和 −0.856，与肠体均匀的、有咬劲的、多汁性、膻味及总体可接受性的相关系数为 −0.847、−0.715、−0.619、−0.695、−0.801，较蒸煮损失的相关系数更高，因此，选择总流失汁液代表第二主成分。第三主成分中，a^* 值的载荷最大，为 −0.867，且三个色泽指标中，a^* 值在不同的羊肉样品制成的羊肉乳化香肠中的变异系数最大，为 10.66，a^* 值与浅粉红色、膻味及总体可接受性的相关系数分别为 0.450、0.456、0.486。a^* 值与 L^* 值及 b^* 值有显著的相关性，相关系数分别为 −0.511、0.631，因此，三个色泽指标中选择 a^* 值代表第三主成分。综上所述，选出的 a^* 值、咀嚼性及总流失汁液三个指标在样品间变异系数大，对食用品质影响大且指标间具有相对独立性，可以作为羊肉乳化香肠仪器分析综合品质评价筛选的核心品质指标，用来代替原有 11 个品质指标，达到简化评价模型的目的。

表4-129 　　　　　　　　　　　　　　　加工品质指标的载荷

品质指标	成分		
	1	2	3
L^* 值	−0.036	0.398	0.805
a^* 值	−0.194	0.233	−0.867
b^* 值	0.167	0.126	0.872
硬度	0.626	0.641	0.076
弹性	0.803	0.295	0.264
黏聚性	0.742	0.598	0.055
咀嚼性	0.871	0.143	0.145
总流失汁液	−0.106	−0.888	0.032
TEF_{fat}	−0.626	−0.649	−0.036
保水性	−0.886	0.026	−0.117
蒸煮损失	−0.096	−0.857	−0.281

表4-130　加工品质指标间的相关性分析

	L*值	a*值	b*值	硬度	弹性	黏聚性	咀嚼性	总流失汁液	TEF$_{fat}$	蒸煮损失	保水性
L*值	1										
a*值	-0.511**	1									
b*值	0.631**	-0.701**	1								
硬度	0.316	-0.057	0.223	1							
弹性	0.350	-0.280	0.365	0.656**	1						
黏聚性	0.153	-0.245	0.256	0.639**	0.817**	1					
咀嚼性	0.248	-0.039	0.271	0.793**	0.770**	0.723**	1				
总流失汁液	-0.183	0.022	-0.312	-0.774**	-0.671**	-0.519**	-0.856**	1			
TEF$_{fat}$	-0.266	-0.126	-0.112	-0.599**	-0.360	-0.213	-0.581**	0.640**	1		
蒸煮损失	-0.102	0.275	-0.223	-0.558**	-0.619**	-0.670**	-0.646**	0.571**	0.062**	1	
保水性	-0.562**	0.056	-0.319	-0.613**	-0.358	-0.308	-0.612**	0.579**	0.644**	0.119	1

注："**"在 $P=0.01$ 水平（双侧）上显著相关；"*"在 $P=0.05$ 水平（双侧）上显著相关。

（二）层次分析法确定羊肉乳化香肠加工品质核心指标权重

1. 羊肉乳化香肠品质综合评价层次分析模型的建立

不同羊肉样品及品质评价指标都会对羊肉乳化香肠品质的综合评价产生影响。在明确三类因素的相互依存及影响的基础上，根据其隶属关系，建立羊肉乳化香肠品质评价的分层模型图（图4-26），层次模型共分三层：目标层即对羊肉乳化香肠品质进行综合评价；准则层包括对羊肉乳化香肠品质进行评价的三个品质指标；最下一层是待评价的138个不同羊肉样品制成的羊肉乳化香肠。

图4-26　评价层 ▶
次模型

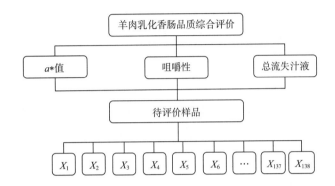

2. 构造两两判断矩阵

判断矩阵是对指标进行相对重要权重计算的重要依据。本文根据指标对羊肉乳化香肠影响的相对重要程度构建如表4-131所示的判断矩阵，通过方根法计算判断矩阵得到最大特征根 λ_{max}=3.053，特征向量为（0.1958，0.4934，0.3108）。

表4-131　　　　　　　　　　　　　　　　判断矩阵

	a^* 值	咀嚼性	总流失汁液
a^* 值	1	1/2	1/2
咀嚼性	2	1	2
总流失汁液	2	1/2	1

3. 一致性检验

为了确定权重值的分配是否合理，需对评价矩阵进行一致性检验，由判断矩阵可以算出当 λ_{max}=3.053 时，CI=0.027；当 n=3 时，RI=0.58，CR=CI/RI=0.0462，CR＜0.1，说明判断矩阵具有满意一致性。即 M=（0.1958，0.4934，0.3108）可以作为羊肉乳化香肠核心指标的权重系数。

（三）羊肉乳化香肠品质评价方程的建立

1. 羊肉乳化香肠仪器评价方程的建立

根据羊肉乳化香肠各评价指标的变异系数、制肠特性指标与食用品质指标之间的相关性及主成分分析等方法筛选出 a^* 值、咀嚼性、总流失汁液三个核心指标后，通过层次分析法的判断矩阵确定了各品质指标的权重，得到羊肉乳化香肠加工品质评价方程 $Y_1 = 0.1958 \times a^*$ 值 $+ 0.4934 \times$ 咀嚼性 $- 0.3108 \times$ 总流失汁液。

2. 羊肉乳化香肠感官评价方程的建立

根据感官评价小组的反馈，在肠体均匀的、浅粉红色、有咬劲的、多汁性及膻味五个食用品质评分中，羊肉乳化香肠的质地和风味中的膻味特性对产品的影响最大。浅粉红色及多汁性也是重要的决定指标，而肠体均匀的较其他四个指标影响较小。因此，将五个食用品质指标的权重分别定为 0.1、0.2、0.25、0.2、0.25，得到羊肉乳化香肠感官评价方程 $Y_2 =$ 肠体均匀的 $\times 0.1 +$ 浅粉红色 $\times 0.2 +$ 有咬劲的 $\times 0.25 +$ 多汁性 $\times 0.2 +$ 膻味 $\times 0.25$。

3. 羊肉乳化香肠品质评价方程的验证

选择有代表性的巴尔楚克羊、阿勒泰羊、新疆细毛羊、欧拉羊、苏尼特羊、晋中绵羊、敖汉细毛羊及小尾寒羊共 28 个样品（具体信息见表 4-132），分别计算两个数学模型所得不同羊肉制得的羊肉乳化香肠的综合排名，为了消除各指标的单位和量纲不相同的影响，使各指标具有可比性，在计算前需对原始数据进行标准化处理，即将不同量纲、量级和单位的指标数据归一为 [0，1] 之间的无量纲数据。结果如表 4-132 所示。

表4-132　　　　　　　　　羊肉乳化香肠品质评价综合得分

样品		加工品质评价		感官评价	
		Y_1	排名	Y_2	排名
巴尔楚克羊	6 月公羊前腿	1.0359	4	1.16773	4
	6 月公羊米龙	0.957332	5	0.87549	9
	1 岁公羊前腿	0.837952	7	0.94293	7
	1 岁公羊米龙	0.035581	13	0.53432	11
阿勒泰羊	6 月公羊前腿	−0.55819	20	−0.25248	16
	6 月公羊米龙	−0.72456	22	−1.15191	24
	1 岁公羊前腿	−0.47209	19	−0.29017	18
	1 岁公羊米龙	−0.75539	24	−0.99301	21

续表

样品		加工品质评价		感官评价	
		Y_1	排名	Y_2	排名
新疆细毛羊	6月公羊前腿	−0.92285	27	−1.09328	23
	6月公羊米龙	−1.2714	28	−1.55897	28
	1岁公羊前腿	−0.61078	21	−0.87069	20
	1岁公羊米龙	−0.899	26	−1.35269	27
欧拉羊	6月公羊前腿	0.89168	6	0.90116	8
	6月公羊米龙	−0.15207	15	−0.00201	14
	1岁公羊前腿	0.649729	10	0.97334	6
	1岁公羊米龙	−0.07646	14	0.28043	12
苏尼特羊	6月公羊前腿	1.776843	1	1.55849	2
	6月公羊米龙	0.815976	8	0.97422	5
	1岁公羊前腿	1.309952	3	1.30195	3
	1岁公羊米龙	−0.72598	23	−0.52313	19
晋中绵羊	6月公羊前腿	0.201992	12	0.08802	13
	6月公羊米龙	−0.29015	16	−1.29605	26
	1岁公羊前腿	0.749086	9	−0.03892	15
	1岁公羊米龙	−0.37156	17	−1.25615	25
敖汉细毛羊	6月公羊前腿	1.364981	2	1.77976	1
	6月公羊米龙	0.336762	11	0.57421	10
小尾寒羊	6月公羊前腿	−0.44147	18	−0.2743	17
	6月公羊米龙	−0.84273	25	−0.99829	22

以加工品质评价方法的结果作为横坐标（X），感官评价标准化处理后的结果作为纵坐标（Y），绘制"羊肉乳化香肠加工品质评价—感官评价验证曲线"，由图4-27可知，羊肉乳化香肠加工品质评价 - 感官评价结果可以用公式 $Y=1.1026X$（$R^2=0.8551$）表示，说明加工品质评价模型与感官评价的结果非常接近，可以客观合理地反映羊肉乳化香肠品质的优劣。

图4-27 羊肉乳 ▶
化香肠综合评价
方法—感官评价
验证

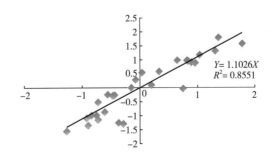

三、不同羊肉制肠适宜性评价

（一）不同羊肉制肠适宜性等级划分

根据建立的羊肉乳化香肠的评价方法，将 138 种羊肉制得的乳化香肠的 a^* 值、咀嚼性、总流失汁液的值标准化后代入综合评价方程 $Y_1=0.1958 \times a^*$ 值 $+0.4934 \times$ 咀嚼性 $-0.3108 \times$ 总流失汁液，计算各样品的综合得分值，并对其进行 K-means 聚类分析，将 138 个羊肉制成的乳化香肠分为四类。依据综合得分值的高低，分别对应最适宜、适宜、较适宜和基本适宜，可得到最适宜的样品 16 个，适宜的样品 31 个，较适宜的样品 49 个，基本适宜的样品 42 个。具体结果如表 4-133 所示。

表4-133　　　　　　　　　　　　　　不同羊肉样品制肠适宜性分类

适宜性分类	综合得分	个数	样品
最适宜	1.07~1.85	16	苏尼特 -1、苏尼特 -3、苏尼特 -4、苏尼特 -5、滩羊 -7、敖汉 -1、大尾杂交 -1、大尾杂交 -2、吐黑 -1、吐黑 -3、吐黑 -4、巴楚 -7、巴楚 -8、哈萨克 -5、巴美 -3、巴寒 -7
适宜	0.32~1.04	31	乌珠 -1、乌珠 -3、乌珠 -7、苏尼特 -2、滩羊 -3、晋中 -4、晋中 -5、敖汉 -2、敖汉 -3、小尾 -3、大尾杂交 -3、吐黑 -2、巴音 -2、巴音 -3、巴音 -5、巴音 -6、巴音 -7、巴楚 -1、巴楚 -2、巴楚 -3、巴楚 -4、巴楚 -5、哈萨克 -1、哈萨克 -2、哈萨克 -3、哈萨克 -4、欧拉羊 -1、欧拉羊 -3、欧拉羊 -5、欧拉羊 -7、巴寒 -1、
较适宜	-0.49~0.27	49	乌珠 -2、乌珠 -4、乌珠 -5、乌珠 -6、苏尼特 -7、滩羊 -1、滩羊 -4、滩羊 -5、滩羊 -6、滩羊 -8、滩寒 -1、滩寒 -3、滩寒 -5、滩寒 -7、晋中 -1、晋中 -2、晋中 -3、晋中 -6、晋中 -7、敖汉 -4、陶寒 -1、小尾寒 -1、小尾寒 -4、大小尾 -4、吐黑 -5、吐黑 -7、吐黑 -8、巴音 -1、巴音 -4、巴音 -8、巴楚 -6、哈萨克 -6、阿勒泰 -3、阿勒泰 -5、新疆细毛 -3、新疆细毛羊 -7、欧拉羊 -2、欧拉羊 -4、欧拉羊 -6、欧拉羊 -8、巴美 -1、巴美 -2、巴美 -4、巴美 -7、巴美 -8、巴寒 -2、巴寒 -3、巴寒 -4、巴寒 -8
基本适宜	-1.43~-0.56	42	乌寒 -1、乌寒 -2、乌寒 -3、乌寒 -4、乌寒 -5、乌寒 -6、乌寒 -7、乌寒 -8、乌珠 -8、苏尼特 -6、苏尼特 -8、滩寒 -2、滩寒 -4、滩寒 -6、滩寒 -8、晋中 -8、萨寒 -1、萨寒 -2、萨寒 -3、萨寒 -4、萨寒 -7、萨寒 -8、陶寒 -2、陶寒 -4、陶寒 -7、陶寒 -8、小尾寒羊 -2、吐黑 -6、阿勒泰 -1、阿勒泰 -2、阿勒泰 -4、阿勒泰 -6、阿勒泰 -7、阿勒泰 -8、新疆细毛羊 -1、新疆细毛羊 -2、新疆细毛羊 -4、新疆细毛羊 -5、新疆细毛羊 -6、新疆细毛羊 -8

注：样品中 1~8 分别代表 6 月公羊前腿、6 月公羊米龙、6 月母羊前腿、6 月母羊米龙、1 岁公羊前腿、1 岁公羊米龙、1 岁母羊前腿、1 岁母羊米龙。

根据表 4-133 的适宜性分类结果，将四类样品的 a^* 值、咀嚼性、总流失汁液进行统计分析，结果见表 4-134。由表可知，a^* 值、咀嚼性、总流失汁液三个指标的分值在最适宜、适宜、较适宜、基本适宜四类中存在交叉，a^* 值的分布较分散，没有清晰的临界点，且最适宜、适宜、较适宜三类 a^* 值差异不显著（$P > 0.05$）。

表4-134　　　　　　　　　　不同等级羊肉乳化香肠品质聚类结果

		a^*	咀嚼性	总流失汁液	综合得分
最适宜	平均值	7.58 ± 0.84^a	1542.73 ± 164.32^a	8.21 ± 2.65^d	1.40 ± 0.27^a
	最大值	9.47	1867.27	12.23	1.85
	最小值	6.34	1232.27	2.82	1.07
适宜	平均值	7.70 ± 0.96^a	1244.10 ± 162.26^b	12.90 ± 2.30^c	0.70 ± 0.2^b
	最大值	10.30	1566.27	16.53	1.04
	最小值	6.38	854.51	5.56	0.32
较适宜	平均值	7.41 ± 0.64^a	892.47 ± 166.67^c	16.11 ± 2.33^b	-0.09 ± 0.23^c
	最大值	8.65	1251.80	21.52	0.27
	最小值	5.67	501.20	11.52	-0.49
基本适宜	平均值	6.86 ± 0.51^b	585.95 ± 134.01^d	20.28 ± 1.99^a	-0.94 ± 0.25^d
	最大值	8.29	891.27	24.41	-0.56
	最小值	5.78	312.49	15.64	-1.43

注：同列数据上标不同字母表示差异显著（$P < 0.05$）。

（二）不同羊肉制肠适宜性标准划分

1. 评价指标等级标准划分

将 138 个羊肉样品制得的乳化香肠的 a^* 值、总流失汁液、咀嚼性分别进行 K-means 聚类分析，分为四类。结合感官小组感官评价结果，确定各指标不同范围对应的级别，Ⅰ级（最适宜）、Ⅱ级（适宜）、Ⅲ级（较适宜）、Ⅳ级（基本适宜）。各指标Ⅰ级得分最高为 9 分，各指标各级之间的差值大小依据三个指标对羊肉乳化香肠品质影响的重要程度确定，依次赋予各个等级分值，具体结果如表 4-135 所示。咀嚼性对品质影响最大，各级指标分值差为 2 分，总流失汁液各级指标分值差为 1.5 分，a^* 值区分度较差，各级指标分值差为 1 分，且由于 a^* 值在Ⅱ级及Ⅲ级中对应的感官评价小组得分值相近，因此这两个级别的分值相同。

表4-135 指标等级分类及赋分表

指标		Ⅰ级	Ⅱ级	Ⅲ级	Ⅳ级
a^*	分类值	7.73~8.90	9.21~10.30	6.89~7.65	5.67~6.85
	得分	8	7	7	6
咀嚼性	分类值	1426.59~1867.27	1079.28~1409.94	727.91~1052.86	312.49~700.79
	得分	9	7	5	3
总流失汁液	分类值	2.82~8.17	9.53~13.87	14.03~18.18	18.54~24.41
	得分	9	7.5	6	4.5

2. 不同羊肉乳化香肠分类

按表4-135中的分类结果对不同羊肉制成的乳化香肠各指标进行赋分，将三个指标的总和作为其总评分，进行K-means聚类将其分为四类，按分值高低分别对应Ⅰ级（最适宜）、Ⅱ级（适宜）、Ⅲ级（较适宜）、Ⅳ级（基本适宜），结果见表4-136。最适宜的羊肉样品共有15个，得分在23.5~26；适宜的样品共有34个，得分在20~22.5；较适宜的样品共有47个，得分在16.5~19.5；基本适宜的样品共有42个，得分在13.5~16.0。

将表4-136的结果与表4-135的结果结合，比较两者的匹配度：最适宜为81.25%，有13个样品结果一致；适宜为81.10%，有27个样品结果一致；较适宜为90.48%，有38个样品结果一致；基本适宜为81.63%，有40个样品结果一致。评价结果较好，适合作为羊肉制肠（乳化香肠）适宜性的评价标准。

表4-136 不同样品赋值等级划分

适宜性分类	得分	个数	样品
最适宜	23.5~26.0	15	苏尼特-1、苏尼特-3、苏尼特-4、苏尼特-5、敖汉-1、大尾杂交-1、大尾杂交-2、吐黑-3、吐黑-4、巴楚-1、巴楚-7、巴楚-8、哈萨克-3、哈萨克-5、巴寒-7
适宜	20~22.5	34	乌珠-1、乌珠-3、乌珠-7、苏尼特-2、滩羊-1、滩羊-3、滩羊-5、滩羊-8、滩羊-7、晋中-1、晋中-4、晋中-5、敖汉-2、敖汉-3、小尾-3、大尾杂交-3、吐黑-1、吐黑-2、巴音-2、巴音-3、巴音-5、巴音-7、巴楚-2、巴楚-3、巴楚-5、哈萨克-1、哈萨克-2、哈萨克-4、欧拉羊-1、欧拉羊-3、欧拉羊-7、巴寒-1、巴寒-3、巴美-3

续表

适宜性分类	得分	个数	样品
较适宜	16.5~19.5	47	乌珠-2、乌珠-5、乌珠-6、苏尼特-6、苏尼特-7、滩羊-4、滩羊-6、滩寒-1、滩寒-2、滩寒-3、滩寒-4、滩寒-5、晋中-2、晋中-3、晋中-6、晋中-7、敖汉-4、陶寒-3、小尾寒-1、小尾寒-4、大小尾-4、吐黑-5、吐黑-7、吐黑-8、巴音-1、巴音-4、巴音-6、巴音-8、巴楚-4、巴楚-6、哈萨克-6、阿勒泰-1、新疆细毛-3、新疆细毛羊-7、欧拉羊-2、欧拉羊-4、欧拉羊-5、欧拉羊-6、欧拉羊-8、巴美-1、巴美-2、巴美-4、巴美-7、巴美-8、巴寒-2、巴寒-4、巴寒-8
基本适宜	13.5~16.0	42	乌寒-1、乌寒-2、乌寒-3、乌寒-4、乌寒-5、乌寒-6、乌寒-7、乌寒-8、乌珠-4、乌珠-8、苏尼特-8、滩羊-2、滩寒-6、滩寒-7、滩寒-8、晋中-8、萨寒-1、萨寒-2、萨寒-3、萨寒-4、萨寒-7、萨寒-8、陶寒-1、陶寒-2、陶寒-4、陶寒-7、陶寒-8、小尾寒羊-2、吐黑-6、阿勒泰-2、阿勒泰-3、阿勒泰-4、阿勒泰-5、阿勒泰-6、阿勒泰-7、阿勒泰-8、新疆细毛羊-1、新疆细毛羊-2、新疆细毛羊-4、新疆细毛羊-5、新疆细毛羊-6、新疆细毛羊-8

注：样品中1~8分别代表6月公羊前腿、6月公羊米龙、6月母羊前腿、6月母羊米龙、1岁公羊前腿、1岁公羊米龙、1岁母羊前腿、1岁母羊米龙。

3. 羊肉制肠（乳化香肠）适宜性评价标准

结合实际应用，为了更好地评价不同羊肉的制肠适宜性，以表4-135中各指标的分类及赋分结果为依据，得到表4-137所示的羊肉乳化香肠各指标赋分标准，计算不同羊肉乳化香肠样品各个指标的得分。以表4-136中的总得分值对应的适宜性等级为依据，计算三个指标相加总得分，得到表4-138所示的羊肉制肠（乳化香肠）适宜性评价标准。

表4-137　　　　　　　　　　　羊肉乳化香肠各指标赋分标准

指标		各指标范围及得分值			
a^*	分类值	＞9.21	7.73~9.21	6.89~7.73	＜6.89
	得分	7	8	7	6
咀嚼性	分类值	＞1426.59	1079.28~1426.59	727.91~1079.28	＜727.91
	得分	9	7	5	3
总流失汁液	分类值	＜8.17	8.17~13.87	13.87~18.18	＞18.18
	得分	9	7.5	6	4.5

表4-138　　　　　　　　　　羊肉制肠（乳化香肠）适宜性评价标准

指标	最适宜	适宜	较适宜	基本适宜
总分	＞23	20~23	16.5~19.5	＜16.5

注：总分 =a^*+ 咀嚼性 + 总流失汁液。

（三）品种、年龄、性别、部位对羊肉制肠适宜性的影响

1. 不同品种羊肉制肠适宜性比较

以 6 月公羊前腿为例，比较不同品种羊肉的制肠适宜性，结果如图 4-28 所示。由图 4-28 可知，20 个品种 6 月公羊前腿样品中，最适宜制肠的品种有苏尼特羊、敖汉细毛羊、大尾寒羊 × 小尾寒羊、巴尔楚克羊；适宜制肠的品种有乌珠穆沁羊、滩羊、晋中绵羊、吐鲁番黑羊、哈萨克羊、欧拉羊及巴美肉羊 × 小尾寒羊；较适宜制肠的品种有滩羊 × 小尾寒羊、小尾寒羊、巴音布鲁克羊、阿勒泰羊、巴美肉羊；基本适宜制肠的品种有乌珠穆沁 × 小尾寒羊、萨福克 × 小尾寒羊、无角陶赛特 × 小尾寒羊及新疆细毛羊。适宜和最适宜的品种中，除了大尾寒羊 × 小尾寒羊、巴美肉羊 × 小尾寒羊及滩羊及晋中绵羊为舍饲外，其他品种羊均为放牧饲养。较适宜和基本适宜的品种中，除了巴音布鲁克羊为放牧饲养外，其他羊均为舍饲。因此，总体放牧方式肉羊的制肠适宜性优于舍饲方式。

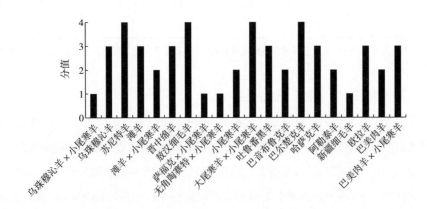

◀ 图4-28　不同品种羊肉制肠适宜性比较

所有样品均为六月公羊前腿；纵坐标分值：1—基本适宜，2—较适宜，3—适宜，4—最适宜。

2. 不同年龄羊肉制肠适宜性比较

以母羊前腿为例，比较 16 个品种 6 月龄和 1 岁羊肉的制肠适宜性，结果如图 4-29 所示。

由图 4-29 可知，16 个品种 6 月龄母羊前腿样品中，最适宜制肠的有 2 个样品，适宜制肠的有 7 个样品，较适宜的有 4 个样品，基本适宜的有 3 个样品。16 个品种 12 月龄母羊前腿样品中，最适宜制肠的有 2 个样品，适宜制肠的有 4 个样品，较适宜制肠的有 5 个样品，基本适宜制肠的有 5 个样品。16 个品种中，9 个品种 2 个年龄段的羊肉制肠适宜性等级相同，5 个品种 6 月龄羊制肠适宜性优于 12 月龄羊，2 个品种 12 月龄羊优于 6 月羊，总体 6 月龄羊肉的制肠适宜性优于 12 月龄羊。

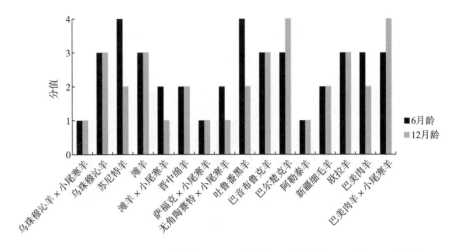

所有样品均为母羊前腿；纵坐标分值：1—基本适宜，2—较适宜，3—适宜，4—最适宜。

3. 不同性别羊肉制肠适宜性比较

以 6 月龄前腿部位为例，比较 20 个品种公羊和母羊两个不同性别的羊肉的制肠适宜性，结果如图 4-30 所示。

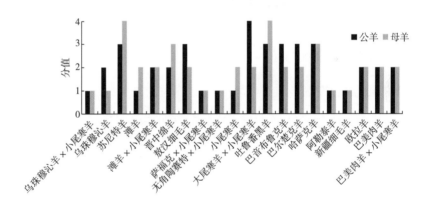

所有样品均为 6 月羊前腿；纵坐标分值：1—基本适宜，2—较适宜，3—适宜，4—最适宜。

由图 4-30 可知，20 个品种 6 月龄前腿样品中，10 个品种公母羊的适宜性等级相同。5 个品种公羊的制肠适宜性等级优于母羊，5 个品种母羊的制肠适宜性优于公羊。不同性别的羊肉在 20 个品种中的制肠适宜性区别不大。

4. 不同部位羊肉制肠适宜性比较

以 6 月母羊为例，比较 20 个品种前腿和米龙两个不同部位的羊肉的制肠适宜性，结果如图 4-31 所示。

由图 4-31 可知，20 个品种中，乌珠穆沁 × 小尾寒羊、苏尼特羊、滩羊 × 小尾寒羊、萨福克 × 小尾寒羊、吐鲁番黑羊、阿勒泰羊 6 个品种 6 月母羊的制肠适宜性等级相同。其他 14 个品种均为前腿优于米龙。且 20 个品种中，前腿部位，3 个品种最适宜制肠，11 个品种适宜制肠，3 个品种较适宜制肠，3 个品种基本适宜制肠。米龙部位，2 个品种最适宜制肠，1 个品种适宜制肠，11 个品种较适宜制肠，6 个品种基本适宜制肠。因此综合而言，前腿的制肠适宜性优于米龙。

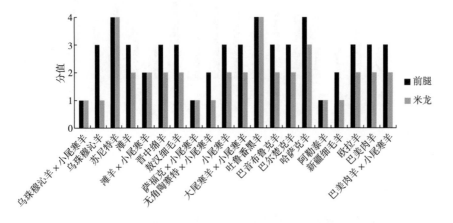

◀ 图4-31　不同品种不同部位羊肉制肠适宜性比较

所有样品均为 6 月母羊；图中纵坐标分值：1—基本适宜，2—较适宜，3—适宜，4—最适宜

四、原料肉对羊肉乳化香肠品质的影响

（一）羊肉乳化香肠的品质

1. 羊肉乳化香肠的色泽

三个品种两个部位羊肉样品制得的羊肉乳化香肠的色泽如表 4-138 所示，品种和部位间均存在显著差异（$P < 0.05$）。前腿制得的羊肉乳化香肠中，L^* 值由高到低分别为敖汉细毛羊、小尾寒羊、欧拉羊，a^* 值由高到低分别为欧拉羊、敖汉细毛羊及小尾寒羊。米龙制得的羊肉乳化香肠中，L^* 和 a^* 值的趋势与前腿一致。前腿和米龙两个部位制得的羊肉乳化香肠的 L^* 和 a^* 值有显著差异（$P < 0.05$），b^* 值差异不显著（$P > 0.05$），同一品种米龙部位制得的乳化香肠的 L^* 值及 a^* 值均较前腿的低。

表4-138　　　　　　　不同品种、部位羊肉对羊肉乳化香肠色泽的影响

指标	部位	小尾寒羊	敖汉细毛羊	欧拉羊
L^*	前腿	63.44 ± 0.35^{bx}	65.64 ± 0.09^{ax}	58.37 ± 0.11^{cx}
	米龙	62.63 ± 0.37^{ay}	62.57 ± 0.13^{ay}	60.16 ± 0.14^{by}
a^*	前腿	7.25 ± 0.23^{cx}	8.25 ± 0.22^{bx}	10.30 ± 0.09^{ax}
	米龙	6.79 ± 0.12^{cy}	7.62 ± 0.17^{by}	8.17 ± 0.23^{ay}
b^*	前腿	12.20 ± 0.38	12.32 ± 0.16	12.59 ± 0.13
	米龙	12.35 ± 0.31	12.44 ± 0.21	12.34 ± 0.18

注：同行数据上标不同字母 a~c 表示显著差异（$P < 0.05$）；同列数据上标不同字母 x、y 表示差异显著（$P < 0.05$）。

2. 羊肉乳化香肠质构特性

三个品种两个部位羊肉制得的羊肉乳化香肠的质构参数如表 4-139 所示，品种和部位间均存在显著差异（$P < 0.05$）。前腿制得的乳化香肠中，敖汉细毛羊的硬度、弹性、黏聚性、咀嚼性 4 个指标数值均为最高，欧拉羊居中，小尾寒羊最低。米龙部位三个品种羊肉制得的羊肉乳化香肠的质构参数趋势与前腿的一致，且差异显著（$P < 0.05$）。前腿和米龙两个部位羊肉制得的乳化香肠质构参数，同一品种前腿制得的羊肉乳化香肠的质构强度明显高于米龙（$P < 0.05$）。

表4-139　　　　　　　　　不同品种、部位羊肉对乳化香肠质构特性的影响

指标	部位	小尾寒羊	敖汉细毛羊	欧拉羊
硬度	前腿	2065.20 ± 130.45^{cx}	3213.05 ± 91.14^{ax}	2655.19 ± 63.31^{bx}
	米龙	1618.77 ± 57.21^{cy}	2499.29 ± 84.23^{ay}	2142.34 ± 103.17^{by}
弹性	前腿	0.80 ± 0.01^{c}	0.87 ± 0.02^{ax}	0.81 ± 0.00^{c}
	米龙	0.80 ± 0.00^{b}	0.83 ± 0.01^{ay}	0.81 ± 0.01^{ab}
黏聚性	前腿	0.47 ± 0.01^{cx}	0.57 ± 0.04^{ax}	0.52 ± 0.01^{bx}
	米龙	0.40 ± 0.01^{by}	0.53 ± 0.01^{ay}	0.43 ± 0.02^{ay}
咀嚼性	前腿	755.30 ± 85.32^{cx}	1492.05 ± 202.33^{ax}	1092.34 ± 82.03^{bx}
	米龙	528.57 ± 67.33^{cy}	1098.47 ± 79.27^{ay}	746.18 ± 82.71^{by}

注：同行数据上标不同字母 a~c 表示显著差异（$P < 0.05$）；同列数据上标不同字母 x、y 表示差异显著（$P < 0.05$）。

3. 羊肉乳化香肠的乳化稳定性及蒸煮损失

不同羊肉样品制得的羊肉乳化香肠的乳化稳定性及蒸煮损失结果如表 4-140 所示，品种和部位间均存在显著差异（$P < 0.05$）。前腿制得的三个样品中，敖汉细毛羊的总流失汁液及蒸煮损失均最小，欧拉羊的居中，小尾寒羊的损失最大。流失的脂肪占总流失汁液的比重欧拉羊的最大，小尾寒羊的居中，敖汉细毛羊的最小。米龙制得的三个样品中，总流失汁液及蒸煮损失的趋势与前腿的一致，所流失的脂肪占总流失汁液的比重敖汉细毛羊与欧拉羊的比小尾寒羊大。前腿和米龙相比，同一品种前腿的总流失汁液及蒸煮损失均小于米龙（$P < 0.05$）。

乳化香肠保水保油特性也会影响羊肉乳化香肠的颜色。比较三个品种两个部位羊肉乳化香肠的蒸煮损失和流失总汁液，同一品种米龙的损失均大于前腿，米龙制得的羊肉乳化香肠的 L^* 值也低于前腿制得的香肠。分析原因，由于水分可以反射光，脂肪颗粒呈白色也会增加香肠的亮度，因此，前腿制成的乳化香肠的 L^* 值反而比米龙部位的高。

表4-140 不同品种、部位羊肉对乳化香肠乳化稳定性及蒸煮损失的影响

指标	部位	小尾寒羊	敖汉细毛羊	欧拉羊
总流失汁液	前腿	17.85 ± 0.79^{ax}	10.20 ± 0.43^{cx}	16.53 ± 0.38^{b}
	米龙	18.86 ± 0.69^{ay}	14.86 ± 0.57^{by}	16.88 ± 0.48^{a}
TEF_{fat}	前腿	12.45 ± 0.37^{bx}	8.30 ± 0.39^{cx}	14.19 ± 0.28^{ax}
	米龙	10.21 ± 0.37^{by}	15.19 ± 0.39^{ay}	14.99 ± 0.46^{ay}
蒸煮损失	前腿	13.52 ± 0.82^{ax}	7.92 ± 0.76^{cx}	11.33 ± 0.53^{bx}
	米龙	16.65 ± 0.89^{by}	15.92 ± 0.83^{cy}	17.38 ± 1.12^{ay}

注：同行数据上标不同字母a~c表示显著差异（$P < 0.05$）；同列数据上标不同字母x、y表示差异显著（$P < 0.05$）。

4. 羊肉乳化香肠的感官品质

羊肉乳化香肠感官评价结果如表4-141所示，品种和部位间均存在显著差异（$P < 0.05$）。前腿制得的三个羊肉乳化香肠中，肠体均匀的、浅粉红色、有咬劲的、多汁性及总体可接受性五个指标敖汉细毛羊的得分均最高，欧拉羊居中，小尾寒羊最低。膻味指标中，欧拉羊得分最高，敖汉细毛羊居中，小尾寒羊最低。米龙部位制得的三个乳化香肠趋势与前腿一致。除了膻味，其他5个指标米龙制得的香肠各指标得分及总体可接受性均低于其对应的前腿制得的乳化香肠（$P < 0.05$）。

表4-141 不同品种、部位羊肉对乳化香肠感官品质的影响

感官属性	部位	小尾寒羊	敖汉细毛羊	欧拉羊
肠体均匀的	前腿	7.17 ± 0.37^{cx}	8.73 ± 0.46^{ax}	7.65 ± 0.61^{bx}
	米龙	6.31 ± 0.42^{cy}	7.39 ± 0.51^{ay}	6.93 ± 0.39^{by}
浅粉红色	前腿	7.08 ± 0.53^{cx}	8.33 ± 0.47^{ax}	7.75 ± 0.29^{bx}
	米龙	6.30 ± 0.38^{cy}	7.42 ± 0.68^{ay}	6.91 ± 0.48^{by}
有咬劲的	前腿	6.37 ± 0.46^{cx}	8.23 ± 0.38^{ax}	7.00 ± 0.48^{bx}
	米龙	5.70 ± 0.49^{cy}	7.12 ± 0.47^{ay}	6.25 ± 0.39^{by}
多汁性	前腿	6.87 ± 0.61^{cx}	8.57 ± 0.52^{ax}	7.23 ± 0.51^{bx}
	米龙	6.10 ± 0.58^{cy}	7.67 ± 0.52^{ay}	6.43 ± 0.71^{by}
膻味	前腿	6.24 ± 0.69^{c}	7.67 ± 0.55^{b}	8.35 ± 0.53^{a}
	米龙	6.17 ± 0.61^{c}	7.33 ± 0.48^{b}	7.79 ± 0.62^{a}
总体可接受性	前腿	6.68 ± 0.36^{cx}	8.23 ± 0.49^{ax}	7.57 ± 0.61^{bx}
	米龙	6.13 ± 0.47^{cy}	7.32 ± 0.42^{ay}	6.89 ± 0.39^{by}

注：同行数据上标不同字母a~c表示显著差异（$P < 0.05$）；同列数据上标不同字母x、y表示差异显著（$P < 0.05$）。

欧拉羊制得的乳化香肠红度值高于敖汉细毛羊，但其亮度值较低，因而感官评

价员更偏爱敖汉细毛羊制得的乳化香肠的色泽。说明羊肉乳化香肠的红度值是影响感官评价人员的一个因素，但乳化香肠的亮度值也是一个重要的因素。肠体均匀的和多汁性都与香肠的保水保油特性相关，蒸煮损失越小，香肠外观越均匀且入口后感受到的汁液越多。乳化香肠的质构是影响其品质的重要因素，通常消费者喜欢较硬且结实的乳化香肠。6个样品，有咬劲的得分与仪器测得的质构结果一致，质构参数越大，产品越有咬劲，其对应产品的有咬劲的得分越高。同时，膻味是评价羊肉制品的一个重要指标，其强弱直接影响产品的接受度。三个品种中放牧方式的欧拉羊及敖汉细毛羊的膻味比舍饲的小尾寒羊的低，感官小组接受程度高。前腿的膻味得分较米龙的高，但没有显著差异（$P > 0.05$）。由于品种差异会导致其膻味强度不同，同时饲养方式也会对膻味产生重要的影响，放牧方式的欧拉羊及敖汉细毛羊膻味比舍饲的小尾寒羊膻味低。

5. 羊肉乳化香肠的微观结构

图4-32为不同羊肉制得的乳化香肠微观结构。小尾寒羊、敖汉细毛羊及欧拉羊对应的前腿样品制得的三种乳化香肠中，敖汉细毛羊前腿制得的乳化香肠呈现出明显、有序的多孔三维网络结构，且空隙紧密、均匀，有明显的蛋白交联现象。欧拉羊前腿制得的羊肉乳化香肠也出现了网状结构，但其结构比较疏松，网孔比较大。小尾寒羊前腿制得的羊肉乳化香肠呈现海绵状的结构，未能观察到蛋白交联现象。小尾寒羊、敖汉细毛羊及欧拉羊对应米龙部位制得的三种羊肉乳化香肠微观结构中，均未出现明显的蛋白交联现象，敖汉细毛羊及欧拉羊米龙制得的羊肉乳化香肠均呈现海绵状

图4-32 不同品 ▶
种、部位羊肉乳化
香肠样品扫描电
镜图（5000倍）

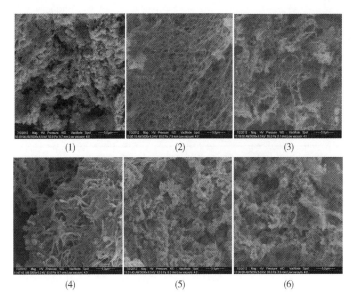

（1）（2）（3）分别为小尾寒羊、敖汉细毛羊及欧拉羊前腿部位制得的羊肉乳化香肠的扫描电镜图；（4）（5）（6）分别为小尾寒羊、敖汉细毛羊及欧拉羊米龙部位制得的羊肉乳化香肠的扫描电镜图。

结构，但前者的结构更加紧密有序，孔径也较小。小尾寒羊米龙部位制得的羊肉乳化香肠可观察到明显的团块状、棒状聚合体，形成了粗糙、无序的凝胶结构。分析不同样品的微观结构与其对应的乳化香肠的品质，蛋白交联出现的网状结构有利于增强乳化香肠的质构强度，且网孔结构越均匀、细致，香肠保水保油的能力越强，即香肠的蒸煮损失越少，乳化稳定性越强，对应的肠体均匀的、有咬劲的、多汁性等感官品质得分高。相反，香肠的结构越疏松，香肠的质构强度越低，网孔越大，水分越不易存留，肠体均匀的、有咬劲的、多汁性等感官品质得分低。

（二）原料肉对羊肉乳化香肠品质的影响

1. 原料肉色泽对羊肉乳化香肠品质的影响

小尾寒羊、敖汉细毛羊、欧拉羊三个品种前后腿原料肉的色泽如表 4-142 所示，前腿中，三个品种在 L^* 值及 a^* 值间均有显著差异（$P < 0.05$），除了欧拉羊，小尾寒羊和敖汉细毛羊 b^* 值差异不明显（$P > 0.05$）。L^* 值，敖汉细毛羊最高，小尾寒羊居中，欧拉羊最低。a^* 值欧拉羊最高，敖汉细毛羊居中，小尾寒羊最低。b^* 值小尾寒羊最高，敖汉细毛羊居中，欧拉羊最低。米龙部位，不同品种的色泽指标趋势与前腿一致。米龙和前腿相比，同一品种前腿的 a^* 值要高于米龙，米龙的 L^* 值高于前腿。

表4-142　　　　　　　　　　不同品种、部位羊肉色泽的差异

指标	部位	小尾寒羊	敖汉细毛羊	欧拉羊
L^* 值	前腿	37.28 ± 2.12^{bx}	39.64 ± 1.33^{a}	36.07 ± 2.10^{cx}
	米龙	38.03 ± 2.59^{by}	39.18 ± 2.37^{a}	37.26 ± 1.42^{cy}
a^* 值	前腿	14.76 ± 1.21^{cx}	15.29 ± 2.13^{bx}	16.77 ± 3.47^{ax}
	米龙	13.32 ± 2.17^{cy}	14.16 ± 1.38^{by}	15.28 ± 1.62^{ay}
b^* 值	前腿	7.72 ± 1.87^{a}	6.93 ± 1.46^{b}	6.81 ± 1.62^{bx}
	米龙	7.92 ± 1.51^{a}	7.23 ± 1.48^{b}	7.01 ± 1.29^{bcy}

注：同行数据上标不同字母 a~c 表示显著差异（$P < 0.05$）；同列数据上标不同字母 x、y 表示差异显著（$P < 0.05$）。

将原料肉与所制得羊肉乳化香肠的 L^* 值和 a^* 值进行对比，得到如图 4-33 所示的结果，三个品种前腿及米龙原料肉的颜色与其制得的羊肉乳化香肠的颜色变化趋势基本一致，说明原料肉的颜色对羊肉乳化香肠的颜色有重要的影响。三个品种中，欧拉羊及敖汉细毛羊均为放牧饲养，食用的牧草中含有大量的铁元素，小尾寒羊为舍饲，以麸皮、豆秆及配方饲料为食，饮食中铁含量会影响原料肉中亚铁血红素的含量，因而欧拉羊的红度值最高，敖汉细毛羊的居中，小尾寒羊的最低。同时，不同品种肉羊

由于饲养方式的差异，运动量也不同，运动较多的肌肉含有较多的线粒体及肌红蛋白，以有氧代谢为主，颜色较红；运动较少的肌肉则相反，代谢以无氧酵解为主，颜色较白，放牧饲养的羊比舍饲的羊运动多，颜色的红度随着运动的增多而增强，也可以影响肉的红度值。

图4-33　原料肉 ▶
色泽指标与香肠
色泽比较趋势图

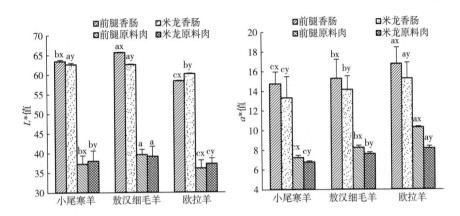

不同字母 a ~ c 表示同一品种不同部位原料肉及香肠色泽的显著性差异（$P < 0.05$）；不同字母 x、y 表示不同品种相同部位原料肉及香肠色泽的显著性差异（$P < 0.05$）。

2. 原料肉肌原纤维蛋白凝胶特性对羊肉乳化香肠品质的影响

三个品种两个部位羊肉肌原纤维蛋白凝胶特性如表 4-143 所示。品种和部位间有显著差异（$P < 0.05$）。前腿样品中，敖汉细毛羊的硬度、弹性、黏聚性、咀嚼性 4 个指标均最高。欧拉羊居中，小尾寒羊最低。米龙部位三个品种的肌原纤维蛋白凝胶结构参数趋势与前腿一致。前腿和米龙部位样品的肌原纤维蛋白凝胶质构参数比较，同一品种前腿的质构强度明显高于米龙（$P < 0.05$）。

表4-143　　　　　　　　不同品种、部位羊肉肌原纤维蛋白凝胶特性比较

指标	部位	小尾寒羊	敖汉细毛羊	欧拉羊
硬度	前腿	52.27 ± 9.31^{cx}	93.34 ± 9.37^{ax}	75.24 ± 8.52^{bx}
	米龙	31.02 ± 6.34^{cy}	37.94 ± 2.85^{ay}	36.08 ± 5.75^{aby}
弹性	前腿	0.71 ± 0.05^{cx}	0.77 ± 0.04^{ax}	0.75 ± 0.11^{bx}
	米龙	0.56 ± 0.06^{cy}	0.73 ± 0.07^{ay}	0.58 ± 0.06^{by}
黏聚性	前腿	0.39 ± 0.02^{bx}	0.42 ± 0.01^{ax}	0.41 ± 0.03^{abx}
	米龙	0.36 ± 0.04^{by}	0.37 ± 0.01^{ay}	0.36 ± 0.03^{by}
咀嚼性	前腿	14.54 ± 3.56^{cx}	30.11 ± 4.08^{ax}	23.70 ± 5.53^{bx}
	米龙	6.30 ± 1.98^{cy}	10.16 ± 1.95^{ay}	7.91 ± 2.51^{by}

注：同行数据上标不同字母 a~c 表示显著差异（$P < 0.05$）；同列数据上标不同字母 x、y 表示差异显著（$P < 0.05$）。

将原料肉肌原纤维蛋白凝胶特性与羊肉乳化香肠质构进行对比，以硬度和咀嚼性为例，结果如图 4-34 所示。肌原纤维蛋白凝胶硬度及咀嚼性与对应样品制得的乳化香肠硬度及咀嚼性趋势一致，结合乳化稳定性及蒸煮损失的结果，肌原纤维蛋白凝胶质构越强，对应香肠的乳化稳定性越好且蒸煮损失越小。分析原因，肌原纤维蛋白是形成三维网状结构的重要蛋白，对乳化香肠的质地有重要的影响。三个品种原料肉受遗传、环境因素及纤维类型影响，前腿和米龙受肌纤维类型的影响，其肌原纤维蛋白的溶解度、形态学特性存在差异，导致不同原料肉提取肌原纤维蛋白凝胶特性的差异。前腿属于慢收缩肌，米龙属于快收缩机，相比前腿中肌球蛋白肌丝更长，更容易聚集，形成的凝胶强度更大，同时，前腿和米龙肌原纤维蛋白的溶解性的差异也是造成凝胶强弱的原因。胸肉肌原纤维比腿肉更易提取，因而形成的凝胶弹性更高。因此，前腿肌原纤维蛋白凝胶强度大于米龙。蛋白的差异导致了不同样品制成的乳化香肠的质构、乳化稳定性不同。

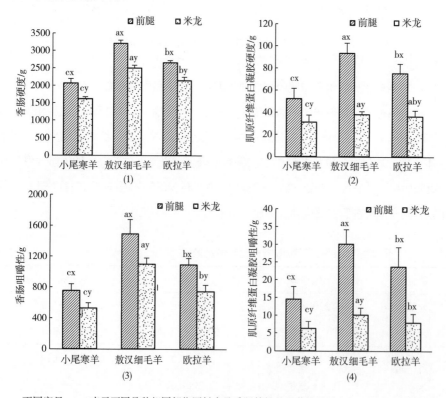

▸ 图4-34 原料肉肌原纤维蛋白凝胶特性与香肠质构比较

不同字母 a ~ c 表示不同品种相同部位原料肉及香肠特性的显著性差异（$P < 0.05$）；不同字母 x、y 表示同一品种不同部位原料肉及香肠特性的显著性差异（$P < 0.05$）。

3. 原料肉肌原纤维蛋白 SDS-PAGE 电泳分析

不同部位、品种羊肉盐溶蛋白 SDS-PAGE 电泳如图 4-35 所示。肌原纤维蛋白是多种蛋白的总称，包括肌球蛋白、肌动蛋白（约 45kD）、原肌球蛋白（34~36kD）和其他一些蛋白质，其中，肌球蛋白是肌原纤维蛋白中重要的蛋白质，由重链（220kD）

和轻链（10~27.5kD）组成。肌球蛋白是影响凝胶形成的重要蛋白，各样品间肌球蛋白重链含量差异不明显，但分子质量为25.12kD的条带间差异显著（$P < 0.05$），此条带为肌球蛋白碱性轻链1。而前腿部位制得的羊肉乳化香肠的质构优于米龙，乳化稳定性更好，蒸煮损失更少，感官品质中肠体均匀的、有咬劲的、多汁性、总体可接受性评分越高。肌球蛋白轻链含量多且易溶出的原料肉有利于羊肉乳化香肠的制作，是决定是否适宜制肠的重要因素。

图4-35 不同▶
品种、部位羊肉
盐溶蛋白SDS-
PAGE电泳图谱

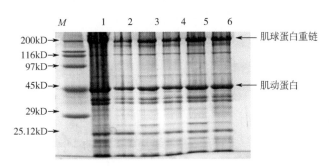

1—小尾寒羊前腿　2—小尾寒羊米龙　3—敖汉细毛羊前腿　4—敖汉细毛羊米龙　5—欧拉羊前腿　6—欧拉羊米龙

五、结果与展望

参照国家标准 GB/T 16861—1997《感官分析　通过多元分析方法鉴定和选择用于建立感官剖面的描述词》的方法进行感官评价，筛选出羊肉乳化香肠食用品质评价的关键指标为肠体均匀的、有咬劲的、多汁性、膻味和浅粉红色，建立了羊肉乳化香肠食用品质评价标准。筛选出羊肉乳化香肠加工品质的关键评价指标为 a^* 值、咀嚼性、总流失汁液。得到羊肉乳化香肠加工品质评价方程 $Y=0.1958 \times a^* + 0.4934 \times$ 咀嚼性 $-0.3108 \times$ 总流失汁液。建立了羊肉乳化香肠品质评价的方法，总分 > 23 为最适宜、20~23 为适宜、16.5~19.5 为较适宜、< 16.5 为基本适宜。不同品种肉羊制肠适宜性存在差异，总体放牧方式肉羊制肠适宜性优于舍饲；6 月龄羊制肠适宜性总体优于 12 月龄羊；公羊和母羊的总体差异不明显；前腿的制肠适宜性优于米龙。不同样品微观结构中蛋白交联出现的网状结构有利于增强乳化香肠的质构强度，且网孔结构越均匀、细致，香肠的蒸煮损失越少，乳化稳定性越强。羊肉乳化香肠的色泽受原料肉色泽及香肠保水保油的影响。原料肉肌原纤维蛋白的凝胶强度越高，羊肉乳化香肠的质构越好，乳化稳定性越强、蒸煮损失越少。同时，肌球蛋白轻链含量越高、溶出特性越好，对应的肌原纤维蛋白凝胶及香肠的质构强度越高。

参考文献

［1］陈润生．优质猪肉的指标及其度量方法［J］．养猪业，2002（3）：1-5.

［2］丛玉艳，张建勋．注射氯化钙和VC对牛肉品质的影响［J］．食品科技，2008（2）：46-48.

［3］董文娟，何永涛，丛玉艳．补饲维生素D_3对羊肉品质的影响［J］．黑龙江畜牧兽医，2006（3）：90-91.

［4］范玉顶，李斯深，孙海艳．HMW-GS与北方手工馒头加工品质关系的研究［J］．作物学报，2005（1）：32-35.

［5］郭天芬，杨博辉．我国羊肉质量标准现状及制修订建议［J］．中国动物检疫，2005（12）：8-9.

［6］韩雅珊．食品化学［M］．中国农业大学出版社，1996：21-30.

［7］侯明迪，曾士远．肉与肉制品质量的生化鉴定法［J］．食品科学，2000（12）：121-123.

［8］侯小娜．山东省17个城市可持续发展的综合评价研究［J］．价值工程，2007（12）：33-36.

［9］胡新中，魏益民，KOVACS M IP，等．谷蛋白溶胀指数与面团特性和面条品质的关系［J］．中国农业科学，2004，37（1）：119-124.

［10］金蛟．主成分分析方法在综合评价中的应用［J］．中国卫生统计，2008，25（1）：72-74.

［11］李春荣，徐勇，梁丽敏，等．TBHQ在广式腊肉中的应用研究［J］．食品工业科技，2007，28（7）：168-169.

［12］李菡，郭恒俊．小麦加工品质对馒头的适宜性评价研究［J］．粮食与饲料工业，2003（4）：3-5.

［13］李姣红，张崇玉．氢化物原子荧光法测定羊肉中的硒［J］．贵州农业科学，2006（5）：10-12.

［14］李鹏，张徐兰，王存堂．牦牛肉品质及加工特性研究［J］．中国食品工业，2007（5）：23-24.

［15］李述刚，侯旭杰，许宗运，等．新疆柯尔克孜羊肉营养成分分析［J］．现代食品科技，2005，21（1）：118-119.

［16］李述刚，许宗运，侯旭杰，等．新疆卡拉库尔羊肉营养成分分析［J］．塔里木大学学报，2005（1）：14-17.

［17］李述刚，许宗运，侯旭杰，等．新疆多浪羊肉营养成分分析［J］．肉类工业，

2005（4）：30-31.

　　[18]李月娥，葛长荣.猪肉品质的评价及日粮蛋白质氨基酸对肉质的影响[J].云南畜牧兽医，2005（4）：7-8.

　　[19]刘成江，李德明，李冀新，等.羊肉发酵香肠的理化性质的研究[J].肉类工业，2004（10）：22-24.

　　[20]刘丑生，王彦芳.猪肉品质的灰色关联分析和模糊综合评判[J].中国畜牧杂志，2003，39（2）：19-21.

　　[21]刘海珍，焦小鹿，范涛.青海藏羊肉的品质特性研究[J].中国草食动物，2005，25（4）：57-58.

　　[22]刘艳玲，田纪春，韩详铭，等.面团流变学特性分析方法比较及与烘烤品质的通径分析[J].中国农业科学，2005，38（1）：45-51.

　　[23]陆国权.紫心甘薯的理化品质及其加工适应性研究[J].中国粮油学报，2000，15（1）：45-62.

　　[24]罗欣，周光宏.电刺激和延迟冷却对牛肉食用品质的影响[J].中国农业科学，2008，41（1）：188-194.

　　[25]马丽珍，蒋福虎，刘会平.羊肉脱膻及全羊系列肉制品的开发研究现状[J].中国农业科技导报，2001（6）：21-24.

　　[26]马俪珍，张琳，王龙龙.外源酶对发酵羊肉香肠挥发性风味物质的影响[J].食品研究与开发，2008，29（1）：134-136.

　　[27]马毅青，龙火生，向伯先.羊肉香肠制作技术[J].四川畜牧兽医，2005，32（1）：43.

　　[28]娜仁托娅，郑晓燕.羊肉的脂肪酸组成分析及脱膻技术研究[J].肉类研究，2007（10）：15-19.

　　[29]蒲健，郭文萍.高压液相色谱法测定肉品中尼克酸的含量[J].肉类研究，1996（2）：35-37.

　　[30]祁生武，周继平，赛琴.高原瘦肉型猪猪肉品质的综合评价[J].试验研究，2004，31（7）：24-26.

　　[31]钱虎君，盖均镒，喻德跃.豆乳和豆腐产量、品质及加工性状的相关因子分子[J].中国油料作物学报，2002，24（3）：10-16.

　　[32]钱文熙，阎宏，彭文栋，等.舍饲滩羊、小尾寒羊及滩寒F1代羔羊体内脂肪酸含量的研究[J].黑龙江畜牧兽医，2007（2）：44-47.

　　[33]秦瑞生，谷雪莲，刘宝林，等.不同贮藏温度对速冻羊肉品质影响的实验研究[J].食品科学，2007，28（8）：495-497.

[34]任红松,徐海霞,王有武,等.数量化回归在小麦加工品质分析上的应用[J].石河子大学学报,2004,22(5):376-379.

[35]孙来华,李桂荣.羊肉发酵香肠的研制[J].食品科技,2005(4):46-48.

[36]孙来华.羊肉发酵香肠微生物特性和理化特性研究[J].食品研究与开发,2006,127(9):112-114.

[37]王蕊,王杰,杨明,等.成都麻羊肉脂中脂肪酸组成特点的研究[J].中国畜牧杂志,2007,43(17):59-61.

[38]王天佑,王玉娟,秦文.猪肉挥发性盐基氮值指标与其感官指标的差异研究[J].食品工业科技,2007,28(12):124-125.

[39]徐彬,李绍钰.多不饱和脂肪酸的生物学功能以及在养猪生产上的应用研究[J].畜禽业,2007(6):14-17.

[40]杨富民.国内羊肉品质分析研究进展[J].甘肃科技,2003,19(2):33-34.

[41]杨海燕,阿不力米提·克里木,陆晓娜.乳酸菌发酵羊肉香肠最佳工艺条件的研究[J].新疆农业大学学报,2007,30(4):94-97.

[42]杨坚,童华荣,贾利蓉.豆腐乳感官和理化品质的主成分分析[J].农业工程学报,2002,18(2):131-135.

[43]杨勤,刘汉丽,常海军,等.高效液相色谱法快速测定甘加藏羊肉中VA含量的研究[J].中国草食动物,2006,26(4):58-60.

[44]杨文燕,刘亚民,高昕,等.利用主成分分析法对中国肿瘤类期刊学术影响力的综合评价[J].中国肿瘤,2007,17(1):79-81.

[45]于贝亮,李开雄,卢士玲,等.应用KDY-9820开始定氮仪测定羊肉中挥发性盐基氮[J].食品研究与开发,2008(2):141-143.

[46]于瑞雪,郭培源.基于光电显微技术的猪肉新鲜度智能检测[J].食品科学技术学报,2007,25(4):34-38.

[47]曾勇庆,王慧.猪肉中羟脯氨酸的分光光度法测定[J].山东农业大学学报,2000(1):49-52.

[48]张德权,刘思扬,贺稚飞,等.5种发酵菌株生产羊肉发酵肠的发酵特性初步研究[J].肉类研究,2007(2):18-21.

[49]张桂枝,李新正,靳双星.波槐杂交一代产肉性能及羊肉品质研究[J].安徽农业科学,2007,35(23):7175-7178.

[50]张嫚,周光宏,徐幸莲.脂肪酸对肉类品质的影响[J].肉类工业,

2004（11）：12-14.

［51］张伟力.猪肉系水力测定方法［J］.养猪，2002（3）：25-26.

［52］张燕婉，鲁红军，王津生.高效液相色谱法测定肉食品中肌苷酸的含量［J］.肉类研究，1994，17（1）：42-43.

［53］张燕婉.氨基酸分析仪法测定肉食品中牛磺酸含量［J］.肉类研究，1996（1）：37-39.

［54］张英华.肉的品质及其相关质量指标［J］.食品研究与开发，2005，26（1）：39-42.

［55］张瑛，汤天彬，王庆普，等.我国肉羊业生产现状与发展战略［J］.中国草食动物，2005，25（3）：46-47.

［56］张云影，刘臣，付帅，等.安全猪肉质评定方法的研究与探讨［J］.农业与科技，2006，26（3）：108-109.

［57］傅樱花，刘军，邢军.腊羊肉加工工艺及关键控制点的研究［J］.食品工业，2006（1）：56-57.

［58］高爱琴，李虎山，王志新，等.巴美肉羊肉用性能和肉质特性研究［J］.畜牧与兽医，2008，40（2）：45-49.

［59］葛长荣，马美湖.肉与肉制品工艺学［M］.北京：中国轻工业出版社，2005.

［60］谷大海，徐志强，曹振辉，等.云南圭山红骨山羊和非红骨山羊肉品质比较研究［J］.中国畜牧兽医，2011，38（5）：210-213.

［61］郭元，李博.小尾寒羊不同部位羊肉理化特性及肉用品质的比较［J］.食品科学，2008，29（10）：143-147.

［62］韩克锋，冯作山.不同蛋白酶注射对羊肉品质的影响［J］.肉类工业，2008（9）：28-30.

［63］李正英，陈锦屏，张美枝.烤羊腿色泽改善的研究［J］.食品工业科技，2006，27（10）：70-73.

［64］廖国周，张英君，徐幸莲，等.传统肉制品中杂环胺的 HPLC 测定［J］.南京农业大学学报，2008，31（4）：134-139.

［65］刘海珍，焦小鹿.青海藏羊的产肉性能及肉食用品质的分析研究［J］中国草食动物，2006（4）：60-62.

［66］刘建伟，郑世学，王彦平，等.波尔山羊肉品质特性的研究［J］.河北农业大学学报，2007，30（4）：80-84.

［67］刘书亮，张国俊，徐鹏.四川羊肉生产加工的现状及发展建议［J］.四

川畜牧兽医，2007（2）：10-12.

[68] 刘兴余，金邦荃，詹巍，等.猪肉质构的仪器测定与感官评定之间的相关性分析 [J].食品科学，2007，28（4）：245-248.

[69] 马丽珍，蒋福虎，刘会平.羊肉脱膻及全羊系列肉制品的开发研究现状 [J].中国农业科技导报，2001，3（6）：21-24.

[70] 马丽珍.羊肉脱膻及全羊系列肉制品的开发研究现状 [J].中国农业科技导报，2001，3（6）：21-24.

[71] 马友记，李发弟.中国养羊业现状与发展趋势分析 [J].中国畜牧杂志，2011（14）：9-10.

[72] 满娟娟，卢进峰，祝恒前，等.熏烧烤肉生产加工工艺研究 [J].肉类工业，2011（2）：28-30.

[73] 潘兴云，薛妍君，蒋林惠，等.肉多汁性的研究及核磁共振技术在多汁性检测中的前景 [J].科技信息，2010（24）：6-7.

[74] 莎丽娜，靳烨，席棋乐木格，等.苏尼特羊肉食用品质的研究 [J].内蒙古农业大学学报：自然科学版，2008，29（1）：106-109.

[75] 邵凯，达来，乌达巴拉.国内外肉羊业发展概述 [J].畜牧与饲料科学，2006（6）：56-58.

[76] 时悦，李秉龙.我国羊肉价格变动趋势及其影响分析——对2006—2010年羊肉价格波动的思考 [J].价格理论与实践，2011（1）：60-61.

[77] 孙仁，谭喜，慧曹阳，等.我国肉羊业发展概况、存在问题及对策分析 [J].吉林畜牧兽医，2012（1）：14-16.

[78] 田斌，陈启康，陈冬亮.海门山羊品种特性与生产性能研究 [J].畜禽业，2008（8）：26-27.

[79] 田亚磊，宗珊颖，吉进卿，等.河南大尾寒羊屠宰性能和肉质特性研究 [J].云南农业大学学报：自然科学版，2010，25（2）：226-229.

[80] 王金文，王德芹，张果平.杜泊绵羊与小尾寒羊杂交肥羔肉质特性的研究 [J].中国畜牧杂志，2007，43（3）：4-6.

[81] 王金文，张果平，王德芹.杜泊、萨福克、无角陶塞特与小尾寒羊杂交肥羔肉质特性的研究 [J].家畜生态学报，2007，28（4）：70-73.

[82] 王霞.烧烤条件对烤肉食用品质的影响 [J].肉类工业，2004（9）：6-9.

[83] 王永，郑玉才，梁梓，等.草地藏系绵羊羊肉品质特性研究 [J].黑龙江畜牧兽医，2006（10）：111-114.

[84] 魏小军，魏小武，欧阳叙向，等.湘东黑山羊羊肉系列产品加工技术研

究［J］．湖南畜牧兽医，2007（1）：8-10.

［85］武彩霞．影响烤羊排的品质因素及加工技术研究［D］．呼和浩特：内蒙古农业大学，2007.

［86］夏静华，刘书亮，杨勇，等．羊肉嫩化技术及其机理的研究进展［J］．食品工业科技，2010，3（2）：381-384.

［87］徐光域，王卫，郭晓强．发酵香肠加工中的发酵剂及其应用进展［J］．食品科学，2002，23（8）：306-310.

［88］杨远剑．羊肉食用品质评价指标筛选研究［J］．食品科技，2010（12）：140-144.

［89］袁玉超，鲍琳．影响烤肉出品率因素的研究［J］．黑龙江畜牧兽医，2008（10）：109-110.

［90］张德权，陈宵娜，孙素琴，等．羊肉嫩度傅里叶变换近红外光谱偏最小二乘法定量分析研究［J］．光谱学与光谱分析，2008，28（11）：2550-2553.

［91］张果平，王德芹，李焕玲，等．杜泊羊、萨福克羊、无角陶赛特羊与小尾寒羊杂交优势利用研究［J］．中国草食动物，2006，26（5）：12-14.

［92］张进，王卫，郭秀兰，等．羊肉制品加工技术研究进展［J］．肉类研究，2011，25（11）：51-54.

［93］张英杰．2010年养羊业特点及2011年发展建议［J］．北方牧业，2011（2）：9-10.

［94］张玉伟，罗海玲．影响羊肉品质的因素及发展优质羊肉产业的对策［A］．中国羊业进展，2010：54-56.

［95］赵丽华，王振宇，王曼，等．戊糖片球菌与复合发酵剂对羊肉干发酵香肠质地剖面分析（TPA）和色泽的影响［J］．食品与发酵工业，2009（10）：122-126.

［96］赵丽华．羊肉发酵干香肠品质特性及挥发性风味变化及其形成机理研究［D］．呼和浩特：内蒙古农业大学，2009.

［97］郑灿龙．新疆传统特产烤全羊制作工艺［J］．肉类工业，2003（2）：10-11.

［98］郑坚强，马俪珍．烤羊肉加工工艺［J］．肉类工业，2008（6）：10-11.

［99］白云，钟国良，周光宏，等．蛋白浓度对兔腰大肌肌球蛋白热凝胶特性的影响［J］．食品科学，2009，30（21）：83-86.

［100］陈鑫炳，范素琴．羊肉风味的研究［J］．肉类工业，2010（9）：36-

39.

[101]戴瑞彤，吴国强.乳化型香肠生产原理和常见问题分析[J].食品工业科技，2000，21（5）：21-23.

[102]董庆利.亚硝酸盐对蒸煮香肠品质的影响及其抑菌模型与机理的研究[D].南京：南京农业大学，2007.

[103]方梦琳，张德权，张柏林，等.我国羊肉加工业的现状及发展趋势[J].肉类研究，2008（3）：3-7.

[104]方梦琳.羊肉对羊肉香肠加工适宜性的品质评价技术研究[D].北京：北京林业大学，2008.

[105]费英，韩敏义，杨凌寒，等.pH对肌原纤维蛋白二级结构及其热诱导凝胶特性的影响[J].中国农业科学，2010，43（1）：164-170.

[106]高爱琴，陶晓臣，李虎山，等.性别与年龄对巴美肉羊肉品质的影响[J].畜牧科学，2010（1）：55-57.

[107]郭元，李博.小尾寒羊不同部位羊肉理化特性及肉用品质的比较[J].食品科学，2008，29（10）：143-146.

[108]吉尔嘎拉，双金，刘常乐，等.苏尼特肉羊的肌肉和脂肪组织中脂肪酸组成的研究[J].内蒙古农牧学院学报，1994，15（3）：59-63.

[109]贾培红，张坤生，任云霞.磷酸盐对乳化型香肠品质的影响研究[J].肉类工业，2010（5）：16-20.

[110]蒋官澄，吴雄军，王晓军，等.确定储层损害预测评价指标权值的层次分析法[J].石油学报，2011，32（6）：1037-1041.

[111]李继红.不同种类肉盐溶蛋白凝胶特性的研究[D].保定：河北农业大学，2004.

[112]李泽，马霞，靳烨.不同年龄和部位羊肉中AMPK活性与糖酵解的差异[J].食品与发酵工业，2010，36（1）：184-186.

[113]刘长英，韩玲，常海军，等.甘南藏羊肉品质分析[J].甘肃农业大学学报，2008，43（2）：34-36.

[114]刘辉，王新华，孟庆翔.我国羊肉生产的现状和发展途径[J].新疆农垦科技，2004（6）：27-30.

[115]刘骞.肉制品中蛋白质的功能特性[J].肉类研究，2009（12）：58-65.

[116]闫运清.小尾寒羊研究发展概况[J].山东畜牧兽医，2011，32（6）：22-24.

[117] 刘书亮，张国俊，徐鹏．四川羊肉生产加工的现状及发展建议［J］．四川畜牧兽医，2007，34（2）：10-12.

[118] 刘兴余，金邦荃，詹巍，等．猪肉质构的仪器测定与感官评定之间的相关性分析［J］．食品科学，2007，28（4）：245-248.

[119] 娜仁托娅，郑晓燕．羊肉的脂肪酸组成分析及脱膻技术研究［J］．肉类研究，2007（10）：15-19.

[120] 潘君乾．我国羊肉生产现状及发展趋势［J］．动物科学动物医学，2003，20（3）：43-46.

[121] 潘兴云，薛妍君，蒋林惠，等．肉多汁性的研究及核磁共振技术在多汁性检测中的前景［J］．科技信息，2010，（24）：6-7.

[122] 彭华．我国肉羊生产存在的问题及发展趋势［J］．当代畜牧，2007（5）：1-4.

[123] 彭顺清，周玲，汪学荣．复合乳化剂对香肠制品的保油效果研究［J］．肉类工业，2003（12）：28-30.

[124] 莎丽娜，靳烨，席棋乐木格．苏尼特羊肉食用品质的研究［J］．内蒙古农业大学学报．2008，29（1）：106-109.

[125] 王鹏，徐幸莲，周光宏．原料肉状态及磷酸盐用量对乳化肠贮藏期间保水和质构性质的影响［J］．中国农业科学，2008，41（9）：2769-2775.

[126] 王洋，高杨，戴瑞彤，等．超高压处理对法兰克福香肠理化及感官品质的影响［J］．肉类研究，2012，26（8）：1-5.

[127] 王兆丹，魏益民，郭波莉，等．中国肉羊产业的现状与发展趋势分析［J］．中国畜牧杂志，2009，45（10）：19-23.

[128] 吴尔罡，崔计顺．中国羊肉生产与贸易分析［J］．内蒙古科技与经济，2012（9）：61-62.

[129] 夏晓平，李秉龙，隋艳颖．中国肉羊生产空间布局变动的实证分析［J］．华南农业大学学报：社会科学版，2011，10（2）：109-117.

[130] 向丹．不同理化因素对猪肉肌红蛋白稳定性的影响研究［D］．重庆：西南大学，2010.

[131] 薛丹丹．不同品种羊肉烤制特性及烤制适宜性评价研究［D］．北京：中国农业科学院，2012.

[132] 杨远剑，张德权，饶伟丽．羊肉食用品质评价指标筛选研究［J］．食品科技，2010（12）：140-144.

[133] 杨智青，丁海荣，陈应江，等．江苏沿海地区羊肉深加工现状及发展研

究［J］. 现代农业科技，2010，20：338-343.

　　［134］姚莉. 用 AHP 法确定儿童形态发育评价指标［J］. 数理医药学杂志，2002，15（3）：206-207.

　　［135］尹靖东. 动物肌肉生物学与肉品科学［M］. 北京：中国农业大学出版社，2011.

　　［136］张秋会，赵改名，李苗云. 肉制品的食用品质及其评价［J］. 肉类研究，2011，25（5）：58-61.

　　［137］郑灿龙. 羊肉的营养价值及其品质的影响因素［J］. 肉类研究，2003（1）：47-48.

　　［138］张伟力，蒋模有，陈宏权. 利用人工口腔来客观评定猪肉多汁性的新方法［J］. 安徽农业大学学报，1997，24（1）：58-61.

　　［139］赵春青. 鸡肉盐溶蛋白质凝胶特性及其影响因素的研究［D］. 保定：河北农业大学，2002.

　　［140］周伟伟，刘毅，陈霞. 斩拌终温对乳化型香肠品质影响的研究［J］. 食品工业科技，2008（3）：76-79.

　　［141］朱剑凯. 豫西脂尾羊肉理化品质的分析［J］. 肉类工业，2010（11）：26-27.

　　［142］丁丽娜. 中国羊肉市场供求现状及未来趋势研究［D］. 北京：中国农业大学，2014.

　　［143］夏小平，李秉龙，隋艳颖，等. 中国肉羊生产空间布局变动的实证分析［J］. 华南农业大学学报，2011，10（2）：109-117.

　　［144］马丽珍. 羊肉脱膻及全羊系列肉制品的开发研究现状［J］. 中国农业科技导报，2001，3（6）：21-24.

　　［145］方梦琳，张德权，张柏林，等. 我国羊肉加工业的现状及发展趋势［J］. 肉类研究，2008（3）：3-7.

　　［146］邵凯，达来，乌达巴拉. 国内外肉羊业发展概述［J］. 畜牧与饲料科学，2006（6）：56-58.

　　［147］王百姓. 我国羊肉生产与加工利用综述［J］. 肉类研究，2005（1）：39-44.

　　［148］周光宏，李春保，徐幸莲. 肉类食用品质评价方法研究进展［J］. 中国科技论文在线，2007（2）：75-82.

　　［149］师俊玲，魏益民，郭波莉. 面条食用品质评价方法研究［J］. 西北农林科技大学学报，2002，30（6）：111-117.

［150］满娟娟，卢进峰，祝恒前，等 . 熏烧烤肉生产加工工艺研究［J］. 肉类工业，2011（2）：28-30.

［151］刘越，李欣，陈丽，等 . 七个不同品种羊肉烤制特性研究［J］. 食品工业，2015，36（12）：176-179.

［152］孙焕林，张文举，刘艳丰，等 . 影响羊肉品质因素的研究进展［J］. 饲料博览，2014（1）：8-12.

［153］刘海珍 . 青海青海藏羊肉的品质特性研究［J］. 畜产品，2005，25（4）：57-58.

［154］王霞，烧烤条件对烤肉食用品质的影响［J］. 肉类工业，2004（9）：6-9.

［155］黄娟 . 羊肉发酵香肠的工艺学研究［D］. 保定：河北农业大学，2004.

［156］王琳琛 . 不同品种羊肉制肠适宜性研究［D］. 北京：中国农业科学院，2013.

［157］刘长英，韩玲，常海军，等 . 甘南青海藏羊肉品质分析［J］. 甘肃农业大学学报 . 2008，43（2）：34-36.

［158］郭元，李博 . 小尾寒羊不同部位羊肉理化特性及肉用品质的比较［J］. 食品科学，2008，29（10）：143-146.

［159］陈韬，彭和禄，谭丽勤，等 . 龙陵黄山羊屠宰性能及肉质研究［J］. 云南农业大学学报，1996，11（3）：162-167.

［160］沙丽娜，靳烨，席棋乐木格，等 . 苏尼特羊肉食用品质的研究［J］. 内蒙古农业大学学报，2008，29（1）：106-109.

［161］杨晶 . 不同月龄不同部位羊肉中共轭亚油酸的含量及脂肪酸成分的分析［D］. 呼和浩特：内蒙古农业大学，2014.

［162］周明月，陈韬 . 低盐川味腊肉的研制与加工［J］. 肉类研究，2012，26（2）：17-22.

［163］楼明 . 新技术生产传统金华竹叶熏腊肉［J］. 肉类工业，2005（10）：3-5.

［164］巴吐尔 . 传统工艺生产熏马肠及质量控制［J］. 肉类工业，2001（10）：17-18.

［165］孙然然，李应彪 . HACCP 体系在新疆熏马肠生产中的应用研究［J］. 农产品加工，2012（5）：77-80.

［166］邹志武，宋广涛 . 熏烤对制品质量的影响［J］. 肉类工业，2000（4）：22-24.

［167］赵冰，任琳，张春江 . 不同杀菌方式对熏肉的影响［J］. 肉类研究，

2012，26（10）：13-17.

［168］赵冰，任琳，陈文华，等 . 烟熏工艺对熏肉挥发性风味物质的影响［J］.
食品科学，2013，34（6）：180-187.

［169］李永新，张宏，毛丽莎 . 气相色谱／质谱法测定熏肉中的多环芳烃［J］.
色谱，2003，21（5）：476-479.

［170］唐道邦，夏延斌，张滨 . 肉的烟熏味形成机理及生产应用［J］. 肉类工业，
2004（2）：12-14.

［171］刘兴余，金邦荃，詹巍，等 . 猪肉质构的仪器测定与感官评定之间的相
关性分析［J］. 食品科学，2007，28（4）：245-248.

［172］陈幼春，孙宝忠，曹红鹤 . 食物评品指南［M］. 北京：中国农业出版社，
2003.

［173］张凤宽 . 肌肉内水的分布与肉品感官特性的关系［J］. 吉林农业大学
学报，1990（3）：103-106.

［174］聂继云，毋永龙，王昆，等 . 苹果鲜榨汁品质评价体系构建［J］. 中
国农业科学，2013，46（8）：1657-1667.

［175］巴吐尔·阿不力克木，帕提姑·阿不都可热，布丽布丽·俄力木汗，等 .
羊品种和解刨部位与羊肉嫩度关系的研究［J］. 农产品加工，2011（11）：55-
58.

［176］郭元，李博 . 小尾寒羊不同部位羊肉理化特性及肉用品质的比较［J］.
食品科学，2008，29（10）：143-147.

［177］陈晓娟，石坚，黄帅，等 . 二花脸仔猪与皮兰特仔猪肌纤维类型特性的
比较及其与肉质的关系［J］. 福建农林大学学报：自然科学版，2008，37（2）：
185-189.

［178］李海晏，陆甜，夏枚生，等 . 猪肌纤维生长发育规律研究进展［J］.
畜牧与兽医，2009，41（10）：93-95.

［179］王琳琛，陈丽，王振宇，等 . 品种对羊肉乳化香肠品质的影响［J］.
核农学报，2014，28（2）：245-251.

［180］王琳琛，王振宇，夏安琪，等 . 羊肉乳化香肠食用品质关键评价指标筛
选［J］. 食品科学，2013，34（17）：33-37.

［181］廖彩虎，芮汉明，张立彦，等 . 超高压解冻对不同方式冻结的鸡肉品质
的影响［J］. 农业工程学报，2010，26（2）：331-337.

［182］杨月欣 . 中国食物成分表 2004［M］. 北京：北京大学医学出版社，
2005.

［183］陶晓臣，高爱琴，王志新，等．昭乌达羊肉用性能和肉质特性研究［J］．畜牧与饲料科学，2011，32（3）：3-5.

［184］武运，王炜．天然防腐剂在不同冷藏期鲜羊肉中的发挥性盐基氮和pH值变化研究［J］．新疆农业科学，2001，38（2）：80-82.

［185］刘定华，张牧．猪肉品质的研究进展［J］．食品科技，2001（5）：27-29.

［186］罗军．肌肉纤维特性研究进展［J］．黄牛杂志，1989（4）：36-40.

［187］买买提明·巴拉提，哈米提·哈凯莫夫，决肯·阿努瓦什．6月龄羊肉型巴什拜羊的研究［J］．草食家畜，1999（2）：16-18.

［188］刘铮铸，李祥龙，李金泉，等．波尔山羊杂交后代肌肉组织学特性研究［J］．黑龙江畜牧兽医，2004（8）：8-10.

［189］蔡原．放牧型合作猪肉质特性的研究［D］．兰州：甘肃农业大学，2007.

［190］李颖康，吕建民，梁小军，等．肉用品种绵羊改良本地羊所产杂种羊产肉性能研究［J］．中国草食动物，2004（6）：17-19.

［191］LAWRIE R A，LEDWARD D A. Lawrie's 肉品科学［M］.7 版．周光宏，主译．中国农业大学出版社，2009.

［192］李银，李侠，张春辉，等．利用低场核磁共振技术测定肌原纤维蛋白凝胶的保水性及其水分含量［J］．现代食品科技，2013，32（9）：1038-1043.

［193］于家丰，刘显军，边连全，等．不同品种及其杂交组合育肥猪肉 pH 值和滴水损失的比较研究［J］．当代畜牧，2006（2）：46-48.

［194］罗章，马美湖，孙树国，等．不同加热处理对牦牛肉风味组成和质构特性的影响［J］．食品科学，2012，33（15）：148-154.

［195］汤兆星．新疆葡萄加工品质评价和基础数据库建立［D］．北京：中国农业科学院，2010.

［196］田金强．欧李果实加工利用及其标准体系建立［D］．北京：北京市农林科学院，2009.

［197］刘新红．青稞品质特性评价及加工适宜性评价［D］．西宁：青海大学，2011.

［198］王轩．不同产地红富士苹果品质评价及加工适宜性评价［D］．北京：中国农业科学院，2013.

［199］王青春，李侠，张春晖，等．不同品种鸡熏制加工适宜性评价研究［J］．中国农业科学，2015，48（17）：3091-3100.

[200] 周九庆. 加工方式对牛肉产地溯源指纹信息的影响 [D]. 杨凌：西北农林科技大学，2014.

[201] AMBROSIADIS J, SOULTOS N, ABRAHIM A, et al. Physicochemical, microbiological and sensory attributes for the characterization of Greek traditional sausages [J]. Meat Science, 2004, 66 (2): 279-287.

[202] BERIAIN M. J, IRIARTE J, GORRAIZ C, et al. Technological suitability of mutton for meat cured products [J]. Meat Science, 1997, 47 (3/4): 259-266.

[203] BRYHNI E A, BYRNE D V, RØDBOTTEN M, et al. Consumer and sensory investigations in relation to physical/chemical aspects of cooked pork in Scandinavia [J]. Meat Science, 2003, 65 (2): 737-748.

[204] CHANNON H A, KERR M G, WALKER PJ. Effect of Duroc content, sex and ageing period on meat and eating quality attributes of pork loin [J]. Meat Science, 2004, 66 (4): 881-888.

[205] FORTIN A, ROBERTSON W M, TONG A K W. The eating quality of Canadian pork and its relationship with intramuscular fat [J]. Meat Science, 2005, 69 (2): 297-305.

[206] GARCÍA-REY R M, GARCÍA-GARRIDO J A, QUILES-ZAFRA R, et al. Relationship between pH before salting and dry-cured ham quality [J]. Meat Science, 2004, 67 (4): 625-632.

[207] GEESINK G H, SCHREUTELKAMP F H, FRANKHUIZEN R, et al. Prediction of pork quality attributes from near infrared reflectance spectra [J]. Meat Science, 2003, 65 (1): 661-668.

[208] HELGESEN H, NAES T. Selection of dry fermented lamb sausages for consumer testing [J]. Food Quality and Preference, 1995, 6 (2): 109-120.

[209] HOFFMAN L C, MULLER M, CLOETE S W P, et al. Comparison of six crossbred lamb types: sensory, physical and nutritional meat quality characteristics [J]. Meat Science, 2003, 65 (4): 1265-1274.

[210] LAGERSTEDT M. Effect of freezing on sensory quality, shear force and water loss in beef *M. longissimus* dorsi [J]. Meat Science,

2008, 80（2）: 457.

　　[211] MEINERT L, CHRISTIANSEN S C, KRISTENSEN L, et al. Eating quality of pork from pure breeds and DLY studied by focus group research and meat quality analyses [J] . Meat Science, 2008, 80（2）: 304-314.

　　[212] AHNSTRÖM M L, SEYFERT M, HUNT M C, et al. Dry aging of beef in a bag highly permeable to water vapour [J] . Meat Science, 2006, 73（4）: 674-679.

　　[213] MUSHI D E, EIK L O, THOMASSEN M S, et al. Suitability of Norwegian short-tail lambs, Norwegian dairy goats and Cashmere goats for meat production - Carcass, meat, chemical and sensory characteristics [J] . Meat Science, 2008, 80（3）: 842-850.

　　[214] PERLO F, BONATO P, TEIRA G, et al. Meat quality of lambs produced in the Mesopotamia region of Argentina finished on different diets [J] . Meat Science, 2008, 79（3）: 576-581.

　　[215] QIAO J, WANG N, NGADI M O, et al. Prediction of drip-loss, pH, and color for pork using a hyperspectral imaging technique [J] . Meat Science, 2007, 76（1）: 1-8.

　　[216] RIPOLL G, ALBERTÃ P, PANEA B, et al. Near-infrared reflectance spectroscopy for predicting chemical, instrumental and sensory quality of beef [J] . Meat Science, 2008, 80（3）: 697-702.

　　[217] SACKS B, CASEY N. H, BOSHOF E, et al. Influence of freezing method on thaw drip and protein loss of low-voltage electrically stimulated and non-stimulated sheeps' muscle [J] . Meat Science, 1993, 34（2）: 235-243.

　　[218] SEVERIANO-PÉRE Z P, VIVAR-QUINTANA A M, REVILLA I. Determination and evaluation of the parameters affecting the choice of veal meat of the "Ternera de Aliste" quality appellation [J] . Meat Science, 2006, 73（3）: 491-497.

　　[219] HANSEN T, PETERSEN M A, BYRNE D V. Sensory based quality control utilising an electronic nose and GC-MS analyses to predict end-product quality from raw materials [J] . Meat Science, 2005, 69（4）: 621-634.

[220] VERMA M M, ALARCON A D R, LEDWARD D A, et al. Effect of frozen storage of minced meats on the quality of sausages prepared from them [J] . Meat Science, 1985, 12 (3) : 125-129.

[221] VERMA M M, LEDWARD D A, LAWRIE R A. Utilization of chickpea flour in sausages [J] . Meat Science, 1984, 11 (2) : 109-121.

[222] AASLYNG M D, OKSAMA M, OLSEN E V, et al. The impact of sensory quality of pork on consumer preference [J] . Meat Science, 2007, 76 (1) : 61-73.

[223] BRYHNI E A, BYRNE D V, RODBOTTEN M, et al, Consumer and sensory investigations in relation to physical/chemical aspects of cooked pork in Scandinavia [J] . Meat Science, 2003, 65 (2) : 737-748.

[224] CARLUCCI A, GIROLAMI A, NAPOLITANO F, et al, Sensory evaluation of young goat meat [J] . Meat Science, 1998, 50 (1) : 131-136.

[225] CHANNON H A, KERR M G, WALKER PJ, Effect of Duroc content, sex and ageing period on meat and eating quality attributes of pork loin [J] . Meat Science, 2004, 66 (4) : 881-888.

[226] CHÁVEZ A, PÉREZ E, RUBIO M S, et al, Chemical composition and cooking properties of beef forequarter muscles of Mexican cattle from different genotypes [J] . Meat Science, 2012, 91: 160-164.

[227] FORTIN A, ROBERTSON W M, TONG A K W, The eating quality of Canadian pork and its relationship with intramuscular fat [J] .Meat Science, 2005, 69 (2) : 297-305.

[228] GARCÍA-REY R M, GARCÍA-GARRIDO J A, QUILES-ZAFRA R, et al, Relationship between pH before salting and dry-cured ham quality [J] . Meat Science, 2004, 67 (4) : 625-632.

[229] GEESINK G H, SCHREUTELKAMPF H, FRANKHUIZEN R, et al, Prediction of pork quality attributes from near infrared reflectance spectra [J] . Meat Science, 2003, 65 (1) : 661-668.

[230] HANSEN T, PETERSEN M A, BYRNE D V, Sensory based quality control utilising an electronic nose and GC-MS analyses to predict end-product quality from raw materials [J] . Meat Science, 2005, 69 (4) :

621-634.

［231］HARRIES J M, RHODES D N, CHRYSTALL B B, Subjective assessment of the texture of cooked beef ［J］. Journal of Texture Studies, 1972, 3（1）: 101-114.

［232］HOFFMAN L C, MULLER M, CLOETE S W P, et al. Comparison of six crossbred lamb types: sensory, physical and nutritional meat quality characteristics ［J］. Meat Science, 2003, 65（4）: 1265-1274.

［233］HOPKINS D L, STANLEY D F, TOOHEY E S, et al. Sire and growth path effects on sheep meat production. 2. Meat and eating quality［J］. Australian Journal of Experimental Agriculture, 2007, 47（10）: 1219-1228.

［234］LAGERSTEDT A, ENFÄLT L, JOHANSSON L, et al, Effect of freezing on sensory quality, shear force and water loss in beef *M. longissimus* dorsi ［J］. Meat Science, 2008, 80（2）: 457-461.

［235］LAWRIE R A. Lawrie's Meat Science ［M］. Woodhead Publishing in Food Science Technology & Nutrition, 1998.

［236］LEE S H, CHOE J H, CHOI Y M, et al. The influence of pork quality traits and muscle fiber characteristics on the eating quality of pork from various breeds ［J］. Meat Science, 2012, 90（2）: 284-291.

［237］MEINERT L, CHRISTIANSEN S C, KRISTENSEN L, et al, Eating quality of pork from pure breeds and DLY studied by focus group research and meat quality analyses ［J］. Meat Science, 2008, 80（2）: 304-314.

［238］MORLEIN D, LINK G, WERNER C. et al, Suitability of three commercially produced pig breeds in Germany for a meat quality program with emphasis on drip loss and eating quality ［J］. Meat Science, 2007, 77: 504-511.

［239］MUELA E, SANUDO C, CAMPO M M, et al. Effect of freezing method and frozen storage duration on lamb sensory quality ［J］. Meat Science, 2012, 90（7）: 209-215.

［240］MUSHI D E, EIK L O, THOMASSEN M S, et al. Suitability of Norwegian short-tail lambs, Norwegian dairy goats and Cashmere goats for meat production-Carcass, meat, chemical and sensory characteristics [J]. Meat Science, 2008, 80（3）: 842-850.

[241] OURY M P, PICARD B, BRIAND M, et al, Interrelationships between meat quality traits, texture measurements and physicochemical characteristics of M. rectus abdominis from Charolais heifers [J]. Meat Science, 2009, 83（5）: 293-301.

[242] PERLO F, BONATO P, TEIRA G, et al. Meat quality of lambs produced in the Mesopotamia region of Argentina finished on different diets [J]. Meat Science, 2007, 79（3）: 576-581.

[243] PIETRASIK Z, SHAND P J, Effects of mechanical treatments and moisture enhancement on the processing characteristics and tenderness of beef semimembranosus roasts [J]. Meat Science, 2005, 71: 498-505.

[244] RESANO H, SANJUAN A I, CILLAI I, et al, Sensory attributes that drive consumer acceptability of dry-cured ham and convergence with trained sensory data [J]. Meat Science, 2010, 84（3）: 344-351.

[245] RESCONI V C, CAMPO M M, FONT M, et al, Sensory quality of beef from different finishing diets [J]. Meat Science, 2010, 86（3）: 865-869.

[246] REVILLA I, LURUENA-MARTÍNEZ M A, BLANCO-LOPEZ M A, et al, Comparison of the sensory characteristics of suckling lamb meat: Organic vs conventional production [J]. Czech J Food Sci, 2009, 27: 267-270.

[247] RODBOTTEN M, KUBBEROD E, LEA P, et al. A sensory map of the meat universe. Sensory profile of meat from 15 species [J]. Meat Science, 2004, 68: 134-137.

[248] SACKS B, CASEY N H, BOSHOF E, et al. Influence of freezing method on thaw drip and protein loss of low-voltage electrically stimulated and non-stimulated sheeps' muscle [J]. Meat Science, 1993, 34（2）: 235-243.

[249] SEVERIANO-PÉRE P, VIVAR-QUINTANA A M, REVILLA I, Determination and evaluation of the parameters affecting the choice of veal meat of the "Ternera de Aliste" quality appellation [J]. Meat Science, 2006, 73（3）: 491-497.

［250］TSHABALALAA P A，STRYDOM P E，WEBBC E C，et al. Meat quality of designated South African indigenous goat and sheep breeds ［J］. Meat Science，2003，65：563-570.

［251］THOMPSON J M，HOPKINS D L，D' SOUZA D N，et al. The impact of processing on sensory and objective measurements of sheep meat eating quality ［J］. Australian Journal of Experimental Agriculture，2005，45：561-573.

［252］THOMPSON J M，GEE A，HOPKINS D L，et al. Development of a sensory protocol for testing palatability of sheep meats ［J］. Australian Journal of Experimental Agriculture，2005，45（5）：469-476.

［253］TSHABALALAA P A，STRYDOM P E，WEBBC E C，et al，Meat quality of designated South African indigenous goat and sheep breeds ［J］. Meat Science，2003，65：563-570.

［254］WENDELL K T，MÁRCIA M C，FRANCISCO A F，et al. Correlation of animal diet and fatty acid content in young goat meat by gas chromatography and chemometrics ［J］. Meat Science，2005，71（2）：358-363.

［255］YANCEY J W S，WHARTON M D，APPLE J K，Cookery method and end-point temperature can affect the Warner-Bratzler shear force，cooking loss，and internal cooked color of beef longissimus steaks［J］. Meat Science，2011，88：1-7.

［256］ÁLVAREZ D，DELLES R M，XIONG Y L，et，al. Influence of canola-olive oils，rice bran and walnut on functionality and emulsion stability of frankfurters ［J］. Food Science and Technology，2011，44：1435-1442.

［257］ANITA L S，AARTI B T，RON K T. Use of high pressure to reduce cook loss and improve texture of low-salt beef sausage batters ［J］. Innovative Food Science and Emerging Technologies，2009，10：405-412.

［258］AYADI M A，KECHAOU A，MAKNI I. Influence of carrageenan addition on turkey meat sausages properties ［J］. Journal of Food Engineering，2009，93：278-283.

［259］BAGHIERI A，PIAZZOLLA N，CARLUCCI A，et al. Development and validation of a quantitative frame of reference for meat sensory evaluation ［J］. Food Quality and Preference，2012，25：63-68.

［260］ BRADLEY E M, WILLIAMS J B, SCHILLING M W, et al. Effects of sodium lactate and acetic acid derivatives on the quality and sensory characteristics of hot-boned pork sausage patties ［J］. Meat Science, 2011, 88: 145-150.

［261］ BRADY P L, HUNECKE M E. Correlations of sensory and instrumental evaluations of roast beef texture ［J］. Journal of Food Science, 1985, 50（2）: 300-303.

［262］ BUSBOOM J R, MILLER R A, FIELD J D, et al. Characteristics of fat from heavy ram and weather lambs ［J］. Animal Science, 1981, 52: 83-86.

［263］ CARBALLO J, MOTA N, BARRETO G, et, al. Binding properties and color of Bologna sausage made with varying fat levels, protein levels and cooking temperatures ［J］. Meat Science, 1995, 41（3）: 301-313.

［264］ CHOI Y S, CHOI J H, HAN D J, et al. Effects of *Laminaria japonica* on the physico-chemical and sensory characteristics of reduced-fat pork patties ［J］. Meat Science, 2012, 91: 1-7.

［265］ COLMENERO F J, CARRASCOSA A V, FERNADEZ P C. Chopping temperature effects on the characteristics and chilled storage of low and high fat pork bologna sausages ［J］. Meat Science, 1996, 44: 1-9.

［266］ COSTA R G, BATISTA A S M, MADRUGA M S, et al. Physical and chemical characterization of lamb meat from different genotypes submitted to diet with different fiber contents ［J］. Small Ruminant Research, 2009, 81（1）: 29-34.

［267］ DELGADO E J, RUBIO M S, ITURBE F A. Composition and quality of Mexican and imported retail beef in Mexico ［J］. Meat Science, 2005, 69（3）: 465-471.

［268］ DELGADO-PANDO G, COFRADES S, RUIZ-CAPILLAS C, et al. Healthier lipid combination as functional ingredient influencing sensory and technological properties of low-fat frankfurters ［J］. European Journal of Lipid Science and Technology, 2010, 112（8）: 859-870.

［269］ DINGSTAD G I, KUBBEROD E, NAES T, et al. Critical quality constraints of sensory attributes in frankfurter-type sausages, to be applied in optimization models [J] . LWT-Food Science and Technology, 2005, 38 (6) : 665-676.

[270] DOERSCHER D R, BRIGGS J L, LONERGAN S M. Effects of pork collagen on thermal and viscoelastic properties of purified porcine myofibrillar protein gels [J] . Meat Science, 2003, 66: 181-188.

[271] ENFALT A C, LUNDSTROM K, HANSSON I, et al. Effects of outdoor rearing and sire breed (Duroc or Yorkshire) on carcass composition and sensory and technological meat quality[J]. Meat Science, 1997, 45(1): 1-15.

[272] ESTEVEZ M, MORCUENDE D, CAVA R. Extensively reared Iberian pigs versus intensively reared white pigs for the manufacture of frankfurters [J] . Meat Science, 2006, 72 (2) : 356-364.

[273] FAROUK M M, WIELICZKO R L. Cooked sausage batter cohesiveness as affected by sarcoplasmic proteins [J] . Meat Science, 2002, 61: 85-90.

[274] FISHER A V, ENSER M, RICHARDSON R I, et al. Fatty acid composition and eating quality of lamb types derived from four diverse breedproduction systems [J] . Meat Science, 1999, 55 (2) : 141-147.

[275] FRANCOIS I M, WINS H, BUYSENS S, et al. Predicting sensory attributes of different chicory hybrids using physico-chemical measurements and visible/near infrared spectroscopy [J] . Postharvest Biology and Technology, 2008, 49 (3) : 366-373.

[276] GONZALEZ-RIOS H, PENA-RAMOS A, VALENZUELA M. Comparison of physical, chemical, and sensorial characteristics between U.S.-imported and northwestern mexico retail beef [J] . Journal of Food Science, 2010, 75 (9) : 747-752.

[277] GONZALEZ-VINAS M A, CABALLERO A B, GALLEGO I, et al. Evaluation of the physico-chemical, rheological and sensory characteristics of commercially available Frankfurters in Spain and consumer preferences [J] . Meat Science, 2004, 67: 633-641.

[278] GROSSI A, SOLTOFT-JENSEN J, KNUDSEN J C, et al. Synergistic cooperation of high pressure and carrot dietary fibre on texture and colour of pork sausage [J] . Meat Science, 2011, 9 (2) : 195- 201.

[279] HAYES J E, DESMOND E M, TROY D J, et al.The effect of whey protein-enriched fractions on the physical and sensory properties of frankfurters [J] . Meat Science, 2005, 71: 238-243.

[280] HENSLEY J L, HAND L W. Formulation and chopping temperature effects on beef frankfurters [J] . Journal of Food Science, 1995, 60: 55-57.

[281] HOFFMAN L C, MULLER M, CLOETE S W P, et al. Comparison of six crossbred lamb types: sensory, physical and nutritional meat quality characteristics [J] . Meat Science, 2003, 65 (4) : 1265-1274.

[282] HUGHES E, COFRADES S, TROY D J. Effects of fat level, oat fiber and carrageenan on frankfurters formulated with 5, 12 and 30% fat [J] . Meat Science, 1997, 45: 273-281.

[283] HUGHES E, MULLEN A M, TROY D J. Effect of fat level, tapioca starch and whey protein on frankfurters formulated with 5% and 12% fat [J] . Meat Science, 1998, 48: 169-180.

[284] HURADO S, SAGUER E, TOLDRA M, et al. Porcine plasma as polyphosphate and caseinate replacer in frankfurters [J] . Meat Science, 2012, 90: 624-628.

[285] ISHIOROSHI M, ARIE Y, SAMAJIMA K, et al. Effect of blocking the myosin-actin interaction in heat-induced gelation of myosin in the presence of actin [J] . Agricultural and Biological Chemistry, 1980, 44: 2185-2194.

[286] JEREMIAH L E, AALHUS J L, ROBERTSON W M, et al. The effects of grade, gender, and postmortem treatment on beef. II. Cooking properties and palatability attributes [J] . Canadian Veterinary Journal La Revue Veterinaire Canadienne, 1997, 77 (1) : 41-54.

[287] JEREMIAH L E. A comparison of flavor and texture profiles for lamb roasts from three different geographical sources [J] .Canadian Institute of Food Science and Technology Journal, 1988, 21: 471-476.

[288] JOHNSON A M, RESURRECCION A V A. Sensory profiling of electron-beam irradiated ready-to-eat poultry frankfurters [J] . LWT-Food Science and Technology, 2009, 42: 265-274.

[289] KEETON J T. Low-fat meat products: Technological problems

with processing [J] . Meat Science, 1994, 36: 261-276.

[290] KUO C C, CHU C Y. Quality characteristics of Chinese sausages made from PSE pork [J] . Meat Science, 2003, 64: 441-449.

[291] LESIOWA T, XIONG Y L. Chicken muscle homogenate gelation properties: effect of pH and muscle fiber type [J] . Meat Science, 2003, 64 (4) : 399-403.

[292] LIN K W, HUANG H Y. Konjac/gellan gum mixed gels improve the quality of reduced-fat frankfurters [J] . Meat Science, 2003, 65: 749-755.

[293] MORITA J I, CHOE I S, YAMAMOTO K, et al. Heat-induced gelation of myosin from leg and brest muscles of chicken [J] . Journal of Agricultural BioChemistry, 1987, 51 (11) : 289-2900.

[294] MUSHI D E, EIK L O, THOMASSEN M S. et al. Suitability of Norwegian short-tail lambs, Norwegian dairy goats and Cashmere goats for meat production-Carcass, meat chemical and sensory characteristics [J] . Meat Science, 2008, 80 (3) : 842-850.

[295] PEREIRA A G T, RAMOS E M, TEIXEIRA J T, et al. Effects of the addition of mechanically deboned poultry meat and collagen fibers on quality characteristics of frankfurter-type sausages [J] . Meat Science, 2011, 89 (4) : 519-525.

[296] PRIOLO A, MICOL D, AGABRIEL J, et al. Effect of grass or concentrate feeding systems on lamb carcass and meat quality [J] .Meat Science, 2002, 62 (2) : 179-185.

[297] PUOLANNE E J, RUUSUNEN M H, VAINIONPÄÄ J I. Combined effects of NaCl and raw meat pH on water-holding in cooked sausage with and without added phosphate[J].Meat Science, 2001, 58(1): 1-7.

[298] SANUDO C, ALFONSO M, SAN JULIAN R. Regional variation in the hedonic evaluation of lamb meat from diverse production systems by consumers in six European countries [J] .Meat Science, 2007, 75 (4) : 610-621.

[299] SHEARD P R, HOPE E, HUGHES S I, et al. Eating quality of UK-style sausages varyi ng in price, meat content, fat level and salt

content [J] . Meat Science, 2010, 85: 40-46.

[300] SUTHERLAND M M, AMES J M. The effect of castration on the headspace aroma components of cooked lamb [J] . Food Agricultural Science, 1995, (69): 403-413.

[301] TAN S S, AMINAH A, ZHANG X G, et, al. Optimizing palm oil and palm stearin utilization for sensory and textural properties of chicken frankfurters [J] . Meat Science, 2006, 72: 387-397.

[302] TOBIN B D, O'SULLIVAN M G, HAMILL R M. The impact of salt and fat level variation on the physiochemical properties and sensory quality of pork breakfast sausages [J] . Meat Science, 2013, 93 (2): 145-152.

[303] TOBIN B D, O'SULLIVAN M G, HAMILL R M, et al. Effect of varying salt and fat levels on the sensory and physiochemical quality of frankfurters [J] . Meat Science, 2012, 6 (17): 1-8.

[304] WANG P, XU X L, ZHOU G H, Effects of meat and phosphate level on water-holding capacity and texture of emulsion-type sausage during storage [J] . Agricultural Sciences in China, 2009, 8 (12): 1475-1481.

[305] WARNER R D, GREENWOOD P L, PETHICK D W. Genetic and environmental effects on meat quality [J] . Meat Science, 2010, 86(1): 171-183.

[306] WARRIS P D, BROWN S N, ADAMS S J M. Variation in haem pigment concentration and colour in meat from British pigs [J] . Meat Science, 1990, 28 (4): 321-329.

[307] WATKINS P J, ROSE G, SALVATORE L, et al. Age and nutrition influence the concentrations of three branched chain fatty acids in sheep fat from Australian abattoirs [J] . Meat Science, 2010, 86: 594-599.

[308] WESTPHALEN A D, BRIGGS J L, LONERGAN S M. Influence of muscle type on rheological properties of porcine myofibrillar protein during heat-induced gelation [J] . Meat Science, 2006, 72 (4): 697-703.

[309] WU M G, XIONG Y L, CHEN J. Rheology and microstructure of myofibrillar protein-plant lipid composite gels: Effect of emulsion droplet size and membrane type [J] . Journal of Food Engineering, 2011, 106: 318-324.

[310] XIONG Y L, BLANCHARD S P. Dynamic gelling properties

of myofibrillar protein from skeletal muscles of different chicken parts [J] . Journal of Agricultural and Food Chemistry, 1994, 42 (3) : 670-674.

[311] XIONG Y L. Thermally induced interactions and gelation of combined myofibrillar protein from white and red broiler muscles [J] . Journal of food Science, 1992, 57 (3) : 581-585.

[312] YANG H S, CHOI S G, JEON J T, et al .Textural and sensory properties of low fat pork sausages with added hydrated oatmeal and tofu as texture-modifying agents [J] . Meat Science, 2007, 75: 283-289.

[313] YOUNG O A, TORLEY P J, REID D H. Thermal Scanning rheology of myofibrillar Proteins from muscles of defined fiber type [J] .Meat Science, 1992, 32 (1) : 45-63.

[314] YOUSSEF M K, BARBUT S. Effects of protein level and fat/oil on emulsion stability, texture, microstructure and color of meat batters [J] . Meat Science, 2009, 82 (2) : 228-233.

[315] HELGESEN H, NAES T. Selection of dry fermented mutton sausages for consumer testing [J] . Food Quality and Preference, 1995, 6 (2) : 109-120.

[316] THOMPSON J M, GEE A, HOPKINS D L, et al. Development of a sensory protocol for testing palatability of sheep meats Australian Journal of Experimental [J] . Australian Journal of Experimental Agriculture, 2005, 45 (5) : 469-476.

[317] GARCÍA-REY R M, GARCÍA-GARRIDO J A, QUILES-ZAFRA R, et al. Relationship between pH before salting and dry-cured ham quality [J] . Meat Science, 2004, 67 (4) : 625-632.

[318] HOFFMAN L C, MULLER M, CLOETE S W P, et al. Comparison of six crossbred mutton types: sensory, physical and nutritional meat quality characteristics [J] . Meat Science, 2003, 65 (4) : 1265-1274.

[319] MUSHI D E, EIK L O, THOMASSEN M S, et al. Suitability of Norwegian short-tail muttons, Norwegian dairy goats and Cashmere goats for meat production-Carcass,meat,chemical and sensory characteristics[J]. Meat Science, 2008, 80 (3) : 842-850.

[320] YANCEY J W S, WHARTON M D, APPLE J K, et al. Cookery

method and end-point temperature can affect the Warner-Bratzler hear force, cooking loss, and internal cooked color of beef longissimus steaks[J]. Meat Science, 2011, 88: 1-7.

［321］COSTA R G, BATISTA A S M, MADRUGA M S, et al. Physical and chemical characterization of mutton meat from different genotypes submitted to diet with different fiber contents [J] . Small Ruminant Research, 2009, 81（1）: 29-34.

［322］THOMPSON J M, HOPKINS D L, D'SOUZA D N, et al. The impact of processing on sensory and objective measurements of sheep meat eating quality [J] . Australian Journal of Experimental Agriculture, 2005, 45: 561-573.

［323］AMBROSIADIS J, SOULTOS N, ABRHIM A, et al. Physicochemical, microbiological and sensory attributes for the characteriazation of Greek traditional sausages [J] . Meat Science, 2004, 66（2）: 279-287.

［324］GARCÍA-REY R M, GARCÍA-GARRIDO J A, QUAILES-ZAFRA R, et al. Relationship between pH before salting and dry-cured ham quality [J] . Meat Science, 2004, 67（4）: 625-632.

［325］SOEPARNO, SURYANTO E, et al. The effect of heating process using electric and gas ovens on chemical and physical properties of cooked smoked-meat [J] . Procedia Food Science, 2015, 3: 19-26.

［326］HIERRO E, HOZ L de la, ORDÓÑEZ A, et al. Headspace volatile compounds from salted and occasionally smoked dried meats （cecinas）as affected by animal species [J] . Food Chemistry, 2004, 85: 649-657.

［327］GÓMEZ-ESTACA J, GÓMEZ-GUILLÉN M C, MONTERO P, et al. Oxidative stability, volatile components and polycyclic aromatic hydrocarbons of cold-smoked sardine （*Sardina pilchardus*）and dolphinfish （*Coryphaena hippurus*）[J] . LWT-Food Science and Technology, 2011, 44: 1517-1524.

［328］WARNER R D, GREENWOOD P L, PETHICK D W, et al. Genetic and environment effects on meat quality [J] . Meat Science, 2010, 86（1）: 171-183.

[329] HOPKINS D L, STANLEY D F, TOOHY E S, et al. Sire and growth path effects on sheep meat production 2. Meat and eating guality [J]. Australian Journal of Experimental Agriculture, 2007, 47 (7): 1219-1228.

[330] OURY M P, PICARD B, BRIAND M, et al. Interrelation between meat quality traits, texture measurement and physicochemical charateristics of *M. rectus* abdominis from Charolais heifers [J]. Meat Science, 2009, 83 (5): 293-301.

[331] TOBIN B D, O'SULLIVAN M G, HAMILL R M, et al. The impact of salt and fat level variation on the physiochemical properties and sensory quality of pork breakfast sausages[J]. Meat Science, 2013, 93(2): 145-152.

[332] SWANEPOEL M, LESLIE A J, HOFFMAN L C, et al. Comparative analyses of the chemical and sensory parameters and consumer preference of a semi-dried smoked meat product (cabanossi) produced with warthog (*Phacooerus africanus*)and domestic pork meat[J]. Meat Science, 2016, 114: 103-113.

[333] SOMBONPANYAKUL P, BARBUT S, JANTAWAT P, et al. Textural and sensory quality of poultry meat batter containing malva nut gum, salt and phosphate[J]. Food Science and Technology, 2007, 40(3): 498-505.

[334] BRADLEY E M, WILLIAMS J B, SCHILLING M W, et al. Effects of sodium lactate and acetic acid derivatives on the quality and sensory characteristics of hot-boned pork sausage patties [J]. Meat Science, 2011, 88 (1): 145-150.

[335] LAMETSCH R, KARLSSON A, ROSENVOLD K, et al. Postmortem proteome changes of porcine muscle related to tenderness [J]. Food Chemistry, 2003, 51: 6992-6997.

[336] MA L, LI B, HAN F X, et al. Evaluation of the chemical quality traits of soybean seeds, as related to sensory attributes of soymilk [J]. Food Chemistry, 2015, 173: 694-701.

[337] RESANO H, SANJUÁN A I, RONCALÉS P, et al. Sensory attributes that drive consumer acceptability of dry-cured ham and

convergence with trained sensory data [J] . Meat Science, 2010, 84 (3) : 344-351.

[338] KOSTYRA E, WASIAK-ZYS G, RAMBUSZEK M, et al. Determining the sensory characteristics, associated emotions and degree of liking of the visual attributes of smoked ham. A multifaceted study [J] . LWT-Food Science and Technology, 2016, 65: 246-253.

[339] JEREMIAH L E, AALHUS J L, ROBERTSON W M. et al. The effects of grade, gender and postmortem treatment on beef. Ⅱ. Cooking properties and palatability attributes [J] . Canadian Journal of Animal Science, 1996, 77 (1) : 41-54.

[340] MUSHI D E, EIK L O, THOMASSEN M S, et al. Suitability of Norwegian short-tail muttons, Norwegian dairy goats and Cashmere goats for meat production-Carcass,meat,chemical and sensory characteristics[J]. Meat Science, 2008, 80 (3) : 842-850.

[341] GAO X G, LI X, WANG Z Y, et al. Effect of postmortem time on the metmyoglobin reductase activity, oxygen consumption, and colour stability of different mutton muscles [J] . European Food Research Technology, 2013, 236: 579-587.

[342] BOLUMAR T, BINDRICH U, TOEPFL S, et al. Effect of electrohydraulic shockwave treatment on tenderness, muscle cathepsin andpeptidase activities and microstructure of beef loin steaks from Holstein young bulls [J] . Meat Science, 2014, 98 (4) : 759 -765.

[343] HONIKEL K O. Reference methods for the assessment of physical characteristics of meat [J] . Meat Science, 1998, 49 (4) : 447-457.

[344] CASSENS R G. Historical perspectives and current aspects of pork meat quality in the USA [J] . Food Microstructure, 1984, 3: 1-7.

[345] GILLES G. Lipids in muscles and adipose tissues, changes during processing and sensory properties of meat products [J] . Meat Science, 2002, 62: 309-321.

[346] FLETCHER D, QIAO M, SMITH D. The relationship of raw broiler breast meat color and pH to cooked meat color and pH [J] . Poultry Science, 2000, 79 (5) : 784-788.

［347］ WATANABE A，DALY C C，DEVINE C E. The effects of the ultimate pH of meat on tenderness changes during ageing ［ J ］. Meat Science，1996，42（1）：67.

［348］ GAULT N E S. The relationship between water-holding capacity and cooked Meat ultimate pH ［ J ］. Meat Science，1985，15：15.

［349］ WULF D M，O'CONNOR S F，TATUM J D，et al. Using objective measures of muscle color to predict beef longissimus tenderness ［ J ］. Journal of Animal Science，1997，75：684-692.

［350］ MCKENNA D R，MIES PD，BAIRD B E，et al. Biochemical and physical factors affecting discoloration characteristics of 19 bovine muscles ［ J ］. Meat Science，2005，4：665-682.

［351］ CROUSE J D. The effects of breed，diet，sex，location and slaughter weight on mutton growth，carcass composition and meat flavor［ J ］. Journal of animal science，1981，53（2）：351-356.

［352］ DRANSFIELD E，SOSNICLKI A A. Relationship between muscle growth and poultry meat quality ［ J ］. Poultry Science，1999，78：743-746.

［353］ ASGHAR A，YEATES M F. Muscle Characteristics and meat quality of muttons，grown on different nutritional planes. Ⅲ. Effect on muscle ultrasture ［ J ］. Agricultural and Biological Chemistry，1979，43（3）：445-453.

［354］ BOUTON P E，HARRIS P V. The effects of cooking temperature and time on some mechanical properties of meat ［ J ］. Journal of Food Science，1972，37（1）：140-144.

［355］ ROSENVOLD K，ANDERSEN H J. Factors of significance for pork quality-A review ［ J ］. Meat Science，2003，64（3）：219-237.

［356］ WENDELL K T C，MÁRCIA M C F，FRANCISCO A F M，et al. Correlation of animal diet and fatty acid content in young goat meat by gas chromatography and chemometrics ［ J ］. Meat Science，2005，71（2）：358-363.

第五章

羊肉及其制品非热杀菌
技术与应用

　　杀菌是食品生产中的一个非常重要的环节，直接影响食品的品质。理想的杀菌方法应具有下列特征：杀菌谱广，杀菌作用快；不改变被灭菌物品的色泽、气味、滋味和营养成分；不存在任何残留，不造成环境污染；成本低廉，操作方便；产品货架寿命得以延长等。食品杀菌技术可分为热力杀菌和非热力杀菌。热力杀菌是食品工业普遍采用的传统的杀菌技术，具有杀菌谱广、杀菌作用快等优点，但也有不可避免的缺陷，高温会破坏热敏感营养成分，引起食品营养和风味成分损失；还可引起感官品质下降，比如汁液流失、加速褐变、质地变软等。随着生活水平的提高，消费者对食品的感官品质、营养品质要求越来越高，对食品的货架期要求更长，热力杀菌很难达到这样的要求。非热力杀菌因其能够保持食品的固有品质，逐渐受到人们的重视。国内外主要的非热杀菌技术主要有保鲜剂抑菌、辐照杀菌、紫外线杀菌、超高压杀菌、高压脉冲电场杀菌、超声波杀菌、高密度二氧化碳杀菌和臭氧杀菌等。保鲜剂抑菌技术是在尽可能减少食品中初始菌数的前提下，通过添加保鲜剂（如 Nisin、溶菌酶、乳酸钠等）抑制食品中微生物的生长和酶的活性，从而达到延长货架期的目的，该技术能够一定程度上抑制微生物的生长，但不能从根本上杀灭微生物。超高压杀菌技术是指将食品材料置于无菌压力系统或密封于弹性材料中，在 100MPa 以上压力作用一段时间后使之达到灭菌要求的杀菌技术，该技术能够保证食品在微生物方面的安全，并且能够较好地保持食品固有的营养品质、质构、色泽、风味及新鲜程度，但可改变蛋白质、多糖和脂类等食物（生物）大分子的理化特性，如蛋白质的变性、脂肪结晶和淀粉糊化等。高密度二氧化碳（DPCD）技术，是指采用高于 5MPa 而低于 50MPa 的亚临界或超临界二氧化碳进行杀菌的技术，具有杀菌温度低，杀菌条件温和，能较好地保持食品固有的营养成分、色泽和新鲜度，无污染、无残留等优点，被认为是一种非常有前途替代热处理的杀菌技术。目前，高密度二氧化碳技术大多是应用在液体食品上，尤其是果蔬汁、牛奶等方面，对于肉制品上的应用研究较少；另外，对于高密度二氧化碳技术的研究多见于杀菌效果方面的研究，对杀菌机制的研究较少。因此，深入开展高密度二氧化碳杀菌技术在肉制品上的应用效果和杀菌机制研究，对于这项技术在肉品加工领域的推广应用很有必要。本研究团队以羊肉为研究对象，对引起冷鲜羊肉腐败的主要微生物首先进行了分离、纯化和初步鉴定，明确导致羊肉腐败的主要菌群的种类；然后研究了保鲜剂抑制技术、高密度二氧化碳技术和超高压杀菌技术的杀菌效果和对产品品质的影响；最后以大肠杆菌为模型，从分子角度解析高密度二氧化碳技术的杀菌机理。

羊肉初始菌相构成及其在贮藏中的变化

在羊肉的生产与流通过程中,肉中所含有的微生物包括内生菌和外生菌。内生菌存在于组织内部,普遍认为是活体中本来存在的,或者是在屠宰过程中由皮肤和内脏带入,然后通过血液或者组织液进入组织内部的。外生菌主要集中在羊畜体表面,主要来源于皮肤、内脏、粪便、呼吸道、宰杀的器械以及水和土壤。

屠宰以后,一般畜体中的微生物主要有假单胞菌(*Pseudomonas*)、肠杆菌(*Enterobacteriaceae*)、乳酸杆菌(*Lactobacillus*)、热死环丝菌(*Brochothix themosphacra*)、葡萄球菌(*Staphylococcus*)、莫拉克菌(*Moraxella*)、不动细菌(*Acinetobacter*)、沙门菌(*Salmonella*)、金黄色葡萄球菌(*Staphylococcus*)、肉毒梭状芽孢杆菌(*Clostridium botulinium*)、产气荚膜杆菌(*Clostridium perfringens*)、李斯特菌(*Listeria monocytogenes*),还有各种气单胞菌(*Aeromonas*)以及部分霉菌和酵母等。在冷藏条件下,低温使大部分微生物,特别是致病菌和嗜温菌的生长受到抑制,但并不能完全抑制嗜冷腐败菌的繁殖,即使在0℃,嗜冷菌仍可继续繁殖,造成羊肉的腐败,因此,冷鲜羊肉中的腐败菌主要为嗜冷菌,它们包括假单胞菌、不动细菌、肠杆菌、乳酸菌、热死环丝菌、莫拉克氏菌以及部分霉菌和酵母,而其他菌比较少见。

羊肉中微生物的种类还受到屠宰环境、设施设备和员工的卫生状况影响。本研究团队采用平板计数法和平板划线法对羊肉中的细菌进行分离纯化,通过对细菌菌落形态、菌体形态和生化特征进行了分析,初步阐明了羊肉的菌相构成。

一、羊肉初始菌相构成

按照 Brown(1982)推荐的肉品微生物鉴定图谱,通过各菌株在显微镜下的菌体形态、革兰染色情况,结合各菌株的菌落特征及生理生化特征,从生鲜羊肉中分离和初步鉴定出乳酸菌 21 株(13 株球菌,8 株杆菌),热死环丝菌 8 株,假单胞菌 12 株,肠杆菌 13 株,未知菌 4 株。采用选择性培养基对生鲜羊肉中的微生物进行选择性培养,所得微生物的种类和比例如表 5-1 所示。表 5-1 表明,假单胞菌、乳酸菌、热死环丝菌和肠杆菌的含量之和约为 90.50%,是生鲜羊肉初始菌相中最主要的 4 类腐败菌,其中,乳酸菌、热死环丝菌和假单胞菌的含量分别为 29.75%、27.50% 和

29.25%，是生鲜羊肉初始菌相中的优势菌群；肠杆菌的含量相对较少，仅为 4.01%。

表5-1　　　　　　　　　　　生鲜羊肉初始菌相构成

菌类	乳酸菌	热死环丝菌	假单胞菌	肠杆菌	其他菌
各种菌占菌落总数的分数（平均值 ± 标准差）/%	29.75±2.26	t27.50±3.13	29.25±3.07	4.01±1.82	9.50±2.71

二、羊肉贮藏过程中菌相变化

表 5-2 表明，托盘包装中假单胞菌和肠杆菌是优势菌群，在贮藏过程中呈增加趋势，而乳酸菌、热死环丝菌的比例不断下降，假单胞菌和肠杆菌的生长对乳酸菌等菌群起到竞争性抑制作用，假单胞菌与乳酸菌、肠杆菌与乳酸菌的相关系数分别为 -0.84、-0.85，呈显著负相关。

表5-2　　　　　托盘包装生鲜羊肉的菌相构成及其消长情况（4℃贮藏）

贮藏时间/d	各种菌占菌落总数的分数（平均值 ± 标准差）/%				
	假单胞菌	热死环丝菌	乳酸菌	肠杆菌	其他菌
0	27.04±2.59	29.51±1.57	30.65±4.41	2.57±0.32	10.22±2.54
3	48.33±6.23	21.33±2.63	14.16±2.17	6.82±0.84	9.35±1.36
6	57.00±5.11	11.50±1.89	4.38±0.35	16.75±3.25	10.38±1.96

表 5-3 表明，真空包装条件下，乳酸菌在贮藏过程中迅速增加并成为优势菌群，假单胞菌的含量迅速降低，热死环丝菌的比例在贮藏的初期变化不大，但在贮藏 9d 后呈下降趋势，肠杆菌呈现先增加后减少的趋势，其他未知菌群受乳酸菌的竞争性抑制作用呈下降趋势。

表5-3　　　　　真空包装生鲜羊肉的菌相构成及其消长情况（4℃贮藏）

贮藏时间/d	各种菌占菌落总数的分数（平均值 ± 标准差）/%				
	假单胞菌	热死环丝菌	乳酸菌	肠杆菌	其他菌
0	27.04±2.59	29.51±1.57	30.65±4.41	2.57±0.32	10.22±2.54
3	19.56±4.63	28.61±3.69	37.66±6.16	1.83±0.54	12.35±1.23
6	13.21±2.34	30.38±5.42	44.26±5.89	2.80±0.69	9.36±2.53
9	8.68±2.51	21.53±3.45	58.99±7.55	4.15±0.94	6.66±2.64
12	4.73±0.12	13.46±2.12	69.79±6.43	7.39±2.41	4.63±1.41

与表 5-3 相比较，从表 5-4 可以看出，（25% CO_2+75% N_2）气调包装条件下，假单胞菌和肠杆菌含量下降较快，这说明假单胞菌和肠杆菌在贮藏初期对 CO_2 比较敏感，但随时间的延长，CO_2 的抑制作用逐渐减小，兼性厌氧的肠杆菌的含量有增加的趋势。乳酸菌的含量与表 5-3 相比较有所增加，这说明乳酸菌对 CO_2 不敏感，几乎不受 CO_2 的影响，因此迅速生长并成为优势菌群。热死环丝菌的含量与真空包装相比较变化不大，这说明其对 CO_2 也不敏感。

表5-4 （25% CO_2+75% N_2）气调包装生鲜羊肉的菌相构成及其消长情况（4℃贮藏）

贮藏时间 / d	各种菌占菌落总数的分数（平均值 ± 标准差）/%				
	假单胞菌	热死环丝菌	乳酸菌	肠杆菌	其他菌
0	27.04±2.59	29.51±1.57	30.65±4.41	2.57±0.32	10.22±2.54
3	16.09±3.12	28.81±3.45	40.94±4.31	0.62±0.17	13.53±4.63
6	10.22±1.97	30.81±2.61	48.62±3.58	1.64±0.62	8.72±1.03
9	4.84±1.45	25.88±4.56	60.18±6.34	1.30±0.73	7.79±2.47
12	1.44±0.74	18.32±3.72	72.81±8.23	3.54±0.29	3.90±0.40

表 5-5 表明，（25% O_2+30% CO_2+45% N_2）气调包装条件下，假单胞菌和肠杆菌呈现先增加后减少的趋势，乳酸菌和热死环丝菌呈现先减少后增加的趋势。这可能是由于贮藏初期（3d 前）（25% O_2+30% CO_2+45% N_2）气调包装中含有少量的氧气，利于假单胞菌和肠杆菌的生长，但随着贮藏时间的延长，氧气消耗殆尽，CO_2 的抑制作用便会占主导地位，假单胞菌和肠杆菌的含量逐渐下降，乳酸菌和热死环丝菌对 CO_2 不敏感，但因假单胞菌的竞争性抑制作用，使得乳酸菌在贮藏初期有下降趋势。

表5-5 （25% O_2+30% CO_2+45% N_2）气调包装生鲜羊肉的菌相构成及其消长情况（4℃贮藏）

贮藏时间 / d	各种菌占菌落总数的分数（平均值 ± 标准差）/%				
	假单胞菌	热死环丝菌	乳酸菌	肠杆菌	其他菌
0	27.04±2.59	29.51±1.57	30.65±4.41	2.57±0.32	10.22±2.54
3	37.55±5.48	27.55±3.46	21.12±3.92	5.71±1.06	8.09±1.93
6	28.44±3.90	18.71±4.19	39.21±4.53	3.59±0.38	10.05±3.13
9	10.26±4.02	16.22±2.65	58.89±8.41	3.27±0.62	11.36±1.08
12	2.86±1.55	14.96±1.95	65.62±6.10	6.80±0.59	9.76±3.46

表 5-6 表明，（70% O_2+20% CO_2+10% N_2）气调包装的高氧条件下，假单胞菌是优势菌群，但随着贮藏时间的延长，假单胞菌呈现先增加后减少的趋势，乳

酸菌和热死环丝菌呈现先减少后增加的趋势。原因在于贮藏初期（70% O_2+20% CO_2+10% N_2）气调包装中有高浓度的氧气，十分有利于需氧的假单胞菌生长和兼性厌氧的肠杆菌的生长，而对乳酸菌有抑制作用，因此随着贮藏时间的延长，氧气浓度不断降低，有利于乳酸菌和热死环丝菌的生长。

表5-6 （70% O_2+20% CO_2+10% N_2）气调包装生鲜羊肉的菌相构成及其消长情况（4℃贮藏）

贮藏时间/d	各种菌占菌落总数的分数（平均值 ± 标准差）/%				
	假单胞菌	热死环丝菌	乳酸菌	肠杆菌	其他菌
0	27.04±2.59	29.51±1.57	30.65±4.41	2.57±0.32	10.22±2.54
3	64.31±6.52	15.22±3.31	6.03±2.69	7.71±0.52	6.73±0.11
6	57.15±6.10	16.96±2.43	8.53±0.92	8.74±2.48	8.62±1.61
9	49.62±3.65	18.33±0.98	11.00±2.64	8.71±2.12	12.34±1.65
12	38.69±4.73	23.66±1.96	19.28±1.49	9.41±1.39	8.69±0.53

第二节
羊肉及其制品非热杀菌技术

微生物在食品中的危害，主要包括引起食品腐败变质和病原微生物导致的食品中毒。预防和控制食品中微生物的污染，最重要的一个环节就是杀菌。食品工业中传统杀菌方式是加热处理，它具有杀菌谱广、杀菌作用快等优点，对于羊肉及其制品，传统的热杀菌可引起产品的色、香、味等感官品质下降，维生素等营养物质的破坏，难以满足消费者对肉制品品质越来越高的要求。本团队研究了非热杀菌技术，包括保鲜剂抑制技术、高密度二氧化碳杀菌技术和超高压杀菌技术的杀菌效果及对产品品质的影响，并在此基础上进行了杀菌工艺优化，为羊肉及其制品的非热加工技术提供理论和技术支撑。

一、羊肉保鲜剂抑菌技术

在生鲜肉中添加保鲜剂是延长生鲜肉货架期的有效方法。目前，可用于肉类的天然保鲜剂有很多，但气调包装（25% O_2+30% CO_2+45% N_2）贮藏期间乳酸菌、热死环丝菌和假单胞菌是主要的腐败菌群，因此可以有针对性地选择天然保鲜剂。通过查阅文献，本研究团队选取了 Nisin、溶菌酶、乳酸钠、茶多酚和壳聚糖 5 种天然保鲜剂对生鲜羊肉进行保鲜处理，保鲜剂的浓度为壳聚糖（6.0%）、Nisin（0.5%）、溶菌酶（0.5%）、乳酸钠（4.8%）、茶多酚（0.3%），每一种保鲜剂均采用无菌蒸馏水配制至相应浓度。生鲜羊肉样品经保鲜剂浸渍30s，取出摆于无菌托盘中，沥水3~5min，然后对肉块进行气调包装，着重从微生物的角度探讨其抑菌效果，并研究其对气调包装生鲜羊肉的主要腐败菌菌群消长的影响。

（一）单一保鲜剂对羊肉菌相变化的影响

众多文献表明，Nisin能有效地抑制引起冷却肉腐败的革兰阳性菌，特别对乳酸菌的生长和繁殖有良好的抑制作用（Gill，2003；Nattress等，2003）。溶菌酶能水解破坏组成微生物细胞壁的 N- 乙酰葡萄糖胺与 N- 乙酰胞壁质酸间的 β-1，4 糖苷键，对革兰阳性菌有较强的溶菌作用，茶多酚对细菌中的革兰阴性好氧杆菌和球菌，兼性厌氧细菌、球菌及球杆菌以及革兰阳性球菌、产气芽孢杆菌等都有明显的抑制作用（蒋建平等，2004）。乳酸钠在降低细菌总数方面有明显效果，并能有效抑制肉品中的主要腐败菌（罗欣，2000a）。Houtsma（1996）的研究发现，乳酸钠对各种细菌的最低抑制浓度（MIC）不同，乳酸菌的MIC为 268 mmol/L，假单胞菌、热死环丝菌和肠杆菌的MIC依次为 714~982mmol/L、625~804mmol/L 和 714~928mmol/L。壳聚糖是自然界中存在的唯一的碱性多糖，由于其独特的分子结构，具有明显的抑菌作用（段静芸等，2002）。

从表5-7、表5-8可以看出，经过壳聚糖处理后，热死环丝菌、假单胞菌和肠杆菌的比例大幅下降，特别是假单胞菌由初始的31.45%下降到6.67%，而乳酸菌的比例由28.44%大幅上升至76.22%。这说明壳聚糖对假单胞菌、热死环丝菌和肠杆菌具有较强的抑制作用，对乳酸菌的抑制作用较弱。在贮藏过程中，假单胞菌和肠杆菌的比例一直处于较低水平，主要原因除了壳聚糖的抑菌作用外，可能还有乳酸菌的竞争性抑制作用，以及包装形式的影响。

表5-7　　　　　　　　　　　　　空白样品的菌相构成及其消长情况

贮藏时间/ d	各种菌占菌落总数的分数（平均值 ± 标准差）/ %				
	乳酸菌	热死环丝菌	假单胞菌	肠杆菌	其他菌
0	28.44±3.64	26.57±2.95	31.45±3.46	3.61±0.39	9.92±2.44
1	29.14±2.56	28.23±2.36	35.05±4.95	4.34±1.68	3.25±2.15
6	42.75±4.28	21.48±2.59	23.25±1.62	5.40±2.45	7.12±3.28
12	68.85±6.32	12.96±3.40	5.23±0.48	6.75±0.29	6.21±2.91
18	74.63±4.50	13.39±1.72	2.71±1.52	5.67±3.17	3.63±3.62
24	73.37±6.84	11.13±0.98	5.86±0.63	8.76±2.83	0.88±0.53

表5-8 壳聚糖处理后样品的菌相构成及其消长情况

贮藏时间 /d	各种菌占菌落总数的分数（平均值 ± 标准差）/%				
	乳酸菌	热死环丝菌	假单胞菌	肠杆菌	其他菌
0	28.44 ± 3.64	26.57 ± 2.95	31.45 ± 3.46	3.61 ± 0.39	9.92 ± 2.44
1	76.22 ± 5.05	14.31 ± 1.95	6.67 ± 1.46	0.77 ± 0.13	2.04 ± 1.05
6	85.85 ± 4.62	8.38 ± 1.62	4.06 ± 0.91	0.44 ± 0.08	1.27 ± 0.62
12	85.64 ± 6.26	6.88 ± 0.56	3.06 ± 1.59	0.23 ± 0.10	4.20 ± 0.94
18	84.50 ± 4.55	8.71 ± 1.45	4.05 ± 0.51	0.18 ± 0.03	3.56 ± 1.86
24	81.52 ± 3.87	10.14 ± 1.82	2.48 ± 0.67	0.41 ± 0.54	5.44 ± 1.62

注：壳聚糖浓度为 6.0%，样品浸渍 30s。

从表 5-9 中 0d 与 1d 的对比可以看出，Nisin 对革兰阳性的乳酸菌和热死环丝菌的抑制效果很显著（$P < 0.01$），使其比例大幅下降，而对革兰阴性的假单胞菌和肠杆菌的作用相对较弱。从表 5-9 还可以发现，虽然采用的是利于乳酸菌和热死环丝菌生长的气调包装，但在整个贮藏过程中乳酸菌和热死环丝菌比例一直处于较低水平，而假单胞菌一直占有很高比例，这可能是由于 Nisin 良好的抑菌持久性使得乳酸菌和热死环丝菌的生长繁殖受到严重抑制，而假单胞菌受 Nisin 的影响较小，虽然 CO_2 和低氧分压对其不利，但初始包装中含有 30% 氧气加之包装袋会透过部分氧气，另外由于竞争较小，生长底物充足，因此其数量增长较快，其比例一直较高。肠杆菌的初始比例虽然很少，但是受 Nisin 影响较小，并且包装比较适宜，因此其数量增长也很快，其比例也有较大增加。

表5-9 Nisin处理后样品的菌相构成及其消长情况

贮藏时间 /d	各种菌占菌落总数的分数（平均值 ± 标准差）/%				
	乳酸菌	热死环丝菌	假单胞菌	肠杆菌	其他菌
0	28.44 ± 3.64	26.57 ± 2.95	31.45 ± 3.46	3.61 ± 0.39	9.92 ± 2.44
1	3.43 ± 0.97	5.71 ± 1.69	82.39 ± 7.62	7.14 ± 1.55	1.32 ± 1.32
6	1.05 ± 1.20	1.40 ± 0.52	89.88 ± 5.64	7.27 ± 2.63	0.41 ± 0.03
12	0.12 ± 0.05	0.09 ± 0.01	90.41 ± 6.79	6.18 ± 1.89	3.20 ± 1.13
18	0.11 ± 0.09	0.05 ± 0.01	93.12 ± 8.65	4.13 ± 4.65	2.59 ± 0.49
24	2.73 ± 0.38	0.85 ± 0.12	79.97 ± 6.99	12.20 ± 2.92	4.25 ± 1.85

注：Nisin 浓度为 0.5%，样品浸渍 30s。

参比表 5-7，从表 5-10 可以看出，溶菌酶的抑菌特性与 Nisin 基本相似，即对革兰阳性的乳酸菌和热死环丝菌有很好的抑制作用，使其比例大幅下降，而对革兰阴性的假单胞菌和肠杆菌的作用相对较弱。但是溶菌酶对乳酸菌的抑菌持久性没有Nisin强，在贮藏18d时乳酸菌的比例开始大幅上升，24d时已为21.13%。在贮藏后期，虽然乳酸菌的增加使假单胞菌的比例有所下降，但是其仍占有绝对优势。

表5-10　　　　　　　　溶菌酶处理后样品的菌相构成及其消长情况

贮藏时间 / d	各种菌占菌落总数的分数（平均值 ± 标准差）/%				
	乳酸菌	热死环丝菌	假单胞菌	肠杆菌	其他菌
0	28.44±3.64	26.57±2.95	31.45±3.46	3.61±0.39	9.92±2.44
1	9.35±1.58	6.64±0.72	80.62±4.26	2.44±0.64	0.95±0.33
6	3.57±0.06	1.88±0.13	93.70±7.14	3.78±0.64	0.06±0.12
12	2.15±1.54	1.24±0.09	94.83±3.69	5.46±2.87	2.33±0.67
18	6.88±1.97	2.31±0.18	87.20±5.48	5.35±3.69	5.26±2.96
24	21.13±3.46	3.39±1.27	70.73±3.91	8.67±2.49	4.08±2.48

注：溶菌酶浓度为 0.5%，样品浸渍 30s。

从表 5-11 可以看出，乳酸钠对假单胞菌、肠杆菌和热死环丝菌有较强的抑制作用，而对乳酸菌的抑制作用较差。在贮藏过程中，假单胞菌、肠杆菌和热死环丝菌的比例一直处于较低水平，原因可能为一方面乳酸钠具有很强的效力持久性，另一方面乳酸菌的大量繁殖产生的代谢产物抑制了其他菌的生长。

表5-11　　　　　　　　乳酸钠处理后样品的菌相构成及其消长情况

贮藏时间 / d	各种菌占菌落总数的分数（平均值 ± 标准差）/%				
	乳酸菌	热死环丝菌	假单胞菌	肠杆菌	其他菌
0	28.44±3.64	26.57±2.95	31.45±3.46	3.61±0.39	9.92±2.44
1	60.91±3.65	16.27±2.46	10.73±2.73	2.09±1.21	10.00±1.26
6	81.28±6.96	11.77±3.73	2.78±0.11	1.15±0.51	3.02±2.64
12	94.81±7.29	4.08±2.84	0.15±0.25	2.13±2.87	0.83±0.21
18	97.89±4.22	1.81±0.26	0.56±0.10	3.06±0.09	0.09±0.10
24	92.41±6.47	5.47±3.11	1.16±0.49	5.18±2.48	0.78±0.18

注：乳酸钠浓度 4.8%，样品浸渍 30s。

从表 5-12 可以发现，茶多酚对假单胞菌有较好的抑制作用，对肠杆菌也有一定的抑制作用，对乳酸菌和热死环丝菌的抑制作用较差，因此在后续的贮藏过程中，乳酸菌和热死环丝菌的比例一直很高。假单胞菌的比例在处理后快速下降到1.22%，并保持在较低水平，肠杆菌的变化不是很大。

表5-12　　　　　　　　　　　　茶多酚处理后样品的菌相构成及其消长情况

贮藏时间/ d	各种菌占菌落总数的分数（平均值 ± 标准差）/%				
	乳酸菌	热死环丝菌	假单胞菌	肠杆菌	其他菌
0	28.44±3.64	26.57±2.95	31.45±3.46	3.61±0.39	9.92±2.44
1	41.50±2.56	42.43±5.45	10.86±2.65	2.13±0.77	3.08±1.68
6	58.33±4.90	36.13±4.26	4.00±1.92	1.54±0.65	2.65±3.24
12	61.16±8.42	36.54±1.64	1.22±0.71	0.62±0.52	0.47±1.21
18	58.22±1.53	38.85±1.84	0.61±0.69	1.53±1.16	0.89±0.06
24	60.41±4.91	34.38±4.55	1.30±0.58	1.92±0.23	2.40±1.22

注：茶多酚浓度 0.3%，样品浸渍 30s。

5 种保鲜剂的综合抑菌效果次序为 Nisin ＞溶菌酶＞乳酸钠＞壳聚糖＞茶多酚。Nisin 和溶菌酶对革兰阳性的乳酸菌和热死环丝菌有很好的抑制作用，而对革兰阴性的假单胞菌和肠杆菌的作用相对较弱。相比较而言，Nisin 的抑菌持久性强于溶菌酶、乳酸钠对假单胞菌的抑制作用，对热死环丝菌和肠杆菌也有一定的抑制作用，对乳酸菌的抑制作用较差。壳聚糖对假单胞菌、热死环丝菌和肠杆菌均有一定的抑制作用，对乳酸菌的抑制作用较差。茶多酚对假单胞菌和肠杆菌有一定的抑制作用，对乳酸菌和热死环丝菌的抑制作用较差。

（二）复合保鲜剂对羊肉菌相变化的影响

在单因素试验的基础上，选 Nisin、溶菌酶和乳酸钠进行复合，以达到最大限度地抑制腐败菌的增殖，延长生鲜羊肉的货架期的目的。图 5-1 中复合保鲜剂组的菌落总数明显低于单一保鲜剂组和空白组。复合保鲜剂组的菌落总数在贮藏初期上升较平缓，后期上升较快，但最后又趋于平缓，在 42d 时冷却羊肉的菌落总数对数值仍小于 6.0。

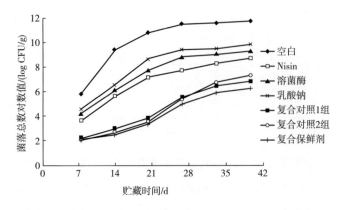

◀图5-1　不同保鲜剂处理的冷却羊肉菌落总数随时间的变化

复合对照组 1：Nisin 0.39%，溶菌酶 0.25%、乳酸钠 2.40%；复合对照组 2：Nisin 0.37%，溶菌酶 0.25%、乳酸钠 3.60%；复合保鲜剂：Nisin 0.38%，溶菌酶 0.27%、乳酸钠 2.90%。

二、羊肉及其制品高密度二氧化碳技术杀菌

高密度二氧化碳技术是近年来发展起来的一项新型食品非热加工技术，具有杀菌温度低、无残留、无污染、营养损失少等优点，受到人们的广泛关注。而有关高密度二氧化碳对肉制品的杀菌效果及对其品质的影响研究还未见报道。本团队首先考察了高密度二氧化碳对单一菌株 $E.coli$ 的杀菌作用，选取纯培养的 $E.coli$ 菌液在无菌条件下加入灭菌管中，分别在不同温度和压力条件下进行高密度二氧化碳处理，采用倾注平板计数法计算每毫升中活菌数，并采用一级动力学模型对微生物细胞灭活速率进行分析。在此基础上研究了高密度二氧化碳对低温肠的杀菌效果及对其品质的影响，将装有低温肠的杀菌管置于杀菌釜中进行高密度二氧化碳处理，对其菌落总数和品质指标进行分析。为实现高密度二氧化碳处理技术在肉糜类产品比如香肠生产中的应用，本研究对香肠传统的杀菌工艺进行改进，建立了新的杀菌工艺流程（肠肉馅→ 灌装 → 高密度二氧化碳处理 → 热处理（75~85℃）→ 无菌包装 →成品），以此杀菌工艺为基础，研究了低温肠高密度二氧化碳杀菌工艺的实际效果。凝胶特性是肉糜类产品的最主要特性之一，在高密度二氧化碳杀菌的基础上，系统研究了高密度二氧化碳对肉糜凝胶特性的影响。

（一）高密度二氧化碳对 $E.coli$ 的杀菌效果

不同温度和压力条件下高密度二氧化碳对 $E.coli$ 的钝化效果见图 5-2，随着灭菌时间的增加，$\log N/N_0$ 值逐渐减小，即存活的菌数逐渐降低，$\log N/N_0$ 值降低的幅度与灭菌压力和灭菌温度均呈正相关。在各条件下最终菌数均降至 7 个对数值以下，说明在各灭菌条件下，高密度二氧化碳对 $E.coli$ 都能达到较好的钝化效果。

在各钝化曲线中，我们可以看出，$\log N/N_0$ 值降低的速率呈慢→快→慢的变化。开始一段时间 $\log N/N_0$ 值降低幅度较小，一定时间后 $\log N/N_0$ 值才以较大幅度下降，而在灭菌结束前一段时间，$\log N/N_0$ 值降低幅度再次减小，说明高密度二氧化碳处理需要一定时间的接触才能对 $E.coli$ 细胞产生较好的钝化作用，而随着细胞内外液 pH、细胞构造、酶和细胞内其他物质的转化等可能的因素影响，在钝化过程的最后阶段对高密度二氧化碳的钝化作用又产生了一定的抑制。

由以上数据可得出，各条件下高密度二氧化碳处理 $E.coli$ 的 k 值，即各曲线斜率的绝对值（图 5-3），进一步求出微生物活菌数减少一个对数期所需的时间（D 值）（表 5-13）。

以 D 值为纵坐标，灭菌压力为横坐标做图，可得到各温度条件下灭菌压力对钝化效果的影响，如图 5-4 所示。

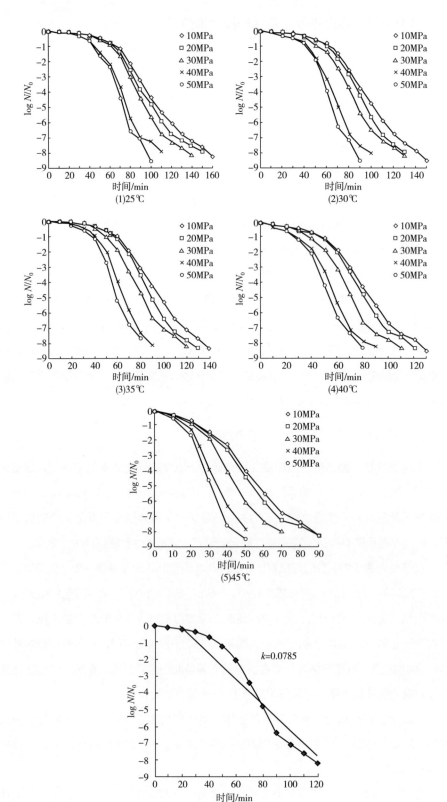

◄ 图5-2 高密度二氧化碳杀灭 *E.coli* CICC 10003的动力学曲线

◄ 图5-3 30MPa、35℃高密度二氧化碳处理 *E.coli* CICC 10003的动力学曲线

表5-13　　　　　不同条件下高密度二氧化碳处理E.coli CICC 10003的k值和D值

压力 / MPa	25℃		30℃		35℃		40℃		45℃	
	k	D	k	D	k	D	k	D	k	D
10	0.0592	38.90	0.0641	35.93	0.0672	34.27	0.0747	30.83	0.1029	22.38
20	0.0626	36.79	0.0679	33.92	0.0731	31.50	0.0788	29.23	0.1060	21.73
30	0.0680	33.87	0.0726	31.72	0.0785	29.34	0.0887	25.96	0.1031	17.70
40	0.0825	27.92	0.0910	25.31	0.0986	23.36	0.1064	21.64	0.1078	13.48
50	0.0906	25.42	0.1009	22.82	0.1042	22.10	0.1157	19.90	0.1910	12.06

注：k值指各曲线斜率的绝对值；D值指微生物活菌数减少一个对数期所需的时间。

由图5-4可以看出，随着灭菌压力的增大，D值逐渐减小，即活菌数降低一个对数期所需的时间减少。D值减小的趋势大致为S形，其中25℃、30℃和35℃时30~40MPa条件下D值减小的幅度较大（$P < 0.05$），说明25℃、30℃和35℃时，30~40MPa压力的变化对钝化速率的影响较大；40℃和45℃时20~40MPa条件下D值减小的幅度较大（$P < 0.05$），说明40℃和45℃时，20~40MPa压力的变化对钝化速率的影响较大。

图5-4　高密度 ▶
二氧化碳压力对
E.coli CICC 10003
D值的影响

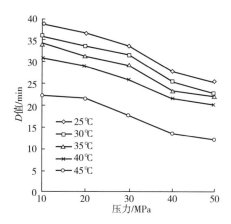

以D值为纵坐标，灭菌温度为横坐标做图，可得到各压力下灭菌温度对钝化效果的影响，见图5-5。如图所示，随着灭菌温度的升高，$\log D$值逐渐减小。各压力下25~40℃时$\log D$值下降的曲线大致为一定斜率的直线，40~45℃时D值下降的幅度突然增大（$P < 0.05$），说明40℃后温度对钝化速率的影响加大。

用Sigmaplot 2.0软件的Marquardt-Levenberg运算法则，通过修改后的Gompertz模型：$\log (N/N_0) = A\exp\{-\exp[\mu e(\lambda -t)/A-1]\}$ 和修改后的Logistic模型：$\log (N/N_0) = A/\{1+\exp[\mu e(\lambda -t)/A-1]\}$，对各灭菌曲线进行

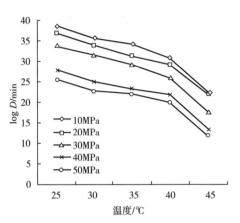

◀ 图5-5 高密度
二氧化碳灭菌温
度对 *E.coli* CICC
10003 *D* 值的影响

回归拟合。得到的回归系数 R^2 和剩余方差 RSS 如表 5-14。由表 5-14 可以看出，Gompertz 方程和 Logistic 方程得到的 R^2 值几乎都在 0.97 以上（除去 Logistic 中 25℃，50MPa），说明 Gompertz 模型和 Logistic 模型都能和各灭菌曲线的实验数据较好地拟合。其中 Gompertz 的 R^2 值普遍大于 Logistic 的 R^2 值，说明 Gompertz 模型比 Logistic 模型的拟合程度更高。RSS 值的比较也说明了这一点，Gompertz 模型的 RSS 值普遍低于 Logistic 模型的 RSS 值。因此，本研究选择 Gompertz 模型研究高密度二氧化碳的灭菌生物学参数。

表5-14 回归拟合得到的 R^2 和RSS值

方程	压力 / MPa	R^2					RSS				
		25℃	30℃	35℃	40℃	45℃	25℃	30℃	35℃	40℃	45℃
Gompertz	10	0.987	0.988	0.988	0.986	0.986	0.76	1.06	0.71	0.68	0.44
	20	0.991	0.989	0.987	0.985	0.991	1.19	0.92	0.64	0.43	0.42
	30	0.988	0.987	0.986	0.985	0.990	1.13	0.88	0.43	0.47	0.34
	40	0.979	0.982	0.983	0.988	0.987	0.86	0.96	0.68	0.62	0.43
	50	0.973	0.976	0.984	0.983	0.988	0.90	0.83	0.56	0.58	0.38
Logistic	10	0.977	0.978	0.982	0.983	0.985	0.98	1.03	1.05	1.23	0.53
	20	0.985	0.981	0.979	0.981	0.986	1.73	0.95	1.02	1.68	0.42
	30	0.976	0.973	0.972	0.986	0.984	1.27	0.86	0.88	1.22	0.46
	40	0.973	0.975	0.976	0.977	0.982	1.09	0.78	0.92	0.95	0.37
	50	0.961	0.970	0.971	0.970	0.986	0.97	1.02	0.94	1.33	0.43

将高密度二氧化碳钝化 *E.coli* 的动力学曲线用 μ（灭活速率）、λ（完全灭活时间）和 A（最小活菌数）值等生物学参数表达出来，μ、λ 和 A 值由多变量非线性回归分析得出，将修改后的 Gompertz 模型代入 Statgraphics 2.0 软件的 ANOVA 模块。

所得结果见表5-15。由表5-15可以看出，灭活速率的范围为 $-0.100\sim-0.298\text{min}^{-1}$，其中负数表示 μ 为灭活的速率。完全灭活时间在 42.3~139.8min。最小活菌数比原始菌数均降低了 7 个对数值以下，其 $\log CFU/CFU_0$ 范围为 $-7.72\sim-7.19$。

表5-15　高密度二氧化碳处理 E.coli CICC 10003的灭活速率 μ 、完全灭活时间 λ 和最小活菌数 A

温度/℃	压力/MPa				
	10	20	30	40	50
μ/min^{-1} 25	-0.100 ± 0.008	-0.109 ± 0.004	-0.129 ± 0.009	-0.145 ± 0.023	-0.210 ± 0.046
30	-0.107 ± 0.007	-0.128 ± 0.008	-0.131 ± 0.010	-0.170 ± 0.022	-0.216 ± 0.041
35	-0.111 ± 0.008	-0.130 ± 0.008	-0.132 ± 0.012	-0.176 ± 0.021	-0.208 ± 0.023
40	-0.124 ± 0.011	-0.139 ± 0.014	-0.163 ± 0.015	-0.185 ± 0.013	-0.218 ± 0.026
45	-0.151 ± 0.014	-0.180 ± 0.007	-0.186 ± 0.009	-0.256 ± 0.020	-0.298 ± 0.021
λ/min 25	139.8 ± 16.2	129.9 ± 6.2	119.8 ± 7.4	94.1 ± 10.9	89.4 ± 11.3
30	123.9 ± 8.7	121.3 ± 6.3	111.7 ± 6.9	84.9 ± 10.7	83.8 ± 15.1
35	114.3 ± 5.1	110.7 ± 3.6	106.4 ± 4.6	83.5 ± 6.1	75.4 ± 13.7
40	103.1 ± 6.3	102.5 ± 1.3	86.5 ± 6.2	75.2 ± 7.7	66.7 ± 9.6
45	74.1 ± 10.3	71.4 ± 5.1	62.1 ± 9.9	46.5 ± 11.3	42.3 ± 9.3
$A(\log CFU/CFU_0)$ 25	-7.28 ± 0.22	-7.30 ± 0.12	-7.22 ± 0.15	-7.19 ± 0.30	-7.33 ± 0.72
30	-7.26 ± 0.18	-7.49 ± 0.17	-7.23 ± 0.18	-7.29 ± 0.38	-7.37 ± 0.70
35	-7.27 ± 0.19	-7.51 ± 0.19	-7.33 ± 0.30	-7.41 ± 0.49	-7.29 ± 0.32
40	-7.44 ± 0.21	-7.24 ± 0.24	-7.37 ± 0.33	-7.52 ± 0.22	-7.31 ± 0.37
45	-7.52 ± 0.29	-7.29 ± 0.12	-7.56 ± 0.28	-7.68 ± 0.38	-7.72 ± 0.43

差异性分析表明，生物学参数 μ 、 λ 在 10、20、30、40、50MPa 压力和 25、30、35、40、45℃温度间有显著差异（ $P<0.05$ ）。在 10~50MPa 间，随着压力的增大，高密度二氧化碳对 E.coli 的灭活速率逐渐增大，完全灭活时间逐渐减小；在 25~45℃间，随着温度的增大，高密度二氧化碳对 E.coli 的灭活速率逐渐增大，完全灭活时间逐渐减小。

（二）高密度二氧化碳对低温肠的杀菌效果

1.不同压力下高密度二氧化碳对肉糜的杀菌效果

由图 5-6 可见，随处理压力的增加，lg N/N_0 值逐渐减小，且这一作用随温度的升高而得到加强。45℃条件下，高密度二氧化碳处理低温肠 40min，15MPa 时 lg N/N_0 值仅为 -0.6，25MPa 时为 -0.9，35MPa 时为 -1.1，45MPa 时为 -1.5，

50MPa 时达到 -1.9；而 75℃ 条件下，高密度二氧化碳处理低温肠 40min，15MPa 时 lg N/N_0 值就降至 -3.9，25MPa 时降至 -4.2，35MPa 以后就达到商业无菌。同时，lg N/N_0 值还随处理时间的延长而逐渐减小，且这一作用还随压力和温度的升高而得到加强。45℃ 条件下，15MPa 时 lg N/N_0 值由 10min 的 -0.3 减小至 80min 的 -1.5，50MPa 时 lg N/N_0 值就由 10min 的 -0.65 减小至 80min 的 -2.6；而在 75℃ 条件下，15MPa 时 lg N/N_0 值就由 10min 的 -2.3 减小至 40min 的 -3.9，50min 后就达到商业无菌，35MPa 以上处理 40min 就能达到商业无菌要求。由此可见，高密度二氧化碳对低温肠具有较强的杀菌效果，且其杀菌效果随处理压力的增加和时间的延长而逐渐增强，同时升高温度还能强化这一效果。

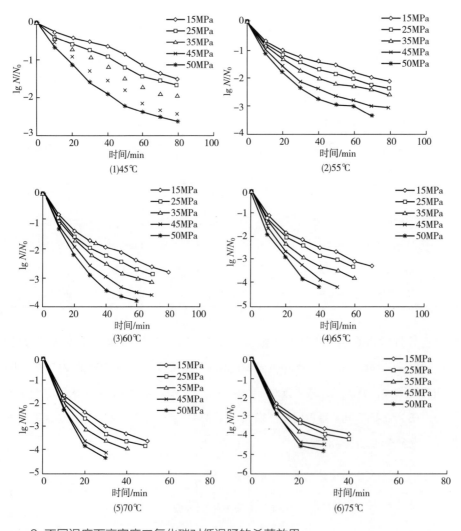

◀ 图5-6　不同压力和温度的低温肠高密度二氧化碳杀菌曲线

2. 不同温度下高密度二氧化碳对低温肠的杀菌效果

由图 5-6 可看出，同一压力下，lg N/N_0 值还随处理温度的升高逐渐减小，且这一作用也随压力的增加而得到加强。15MPa 下，高密度二氧化碳处理低温肠

40min，45℃时 lg N/N_0 值为 -0.6，55℃时降至 -1.4，65℃时降至 -2.5，75℃时达到 -3.9；而 50MPa 下，高密度二氧化碳处理低温肠 40min，45℃时 lg N/N_0 值为 -1.9，55℃时降至 -2.8，65℃时降至 -4.1，75℃时就达到商业无菌。同时，lg N/N_0 值还随处理时间的延长而逐渐减小，且这一作用也随温度和压力的增加而得到加强。15MPa 下，55℃时 lg N/N_0 值由 10min 的 -0.7 减小至 80min 的 -2.4，75℃时 lg N/N_0 值就由 10min 的 -2.5 减小至 40min 的 -4.2，50min 后达到商业无菌；而在 50MPa 下，55℃时 lg N/N_0 值就由 10min 的 -1.1 减小至 70min 的 -3.4，80min 后就达到商业无菌，65℃处理 50min、70℃以上处理 40min 就达到商业无菌。由此可见，高密度二氧化碳对低温肠的杀菌效果随处理温度的增加和时间的延长而逐渐增强，同时升高压力还能强化这一效果。

3. 低温肠高密度二氧化碳杀菌 D 值

根据高密度二氧化碳杀菌曲线，求出在各条件下的杀菌 D 值（图5-7）。如图所示，同一温度下高密度二氧化碳的杀菌 D 值均低于常压（0.1MPa）下的热杀菌 D 值，且 D 值随处理压力的增加和温度的升高而逐渐减小，但高温、高压下 D 值减小的幅度远低于低温、低压下减小的幅度。45℃时 D 值由 15MPa 的 54.3min 降至 50MPa 的 31.4min，降低幅度为 0.65min/MPa；而 75℃时 D 值由 15MPa 的 18.2min 降至 50MPa 的 4.4min，降低幅度为 0.39min/MPa。15MPa 时 D 值由 45℃的 54.3min 降至 75℃的 10.9min，降低幅度为 1.45min/℃；而 50MPa 时 D 值由 45℃的 31.4min 降至 75℃的 4.4min，降低幅度为 0.9min/℃。由此可见，高密度二氧化碳的杀菌效果随压力的增加和温度的升高而逐渐增强，但温度和压力超过一定值后，增加温度和压力并不能显著地提高高密度二氧化碳的杀菌效果。

图5-7 不同压 ▶
力低温肠高密度
二氧化碳杀菌D值

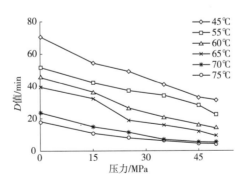

4. 低温肠高密度二氧化碳杀菌 Z 值

由图 5-8（1）可以看出，Z_P 值随温度的升高呈下降趋势，45℃时 Z_P 值为 138.9MPa，75℃时 Z_P 值则降至 60.3MPa；但同时还发现，在 65~75℃范围内，Z_P 值降低并不明显，温度每升高 1℃，Z_P 值仅降低了 0.68MPa，而在 45~65℃之间，温度每升高 1℃，Z_P 值就降低了 3.59MPa；表明在一定温度范围内，细菌对高密度二氧化碳的敏感性随温度的升高而增加，但温度升高至一定值后，细菌对高密度二氧化碳的敏感性并非随温度的升高而大幅度变化。此外，由图 5-8（2）可以看出，Z_T 值随压力的升高而减小，15MPa 时 Z_T 值为 41.3℃，50MPa 时 Z_P 值降至 30.6℃；但同时还发现，压力由 25MPa 升至 50MPa 时，Z_T 值降低幅度较小，压力每升高 1MPa，Z_T 值仅降低了 0.24℃，而压力由 15MPa 升至 25MPa 时，压力每升高 1MPa，Z_T 值则降低了 0.48℃；表明在一定压力范围内，细菌的热敏性随高密度二氧化碳压力的升高而增加，但压力增加至一定值后，细菌的热敏性并非随高密度二氧化碳压力的增加而大幅度变化。由此可见，Z_P 值和 Z_T 值并非无限制地随温度和压力的升高而降低，当温度和压力升高至一定值后，Z_P 值和 Z_T 值基本保持恒定，说明采用高密度二氧化碳杀菌，并非温度和压力越高越好，而应控制在一定的温度和压力范围内。

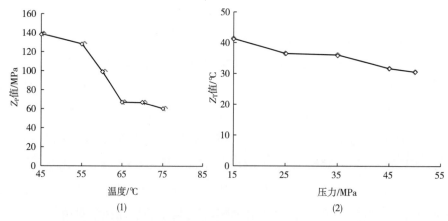

◀ 图 5-8　低温肠高密度二氧化碳杀菌 Z 值随温度、压力的变化

5. 低温肠高密度二氧化碳杀菌动力学模型

由图 5-6 可见，高密度二氧化碳对低温肠的杀菌过程分两个阶段，第一阶段为快速死亡期，细菌灭活速率较高，第二阶段为缓慢死亡期，细菌灭活速率较低。当处理温度和压力较低时，杀菌曲线呈线性，但随着温度和压力的增加，杀菌曲线呈凹面状，且这一现象随处理压力和温度的增加而愈加明显。45℃、25MPa 杀菌 30min，菌落总数降低了 0.8 个对数期（lg N/N_0 值为 -0.8），再延长 50min 杀菌时间，菌落总数也仅降低了 0.8 个对数期，即 45℃、25MPa 杀菌 80min 时 lg N/N_0 值为 -1.6；而 75℃、50MPa 杀菌 10min，菌落总数就降低了 2.9 个对数期（lg N/N_0 值为 -2.9），再延长 20min 杀菌时间，菌落总数仅降低了 1.9 个对数期，即 75℃、50MPa 杀菌 30min 时 lg N/N_0 值为 -4.8。由此可见，在杀菌初始阶段，微生物存活率下降很快，而随处理时间的延长，下降速率减慢，表明在高密度二氧化碳作用下，低温肠中细菌的存活率变化与处理时间之间并非呈线性关系。为了更好地

分析高密度二氧化碳作用下低温肠中细菌的失活动力学特性，本试验采用 Linear 模型、Weibull 模型和 Log-Logistic 对低温肠高密度二氧化碳杀菌曲线（图5-6）进行了拟合（表5-16），以决定系数（R^2）和均方误差（MSE）作为模型拟合好坏的评价指标，R^2 越大，MSE 越小，模型拟合度越高。由表5-16可以看出，Linear 模型有最低的 R^2 和最高的 MSE，拟合效果较差；而非线性模型能更好地拟合高密度二氧化碳杀菌曲线，无论是 Weibull 模型还是 Log-Logistic 模型，其 R^2 均达到0.9以上，MSE 均在0.2以下，其中 Weibull 模型拟合效果最好，R^2 达到0.98以上，MSE 在0.1以下，与图5-6基本吻合。

表5-16　Linear、Weibull和Log-logistic模型对低温肠高密度二氧化碳杀菌曲线拟合的效果

温度/℃	压力/MPa	Linear			Weibull				Log-Logistic				
		D	MSE	R^2	a	b	MSE	R^2	A	σ	τ	MSE	R^2
45	15	54.259	0.004	0.985	55.368	0.769	0.002	0.989	−1.934	−0.092	31.962	0.006	0.983
55	15	42.212	0.034	0.933	20.344	0.542	0.002	0.997	−2.062	−0.132	9.675	0.037	0.939
60	15	36.427	0.071	0.924	11.534	0.536	0.004	0.996	−2.672	−0.195	9.640	0.058	0.947
65	15	32.314	0.120	0.912	6.761	0.508	0.004	0.997	−3.075	−0.276	8.113	0.093	0.942
70	15	14.883	0.261	0.883	2.795	0.452	0.003	0.999	−3.404	−0.530	6.078	0.139	0.954
75	15	10.947	0.552	0.834	0.892	0.364	0.009	0.997	−3.608	−1.403	6.018	0.117	0.977
45	25	49.092	0.007	0.982	40.156	0.766	0.003	0.993	−1.772	−0.103	18.881	0.010	0.977
55	25	37.229	0.050	0.925	15.644	0.533	0.001	0.998	−2.262	−0.167	9.736	0.038	0.952
60	25	26.518	0.120	0.892	8.161	0.492	0.009	0.992	−2.811	−0.255	9.122	0.052	0.960
65	25	18.857	0.128	0.925	6.185	0.544	0.009	0.994	−3.239	−0.337	8.157	0.116	0.945
70	25	11.467	0.347	0.867	2.080	0.434	0.011	0.996	−3.670	−0.599	5.996	0.146	0.958
75	25	7.952	0.587	0.846	0.839	0.376	0.004	0.999	−3.850	−1.410	5.791	0.187	0.967
45	35	40.984	0.106	0.986	31.496	0.757	0.004	0.993	−2.042	−0.129	18.231	0.012	0.980
55	35	34.263	0.094	0.887	10.694	0.485	0.007	0.991	−2.425	−0.228	9.303	0.033	0.966
60	35	20.855	0.134	0.904	7.133	0.519	0.011	0.992	−3.014	−0.309	9.364	0.048	0.971
65	35	15.882	0.174	0.927	4.752	0.552	0.010	0.996	−3.692	−0.412	8.128	0.121	0.959
70	35	7.052	0.401	0.883	1.777	0.450	0.016	0.995	−3.703	−0.919	5.822	0.144	0.972
75	35	6.166	0.638	0.881	0.902	0.417	0.024	0.996	−4.022	−1.981	6.677	0.076	0.993
45	45	33.102	0.023	0.971	21.602	0.708	0.003	0.996	−2.469	−0.166	16.117	0.019	0.979
55	45	28.207	0.140	0.885	7.431	0.490	0.013	0.989	−2.917	−0.279	9.572	0.044	0.969
60	45	16.284	0.203	0.890	5.128	0.507	0.025	0.987	−3.458	−0.340	9.361	0.057	0.974
65	45	12.328	0.264	0.915	3.004	0.521	0.009	0.997	−4.037	−0.573	7.259	0.151	0.964
70	45	5.499	0.391	0.924	1.966	0.529	0.038	0.992	−3.922	−1.448	6.588	0.098	0.990
75	45	4.613	0.899	0.862	0.629	0.400	0.089	0.986	−4.429	−2.542	7.215	0.015	0.998
45	50	31.377	0.059	0.939	14.877	0.617	0.010	0.990	−2.616	−0.215	13.275	0.024	0.979
55	50	22.183	0.153	0.904	6.325	0.521	0.014	0.991	−3.223	−0.332	9.484	0.053	0.972
60	50	13.889	0.202	0.916	4.809	0.554	0.025	0.989	−3.746	−0.450	9.324	0.068	0.977
65	50	9.225	0.252	0.932	3.032	0.562	0.016	0.996	−4.059	−0.678	6.908	0.177	0.968
70	50	5.245	0.405	0.928	1.929	0.545	0.044	0.992	−4.135	−1.459	6.577	0.115	0.989
75	50	4.432	0.851	0.883	0.776	0.439	0.087	0.988	−4.675	−2.323	6.991	0.042	0.997

（三）高密度二氧化碳处理对低温肠品质的影响

1. 高密度二氧化碳处理对低温肠理化品质的影响

（1）高密度二氧化碳对低温肠蛋白含量的影响　高密度二氧化碳和热处理后低温肠中蛋白含量变化如表 5-17 所示。与对照相比，热处理对低温肠的蛋白含量无显著影响（$P > 0.05$）。加热可导致肌肉蛋白变性以及凝胶的形成，而不会导致肉中蛋白含量的损失。

与对照相比，高密度二氧化碳处理对低温肠中蛋白质含量影响较小，方差分析表明，在 45~75℃的处理温度和 15~50MPa 的处理压力范围内，高密度二氧化碳对低温肠中蛋白质含量无显著影响（$P > 0.05$）；与热处理相比，低温肠的蛋白质含量随处理温度和处理压力的增加而呈现降低的趋势。这可能与高密度二氧化碳的处理强度有关，在较高温度和压力下高密度二氧化碳具有更强的透过能力和萃取效果，进一步加强了香肠中汁液流出以及一些小分子含氮物质的萃取程度（Lin 等，1994），因而造成蛋白质的测定值降低。但方差分析表明，高密度二氧化碳处理低温肠和热处理香肠中蛋白质含量无显著差异（$P > 0.05$）。Casal 等（2006）研究表明，高密度二氧化碳对食品中的美拉德反应有抑制作用。因此，高密度二氧化碳可能对低温肠中的氨基酸起到一定的保护作用。本研究的结果显示，高密度二氧化碳对香肠的蛋白质含量影响很小，不会造成其明显损失。

（2）高密度二氧化碳对低温肠脂肪含量的影响　高密度二氧化碳和热处理后低温肠中脂肪含量变化如表 5-17 所示。与对照相比，热处理和高密度二氧化碳处理后肉馅中脂肪含量均显著降低（$P < 0.05$）。在高密度二氧化碳环境下，低温肠受到温度和 CO_2 的双重作用，脂肪更易流出，尤其是在较高温度和压力下，脂肪损失程度相对增加，对于高密度二氧化碳在肉类加工中的应用，应注意其处理条件的控制，以防止脂类成分的过多损失。

（3）高密度二氧化碳对低温肠 pH 和保水性的影响　pH 是生肉质量的一个重要指标，它与肉的技术质量有关，也影响着鲜肉的食用质量。而对于熟肉制品来说，加热会引起肉 pH 的上升。如表 5-17 所示，在 45~75℃范围内，热处理的低温肠 pH 增加了 0.2~0.4 个单位。在加热过程中，蛋白质碱性基团的数量几乎不发生变化，但酸性基团大约减少 2/3，因而引起肉的 pH 上升（南庆贤等，2003）。高密度二氧化碳对低温肠的 pH 影响比较复杂，由表 5-17 可知，与热处理相比，低温肠经高密度二氧化碳处理后的 pH 有降低的趋势；而与对照相比，高密度二氧化碳处理后低温肠的 pH 并没有明显降低（$P > 0.05$）。这可能由两方面原因造成，一方面，CO_2 与水结合形成 H_2CO_3，H_2CO_3 解离产生的 H^+ 促使低温肠的 pH 降低，但低温肠的物质结构和组成会影响高密度二氧化碳的透过能力（Lin 等，1994），因而这种酸化作用并不均一，导致低温肠的 pH 降低不显著；另一方面，温度的升高不仅使蛋白质的酸性基团减少，而且也使 CO_2 在水相中的溶解度减小，最终影响 CO_2 的酸化作用。Choi 等（2007）研究发现，猪肉经超临界 CO_2 处理后，pH、嫩度和保水性没有发生变化。

高密度二氧化碳对低温肠保水性的影响如表 5-17 所示。与对照相比，热处理和高密度二氧化碳处理均使低温肠的保水性显著降低（$P < 0.01$）。但就热处理和高密度二氧化碳处理相比较而言，低温肠的保水性无显著变化（$P > 0.05$）。

（4）高密度二氧化碳对低温肠酸值的影响　低温肠经高密度二氧化碳处理后酸价的变化如表 5-17 所示。在 45℃条件下，与对照相比，低温肠经热处理后酸值有略微上升，达到 2.33；高密度二氧化碳处理后低温肠的酸值由 15MPa 时的 2.28 降低为 35MPa 时的 2.17。但方差分析表明，热处理和高密度二氧化碳处理后低温肠酸值变化不显著（$P > 0.05$）。在 55、60、65、70、75℃条件下，热处理后低温肠的酸值均有不同程度的上升，这是因为脂肪在加热过程中有一部分发生水解，生成脂肪酸，因而使酸值升高，同时也加快了脂肪氧化的进行（南庆贤等，2003）。高密度二氧化碳处理后低温肠的酸值都有不同程度的降低，尤其随着温度的升高和压力的增加，酸值降低幅度逐渐加大。这可能由两方面原因造成，第一，高密度二氧化碳处理后低温肠的脂肪含量降低，导致局部酸值的测定值减小；第二，氧的存在能够加速脂肪氧化的进行，而在高密度二氧化碳环境中，脂肪氧化降解受到了一定抑制。因此，在高密度二氧化碳环境下，低温肠的脂类成分很可能也受到 CO_2 的抑制作用而减少了游离脂肪酸的产生。

（5）高密度二氧化碳对低温肠挥发性盐基氮的影响　挥发性盐基氮是一些细菌分泌的蛋白分解酶对蛋白质的分解产生的氨及胺类等碱性含氮物质，导致肉类腐败，它是衡量肉类腐败变质的重要指标。如表 5-17 所示，与对照相比，热处理和高密度二氧化碳处理后低温肠的 TVB-N 均减小，尤其高密度二氧化碳处理后低温肠的 TVB-N 值显著降低（$P < 0.05$）。这是因为低温肠经热、高密度二氧化碳处理后，大部分微生物被杀死，蛋白酶的分泌量大大减少，并且高密度二氧化碳处理可使酶的活性降低或丧失（薛源等，2006），从而使蛋白质得以保护而不被细菌分解，最终导致 TVB-N 值变小。与热杀菌相比，同温下的高密度二氧化碳处理对微生物具有更强的致死作用，同时由于高密度二氧化碳的强萃取性，可能将肉中的挥发性含氮物质（氨、胺类）萃出，从而导致 TVB-N 值的大幅减小。另外，在实际测定中，蒸馏时间的长短、蒸汽通入量的大小、反应的强弱、反应终点的判定均对 TVB-N 测定值有较大的影响，且这些因素控制较难（逯启贤，2008），因此试验过程中的操

作问题也可能是造成 TVB-N 值差异显著的原因。

表5-17 高密度二氧化碳和热处理后低温肠的理化指标

处理条件	蛋白质含量 / （g/100g）	脂肪含量 / %	pH	保水性 / %	酸值 / （mg KOH/g）	挥发性盐氮 / （mg/100g）
对照	18.80±0.27	10.63±0.33	6.13±0.09	32.69±4.38	2.26±0.24	5.1±0.59
45℃热处理	18.76±0.22	10.38±0.24	6.15±0.11	27.16±5.09	2.33±0.22	4.3±0.64
15MPa、20min	18.74±0.21	10.21±0.25	6.14±0.09	26.86±4.12	2.28±0.19	4.2±0.78
25MPa、20min	18.71±0.27	10.01±0.19	6.13±0.18	27.75±5.20	2.18±0.27	3.2±0.72
35MPa、20min	18.76±0.25	9.87±0.33	6.13±0.10	26.24±4.71	2.17±0.35	3.7±0.67
45MPa、20min	18.73±0.24	10.08±0.24	6.12±0.11	25.87±5.16	—	—
50MPa、20min	18.72±0.35	9.66±0.34	6.11±0.17	24.43±5.32	—	—
对照	18.79±0.24	11.16±0.27	5.98±0.17	29.24±4.04	2.38±0.23	6.2±0.64
55℃热处理	18.73±0.28	10.75±0.22	6.01±0.15	23.47±4.73	2.45±0.19	5.1±0.58
15MPa、20min	18.78±0.17	10.26±0.31	6.00±0.13	23.46±4.36	2.23±0.28	4.4±0.73
25MPa、20min	18.70±0.26	10.14±0.42	6.00±0.21	21.78±5.11	2.17±0.37	3.6±0.79
35MPa、20min	18.72±0.21	10.02±0.33	5.98±0.16	22.24±5.43	2.14±0.26	2.8±0.56
45MPa、20min	18.67±0.33	9.82±0.28	6.01±0.12	21.92±5.78	—	—
50MPa、20min	18.65±0.23	9.86±0.27	5.99±0.09	20.80±5.92	—	—
对照	18.82±0.27	10.89±0.29	6.10±0.11	31.08±4.82	2.43±0.26	7.3±0.53
60℃热处理	18.87±0.21	10.42±0.34	6.14±0.09	23.31±6.74	2.51±0.28	6.5±0.48
15MPa、20min	18.76±0.26	10.27±0.26	6.13±0.13	22.73±4.38	2.23±0.32	5.1±0.55
25MPa、20min	18.67±0.23	10.04±0.24	6.12±0.12	22.48±5.29	2.18±0.27	3.6±0.67
35MPa、20min	18.69±0.31	9.98±0.32	6.12±0.14	21.64±4.71	2.14±0.33	4.2±0.49
45MPa、20min	18.71±0.37	9.76±0.28	6.11±0.11	20.38±6.45	—	—
50MPa、20min	18.68±0.24	9.68±0.35	6.12±0.06	19.15±4.54	—	—
对照	18.77±0.16	10.82±0.21	6.11±0.21	32.14±3.21	2.28±0.25	7.3±0.52
65℃热处理	18.75±0.23	10.44±0.23	6.14±0.16	22.25±5.34	2.52±0.26	6.4±0.66
15MPa、20min	18.71±0.27	10.28±0.30	6.15±0.18	21.83±4.56	2.24±0.29	5.1±0.47
25MPa、20min	18.64±0.29	10.19±0.26	6.13±0.12	20.36±3.63	2.07±0.38	4.4±0.58
35MPa、20min	18.69±0.25	10.11±0.34	6.12±0.08	19.34±4.55	2.01±0.35	3.7±0.55
45MPa、20min	18.57±0.27	9.77±0.37	6.13±0.15	20.87±4.78	—	—
50MPa、20min	18.60±0.34	9.62±0.45	6.10±0.08	18.05±5.25	—	—

续表

处理条件	蛋白质含量 / （g/100g）	脂肪含量 / %	pH	保水性 / %	酸值 / （mg KOH/g）	挥发性盐氮 / （mg/100g）
对照	18.91±0.28	10.13±0.18	6.11±0.18	34.58±5.33	2.26±0.27	8.1±0.48
70℃热处理	18.87±0.25	9.57±0.22	6.15±0.23	23.73±5.18	2.52±0.36	7.2±0.63
15MPa、15min	18.83±0.22	9.21±0.21	6.14±0.07	22.41±4.65	2.15±0.32	3.4±0.54
25MPa、15min	18.78±0.31	9.01±0.27	6.13±0.11	19.35±6.34	2.00±0.28	4.2±0.65
35MPa、15min	18.67±0.26	8.86±0.38	6.13±0.15	20.17±4.77	1.97±0.37	4.4±0.71
45MPa、15min	18.74±0.25	8.95±0.24	6.12±0.13	19.23±4.46	—	—
50MPa、15min	18.69±0.34	8.82±0.36	6.11±0.17	18.65±5.91	—	—
对照	18.75±0.22	10.29±0.26	6.14±0.20	31.44±5.12	2.43±0.25	9.4±0.57
75℃热处理	18.72±0.37	9.65±0.31	6.17±0.19	20.38±4.35	2.64±0.33	7.3±0.74
15MPa、15min	18.63±0.24	9.22±0.33	6.15±0.17	21.51±5.61	1.79±0.38	5.1±0.45
25MPa、15min	18.59±0.25	9.08±0.28	6.16±0.18	19.10±4.72	1.73±0.34	4.6±0.56
35MPa、15min	18.56±0.28	9.05±0.34	6.15±0.17	17.39±4.34	1.61±0.29	3.6±0.62
45MPa、15min	18.51±0.28	8.76±0.39	6.14±0.15	17.88±5.13	—	—
50MPa、15min	18.43±0.19	8.91±0.25	6.14±0.12	18.43±5.89	—	—

注：“—”表示在对应的处理条件下，理化指标未做测定。

2. 高密度二氧化碳对低温肠风味品质的影响

（1）固相微萃取条件的选择对低温肠风味物质萃取效果的影响　萃取头涂层的极性不同，所检出的有效化合物数量不同，温度影响着萃取头与样品的吸附能力，吸附时间长短也影响萃取头对样品的吸附效果，因而需要对三方面的条件进行筛选。

依据聚合物的极性，萃取头的固定相涂层一般分为三大类：第一类是极性涂层，如聚乙二醇（PEG）、聚丙烯酸酯（PA），适于极性化合物的萃取；第二类是非极性涂层，如聚二甲基硅氧烷（PDMS），适于非极性和弱极性化合物的萃取；第三类是中等极性混合型涂层，包括聚乙二醇 / 聚二乙烯基苯（CW/ DVB）、碳分子筛 / 聚二乙烯基苯（CAR/ DVB）、CAR/ DVB/ PDMS 等。本研究选用 3 种复合涂层的萃取头（85μm CAR/ PDMS、65μm DVB/ PDMS、50μm/30μm DVB/CAR /PDMS），在相同的吸附（60℃吸附 40min）和解吸条件（230℃解吸2min）下进行试验。如图 5-9 和图 5-10 所示，从检出的有效化合物的个数来看，65μm DVB/ PDMS 检出了 62 种化合物，50μm/30μm DVB/ CAR/ PDMS 检出了 45 种化合物，而 85μm CAR/ PDMS 仅有 17 种化合物检出。这主要是因为萃取头涂层的极性不同的缘故。对低温肠样品而言，选用 65μm DVB/ PDMS 萃取头更加适合，分离出的风味化合物比较全面。

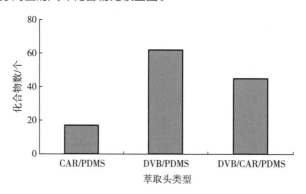

◀ 图5-9　不同萃取头的萃取效果

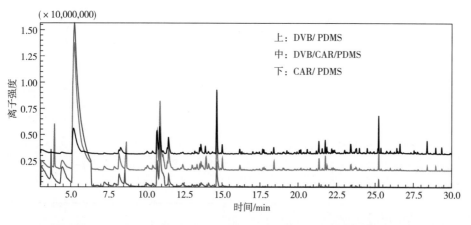

◀ 图5-10　不同萃取头的气相色谱－质谱图谱

　　萃取温度对吸附采样的影响具有两面性：一方面，温度升高有利于吸附；另一方面，温度升高又会增加萃取头固有组分的解吸，从而降低萃取头吸附被分析组分的能力。由图 5-11 可以明显看到，虽然吸附量随吸附温度的升高而仍有增加，但是检出的有效化合物的个数降低了；萃取头的固有组分所占的峰面积比例在 80℃时最高，达 4.35%。因此选择 60℃作为吸附温度，此时检出的化合物最多，所吸附的样品量足够用于气相色谱－质谱（GC-MS）分析。

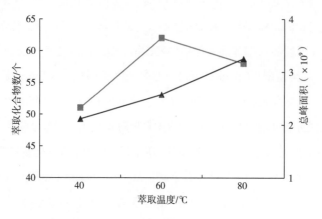

◀ 图5-11　不同吸附温度对萃取效果的影响

　　比较了 3 个不同吸附时间对吸附效果的影响。由表 5-18 可知，萃取时间延长，总的萃取量略有增加，但增加幅度不大。由于存在吸附－解吸平衡问题，吸附时间从 20min 增加到 40min 时检出的化合物数量增加较明显；而当吸附时间增加到 60min 时检出的化合物个数却减少。因此选择吸附时间为 40min，此时间与气相色谱－质谱分析样品所需的时间也比较接近，从而提高了单位时间内样品分析的效率。

表5-18　　　　　　　　　　　　　　不同吸附时间对萃取效果的影响

吸附时间 /min	总峰面积（×10⁹）	化合物数量
20	2.313	51
40	2.569	62
60	2.584	58

（2）热处理对低温肠挥发性风味成分的影响　用顶空固相微萃取气质联用法分析生低温肠、60℃处理低温肠和 70℃处理低温肠的挥发性香气成分总离子流图分别见图 5-12、图 5-13 和图 5-14。挥发性风味组分及其相对百分含量见表 5-19。由表 5-19 可知，在本次试验条件下共检测分离到 65 种有效风味化合物，其中碳氢化合物 21 种、醛类 12 种、醇类 8 种、酯类 7 种、酮类 5 种、酸类 2 种、含氮含氧含硫及杂环化合物 10 种。

在生低温肠中检测到的挥发性成分共有 57 种，其中醛类、碳氢化合物、醇类、酯类、酸类、酮类分别有 11、17、8、7、2、5 种，其他类的风味组分有 7 种。醛类、碳氢化合物、醇类、酯类是主要的成分，占所有挥发性风味成分的 82.64%。其中己醛占 28.56%，其余成分中相对含量较高的为二十一烷 6.13%、壬醛 5.65%、1- 辛烯 -3- 醇 5.82%，具体见表 5-19。己醛普遍存在于肉品中，这是由于肉中含有一定的亚油酸，它氧化后可生成己醛（Frankel 等，1981）。己醛是评价肉类和

图 5-12　生低▶
温肠的SPME-
GC-MS图谱

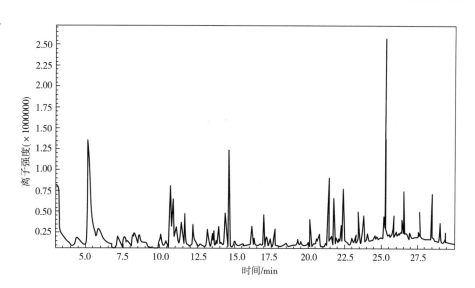

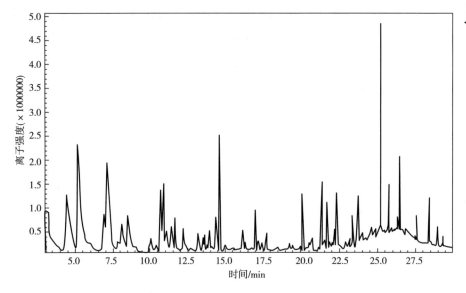

◄ 图5-13　60℃处理低温肠的SPME-GC-MS图谱

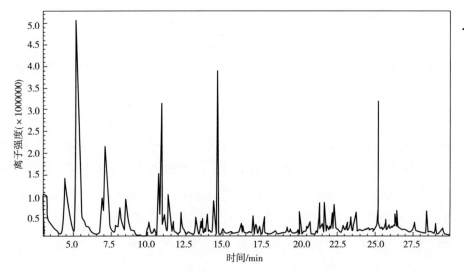

◄ 图5-14　70℃处理低温肠的SPME-GC-MS图谱

肉类产品氧化状态和风味质量的可靠指标，可能与肉的腥味有关。与常规蒸馏有机溶剂萃取处理相比，由于SPME处理的条件（60℃）相对温和，使以美拉德反应为主的风味化学反应速率明显下降（Lesimple等，1995），美拉德反应产物如呋喃类、噻吩类、噻唑类、硫醇类化合物等在本研究中未被检出。

经60℃和70℃热处理后，低温肠中挥发性成分的种类和含量均发生了变化，共检测到62种挥发性成分。与未处理低温肠相比，相同的醛有11种，新增了一种醛为2-十一烯醛。酸和酯的种类没有发生变化。醇类中的1-戊醇和1-己醇未检测出，可能是作为风味化学反应的反应物而被消耗。碳氢化合物增加了6种，新增的分别为甲苯、乙苯、二甲苯、壬烷、癸基环戊烷、十一烷基环戊烷。另外还新增了一种为苯并噻唑的含氮含硫杂环化合物，它是形成肉香气成分的主要杂环化合物之一。与未处理低温肠相比，热处理后低温肠的挥发性醛类的含量增加，特别是己醛的含量较高，在60℃处理低温肠和70℃处理低温肠中分别达到28%和33%，这是由于加热处理过程中脂肪酸（亚油酸及其他ω-6脂肪酸）氧化速率增加，因而导致己醛含量升高。另外热处理低温肠中还含有较多的碳氢化合物、酯类和醇类化合物。而对猪肉香味贡献较大的组分如呋喃、吡嗪、嘧啶、噻吩等杂环化合物检出很少，仅有苯并噻唑这一种，且总相对含量很低（0.15%和0.06%）。主要是由于本研究处理低温肠的温度较低，不超过70℃，处理时间也很短，这与Mottram（1984）等的研究结果一致。Mottram（1984）等研究指出，在芳香的挥发物中，很多的杂环化合物与烘烤的、炙烤的或高压煮的肉相关，而与在100℃以下温度加热或水煮的肉无关。含氮含硫含氧杂环化合物在低温熟制肉中多以低浓度存在，但是它们的阈值很低并且具有重要的感官特性（Mottram，1998），因此该类化合物可能对低温肠的风味贡献很大。在本研究中，由于低温肠处理方式决定了在挥发物中占主要地位的是脂肪族的醛，碳氢化合物、酯类化合物相对含量也较高。

表5-19　　　　　　　　　　　　生低温肠和热处理低温肠的挥发性成分组成

风味成分	保留时间/%	相似度/%	相对含量/%		
			A	B	C
1　甲苯 Toluene	4.36	93	—	5.94	6.08
2　1- 戊醇 1-Pentanol	4.41	94	2.39	—	—
3　己醛 Hexanal	5.16	95	28.56	27.97	33.06
4　乙苯 Ethylbenzene	6.88	98	—	3.22	3.72
5　1，2- 二甲苯 Benzene，1，2-dimethyl-	7.13	90	—	4.55	4.05
6　1- 己醇 1-Hexanol	7.21	96	2.11	—	—
7　壬烷 Nonane	8.08	94	—	0.57	0.51
8　庚醛 Heptanal	8.17	96	1.25	3.12	3.56
9　甲氧基苯肟 Oxime-，methoxy-phneyl-	8.33	84	1.68	—	—
10　丁内酯 Butyrolactone	8.54	96	1.56	3.64	4.03
11　2- 康烯醛 2-Heptenal，[Z]-	9.93	93	0.50	0.34	0.41
12　N'-3-（1-羟基-1-苯乙基）苯乙酸肼 Acetic acid，N'-[3-（1-hydroxy-1-phenylethyl）phenyl]hydrazide	10.04	83	1.42	0.48	0.50
13　1- 庚醇 1-Heptanol	10.40	97	0.39	0.46	0.51
14　3- 羟基 -2- 丁酮 3-Hydroxy-2-butanone	10.52	95	0.40	0.51	0.38
15　1- 辛烯 -3- 醇 1-Octen-3-ol	10.68	96	5.82	3.52	3.71
16　2，3- 辛二酮 2，3-Octanedione	10.74	92	0.41	0.11	0.08

续表

风味成分	保留时间 / %	相似度 / %	相对含量 / %		
			A	B	C
17 2- 甲基 -3- 丁烯腈 3-Octanone, 2-methyl-	10.85	92	1.83	2.02	2.19
18 1, 2, 4- 三甲苯 Benzene, 1, 2, 4-trimethyl-	11.09	92	0.95	0.39	0.21
19 辛醛 Octanal	11.43	96	0.90	1.81	1.70
20 1, 2- 二氯苯 Benzene, 1, 2-dichlore-	11.67	97	1.82	0.49	0.48
21 D- 柠檬油精 D-Limonene	12.23	94	2.15	0.75	0.28
22 E-2- 辛烯醛 2-Octenal, [E]-	13.18	91	1.05	0.78	0.54
23 2- 辛烯 -1- 醇 2-Octen-1-ol, [Z]-	13.50	94	0.72	0.49	0.51
24 1- 辛醇 1-Octanol	13.59	94	1.07	0.69	0.85
25 4- 甲基 - 苯酚 Phenol, 4-methyl-	13.75	88	0.26	0.15	0.08
26 己酸乙烯酯 Caproic acid vinyl ester	14.35	91	1.78	0.73	0.44
27 壬醛 Nonanal	14.63	97	5.65	4.39	5.24
28 1,2,4,5- 四甲基苯 Benzene,1,2,4,5-tetramethyl-	14.95	89	0.31	0.14	0.11
29 1,2,3,5- 四甲基苯 Benzene,1,2,3,5-tetramethyl-	15.10	89	0.15	0.07	0.11
30 (E)- 壬烯醛 2-Nonenal, [E]-	16.30	94	0.37	0.25	0.32
31 萘 Naphthalene	17.01	97	1.69	1.52	0.69
32 1- 十二烷醇 1-Dodecanol	17.20	94	0.41	0.30	0.05
33 正十二烷 Dodecane	17.44	91	0.45	0.34	0.23
34 癸醛 Decanal	17.65	95	0.23	0.51	0.17
35 2- 甲基 -3- 辛酮 3-Octanone, 2-dimethyl-	17.73	93	0.71	0.42	0.74
36 (E, E)-2, 4- 壬二烯醛 2, 4-Nonadienal, {E, E}-	17.90	94	0.06	0.05	0.12
37 苯并噻唑 Benzothiazole	18.22	86	—	0.15	0.06
38 (E)-2- 癸烯醛 2-Decenal, { E }-	19.25	93	0.30	0.24	0.24
39 2- 十三酮 2-Tridecanone	19.32	96	0.77	0.86	0.33
40 壬酸 Nonanoic acid	19.45	90	0.25	0.27	0.42
41 1- 甲氧基 -4- (1- 丙烯基) 苯 Benzene, 1-methoxy-4- [1-propenyl]-	19.89	86	0.18	0.25	0.09
42 1- 甲基萘 Naphthalene, 1-methyl-	20.08	90	1.35	1.77	0.75
43 十四烷 Tetradecane	20.16	97	0.60	0.81	0.45
44 2- 甲基萘 Naphthalene, 2-methyl-	20.48	95	0.33	0.43	0.16
45 (E, E)-2, 4- 癸二烯醛 2, 4-Decadienal, [E, E]-	20.58	94	0.42	0.78	0.28

续表

风味成分	保留时间 / %	相似度 / %	相对含量 / %		
			A	B	C
46 2, 2-二甲基-1-（2-羟基-1-甲基乙基）-2-甲基-丙酸丙酯 Propanoic acid, 2-methyl-, 2,2-dimethyl-1-［2-hydroxy-1-methylethyl]propyl ester	21.34	90	2.33	1.72	1.90
47 2, 4-二异氰酸基-1-甲基苯 Benzene, 2, 4-diisocyanato-1-methyl-	21.38	95	1.40	0.81	0.40
48 2-十一烯醛 2-Undecenal	21.55	89	—	0.19	0.19
49 3-羟基-2, 4, 4-三甲基戊基-2-甲基-丙酸酯 Propanoic acid, 2-methyl-, 3-hydroxy-2, 4, 4-trimethylpentyl ester	21.75	93	1.72	1.49	1.55
50 十五烷 Pentadecane	22.17	95	0.46	0.37	0.25
51 2, 4-二甲基-5-醛基-吡咯-3-腈 Pyrrole-3-carbonitrile, 5-formyl-2, 4-dimethyl-	22.37	89	3.10	2.12	1.23
52 癸基环戊烷 Cyclopentane, decyl-	23.02	91	—	0.53	0.26
53 十八烷 Octadecane	23.20	92	0.39	0.48	0.13
54 二十烷 Eicosane	23.77	94	1.36	1.22	0.62
55 癸酸 Pentanoic acid	23.86	94	0.74	0.06	0.03
56 丁羟基甲苯 Butylated Hydroxytoluene	24.07	84	0.33	0.13	0.05
57 二十一烷 Heneicosane	25.16	96	6.13	1.18	0.43
58 2-甲基-丙酸-1-（1, 1-二甲基乙基）-2-甲基-1, 3丙酯 Propanoic acid, 2-methyl-, 1-［1, 1-dimethylethyl]-2-methyl-1, 3-propanediyl ester	25.21	91	0.60	4.58	5.45
59 二十二烷 Docosane	25.78	87	1.56	0.75	0.33
60 十一烷基环戊烷 Cyclopentane, undecyl-	25.90	94	—	0.31	0.13
61 二十四烷 Tetracosane	26.40	91	1.73	1.65	0.36
62 二十五烷 Pentacosane	26.46	92	0.51	1.33	0.32
63 邻苯二甲酸二异丁酯 1, 2-Benzenedicarboxylic acid, bis［2-methylpropyl] ester	28.38	97	0.56	0.24	0.43
64 7,9-二叔丁基-1-氧杂螺［4,5]癸-6,9-二烯-2,8-二酮 7, 9-di-tert-butyl-1-oxaspiro［4, 5]deca-6, 9-diene-2, 8-dione	28.96	85	0.41	0.06	0.16
65 邻苯二甲酸二丁酯 Dibutyl phthalate	29.35	95	0.04	0.09	0.12

注：A 为生低温肠，B 为 60℃处理低温肠，C 为 70℃处理低温肠；"—"代表未检出。

（3）高密度二氧化碳处理对低温肠挥发性风味成分的影响　用顶空固相微萃取气质联用法分析 60℃、15MPa 处理低温肠，60℃、25MPa 处理低温肠，70℃、15MPa 处理低温肠和 70℃、25MPa 处理低温肠的挥发性香气成分总离子流图分别见图 5-15、图 5-16、图 5-17、图 5-18。挥发性风味组分及其相对含量见表 5-20。由表可知，高密度二氧化碳处理低温肠与热处理低温肠的挥发性风味成分种类相同，但风味成分的相对含量发生了一定的变化。

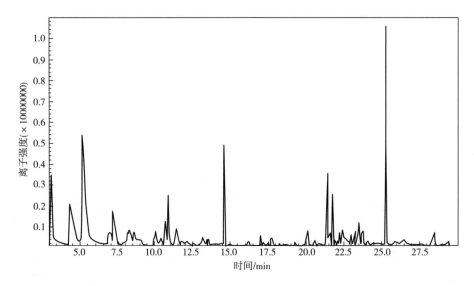

◀图5-15　60℃、15MPa高密度二氧化碳处理低温肠的SPME-GC-MS图谱

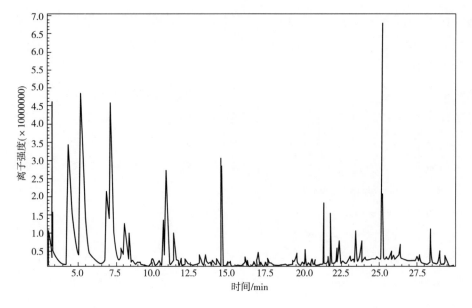

◀图5-16　60℃、25MPa高密度二氧化碳处理低温肠的SPME-GC-MS图谱

图5-17 70℃、▶
15MPa高密度
二氧化碳处理低
温肠的SPME-
GC-MS图谱

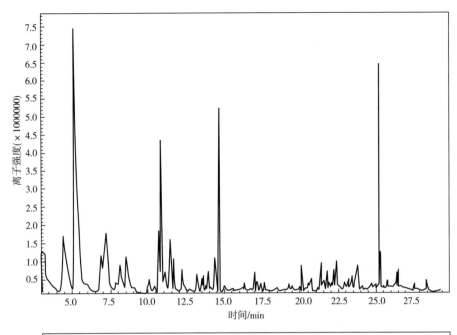

图 5-18 70℃、▶
25MPa高密度
二氧化碳处理低
温肠的SPME-
GC-MS图谱

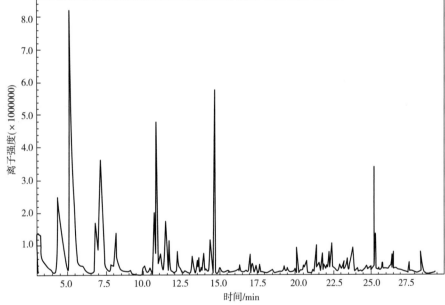

（4）高密度二氧化碳处理对低温肠挥发性醛类的影响　与热处理低温肠相比，高密度二氧化碳处理（15MPa 和 25MPa）后低温肠的挥发性醛的种类没有变化，相对含量发生了一定的变化，但变化并不显著。60℃热处理低温肠的醛类共 12 种，占总挥发性风味成分的 42.57%，其中己醛大约占 28%；经 60℃、15MPa 处理后，低温肠的挥发性醛类占总挥发性成分的 41.41%，其中己醛占 30.77%；经 60℃、25MPa 处理后，低温肠中挥发性醛类占总挥发性成分的 40.08%，其中己

表5-20　　　　　　　　高密度二氧化碳处理低温肠挥发性成分组成

风味成分	相对含量 / %			
	D	E	F	G
1　甲苯 Toluene	10.88	14.34	9.54	12.25
2　己醛 Hexanal	30.77	29.35	37.81	38.56
3　乙苯 Ethylbenzene	3.23	4.20	2.47	4.29
4　1，2- 二甲苯 Benzene, 1，2-dimethyl-	6.96	9.66	7.16	12.48
5　壬烷 Nonane	0.39	0.34	0.40	0.46
6　庚醛 Heptanal	2.12	3.95	2.26	2.70
7　丁内酯 Butyrolactone	1.54	1.17	0.87	0.34
8　2- 康烯醛 2-Heptenal,［Z］-	0.45	0.24	0.26	0.21
9　N'-3-（1-羟基-1-苯乙基）苯乙酸肼 Acetic acid,N'-［3-（1-hydroxy-1-phenylethyl）phenyl]hydrazide	0.55	0.37	0.37	0.41
10　1- 庚醇 1-Heptanol	0.34	0.26	0.53	0.42
11　3- 羟基 -2- 丁酮 3-Hydroxy-2-butanone	0.52	0.63	0.45	0.27
12　1- 辛烯 -3- 醇 1-Octen-3-ol	2.95	2.03	3.44	2.94
13　2，3- 辛二酮 2，3-Octanedione	0.19	0.11	0.09	0.08
14　2- 甲基 -3- 丁烯腈 3-Octanone, 2-methyl-	5.43	4.47	7.42	6.64
15　1，2，4- 三甲苯 Benzene, 1，2，4-trimethyl-	0.27	0.11	0.20	0.08
16　辛醛 Octanal	1.76	2.00	2.21	1.86
17　1，2- 二氯苯 Benzene, 1，2-dichlore-	0.29	0.22	0.39	0.25
18　D- 柠檬油精 D-Limonene	0.40	0.20	0.62	0.15
19　E-2- 辛烯醛 2-Octenal,［E］-	0.57	0.30	0.35	0.27
20　2- 辛烯 -1- 醇 2-Octen-1-ol,［Z］-	0.38	0.27	0.46	0.39
21　1- 辛醇 1-Octanol	0.62	0.36	0.86	0.67
22　4- 甲基 - 苯酚 Phenol, 4-methyl-	0.20	0.23	0.10	0.09
23　己酸乙烯酯 Caproic acid vinyl ester	0.39	0.22	0.37	0.27
24　壬醛 Nonanal	4.53	3.49	4.76	4.43
25　1,2,4,5- 四甲基苯 Benzene,1,2,4,5-tetramethyl-	0.12	0.06	0.08	0.06
26　1,2,3,5- 四甲基苯 Benzene,1,2,3,5-tetramethyl-	0.08	0.02	0.13	0.11
27　（E）-2- 壬烯醛 2-Nonenal,［E］-	0.28	0.16	0.28	0.17
28　萘 Naphthalene	0.73	0.34	0.66	0.46
29　1- 十二烷醇 1-Dodecanol	0.29	0.16	0.06	0.04
30　正十二烷 Dodecane	0.19	0.13	0.17	0.17

续表

风味成分	相对含量 / %			
	D	E	F	G
31 癸醛 Decanal	0.30	0.16	0.13	0.10
32 2-甲基-3-辛酮 3-Octanone, 2-dimethyl-	0.53	0.27	0.18	0.20
33 (E,E)-2,4-壬二烯醛 2,4-Nonadienal,{E,E}-	0.08	0.05	0.11	0.05
34 苯并噻唑 Benzothiazole	0.16	0.06	0.08	0.06
35 (E)-2-癸烯醛 2-Decenal, {E}-	0.20	0.13	0.21	0.14
36 2-十三酮 2-Tridecanone	0.45	0.12	0.09	0.10
37 壬酸 Nonanoic acid	0.09	0.49	0.45	0.47
38 1-甲氧基-4-(1-丙烯基)苯 Benzene, 1-methoxy-4-[1-propenyl]-	0.10	0.07	0.10	0.06
39 1-甲基萘 Naphthalene, 1-methyl-	0.92	0.41	0.66	0.49
40 十四烷 Tetradecane	0.23	0.14	0.20	0.16
41 2-甲基萘 Naphthalene, 2-methyl-	0.22	0.09	0.15	0.13
42 (E,E)-2,4-癸二烯醛 2,4-Decadienal, [E,E]-	0.19	0.12	0.10	0.12
43 2,2-二甲基-1-(2-羟基-1-甲基乙基)-2-甲基-丙酸丙酯 Propanoic acid,2-methyl-,2,2-dimethyl-1-[2-hydroxy-1-methylethyl]propyl ester	2.68	2.53	0.96	0.80
44 2,4-二异氰酸基-1-甲基苯 Benzene, 2,4-diisocyanato-1-methyl-	2.68	1.53	0.17	0.13
45 2-十一烯醛 2-Undecenal	0.16	0.13	0.25	0.35
46 3-羟基-2,4,4-三甲基戊基-2-甲基-丙酸酯 Propanoic acid, 2-methyl-, 3-hydroxy-2, 4, 4-trimethylpentyl ester	1.78	0.97	0.35	0.36
47 十五烷 Pentadecane	0.44	0.26	0.55	0.50
48 2,4-二甲基-5-醛基-吡咯-3-腈 Pyrrole-3-carbonitrile, 5-formyl-2, 4-dimethyl-	1.60	0.83	0.65	0.53
49 癸基环戊烷 Cyclopentane, decyl-	0.19	0.15	0.19	0.24
50 十八烷 Octadecane	0.09	0.07	0.13	0.12
51 二十烷 Eicosane	0.73	0.51	0.56	0.48
52 癸酸 Pentanoic acid	0.06	0.09	0.04	0.05
53 丁羟基甲苯 Butylated Hydroxytoluene	0.09	0.12	0.07	0.07
54 二十一烷 Heneicosane	0.42	0.33	0.44	0.39

续表

风味成分	相对含量 / %			
	D	E	F	G
55　2- 甲基 - 丙酸 -1-（1，1- 二甲基乙基）-2- 甲基 - 1，3 丙酯 Propanoic acid, 2-methyl-, 1- [1, 1- dimethylethyl]-2-methyl-1, 3-propanediyl ester	7.18	5.84	2.07	1.71
56　二十二烷 Docosane	0.29	0.12	0.12	0.13
57　十一烷基环戊烷 Cyclopentane, undecyl-	0.06	0.07	0.10	0.14
58　二十四烷 Tetracosane	0.26	0.21	0.30	0.27
59　二十五烷 Pentacosane	0.23	0.29	0.31	0.33
60　邻苯二甲酸二异丁酯 1, 2-Benzenedicarboxylic acid, bis [2-methylpropyl] ester	0.54	0.56	0.22	0.39
61　7，9- 二叔丁基 -1- 氧杂螺 [4，5] 癸 -6，9- 二烯 - 2，8- 二酮 7, 9-di-tert-butyl-1-oxaspiro [4, 5] deca-6, 9- diene-2, 8-dione	0.20	0.22	0.05	0.11
62　邻苯二甲酸二丁酯 Dibutyl phthalate	0.23	0.14	0.08	0.14

注：D、E、F、G 分别为 60℃、15MPa 处理低温肠，60℃、25MPa 处理低温肠，70℃、15MPa 处理低温肠，70℃、25MPa 处理低温肠。

醛占 29.35%（表 5-20 和图 5-19）。70℃热处理低温肠的挥发性醛类占总挥发性成分的 47.25%，其中己醛大约占 33%。经 70℃、15MPa 的高密度二氧化碳处理后，低温肠的挥发性醛类占总挥发性成分的 48.23%，其中己醛占 37.81%；经 70℃、25MPa 的高密度二氧化碳处理后，低温肠的挥发性醛类占总挥发性成分的 48.16%，其中己醛占 38.56%（表 5-20 和图 5-20）。由表可知，高密度二氧化碳处理低温肠与相同温度的热处理低温肠相比，挥发性醛类未发生显著变化（$P >$ 0.05）。醛类是肉中脂类的氧化分解产物，感官阈值非常低，在 10^{-6} 级甚至 10^{-9} 级就能识别，对肉品的肉香味和异味都有贡献作用（Joseph 等，2006）。其中很多是不饱和脂肪酸氧化形成的。壬醛、辛醛、2- 十一烯醛是油酸氧化的产物，己醛、2，4 - 癸二烯醛、2- 壬烯醛是亚油酸的主要挥发氧化的产物（文志勇等，2004；Joseph 等，2006）。亚油酸自动氧化生成 C_{13}- 和 C_9- 的氢过氧化物，C_{13}- 的氢过氧化物裂解将生成己醛，C_9- 的氢过氧化物裂解将生成 2，4 - 癸二烯醛，生成的 2，4- 癸二烯醛还会进一步形成与猪肉香味密切相关的 2- 戊基吡啶、2- 己基噻吩等（蔡原等，2006）。但这些香味成分在本研究条件下并未检出，可能与低温肠较低的处理温度有关。本研究中所检测到的醛主要为己醛，另外还有一些含量很低的不饱和醛。己醛是猪肉中一种重要的风味物质（朱秋劲等，2006），挥发性醛类中的不饱和烯醛，在肉类的风味形成中则起到更为重要的作用，如 2，4- 癸二烯醛（油炸食品的脂香）虽然相对含量较低，但它的阈值也很低，为 4.5×10^{-9}，对低温肠的风味有比较大的贡献（Joseph 等，2006）。

图5-19 60℃热 ▶
处理和60℃高密
度二氧化碳处理
后低温肠挥发性
风味成分的变化

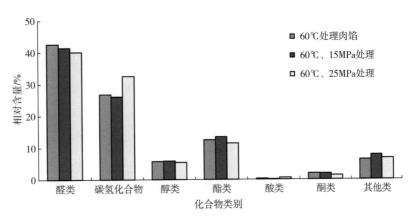

图5-20 70℃处 ▶
理和70℃高密度
二氧化碳处理后
低温肠挥发性风
味成分的变化

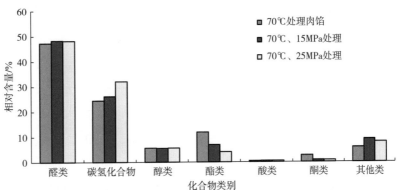

（5）高密度二氧化碳处理对低温肠挥发性醇类的影响　与热处理相比，高密度二氧化碳处理对低温肠的醇类无显著影响。在热处理和高密度二氧化碳处理低温肠中检出的醇类化合物主要为庚醇、1- 辛烯 -3- 醇、2- 辛烯 -1- 醇、辛醇、1- 十二烷醇。一般来说，肉中的挥发性醇表现出的气味品质较为柔和。不饱和醇的香气阈值一般较低，具有蘑菇香气和类似金属味，对肉类风味的形成有一定作用（周洁等，2006）。1- 辛烯 -3- 醇是亚油酸和花生四烯酸的氧化降解产物，表现出类似蘑菇的香气，普遍存在于猪肉的挥发性香味物质中，与猪肉中的特征香气密切相关（滕迪克等，2008）。本研究所检出的醇类物质中，1- 辛烯 -3- 醇（烤洋葱的香味）所占比例最大，因此对低温肠的风味特征贡献较大。饱和醇类可能是在加热过程中脂肪经氧化分解生成的或是由碳基化合物还原而生成醇的缘故，由于它们的阈值比较高，因此除非它们以高浓度存在，否则对低温肠的风味贡献很小（林宇山等，2006）。由表 5-19 和表 5-20 可知，饱和醇所占浓度很低，因此对低温肠的特征风味的影响

不大。

（6）高密度二氧化碳处理对低温肠中碳氢化合物的影响　低温肠经热处理和高密度二氧化碳处理后碳氢化合物的种类和相对含量均有所增加（表5-20、图5-19和图5-20），这可能是温度的升高加速了脂肪氧化产物（氢过氧化物）的裂解反应，从而使碳氢化合物的相对含量增加。与60℃热处理相比，经60℃、15MPa的高密度二氧化碳处理后，低温肠的碳氢化合物含量无明显变化；而经60℃、25MPa的高密度二氧化碳处理后，低温肠的碳氢化合物的含量显著增加。与70℃热处理相比，经70℃、15MPa的高密度二氧化碳处理后，低温肠的碳氢化合物无明显变化；而经70℃、25MPa的高密度二氧化碳处理后，低温肠的碳氢化合物含量显著增加（具体见表5-20、图5-19和图5-20）。对于25MPa下低温肠中碳氢化合物含量的增加，具体原因尚不清楚。碳氢化合物主要来自于脂肪酸烷氧自由基的均裂。饱和碳氢化合物的阈值一般较高，对肉品的整体风味贡献不大，但一些烯烃类如柠檬油精对提高肉品的整体风味具有一定的作用（Mottram，1998）。据报道，一些碳氢化合物，如甲苯、1，2-二甲基苯、乙苯、萘、甲基萘等，可能是从环境污染物转移到动物体内的，会造成肉的异味（王锡昌等，2005；江健等，2006）。本研究结果显示，低温肠中并未检出甲苯、邻二甲基苯，而在热处理和高密度二氧化碳处理后的低温肠中均检出较高含量的甲苯、1，2-二甲基苯等碳氢化合物，具体原因尚不清楚，可能与低温肠的处理条件有关，也可能是在处理过程中一些环境污染物与低温肠中的成分发生反应所致。多数研究显示，猪肉中并未检出甲苯、二甲苯等碳氢化合物（邹建凯，2002；陈国顺，2004；乔发东等，2006；余冰等，2007），但也有一些研究显示猪肉中含有微量的苯类化合物，如甲苯、乙苯（蔡原等，2006；朱秋劲等，2006）。

（7）高密度二氧化碳处理对低温肠中酯类的影响　与60℃热处理相比，经60℃、15MPa和60℃、25MPa的高密度二氧化碳处理后，低温肠的挥发性酯类没有显著变化。与70℃热处理相比，经70℃、15MPa和70℃、25MPa的高密度二氧化碳处理后，低温肠的酯类含量降低。这可能是随处理温度的升高，酯类的生成受到了高密度二氧化碳的影响。酯由肌肉组织中脂质氧化所产生的醇类和游离脂肪酸之间的相互作用所产生，随着处理温度的提高，高密度二氧化碳可能对游离脂肪酸的生成产生了一定的抑制作用（酸值降低，见表5-20），最终减少了酯的形成。另外也可能是随处理温度的升高，导致低温肠酯类成分的萃出量增加。

（8）高密度二氧化碳处理对低温肠中其他挥发性成分的影响　酮也是脂肪氧化产物之一，本研究中所检出的酮类含量很低，且随处理条件的改变而发生一定的变化。当处理温度由60℃升高为70℃时，酮类的相对含量相应增加。经高密度二氧化碳处理后，低温肠中的挥发性酮类则有所减少。这可能是在高密度二氧化碳环境中脂肪酸氧化速率降低所致。酮类化合物相对含量和阈值都不如其同分异构的醛类化合物理想，对低温肠风味的贡献要小于醛类（杨龙江等，2001；林宇山等，2006）。

肉类中的羧酸一般以 C_{12} 以上的直链羧酸为主，其对肉类风味的贡献较小（Wong等，1975）。本研究中检出的酸为癸酸和壬酸，$C_6 \sim C_{11}$ 羧酸挥发性较强（Campo等，2003），对低温肠的风味有一定的影响。

含氮含硫杂环化合物阈值较低，是肉品最重要的风味呈味物（刘源等，2005；蔡原等，2006）。其来源于氨基酸和还原糖之间的 Maillard 反应、氨基酸（如脯氨酸）的热解及硫胺素的热解，多数具有肉香味（李建军等，2003）。本研究在热处理低温肠和高密度二氧化碳处理低温肠中检出的含氮含硫杂环化合物仅有苯并噻唑这一种，且含量很低，这可能是由于处理温度较低所致，另外在高密度二氧化碳环境中，Maillard 反应会受到一定抑制（Casal等，2006），这可能导致杂环化合物的生成减少。在检出的其他类化合物中，如 2, 4- 二甲基 -5- 醛基 - 吡咯 -3- 腈，它含有吡咯基团，因此可能对低温肠的风味具有一定作用；4- 甲基 - 苯酚具有木香、烟熏香和焦香的气味（文志勇等，2004），因此对低温肠的整体风味具有一定的作用。

（四）高密度二氧化碳对低温肠的杀菌工艺

1. 高密度二氧化碳杀菌工艺对低温肠菌落总数的影响

由图 5-21 可见，随处理压力的增加，$\lg N/N_0$ 值逐渐减小。80℃条件下，高密度二氧化碳处理香肠 20min，15MPa 时 $\lg N/N_0$ 值为 -5.36，25MPa 以后就达到商业无菌。同时，$\lg N/N_0$ 值还随处理时间的延长而逐渐减小。80℃条件下，15MPa 时 $\lg N/N_0$ 值由 5min 时的 -3.47 减小至 20min 时的 -5.36，25min 以后达到商业无菌；50MPa 时 $\lg N/N_0$ 值就由 5min 时的 -3.38 减小至 15min 时的 -5.47，20min 以后达到商业无菌。由此可见，与热处理相比，高密度二氧化碳处理对细菌的杀灭效果均有不同程度增强。在高密度二氧化碳环境中，腐败菌和致病菌受到热和 CO_2 的双重作用，因此高密度二氧化碳对低温肠的杀菌效果强于单独的热杀菌，且高密度二氧化碳的杀菌效果随处理压力的升高逐渐增强。

2. 80℃下低温肠高密度二氧化碳杀菌 D 值

根据高密度二氧化碳杀菌曲线（图 5-21），求出在各条件下的杀菌 D 值（图 5-22）。由图 5-22 可以看出，80℃下高密度二氧化碳的杀菌 D 值均低于常压（0.1MPa）下的热杀菌 D 值（7.6min），且 D 值随处理压力的增加而逐渐减小，但高压下 D 值减小的幅度明显低于低压下减小的幅度。D 值由 15MPa 时的 4.1min 降低为 25MPa 时的 2.9min，继续升高压力，则 D 值变化不明显（$P > 0.05$），

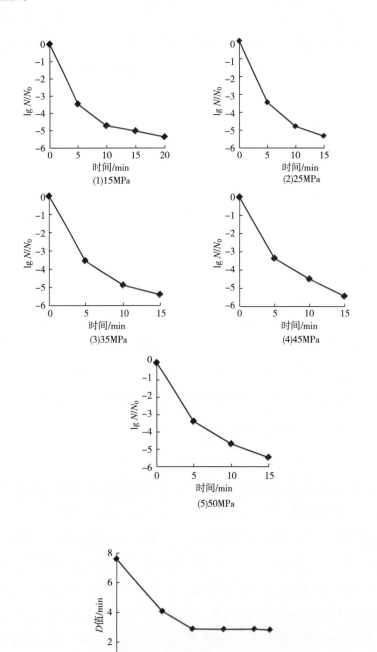

◀ 图5-21 高密度
二氧化碳不同压
力和时间对低温
肠细菌杀菌效果
的影响

◀ 图5-22 80℃条
件下的低温肠高
密度二氧化碳杀
菌D值

35MPa 时 D 值约为 2.9min，45MPa 时约为 2.9min，而 50MPa 时为 2.8min。由此可见，高密度二氧化碳的杀菌效果要强于常压条件下的热杀菌，且杀菌效果随压力的增加而逐渐增强，但压力超过一定值后，增加压力并不能显著地增强高密度二氧化碳的杀菌效果。这可能是在较高温度下，随着压力的升高，CO_2 的溶解度并未显著增大。本研究采用的处理条件可能对 CO_2 的溶解度产生了较大的影响，因此出现了 15MPa 以上压力的 D 值变化不明显。

3. 高密度二氧化碳联合 80℃热处理对低温肠的杀菌效果

本研究以改进的杀菌工艺对低温肠进行杀菌处理（图 5-23）。由图 5-23 可知，当高密度二氧化碳处理时间为零时，即 80℃热处理 20min，lg N/N_0 值为 -4.1~ -3.9。与热处理相比，低温肠经高密度二氧化碳处理后再进行热处理，lg N/N_0 值均有不同程度的减小，且随处理时间的延长，lg N/N_0 值逐渐减小。在 15MPa 压力下，lg N/N_0 值由 0min 时的 -3.93 减小为 30min 时的 -5.31，40min 以后达到商业无菌；在 25MPa 压力下，lg N/N_0 值由 0min 时的 -3.89 减小为 30min 时的 -5.34，40min 以后达到商业无菌；在 35MPa 压力下，lg N/N_0 值由 0min 时的 -4.12 减小为 20min 时的 -5.39，30min 以后达到商业无菌；在 45MPa 压力下，lgN/N_0 值由 0min 时的 -4.05 减小为 20min 时的 -5.51，30min 以后达到商业无菌；在 50MPa 压力下，lg N/N_0 值由 0min 时的 -3.93 减小为 20min 时的 -5.57，30min 以后达到商业无菌。同时，lg N/N_0 值随处理压力的增加而逐渐减小。高密度二氧化碳处理低温肠 30min，15MPa 时 lg N/N_0 值为 -5.31，25MPa 时 lg N/N_0 值

图 5-23　高密度二氧化碳联合 80℃处理下低温肠中细菌的失活曲线

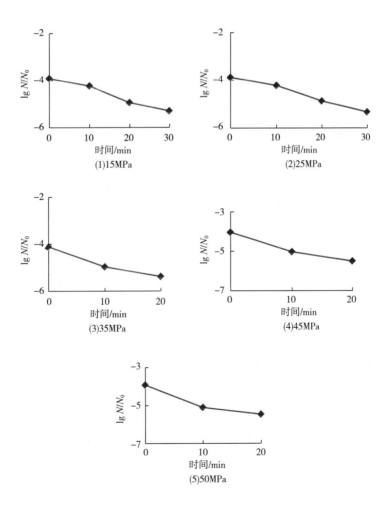

为 –5.34，35MPa 以后就达到商业无菌。另外根据杀菌曲线可求出灭活速率 k 值（单位 min^{-1}），15MPa 时为 0.049，25MPa 时为 0.05，35MPa 时为 0.064，45MPa 时为 0.073，50MPa 时为 0.077，由此可知，k 值随处理压力的升高而逐渐增大，表明杀菌效果在逐渐增强。与 80℃下高密度二氧化碳处理相比，32℃的高密度二氧化碳 +80℃热处理对低温肠的杀菌效果有所减弱，杀菌所需的时间延长，但与 80℃热处理相比，其杀菌效果呈增强趋势。总之，采用本研究建立的高密度二氧化碳杀菌工艺对低温肠进行处理能达到良好的杀菌效果。

4. 高密度二氧化碳处理低温肠在贮存期间的细菌总数变化

将预先装有低温肠的塑料管置于杀菌釜内，进行高密度二氧化碳处理，处理完毕后放气，接着升温到设定温度对低温肠进行热处理，最后取出样品检测残存的活菌数。具体杀菌方式详见表 5-21。

表5-21　　　　　　　　　　　　低温肠的杀菌方式

处理组	处理方式
T1（对照）	热处理（80℃、20min）
T2	高密度二氧化碳处理（35MPa、32℃、30min）→热处理（80℃、20min）
T3	高密度二氧化碳处理（45MPa、32℃、30min）→热处理（80℃、20min）
T4	高密度二氧化碳处理（50MPa、32℃、30min）→热处理（80℃、20min）

将杀菌后的低温肠真空包装后分别置于 4℃（冷藏）、20℃和 37℃贮存，定期测定细菌总数。

按照试验设计处理后的各试验组，4℃贮存期间细菌总数变化情况见图 5-24。由图可知，各处理组低温肠在贮存期间细菌总数均呈上升趋势，热处理低温肠（T1）细菌总数与其他三组（T2、T3 和 T4）差异显著（$P < 0.05$），T2、T3 和 T4 处理组低温肠间细菌总数无显著差异（$P > 0.05$）。各处理组低温肠在贮存前两周细菌生长较缓慢，这与真空对细菌的抑制作用有关，随着贮存时间的延长，细菌生长速度增加。热处理低温肠在第 35 天时细菌总数对数值达到 3.8，在第 42 天时细菌总数对数值达到 5.1。T2、T3 和 T4 组低温肠在贮存的第 49 天时细菌总数对数值分别达到 4.9、4.5 和 4.2，而在贮存的第 56 天时细菌总数对数值分别为 6.3、5.9 和 6.2。

杀菌后的低温肠在 20℃贮存期间细菌总数的变化如下图 5-25。在贮存过程中，各处理组细菌总数均呈上升趋势，T1 组的细菌总数与其他三组（T2、T3、T4）差异显著（$P < 0.05$），T2、T3、T4 组低温肠在前 14d 贮存期间细菌总数无明显差异，而在 21d 以后，T2 组低温肠中的细菌总数明显要高于 T3 和 T4 组（$P < 0.05$）。

图5-24 不同处
理组4℃贮存期间
低温肠细菌总数
的变化

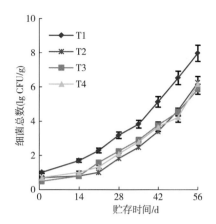

在贮存的前 14d，热处理组（T1，对照组）低温肠的细菌总数保持在 50~120CFU/g，其中在贮存的第 7 天细菌总数降低，这可能是因为部分好氧菌真空状态下生长被抑制直至死亡。随着贮存时间的延长，细菌生长的速率增加，大体呈线性增长的趋势，在第 49 天已达到 10^8CFU/g。对于高密度二氧化碳杀菌低温肠（T2、T3 和 T4 组），在前 14d 贮存期内细菌增长比较缓慢，细菌总数保持在 30CFU/g 以下。随着贮存时间的延长，T2、T3 和 T4 组低温肠中细菌总数呈上升趋势，与同期对照组相比，其生长速率较小，在第 49 天时细菌总数均在 10^6CFU/g 以内。对于真空包装的肉制品来说，由于没有氧气，好氧菌的生长受到抑制直至死亡，而厌氧菌及兼性厌氧菌则成为优势菌（孙承锋等，2003；戴瑞彤等，2004）。本研究对高密度二氧化碳处理后的低温肠采用真空包装，很可能在贮存后期厌氧菌及兼性厌氧菌构成了低温肠的优势菌，因此增殖速度快。由图 5-25 可知，对照组在 20℃可以贮存 28d，在第 35 天时细菌总数 > 4.90；而 T2 和 T3 组低温肠在 20℃能贮存 35d，贮存时间达到 42d 时细菌总数对数值分别达到 5.23 和 4.96；T4 组低温肠在 20℃可贮存 42d，贮存期达到 49d 后细菌总数对数值为 5.24。

图5-25 不同处
理组20℃贮存期
间低温肠细菌总
数的变化

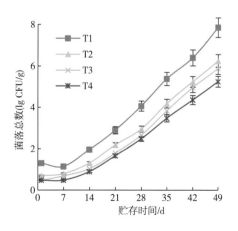

杀菌后的低温肠在37℃贮存期间细菌总数的变化情况见图5-26。由图可知，热处理组（T1）低温肠在贮存期间细菌总数增长很快，在第14天时细菌总数对数值达到4.2，在第21天时细菌总数对数值为6.2。随着贮存时间的延长，细菌总数也快速增加，直到第35天达到最大值8.9lg CFU/g，在第42天时细菌总数并无显著增加，表明细菌生长速率减小，细菌总数逐渐趋于稳定。T2、T3和T4组低温肠在贮存期间细菌总数也均呈上升趋势。在贮存初期（1~5d），三组低温肠间细菌总数无显著差异（$P > 0.05$），随着贮存时间的延长，在第10天以后T2组低温肠中的细菌总数与T3、T4组差异显著（$P < 0.05$）。当贮存时间达到21d后，T2、T3和T4组低温肠中的细菌总数对数值分别为4.5、3.7和3.4，在第28天时细菌总数对数值均大于4.9。

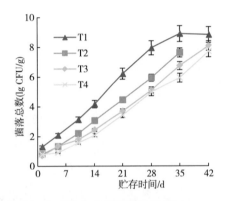

◀图5-26　不同处理组37℃贮存期间低温肠细菌总数的变化

（五）高密度二氧化碳处理对羊肉糜凝胶特性的影响

1. 高密度二氧化碳对羊肉糜凝胶色泽的影响

羊肉糜经高密度二氧化碳处理后由红色变成粉红色和棕色，L^*值、a^*值和b^*值均发生了不同程度的变化（图5-27、图5-28、图5-29）。与单一的热处理相比，热处理结合高密度二氧化碳处理能显著增加羊肉糜凝胶的L^*值。处理时间分别为30、40、50min时，不同温度下样品的L^*值有明显差异（$P < 0.05$），但在处理时间为30min时，羊肉糜在20MPa后的L^*就趋于平缓，处理时间为40和50min时，羊肉糜则分别在30MPa和40MPa后才趋于平缓，且处理时间为30min和40min时不同压力间差异不明显（$P > 0.05$），而处理时间为50min时不同压力间差异明显（$P < 0.05$）。从图5-27、图5-28、图5-29可以看出，随着处理时间的延长，相同的温度和压力条件下，羊肉糜的L^*值也都有所增大；a^*值随温度和压力的增加呈减小的趋势，但温度超过60℃后a^*值降低幅度较小，各温度间差异不显著（$P > 0.05$），处理时间为30min的羊肉糜在压力超过40MPa后a^*值反有增加的趋势，其余的处理时间下a^*随压力的增大而减小；b^*值随压力和温度的增加变化不明显（$P > 0.05$）。

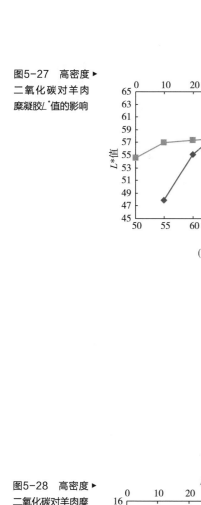

图5-27 高密度
二氧化碳对羊肉
糜凝胶L^*值的影响

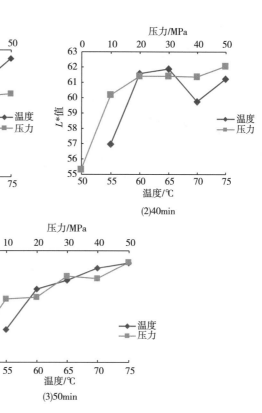

图5-28 高密度
二氧化碳对羊肉糜
凝胶a^*值的影响

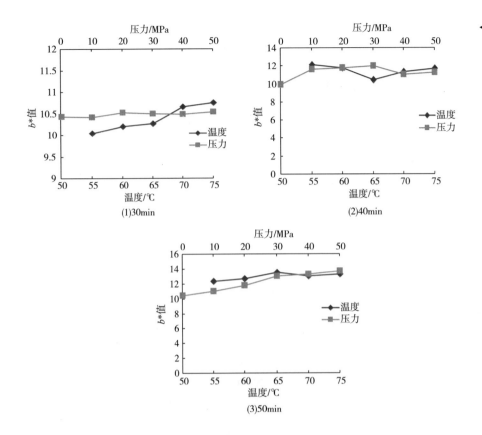

◄ 图5-29　高密度二氧化碳对羊肉糜凝胶 b* 值的影响

2. 高密度二氧化碳处理对羊肉糜凝胶 pH 的影响

高密度二氧化碳对羊肉糜凝胶 pH 的影响见图 5-30。如图 5-30 所示，羊肉糜经高密度二氧化碳处理后 pH 随温度的升高逐渐增大（$P > 0.05$），与单纯的热处理结果基本一致。前人研究发现，加热会使蛋白质的酸性基团减少大约 2/3，而对蛋白质碱性基团的数量几乎没有影响（南庆贤，2003），这也正是羊肉糜凝胶 pH 随高密度二氧化碳处理温度的升高而增加的原因。不同压力对羊肉糜凝胶 pH 的影响比较复杂，随着高密度二氧化碳处理压力的增加，羊肉糜凝胶 pH 呈先增加后降低的趋势，但降低幅度并不显著（$P > 0.05$）。原因在于，一方面高密度二氧化碳处理造成 CO_2 与水结合生成 H_2CO_3，H_2CO_3 解离产生 H^+，促使羊肉糜凝胶 pH 降低；另一方面，羊肉糜凝胶结构也影响了 CO_2 的透过能力（Lin 等，2006；Lin 等，1992），且温度升高减少了蛋白质的酸性基团，降低了 CO_2 在水相中的溶解度，影响高密度二氧化碳的酸化作用，致使羊肉糜凝胶 pH 降低缓慢。

3. 高密度二氧化碳处理对羊肉糜凝胶持水力的影响

凝胶失水率反映了凝胶持水能力的大小，失水率越高，持水力越小。高密度二氧化碳处理对羊肉糜凝胶持水力的影响见图 5-31。图 5-31 表明，与原料肉糜相比，高密度二氧化碳处理后羊肉糜凝胶的失水率均有不同程度的升高，即持水力均有不同

图5-30 高密度▶
二氧化碳对羊肉
糜凝胶pH的影响

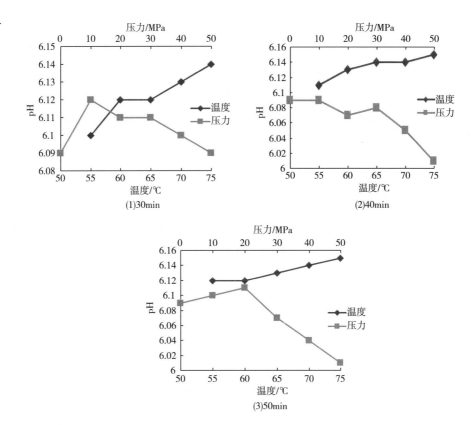

图5-31 高密度▶
二氧化碳对羊肉
糜凝胶持水力的
影响

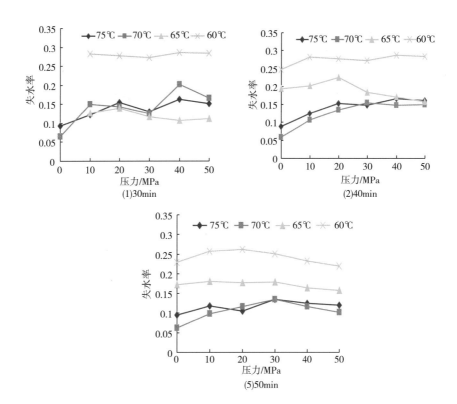

程度的下降；且60℃以下羊肉糜凝胶的失水率显著高于60℃以上的羊肉糜凝胶，即羊肉糜凝胶持水力随处理温度的增加而增加；此外，羊肉糜凝胶持水力还随压力的增加呈先增加后降低的趋势。原因可能在于高密度二氧化碳处理羊肉糜，羊肉糜需经历由肉糜到凝胶结构的转变过程，与原料肉糜相比，加热和加压会破坏肉糜原有的组织结构，导致肉糜失水率增加，持水力下降，而当羊肉糜完成了由肉糜向凝胶结构的转变后，升高温度和增加压力均会影响羊肉糜凝胶的结构，导致羊肉糜凝胶的持水力发生变化。60℃以下即使增加压力，羊肉糜也不能形成较好的凝胶结构，导致羊肉糜凝胶失水率较高，持水力较低；而60℃以上羊肉糜能形成致密的凝胶结构，导致羊肉糜凝胶失水率显著下降，持水力显著增强。增加压力一方面能强化蛋白质的热变性和凝胶的形成，致使肉糜凝胶的持水力随压力的增加而增强；另一方面，增加压力也能导致凝胶结构的崩塌，致使凝胶持水力下降（Cheftel等，1997），因而造成了羊肉糜胶持水力有先增加后降低的趋势。

4. 高密度二氧化碳处理对羊肉糜凝胶质构特性的影响

高密度二氧化碳处理对羊肉糜凝胶的硬度、弹性、内聚性和咀嚼性的影响见图5-32、图5-33、图5-34、图5-35。从图中可以看出，与单纯的热处理相比，高密度二氧化碳处理后羊肉糜凝胶的硬度、弹性、内聚性和咀嚼性均有不同程度的增加；70℃以下羊肉糜凝胶的硬度、弹性、内聚性和咀嚼性随温度的增加而增加，但70℃以上却随温度的增加而降低；从图中还可以看出，压力对羊肉糜凝胶硬度、弹

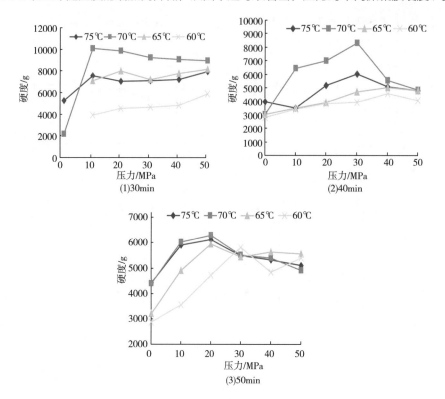

◀ 图5-32 高密度二氧化碳对羊肉糜凝胶硬度的影响

性、内聚性和咀嚼性的影响比较复杂，羊肉糜凝胶效果随压力的增加呈先增加后降低的趋势，而并非在压力最低或最高时凝胶效果最好。原因可能在于高密度二氧化碳处理羊肉糜，羊肉糜经历了由肉糜到凝胶结构的转变，与原料肉糜相比，加热和加压均会促进凝胶结构的形成，导致肉糜凝胶的硬度、弹性、内聚性和咀嚼性增加。70℃条件下能够形成较好的凝胶结构，其硬度、弹性、内聚性和咀嚼性达到最大。高密度二氧化碳导致蛋白变性没有固定的模式可循，它是温度、压力和时间共同作用的结果

图5-33　高密度 ▶
二氧化碳对羊肉
糜凝胶弹性的影响

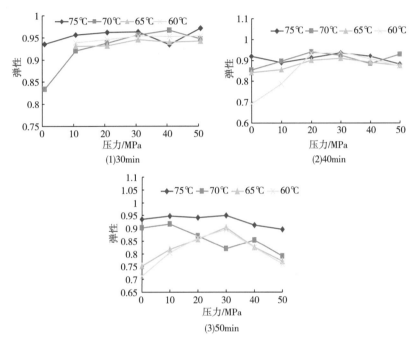

图5-34　高密度 ▶
二氧化碳对羊肉
糜凝胶内聚性的
影响

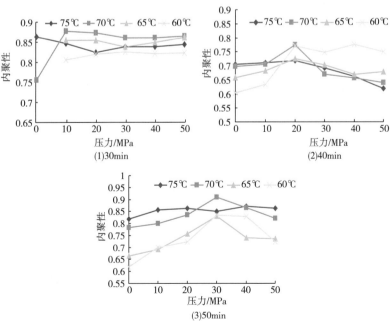

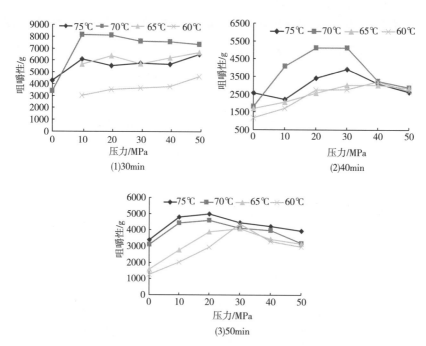

◀ 图5-35 高密度
二氧化碳对羊肉
糜凝胶咀嚼性的
影响

（Apichartsrangkoon 等，1998），不同的蛋白伸展、解聚、聚集和胶凝需要不同的条件（Cheftel 等，1997），因此，高密度二氧化碳处理导致肉糜凝胶形成的机理还有待深入研究。

5.高密度二氧化碳处理对羊肉糜凝胶微观结构的影响

高密度二氧化碳处理对羊肉糜凝胶微观结构的影响见图 5-36。由图可以看出，羊肉糜经加压和加热后能形成较好的三维网状结构，且这种网状结构随压力的增大而逐渐变得致密，尤其在 30MPa 时达到最致密，之后随压力的增大，网孔构造却有增大趋势。原因可能在于凝胶网状结构的形成与 S—S 键、离子键、疏水键和氢键的参

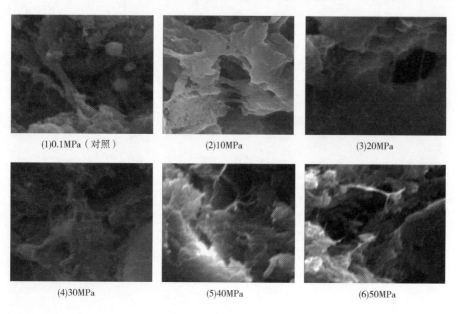

◀ 图5-36 不同高
密度二氧化碳处
理条件下羊肉糜凝
胶的扫描电镜图

与有关，其中 S—S 键对这种网状结构的形成起着重要作用，增大压力促进了蛋白质的伸展和解聚，造成了蛋白质内部疏水基团和极性基团的充分暴露，促进了 S—S 键、疏水键、氢键和离子键的形成，但压力过高又会促使蛋白质解聚分子的重新聚合，使得蛋白质凝胶网络结构受到破坏（Chapleau 等，2003），出现孔洞。

6. 高密度二氧化碳条件下复合磷酸盐对羊肉糜凝胶特性的影响

添加了复合磷酸盐的羊肉糜经高密度二氧化碳处理后颜色由红色变为粉红色和棕色，L^* 值、a^* 值和 b^* 值均发生了不同程度的变化。由图 5-37 可以看出，L^* 值随着压力的增大而逐渐增大，但不同压力间的 L^* 值变化差异不明显（$P > 0.05$）。添加不同量磷酸盐的羊肉糜的 L^* 值则随着磷酸盐添加量的增大而呈现逐渐上升的趋势，且不同添加量间的 L^* 值差异不显著（$P > 0.05$）。随着磷酸盐添加量的增多，a^* 值和 b^* 值均降低，且不同添加量间差异不显著（$P > 0.05$）。总的来说，磷酸盐对肉的色泽的影响规律不显著，但是添加复合磷酸盐的样品和对照相比，L^* 值、a^* 值和 b^* 值均降低，说明磷酸盐对肉色有不好的影响，虽然添加磷酸盐可以提高肉的保水性，但是却不利于肉色的提高（彭增起等，2003）。

图5-37　不同高▶密度二氧化碳条件下复合磷酸盐添加量对羊肉糜色泽的影响

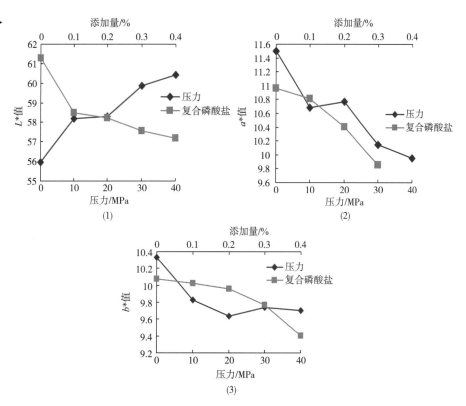

7. 高密度二氧化碳下复合磷酸盐对羊肉糜凝胶 pH 的影响

磷酸盐和高密度二氧化碳对羊肉糜凝胶 pH 的影响见图 5-38。如图所示，羊肉糜经高密度二氧化碳处理后 pH 随压力升高而缓慢增大，到 30MPa 后又小幅降低，但增大和降低程度均不显著（$P > 0.05$）。随着磷酸盐添加量的增大，羊肉糜凝胶的 pH 则呈现逐渐增大的趋势，尤其是添加磷酸盐的羊肉糜和未添加的相比，增大幅度较大，而后则增大的比较缓慢，即各添加量之间差异不显著（$P > 0.05$）。出现这种结果的原因可能是一方面由于磷酸盐属于碱性添加剂，所以在添加到羊肉糜中以后其 pH 就会增大，而随着高密度二氧化碳的逐渐渗入，CO_2 与水结合形成 H_2CO_3，H_2CO_3 解离产生 H^+，促使羊肉糜凝胶 pH 降低，但是随着磷酸盐含量的增大，羊肉糜的 pH 又升高，两种作用结合到一起致使 pH 缓慢升高。

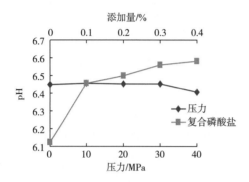

◀ 图5-38 不同高密度二氧化碳下复合磷酸盐添加量对羊肉糜pH的影响

8. 高密度二氧化碳复合磷酸盐对羊肉糜凝胶持水力的影响

磷酸盐和高密度二氧化碳对羊肉糜凝胶持水力的影响见图 5-39。由图可知，随着磷酸盐添加量的增大，羊肉糜凝胶的失水率逐渐降低，即持水力逐渐增强。对照在经过高密度二氧化碳处理后失水率升高，而添加了磷酸盐的羊肉糜失水率则在经过高密度二氧化碳处理后呈现逐渐降低的趋势。原因可能是由于高密度二氧化碳处理羊肉糜，羊肉糜需经历由肉糜到凝胶结构的转变过程，而加压会破坏肉糜原有的组织结构，从而导致失水增多，持水力下降，而添加了磷酸盐后，磷酸盐有利于蛋白质的提取，从而更容易形成结构致密的凝胶结构，所以随着磷酸盐含量的增大，羊肉糜凝胶的持水力逐渐增强。Stone 等（1994）研究表明，在一定离子强度的范围内，增加离子强度，可以明显提高牛肉纤维蛋白的保水性及凝胶性。

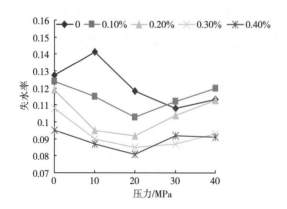

◀ 图5-39 高密度二氧化碳下复合磷酸盐添加量对羊肉糜凝胶持水力的影响

9. 高密度二氧化碳下复合磷酸盐对羊肉糜凝胶质构的影响

磷酸盐和高密度二氧化碳处理对羊肉糜凝胶的硬度、弹性、内聚性和咀嚼性的影响见图 5-40。由图可以看出，与不添加磷酸盐相比，羊肉糜凝胶的硬度、弹性、内聚性以及咀嚼性都有不同程度的提高，而随着磷酸盐添加量的增多，羊肉糜凝胶的各质构指标也呈现逐渐增大的趋势。添加磷酸盐可以提高凝胶效果，总结其原因主要是磷酸盐的加入使蛋白质溶液的 pH 向中性偏移，从而偏离蛋白质的等电点，继而提取出更多的蛋白质。从图中还可以看出，压力和磷酸盐的协同作用对于羊肉糜各质构指标的影响比较复杂。随着压力的增大，各质构效果出现了先增大后降低的现象，这也可以说明质构效果最好的点并非在压力最高或者磷酸盐添加量最多的位置，它应该是在综合考虑了两者关系后才最终确定的。磷酸盐和高密度二氧化碳的协同作用对形成羊肉糜凝胶质构特性的研究还比较少见，形成的机理有待于进一步研究。

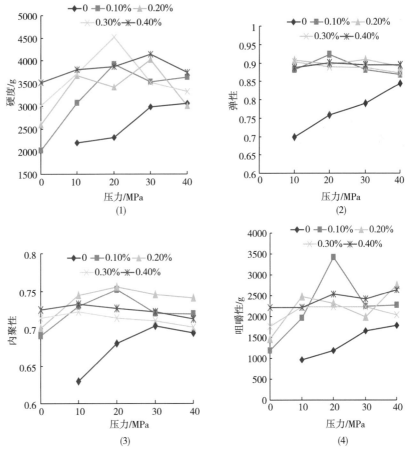

图5-40　磷酸盐添加量和高密度二氧化碳对羊肉糜凝胶质构特性的影响

10. 高密度二氧化碳条件下复合磷酸盐对羊肉糜凝胶微观结构的影响

磷酸盐和高密度二氧化碳处理对羊肉糜凝胶微观结构的影响见图 5-41。从图可以看出，不论是否添加磷酸盐，羊肉糜都能形成三维网状结构，而且随着磷酸盐添加量的增多，这种网状结构逐渐变得致密，而个别图里面出现的空洞，则可能是与高密度二氧化碳的加压和快速泄压有关。

(1)磷酸盐添加量0　　(2)磷酸盐添加量0.10%　　(3)磷酸盐添加量0.20%

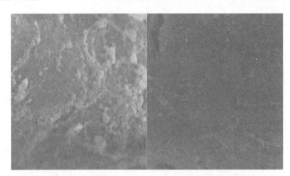

(4)磷酸盐添加量0.30%　　(5)磷酸盐添加量0.40%

◄ 图5-41　高密度二氧化碳条件下复合磷酸盐羊肉糜凝胶的扫描电镜图（高密度二氧化碳处理温度65℃、处理时间30min，扫描电镜倍数5000×）

11. 高密度二氧化碳对肌球蛋白二级结构的影响

在热诱导凝胶的形成过程中起主要作用的是肌球蛋白，肌球蛋白是一类具有重要生物学功能特性的结构蛋白质群体，其作用除了参与肌肉的收缩、影响肌肉的嫩度外，还与肌肉食品的流变学特性如硬度、弹性、保水性等有着密切的联系。本部分主要从羊肉中提取出肌球蛋白，对所提取的蛋白质进行不同条件的高密度二氧化碳处理，研究处理后的蛋白质结构，并与未进行加压处理的蛋白质结构进行比较。采用圆二色光谱法研究高密度二氧化碳对肌球蛋白溶液二级结构的影响，用傅里叶变换光谱研究肌球蛋白粉末二级结构的变化，明确蛋白质经过高密度二氧化碳处理后的二级结构变化，为研究高密度二氧化碳的成胶机制提供新的思路。

对照和高密度二氧化碳处理后蛋白的红外光谱结果见图 5-42，其主要吸收带的振动频率列于表 5-22。由图 5-42 和表 5-23 可知，随着压力的增大，在各主要波数上，肌球蛋白的吸收都比较明显，对照和经过高密度二氧化碳处理的蛋白的 N—H 伸缩振动峰都在 $3190.63cm^{-1}$，波数未迁移，说明肌球蛋白的 N—H 伸缩振动受高密度二氧化碳影响较小。对照酰胺Ⅰ的吸收峰在 1634.89cm⁻¹，而样品在经过高密度二氧化碳处理后，酰胺Ⅰ的吸收峰从 1635.89cm⁻¹ 迁移到 1631.58cm⁻¹。原因可能是由于蛋白质的二级结构能够决定典型氨基酸和蛋白质酰胺基谱带的形状，若二级结构发生改变，酰胺基谱带的最高点就会发生相应的迁移，从酰胺基谱带向低波数迁移的结果中可以得出二级结构中其他元件向 β - 折叠转变的增多的结论（Utsumi 等，1993）。由此可以说明肌球蛋白经过高密度二氧化碳处理后，二级结构发生了改变，β - 折叠增多。在 2950cm⁻¹ 和 1139cm⁻¹ 处的吸收峰为未知基团的吸收，对照和经过高密度二氧化碳处理的肌球蛋白在这三处没有发生波数的迁移。

图5-42　高密度▶二氧化碳处理前后肌球蛋白的红外光谱图

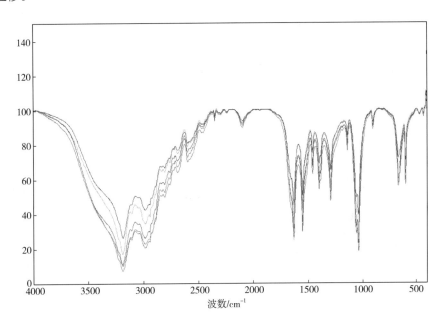

表5-22　　　　　　　　　　　　　　　　　　　酰胺基团的特征振动

名称	波数 /cm⁻¹	振动模式
酰胺 A	3300	N—H 的伸缩振动
酰胺 B	3100	酰胺Ⅱ带的一次泛频，费米共振
酰胺 Ⅰ	1660	C＝O 的伸缩振动
酰胺 Ⅱ	1570	N—H 的面内弯曲振动和 C—N 的伸缩振动
酰胺 Ⅲ	1300	C—N 的伸缩振动和 N—H 的面内弯曲振动
酰胺 Ⅳ	630	O＝C—N 的面内弯曲振动
酰胺 Ⅴ	730	N—H 的面外弯曲振动
酰胺 Ⅵ	600	C＝O 的面外弯曲振动

表5-23　　　对照和不同压力高密度二氧化碳处理后蛋白粉的红外光谱的主要频率

样品	酰胺 A	酰胺 B		酰胺 I	酰胺 II	酰胺 III		酰胺 VI
对照	3190.63	2987.84	2598.15	1635.89	1552.36	1389.78	1138.81	665.62
10MPa	3190.63	2987.84	2598.15	1631.58	1552.36	1389.78	1138.81	661.65
20MPa	3190.63	2987.84	2598.15	1631.58	1552.36	1389.78	1138.81	661.65
30MPa	3190.63	2987.84	2598.15	1631.58	1552.36	1389.78	1138.81	661.65
40MPa	3190.63	2987.84	2598.15	1631.58	1552.36	1389.78	1138.81	661.65

在红外区域，蛋白质和多肽的吸收频率或特征振动通常表现为 8 个（表5-22），其中常用的是位于 1600~1700cm^{-1} 的酰胺 I 区吸收带，因此选择这个范围做进一步研究。C=O 和 N—H 之间的氢键性质决定了酰胺 I 的振动频率。酰胺 I 区是一个由若干子峰（每个子峰都代表一种结构，即 β-折叠、α-螺旋、β-转角以及无规卷曲）组合而成的区域。通过对酰胺 I 区的曲线进行拟合来估测蛋白质中这几种结构的含量。图 5-43 为原蛋白、对照以及不同压力高密度二氧化碳处理（65℃，30min）后的光谱曲线拟合结果。峰位及谱带指认见表 5-24。不同高密度二氧化碳压力处理后肌球蛋白各二级结构元件的含量的变化见表 5-25。对蛋白各个子峰的归属指认如下：1610~1640cm^{-1} 是 β-折叠，1640~1650cm^{-1} 是无规则卷曲，1650~1660cm^{-1} 是 α-螺旋，1660~1700cm^{-1} 是 β-转角（戈志成等，2006；庾照学等，2000；唐传核等，2003）。

如表 5-24 和图 5-43 所示，原蛋白谱图的强峰和次强峰分别出现在 1668cm^{-1} 和 1639cm^{-1}、1658cm^{-1}，谱带指认分别为 β-转角和 β-折叠、α-螺旋，含量分别为 16.07% 和 28.33%、12.65%；而对照蛋白谱图的强峰和次强峰则分别出现在 1627cm^{-1} 和 1639cm^{-1}、1658cm^{-1}，谱带指认分别为 β-折叠和 β-折叠、α-螺旋，含量分别为 32.66% 和 17.51%、29.87%。此外，在 1600~1700cm^{-1} 的范围内还有一峰位 1608cm^{-1}，这主要是由氨基酸侧链振动引起的，对蛋白二级结构的影响很小，所以计算含量时未予考虑。蛋白经过高密度二氧化碳处理后，各组蛋白谱图的强峰均出现在 1627cm^{-1} 处，而次强峰在 1639cm^{-1} 和 1658cm^{-1}，只是含量有所改变。其他峰位及谱带指认以及含量见表 5-24。由图 5-44 可以看出，在不同高密度二氧化碳条件处理后各二级结构的变化，与原蛋白相比，对照和经过加压的肌球蛋白的 β-折叠和 α-螺旋的含量都增加了，而无规卷曲和 β-转角的含量则相应地降低。而与对照相比，各二级结构中只有 β-折叠的含量逐渐升高，到 30MPa 以后变化趋于平缓，α-螺旋、无规卷曲以及 β-转角的含量都降低了。在这四类变化中，只有 β-折叠的含量是增大的，并且变化也最为显著。至于在蛋白质二级结构的变化中，β-折叠显著变化的原因还在研究当中。研究表明，由于具有较大的表面积，β-折叠与有序的氢键结合程度较高。同时，水分子和羰基基团的几何结构不同，这就使得 α-螺旋的水合作用比 β-折叠的水合作用强（Mine，1990），这都有可能是 β-折叠变化显著的原因。

图5-43 对照组和高密度二氧化碳处理后蛋白酰胺Ⅰ的曲线拟合

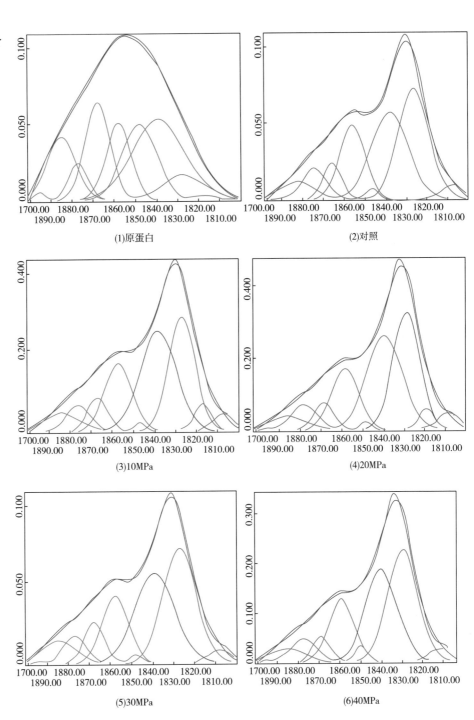

表5-24 对照及高密度二氧化碳处理（65℃、30min）后肌球蛋白光谱曲线拟合结果及谱带指认

样品	峰位 /cm^{-1}	强度	宽度	积分	谱带指认	含量 /%
原蛋白	1608	0.000951	7.023682	0.007108	氨基酸侧链的振动	
ˮ	1618	0.002463	15.308977	0.040132	β－折叠	0.69
ˮ	1627	0.016400	24.065586	0.420116	β－折叠	7.18
ˮ	1639	0.052643	29.597332	1.658537	β－折叠	28.33
ˮ	1648	0.049285	19.470311	1.021457	无规卷曲	17.45
ˮ	1658	0.050630	13.751563	0.741129	α－螺旋	12.65
ˮ	1668	0.063694	13.876882	0.940849	β－转角	16.07
ˮ	1677	0.024348	10.631127	0.275535	β－转角	4.71
ˮ	1685	0.041639	16.304582	0.722674	β－转角	12.34
ˮ	1695	0.005409	5.951646	0.034268	β－转角	0.59
对照	1608	0.020538	11.908068	0.260328	氨基酸侧链的振动	
ˮ	1618	0.000048	3.857058	0.000197	β－折叠	0
ˮ	1627	0.168382	18.628788	3.338979	β－折叠	32.66
ˮ	1639	0.132023	21.727380	3.053448	β－折叠	29.87
ˮ	1648	0.015108	6.631889	0.106656	无规卷曲	1.04
ˮ	1658	0.112998	14.881905	1.790038	α－螺旋	17.51
ˮ	1668	0.053794	10.975473	0.628479	β－转角	6.15
ˮ	1677	0.047128	14.468171	0.725807	β－转角	7.10
ˮ	1685	0.027838	18.887389	0.559679	β－转角	5.47
ˮ	1695	0.003125	6.255790	0.020811	β－转角	0.20
10MPa	1608	0.038956	11.640770	0.482708	氨基酸侧链的振动	
ˮ	1618	0.062287	9.671621	0.641251	β－折叠	4.22
ˮ	1628	0.266045	14.655925	4.150500	β－折叠	27.32
ˮ	1639	0.233933	20.328318	5.062030	β－折叠	33.32
ˮ	1648	0.018401	6.551415	0.128323	无规卷曲	0.84
ˮ	1658	0.158497	15.049744	2.539115	α－螺旋	16.72
ˮ	1668	0.078993	10.874181	0.914361	β－转角	6.02
ˮ	1677	0.062024	13.012878	0.859140	β－转角	5.66
ˮ	1685	0.043687	18.764046	0.872594	β－转角	5.74
ˮ	1695	0.003695	5.794497	0.022789	β－转角	0.15

续表

样品	峰位 /cm⁻¹	强度	宽度	积分	谱带指认	含量 /%
20MPa	1608	0.045412	12.017842	0.580935	氨基酸侧链的振动	
*	1618	0.057009	8.527225	0.517470	β－折叠	3.07
*	1628	0.326031	15.005835	5.207763	β－折叠	30.88
*	1639	0.260311	19.826170	5.493678	β－折叠	32.57
*	1648	0.020133	6.321812	0.135485	无规卷曲	0.80
*	1658	0.172470	14.972785	2.748838	α－螺旋	16.30
*	1668	0.076912	10.658039	0.872582	β－转角	5.17
*	1677	0.070075	14.563757	1.086352	β－转角	6.44
*	1685	0.037893	19.047634	0.768300	β－转角	4.56
*	1695	0.005133	6.382706	0.034876	β－转角	0.21
30MPa	1608	0.036167	12.226205	0.470688	氨基酸侧链的振动	
*	1618	0.006400	3.857058	0.026275	β－折叠	0.15
*	1627	0.298873	18.434507	5.864758	β－折叠	33.06
*	1639	0.235214	22.058389	5.522929	β－折叠	31.14
*	1648	0.021439	6.435544	0.146865	无规卷曲	0.83
*	1658	0.176060	14.587821	2.733898	α－螺旋	15.41
*	1668	0.107071	11.327978	1.291085	β－转角	7.28
*	1677	0.072084	12.462546	0.956268	β－转角	5.39
*	1685	0.060757	18.077377	1.169136	β－转角	6.59
*	1695	0.004776	5.308986	0.026992	β－转角	0.15
40MPa	1608	0.026289	12.045007	0.337067	氨基酸侧链的振动	
*	1618	0.001725	3.857058	0.007083	β－折叠	0.06
*	1627	0.226568	17.816729	4.296939	β－折叠	35.03
*	1638	0.186898	19.026176	3.785200	β－折叠	30.86
*	1648	0.029935	7.422301	0.236507	无规卷曲	1.93
*	1658	0.126719	15.044413	2.029313	α－螺旋	16.54
*	1668	0.051013	10.129958	0.550078	β－转角	4.48
*	1677	0.050514	14.394163	0.773984	β－转角	6.31
*	1685	0.026954	19.371202	0.555788	β－转角	4.53
*	1695	0.003874	7.573919	0.031233	β－转角	0.25

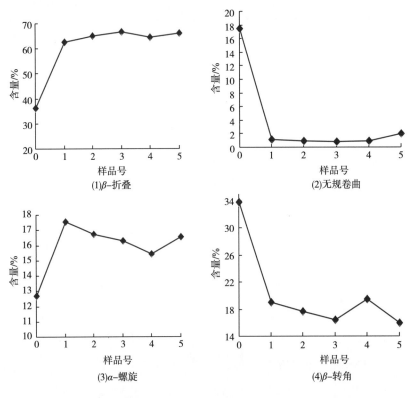

◄ 图5-44 高密度二氧化碳对蛋白各二级结构的影响

样品号：0—原蛋白，1—对照，2—10MPa，3—20MPa，4—30MPa，5—40MPa。

圆二色光谱（CD）是一种研究蛋白质二级结构的快速、准确、简单的方法，蛋白质或多肽的二级结构不同，其所对应的圆二色光谱谱带的吸收强度和位置也有差异。α-螺旋在192nm附近有一正的β谱带，在222nm和208nm处有两个负的特征肩峰谱带；在185~200nm处β-折叠有一正谱带，216nm有一负谱带；在206nm附近β-转角有一正谱带。

图5-45即为原蛋白、对照以及经过高密度二氧化碳处理后的蛋白的圆二色光谱图谱。由图谱可以观察到α-螺旋结构在208nm和222nm处的两个负特征峰谱带以及β-折叠在216 nm处的一个负谱带，并且经过处理的肌球蛋白的圆二色光谱图谱相比原蛋白均向上平移，由此可以确定经过处理后蛋白质的二级结构发生了改变。用圆二色光谱二级结构估测软件对扫描的圆二色光谱图谱进行二级结构的估测，结果见表5-25，可以得出跟傅里叶红外光谱扫描样品基本一致的结论，即对照组以及经过高密度二氧化碳处理的样品与原蛋白相比，β-折叠结构的含量明显增加，并且到30MPa含量变化趋于平缓。β-转角和无规卷曲结构含量逐渐减小，转化成了β-折叠。至于α-螺旋结构，从估测的结果来看，与傅里叶红外光谱扫描的结果有一定出入，但是从对照组和经过高密度二氧化碳处理后的样品来看，α-螺旋的含量还是降低的，这与傅里叶红外光谱扫描得出的结论是一致的，而出现差异的原因有可

能由圆二色光谱估测软件的局限性造成的，有学者也曾对蛋白质圆二色光谱图谱拟合其二级结构的方法提出了质疑，他们认为丰富的蛋白质二级结构仅仅通过有限种类的参考蛋白来估测是有局限性的，他们还认为想要充分反映蛋白的多样性，单单靠有限的参考蛋白也是不够的（Robert，2005）。另外，螺旋长度也会影响[θ]值，这就使得具有不同螺旋长度的蛋白质数据拟合结果具有不可避免的误差；而在侧链基团圆二色光谱吸收影响方面，芳香氨基酸和二硫键在190~250nm的波长范围内也有不同强度的吸收峰，所以圆二色光谱峰在190~250nm范围内是肽键、二硫键和芳香氨基酸的三者[θ]值的加和，从而会对远紫外圆二色光谱光谱拟合预测蛋白质二级结构的方法产生影响，甚至会导致错误结果的产生（黄汉昌，2007）。但是可以肯定的是，在经过高密度二氧化碳处理后变化最显著的还是β-折叠结构。

图5-45　高密度▶
二氧化碳处理前
后肌球蛋白的圆
二色谱

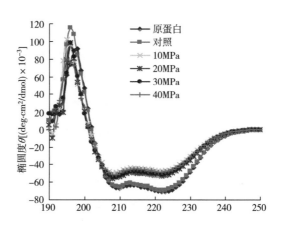

表5-25　　　　　　　　高密度二氧化碳处理后肌球蛋白的圆二色光谱二级结构估测

样品	α-螺旋/%	β-折叠/%	β-转角/%	无规卷曲/%
原蛋白	30.9	13.8	29.5	25.7
对照	28.6	27.1	22.5	21.8
10MPa	21.0	48.2	12.3	18.5
20MPa	22.7	37.4	17.5	22.5
30MPa	22.8	40.0	15.0	22.2
40MPa	22.7	40.3	15.3	21.6

三、羊肉超高压杀菌技术

超高压技术作为一项新型非热加工技术，在肉品加工中有独特的应用优势，受到国内外广泛的关注。超高压处理能杀灭低温肉制品中的有害细菌，从而延长产品的货架期。本研究以羊肉乳化肠为例，在固定温度（室温 21℃）下，处理条件为静水压 300、400、500MPa，处理时间分别为每个压力下 20、40、60min。通过测定超高压处理前后羊肉乳化肠菌落总数、色泽、质构特性、pH、脂肪氧化程度，研究了超高压对羊肉乳化肠的杀菌效果和理化品质的影响。

（一）超高压杀菌效果

如图 5-46 所示，经过 300MPa、20min 的超高压处理，羊肉乳化肠中的细菌总数从未处理样的 9.8×10^6 CFU/g 下降到 1.2×10^6 CFU/g，降低了 0.92 个对数值，增加处理时间到 40min 时，乳化肠中的细菌总数进一步下降到 4.5×10^5 CFU/g，又降低了 0.42 个对数值，但是继续增加处理时间到 60min 时，乳化肠中的细菌总数没有进一步下降，为 5.0×10^5 CFU/g。增加压力到 400MPa，羊肉乳化肠中的细菌总数进一步降低为 1.2×10^5 CFU/g，与 300MPa、20min 处理相比降低了 0.98 个对数值，处理时间增加到 40min 时，继续降低 0.51 个对数期，处理时间增加到 60min 时，乳化肠中的细菌总数没有进一步下降。增加压力到 500MPa 时，羊肉乳化肠中的细菌总数进一步降低为 2.7×10^3 CFU/g，与 400MPa、20min 处理相比降低了 1.67 个对数值，但是此压力下增加处理时间，杀菌效果增加不明显。在 500MPa、60min 的处理后，羊肉乳化肠中仍然有 10^3 数量级的细菌不能被杀死，可能是耐高渗透压的细菌或芽孢导致，比如丝衣霉菌可以耐受 689MPa 的高压；淀粉芽孢杆菌经过 800MPa、16min 的处理总数未见减少；产气荚膜杆菌在 500MPa、30min 处理之后未减少（Rendueles，等 2011）。这表明单独的超高压处理不能达到很好的杀菌效果，需要结合低热、抑菌剂等来增强对羊肉乳化肠的杀菌效果。

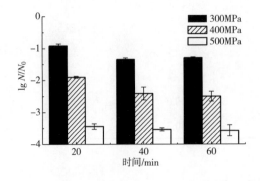

◄ 图5-46 超高压对羊肉乳化肠菌落总数的影响

（二）超高压对羊肉乳化肠品质的影响

1. 超高压对羊肉乳化肠色泽的影响

羊肉乳化肠经超高压处理后 L^* 值增大，a^* 值和 b^* 值降低，感官上乳化肠色泽变白，有汁液流出，类似于经过蒸煮的香肠外观（表5-26）。经过300MPa、20min 的超高压处理，羊肉乳化肠中的 L^* 值从未处理样的52.71上升到61.12，增加了8.41，增加处理时间和压力时 L^* 值上升不明显，500MPa 处理60min 时，L^* 值出现了最大值为66.26。亮度的变化可能是高压导致了乳化肠表面组织结构变化，从而引起乳化肠对光线反射或吸收作用发生改变（Thawatchai 等，2007）。经过300MPa、20min 的超高压处理，羊肉乳化肠中的 a^* 值从未处理样的19.47下降到15.80，降低了3.67，增加压力时，a^* 值继续下降，500MPa 处理60min 时，a^* 值出现了最小值为9.88。经超高压处理后，羊肉乳化肠的 b^* 值下降趋势和 a^* 值的变化趋势相同。生鲜羊肉的色泽主要是由肌红蛋白决定的，并和肌红蛋白分子的类型、化学状态及其他成分的物理化学状态有关。在高压下，肌红蛋白发生变性，溶解度下降，羊肉乳化肠出现了与加热后相同的颜色，红度降低（Bekhit 等，2001）。

表5-26　　　　　　　　　　　　超高压对羊肉乳化肠色泽的影响

处理条件		L^*	a^*	b^*
未处理		52.71 ± 1.46	19.47 ± 2.55	13.80 ± 1.61
300MPa	20min	61.12 ± 0.70	15.80 ± 1.75	9.048 ± 1.41
	40min	62.20 ± 1.20	17.82 ± 0.93	10.50 ± 1.14
	60min	61.99 ± 2.54	17.05 ± 0.94	9.39 ± 0.99
400MPa	20min	64.17 ± 1.62	12.77 ± 1.10	8.16 ± 0.62
	40min	62.30 ± 0.79	12.91 ± 0.70	8.04 ± 0.26
	60min	62.30 ± 0.45	13.53 ± 2.25	8.51 ± 1.03
500MPa	20min	65.47 ± 0.72	11.41 ± 1.10	7.90 ± 0.36
	40min	65.48 ± 1.28	10.52 ± 0.27	7.65 ± 0.49
	60min	66.26 ± 1.26	9.88 ± 0.64	8.18 ± 0.52

注：数据表示为平均值 ± 标准偏差。

2. 超高压对羊肉乳化肠质构的影响

由图5-47可知，羊肉肠经超高压处理后，硬度增加，经过300MPa、20min 的超高压处理，羊肉肠的硬度从未处理样的239.81N 上升到254.79N，增加了14.98N，随着压力的增加，硬度进一步增加，当压力上升到400MPa 时，硬度上升到了451.51N，当压力上升到500MPa 时，硬度上升到了709.79N。处理时间对香肠的硬度影响比较复杂，压力为300MPa 和500MPa 时，乳化肠硬度随着处理时间的延长显现出先增加后降低的趋势，比如压力为300MPa 时，处理时间为 20min，乳化肠硬度为 254.79N，当处理时间增加到 40min 时，硬度上升到 395.64N，但当处理时间增加到 60min 时，乳化肠硬度下降，为 240.46N。随着压力的增加，硬度进一步增加，当压力上升到 400MPa 时，硬度上升到了 451.51N，当压力上升到 500MPa 时，硬度上升到了 709.79N。

由图 5-48 可以看出，羊肉肠经超高压处理后，弹性增加，经过 300MPa、20min 的超高压处理，羊肉肠的弹性从未处理样的 0.49 上升到 0.66，增加了 0.17，增加压力到 300MPa 时，羊肉肠的弹性没有显著上升，增加压力到 400MPa 时，羊肉肠的弹性显著上升到 0.73。增加处理时间，羊肉肠的弹性增加，处理时间为 60min 时，弹性上升到 0.74。但是压力为 500MPa 时，增加时间，羊肉肠的弹性并没有显著提高。

由此可以看出，超高压可以诱导羊肉肠凝胶的形成，促使羊肉肠的硬度上升，弹性增加。凝胶性对肉糜类产品的品质具有重要的意义，将直接影响到制品组织结构、保水性等性质，利用超高压诱导凝胶形成的性质来加工乳化肠，可以减少磷酸盐、氯化钠等盐类的用量，从而为开发低盐、低钠肉制品提供了新的思路。

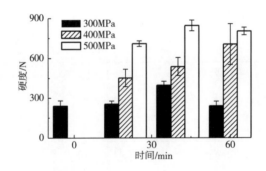

◄ 图5-47 超高压对羊肉乳化肠硬度的影响

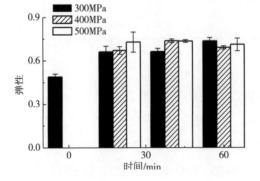

◄ 图5-48 超高压对羊肉乳化肠弹性的影响

3. 超高压对羊肉乳化肠 pH 的影响

由图 5-49 可知，羊肉肠经超高压处理后，pH 显著增加。但是随着压力增大和处理时间的延长，pH 没有显现出一定的趋势。

图5-49　超高压 ▶
对羊肉乳化肠pH
的影响

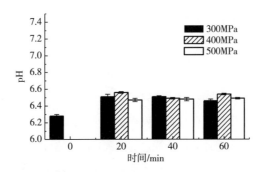

4. 超高压对羊肉乳化肠脂肪氧化的影响

由图 5-50 可知，羊肉肠经过 300MPa、20min 的超高压处理，羊肉肠的硫代巴比妥酸（TBARS）从未处理样的 0.20mg/kg 上升到 0.56mg/kg，增加了 0.36mg/kg，时间延长到 60min 时，增加到 0.66mg/kg。由此可以看出，超高压可以导致脂肪的氧化，这一结论也被众多学者所证实（马汉军等，2004；谭属琼等，2010；Cheah，1996），国外学者初步对可能的原因进行了分析，他们认为是肌红蛋白在高压下发生了变性，释放金属离子，加速了脂肪的氧化反应。但本书作者发现，增加压力后，脂肪氧化程度降低，这与文献中报道增加压力氧化程度增加的结果不一致（马汉军等，2004），具体的原因还不清楚，有待进一步的证实。

图5-50　超高压 ▶
对羊肉乳化肠脂
肪氧化的影响

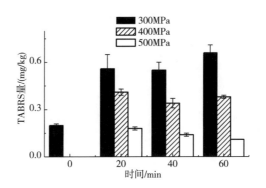

第三节
高密度二氧化碳抑菌机理

高密度二氧化碳对冷却肉及其肉糜类制品有较好的杀菌效果，本研究以埃希肠杆菌（*E.coli* CICC 10003）为对象，从细胞膜渗透性、蛋白质组等角度较为系统地研究了高密度二氧化碳对 *E.coli* 的影响，为探明高密度二氧化碳的杀菌机理提供参考。

一、高密度二氧化碳对 *E.coli* 结构和细胞组分的影响

高密度二氧化碳杀菌技术是一种新型的食品非热力杀菌技术，近年来研究日益增多。据有关资料显示，目前的研究主要集中在高密度二氧化碳的杀菌效果上，而对其杀菌机理的研究尚不多见，仅有几篇文献在细胞水平上对其杀菌机理进行了初步推测，即认为高密度二氧化碳导致微生物死亡的因素有两个方面，一是高压和萃取等物理因素造成微生物形态和结构破坏；二是高密度二氧化碳破坏微生物的新陈代谢。本团队以 *E.coli* 为研究对象，通过测定高密度二氧化碳处理后 *E.coli* 上清液中蛋白质、核酸、Mg^{2+}、K^+ 和丙二醛（MDA）的含量，辅助透射电镜（TEM）的观察，研究 *E.coli* 细胞膜渗透性的变化，为探索 *E.coli* 杀菌机理提供参考。

（一）高密度二氧化碳对 *E.coli* 细胞膜的破坏作用

1. 高密度二氧化碳对 *E.coli* 形态的影响

采用扫描电镜观察了高密度二氧化碳处理对 *E.coli* 形态的影响，如图5-51所示。从图5-51可以看出，*E.coli* 经高密度二氧化碳处理后，细胞干瘪，细胞形态和结构发生了显著变化，细胞内物质密度显著降低，与蛋白质、核酸、Mg^{2+}、K^+ 泄露结果相一致，表明高密度二氧化碳处理导致了细胞膜受损，造成细胞膜渗透性增加，细胞内物质从细胞内大量地泄露到细胞外，可能是高密度二氧化碳造成 *E.coli* 死亡的重要原因之一。

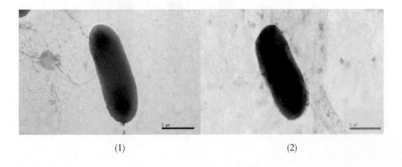

(1)　　　　　　(2)

◄图5-51　未经高密度二氧化碳处理的 *E.coli* 细胞（1）与经高密度二氧化碳处理（7MPa、37℃、15min）的 *E.coli* 细胞（2）的透射电镜图

2. 高密度二氧化碳对 *E.coli* 胞内蛋白质泄露的影响

细胞内物质的泄露是细胞膜破损的重要指标之一，蛋白质是细胞内的主要物质，了解高密度二氧化碳处理后 *E.coli* 胞内蛋白质泄露情况，可以间接反映细胞膜的破损程度。*E.coli* 经高密度二氧化碳处理不同时间后，胞内蛋白质的泄露情况如图5-52所示。如图所示，经高密度二氧化碳处理5min后蛋白质基本没有泄露，可能由于处理时间比较短，高密度二氧化碳还没有对细胞膜的渗透性造成很大的影响。高密度二氧化碳处理5~15min，细胞内蛋白质开始明显泄露，原因可能由于细胞膜开始受到破坏，细胞膜通透性发生改变，造成蛋白质从细胞内渗透出。处理15min后，细胞

内蛋白质的泄露趋于平缓，表明 15min 时细胞膜可能已遭到最大程度的破坏，而后再延长处理时间对细胞膜的通透性基本没有影响，从而造成细胞内蛋白质泄露增加缓慢。此结果与高密度二氧化碳处理 *E.coli* 的失活动力学曲线相一致。

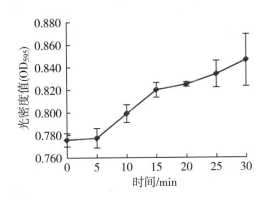

图5-52　高密度二氧化碳处理不同时间对*E.coli*胞内蛋白质泄露的影响（7MPa、37℃）

3. 高密度二氧化碳对 *E.coli* 胞内核酸泄露的影响

核酸及其衍生物是细胞的重要生命物质，正常细胞的核酸物质不会泄露到细胞外，因此，监测细胞外核酸物质含量，可以间接反映细胞膜的受损程度。由于核酸在 260nm 处有最大吸收峰（王镜岩等，2002），为此本研究对高密度二氧化碳处理后，*E.coli* 上清液在 260nm 处的吸收峰进行了检测，结果如图 5-53 所示，高密度二氧化碳处理的前 10min 内，随着处理时间的增加，菌悬液中的核酸物质迅速增加，而处理 10min 后核酸的泄露开始趋于平缓，这与蛋白质的泄露情况基本一致。从细胞存活的角度来看，在前 10min 内，已有 99% 以上的细胞死亡，因此，*E.coli* 在高密度二氧化碳下死亡的原因可能在于细胞膜受到损伤造成细胞内物质泄漏。

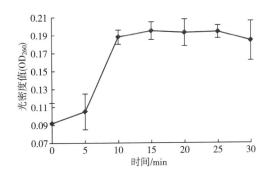

图5-53　高密度二氧化碳处理不同时间对*E.coli*胞内核酸泄露的影响

4. 高密度二氧化碳对 *E.coli* 胞内电解质泄露的影响

Mg^{2+}、K^+ 是维持细胞渗透压平衡的重要盐类物质，若 Mg^{2+}、K^+ 大量泄露到细胞外，表明细胞膜受到了损伤，高密度二氧化碳处理对 *E.coli* 胞内 Mg^{2+}、K^+ 泄露的影响见图 5-54。如图所示，在高密度二氧化碳处理的前 15min 内，*E.coli* 细胞内 K^+ 泄露呈上升趋势，而后趋于平缓，说明高密度二氧化碳处理 *E.coli* 确实造成了细胞膜受损，导致细胞膜渗透性发生改变，这一现象与蛋白质的泄露情况基本一致。从图 5-54 中还可以看出，在高密度二氧化碳处理的前 10min 内，Mg^{2+} 的泄露呈上升趋势，而后却呈下降趋势，直到 20min 后趋于平缓。分析其原因可能在于：高密度二氧化碳处理之初，高密度二氧化碳造成了细胞膜受损，泄露增加；但随着处理时间的延长，CO_2 在菌悬液中的浓度增加，CO_3^{2-} 形成增多，与 Mg^{2+} 形成 $MgCO_3$ 沉淀，进而造成高密度二氧化碳处理 10min 后 *E.coli* 上清液中 Mg^{2+} 含量降低；而 20min 后 CO_3^{2-} 可能沉淀掉了 *E.coli* 上清液中所有的 Mg^{2+}，造成 25min 后 Mg^{2+} 的泄露趋于平缓。

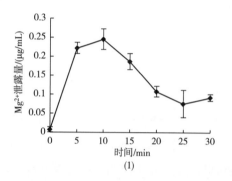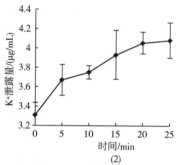

◀ 图5-54　高密度二氧化碳处理不同时间对*E.coli*胞内K^+（1）、Mg^{2+}（2）泄露的影响

5. 高密度二氧化碳对 *E.coli* 脂质过氧化程度的影响

菌体通过酶系统与非酶系统产生氧自由基，后者能攻击生物膜中的多不饱和脂肪酸，引发脂质过氧化作用，形成脂质过氧化物，如丙二醛，因此，测试丙二醛的含量常常可以反映细胞内脂质过氧化的程度，间接地反映细胞受损伤的程度，高密度二氧化碳处理后 *E.coli* 上清液中丙二醛的含量见图 5-55。如图所示，在高密度二氧化碳处理 *E.coli* 10min 内，上清液中丙二醛含量随着处理时间的增加而增加，10min后则趋于平缓，与细胞内蛋白质、核酸泄露情况基本一致，说明高密度二氧化碳处理确实导致了 *E.coli* 细胞膜的损伤。Kim 等人研究表明，高密度二氧化碳处理沙门菌后（45℃、10MPa），细胞膜中脂肪酸总量急剧下降，他们认为可能由于细胞膜中的多不饱和脂肪酸发生了脂质过氧化反应，使得细胞膜受到损伤，进而引起细胞的死亡（Kim 等，2009），与本研究结果基本一致。

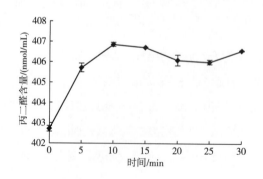

◀ 图5-55　高密度二氧化碳处理不同时间对*E.coli*脂质过氧化程度的影响

（二）高密度二氧化碳对 *E.coli* 菌体蛋白溶解性的影响

1. 高密度二氧化碳压力对 *E.coli* 菌体蛋白溶解性的影响

从图 5-56 还可看出，高密度二氧化碳处理后，*E.coli* 的所有碱溶性蛋白溶解性均下降，但各种菌体蛋白的溶解性下降幅度并不相同，大分子蛋白比小分子蛋白更容易受高密度二氧化碳的影响，分子质量大于 31.0kD 的菌体蛋白经高密度二氧化碳处理后明显减少，而小于 31.0kD 的菌体蛋白溶解性变化较小，如 98.2kD 的蛋白条带在高密度二氧化碳处理后消失，18.0kD 的蛋白条带变化较小；同时还发现，尽管高密度二氧化碳可显著降低 *E.coli* 碱溶性蛋白的溶解性，但对 *E.coli* 菌体蛋白的种类、含量没有影响（图 5-56B），表明高密度二氧化碳既不会引起蛋白的降解，也不会诱导某种蛋白的合成，高密度二氧化碳杀菌的原因可能仅仅在于引起了蛋白溶解性下降，而导致菌体死亡。

图 5-56　不同▶
压力下高密度二
氧化碳（37℃，
30min）对 *E.coli*
菌体蛋白的影响

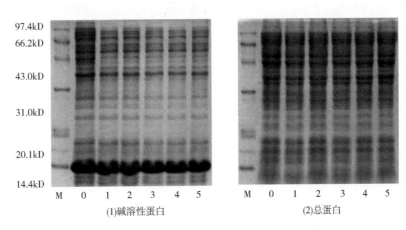

M—Marker　0—对照　1—10MPa　2—20MPa　3—30MPa　4—40MPa　5—50MPa

2. 高密度二氧化碳温度对 *E.coli* 菌体蛋白溶解性的影响

不同温度的高密度二氧化碳处理 *E.coli* 20min，菌体碱溶性蛋白和总蛋白变化见图 5-57。如图所示，随高密度温度的增加，*E.coli* 菌体碱溶性蛋白逐渐减少，62℃时碱溶性蛋白带几乎全部消失，与高密度温度对 *E.coli* 存活的影响趋势一致，但不同温度的高密度二氧化碳对菌体蛋白的种类、含量的影响与高密度压力的影响基本一致，即菌体总蛋白含量、种类不随高密度条件的改变而发生变化。20MPa 条件下 37℃时，*E.coli* 存活率为 11.2%，菌体碱溶性蛋白溶解性较常压下 37℃时的溶解性显著降低；且随温度的升高，*E.coli* 存活率和菌体碱溶性蛋白溶解性逐渐降低，52℃时，*E.coli* 的存活率降低到 0.02%，此时 *E.coli* 碱溶性蛋白带大部分消失；57℃时 *E.coli* 全部被杀死，此时菌体碱溶性蛋白带进一步减少，62℃时几乎全部消失。

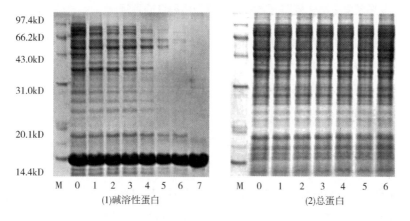

M—Marker　0—对照　1—37℃　2—42℃　3—47℃　4—52℃　5—57℃　6—62℃　7—TE 缓冲液

从图5-57还可看出，在高密度二氧化碳中改变温度比压力更能显著地影响 *E.coli* 菌体碱溶性蛋白的溶解性，20MPa 条件下随着高密度温度的增加，*E.coli* 碱溶性蛋白溶解性逐渐降低，直至 62℃碱溶性蛋白带几乎全部消失；而 37℃条件下高密度压力即使增加到 50MPa，*E.coli* 碱溶性蛋白带也未大量减少。此外，从图 5-57 可以看出，大分子蛋白较小分子蛋白更易受高密度温度的影响，分子质量大于 20.1kD 的菌体蛋白经高密度二氧化碳处理后明显减少，而小于 20.1kD 的菌体蛋白溶解性变化较小，直至 62℃时 18.0kD 的蛋白带仍很清晰。说明，高密度二氧化碳处理虽能使所有的碱溶性蛋白均发生变性而溶解性下降，但对不同的碱溶性蛋白其影响程度不同。

本研究发现，在同样的杀菌效果下，高密度二氧化碳杀菌需要的温度较热杀菌低，52℃、20MPa 的高密度二氧化碳处理 *E.coli* 20min 后，*E.coli* 的存活率为 0.02%，与 57℃热处理 30min 效果基本一致。现有研究证明，蛋白、核酸变性是热杀菌的主要机理（傅金泉，1999），但 52℃、20MPa 高密度二氧化碳处理 20min 后，*E.coli* 的碱溶性蛋白带并未完全消失，说明蛋白变性可能并不是高密度二氧化碳导致菌体死亡的唯一原因，与热杀菌机理有所不同。

3. 高密度二氧化碳处理时间对 *E.coli* 菌体蛋白溶解性的影响

不同处理时间的高密度二氧化碳对 *E.coli* 菌体碱溶性蛋白和总蛋白变化如图 5-58 所示。从图可以看出，随高密度二氧化碳处理时间的延长，*E.coli* 碱溶性蛋白和存活率逐渐减小，二者变化趋势基本一致。37℃、20MPa 的高密度二氧化碳处理 20min 时，*E.coli* 碱溶性蛋白明显减少，其存活率也显著下降，仅有 11.2%; 80min 时，*E.coli* 碱溶性蛋白含量进一步减少，部分碱溶性蛋白完全变性，如 98.22kD 的碱溶性蛋白在高密度二氧化碳处理 80min 后消失，此时 *E.coli* 完全死亡。由此可见，延长高密度处理时间可加剧菌体碱溶性蛋白变性，成为菌体细胞死亡的重要原因之一。

从图5-58（2）还可看出，*E.coli* 菌体总蛋白含量和种类并不随高密度处理时间的延长而有所变化，结合图5-58（1）可以认为，延长高密度处理时间仅能加速菌体碱溶性蛋白的变性，而不会引起菌体蛋白的降解。

图5-58　不同处▶
理时间的高密度
二氧化碳（37℃，
20MPa）对*E.coli*
菌体蛋白的影响

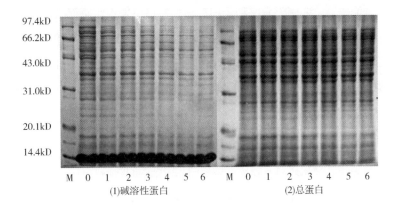

M—Marker　0—对照　1—20min　2—40min　3—60min　4—80min　5—100min　6—120min

（三）高密度二氧化碳对 *E.coli* 酶活力的影响

用 APIZYM 系统从未处理的 *E.coli* 细胞中检测出 7 种内源酶，分别是碱性磷酸酶、酯酶（C4）、亮氨酸芳胺酶、酸性磷酸酶、萘酚 -AS-BI- 磷酸水解酶、β - 半乳糖苷酶、β - 葡萄糖苷酶。经高密度二氧化碳处理后，亮氨酸芳胺酶、β - 半乳糖苷酶和 β - 葡萄糖苷酶的活性大幅度降低，酯酶（C4）、酸性磷酸酶和萘酚 -AS-BI- 磷酸水解酶的活力也明显降低，而碱性磷酸酶的活力则没有受到太大影响（表5-27）。

表5-27　　　　　高密度二氧化碳处理*E.coli*的内源酶活力变化*（35℃，30MPa）

酶	英文缩写	残余酶活力 /%		
		处理前	处理后	
			30min	90min
碱性磷酸酶	ALP	100	90.9	89.0
酯酶（C4）	NST（C4）	100	31.8	30.1
亮氨酸芳胺酶	LAA	100	18.6	10.4
酸性磷酸酶	ACP	100	68.7	48.1
萘酚 -AS-BI- 磷酸水解酶	PH	100	55.8	33.1
β - 半乳糖苷酶	β -GAL	100	11.1	8.2
β - 葡萄糖苷酶	β -GLC	100	5.4	4.3

* 由 APIZYM 系统和色度计测定。

从表 5-27 看来，高密度二氧化碳处理导致 *E.coli* 中的部分酶失活可能是由细胞内 pH 下降造成的。在高压状态下，CO_2 进入细胞后形成碳酸，当碳酸累积到超过细胞内物质的缓冲能力后，胞内 pH 降低，导致细胞内如 β - 半乳糖苷酶等低等电点的酶沉淀失活，或使部分酶和蛋白在酸性环境下发生水解而失活。从 35℃，30MPa 高密度二氧化碳处理 10min 后部分酶的活力就发生了显著的降低，但处理 60min 后，这些酶的酶活相对于处理 10min 并未发生明显变化，所以细胞内源酶失活应该不是细胞死亡造成的，因为细胞死亡后胞内的酶一般是逐渐失活的。相反地，部分关键的内源酶的失活可能是细胞死亡的一个重要原因，因为微生物生长代谢过程中的绝大多数反应是酶促反应。

（四）高密度二氧化碳对 *E.coli* 菌体蛋白二级结构的影响

1. 傅里叶变换红外光谱法表征高密度二氧化碳对 *E.coli* 菌体蛋白二级结构的影响

测定对照组和高密度二氧化碳处理组蛋白粉红外光谱，结果见图 5-59，其主要谱带数据频率见表 5-28。图 5-59 和表 5-29 显示，随着高密度二氧化碳处理压力的增加，蛋白粉在各主要波数上都有典型的吸收，酰胺 A、酰胺 I 和酰胺Ⅳ特征吸收明显，1390cm⁻¹ 和 1133cm⁻¹ 处吸收为未知基团吸收，未经过和经过高密度二氧化碳处理的 N—H 伸缩振动峰都在 3435.74cm⁻¹ 处，没有发生波数迁移，说明高密度二氧化碳处理对 *E.coli* 蛋白的 N—H 伸缩振动影响很小。未经过高密度二氧化碳处理的蛋白粉酰胺基吸收峰在 1645.11cm⁻¹ 处，经过处理后，样品的酰胺基吸收峰迁移到 1633.52cm⁻¹ 处，往低波数方向迁移。典型的氨基酸和蛋白质的酰胺基谱带的形状是由二级结构决定的，如果蛋白质的二级结构发生改变，酰氨基谱带的最高点就会发生迁移，酰氨基谱带向低波数迁移说明 β 折叠的增多（Utsumi 等，1993）。未处理样品在 1395.93cm⁻¹ 处出现的峰为—COO—伸缩振动峰，经过处理后迁移

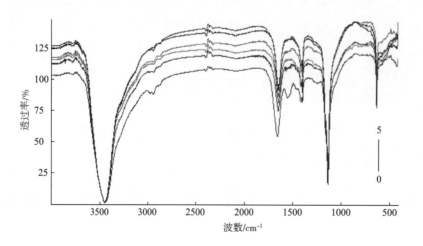

▶ 图5-59 对照和不同压力高密度二氧化碳处理后蛋白粉的红外光谱

至 1390.13cm⁻¹ 处，往低波数方向迁移。酰胺Ⅳ谱带也往低波数方向迁移，这两个变化原因不明，未见相关报道。

表5-28　　　　　　　　　　　　　　　　酰胺基团的特征震动

名称	波数 /cm⁻¹	振动模式
酰胺 A	3300	N—H 的伸缩振动
酰胺 B	3100	酰胺 Ⅱ 带的一次泛频，费米共振
酰胺 Ⅰ	1660	C＝O 的伸缩振动
酰胺 Ⅱ	1570	N—H 的面内弯曲振动和 C—N 的伸缩振动
酰胺 Ⅲ	1300	C—N 的伸缩振动和 N—H 的面内弯曲振动
酰胺 Ⅳ	630	O＝C—N 的面内弯曲振动
酰胺 Ⅴ	730	N—H 的面外弯曲振动
酰胺 Ⅵ	600	C＝O 的面外弯曲振动

表5-29　　　对照和不同压力高密度二氧化碳处理后蛋白粉的红外光谱的主要频率

样品号	酰胺 A	酰胺 Ⅰ			酰胺 Ⅳ
0	3435.74	1645.11	1395.93	1133.57	649.41
1	3435.74	1633.50	1390.13	1133.57	619.44
2	3435.74	1633.52	1390.93	1133.57	619.41
3	3435.74	1633.52	1390.12	1123.57	619.41
4	3435.74	1633.52	1390.13	1117.77	619.41
5	3435.74	1633.52	1390.13	1117.77	619.41

蛋白质和多肽在红外区域表现为 8 个特征振动模式或基因频率（表 5-28），其中酰胺Ⅰ区（1600~1700cm⁻¹）的吸收带为最常用，酰胺谱带Ⅰ的振动频率取决于 C＝O 和 N—H 之间的氢键性质，即特征振动频率反映了多肽或蛋白质的特定二级结构。酰胺Ⅰ区是一个很宽的吸收峰，这个谱带可以看成是几个峰形的组合，每一个子峰都代表一种结构，有 α 螺旋、β 折叠、转角和无规卷曲。为了测定蛋白质中这几种结构的含量，对酰胺Ⅰ区进行曲线拟合。图 5-60 为对照组和不同压力高密度二氧化碳处理（37℃，30min）后 *E.coli* 菌体蛋白粉光谱的曲线拟合结果，峰位及谱带指认（戈志成等，2006；庾照学等，2000；薛久刚等，2004）见表 5-30。不同压力高密度二氧化碳处理后，菌体蛋白粉中各种二级结构元件的含量见表 5-31。

表5-30　　　　　对照组及高密度二氧化碳处理（37℃，30min）后 *E.coli*
菌体蛋白粉光谱曲线拟合结果及谱带指认

	峰位 /cm^{-1}	强度	宽度	积分	谱带指认	含量 /%
对照组	1634.1	0.021013	48.581678	1.086672	β－折叠片	51.99
	1655.4	0.012814	50.423669	0.687784	α－螺旋	32.90
	1672.7	0.004757	31.135970	0.157648	转角	7.54
	1684.6	0.002133	16.902342	0.038375	转角	1.84
	1697.5	0.004895	22.990319	0.119780	转角	5.73
10MPa	1608.9	0.008433	46.564577	0.417998	氨基酸侧链的振动	
	1631.5	0.018370	34.086120	0.666522	β－折叠片	58.27
	1656.7	0.011526	34.450629	0.422673	α－螺旋	36.95
	1674.4	0.000875	7.333983	0.006829	转角	0.60
	1686.0	0.002890	15.543408	0.047820	转角	4.18
	1700.6	0.002038	14.252392	0.030916		
20MPa	1605.3	0.006244	38.887050	0.258446	氨基酸侧链的振动	
	1633.2	0.018348	34.810400	0.679881	β 折叠片	62.92
	1651.4	0.002726	14.234049	0.041307	α 螺旋	3.82
	1665.1	0.005966	28.162952	0.178863	转角	16.55
	1672.7	0.002657	59.202782	0.167438	转角	15.50
	1684.6	0.001919	6.356266	0.012986	转角	1.20
30MPa	1608.0	0.004088	18.349993	0.079859	氨基酸侧链的振动	
	1631.0	0.018745	32.133862	0.641184	β 折叠片	61.66
	1657.2	0.010446	25.901170	0.288014	α 螺旋	27.70
	1674.4	0.003198	14.017924	0.047713	β 折叠片	4.59
	1686.4	0.003850	15.352825	0.062911	转角	6.05
	1701.0	0.002654	16.852737	0.047619		
40MPa	1607.1	0.007452	34.730700	0.275512	氨基酸侧链的振动	
	1634.1	0.018818	35.098899	0.703071	β 折叠片	71.79
	1655.4	0.005070	20.890369	0.112744	α 螺旋	11.51
	1674.0	0.005127	29.276691	0.159793	转角	16.32
	1686.4	0.000650	5.346347	0.003699	转角	0.38
	1701.92	0.001629	17.216220	0.029847		
50MPa	1631.5	0.029045	42.177818	1.304012	β 折叠片	75.63
	1656.3	0.007029	22.997246	0.172079	α 螺旋	9.98
	1674.4	0.005695	25.168775	0.152567	转角	8.85
	1685.1	0.001676	16.008724	0.028556	转角	1.66
	1699.3	0.003259	19.279649	0.066882	转角	3.88

表5-31	高密度二氧化碳处理对*E.coli*菌体蛋白粉二级结构的影响					
	对照	10MPa	20MPa	30MPa	40MPa	50MPa
β 折叠	51.99	58.27	62.92	66.25	71.79	75.63
α 螺旋	32.90	36.95	3.82	27.70	11.51	9.98
转角	15.11	4.78	33.25	6.05	16.70	14.39

　　从图 5-60 和表 5-29 可以看出，对照组 *E.coli* 菌体蛋白粉谱图的强峰出现在 1634.1cm^{-1}，谱带指认为 β 折叠，含量为 51.99%；次强峰出现在 1655.4cm^{-1}，谱带指认为 α 螺旋，含量为 32.90%；出现在 1672.7cm^{-1}、1684.6cm^{-1}、1697.5cm^{-1} 的峰指认为转角结构，含量为 9.37%。菌体蛋白粉经 10MPa 高密度二氧化碳处理后，在 1608.9cm^{-1} 出现一强峰，这主要是氨基酸侧链振动引起，与蛋白二级结构关系不大，1700.6cm^{-1} 出现的峰在酰胺 I 区（1600~1700cm^{-1}）范围之外，也与蛋白的二级结构关系不大，其他的峰位及谱带指认见表 5-30，1631.5cm^{-1} 的峰为 β 折叠，含量比对照组高出 6.28%，1656.7cm^{-1} 的峰为 α 螺旋，含量比对照组高出 4.05%，转角结构下降。高密度压力增加到 20MPa 时，β 折叠片含量增加，α - 螺旋含量大幅度降低，转角结构大幅度增加，高密度压力增加到 30MPa 时，β 折叠片含量增加，α 螺旋含量增加，转角结构降低。进一步增加高密度压力，β 折叠片含量显现出一定的规律，压力越大，β 折叠片含量越大，但是 α 螺旋和转角结构在不同高密度压力中没有表现出一定的规律。研究结果表明，高密度二氧化碳处理后，α 螺旋和转角结构变化出现不确定性，但是两种结构含量的总和随压力的增加逐渐减少，它们在高密度二氧化碳环境中有向 β 折叠片转化的趋势。

　　α 螺旋是蛋白质中最常见、最典型、含量最丰富的一种二级结构元件。α 螺旋具有重复性结构，每个螺旋周期包含 3.6 个氨基酸残基，残基侧链伸向外侧，同一肽链上的每个残基的酰胺氢和位于它后面的第 4 个残基上的羰基氧原子之间形成氢键。β 折叠也是一种重复性的结构，它是通过肽链间或肽段间的氢键维系，实际上，β 折叠可以看作是 2 个氨基酸残基通过伸展而成的特殊的 α 螺旋结构。β 转角是一种简单的非重复性结构，在 β 转角中第一个残基的 C=O 与第四个残基的 N—H 氢键键合形成一个紧密的环，使 β 转角成为比较稳定的结构。从以上的陈述中可以发现，蛋白质和多肽主链上的羰基氧和酰胺氢之间形成的氢键，是稳定蛋白质二级结构的主要作用力。高密度二氧化碳处理后，酰胺 I 的 C=O 伸缩振动吸收发生变化，可能是 H$^+$、CO$_2$、HCO$_3^{3-}$ 和 CO$_3^{2-}$ 与蛋白质之间有一定的相互作用，导致氢键作用力减弱，甚至在一定程度上引起氢键断裂，使部分 α 螺旋结构被拉伸而转变为 β 折叠结构，或者是破坏 β 转角的稳定结构，从而导致蛋白二级结构的变化。

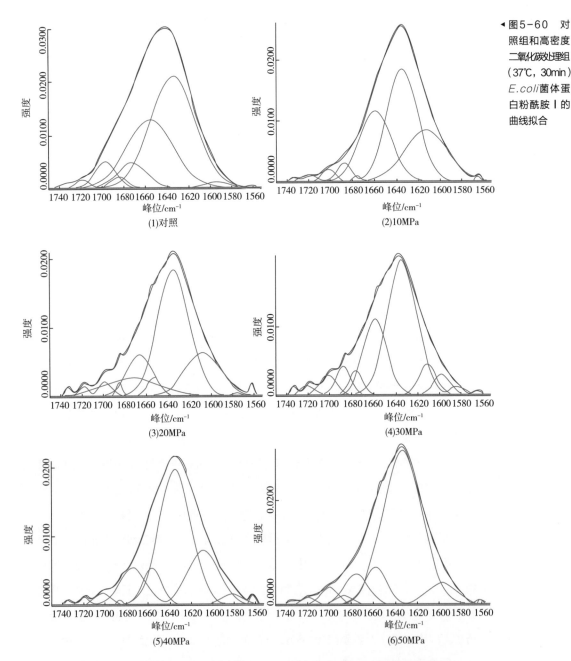

▸图5-60 对照组和高密度二氧化碳处理组（37℃，30min）*E.coli*菌体蛋白粉酰胺Ⅰ的曲线拟合

2. 圆二色光谱法研究高密度二氧化碳对 *E.coli* 菌体蛋白溶液二级结构的影响

圆二色光谱是研究溶液中蛋白质构象的一种快速、简单、准确的方法。具有不同二级结构的蛋白质或多肽所产生圆二色光谱的位置和吸收的强弱都不相同。典型的 α 螺旋结构在 222nm 和 208nm 处表现出两个负的特征肩峰谱带，在 192nm 有一正峰；β 折叠片的圆二色光谱在 216nm 有一负谱带，在 185~200nm 有一正谱带；转角在 206nm 附近有一正圆二色光谱带。

高密度二氧化碳处理后部分蛋白发生沉淀，10MPa，37℃高密度条件下处理可溶性蛋白 30min 后，37.3% 的蛋白以溶解状态存在缓冲液中，另外 62.7% 的蛋白形成沉淀，本试验在制备蛋白溶液圆二色光谱样品时，高密度二氧化碳处理过的溶液经过离心去除沉淀蛋白后，把上清蛋白浓度调节到统一水平，然后进行圆二色光谱试验，只是观察了没有发生沉淀的蛋白圆二色光谱图。从图 5-61 可以看出，对照组 *E.coli* 菌体蛋白溶液的圆二色谱显示 222nm 和 208nm 的双负峰，高密度二氧化碳处理后，蛋白溶液圆二色光谱图没有发生明显变化，表明溶解状态的蛋白二级结构没有发生变化。在傅里叶变换红外光谱法研究 *E.coli* 菌体蛋白二级结构变化时，样品中包含发生沉淀的蛋白，*E.coli* 菌体蛋白粉的红外光谱图表明沉淀状态蛋白二级结构发生了显著变化。以上结果说明，高密度二氧化碳处理后，可溶性蛋白变成两部分，一部分为溶解状态的蛋白，其二级结构未发生变化，另一部分为沉淀状态的蛋白，其二级结构发生显著变化。这可能是在高密度二氧化碳处理后，CO_2 逐渐溢出缓冲液，蛋白所在环境逐渐恢复到原来水平，溶解状态的蛋白也恢复到原来的结构，并以原来的结构稳定地存在于缓冲液中；而发生沉淀的蛋白，二级结构发生显著变化，并且是不可逆性变化。

图5-61 高密度▶
二氧化碳处理前
后*E.coli*菌体蛋白
的圆二色光谱

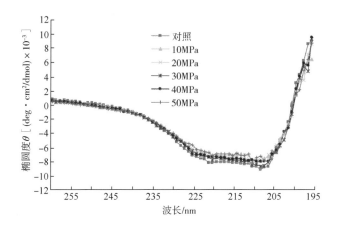

（五）高密度二氧化碳对 *E.coli* 菌体脂肪酸的影响

采用气相色谱分析 *E.coli* 原始菌株（MG1655）与耐高密度二氧化碳突变菌株（M8_5）两株菌细胞中脂肪酸成分的变化，实验结果共检测到 8 种脂肪酸，包括 4 种饱和脂肪酸与 4 种不饱和脂肪酸，其中主要的脂肪酸成分为棕榈酸与十七烷酸，占脂肪酸总含量的 55% 以上（表 5-32）。

与原始菌株相比，耐高密度二氧化碳突变株的总脂肪酸含量显著增加。在各脂肪酸成分中，棕榈一烯酸、油酸和亚麻酸 3 种不饱和脂肪酸的含量在原始菌株与突变菌株之间存在显著差异。这些不饱和脂肪酸可能对细胞抵御高密度二氧化碳逆境胁迫起到某种保护作用。细胞中环丙烷基脂肪酸对于保护细菌应对酸性应激具有重要作用。E.coli 中脂肪酸环丙烷基衍生物主要有棕榈一烯酸（C16：1）衍生来的十七烷酸（C17：0）和油酸（C18：1）衍生来的十九烷酸（C19：0），而其中十七烷酸可以占到总脂肪酸的 11%~31%（Knivett，1965）。Brown 等（Brown 等，1997）研究了脂肪酸成分对 E.coli 酸耐受性的影响，发现 E.coli 在适应酸性条件后，菌体内的单不饱和脂肪酸转化为环丙烷基脂肪酸十七烷酸或十九烷酸，或被饱和脂肪酸取代。在生成环丙烷基脂肪酸的过程中伴随着胞内质子的消耗，从而提高细胞的酸抗性。因此，他们认为在低 pH 环境下，细胞膜上的环丙烷基脂肪酸含量增加与 E.coli 的酸耐受性提高有关。本研究也检测到突变菌株中十七烷酸的含量显著增加，这可能也是突变菌株在高密度二氧化碳胁迫下存活率提高的原因之一。

表5-32　　　　　　E.coli突变菌株与原始菌株在高密度二氧化碳处理前后脂肪酸成分

脂肪酸 /（mg/g）	原始菌株处理前	原始菌株处理后	突变菌株处理前	突变菌株处理后
肉豆蔻酸（C14：0）	1.73 ± 0.24	1.58 ± 0.29	1.80 ± 0.06	1.77 ± 0.06
棕榈酸（C16：0）	5.97 ± 0.86	5.15 ± 1.02	6.16 ± 0.08	5.53 ± 0.35
棕榈一烯酸（C16：1）	0.95 ± 0.14^c	0.71 ± 0.16^c	1.68 ± 0.38^b	1.72 ± 0.06^a
十七烷酸（C17：0）	3.08 ± 0.54^c	2.71 ± 0.52^{bc}	4.50 ± 0.08^a	3.94 ± 0.12^{ab}
硬脂酸（C18：0）	0.40 ± 0.08	0.25 ± 0.03	0.38 ± 0.11	0.33 ± 0.07
油酸（C18：1）	1.13 ± 0.23^c	0.82 ± 0.19^{bc}	1.65 ± 0.42^a	1.12 ± 0.04^{ab}
亚油酸（C18：2）	1.86 ± 0.26	1.59 ± 0.23	1.72 ± 0.06	1.80 ± 0.14
亚麻酸（C18：3）	0.59 ± 0.11^{bc}	0.50 ± 0.10^c	0.93 ± 0.10^a	0.76 ± 0.05^b
总含量	15.71 ± 2.31^{bc}	13.31 ± 2.55^c	18.82 ± 0.73^a	16.97 ± 0.66^{ab}

注：同行数据上标不同字母表示差异显著（$P < 0.05$）。

本研究还检测到在同一株菌中，总脂肪酸的含量在高密度二氧化碳处理前后没有显著变化。这一结果表明 E.coli 经高密度二氧化碳处理后，细胞内脂类物质流失并不严重，高密度二氧化碳的萃取因素在致死 E.coli 过程中所起的作用还有待商榷。同时，细胞内的棕榈酸、硬脂酸等在高密度二氧化碳处理前后含量变化不显著。这些长链非极性脂肪酸是构成 E.coli 细胞膜的重要组成部分，但高密度二氧化碳处理是否造成细胞膜的破坏还需进一步研究，细胞膜发生破裂或穿孔都不会影响其组分含量。

二、高密度二氧化碳致死 E.coli 菌株的组学分析

高密度二氧化碳杀菌技术是近年来发展起来的一项新型食品非热加工技术，具

有杀菌温度低、无残留、无污染、营养损失少等优点，受到人们的广泛关注，但有关其杀菌机理的研究，尤其高密度二氧化碳对菌体蛋白的影响还鲜见报道。本团队通过聚丙烯酰胺凝胶电泳，结合高密度二氧化碳对 *E.coli* 的杀菌曲线，研究压力、温度和处理时间对 *E.coli* 菌体蛋白的影响。通过凝胶过滤层析法，研究高密度二氧化碳对 *E.coli* 酸溶性蛋白、可溶性蛋白和碱溶性蛋白相对分子质量构成的影响。通过傅里叶变换红外光谱法和圆二光谱法，研究高密度二氧化碳对 *E.coli* 菌体蛋白二级结构变化的影响。本研究从蛋白质组角度较为系统地研究了高密度二氧化碳对 *E.coli* 菌体蛋白的影响。本研究还通过逐步加压多轮胁迫驯化的方式获得一株耐高密度二氧化碳 *E.coli* 突变菌株，并对突变菌株与原始菌株在高密度二氧化碳胁迫前后的细胞内脂肪酸组分、蛋白质表达水平、基因表达水平的变化进行分析，同时对突变菌株进行全基因组重测序，检测其突变位点。采用高密度二氧化碳在 8~16MPa 范围内，以 2MPa 的梯度逐步加压，每梯度驯化 8~10 轮，筛选到一株存活率提高 5.83 个数量级的耐高密度二氧化碳 *E.coli* 突变菌株 M8_5。使用气相色谱分析突变菌株与原始菌株在高密度二氧化碳处理（ 37℃、8MPa、30min ）前后细胞内脂肪酸组分的变化。采用双向电泳和同位素标签相对与绝对定量技术（ iTRAQ ）分析突变菌株与原始菌株在高密度二氧化碳胁迫前后的蛋白质组变化。采用高通量转录组测序，分析突变菌株与原始菌株在高密度二氧化碳处理前后基因表达水平的差异。对突变菌株进行全基因组重测序，通过双脱氧链终止法验证，确定突变菌株存在 3 处插入位点、10 处单核苷酸多态性位点变异。

（一）高密度二氧化碳对 *E.coli* 菌株蛋白质组的影响

1. 高密度二氧化碳对 *E.coli* 菌株全蛋白质的影响

对筛选到的耐高密度二氧化碳 *E.coli* 突变菌株（ M8_5 ）与原始菌株（ MG1655 ）提取其全蛋白质，进行 SDS-PAGE 凝胶电泳分析蛋白质组分的变化，结果如图 5-62 所示。从电泳图中可以看出，在分子质量约为 35kD 与 50kD 处，突变菌株有两个条带蛋白含量显著增加，可能是经高密度二氧化碳驯化，菌株为应对环境应激，某些蛋白质表达上调，有利于细胞的存活。而在其他分子质量位置的蛋白条带完全一致，没有发生改变。这也在一定程度上反映了筛选到的菌株某些具有调控功能的基因可能发生了突变，导致应激蛋白的表达量水平上调，能够更好地应对高密度二氧化碳环境的胁迫。同时，对突变菌株的全蛋白质在高密度二氧化碳处理前后的变化进行了电泳分析，见图 5-63。突变菌株在高密度二氧化碳处理前后，其全蛋白的 SDS-PAGE 电泳图像没有发现明显差异。结合脂肪酸组分分析的实验结果，猜测 8MPa 的高密度二氧化碳处理 20min，虽然突变菌株的数量有 5 个数量级的减少，但是细胞内的物质泄漏并不严重，诸如脂肪酸、蛋白质的含量均没有显著降低。可能是在这个压力梯度下的高密度二氧化碳处理细胞，细胞膜不会遭到严重的破坏，机械作用致死细胞并不是主要的灭菌因素，而高密度二氧化碳的酸化和蛋白质变性起到主导作用。

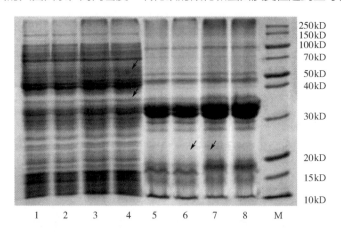

◀ 图5-62 *E.coli* 突变菌株与原始菌株蛋白质比较

　　1、2—原始菌株全蛋白　　3、4—突变菌株全蛋白　　5、6—原始菌株外膜蛋白　　7、8—突变菌株外膜蛋白　　M—标准蛋白

　　2. 高密度二氧化碳对 *E.coli* 菌株外膜蛋白的影响

　　对筛选到的耐高密度二氧化碳突变菌株（M8_5）与原始菌株（MG1655）提取其细胞外膜蛋白进行 SDS-PAGE 电泳分析，并分析突变菌株的外膜蛋白在高密度二氧化碳处理前后的变化。从图 5-63 的电泳图中可以看到，突变菌株与原始菌株的膜蛋白组分并没有明显区别，仅在分子质量约为 17kD 处的条带迁移位置有所差异，突变菌株在此处的蛋白条带没有很好得分离，并且条带位置偏上，这可能是突变菌株的蛋白质发生了某些翻译后修饰作用，分子质量有所改变。但仍需进一步的实验通过双向电泳分离，质谱鉴定蛋白质来确定发生这一变化的原因。

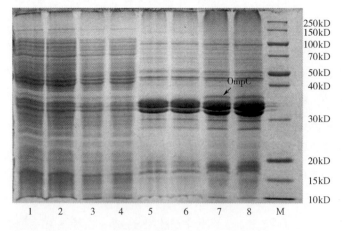

◀ 图5-63 *E.coli* 突变菌株在高密度二氧化碳处理前后蛋白质比较

　　1，2—突变菌株全蛋白　　3，4—突变菌株经高密度二氧化碳处理后全蛋白　　5，6—突变菌株经高密度二氧化碳处理后膜蛋白　　7，8—突变菌株膜蛋白　　M—标准蛋白

而突变菌株的外膜蛋白在高密度二氧化碳处理后，发现在分子质量约为 38kD 处的条带的蛋白含量明显减少。参考 Han 等（Han 等，2008）的研究，推测此处含量显著降低的蛋白质应为外膜蛋白 C（OmpC）。OmpC 是分子质量约为 38.3kD 的外膜亲水性非特异孔道蛋白，直径为 1.1nm 的三聚体结构。细胞外膜作为细菌应对外界环境刺激的重要屏障，在保证物质运输、调节内外压差等方面具有重要作用。OmpC 与 OmpF 这两种膜蛋白对于 *E.coli* 的抗酸、抗渗透压、耐药等能力影响显著。*E.coli* 中 OmpC 含量表达上调能有效提高菌株在极端酸性环境中的存活能力（Bekhit 等，2011）。突变菌株经高密度二氧化碳处理后，OmpC 含量下调，可能影响到细胞对内部质子的向外排出，从而无法有效调节细胞内的 pH，破坏代谢平衡而造成细胞死亡。

细菌对高密度二氧化碳逆境胁迫的响应机制目前还不完全清楚，而蛋白质作为细胞生理功能的执行者，能够直接体现细胞对于外界应激所做出的反应。细菌蛋白组学的研究，为整体上了解高密度二氧化碳胁迫下的细菌蛋白质表达变化的情况提供了有力手段，对阐述细菌耐受高密度二氧化碳的分子机制具有重要作用。

3. 耐高密度二氧化碳相关蛋白质的筛选

为进一步研究耐高密度二氧化碳的 *E.coli* 突变菌株与原始菌株在蛋白质水平的表达差异，本研究采用双向电泳（2-DE）和 iTRAQ 技术分析寻找差异表达的蛋白质，探究细菌响应高密度二氧化碳胁迫的代谢和生理过程，最终明确与细菌耐受高密度二氧化碳相关的蛋白质。实验通过双向电泳的方法分离鉴定了 6 个差异变化在 3.5 倍以上的蛋白质，分析表明其中的 3 个蛋白质可能与菌株耐受高密度二氧化碳相关。限于双向电泳技术的不足，无法分析所有蛋白质的差异表达水平的变化，iTRAQ 标记定量技术的出现则解决了这一难题。它能够分离鉴定样本的全部蛋白质，并且通过不同标记物可以同时比较多达 8 个样本中蛋白质的差异表达情况。因此，实验后期采用 iTRAQ 技术，对耐高密度二氧化碳突变菌株（M8_5）与原始菌株（MG1655）分别在高密度二氧化碳胁迫前后的全蛋白质进行分离鉴定，检测其差异表达水平，筛选出与耐高密度二氧化碳相关的蛋白质。

（1）双向电泳分析　将突变菌株与原始菌株的全蛋白质进行双向电泳分离，结果如图 5-64 所示。在原始菌株（MG1655）的双向电泳图谱中共分离到 523 个蛋白点，集中分布于等电点 4~7，分子质量 10~150kD 的范围内。在突变菌株（M8_5）的双向电泳图谱中共分离到 504 个蛋白点，分布区域与原始菌株的蛋白分布一致。从双向电泳图谱可以看出，突变菌株与原始菌株分离到的蛋白质点均在 500 个以上，菌体全蛋白的提取质量良好，符合后续定量蛋白质组学分析的要求。

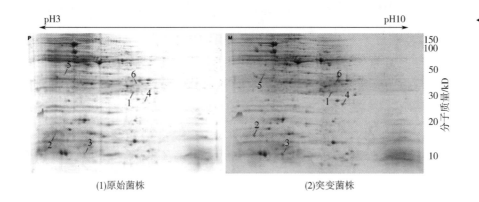

◀图5-64 *E.coli* 突变菌株与原始菌株全蛋白质双向电泳图谱

同时，经过 ImageMaster 2D Platinum 7.0 软件分析，比对匹配到的蛋白质点，发现 6 个差异在 3.5 倍以上的点，其中 1 号点表达量下调，2~6 号点表达量上调。对这 6 个蛋白质点切胶酶解，进行 MALDI TOF/TOF 质谱鉴定，结果见表 5-33。这些鉴定到的蛋白质分别涉及三羧酸循环、转录调控和离子运输等生物学功能。

表5-33　　　　　　　　　　*E.coli*突变菌株与原始菌株的差异蛋白质质谱鉴定结果

序号	蛋白质名称	NCBI 登录号	分子质量（D）/等电点（pI）	匹配肽段	序列覆盖率/%	蛋白质评分	上调/下调
1	延胡索酸还原酶铁 – 硫蛋白簇	gi|15804747	27732/6.07	146	39%	3841	↓
2	30S 核糖体蛋白 S2	gi|16128162	26784/6.61	55	32%	1067	↑
3	DNA 结合蛋白 H–NS	gi|43078	15331/5.24	45	41%	812	↑
4	锰超氧化物歧化酶 A 链	gi|14719524	22936/6.44	51	54%	1141	↑
5	外膜蛋白 F	gi|15800790	39337/4.76	105	46%	2851	↑
6	琥珀酰辅酶 A 合成酶链	gi|6980727	29671/6.09	86	54%	1788	↑

E.coli 中的延胡索酸还原酶（FRD）含有 3~4 个亚单位，其中亲水性的 FRD-A 与 FRD-B 亚基构成酶催化域，1~2 个疏水亚基形成膜锚定结构。铁 – 硫蛋白簇即位于 FRD-B 亚基上。延胡索酸还原酶参与三羧酸循环，主要催化延胡索酸还原为琥珀酸，是很多生物体厌氧呼吸的关键酶。在突变菌株 M8_5 中延胡索酸还原酶表达下调，厌氧环境下菌株通过三羧酸循环还原性分支转化延胡索酸为琥珀酸的效率降低。而琥珀酰辅酶 A 合成酶在突变菌株中的表达量上调，在有氧条件下随三羧酸循环进行，催化水解琥珀酰辅酶 A 为琥珀酸。产生这一现象的原因可能是在高密度二氧化碳胁迫过程中，突变菌株的某些生理功能发生变化，在高密度二氧化碳

的厌氧条件下生成琥珀酸效率降低，而在随后的有氧培养过程中，大量表达琥珀酰辅酶 A 合成酶，将累积的代谢物沿三羧酸循环合成琥珀酸。

DNA 结合蛋白 H-NS 属于革兰阴性细菌的类组氨酸蛋白家族，是 *E.coli* 核糖体结构的重要组成部分。H-NS 蛋白是细菌生存与适应许多环境变化（如 pH、温度、渗透压和生长阶段）的多效调节因子，但是 H-NS 在细菌中调节基因表达的分子机制还不清楚。Welch 等（Welch 等，1993）将 *E.coli* 在逐渐增加至 553MPa 的高压条件下培养，发现 H-NS 表达量显著增加，但其在高压胁迫下表达上调的作用机制仍属未知。在本实验中检测到突变菌株的 H-NS 蛋白表达上调，可能是在高密度二氧化碳胁迫处理 *E.coli* 过程中，压力作用占据主导地位，突变菌株在某种机制作用下 H-NS 蛋白的表达量增加，调节其他相关基因的表达，使菌株更好地适应外界环境的变化。

锰超氧化物歧化酶（MnSOD）是 *E.coli* 能够表达的三种类型的超氧化物歧化酶之一，作为微生物体内的一种金属酶，在有氧环境下通过催化超氧阴离子生成氧分子与过氧化氢而避免氧自由基对细胞的损伤（Miller 等，2003）。本实验检测到突变菌株 M8_5 的 MnSOD 表达量上调，这可能是突变菌株对高密度二氧化碳耐受性显著增加的原因之一。

外膜蛋白 F（OmpF）是 *E.coli* 外膜上重要的非特异性孔道蛋白，这一跨膜通道允许小分子质量（一般小于 600D）的亲水性物质通过细胞膜，对于环境中的 pH 变化具有敏感性。外膜蛋白 OmpF 与 OmpC 均对 *E.coli* 的酸耐受性起到重要作用。Bekhit 等（Bekhi 等，2011）的研究表明：当 *E.coli* 的 OmpF 与 OmpC 缺失后，突变菌株的酸耐受性显著下降。单独存在的 OmpC 或 OmpF 也可以支持 *E.coli* 在酸性环境下存活，但是这两种外膜蛋白都存在时菌株的存活率最大。该研究表明，OmpC 与 OmpF 对 *E.coli* 在极端酸性环境下的生存是极为必要的。这与本研究得到的结果也是一致的，在突变菌株中 OmpF 的表达量上调，有利于菌株抵御高密度二氧化碳的酸性胁迫，使其耐酸能力显著高于原始菌株。

（2）iTRAQ 标记定量分析　采用 iTRAQ 标记技术对耐高密度二氧化碳突变菌株（M8_5）与原始菌株（MG1655）在高密度二氧化碳处理前后的差异蛋白质组进行研究。实验提取菌体全蛋白质，经 iTRAQ 标记定量，TripleTOF 5600 质谱鉴定，获得菌株不同状态下的差异表达蛋白质共 420 个。为了解菌株响应高密度二氧化碳胁迫而表达水平各异的蛋白质的功能概况，对所有的差异蛋白进行基因本体注释，并采用 WEGO 软件对其注释功能进行聚类分析（图 5-65）。

差异表达蛋白经过 GO 功能注释，归类到 3 个 GO 本体，共映射 36 条 GO 条目，分别是"细胞组分""生物过程"和"分子功能"。注释到细胞组分的蛋白，主要为

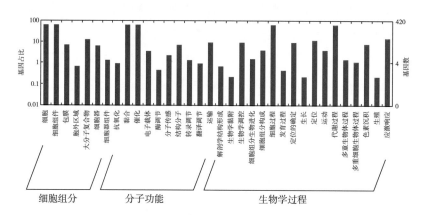

◀ 图5-65　差异蛋白质网络基因本体注释分类

细胞（67.9%）和细胞组件（67.9%）。在生物过程中数量较多的是代谢过程（68.1%）、细胞过程（70.2%）和应激响应（15.7%），还有生物调节占9.5%。注释到分子功能的蛋白，集中在催化活性（66.2%）和折叠（63.1%），注释到转运活性（10.0%）的蛋白也较多。

在细胞组分的GO本体中，有97个差异蛋白映射到细胞膜相关的GO条目中。其中，位于细胞外膜上一种蛋白Slp参与稳定细胞的外膜。有报道（Tucker等，2002）当细胞培养在pH4.5和pH5.5的环境下相比培养于pH7.4的相同环境下，Slp会过量表达以参与诱导的谷氨酸依赖的酸抗性。本研究同样发现突变菌株中Slp蛋白表达上调，可能是高密度二氧化碳诱导其表达，有利于突变菌株在高密度二氧化碳下的存活。其余种类膜蛋白推测可能与菌株的高密度二氧化碳抗性相关的还有外膜蛋白C（OmpC）、外膜蛋白F（OmpF）、F-ATPase等，分别参与菌株的酸抗性、质子调节等作用。

在分子功能的GO本体中，有34个差异蛋白映射到跨膜转运酶活性的相关条目中。其中，可能的谷氨酸/γ-氨基丁酸逆向转运蛋白（gadC）参与细胞的谷氨酸依赖的酸抗性反应。突变菌株中gadC转运蛋白上调表达，有利于将谷氨酸的脱羧产物 γ-氨基丁酸转运到细胞外交换新的底物，该过程会消耗细胞内的质子而达到阻止其内环境pH降低的目的，从而避免细胞死亡。

在生物学过程的GO本体中，有2个差异蛋白映射到碳利用相关的GO条目中，其中的磷酸烯醇式丙酮酸羧化酶（PEPCase）在突变菌株中表达上调。PEPCase酶是广泛存在于细菌和植物中的催化磷酸烯醇式丙酮酸与CO_2反应生成草酰乙酸的不可逆反应的酶。在高密度二氧化碳胁迫条件下，进入细胞内的反应底物CO_2增加，反应速率相应增加。突变菌株中该酶的表达上调，细胞利用CO_2的速率相应加快，一定程度上也能减缓细胞内环境pH的降低。同时还发现映射到响应应激的44个差异蛋白质中，有涉及DNA修复与核苷酸剪切修复等二级GO条目的Uvr系统蛋白C、系统蛋白 A 等,在突变菌株中均表达上调。

(3)差异蛋白质京都基因与基因组百科全书富集分析 通过对耐高密度二氧化碳突变菌株(M8_5)与原始菌株(MG1655)的差异表达蛋白进行功能注释,并将差异蛋白质富集到京都基因与基因组百科全书(KEGG)数据库相应的通路,共富集在 44 条通路中,如表 5-34 所示。从表中可以看到,差异蛋白显著富集的通路有核糖体、三羧酸循环、丙酮酸代谢、氧化磷酸化和细菌趋化性等 38 条通路。

表3-34 　　　　差异表达蛋白富集的京都基因与基因组百科全书通路(M_1 vs P_1)

通路	富集蛋白	蛋白数	P 值	本杰明 (Benjamin) 检验值	富集 分值	KEGG 号
核糖体		27	2.50E-22	3.80E-19	19.73	ko03010
柠檬酸循环(TCA 循环)		20	4.20E-20	1.10E-17	14.96	Ko00020
丙酮酸代谢		21	4.70E-17	4.00E-15	9.68	Ko00620
氧化磷酸化		16	3.10E-11	1.30E-09	9.31	Ko00190
甘氨酸、丝氨酸和苏氨酸代谢		14	8.80E-11	3.20E-09	9.2	Ko00260
细菌趋药性		12	6.30E-11	2.40E-09	8.45	Ko02030
糖酵解 / 糖异生		16	2.10E-11	8.70E-10	7.95	Ko00010
氨酰基 -tRNA 生物合成		12	4.50E-10	1.40E-08	7.9	Ko00970
乙醛酸和二羧酸代谢		12	9.00E-08	1.80E-06	5.79	Ko00630
双组分系统		22	7.80E-08	1.60E-06	5.49	Ko02020
氮代谢		12	9.00E-08	1.80E-06	5.42	Ko00910
嘌呤代谢		18	3.50E-08	7.40E-07	4.05	Ko00230
淀粉和蔗糖代谢		9	3.50E-05	3.90E-04	4.02	Ko00500
半胱氨酸和蛋氨酸代谢		8	8.60E-05	9.20E-04	3.91	Ko00270
丙氨酸、天冬氨酸和谷氨酸代谢		9	8.90E-06	1.10E-04	3.85	Ko00250
精氨酸与脯氨酸代谢		9	1.60E-04	1.60E-03	3.15	Ko00330
ABC 转运蛋白		19	3.20E-04	3.10E-03	3	Ko02010
RNA 降解 RNA		6	1.80E-04	1.80E-03	2.99	Ko03018
色氨酸代谢		5	1.80E-04	1.80E-03	2.98	Ko00380

续表

通路	富集蛋白	蛋白数	P 值	本杰明（Benjamin）检验值	富集分值	KEGG 号
磷酸戊糖途径		12	3.10E-08	6.70E-07	2.98	Ko00030
苯丙氨酸、酪氨酸和色氨酸生物合成		6	1.10E-03	9.50E-03	2.84	Ko00400
甲烷代谢		5	1.10E-03	9.50E-03	2.7	Ko00680
鞭毛装配		8	5.80E-04	5.30E-03	2.6	Ko02040
丁酸代谢		9	1.60E-05	1.90E-04	2.47	ko00650
组氨酸代谢		4	4.90E-03	3.60E-02	2.28	Ko00340
谷胱甘肽代谢		5	3.60E-03	2.70E-02	2.16	Ko00480
叶酸-碳库		4	9.10E-03	6.10E-02	1.88	Ko00670
赖氨酸生物合成		4	1.80E-02	1.20E-01	1.67	Ko00300
氰氨基酸代谢		3	2.30E-02	1.40E-01	1.62	Ko00460
丙酸代谢		9	2.70E-05	3.10E-04	1.6	Ko00640
三硝基甲苯降解		3	3.10E-02	1.80E-01	1.5	Ko00633
核苷酸切除修复		3	3.10E-02	1.80E-01	1.39	Ko03420
酪氨酸代谢		3	2.30E-02	1.40E-01	1.36	Ko00350
烟酸和烟酰胺代谢		5	5.60E-03	4.00E-02	1.28	Ko00760
缬氨酸、亮氨酸和异亮氨酸的生物合成		4	1.80E-02	1.20E-01	1.25	Ko00290
赖氨酸降解		3	5.10E-02	2.80E-01	1.16	Ko00310
氧化磷酸化		4	2.40E-01	7.90E-01	1.07	Ko00650
甘氨酸、丝氨酸和苏氨酸代谢		7	1.50E-03	1.20E-02	1.01	Ko00260
半乳糖代谢		4	1.50E-01	6.00E-01	0.6	Ko00052
甘油磷脂代谢		3	2.30E-01	7.70E-01	0.55	Ko00564
磷酸转移酶系统（PTS）		4	2.40E-01	7.90E-01	0.44	Ko02060
氰氨基酸代谢		4	2.90E-01	8.40E-01	0.36	Ko00620
丙酸代谢		3	4.90E-01	9.70E-01	0.24	Ko00520
三硝基甲苯降解		7	8.30E-01	1.00E+00	0.04	Ko02010

在核糖体通路显著富集的差异蛋白均是参与装配 30S 和 50S 亚基的核糖体蛋白。通过双向电泳实验，分离得到 30S 核糖体蛋白 S2，其在突变菌株中表达量显著上调，而在原始菌株的双向电泳图谱中表达量极微。Liao 等（2011）的研究发现 E.coli 经高密度二氧化碳胁迫处理后，50S 核糖体蛋白 L10 的表达下调，可能间接影响蛋白质的合成，从而使细胞存活率下降。本研究发现在原始菌株中 L10 蛋白在高密度二氧化碳处理后表达下降，而突变菌株中 L10 蛋白在高密度二氧化碳处理后表达上调。这与 Liao 等（2011）的研究结果类似，而突变菌株中表达量的上调可能就与其高密度二氧化碳耐受性有关。E.coli 中的核糖体亚基蛋白一般作为构成核糖体的一部分，可以与一些新生肽链交联，参与 DNA 修复、细胞发育调控和分化等功能。因此，推测核糖体相关的 30S 与 50S 蛋白在细菌响应高密度二氧化碳应激过程中具有重要作用。

在氧化磷酸化通路富集的差异蛋白主要涉及有延胡索酸还原酶、NADH 脱氢酶、F 型 ATPase 相关的蛋白质。突变菌株中延胡索酸还原酶相关的 FrdA 和 FrdB 蛋白表达量均下调，与双向电泳鉴定到的结果一致。E.coli 作为一种兼性厌氧微生物，可以同时利用有氧呼吸和厌氧发酵的方式存活。在高密度二氧化碳胁迫条件下菌株进行无氧呼吸，而在随后的恢复培养过程中则利用有氧呼吸。本实验通过多轮胁迫驯化，使得 E.coli 基因发生变异而获得耐受高密度二氧化碳的突变菌株，其体内的生理代谢方式随之受到影响，以更好地适应高密度二氧化碳胁迫环境。有氧呼吸过程中，延胡索酸在氧化磷酸化过程中可以作为末端电子受体，受延胡索酸还原酶表达下调的影响，延胡索酸含量减少，质子保留在细胞质内，无法形成质子梯度，电子传递链受影响（Iverson 等，1999）。还有报道（Khil，2002）frdA 基因参与细胞应对 DNA 损伤的应激，在丝裂霉素 C 处理后的 E.coli 中 frdA 表达上调。本实验则检测到延胡索酸还原酶黄素蛋白亚基表达下调，可能未参与响应 DNA 损伤修复的过程。

NADH 脱氢酶相关的 NADH- 醌氧化还原酶 B/C/D/F/G 等亚基蛋白在突变菌株的含量上调，这些酶负责细胞内膜上的呼吸链电子传递，每转运两个电子，就有 4 个氢离子穿过细胞质膜，从而节省了质子梯度的氧化还原能。ATP 合成酶的 $\alpha/\beta/\gamma$ 亚基负责跨膜质子梯度存在时催化合成 ATP，从而调节细胞器内外的质子平衡。ATP 合成酶对于调控细胞器内外的质子平衡具有重要作用，有学者（周先汉等，2010）比较了高密度二氧化碳对低活性 F-ATPase 型 E.coli 突变株与野生型菌株的致死效率，发现突变菌株的存活率显著低于野生菌株，表明 H⁺-ATPase 对于 E.coli 在高密度二氧化碳下的存活具有重要作用。在突变菌株中该酶的相关 α、β 亚基表达上调，可能与突变菌株的高密度二氧化碳耐受性高于原始菌株有关。

　　三羧酸循环通路中有 20 个差异蛋白质得到富集。其中，柠檬酸裂解酶、柠檬酸裂解酶酰基载体蛋白在突变菌株中表达下调，柠檬酸合酶、琥珀酰 −CoA 连接酶等表达上调。突变菌株中延胡索酸水合酶 I（厌氧型）表达下调，但是在高密度二氧化碳处理前后表达水平没有显著变化。另一种延胡索酸水合酶 I（好氧型）则表达上调，并且突变菌株中经高密度二氧化碳处理后表达同样上调。三羧酸循环是细胞有氧代谢过程中的重要通路，与细胞内其他的代谢途径有着千丝万缕的联系，三羧酸循环的变化对其他代谢，如脂肪酸合成、D- 谷氨酸代谢等的影响非常复杂。根据突变菌株中各类酶的表达水平推测，在高密度二氧化碳胁迫后，突变菌株恢复培养过程中，沿三羧酸循环进行活跃的有氧代谢。

　　此外，通过对差异蛋白质的功能注释发现，表达水平发生变化的蛋白质有响应DNA 损伤应激的蛋白，如：磷酸盐结合蛋白 PstS、烟酰胺腺嘌呤二核苷酸合成酶等，还有涉及 DNA 修复的转录终止 / 抗终止蛋白 NusA。高密度二氧化碳环境胁迫可能导致细胞内 DNA 分子的损伤，进而诱导 DNA 修复蛋白的表达。实验发现UvrABC 系统蛋白 C 在突变菌株中的表达发生上调，这可能与细菌的 DNA 剪切修复反应有关。Aertsen 等（Aertsen 等，2004）首次报道高压能够诱导 *E.coli*的 DNA 损伤诱导反应。*uvrC* 基因的上调表达与 DNA 的剪切修复功能的增强相关，高密度二氧化碳胁迫可能导致 DNA 损伤进而诱导启动剪切修复功能，但这还需要进一步的研究证实。

　　实验发现表达水平发生变化的蛋白质还涉及氧化应激和冷、热应激等功能。已有报道（Aertsen 等，2005）高压处理能够诱导 *E.coli* 产生内源性氧化应激，而高密度二氧化碳是否能诱导这一反应还未见报道。突变菌株中表达下调的周质丝氨酸内肽酶 DegP 在低温时作为一个分子伴侣，而在较高温度时转换为多肽，能够阻止非特异性的折叠蛋白的水解。同时，DegP 也涉及部分折叠的外膜蛋白的生物合成。突变菌株中的冷激蛋白 CspB 经高密度二氧化碳胁迫处理后表达下调，CspB 的表达需要较冷温度的诱导，是 CspA 蛋白家族的一员。CspB 蛋白主要是在细菌抵御低温胁迫方面发挥作用，而热激蛋白 ClpB 则是细菌在受到高温诱导后大量表达的蛋白，ClpB 是具有 ATP 酶活性的分子伴侣蛋白，在胁迫条件下，起稳定蛋白质结构的作用，防止蛋白质凝聚、变性，并能修复变性的蛋白质。Aertsen 等（Aertsen 等，2004）认为高压胁迫环境下，诱导表达的热激蛋白（DnaK\ClpB\GroES 等）能够保护或修复高压对细胞造成的损伤。本实验检测到的耐高密度二氧化碳突变菌株中ClpB 热激蛋白的上调表达，表明这类应激蛋白在保护细胞抵御高密度二氧化碳胁迫过程中发挥了重要作用。

（二）高密度二氧化碳对 *E.coli* 菌株基因表达的影响

1. 耐受高密度二氧化碳差异表达的基因

对耐高密度二氧化碳突变菌株（M8_5）与原始菌株（MG1655）分别进行高密度二氧化碳胁迫处理后，进行转录组测序，测序的 reads 经与参考基因组比对，计算得到各转录本在样本中的基因表达水平。实验分析了突变菌株与原始菌株各自在高密度二氧化碳胁迫前后的显著差异表达的基因，结果见表 5-35 和表 5-36。同时还分析了突变菌株和原始菌株比较，其显著差异表达的基因，如表 5-37 所示。

原始菌株经高密度二氧化碳胁迫处理后，通过转录组测序，以 FDR ≤ 0.05，|logFC| ≥ 1 为筛选标准，共发现显著差异表达的基因有 7 个，分别为：*rutB*、*rutA*、*ibpA*、*leuT*、*pspG*、*leuV* 和 *glnK*，结果如图 5-66 所示。其中 *ibpA* 和 *pspG* 在高密度二氧化碳处理后表达上调，其他 5 个基因在高密度二氧化碳胁迫处理后表达水平均下调。

图5-66　P_2/▶
P_1差异表达基
因可视化图

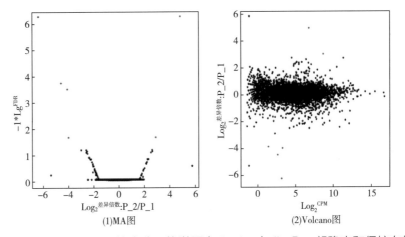

(1)MA图　　　(2)Volcano图

ibpA 编码一种 16kD 的小分子热激蛋白 IbpA，与 IbpB 一起稳定和保护在热应激与氧化应激过程中细胞内的蛋白复合体，使其避免发生不可逆的变性和水解。其作用是 ATP 依赖性的，在伴侣蛋白 ClpB 和 DnaK/DnaJ/GrpE 等作用下可以再次与蛋白复合体结合维持并发挥功能。高密度二氧化碳胁迫可能诱导该基因的上调表达，对于稳定胞内相关蛋白质的结构，修复损伤具有一定作用。而 *pspG* 编码一种噬菌体休克蛋白 G，该蛋白位于噬菌体休克操纵子区域，目前对与它的研究较少。仅表明噬菌体休克调节子在很多应激条件下会上调表达。

突变菌株经高密度二氧化碳胁迫处理后，发现有显著差异表达的基因同样有 7 个，分别是 *ynaF*、*cspB*、*asr*、*dmlA*、*norR*、*asnA* 和 *pspG*，结果如图 5-67 所示。其中 *ynaE* 和 *cspB* 在高密度二氧化碳处理后表达下调，其他 5 个基因表达水平则显示上调。

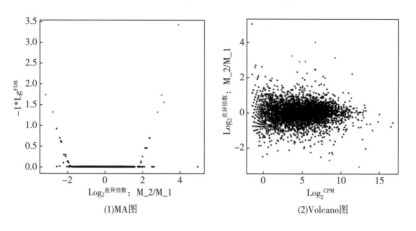

◄图5-67 M_2/
M_1差异表达基
因可视化图

asr 编码一种酸休克蛋白，当细胞在酸性条件下（pH 4.5）培养会诱导此蛋白的表达，并且在 pH4.5 环境下适应后可以使细胞在极端酸性条件（pH 2.0）下存活。而高密度二氧化碳胁迫条件下的环境 pH 约在 4，*asr* 基因的上调表达说明高密度二氧化碳可以诱导该蛋白的合成，从而逐步提高菌株的酸耐受性。*dmlA* 编码 D- 苹果酸脱羧酶，厌氧条件下，D- 苹果酸存在时 *dmlA* 表达会增加，锌胁迫会诱导 DmlA 蛋白水平的上调。但是在高密度二氧化碳胁迫条件下，*dmlA* 表达上调，其对细胞在高密度二氧化碳环境下的存活所起的作用还有待研究。*ynaE* 编码一种未知蛋白质 YnaE，其在冷应激条件下会上调表达。*cspB* 编码冷激蛋白 CspB，是 CspA 冷激蛋白家族的一员，在低温下诱导表达，其表达水平受温度波动的影响。

　　耐高密度二氧化碳突变菌株与原始菌株相比，发现其基因表达水平存在显著差异，见图 5-68。共检测到显著差异表达的基因有 141 个，其中突变菌株相对原始菌株表达水平下调的基因有 51 个，有 90 个基因表达上调。这些差异表达基因中，77 个基因位于正义链上，其他 64 个基因位于反义链上。

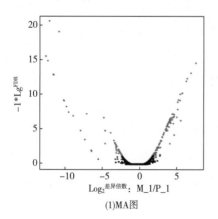
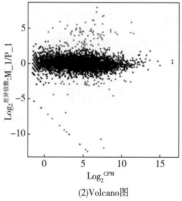

◄图5-68 M_1/
P_1差异表达基
因可视化图

表5-35　高密度二氧化碳处理前后原始菌株差异表达基因

基因	开始	终止	strand	p1 count	p2 count	p1 fpkm	p2 fpkm	P_value	FDR	$\log_2^{FC}$	上调/下调
rutB	1071394	1072086	-	71	3	7.02	0.43	4.16E-05	2.51E-02	-4.00	down
rutA	1072086	1073234	-	266	11	15.49	0.92	4.32E-07	3.65E-04	-4.10	down
ibpA	3865032	3865445	-	1456	7774.02	251.12	1921.91	3.86E-05	2.51E-02	2.89	up
leuT	3980629	3980715	+	255.26	1.83	325.34	3.34	3.42E-10	6.28E-07	-6.38	down
pspG	4260863	4261105	+	108	2219	34.19	1005.68	4.45E-10	6.28E-07	4.83	up
leuV	4604102	4604188	-	255.26	1.83	325.34	3.34	3.42E-10	6.28E-07	-6.38	down
glnK	471822	472160	+	175	5	37.72	1.54	2.01E-07	2.13E-04	-4.60	down

表5-36　高密度二氧化碳处理前后突变菌株差异表达基因

基因	开始	终止	strand	m1_count	m2_count	m1_fpkm	m2_fpkm	P_value	FDR	$\log_2^{FC}$	上调/下调
ynaE	1432015	1432248	-	6471.81	1734.18	2948.82	533.58	8.19E-05	4.95E-02	-2.75	down
cspB	1639363	1639578	-	99935.52	20755	50094.27	7023.83	1.08E-05	1.92E-02	-3.11	down
asr	1669400	1669708	+	23	380	7.59	84.78	2.71E-05	2.87E-02	3.19	up
dmlA	1879936	1881021	+	99	1293	8.46	74.79	6.16E-05	4.95E-02	2.86	up
norR	2828797	2830311	-	58	756	3.52	31.03	7.78E-05	4.95E-02	2.85	up
asnA	3925178	3926170	+	1273.48	19307.02	119.49	1225.5	1.36E-05	1.92E-02	3.08	up
pspG	4260863	4261105	+	119	3359	51.86	988.58	9.48E-08	4.01E-04	3.97	up

表5-37 高密度二氧化碳处理前突变菌株与原始菌株显著差异表达基因

基因	开始	终止	strand	m1_count	p1_count	m1_fpkm	p1_fpkm	P_value	FDR	log$_2^{FC}$	上调／下调
ymcE	1051070	1051300	+	464	83	214.67	27.91	1.85E-05	1.00E-03	3.10	up
rutB	1071394	1072086	-	2	71	0.27	7.02	2.20E-05	1.15E-03	-4.40	down
rutA	1072086	1073234	-	8	266	0.65	15.49	2.36E-07	1.59E-05	-4.40	down
pgaD	1085329	1085742	-	304	88	72.41	15.18	6.61E-04	2.26E-02	2.40	up
pgaC	1085744	1087069	-	576	112	40.07	5.63	3.35E-05	1.69E-03	2.98	up
pgaB	1087062	1089080	-	879	199	39.75	6.5	9.16E-05	4.04E-03	2.76	up
flgN	1128637	1129053	-	1787	232	422.3	39.7	9.92E-07	6.17E-05	3.56	up
flgM	1129058	1129351	-	1786	159	624.11	40.31	4.01E-08	3.14E-06	4.11	up
flgB	1130241	1130657	+	174	6	41.12	1.03	1.26E-09	1.90E-07	5.41	up
flgC	1130661	1131065	+	145	7	35.38	1.24	1.71E-08	1.47E-06	4.93	up
flgD	1131077	1131772	+	389	19	52.97	1.87	1.42E-09	2.08E-07	4.95	up
flgE	1131797	1133005	+	664	44	50.81	2.43	6.04E-09	6.08E-07	4.52	up
flgF	1133025	1133780	+	229	17	28.58	1.53	6.43E-08	4.78E-06	4.35	up
flgG	1133952	1134734	+	631	54	75.9	4.69	4.93E-08	3.80E-06	4.16	up
flgH	1134787	1135485	+	137	27	18.57	2.65	9.26E-05	4.04E-03	2.95	up
flgI	1135497	1136594	+	281	43	23.75	2.62	8.41E-06	4.75E-04	3.32	up
flgJ	1136594	1137535	+	149	30	14.77	2.15	1.13E-04	4.76E-03	2.92	up
flgK	1137601	1139244	+	127	127	229.69	5.11	2.16E-12	6.54E-10	5.63	up
flgL	1139256	1140209	+	4147.78	291	405.76	20.56	3.88E-09	4.44E-07	4.45	up
ycgR	1243016	1243750	-	515	35	66.21	3.25	1.07E-08	9.82E-07	4.49	up
trpD	1317813	1319408	-	293	4163	16.85	172.81	7.12E-06	4.07E-04	-3.21	down

trpE	1319408	1320970	−	454	16640.93	26.67	705.75	2.19E-07	1.60E-09	-4.58	down
ydeN	1578866	1580548	−	717	156	39.05	6.13	3.21E-03	7.04E-05	2.82	up
degP	180884	182308	+	5186.56	45806	335.06	2136.2	9.95E-03	2.58E-04	-2.52	down
fixA	1644429	1644761	+	4624.99	63	1403.31	13.86	5.20E-13	1.11E-15	6.81	up
ves	1822386	1822961	−	316	31	52.63	3.73	1.72E-05	2.61E-07	3.95	up
ynjH	1839887	1840159	−	127	24	48.32	6.63	4.04E-03	9.13E-05	3.01	up
manX	1900072	1901043	+	6404	2032	614.4	140.81	2.94E-02	8.97E-04	2.27	up
flhB	1963067	1964215	−	113	31	9.11	1.81	3.34E-02	1.03E-03	2.47	up
cheZ	1964417	1965061	−	568	38	83.85	4.06	7.16E-07	7.44E-09	4.51	up
cheY	1965072	1965461	−	526	24	133.82	4.42	7.98E-08	4.71E-10	5.05	up
cheB	1965476	1966525	−	401	13	35.51	0.83	1.53E-08	7.22E-11	5.53	up
cheR	1966528	1967388	−	548	39	59.67	3.07	1.20E-06	1.33E-08	4.42	up
tap	1967407	1969008	−	1871.96	41	107.24	1.7	7.37E-11	2.09E-13	6.12	up
tar	1969054	1970715	−	4171	62	230.12	2.47	1.29E-12	3.04E-15	6.68	up
cheW	1970860	1971363	−	723	46	139	6.4	4.58E-07	4.33E-09	4.58	up
cheA	1971384	1973348	−	2059	68	95.73	2.28	1.33E-09	5.65E-12	5.53	up
motB	1973353	1974279	−	1701	36	171.45	2.62	6.97E-11	1.81E-13	6.17	up
motA	1974276	1975163	−	2424	23	255.54	1.75	8.93E-14	1.27E-16	7.32	up
flhC	1975290	1975868	−	744	191	123.22	22.88	9.36E-03	2.41E-04	2.58	up
flhD	1975871	1976221	−	737	125	210.8	25.91	5.82E-04	1.05E-05	3.18	up
filZ	1998497	1999048	−	542	29	94.48	3.66	2.12E-07	1.50E-09	4.83	up
fliA	1999094	1999813	−	2549	15	334.91	1.42	3.33E-15	3.93E-18	8.00	up
fliC	2000134	2001630	−	56660.18	1493	3479.66	66.19	9.87E-11	3.03E-13	5.86	up

基因	开始	终止	strand	m1_count	p1_count	m1_fpkm	p1_fpkm	P_value	FDR	$\log_2^{FC}$	上调／下调
fliD	2001896	2003302	+	1436.48	90	94.02	4.25	2.05E-09	2.59E-07	4.61	up
fliS	2003327	2003737	+	254	16	60.99	2.78	1.53E-08	1.35E-06	4.58	up
fliT	2003737	2004102	+	364	20	99.36	3.96	4.10E-09	4.45E-07	4.78	up
fliF	2011253	2012911	+	84	21	4.64	0.84	6.52E-04	2.24E-02	2.60	up
fliH	2013892	2014578	+	59	15	8.15	1.5	1.58E-03	4.81E-02	2.57	up
fliI	2014578	2015951	+	96	26	6.44	1.26	8.81E-04	2.91E-02	2.49	up
fliJ	2015970	2016413	+	33	2	7.28	0.32	2.25E-05	1.16E-03	4.47	up
fliK	2016410	2017537	+	84	14	6.91	0.83	8.81E-05	3.97E-03	3.18	up
fliL	2017642	2018106	+	92	2	19.3	0.3	5.62E-09	5.80E-07	5.94	up
fliM	2018111	2019115	+	69	19	6.39	1.27	1.64E-03	4.93E-02	2.46	up
fliN	2019112	2019525	+	49	2	11.67	0.34	1.09E-06	6.69E-05	5.04	up
fliP	2019893	2020630	+	30	5	3.84	0.46	1.39E-03	4.32E-02	3.13	up
zinT	2039399	2040049	+	812.5	115	118.77	12.15	2.44E-06	1.46E-04	3.43	up
hisG	2088216	2089115	+	579	11183	60.19	839.79	4.98E-07	3.19E-05	-3.65	down
hisD	2089121	2090425	+	606	6602.87	42.86	337.14	5.57E-05	2.68E-03	-2.83	down
hisC	2090422	2091492	+	306	3347	26.54	209.67	5.71E-05	2.71E-03	-2.83	down
hisB	2091492	2092559	+	415	3822	36.1	240.13	2.04E-04	8.07E-03	-2.58	down
hisH	2092559	2093149	+	98	1179	15.88	138.14	3.39E-05	1.69E-03	-2.97	down
hisA	2093149	2093886	+	123	1382	15.75	127.85	5.40E-05	2.63E-03	-2.87	down
hisF	2093868	2094644	+	123	1171	14.91	102.6	1.89E-04	7.61E-03	-2.63	down
fruK	2259449	2260387	-	1478	392	146.99	28.16	2.73E-04	1.04E-02	2.53	up

基因											
fruB	2260387	2261517	–	1298	313	106.41	18.53	1.37E-04	5.64E-03	2.67	up
atoC	2319888	2321273	+	637	194	42.34	9.31	8.01E-04	2.69E-02	2.33	up
prfH	253702	254202	+	0	23	0	3.22	3.91E-04	1.41E-02	-6.27	down
pepD	254259	255716	–	1	7417	0.06	337.85	7.26E-25	3.07E-21	-11.98	down
gpt	255977	256435	+	0	313	0	48.2	3.54E-12	8.81E-10	-10.02	down
frsA	256527	257771	+	0	1436	0	76.97	1.45E-18	1.54E-15	-12.21	down
crl	257829	258230	+	2	5630.05	0.49	1003.1	4.88E-23	1.03E-19	-10.70	down
phoE	258269	259324	–	0	24	0	1.53	2.91E-04	1.08E-02	-6.33	down
proB	259612	260715	+	0	1724	0	104.65	2.40E-19	3.39E-16	-12.48	down
proA	260727	261980	+	0	831.08	0	44.22	3.09E-16	1.63E-13	-11.42	down
thrW	262095	262170	+	0	135	0	213.84	7.51E-10	1.22E-07	-8.80	down
ykfB	264844	265311	–	0	325	0	49	2.55E-12	7.20E-10	-10.07	down
yafY	265334	265777	–	0	24	0	3.83	2.91E-04	1.08E-02	-6.33	down
yafZ	266408	267229	–	0	45	0	3.72	5.19E-06	3.05E-04	-7.23	down
ykfA	267321	268184	–	0	253	0	19.83	2.61E-11	5.82E-09	-9.71	down
perR	268513	269406	–	0	68	0	5.14	2.23E-07	1.52E-05	-7.82	down
insN	269502	269759	+	1	231	0.14	23.16	3.34E-10	6.43E-08	-6.98	down
insI1	269827	270978	+	0	860.1	0	49.96	2.22E-16	1.34E-13	-11.47	down
ykfC	272071	273178	+	0	205	0	12.4	1.81E-10	3.66E-08	-9.41	down
nrdI	2799987	2799397	+	16	147	3.84	25.56	8.33E-04	2.78E-02	-2.57	down
mocA	3013182	3013760	+	658	210.92	108.98	25.26	1.14E-03	3.65E-02	2.26	up
ykgM	311738	312001	–	164	44	64.87	12.64	6.00E-04	2.12E-02	2.51	up
ygjH	3218937	3219269	–	1767.92	112	536.42	24.63	2.08E-09	2.59E-07	4.60	up

续表

基因	开始	终止	strand	m1_count	p1_count	m1_fpkm	p1_fpkm	P_value	FDR	log$_2^{FC}$	上调/下调
ebgA	3220655	3223747	+	2509.43	585	73.59	12.38	1.01E-04	4.32E-03	2.72	up
ebgC	3223744	3224193	+	1649	120	358.52	18.88	6.88E-09	6.78E-07	4.40	up
ygjI	3224256	3225689	+	1480	76	94.99	3.52	3.70E-10	6.81E-08	4.90	up
ygjJ	3225823	3226893	+	387	18	33.57	1.13	9.37E-10	1.47E-07	5.02	up
ygjK	3226910	3229261	+	1058	104	40.96	2.91	1.08E-07	7.87E-06	3.96	up
yhaO	3254701	3256032	-	614	205	42.52	10.25	1.49E-03	4.59E-02	2.20	up
tdcG	3256307	3257671	-	4480	422	302.5	20.57	5.36E-08	4.05E-06	4.03	up
tdcF	3257743	3258132	-	3443	304	875.93	56.01	3.17E-08	2.53E-06	4.12	up
tdcE	3258146	3260440	-	15209.01	1302	603.73	37.29	2.04E-08	1.69E-06	4.16	up
tdcD	3260474	3261682	-	8421	567	644.37	31.33	2.45E-09	2.97E-07	4.51	up
tdcC	3261708	3263039	-	12961.32	910	897.51	45.49	3.49E-09	4.10E-07	4.45	up
tdcB	3263061	3264050	-	8417	465	792.25	31.61	4.01E-10	7.08E-08	4.80	up
tdcA	3264149	3265087	-	2787	245	277.18	17.6	3.13E-08	2.53E-06	4.12	up
carA	29651	30799	+	109	1201	8.79	69.95	6.61E-05	3.08E-03	-2.84	down
mtr	3302595	3303839	-	2471	17654.35	183.44	946.29	1.17E-03	3.72E-02	-2.22	down
argG	3316659	3318002	+	1482	12188	101.68	603.7	4.38E-04	1.57E-02	-2.42	down
betB	326485	327957	-	727	5392.7	45.39	243.07	9.22E-04	3.00E-02	-2.27	down
frlA	3497932	3499269	+	30	5	2.07	0.25	1.39E-03	4.32E-02	3.13	up
livK	3594474	3595583	-	45	410	3.76	24.75	3.67E-04	1.34E-02	-2.56	down
zntA	3604474	3606672	+	4904	40009.14	203.32	1196.98	4.59E-04	1.63E-02	-2.41	down
yhjH	3676443	3677210	-	868	23	106.55	2.04	2.79E-12	7.39E-10	5.84	up

基因										
uhpT	3843799	3845190	−	1310.11	80	86.7	3.82	1.74E-09	2.30E-07	4.65	up
ilvB	3849119	3850807	−	241	2802	13.08	109.75	3.61E-05	1.78E-03	−2.92	down
asnA	3925178	3926170	+	1273.48	8758.14	119.49	593.54	1.52E-03	4.67E-02	−2.16	down
ilvG	3948583	3950227	+	337	2663.83	18.79	107.2	6.21E-04	2.15E-02	−2.36	down
iraP	400610	400870	+	158	37	63.33	10.77	2.40E-04	9.36E-03	2.70	up
glnL	4053313	4054362	−	468	5059	41.44	323.51	6.03E-05	2.84E-03	−2.82	down
glnA	4054648	4056057	−	7910.19	72700.93	516.6	3427.58	1.92E-04	7.67E-03	−2.58	down
argB	4154036	4154812	+	109	1410.09	13.22	123.55	1.88E-05	1.01E-03	−3.07	down
argH	4154873	4156246	+	207	2608	13.88	126.28	1.96E-05	1.04E-03	−3.04	down
oxyS	4156308	4156417	−	50	573	60.34	510.26	7.05E-05	3.21E-03	−2.90	down
fixA	42403	43173	+	7	81	0.86	7.16	7.21E-04	2.44E-02	−2.88	down
malE	4243252	4244442	−	627	146	48.73	8.19	1.20E-04	5.02E-03	2.72	up
lamB	4245994	4247334	+	534	155	36.72	7.7	6.11E-04	2.14E-02	2.40	up
yjcZ	4327383	4328261	+	1305.02	212	139.05	16.32	6.66E-06	3.86E-04	3.24	up
fixB	43188	44129	+	12	133	1.19	9.52	3.32E-04	1.22E-02	−2.83	down
fixC	44180	45466	+	24	282	1.72	14.61	9.46E-05	4.08E-03	−2.93	down
fimA	4541138	4541686	+	51717.03	3717	9067.83	471.38	4.09E-09	4.45E-07	4.42	up
fimI	4541751	4542290	+	3720	532	663.93	68.68	1.99E-06	1.20E-04	3.42	up
fimC	4542327	4543052	+	2506.69	319	326.48	30.03	7.81E-07	4.93E-05	3.59	up
fimD	4543119	4545755	+	3114	332	107.34	8.26	1.64E-07	1.16E-05	3.85	up
fimF	4545765	4546295	+	477	45	86.69	5.92	1.46E-07	1.05E-05	4.02	up
fimG	4546308	4546811	+	233	20	44.79	2.78	2.15E-07	1.49E-05	4.14	up
fimH	4546831	4547733	+	748	141	77.49	10.55	2.36E-05	1.20E-03	3.02	up

续表

基因	开始	终止	strand	m1_count	p1_count	m1_fpkm	p1_fpkm	P_value	FDR	$\log_2^{FC}$	上调／下调
yjiY	4587152	4589302	−	3592	435	152.31	13.31	4.81E−07	3.13E−05	3.66	up
tsr	4589680	4591335	+	2572.33	214	142.45	8.55	1.96E−08	1.66E−06	4.20	up
yjiM	4592960	4593874	−	377	86	38.52	6.35	1.27E−04	5.29E−03	2.75	up
glnK	471822	472160	+	15	175	4.46	37.72	1.82E−04	7.39E−03	−2.91	down
amtB	472190	473476	+	164	1461	11.77	75.67	2.92E−04	1.08E−02	−2.54	down
ompT	583903	584856	−	3942.02	1322	385.63	93.41	1.32E−03	4.17E−02	2.19	up
asnB	696736	698400	−	795	5432	43.78	215.91	1.61E−03	4.87E−02	−2.15	down
grxA	889719	889976	−	130	1714	52.82	505.64	1.53E−05	8.42E−04	−3.10	down
ompF	985117	986205	−	67527.35	5385	5757.26	331.55	1.06E−08	9.82E−07	4.27	up

注："strand"表示基因位于基因组双链的位置；"m1-count""p1-count"表示比对到该转录本的 reads 数；"m1_fpkm""p1_fpkm"表示每百万条序列中，每千个碱基为单位的基因 reads 数；"$\log_2^{FC}$"表示以 2 为底的表达差异倍数的对数。

2. 差异基因基因本体功能富集分析

对耐高密度二氧化碳突变菌株（M_1）与原始菌株（P_1）的差异表达基因进行基因本体功能显著性富集分析，以 p_fdr ≤ 0.05 为阈值（p_fdr 是对经 bonferroni 校正后的 p 值的 FDR 校验结果），其差异表达基因显著富集的基因本体条目见图 5-69 所示。结果表明，在突变菌株的细胞组分本体中共有 100 个基因表达差异显著，集中富集于 16 条基因本体条目中，包括细胞突起部、胞内部分、细胞器部分、胞外区等。在分子功能本体中共有 68 个基因显著差异表达，富集在结构分

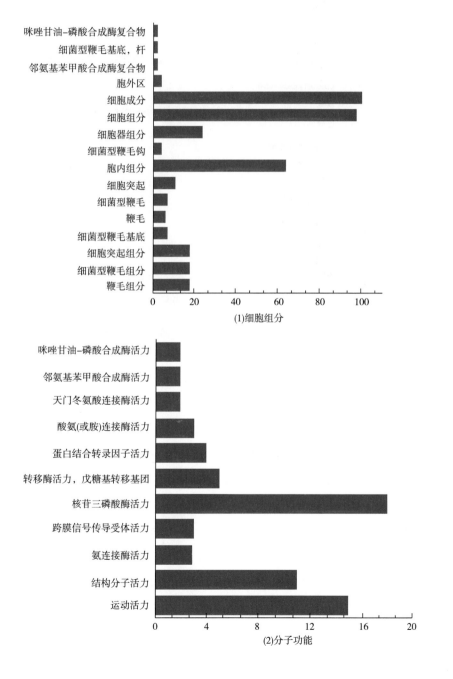

▲ 图5-69 突变菌株与原始菌株差异表达基因基因本体功能显著性分析

(1)细胞组分

(2)分子功能

图5-69 突变菌株与原始菌株差异表达基因基因本体功能显著性分析（续）

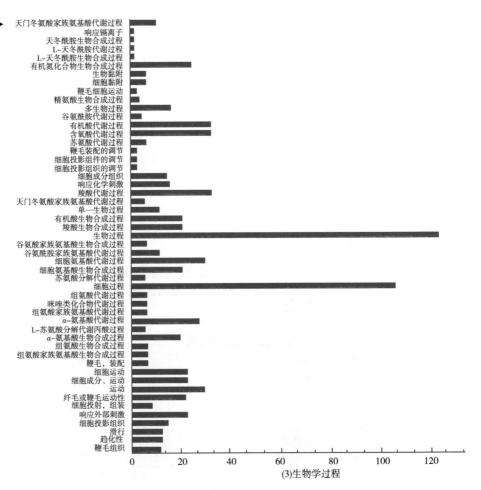

(3)生物学过程

子活性、核苷三磷酸酶活力、酸氨（或胺）连接酶活力和天门冬氨酸氨连接酶活力等条目。其中核苷三磷酸水解酶、结构分子活性和运动活性相关酶分别占差异表达基因的26.47%、16.18%和22.05%。生物学过程本体中有125个显著差异表达的基因，富集于51条基因本体条目中，包括响应外部刺激、组氨酸生物合成、谷氨酸家族氨基酸生物合成、响应化学刺激和 α - 氨基酸生物合成等过程。

3. 差异基因京都基因与基因组百科全书通路富集分析

比较耐高密度二氧化碳突变菌株与原始菌株的差异表达基因，通过京都基因与基因组百科全书数据库的注释，使用 Fisher 精确检验计算后，将差异表达基因定位到相应的条目中，得到显著富集的京都基因与基因组百科全书信号通路，结果如表5-38所示。从表中可以看到，突变菌株与原始菌株的差异表达基因共富集在鞭毛组装、细菌趋化性、双组分系统等34条通路中，其中显著富集的通路有5条。可能与突变菌株的高密度二氧化碳胁迫应激有关的通路有双组分系统、组氨酸代谢、鞭毛装配等。

表 5-38　　　　　　　　　　　突变菌株与原始菌株差异表达基因富集的通路

通路	差异基因	全部基因	修正 P 值	通路号
鞭毛装配	29	38	0	ko02040
细菌趋药性	14	21	3.13E−12	ko02030
组氨酸代谢	7	8	1.61E−07	ko00340
双组分体系	19	132	1.05E−03	ko02020
丙氨酸、天门冬氨酸和谷氨酸代谢	6	30	4.35E−02	ko00250
精氨酸与脯氨酸代谢	6	42	1.56E−01	ko00330
缬氨酸、亮氨酸和异亮氨酸的生物合成	3	18	3.61E−01	ko00290
Pertussis	2	9	3.62E−01	ko05133
C5- 支链二元酸代谢	2	10	3.79E−01	ko00660
苯丙氨酸、酪氨酸和色氨酸生物合成	3	21	3.79E−01	ko00400
γ- 氨基丁酸能突触	1	5	5.86E−01	ko04727
植物 - 病原体相互作用	1	5	5.86E−01	ko04626
氰氨基酸代谢	1	6	5.86E−01	ko00460
甘氨酸、丝氨酸和苏氨酸代谢	3	34	5.86E−01	ko00260
托烷、哌啶和吡啶生物碱的生物合成	1	7	5.86E−01	ko00960
霍乱弧菌致病周期	1	7	5.86E−01	ko05111
沙门氏菌感染	1	7	5.86E−01	ko05132
泛酸和辅酶 A 生物合成	2	21	5.86E−01	ko00770
丁酸代谢	3	36	5.86E−01	ko00650
果糖和甘露糖代谢	3	39	6.38E−01	ko00051
酪氨酸代谢	1	9	6.47E−01	ko00350
氮代谢	3	47	7.69E−01	ko00910
丙酸代谢	2	31	7.77E−01	ko00640
半乳糖代谢	2	35	8.40E−01	ko00052
苯丙氨酸代谢	1	18	8.75E−01	ko00360
谷胱甘肽代谢	1	20	8.94E−01	ko00480
磷酸转移酶系统（PTS）	2	46	9.34E−01	ko02060
半胱氨酸和蛋氨酸代谢	1	28	9.73E−01	ko00270
丙酮酸代谢	1	43	1.00E+00	ko00620
氨基糖与核苷酸糖代谢	1	44	1.00E+00	ko00520
嘧啶代谢	1	54	1.00E+00	ko00240
核糖体	1	56	1.00E+00	ko03010
嘌呤代谢	1	88	1.00E+00	ko00230
ABC 转运蛋白	2	173	1.00E+00	ko02010

对耐高密度二氧化碳 *E.coli* 突变菌株（M8_5）与原始菌株（MG1655）在高密度二氧化碳胁迫处理前后的细胞进行转录组测序,分别比较其基因表达水平的差异,从而筛选与耐受高密度二氧化碳相关的候选基因,是探究 *E.coli* 如何在转录水平调控基因表达以应对高密度二氧化碳胁迫的有效方法。通过对高通量测序数据的一系列生物信息学分析发现: 差异表达基因显著富集在鞭毛装配、细菌趋化性、组氨酸代谢、双组分系统和丙氨酸、天门冬氨酸和谷氨酸代谢这 5 条京都基因与基因组百科全书通路中。而通过对突变菌株与原始菌株的蛋白质组分析结果表明,在这 5 条通路中差异表达的蛋白质同样得到显著富集。

结合对差异基因与差异蛋白的关联分析,可以确认 *E.coli* 耐高密度二氧化碳突变菌株中与鞭毛装配和细菌趋化性相关的蛋白质表达上调,其中,有 29 个在突变菌株中显著上调表达的基因,诸如 *fliC*（编码聚合形成细菌鞭毛长丝的鞭毛蛋白）、*motA*（编码细菌鞭毛马达的定子蛋白）、*flgA*（编码与细菌鞭毛 P 环形成有关的蛋白）等基因,富集于鞭毛装配通路中。同时,有 *cheW*（编码的蛋白涉及信号从化学感受器到鞭毛马达的传导）、*malE*（参与高亲和力麦芽糖膜转运系统）、*tar*（编码诱导 L- 天冬氨酸和相关氨基酸、二元羧酸的受体）等 14 个显著上调表达的基因富集于细菌趋化性通路中。Bowman 研究李斯特菌在高压胁迫下的基因表达情况时发现,高压诱导细菌组装和趋化性相关的基因表达量增加（Bowman,2008）。高压环境胁迫下鞭毛和趋化性相关基因的上调表达机制很难解释,他们认为如果这是细菌对机械损伤的一般应激反应的话,可能会导致细菌保持一种浮游态而不是固着态。鞭毛是细菌的运动器官,一般带有趋化性,用以躲避有害的环境。鞭毛装配相关基因的上调表达,表明突变菌株在高密度二氧化碳胁迫下的运动较活跃,但这与突变菌株的高密度二氧化碳耐受性的关系目前还未见报道。在高密度二氧化碳胁迫处理条件下,*E.coli* 的细胞膜外 H^+ 大量富集,在膜两侧形成跨膜电位差,根据细菌鞭毛运动的 H^+- 迁移力学说,细胞外膜上的 H^+ 能够推动鞭毛旋转而使菌体运动,从而解释了突变菌株在高密度二氧化碳胁迫下相关蛋白上调表达的原因。

在 *E.coli*K12 中,有研究发现鞭毛生物合成相关的基因受到 RpoS 的负调控。本实验也发现 *rpoS* 基因的表达量下调（−1.43 倍）,而受其负调控的鞭毛合成与装配的基因表达量上调。RpoS 蛋白调控着细菌中很多基因的表达水平,RpoS 涉及调控细胞进入稳定期后增加细胞膜的韧性从而增加细胞的压力抗性。而在本实验中发现突变菌株 *rpoS* 基因的表达下调,与增加细胞耐压性的结论不一致,但还检测到突变菌株经高密度二氧化碳胁迫后 *rpoS* 基因上调 0.96 倍,而原始菌株经高密度二氧化碳胁迫后 *rpoS* 基因仅上调 0.20 倍。这从侧面可以反映突变菌株对高密度二氧化碳耐受性增加的原因,推测突变株对高密度二氧化碳的应激,迅速调控自身的基因表达水平来适应外界环境。而突变菌株相对原始菌株 *rpoS* 基因表达下调的原因还有待于进一步研究。

在突变菌株中 7 个显著表达下调的基因，如 *hisD*（编码组氨醇脱氢酶）、*hisG*（编码 ATP 磷酸核糖基转移酶）、*hisH*（编码咪唑甘油磷酸合成酶）等，富集在组氨酸代谢途径中。这些基因的下调表达最终会影响 L- 组氨酸的生物合成，使其在细胞中的表达量下降。而同一株菌经高密度二氧化碳胁迫后，与组氨酸合成相关的基因表达水平则显示上调。因此推测，突变菌株中组氨酸的合成下降，可能间接影响了高密度二氧化碳对酶的钝化效率，而使其存活率提高。

突变菌株中有 19 个差异表达基因富集在双组分系统通路中，其中分别涉及 OmpR 家族、NarL 家族、NtrC 家族和 Chemotaxis 家族。OmpF 蛋白就属于双组分系统响应调控的 OmpR 家族，其表达水平的上调有利于细菌酸抗性的增加。*frdB*、*frdC* 和 *frdD* 调控编码的延胡索酸还原酶则属于 NarL 家族。延胡索酸还原酶参与三羧酸循环，催化延胡索酸还原为琥珀酸，是生物体厌氧呼吸的关键酶。AtoS、AtoC 和 AtoD 则属于 NtrC 家族，参与短链脂肪酸代谢过程，AtoD 催化乙酸乙酯与酰基辅酶 A 反应生成脂肪酸阴离子与乙酰辅酶 A。而 CheW 等则属于 Chemotaxis 家族，参与鞭毛装配的过程。

在丙氨酸、天门冬氨酸和谷氨酸代谢途径中，*asnA* 编码的天冬酰胺合成酶 A、*asnB* 编码的天冬酰胺合成酶 B 的表达水平均下调，导致突变菌株中 L- 天冬氨酸转化生成 L- 天冬酰胺的效率降低。同时，*glnA* 编码的谷氨酰胺合成酶和 *glsA* 编码的谷氨酰胺酶 1 表达水平下调，L- 谷氨酸生成 L- 谷氨酰胺的速率下降，而 *gadA* 编码的谷氨酸脱羧酶的表达水平上升，从而促使 L- 谷氨酸最终沿代谢途径生成琥珀酸，进入三羧酸循环。在三羧酸循环中，延胡索酸还原酶的表达量同样上调，最终可能造成细胞产琥珀酸增加。

实验还发现突变菌株的差异表达基因大量富集在 ABC 转运系统中，其中涉及组氨酸转运的 *hisJ*、*hisQ*、*hisP* 的表达量上调；涉及赖氨酸 / 精氨酸 / 鸟氨酸转运的 *argT*、*hisQ*、*hisP* 表达量同样上调。*hisP* 编码一种组氨酸转运 ATP 折叠蛋白 HisP，在组氨酸及赖氨酸等氨基酸进入细胞内膜时发挥作用。

（三）高密度二氧化碳对 *E.coli* 转录组与蛋白质组相关性的影响

生物体转录组研究的是基因表达的中间过程，蛋白质组研究的是基因表达的最终形式。基因的表达受到不同水平的机制所调控，单纯从转录或蛋白水平的研究都难以完全揭示 *E.coli* 响应高密度二氧化碳胁迫的分子机制。而通过转录组与蛋白质组的结合，两种手段相互补充，同时从这两种水平上研究基因的表达情况，可以达到很好的研究效果。

通过分析突变菌株与原始菌株在蛋白质水平与转录水平的表达差异情况，筛选与高密度二氧化碳致死 E.coli 过程中发挥关键作用的蛋白质。将转录组测序检测到的显著差异表达的基因 141 个与 iTRAQ 定量标记技术分离到的差异蛋白质 420 进行关联分析，当鉴定到的差异蛋白质在转录组水平存在表达信息时，即认为关联到，结果如图 5-70 所示。

图5-70　差异基▸因与差异蛋白关联情况

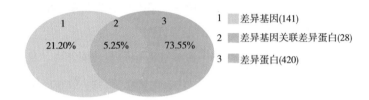

1　■ 差异基因(141)
2　■ 差异基因关联差异蛋白(28)
3　■ 差异蛋白(420)

分析发现，共关联到 28 个相关的蛋白质。其中，在蛋白质组分析中鉴定到的涉及核糖体通路的亚基蛋白 S4 在突变菌株中表达下调，同样编码 S4 蛋白的 rpsD 基因表达水平下调。而亚基蛋白 L10 则在转录水平没有关联到。氧化磷酸化通路的 F 型 ATPase 各亚基蛋白，在转录水平都检测到其相关基因的表达变化。三羧酸循环通路涉及的延胡索酸还原酶，在蛋白质水平表达上调，而在转录水平其表达下调。琥珀酰辅酶 A 合成酶则在蛋白质水平与转录水平均表现为上调。对于 DNA 结合蛋白 H-NS、锰超氧化物歧化酶、外膜蛋白 F、热激蛋白 ClpB 等鉴定到的差异表达蛋白质，在转录水平均检测到相应基因的表达变化。在转录组分析中，推测可能与菌株高密度二氧化碳耐受性有关的组氨酸代谢相关基因，如 hisD、hisG 等，在突变菌株中表达下调，而通过蛋白质组分析，同样发现其编码的蛋白质表达发生下调。转录组分析发现的编码酸休克蛋白的基因 asr、编码小分子热休克蛋白的基因 ibpA 等，均在蛋白质水平没有发现差异表达。涉及鞭毛装配与细菌趋化性相关的基因，其编码的蛋白质的表达水平也有不同程度的变化。

从转录组与蛋白质组的表达情况的关联分析可以看出，蛋白质与 mRNA 的表达并不是完全一致的。蛋白质作为生命功能的执行者，它的含量变化对于体现 E.coli 应对高密度二氧化碳胁迫的生理过程具有重要意义。然而，从 DNA、mRNA 到蛋白质的表达，期间涉及一系列的精细的表达调控机制，mRNA 与蛋白质的丰度表达水平可能会不一致，这源于转录后的调控、翻译调控、翻译后调控等复杂的机制，蛋白质可能会发生翻译后修饰，而这些修饰将调控蛋白质的降解或分泌，因此两者间表现出的不一致性可能是合成与降解两种替换过程的一种反映。而其他表达一致的蛋白质或 mRNA，则对于了解菌株在高密度二氧化碳胁迫环境下的响应机制至关重要。本实验中，组氨酸代谢相关的基因、氧化磷酸化涉及的编码 F 型 ATPase 各亚基蛋白的基因、核糖体通路中编码亚基蛋白 S4 的基因以及编码 DNA 结合蛋白 H-NS、锰超氧化物歧化酶、外膜蛋白 F、热激蛋白 ClpB 等的基因，都可能与菌株的高密度二氧化碳抗性相关，在后续的研究中需要进一步深入研究。

（四）高密度二氧化碳对 *E.coli* 基因组的影响

1. 耐受菌和原始菌株的基因序列比对

对突变菌株基因组构建 PE 文库进行高通量测序，委托上海美吉生物医药科技有限公司完成测序。测序读长为 101bp，PE 文库插入片段长度为 300bp。对测序所得原始数据进行质量剪切，过滤掉低质量片段后进行序列比对。以 NCBI 公布的原始菌株 *Escherichia coli* str. K-12 substr. MG1655 的全基因组序列作为参考，该基因组大小为 4.64M，将测得的序列片段与之进行比对，同时利用 Picard-tools 去除 PCR-duplication 产生的测序片段，比对结果如表 5-39 所示。实验共获得比对数据 662.36Mb，比对到的 Reads 数占总的 Reads 数的 99.79%。测得的片段覆盖了参考基因组的 99.60%，测序深度为 143.34 倍。

表5-39　　　　　　　　　　　　比对数据统计表

样品	比对数据	比对 reads 数	比对百分率	覆盖率	平均深度
突变株	662.36M	7041098	99.79%	99.60%	143.34×

2. 突变检测与注释

将突变菌株（M8_5）的测序 Reads 与参考基因组比对的结果通过 GATK 软件进行校正，用 VarScan 软件检测 SNP、Small Indel 变异位点，过滤掉测序深度与比对质量值较低的位点，得到的高可信度的 SNP 与 Small Indel 数据见表5-40所示。实验发现在耐高密度二氧化碳 *E.coli* 突变菌株的基因组序列中共存在 16 处 SNP 以及 3 处 Small Indel 变异位点。

对发现的变异位点信息采用 Annovar 程序结合 NCBI 数据库中参考基因组的 gff 基因注释信息对 SNP 和 Small Indel 进行注释。通过注释预测，突变菌株的变异位点在基因组的区域分别为：16 处 SNP 变异中，其中 4 处位于转录终止点下游（downstream）处，9 处位于外显子编码区（exonic）处，2 处位于转录起始点上游区（upstream），还有 1 处同时存在于上游与下游区域。3 处 Small Indel 变异，则分别位于下游、编码区以及同时存在于上游与下游区域。

3. 突变位点双脱氧链终止法测序验证

在高通量测序检测到的变异位点（SNP、Small Indel）上下游位置设计引物，将包含此变异位点的序列通过温度梯度 PCR 扩增出来，见图 5-71 所示。将 PCR

扩增产物直接进行双脱氧链终止法测序，获得目的片段的 DNA 序列，与高通量测序所得的基因组相同位置处序列进行比对，结果见表 5-40，从技术上验证高通量测序检测到的突变位点的准确性。

图5-71　SNP、▶
Small Indel目的
片段扩增

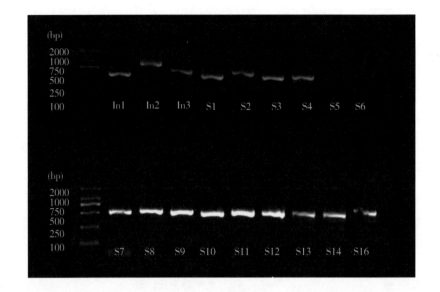

如表 5-40 所示，在高通量测序检测到的 16 处 SNP 变异位点中，经双脱氧链终止法测序验证（表 5-41），有 10 处为确证发生了 SNP 变异，其余 6 处的 Sanger 测序结果显示与原始菌株参考基因组序列一致。这 10 处确证了的 SNP 变异位点，有 7 处位点在基因组的外显子编码（exonic）区域，与菌株的蛋白质翻译有关。其中，有 6 处变异均为非同义 SNP，其碱基的改变造成了相应编码的氨基酸的变化。而 3 处 Small Indel 插入变异，其 Sanger 测序的结果与高通量测序的结果一致。因此，后续对这 6 处非同义 SNP 位点查询 NCBI 数据库，分析其编码的蛋白质的生物学功能，以及分析这 3 处 Smal Indel 位点的基因的功能，明确其是否具有某些调控作用。

4. 突变基因功能注释

对于发生在编码区域的 SNP 与 Small Indel 变异，会对菌株的蛋白质翻译有一定的影响，进一步的注释发现，经常规测序证实的位于编码区的 7 处 SNP 变异中，有 5 处为非同义 SNP（Nonsynonymous SNP），即该处单核苷酸的改变使得对应编码的氨基酸发生了改变，具体变化见表 5-42 所示。有 1 处为同义 SNP（Synonymous SNP），即虽然该处的单核苷酸发生了变化，但编码的氨基酸并没有改变。还有 1 处因为数据库中有关基因的开放阅读框架（ORF）不完整而无法判断，导致其功能没有得到注释。而仅有的位于编码区域的 1 处 Small Indel 变异，其功能也无有效注释。

表5-40　　　　　　　　　　　　　　　　InDel/SNP注释结果

	开始	终止	参考基因	变异	注释区域	基因（包括或附近）
a	547831	547831	—	G	编码区	*ylbE*
b	1977294	1977294	—	G	上游；下游	*insA*，*insB1*，*uspC;otsA*
c	4294403	4294403	—	CG	下游	*fdhF*，*gltP*，*yjcO*
1	168101	168101	G	T	编码区	*fhuA*
2	168123	168123	A	C	编码区	*fhuA*
3	281458	281458	G	T	上游	*yagA*，*yagE*，*yagF*
4	547694	547694	A	G	编码区	*ylbE*
5	802885	802885	C	A	编码区	*ybhJ*
6	1207012	1207012	C	G	编码区	*stfP*
7	1208842	1208842	C	G	编码区	*stfE*
8	1903785	1903785	G	A	编码区	*mntP*
9	2529456	2529456	G	A	上游	*cysK*，*cysZ*，*zipA*
10	3439537	3439537	T	C	编码区	*rpsD*
11	3472446	3472446	T	G	编码区	*rpsL*
12	3957957	3957957	C	T	上游；下游	*ppiC*，*rep;ilvC*，*yifN*
13	4294178	4294178	T	C	下游	*gltP*，*yjcO*
14	4294213	4294213	A	G	下游	*gltP*，*yjcO*
15	4294214	4294214	A	C	下游	*gltP*，*yjcO*
16	4294291	4294291	T	C	下游	*fdhF*，*gltP*，*yjcO*

表5-41　　　　　　　　　　　　　　　　突变位点Sanger测序验证

SNP/Small Indel 变异	Hiseq2000 结果	ABI 3730 XL 结果	SNP/Small Indel 变异	Hiseq2000 结果	ABI 3730 XL 结果
Indel 1	G	G	SNP8	A	A
Indel 2	G	G	SNP9	A	G
Indel 3	CG	CG	SNP10	C	C
SNP1	T	T	SNP11	G	G
SNP2	C	C	SNP12	T	T
SNP3	T	T	SNP13	C	T
SNP4	G	G	SNP14	G	A
SNP5	A	A	SNP15	C	A
SNP6	G	C	SNP16	C	C
SNP7	G	C	—	—	—

表5-42 编码区突变基因功能注释结果

突变位点	突变基因	功能注释	变异类型	变异氨基酸位置
SNP2	*fhuA*	铁色素受体蛋白，外膜成分	丝氨酸 S- 精氨酸 R	214
SNP5	*ybhJ*	预测为水合酶	亮氨酸 L- 异亮氨酸 I	54
SNP8	*mntP*	锰离子外排泵	甘氨酸 G- 天冬氨酸 D	25
SNP10	*rpsD*	30S 核糖体蛋白 S4	谷氨酰胺 Q- 精氨酸 R	54
SNP11	*rpsL*	30S 核糖体蛋白 S12	赖氨酸 K- 天冬酰胺 N	43
SNP1	*fhuA*	铁色素受体蛋白，外膜成分	亮氨酸 L- 亮氨酸 L	206
SNP4	*ylbE*	假定蛋白，功能未知	未知	未知
InDel1	*ylbE*	假定蛋白，功能未知	未知	未知

在外显子编码区域证实发生了 SNP 变异的 7 处位点中，有 2 处均位于 gene147: *fhuA* 基因上，其中 618 位的碱基 G 变为 T，而对应编码的氨基酸仍为亮氨酸，640 位的碱基 A 变为 C，对应编码的丝氨酸改变为精氨酸。*E.coli* 中 *fhuA* 基因与 *tonA* 基因处于基因组序列同一位点，是 fhu ABC 操纵子的第一个基因，编码一种铁色素受体蛋白 *FhuA*。*FhuA* 蛋白是细菌外膜蛋白家族的一员，为 22 条反向平行的 β 桶状结构组成的膜受体蛋白。*FhuA* 蛋白的主要功能是在细胞外膜上为铁载体提供结合位点，与 *tonB* 蛋白协调作用，以能量依赖型的转运方式使铁化合物越过细胞膜进入细胞。有报道 *fhuA* 基因的变异会导致细胞对某些抗菌素更为敏感，存活率下降（Ferguson 等，1998）。

在 gene784:*ybhJ* 基因上，160 位的碱基 C 变为 A，对应编码的氨基酸由亮氨酸变为了异亮氨酸。*ybhJ* 基因编码的蛋白质的功能还没有明确的结论，根据相似性预测，YbhJ 蛋白是一种假定的水合酶，与乌头酸酶序列相似，参与异柠檬酸到柠檬酸的转化。然而 *ybhJ* 突变体并不会显著影响乌头酸酶的活力（Blank，2002），因此 YbhJ 蛋白的功能还有待研究。

在 gene1865:*mntP* 基因上，74 位的碱基 G 变异为 A，导致编码的氨基酸由甘氨酸变为天冬氨酸。*mntP* 基因是 *E.coli*K-12 中 MntR 调节子的一部分，编码一个锰离子外排泵蛋白 MntP。当 *E.coli* 的 *mntP* 缺失后，细胞内的锰离子会大约上升 2 倍（Waters，2011）。而锰离子在细胞内具有很重要的作用，它除了催化一些化学反应、与小分子物质结合、维持某些分子结构稳定外，还可以作为酶的辅因子起到多种作用。其中研究较多的就有锰超氧化物歧化酶（MnSOD），这种酶可以有效避免氧自由基对细胞的损伤（Miller 等，2003）。同时还有学者研究认为细菌的酸性应激与 MnSOD 的诱导表达密切相关（Bruno-Bárcena，2010）。细胞内锰离子浓度的提高能够增加细胞对电离辐射的抗性（Fredrickson 等，2008），而对高密度二氧化碳的抗性研究还未见报道。另外，最近的研究提出锰可以代替和置换细胞内单核铁蛋白活性位点的铁，从而防止对蛋白质的氧化损伤（Anjem，2009；Sobota，2011）。而 Aertsen 等的研究（Aertsen 等，2005）表明，高压处理能够诱导细胞内部爆发氧化应激，认为高压灭菌的部分原因是诱发了机体的内源性氧化而导致细胞自杀。高密度二氧化碳技术在灭菌时同样有压力协同处理，可能也会诱导细胞的内源性氧化应激。从而，突变菌株中 MntP 蛋白的变化可能就与细胞抵御氧化应激，提高高密度二氧化碳抗性有关。

在 gene3358: *rpsD* 基因上，161 位的碱基由 A 变为 G，编码的氨基酸由谷氨氨酰胺变为了精氨酸。在 gene3404: *rpsL* 基因上，129 位的碱基由 A 变为 C，编码的氨基酸由赖氨酸变为天冬酰胺。*rpsD* 和 *rpsL* 分别编码核糖体 30S 亚基的 S4 与 S12 蛋白，S4 蛋白参与 30S 核糖体亚基的装配以及核糖体亚基蛋白的转录调节；而 S12 蛋白则对翻译准确度起着重要作用。还有研究（Ozaki，1969）表明 S12 的某些突变会导致细胞具有链霉素抗性。本实验发现的在 *rpsL* 基因上发生的突变是否会导致菌株对高密度二氧化碳的抗性变化则还需要进一步研究。

参考文献

[1] 蔡原，赵有璋，蒋玉梅，等. 顶空固相微萃取气质联用检测合作猪肉挥发性风味成分 [J]. 西北师范大学学报，2006，42（4）：75-78.

[2] 陈国顺. 子午岭野家杂种猪和合作猪肉质特性比较及风味挥发性成分的提取与分析 [D]. 兰州：甘肃农业大学，2004.

[3] 邓丽，芮汉明. Ca^{2+}、Mg^{2+} 和磷酸盐对鸡肉盐溶蛋白质凝胶保水性和凝胶特性影响的研究 [J]. 现代食品科技，2006，21（2）：24-26.

[4] 段静芸，徐幸莲，周光宏. 壳聚糖和气调包装在冷却肉保鲜中的应用 [J]. 食品科学，2002，23（2）：138-142.

[5] 傅金泉. 常用消毒灭菌法及其机理与应用 [J]. 酿酒科技，1999，92（2）：97-101.

[6] 戈志成，张燕萍. 对改性小麦面筋蛋白二级结构的红外光谱研究 [J]. 中国粮油学报，2006，21（3）：36-38.

[7] 郭永昌. 浅析加热杀菌与肉制品质量 [J]. 肉类工业，1996（9）：30-

32.

[8]黄汉昌,姜招峰,朱宏吉.紫外圆二色光谱预测蛋白质结构的研究方法[J].化学通报,2007(7):501-506.

[9]江健,王锡昌,陈西瑶.顶空固相微萃取与GC-MS联用法分析淡水鱼肉气味成分[J].现代食品科技,2006,22(2):219-222.

[10]蒋建平,陈小文,陈洪,等.茶多酚保鲜新技术在延长冷却肉货架寿命中的应用[J].肉类工业,2004(10):16-18.

[11]阚建全.食品化学[M].北京:中国农业大学出版社,2002.

[12]孔保华.乳品科学与技术[M].北京:科学出版社,2004:122-123.

[13]林宇山,岑泳延.对猪肉风味对猪肉风味的探讨[J].食品工业科技,2006(9):195-196.

[14]逯启贤.新鲜牦牛肉的货架期测定方法及影响因素的研究[J].试验研究,2008(8):8-10.

[15]罗欣,朱燕.Nisin在牛肉冷却肉保鲜中的应用研究[J].食品科学,2000(21):53-57.

[16]马汉军,周光宏,徐幸莲,等.高压处理对牛肉肌红蛋白及颜色变化的影响[J].食品科学,2004,25(12):56-59.

[17]南庆贤.肉类工业手册[M].北京:中国轻工业出版社,2003.

[18]彭增起,周光宏,徐幸莲.磷酸盐混合物和加水量对低脂牛肉灌肠硬度和保水性的影响[J].食品工业科技,2003,24(3):38-43.

[19]乔发东,马长伟.宣威火腿加工过程中挥发性风味化合物分析[J].食品研究与开发,2006,27(3):24-27.

[20]谭属琼,陈厚荣,刘雄.食品工业中超高压处理技术研究进展[J].食品与发酵工业,2010,36(12):146-151.

[21]唐传核,杨晓泉,彭志英,等.微生物转谷氨酰胺酶(MTGase)的蛋白质底物催化特性及其催化机理研究(Ⅱ)MTGase催化球状蛋白质的聚合机理[J].食品科学,2003,24(6):23-27.

[22]滕迪克,许洪高,袁芳.脂质降解产物在肉类香气形成中的作用[J].中国调味品,2008(6):71-76.

[23]王镜岩,朱圣庚,徐长法.生物化学[M].北京:高等教育出版社,2002.

[24]王锡昌,陈俊卿.顶空固相微萃取与气质联用法分析鲢肉中风味成分[J].上海水产大学学报,2005,14(2):177-180.

［25］文志勇，孙宝国，梁梦兰，等．脂质氧化产生香味物质［J］．中国油脂，2004，29（9）：41-44.

［26］薛久刚，陈畅，李彦，等．火菇素蛋白的红外和拉曼光谱研究［J］．中草药，2004，35（7）：730-732.

［27］薛源．高压CO_2技术杀菌灭酶效果及其机理研究进展［J］．食品工业科技，2006，27（3）：203-205.

［28］余冰，周红丽，李宗军．固相微萃取分析发酵肉制品中的挥发性风味组分［J］．湖南农业大学学报，2007，33（2）：232-234.

［29］庾照学，姚志彬．傅里叶变换红外光谱法定量研究抗氧化剂对 β - 淀粉样蛋白 1-40 老化过程二级结构变化的影响［J］．中国病理生理杂志，2000，16（6）：540-544.

［30］周洁，王立，周惠明．肉品风味的研究综述［J］．肉类研究，2006（2）：16-18.

［31］周婷，陈霞，刘毅，等．加热处理对北京油鸡和黄羽肉鸡质构以及蛋白特性的影响［J］．食品科学，2007，28（12）：74-77.

［32］周先汉，宋俊骅，曾庆梅，等．高压CO_2酸化杀菌机理的研究［J］．食品科学，2010（11）：11-14.

［33］朱本志．食用猪油变质原因及改进措施［J］．肉类工业，1993（3）：24-25.

［34］朱秋劲，申学林，王淑英，等．从江腊香猪肉挥发性风味物质检测及前体成分分析［J］．贵州农业科学，2006，34（4）：19-22.

［35］朱自强．超临界流体技术 - 原理和应用［M］．北京：化学工业出版社，2003.

［36］邹建凯．猪油挥发油成分的气相色谱 / 质谱法分析［J］．分析化学，2002，30（4）：512.

［37］AERTSEN A，DE SPIEGELEER P，VANOIRBEEK K，et al. Induction of oxidative stress by high hydrostatic pressure in *Escherichia coli* ［J］．Applied and Environmental Microbiology，2005，71（5）：2226-2231.

［38］AERTSEN A，VANOIRBEEK K，DE SPIEGELEER P，et al. Heat shock protein-mediated resistance to high hydrostatic pressure in *Escherichia coli* ［J］．Applied and Environmental Microbiology，2004，70（5）：2660-2666.

［39］ANJEM A, VARGHESE S, IMLAY J A. Manganese import is a key element of the OxyR response to hydrogen peroxide in *Escherichia coli* ［J］. Molecular Microbiology, 2009, 72（4）: 844-858.

［40］APICHARTSRANGKOON A, LEDWARD D A, BELL A E, et al. Physicochemical properties of high pressure treated wheat gluten ［J］. Food Chemistry, 1998, 63（2）: 215-220.

［41］BEKHIT A E D, GEESINK G H, MORTON J D, et al. Metmyoglobin reducing activity and colour stability of ovine Longissimus muscle ［J］. Meat Science, 2001, 57（4）: 427-435.

［42］BEKHIT A, FUKAMACHI T, SAITO H, et al. The role of OmpC and OmpF in acidic resistance in *Escherichia coli* ［J］. Biological and Pharmaceutical Bulletin. 2011, 34（3）: 330-334.

［43］BLANK L, GREEN J, GUEST J R. AcnC of *Escherichia coli* is a 2-methylcitrate dehydratase （PrpD）that can use citrate and isocitrate as substrates ［J］. Microbiology, 2002, 148（1）: 133-146.

［44］BOWMAN J P, BITTENCOURT C R, ROSS T. Differential gene expression of *Listeria monocytogenes* during high hydrostatic pressure processing ［J］. Microbiology, 2008, 154（2）: 462-475.

［45］BROWN M H. Meat Microbiology ［M］. London: London Publisher, 1982.

［46］BROWN J L, ROSS T, MCMEEKIN T A, et al. Acid habituation of *Escherichia coli* and the potential role of cyclopropane fatty acids in low pH tolerance ［J］. International Journal of Food Microbiology, 1997, 37（2/3）: 163-173.

［47］BRUNO-BÁRCENA J M, AZCÁRATE-PERIL M A, HASSAN H M. Role of antioxidant enzymes in bacterial resistance to organic acids ［J］. Applied and Environmental Microbiology, 2010, 76（9）: 2747-2753.

［48］CASAL E, RAMIREZ P, IBANEZ E, et al. Effect of supercritical carbon dioxide treatment on the Maillard reaction in model food systems ［J］. Food Chemistry, 2006（2）: 272-276.

［49］CHAPLEAU N, MANGAVEL C, COMPOINT J P, et al. Effect of high-pressure processing on myofibrillar protein structure ［J］. Science Food and Agriculture, 2003, 84（1）: 66-74.

[50] CHEAH PB，LEDWARD D A. High pressure effects on lipid oxidation in minced pork [J] . Meat Science，1996，43（2）：123-124.

[51] CHEFTEL J C，CULIOLI J. Effects of high pressure on meat：A review [J] . Meat Science，1997，46（3）：211-236.

[52] CHEN J S，BALABAN M O，WEI C，et al. Inactivation of polyphenol oxidase by high-pressure carbon dioxide [J] . Agricul Food Chem，1992，40：2345-2349

[53] CHOI Y M，RYU Y C，LEE S H，et al. Effects of supercritical carbon dioxide treatment for sterilization purpose on meat quality of porcine longissimus dorsi muscle [J] . LWT-Food Sci Technol，2008，41（2）：317-322.

[54] DHAKSHNAMOORTHY B，RAYCHAUDHURY S，BLACHOWICZ L，et al. Cation-selective pathway of OmpF porin revealed by anomalous X-ray diffraction[J]. Journal of Molecular Biology，2010，396(2)：293-300.

[55] ENOMOTO A，NAKAMURA K，NAGAI K，et al. Inactivation of food microorganisms by high pressure carbon dioxide treatment with or without explosive decompression [J] . Bioscience，Biotechnology and Biochemistry，1997，61：1133-1137.

[56] FERGUSON A D，HOFMANN E，COULTON J W，et al. Siderophore-mediated iron transport：crystal structure of *FhuA* with bound lipopolysaccharide [J] . Science，1998，282：2215-2220.

[57] FRANKEL E N，NEFF W E，SELKE E. Analysis of autoxidized fats by gas chromatography mass spectrometry：VII. Volatile thermal decomposition products of pure hydroperoxides from autoxidized and photosensitized oxidized methyl oleate linoleate and linolenate [J] . Lipids，1981，16：279-285.

[58] FREDRICKSON J K，SHU-MEI W L，GAIDAMAKOVA E K，et al. Protein oxidation：key to bacterial desiccation resistance? [J] . The ISME Journal，2008，2（4）：393-403.

[59] GARCIA-GONZALEZ L，GEERAERD A H，SPILIMBERGO S，et al. High pressure carbon dioxide inactivation of microorganisms in foods：The past，the present and the future [J] . International Journal of Food Microbiology，2007，117：1-28.

[60] GILL A O, HOLLY R A. Interactive inhibition of meat spoilage and pathogenic bacteria by lysozyme, nisin and EDTA in the presence of nitrite and sodium chloride at 24℃ [J]. Food Microbiology, 2003, 80: 251-259.

[61] GUI F Q, CHEN F, WU J H, et al. Inactivation and structural change of horseradish peroxidase treated by supercritical carbon dioxide[J]. Food Chemistry, 2006, 97 (3): 480-489.

[62] HAN M J, LEE J W, LEE S Y, et al. Proteome-level responses of *Escherichia coli* to long-chain fatty acids and use of fatty acid inducible promoter in protein production[J]. BioMed Research International, 2007, 8: 1-12.

[63] HOUTSMA PC.minimum inhibitory concentration (MIC) of sodium lactate and sodium chloride for spoilage organism and pathogens at different pH value and temperature [J]. Food Prot, 1996, 59: 1300-1304.

[64] ISHIKAWA H, SHIMODA M, SHIRATSUCHI, H, et al. Sterilization of microorganisms by the supercritical carbon dioxide micro-bubble method [J]. Bioscience, Biotechnology and Biochemistry, 1995, 59: 1949-1950.

[65] IVERSON T M, LUNA-CHAVEZ C, CECCHINI G, et al. Structure of the Escherichia coli fumarate reductase respiratory complex [J]. Science, 1999, 284: 1961-1966.

[66] JOSEPH K, JOHN K, DAVID L. 现代肉品加工与质量控制 [M]. 任发政, 李兴民, 张原飞, 等译. 北京: 中国农业大学出版社, 2006.

[67] KHIL P P, CAMERINI-OTERO R D. Over 1000 genes are involved in the DNA damage response of *Escherichia coli* [J]. Molecular Microbiology, 2002, 44 (1): 89-105.

[68] KIM S R, KIM H T, PARK H J, et al. Fatty acid profiling and proteomic analysis of *Salmonella enterica* serotype typhimurium inactivated with supercritical carbon dioxide [J]. International Journal of Food Microbiology, 2009, 6: 1-6.

[69] KNIVETT V A, CULLEN J. Some factors affecting cyclopropane acid formation in *Escherichia coli* [J]. Biochemical Journal, 1965, 96: 771-776.

[70] LESIMPLE S, TORRES L, MITJAVILA S, et a1. Volatile

compounds in processed duck fillet [J] . Journal of Food Science，1995，60（3）：615-618.

[71] LIAO H，ZHANG F，HU X，et al. Effects of high-pressure carbon dioxide on proteins and DNA in *Escherichia coli* [J] . Microbiology，2011，157（3）：709-720.

[72] LIN H M，YANG Z Y，CHEN L F. Inactivation of saccharomyces cerevisiae by supercritical and subcritical carbon dioxide [J] . Biotechnology Progress，1992，8：458-461.

[73] LIN H M，YANG Z Y，CHEN L F. Inactivation of Leuconostoc dextranicum with carbon dioxide under pressure [J] . Chemical Engineering Journal and the Biochemical Engineering Journal，1993，52：B29-B34.

[74] LIU X F，ZHANG B Q，LI T J. Effects of CO_2 compression and decompression rates on the physiology of microorganisms [J] . Chinese Journal of Chemical Engineering，2005，13：140-143.

[75] MILLER A F，PADMAKUMAR K，SORKIN D L，et al. Proton-coupled electron transfer in Fe-superoxide dismutase and Mn-superoxide dismutase [J] . Journal of Inorganic Biochemistry，2003，93（1）：71-83.

[76] MINE Y，NOUTOMI T，HAGA N J. Thermally induced changes in egg white proteins [J] . Italian Journal of Zoology，1990，38（12）：2122-2155.

[77] MOTTRAM D S. Flavor form ation in meat and meat products：a review [J] . Food Chemistry，1998，62（4）：415-424.

[78] MOTTRAM D S，CROFT S E，PATTEROSN R L. Volatile components of cured and uncured pork：the role of nitrite and the formation of nitrogen compounds [J] . J Sci Food Agric，1984，35：233-239.

[79] NATTRESS F M，YOST C K，LYNDA P B. Effects of treatment with lysozyme and nisin on microflora and sensory properties of commercial pork [J] . Food Microbiology，2003，85：259-267.

[80] OZAKI M，MIZUSHIMA S，NOMURA M. Identification and functional characterization of the protein controlled by the streptomycin-resistant locus in *E.coli* [J] . Nature，1969，222：333-339.

[81] RENDUELES E，OMER M K，ALVSEIKE O，et al.

Microbiological food safety assessment of high hydrostatic pressure processing: A review [J] . LWT-Food Science and Technology, 2011, 44: 1251-1260.

[82] RIMSKY S. Structure of the histone-like protein H-NS and its role in regulation and genome superstructure [J] . Current Opinion in Microbiology, 2004, 7 (2) : 109-114.

[83] ROBERT W J. Bioinformatics analyses of circular dichroism protein reference databases [J] .Bioinformatics, 2005, 21: 4230-4238.

[84] SOBOTA J M, IMLAY J A. Iron enzyme ribulose-5-phosphate 3-epimerase in *Escherichia coli* is rapidly damaged by hydrogen peroxide but can be protected by manganese [J] . Proceedings of the National Academy of Sciences, 2011, 108 (13) : 5402-5407.

[85] SPILIMBERGO S, ELVASSORE N, BERTUCCO A. Inactivation of microorganisms by supercritical CO_2 in a semi-continuous process [J] . Italian Journal of Food Science, 2003, 15: 115-124.

[86] STANLEY S. Muscle protein gelation at low ionic strength [J] . Food Research International, 1994, 27: 155.

[87] THAWATCHAI S, ARUNEE A. Combination effects of ultrahigh pressure and temperature on the physical and thermal properties of ostrich meat sausage (yor) [J] . Meat Science, 2007, 76 (3) : 555-560.

[88] TUCKER D L, TUCKER N, CONWAY T. Gene expression profiling of the pH response in *Escherichia coli* [J] . Journal of bacteriology, 2002, 184 (23) : 6551-6558.

[89] UTSUMI S, GIDAMIS A B, KANAMORI J, et al. Effects of deletion of disulfide bonds by protein engineering on the conformation and functional properties of soybean proglycinin [J] . Agric Food Chem, 1993, 41: 687-691.

[90] VORHOLZ J, HARISMIADIS V I, PANAGIOTOPOULOS A Z, et al. Molecular simulation of the solubility of carbon dioxide in aqueous solutions of sodium chloride [J] . Fluid Phase Equilibria, 2004, 226: 237-250.

[91] WATERS L S, SANDOVAL M, STORZ G. The *Escherichia coli* MntR miniregulon includes genes encoding a small protein and an efflux pump required for manganese homeostasis [J] . Journal of Bacteriology,

2011，193（21）：5887-5897.

[92] WELCH T J，FAREWELL A，NEIDHARDT F C，et al. Stress response of *Escherichia coli* to elevated hydrostatic pressure [J] . Journal of Bacteriology，1993，175（22）：7170-7177.